西南石油大学研究生教材建设项目资助

油气地球物理技术概论

主　编◎尹　成

副主编◎黄旭日

石油工业出版社

内容提要

本书主要集成了近年来石油天然气勘探开发中的地球物理前沿技术，主要包括地震波数值模拟技术、各向异性介质和地震特征响应、地震波成像技术、地震反演技术、地震属性分析技术、时移地震技术、工程地震监测技术、非常规油气藏测井评价技术、生产测井技术和工程测井技术等方面的理论、方法与应用实践。

本书主要是为普通高校地质资源与地质工程学科勘查地球物理方向的硕士生和博士生编写，可作为学习油气地球物理勘探前沿技术与方法的参考书，也可供与石油天然气勘探与开发相关专业的技术人员参考。

图书在版编目(CIP)数据

油气地球物理技术概论／尹成主编．—北京：石油工业出版社，2023.2

ISBN 978-7-5183-5717-8

Ⅰ.①油… Ⅱ.①尹… Ⅲ.①油气勘探–地球物理勘探–概论 Ⅳ.①P618.130.8

中国版本图书馆 CIP 数据核字(2022)第 200452 号

出版发行：石油工业出版社

(北京安定门外安华里 2 区 1 号楼　100011)

网　　址：www.petropub.com

编辑部：(010)64523687　图书营销中心：(010)64523633

经　　销：全国新华书店

印　　刷：北京中石油彩色印刷有限责任公司

2023 年 2 月第 1 版　2023 年 2 月第 1 次印刷

787×1092 毫米　开本：1/16　印张：25

字数：600 千字

定价：150.00 元

(如出现印装质量问题，我社图书营销中心负责调换)

版权所有，翻印必究

《油气地球物理技术概论》编委会

主　编：尹　成
副主编：黄旭日
成　员：胡叶正　徐云贵　曹卫平　赵　军
　　　　王毓玮　刘福烈　陈　猛　熊　健

前　言

近年来，地球物理技术已逐渐成为石油天然气勘探的主导技术，在油气藏勘探与开发中发挥着越来越重要的作用。随着勘探技术的进步和对其认识的深化，油气勘探领域也逐渐向"两深"（深水区与深部层系）和"两新"（极地区与非常规储层）等领域拓展，勘探领域由易发现、低成本、低风险的陆上及浅水区，向难识别、高成本、高风险的深层、深水和自然地理环境恶劣、地下地质条件复杂的沙漠、复杂高原山地、油砂及致密油气等非常规领域转移，油气勘探研究范围从局部目标过渡到盆地、区带的整体评估，油气类型由常规发展到常规和非常规并重。因此，有必要了解与探索油气勘探与开发领域中，面向不同复杂对象不断发展的地球物理技术、理论与方法。

本书主要是以地质资源与地质工程学科的博士生和硕士生为主要读者对象，为使他们在学习与研究工作中了解与应用油气勘探与开发领域的地球物理新技术与新方法而编写。本书集成了西南石油大学地球物理方向10位教师在油气勘探开发领域中多年来的研究成果。

全书共分为11章。第1章由黄旭日编写，主要介绍了我国油气勘探与开发的历程与现状，以及面向复杂山地、复杂构造、深层与深海和油气田开发阶段的地球物理技术的总体现状；第2章由刘福烈编写，主要介绍了地震波波动方程数值模拟的离散与并行实现方法；第3章由徐云贵编写，主要介绍了各向异性等效介质的理论，以及地震波的正演模拟及其响应特征；第4章由胡叶正和曹卫平编写，主要介绍了地震波成像技术的发展历程，以及目前最主要的几种成像方法与理论；第5章由王毓玮编写，主要介绍了目前最主要的几种地震反演方法与理论及其应用实践；第6章由尹成编写，主要介绍了地震属性分析技术的发展历程，以及地震准属性分析的基本框架及其在河流相砂体储层中的应用实践；第7章由黄旭日和徐云贵编写，主要介绍了油气藏动态监测、开发方案优化和剩余油分布挖掘中的一整套开发地震技术与方法;第 8 章由曹卫平编写,主要介绍了微地震震源定位监测和面波反演技术,以及其在油气勘探开发和工程勘察与监测中的应用;第 9 章由赵军编写,主要介绍了目前非常规油气中页岩油气和天然气水合物等非常规油气藏测井评价技术的具体思路、方法、流程及效果;第 10 章由陈猛编写,主要介绍了油气井生产动态监测、套后剩余油饱和度预测和井筒密封性检测等领域的技术与方法;第 11 章由熊健编写,主要介绍了油气田安全高效开发中的工程测井技术与方法。本书由尹成、黄旭日审校、定稿。

本书获得了国家大型油气田及煤层气开发重大专项(2017ZX05035003—001),以及西南石油大学研究生教材建设项目(20YJC10)的联合资助。同时本书在撰写过程中,还参阅了国内外相关专业的大量文献。在此一并向所有论著的作者和项目资助机构表示由衷的感谢!

由于编者在理论和经验上的不足,书中可能存在疏漏之处,恳请读者批评指正。

目　　录

1 绪论 …………………………………………………………………………………（ 1 ）
　1.1 中国油气勘探与开发的历程和现状 …………………………………………（ 1 ）
　1.2 油气地球物理技术的发展历程和现状 ………………………………………（ 3 ）
　1.3 面向山区、复杂构造、复杂岩性的地球物理技术现状 ……………………（ 4 ）
　1.4 面向深层、深海的地球物理技术现状 ………………………………………（ 5 ）
　1.5 面向油气田开发的地球物理技术现状 ………………………………………（ 7 ）
　参考文献 ……………………………………………………………………………（ 9 ）

2 地震波数值模拟技术 ……………………………………………………………（ 11 ）
　2.1 地震波数值模拟技术简介 ……………………………………………………（ 11 ）
　2.2 波动方程数值离散 ……………………………………………………………（ 12 ）
　2.3 数值模拟并行计算 ……………………………………………………………（ 35 ）
　2.4 其他数值解法介绍 ……………………………………………………………（ 45 ）
　参考文献 ……………………………………………………………………………（ 50 ）

3 各向异性介质和地震特征响应 …………………………………………………（ 52 ）
　3.1 各向异性的概述 ………………………………………………………………（ 52 ）
　3.2 各向异性等效介质理论 ………………………………………………………（ 60 ）
　3.3 各向异性介质中的地震波特性 ………………………………………………（ 64 ）
　3.4 各向异性介质的正演模拟 ……………………………………………………（ 71 ）
　参考文献 ……………………………………………………………………………（ 83 ）

4 地震波成像技术 …………………………………………………………………（ 86 ）
　4.1 地震勘探方法及成像历史发展简述 …………………………………………（ 86 ）
　4.2 地震成像的概述 ………………………………………………………………（ 92 ）
　4.3 Kirchhoff 叠前偏移 ……………………………………………………………（ 99 ）
　4.4 波场延拓偏移 …………………………………………………………………（108）
　4.5 干涉成像 ………………………………………………………………………（118）
　4.6 Marchenko 成像 ………………………………………………………………（125）

  4.7　地震成像的应用实例 ……………………………………………………………（132）

  参考文献 …………………………………………………………………………（141）

5　地震反演技术 …………………………………………………………………………（146）

  5.1　地震反演简介 …………………………………………………………………（146）

  5.2　旅行时反演 ……………………………………………………………………（151）

  5.3　振幅信息反演 …………………………………………………………………（155）

  5.4　波形反演 ………………………………………………………………………（159）

  5.5　相位反演 ………………………………………………………………………（165）

  5.6　成像相关反演 …………………………………………………………………（167）

  5.7　地震反演的应用实践 …………………………………………………………（169）

  参考文献 …………………………………………………………………………（178）

6　地震属性分析技术 ……………………………………………………………………（183）

  6.1　地震属性分析技术的发展历程 ………………………………………………（183）

  6.2　地震准属性分析的基本框架 …………………………………………………（187）

  6.3　地震属性分析的应用实践 ……………………………………………………（198）

  参考文献 …………………………………………………………………………（218）

7　时移地震技术 …………………………………………………………………………（221）

  7.1　概况 ……………………………………………………………………………（221）

  7.2　时移地震反演技术 ……………………………………………………………（224）

  7.3　油气藏地质建模技术 …………………………………………………………（228）

  7.4　地震约束历史拟合的方法 ……………………………………………………（237）

  7.5　时移地震属性和生产数据匹配 ………………………………………………（244）

  7.6　时移地震反演参数和生产数据匹配 …………………………………………（248）

  参考文献 …………………………………………………………………………（259）

8　工程地震监测技术 ……………………………………………………………………（260）

  8.1　微地震震源定位监测技术 ……………………………………………………（260）

  8.2　面波反演成像概述 ……………………………………………………………（269）

  参考文献 …………………………………………………………………………（283）

9　非常规油气藏测井评价技术 …………………………………………………………（287）

  9.1　页岩气藏测井评价技术 ………………………………………………………（287）

9.2　天然气水合物藏测井评价技术 …………………………………………………（304）
　　参考文献 …………………………………………………………………………（319）

10　生产测井技术 ………………………………………………………………………（325）
10.1　生产测井发展历程及现状 ……………………………………………………（325）
10.2　油气井生产动态监测技术 ……………………………………………………（326）
10.3　套后剩余油饱和度测井技术 …………………………………………………（346）
10.4　井筒密封性监测技术 …………………………………………………………（359）
　　参考文献 …………………………………………………………………………（367）

11　工程测井技术 ………………………………………………………………………（369）
11.1　工程测井概述 …………………………………………………………………（369）
11.2　地质力学参数的测井预测 ……………………………………………………（370）
11.3　工程测井的应用实践 …………………………………………………………（383）
　　参考文献 …………………………………………………………………………（388）

1 绪 论

本章首先简要介绍了中国油气勘探开发的历程与现状,在此基础上结合油气勘探的需求,介绍了地球物理发展的历程和现状,以及面向山区与复杂构造、岩性勘探的难题,面向深层、深海勘探的地球物理勘探,面向油气田开发的地球物理技术现状。

1.1 中国油气勘探与开发的历程和现状

全球的油气勘探都是起源于油苗,即流到地面的油气,如早期美国南加利福尼亚州的石油坑、地面沥青。中国宋朝沈括在今陕西延安一带发现的一种可燃液体,当地人叫它"石漆""石脂",沈括正式命名为石油。直到美国宾夕法尼亚州在1859年有了第一口商业化的油井,从此拉开了石油工业的序幕。人们基于有机成因的生油、储集、盖层、运移和保存条件的基本地质模式来勘探油气。中国的油气勘探与开发也有类似的经历,张文昭(1999)把中国的油气勘探分为了四个历史时期。

(1) 油气勘探的萌芽时期(1878—1949年)。

中国早期油气勘查与玉门油田的勘探开发息息相关。新中国成立以前的70多年漫长岁月,是油气勘探的萌芽时期,20世纪早期中国只能雇用外国人见油苗打井,没有什么地质理论的依据。1878年清政府聘请美国钻井技师在台湾苗栗打了中国第一口油井,1907年聘请日本技师在陕西延长打了陆上第一口油井(延1井),1909年雇用俄国人在新疆独山子开凿油井。1922年2月美国地质家、斯坦福大学教授Blackwelder撰写论文(《中国和西伯利亚石油资源》)指出:中国没有中、新生代海相沉积;古生代沉积也大部分不生油;除了中国西部、西北部某些地区外,所有各个年代的岩层都已剧烈褶皱、断裂,并或多或少被火成岩侵入。因此,中国决不会生产大量石油。从此"中国贫油论"在世界传播。

但是,中国地质学家李四光、谢家荣、翁文灏等通过亲身的勘探实践,指出中国石油勘探充满希望。这一时期,中国石油产品几乎全部依赖进口。1937年,全民族抗日战争爆发,石油来源断绝,大后方严重缺油,出现了有"一滴石油一滴血"的口号。国民党政府不得不抓紧勘探、开发石油。1938年冬,孙健初等9人骑骆驼,顶寒风,在戈壁滩上开始石油勘探。1939年8月11日,1号井钻至88.81m获工业油流日产油10t,发现了老君庙油田。20世纪40年代早期中国油气勘探技术还很落后,主要以地面地质配合钻井,以孙健初为首的一批地质人员在酒泉盆地和河西走廊地区进行地质普查、构造细测,当时物探技术还没有引入中国。直到1945年10月,由翁文波组建的中国第一个重磁队开始在酒泉盆地作重磁测量。1941年,潘钟祥在美国石油地质学家协会(AAPG)会志发表了《论中国陕北和四川白垩系陆相生油》的论文;随后,1947年,黄汲清、翁文波等提出"陆相生油,多期、多层含油的理论"。1948年,翁文波撰写了《从定碳比看中国石油远景》。由此,开启了中国陆相生油理论的探索。

(2) 油气勘探的开创时期(1949—1959年)。

新中国成立初期的石油勘探,发现了克拉玛依油田。1949年11月,燃料工业部成立。1950年,在燃料工业部下又成立了石油管理总局,新中国石油勘探开发事业得以迅速发展。20世纪50年代早期,中国油气勘探的地区主要在陕北、河西走廊和新疆天山南北。1953年又扩展到四川盆地。1953年以后,中国石油勘探力量迅速壮大,全国成立了石油地质局和钻探局,下属陕北、酒泉、柴达木、新疆、青海和四川等6个地质大队,以及玉门、延长、永坪、四郎庙、虎头崖等油矿和探区。到1956年底,石油工业部等有地质队80个、地震队21个、重磁队25个、地面电法队15个、测量队61个、轻便钻井队51个、测井队48个。1955年10月克拉玛依油田的发现是新中国石油勘探第一次大的突破,也是新中国成立后发现的第一个大油田。此后,石油工业部决策将勘探重点从准噶尔盆地南缘转移到西北缘。因此,新中国成立早期的勘探领域是以中国西部为主的。这一时期,形成了地质、地球物理和钻井的完整体系和队伍。

(3) 中国石油勘探的战略东移(1958—1978年)。

东部石油勘探的重大突破是发现了大庆油田和渤海湾油气区。20世纪50年代早期,中国石油产量还远不能满足国家经济建设的需要。第一个五年计划石油产量没有完成国家计划。1957年全国年产油量仅$145×10^4$t。天然油和人造油基本持平,天然油年产量$86×10^4$t,人造油年产量$60×10^4$t,但勘探开发天然油的经济效益却很低,加之当时天然油产地偏居西北一隅。石油工业部于1958年4月成立松辽石油勘探大队。同年5月成立松辽石油勘探处,6月改为松辽石油勘探局。同时在上海成立了华东石油勘探局,从此,东北石油勘查工作大规模全面展开。1959年9月26日松基3井喷出工业油流,宣告了大庆油田的诞生。中国石油勘探东移以后,主要在大面积覆盖的平原区开展工作,制定了符合中国国情的勘探程序和方法,在许多重要环节上改变了以往老一套的做法,在勘探技术装备上提倡国产化,地震、测井、测试、钻采、地质录井等仪器装备、制造主要立足于国内,勘探技术水平上了一个大台阶。在石油地质理论上打破了"陆相贫油""中国贫油"论。根据不同类型盆地的特点总结出陆相生油的地质理论。相继发现了胜利、大港、辽河、华北等储量丰富的油田,原油产量迅速增长,1978年突破了$1×10^8$t,从此中国进入了世界主要产油国之列。而勘探以陆相沉积的砂泥岩互层为主体,虽然,还赶不上国外先进的技术和装备,但逐渐形成了围绕中国地质特点的勘探理论、方法和装备的体系。

(4) 油气勘探的全面发展时期(1978—1998年)。

中西部油气勘探重大突破,海洋发现大油气田。1978年,中国石油工业进入了一个新的发展时期,从中国西部天山南北的塔里木盆地、准噶尔盆地,到中国东部大陆架的黄海、东海、南海等海域,油气勘探工作全面展开,海上、陆上油气勘探开发相继对外合作开放。石油地质理论和高新技术与装备的引进,使中国的勘探技术向国际水平靠拢。在新疆三大盆地和陕甘宁盆地又新发现了大油气田,如彩南、石西、丘陵—鄯善、塔中4号等大中型油田,还发现并开发了中国陆上最大的陕甘宁中部大气田。海上发现了流花11-1大油田、绥中36-1大油田、秦皇岛32-6大油田和崖城13-1大气田、东方1-1大气田。截至1997年底,全国共探明石油地质储量$190×10^8$t,天然气地质储量$1.7×10^{12}$m³,年产原油$1.6×10^8$t、天然气$223×10^8$m³,石油产量名列世界第五位。新中国成立以来,经过近半个世纪的油气勘探，形成了具有中国特色的石油地质理论和符合中国客观实际的一套勘探开发技术。

中国特色的石油地质理论主要归纳为以下六个方面：

① 陆相生油理论；
② 从全球板块理论划分中国含油气盆地类型；
③ 陆相湖盆沉积体系理论与储层评价；
④ 复式油气聚集区（带）理论；
⑤ 古潜山成藏理论；
⑥ 煤层烃理论。

中国科技进步与技术装备已向国际先进水平靠拢，特别是三维地震、高分辨率地震、数控测井、测试、丛式井、水平井、各类斜井技术发展迅速，适应中国不同类型盆地不同地形地貌环境形成因地制宜的勘探技术系列，在软件上形成了以如 GeoEast 为代表的自主平台和产品。20 世纪 90 年代中国油气勘探深化改革以来，开展了风险勘探招标，同时开拓海外油气市场；实施跨国经营也有了新的进展，例如对印度尼西亚、秘鲁、苏丹、哈萨克斯坦、委内瑞拉、加拿大等国家都签订了油田勘探、开发项目合同，并作业。

（5）21 世纪的蓬勃发展。

张文昭（1999）等分析了我国油气勘探开发阶段划分，没有涉及 21 世纪后的主要特点。进入 21 世纪，我国油气的增长主要得益于高新技术的发展，一是三维地震、高分辨率地震的大力发展。二是水平井、斜井、丛式井高新技术的发展。在 21 世纪中国大力发展了多项技术：

一是三维地震、高分辨率地震要向深层发展，要向黄土塬、山地地震发展。

二是水平井要向低渗透油层发展，并与高强度压裂相结合，在陕甘宁、松辽、川中见效果，以提高单井产量。

三是压裂测试技术要推广大庆"死井复活"的经验，在吉林、长庆、川中油区见效。

四是岩性圈闭的识别与油藏预测技术大力发展，并推广大庆经验。

五是非常规技术的发展，推动了四川页岩气形成商业开发以及新疆致密油技术的突破。

六是面向深地、深海开发领域的技术发展，并发现了多个深部的油气田。

1.2 油气地球物理技术的发展历程和现状

地球物理作为勘探主要的手段，包括了重力、电磁和地震的方法，长期以来一直推动着油气勘探的发展。1929 年美国人 Karcher 申请了第一个地震勘探的专利，并在 6 个月后用地震方法发现了商业油田，SEG 的最高成就奖就以 J. Clarence Karcher 命名。

随后，地震勘探技术不断发展，20 世纪 60 年代从模拟地震到数字地震，20 世纪 70 年代由计算器到计算机，20 世纪 80 年代从二维地震到三维地震，从而实现了地下更精细成像，小规模构造以及其他类型的油气田勘探，如岩性油气藏和隐蔽油气藏。进入 21 世纪，地震勘探技术的发展从三维到四维、从单分量到多分量，从各向同性到各向异性，从而使地震技术从原来比较简单的构造、岩性勘探，不断发展到山前、深层和服务油气开发。

中国在"十三五"期间，油气勘探开发领域由常规油气藏向复杂油气藏、由常规油气资源向非常规油气资源不断扩展，研究目标日趋复杂，隐蔽性不断增强。由于勘探开发对象、环境发生变化，对物探技术的依赖程度明显提高。

一是地表条件更加复杂，山地（含巨厚黄土塬）、城区、海域等探区占比达50%以上。

二是岩性—地层目标向湖盆斜坡及中心超薄储层延伸，海相碳酸盐岩向深层白云岩拓展，构造向超深层前陆复杂隐蔽性构造拓展，勘探深度已超过8000m。

三是储层品质向低渗透、超低渗透、低丰度、低产量延伸，低渗透—超低渗油气藏探明地质储量占油气探明地质储量比例增大。

四是油气目标对象越来越复杂，常规油气剩余资源分布在复杂推覆构造、盐下和盐间构造、复杂地质体、复杂岩性等领域，非常规油气占比逐步增大。恶劣的地表条件、复杂的地下构造、复杂的储层储集空间，对物探技术提出越来越高的要求。

近年来，中国发展了"两宽一高"三维地震采集、宽频可控震源激发、可控震源动态扫描、高灵敏度单点接收、节点+有线联合接收等技术；在成像方面，不断发展了深度域高保真的一系列成像技术；在解释方面，不断地发展了多学科协作平台，加强了地震与地质、钻井及油藏的结合，提高了综合解释和目标评价的可靠性；发展了重磁电震联合勘探技术，提高了复杂岩性岩相预测精度，火成岩等特殊岩性体是油气勘探重要领域，利用火成岩不同岩相具有不同密度、磁化率和电阻率的岩性组合特征来识别地质目标。

同时，还发展了分布式光纤传感技术，特别是井中分布式光纤传感（DAS）技术，是一种利用光纤作为传感敏感元件和传输信号介质的传感系统。该技术的原理是声波在光纤中传输时，外部的扰动（地震波、温度、压力等）会引起光纤的微小拉伸应变，导致散射回来的调制信号产生相位变化，这种扰动信号可以由解调装置捕获并记录下来，并探测出沿着光纤不同位置的温度和应变的变化，实现分布式的测量。光纤井中地震采集由于其全井段、高密度、耐高温、高效率、耐高压、低成本等优势，成为井旁构造成像、储层预测、剩余油分布检测、井间注采关系分析的关键技术。

智能物探技术研究初见成效，提高工作效率和描述精度。（1）智能化地震处理技术，随着勘探节奏加快，常规地震处理技术精度不足、效率低下问题凸显，大力发展智能化地震处理技术，在去噪、初至拾取等方面进展显著；（2）智能化地震储层识别技术；（3）非常规领域，攻关地质工程甜点预测技术，为致密油及页岩气效益勘探奠定基础。

海上领域，发展了海底采集节点（Ocean Bottom Node，OBN）采集处理和成像，斜缆、梨形缆采集处理技术。

1.3　面向山区、复杂构造、复杂岩性的地球物理技术现状

根据赵邦六等（2021）的总结，中国山区、复杂构造物探技术现在面临的难题主要包括：

（1）地表剧烈起伏、高差大，地表散射、绕射噪声发育，资料信噪比低；

（2）地表出露岩性复杂，浅表层非均质性强、速度变化剧烈，准确成像难度大；

（3）地质构造模式复杂、断裂系统发育，准确速度建模难度大；

（4）复杂构造导致射线路径扭曲、地震波照射不均匀，构造成像精度低；

（5）巨厚黄土塬区资料信噪比极低，成像难度大。

为此，需要采用关键物探技术，解决上述问题，如三维建模照明分析、卫星遥感+无人机航拍辅助观测系统设计、露头及复杂近地表结构调查、高密度高覆盖宽方位三维地震采集、"有线+节点"联合接收、变偏移距垂直地震剖面（Walkaway-VSP）等采集技术；多信息融合近地表建模及静校正、近地表相关噪声压制、非规则数值插值、起伏地表全深度速度建模、真地表各向异性叠前深度逆时偏移成像等处理技术；构造数值模拟正演分析、全方位三维体解释、断层相关褶皱建模、挤压型盐相关构造建模、重磁电震联合解释、深度域构造解释等技术。

对于岩性地层油气藏，中国物探技术攻关重点是提高薄层预测精度和小断层、低幅构造成像精度。物探技术面临的难题主要包括：

(1) 勘探层系多，埋深跨度大，部分构造闭合幅度低，断裂发育，准确刻画难度大；

(2) 地表低降速带变化大，地震波传播能量吸收衰减严重；

(3) 单层厚度薄，常规地震分辨率低，难以有效识别，不满足水平井轨迹设计需求；

(4) 沉积相带复杂多变，储层非均质性强，油气水关系复杂，有效储层地震预测难。

为此，人们需要攻克的关键物探技术，包括近地表 Q 调查、超高灵敏度（大于120dB）宽频单点接收、小面元宽频全方位地震采集、垂直地震剖面（VSP）及井地联合采集等技术；高精度层析静校正、近地表吸收补偿、"双高"处理、深度域 Q 层析建模及叠前 Q 单程波偏移等处理技术；岩石物理分析、层序地层学解释、多属性解释、走滑断层识别与解释、高分辨率叠前反演、相控储层物性预测、各向异性裂缝检测、烃类检测等解释技术。

碳酸盐岩油气藏是中国的重点领域，也是中国近年来有重大发现的领域。面向碳酸盐岩油气藏，物探技术攻关重点是提高断溶体、丘（礁）滩体识别和复杂储集体预测精度。物探技术面临的难题主要包括：

(1) 储层埋深大，深层地震资料信噪比低，储层储集空间类型多，非均质性强，储层预测难度大；

(2) 碳酸盐岩断溶体储层受断裂控制，缝洞较为发育，准确识别和归位难度大；

(3) 丘（礁）滩相碳酸盐岩储层受沉积相带控制作用明显，沉积相带准确识别和有利区带划分难度大；

(4) 风化壳碳酸盐岩储层受岩溶古地貌控制，岩溶地貌精细刻画和储层准确预测难度大。

为此，需要解决上述问题的关键物探技术，包括近地表 Q 调查、宽频可控震源激发、高灵敏度宽频单点接收、超小面元宽频全方位三维地震采集、三分量 VSP 及 Walkaway-VSP 采集、多波多分量地震采集等技术；综合静校正、近地表吸收补偿、保真叠前去噪、多次波压制、方位各向异性速度建模、深度域 Q 建模及叠前 Q 双程波偏移等处理技术；岩石物理分析、地震模型正演分析、古地理描述与走滑断裂带精细刻画、分方位叠前裂缝预测、断溶体空间雕刻、储层孔隙结构描述、烃类检测、渗透率预测等解释技术。

1.4 面向深层、深海的地球物理技术现状

深水油气勘探开发前景广阔，近年来全球新增的油气发现量主要来自海上，尤其是深水和超深水。来自深水的发现数虽然不多，但发现量却十分巨大，同时表现出水深越深发

现量越大的趋势，2012年，全球超1500m水深的总发现量接近$16.3×10^8$t油当量（$120×10^8$bbl）。2011年全球排名前十的油气发现中，6个来自深水，且全部都是亿吨级油气发现。深水产量逐年增加，至2013年全球深水油气产量已超过$5×10^8$t油当量，占全球海上油气产量的20%以上，并且这个比例还将逐年上升。

在南海海域，整个盆地群石油地质资源量在$(230～300)×10^8$t，天然气总地质资源量约为$16×10^{12}$m^3，占中国油气总资源量的1/3，其中70%蕴藏于$153.7×10^4$km^{2}的深水区域。伴随着建设海洋强国的重大部署，未来中国的深水油气勘探开发前景广阔。

深水油气勘探开发面临的五大技术挑战。

(1) 自然及气候条件：与浅水相比，深水作业面临着风、浪、流、冰等自然及气候条件的挑战，特殊的条件有可能造成巨大的损失。历史上，极端气候条件对海洋油气作业造成过许多重大事故，比如1979年"渤海二号"、2011年俄罗斯"克拉"号钻井平台的沉没，都是在拖航过程中遭遇恶劣天气所致。

(2) 水深：水越深，与水深相关的一系列问题就越明显。比如随着隔水管的用量增加，对钻采装置平台空间和可变载荷的要求也更高。另外，海水深度越深，孔隙压力和破裂压力之间的窗口越小，钻井控制难度就越大，使井眼尺寸、钻井深度都受到限制，而且出现钻井事故的概率也大大增加。

(3) 低温：海水温度一般随水深增加而降低，1000m水深温度约为4℃，3000m水深温度为1~2℃。低温会给钻井和开发带来一系列问题，如钻井液流变性变差、水泥浆在低温情况下的流态、低温高压情况下易在井筒内形成水合物、ECD控制、油气的流动性等海底化，将作业或生产设施布设在海底可以消除风、浪、流、冰等恶劣海洋环境对钻井作业的影响，还能起到降低成本的作用。

(4) 浅层地质灾害：在深水钻遇浅层气和天然气水合物可能会发生地质灾害。浅层气是指埋藏在浅部地层、蕴藏在海面以下800m范围内未胶结地层中的天然气，通常发生在泥线以下250~1200m的超压、未固结砂层中。浅层气成因复杂，预测难度大，而高压、小体积以及分布分散的特性，使钻遇浅层气的破坏性非常大、发生速度非常快、控制难度也非常大。深水海底高压低温的环境极易形成天然气水合物，给深水油气开发带来极大风险。钻采过程易导致水合物分解，分解后压力的释放将会造成地层承载力丧失和海底地基沉陷，井眼、套管及井口装置、防喷器等都会因失去承载支撑而发生破坏性改变，丧失对井内压力的控制还有可能导致井喷。

(5) 作业安全：作业安全一直是海洋作业重点关注的领域。根据统计，陆上石油开采的平均可记录伤亡率（每20万工时的可记录伤亡率）低于0.5，而海洋钻井承包商的平均可记录伤亡率超过0.7，发生人员伤害的可能性远远高出陆上作业。比如英国石油公司在墨西哥湾漏油事故，不仅造成钻井平台沉没、人员伤亡，还将大量原油泄漏到海上，给墨西哥湾沿岸造成严重环境污染、重大经济损失，成为一场生态灾难事件。

以上这些问题的解决依赖地球物理技术的发展，也由于上述问题，地震技术不断海底化。海底地震就是利用海面地震船的气枪震源在水中激发地震波，布设在海底的检波器采集地震信号。这种把检波器布设在海底的新方式与传统的拖缆地震采集相比，具有数据观测点位置准确、减少环境的干扰、采集的可重复性强、易于消除鬼波干扰等优点，尤其是可以在钻井平台密集或有其他障碍物的地方实施采集。海底地震采集的主要缺点是成本高，但是随着技术进步，其成本正在迅速降低。

1.5 面向油气田开发的地球物理技术现状

在过去一个多世纪的油气勘探和开发历程中，地球物理技术经历了构造油气藏勘探、地层岩性油气藏勘探和油藏地球物理三个发展阶段，其研究任务由构造成像与岩性预测发展为储层孔渗特征描述、油藏流体场的静态描述和动态监测等。当前，油藏地球物理技术正不断向油气田开发和工程领域延伸，已成为发现剩余油气和提高采收率的重要技术手段。油藏地球物理技术因油气田开发与开采的需求而兴起。

1977 年，受美国能源部的资助，Nur 在斯坦福大学成立了岩石物理研究小组，开展提高采收率(EOR)过程地震监测的岩石物理基础研究，后来向井筒地球物理拓展，并于 1986 年创立了 SRB(斯坦福岩石物理和井筒地球物理)研究组，为将地球物理信息与油藏参数相联系做出了巨大贡献，也为油藏地球物理技术奠定了基础。

1982 年，麻省理工学院 Toksoz 成立了地球资源实验室，随后分别设立了由 Cheng 领导的全波形声波测井研究小组，从事井筒地球物理技术评价、研究和开发。同年 8 月，Geophysics 杂志首次报道了法国 CGG 公司用于增加石油产量的油藏地球物理技术。

1984 年，美国 SEG 成立了开发和开采委员会，负责加强地球物理学家、开发地质学家和油藏工程师们之间的联系。

1985 年，Tom 在科罗拉多矿业学院组建了油藏描述项目(RCP)组，研究多分量和时移地震技术，及其在油藏动静态描述中的应用。

1986 年，SEG 年会首次召开了以油藏地球物理为主题的专题研讨会；1987 年，SEG 和 SPE 联合举办了油藏地球物理的研讨会，White 和 Sengbush 合著出版了《开采地球物理学》(*Production Seismology*)。此后，油藏地球物理一直是地球物理研究的热点，SEG 每年至少都要举行两次专题讨论会，世界各大石油公司、院校和研究机构也不断加大研究力度。1992 年以后，The Leading Edge 杂志每年刊发 1~2 期专辑以发表 SEG 油藏地球物理专题讨论会的论文，到了 2004 年，该专题因文章太多而转为更细分的专题。

进入 21 世纪，随着叠前地震反演、多波多分量、时移地震技术的进步，地震技术已贯穿油气勘探开发全过程，如今以地震技术为主导的油藏多学科一体化技术已成为一种发展趋势。2010 年，SEG 出版了 Johnston 主编的《油藏地球物理方法和应用》(*Methods and Application in Reservoir Geophysics*)论文集，从支撑技术、油藏管理、勘探评价、开发地球物理、生产地球物理和未来发展方向六个方面进行了系统回顾与总结，基本反映了当今油藏地球物理的最新进展。油藏地球物理技术的概念与内涵也随着技术的发展与应用不断趋于完善。孟尔盛等(1999)指出，"油藏地球物理也称开发与开采地球物理，其内涵包括油藏描述与油藏管理"。刘雯林(1996)给出了具体定义：开发地震是在勘探地震的基础上，充分利用针对油藏的观测方法和信息处理技术，紧密结合钻井、测井、岩石物理、油田地质和油藏工程等多学科资料，在油气田开发和开采过程中，对油藏特征进行横向预测，做出完整描述和进行动态监测的一门新兴学科。Sheriff(2002)将它定义为"利用地球物理方法帮助油藏圈定和描述，或在油藏开采过程中监测油藏变化"。Pennington(2005)提出"油藏地球物理可以定义为地球物理技术在已知油藏中的应用，依据应用顺序，进一步将油藏地球物理分为'开发'和'开采'地球物理，前者用于油气田的初次有效开发，后者用于油田开采过程的理解"。王喜双等(2006)在总结前人定义的基础上，将油藏地球物理技术定义为："在充分利用已知油藏构造、储层和流体等信息的基础上，开展有针对性的地震资料采集、处理和解释研究，全面提高油藏构造成像、储层预测和油气水判识的精度，为油藏三维精细建模、调整井位部署、剩余油分布预测服务，最终实现油气田高效开发目标的地球物理技术"。

可以预见，随着勘探开发的目标从常规油气藏到非常规油气藏的延伸，油藏地球物理技术的内涵也将更加丰富，如源岩特性、脆性、各向异性和地应力的预测，以及压裂过程的监测等。可见，尽管不同学者对油藏地球物理技术概念的表述有所不同，但其本质相似，即为油藏评价和生产服务的地球物理技术的总称，主要包括油藏静态描述、油藏动态监测和油藏工程支持技术，以及为这些技术提供支撑的地球物理技术，如测井油藏描述技术、井筒地震技术、岩石物理技术和地震资料处理技术等。

中国油藏地球物理技术早在20世纪60年代末就曾出现过"开发地震"术语。当时的开发地震，只不过是用地震细测及手工三维地震查明复杂断裂构造油田的小断层、小断块，为油田开发提供一张准确的构造图，并在作图过程中，已开始注意到应用油气水关系及油层压力测试资料帮助地震划分小断块。70年代末也曾用合成声波测井圈定了纯化镇—梁家楼油田的浊积岩储层的分布。到80年代，地震技术取得了长足进步，为开发地震准备了技术基础。1988年中国石油学会物探专业委员会(SPG)与SEG联合召开了"开发地震研讨会"。1989年中国石油天然气总公司在勘探开发科学研究院成立了地震横向预测研究中心，致力于储层预测技术研究，形成了以叠后地震反演、AVO、地震属性分析等为主要技术手段，以地震、地质、钻井、油藏工程等多学科综合研究为特色的储层地球物理技术系列，并在90年代开展了大量油藏实际应用研究，取得了显著的社会与经济效益。1996年，刘雯林在系统总结研究成果的基础上，出版了国内第一部系统论述油藏地球物理方法的专著《油气田开发地震技术》。

20世纪后期，面对日益复杂储层结构，波阻抗反演技术在大多情况下无法区分储层，促进了叠后地震反演技术的发展。1997年，撒利明等提出一种新的多信息多参数反演方法，该反演方法基于场论和信息优化预测理论，采用非线性反演技术把地震数据反演成波阻抗和各类测井参数数据体，可适用于勘探、开发及老油田挖潜等各个阶段，为日后时移测井和地震信息融合提供了基础；同年，甘利灯等提出了储层特征重构反演，解决了复杂储层的地震预测难题。

1999年，在孟尔盛的倡导下，中国石油学会物探专业委员会聘请多位地球物理专家编写了《油藏地球物理技术与开发地震》培训教材，开始了开发地震技术的推广应用。此后，"开发地震""储层地球物理"和"油藏地球物理"也成为国内各种学术会议和技术培训的主题之一。

进入21世纪，人们意识到地震不仅可以描述静态油藏参数，也有监测油藏动态变化的能力，而二次采集地震资料的增加，为实现这种能力提供了可能，因此，基于二次二维采集和二次三维采集的时移地震技术研究成为热点，先后在新疆油田、大庆油田和冀东油田等蒸汽驱油藏和水驱油藏进行了试验研究，取得了比较明显的技术效果。同期也开展了基于双相介质的油藏流体检测方法研究和大量叠前地震反演与多波多分量地震技术试验，大幅提高了地震油藏描述的可靠性。

2008年，在韩大匡的提议下，中国石油提出了"二次开发"重大工程，借此在大庆长垣和新疆克拉玛依油田开展了大面积高密度三维地震采集，开启了油藏地球物理技术研究与应用的新篇章。同年，中国石油勘探开发研究院物探技术研究所油藏地球物理研究室以大庆长垣喇嘛甸油田的4D3C区块为研究对象，通过5年研究，初步构建了开发后期密井网条件下地震油藏多学科一体化技术体系。

从2009年开始，中国石油集团东方地球物理勘探有限责任公司油藏地球物理研究中心在凌云领导下开展了地震、测井、地质和油藏的多学科综合研究和大量各种油藏类型的应用研究，积累了丰富的静态油藏描述与动态油藏监测的经验，并在此基础上提出了3.5维地震的理念和井地联合一体化采集、处理与解释的理念。2009年中国石油开始了真正意义的时移地震采集，次年中国石油科技管理部设立了"时移地震与时移电磁技术现场试验"重大现场试验项目，在辽河油田稠油蒸汽热采和大庆油田水驱油藏中开展了时移地震和地震油藏一体化技术攻关，建立了相对完整的技术系列，并在剩余油挖潜中见到明显效果。

中国石化胜利油田物探技术研究院在21世纪初（2001年）就成立了油藏地球物理室，在老油田的地球物理技术应用方面做了多方面的探索。中国石化石油物探技术研究院在2009年成立了油藏地球物理研究所，在微地震、反演、属性的应用方面也做了大量的探索。

参 考 文 献

陈作，刘红磊，李英杰，等，2021. 国内外页岩油储层改造技术现状及发展建议[J]. 石油钻探技术，49(4)：1-7.

甘利灯，殷积峰，李永根，等，1997. 利用储层特征重构技术进行泥岩裂缝储层预测[C]//1997年东部地区第九次石油物探技术研讨会论文摘要汇编：446-456.

甘利灯，张昕，王峣钧，等，2018. 从勘探领域变化看地震储层预测技术现状和发展趋势[J]. 石油地球物理勘探，53(1)：214-225.

吕建中，郭晓霞，杨金华，2015. 深水油气勘探开发技术发展现状与趋势[J]. 石油钻采工艺，37(1)：13-18.

孟尔盛，等，1999. 开发地震[M]. 中国石油学会物探专业委员会.

穆龙新，计智锋，2019. 中国石油海外油气勘探理论和技术进展与发展方向[J]. 石油勘探与开发，46(6)：1027-1036.

撒利明，梁秀文，张志让，1997. 一种新的多信息多参数反演技术研究—SEIMPAR[C]//1997东部地区第九次石油物探技术研讨会论文摘要汇编：364-367.

撒利明，甘利灯，黄旭日，等，2014. 中国石油集团油藏地球物理技术现状与发展方向[J]. 石油地球物理勘探，2014，49(3)：611-626.

王喜双，曾忠，张研，等，2006. 中油股份公司物探技术现状及发展趋势[J]. 中国石油勘探，11(3)：35-49.

徐春春，邹伟宏，杨跃明，等，2017. 中国陆上深层油气资源勘探开发现状及展望[J]. 天然气地球科学，28(8)：1139-1153.

张文昭，1999. 当代中国油气勘探历程的回顾与展望[J]. 中国矿业，8(2)：6-10.

赵邦六，董世泰，曾忠，等，2021. 中国石油"十三五"物探技术进展及"十四五"发展方向思考[J]. 中国石油勘探, 26(1): 108-120.

Bjrlykke K, 1975. Introduction to petroleum geology[M]. In: Bjørlykke K. (eds) Petroleum Geoscience. Springer, Berlin, Heidelberg.

Brown A R, 1992a. Interpretation of three-dimensional seismic data[M]. AAPG Memoir 42, 3rd edition, Tulsa, Oklahoma.

Brown A R, 1992b. Seismic interpretation today and tomorrow[J]. Geophysics: the leading edge of exploration, 11(11): 10-15.

Dahm C G, Graebner R J, 1979. Field development with three-dimensional seismic methods in Gulf of Thailand-a case history[C]. Offshore Technology Conference, Paper 3657, 2591-2595.

Han D H, Nur A, Morgan D, 1986. Effects of porosity and clay content on wave velocities in sandstones[J]. Geophysics, 51(11): 2093-2107.

Huang X, Kelkar M, 1996. Reservoir characterization by integration of seismic and dynamic data[C]. SPE/DOE Improved Oil Recovery Symposium, Tulsa, Oklahoma.

Huang X, Gajraj A, Kelka M, 1997. The impact of integrating static and dynamic data in quantifying uncertainties in the future prediction of multi-phase systems[C]. SPE Form Eval, 12(4): 263-270.

Huang X, Meister L, Workman R, 1998. Improving production history matching using time-lapse seismic data[J]. The Leading Edge, 17(10): 1430-1433.

Huang X, 2001a. Integrating time-lapse seismic with production data: a tool for reservoir engineering[J]. The Leading Edge, 20(10): 1148-1153.

Huang X, Will R, Khan M, et al., 2001b. Integration of time-lapse seismic and production data in a Gulf of Mexico gas field[J]. The Leading Edge, 20(3): 278-289.

Huang X, Lin Y, 2006. Production optimization using production history and time-lapse seismic data[C]. SEG Technical Program Expanded Abstracts.

Ling Y, Guo X, Huang X, et al., 2009. Integration of 3D seismic data and dynamic reservoir data for exploitation of remaining oil in a mature field: A case study in western China[J]. The Leading Edge, 28(12): 1508-1516.

Neidell N S, Poggiagliolmi E, 1977. Stratigraphic modeling and interpretation - geophysical principles and techniques[M]. in C. E. Payton ed. : Seismic Stratigraphy, AAPG Memoir 26, 389-416.

Pennington W D, 2005. Reservoir geophysics[J]. Geophysics, 66(1): 25-30.

Ronald F B, 2004. Petroleum geology: An introduction, new mexico bureau of geology and mineral resources[C]. A Division of New Mexico Institute of Mining and Technology.

Sheriff R E, 2002. Encyclopedic dictionary of applied geophysics[M]. SEG.

Silvia F F, 2019. History, exploration & explotation of oil and gas[M]. Berlin, Heidelberg: Springer.

Mallick S, Huang X, Lauve J, et al., 2000. Hybrid seismic inversion: A reconnaissance tool for deepwater exploration[J]. The Leading Edge, 19(11): 1230-1237.

Zeng H L, Backus M M, Barrow K T, et al., 1998a. Stratal slicing, part Ⅰ: realistic 3-D seismic model[J]. Geophysics, 63(2): 502-513.

Zeng H L, Henry H C, Riola J P, 1998b. Stratal slicing, part Ⅱ: real 3-D seismic data[J]. Geophysics, 63(2): 514-522.

2 地震波数值模拟技术

本章主要介绍地震波数值模拟的实现方法。围绕最常使用的时空域有限差分方法，依次给出了数值频散、计算稳定性、吸收衰减边界条件三个数值求解基本问题的推导及分析。在此基础上，进一步介绍了提升有限差分计算效率的四种并行计算方法，最后给出了时间—波数域、频率—空间域、混合位移—梯度三种与有限差分相关的其他波动方程数值解法。

2.1 地震波数值模拟技术简介

地震波数值模拟就是在假定地下介质结构模型和相应物理参数已知的情况下，模拟地震波在地下介质中的传播规律，并计算在地面或地下各观测点所应观测到的数值记录的一种地震模拟技术。它在矿产资源勘探和环境地球物理中应用广泛，服务于地震采集观测系统设计、地震数据处理方法验证、地震解释结论的定量化检验等多个方面。

伴随数学理论和计算机技术的飞速发展，地震波数值模拟技术也得到了迅速的发展。目前地震波数值模拟波技术主要有射线追踪方法和波动方程方法两大类。射线追踪方法是建立在以射线理论为基础的波动方程高频近似理论基础上的，其数学表达形式为程函方程和传输方程，计算速度快，但只能完成旅行时正演，模拟结果缺失振幅信息，限制了其广泛应用。与之相比，波动方程方法模拟的波场包含了更加丰富的地震波传播信息，更能反映实际介质中地震波的传播特征，在实际中被广泛采纳。

基于波动方程的地震波数值模拟技术主要包括时空域有限差分法、有限元法、频波域谱方法等。

(1) 时空域有限差分法。

时空域有限差分法尤其是高阶有限差分方法(Dablain, 1986)是目前地球物理领域和油气勘探领域内研究最多、应用最广泛的波动方程数值解法(佘德平, 2004；冯英杰等, 2007)，该方法在时间—空间域将波动方程中的各参数和波场函数离散化，用差商代替偏导数，通过求解差分方程得到微分方程的近似解，具有计算速度快、存储空间小、易于编程实现、并行通信量小、并行效率高等优点。但是由于差分离散引入的误差项，导致数值解的速度(相速度、群速度)发生了变化，称之为"数值频散"。研究如何压制数值频散是该类方法的重要研究方向。

(2) 有限元法。

有限元法把连续体离散为通过节点互连的许多单元体，并且以位移函数来描述单元的变形，从而使位移、应力等物理量得以求解(王勖成等, 1997)。由于剖分单元的任意性及其所依据的变分原理，该方法对含有多种介质和自然边界条件的处理非常方便有效。正由于其具有灵活的网格划分模式，应用有限元类方法往往需要配套的网格划分前处理步骤。网格划分的质量对后续运算结果也会产生很大的影响。再由于需要求解大规模的线性方程组，使得其计算量和存储量都较大，编程难度也较高，并行效率较低，制约了其在地震勘探数值模拟中的大规模应用。

（3）频波域谱方法。

该方法基于傅里叶变换。时间偏导采用有限差分离散，空间偏导采用傅里叶变换的方法，称为虚谱法（Kreiss et al., 1972; Orszag, 1972; Gottlieb et al., 1977）；时间偏导采用傅里叶变换，空间偏导采用有限差分的方法，称为频率域解法（Pratt, 1990; Liao et al., 1996; Jo et al., 1996; Min et al., 2000）。由于傅里叶变换基于全空（时）间，所以这类方法能够使用全空（时）间上所有的网格点来获得空（时）间上的高精度，理论上来讲，谱方法不存在空（时）间误差，这使得理论上的谱方法在每个最小主波长（周期）内只需要两个网格点即可消除数值频散。也正是由于谱类方法的算子不是局部算子，并行效率较差，频率域解法还涉及求解超大规模的线性方程组，存储与计算效率制约了该类方法的广泛应用。

波动方程的各类数值模拟方法，发展演化围绕两条主线：精度与效率。提升精度就是使算法本身更加贴合地质情况及改善因算法数值离散带来的计算误差；效率则是追求在不损失精度下的模拟过程快速实现，同等计算规模下所用计算资源更少或同等资源下计算规模更大。本章将对精度和效率这两个问题展开基本的讨论。

2.2 波动方程数值离散

物体因受力而产生位移、应力、应变的扰动，这种扰动以一定的速度向物体其他部分传播，形成能量的基本传递形式之一——波动。实际的地下介质是一种黏弹性体，震源激发的能量推动地下连续介质质点在平衡位置往复震动，产生时空变化的地震波，向外围扩展。描述物体受力与产生的位移、应力、应变响应状态的数学方程就是波动方程。

2.2.1 波动方程的建立

建立波动方程需要借助描述应变与位移关系的应变几何方程、描述应力—应变关系的广义胡克定律，以及描述物体内外力平衡的应力运动方程等三大类方程。

在小变形条件下，应变与位移的几何方程为：

$$\boldsymbol{\varepsilon}_{ij} = \frac{1}{2}(u_{i,j} + u_{j,i}) \quad i, j = 1, 2, 3 \tag{2.2.1}$$

式中：$\boldsymbol{\varepsilon}_{ij}$ 为应变张量；$u_{i,j}$，$u_{j,i}$ 为位移分量。

均匀各向同性介质的胡克定律为：

$$\boldsymbol{\sigma}_{ij} = \lambda \boldsymbol{\varepsilon}_{kk} \delta_{ij} + 2\mu \boldsymbol{\varepsilon}_{ij} \quad i, j, k = 1, 2, 3 \tag{2.2.2}$$

$$\boldsymbol{\varepsilon}_{kk} = \varepsilon_{11} + \varepsilon_{22} + \varepsilon_{33}$$

式中：$\boldsymbol{\sigma}_{ij}$ 为应力；λ，μ 为拉梅系数；δ_{ij} 为狄拉克函数，当 $i=j$ 时 $\delta_{ij}=1$，当 $i \neq j$ 时 $\delta_{ij}=0$。

当有外力作用而使物体处于不平衡时，物体就要作加速运动，此时要借助牛顿第二运动定律来建立新的运动平衡方程：

$$\sigma_{ij,j}+\Gamma_i=\rho\ddot{u}_i \quad i,j=1,2,3 \tag{2.2.3}$$

式中：$\sigma_{ij,j}$ 下标 j 前面的逗号表示应力 σ_{ij} 对指标 j 求导数；Γ_i 为体积力；ρ 为密度；$\ddot{u}_i$ 为位移 u_i 对时间的二阶偏导，即质点的加速度。

将式（2.2.1）代入式（2.2.2），整理得到应力与位移的关系：

$$\sigma_{ij}=\lambda u_{j,j}\delta_{ij}+\mu(u_{i,j}+u_{j,i}) \tag{2.2.4}$$

再将式（2.2.4）代入式（2.2.3），整理得到只用位移物理量表示的方程：

$$(\lambda+\mu)u_{j,ji}+\mu u_{i,jj}+\Gamma_i=\rho\ddot{u}_i \tag{2.2.5}$$

式（2.2.5）就是用张量符号表示的均匀各向同性弹性介质位移运动方程，方程写成分量形式如下，其中 u_x，u_y，u_z 表示位移分量，γ_x，γ_y，γ_z 表示体积力分量：

$$\begin{cases}\rho\dfrac{\partial^2 u_x}{\partial t^2}=(\lambda+2\mu)\left(\dfrac{\partial^2 u_x}{\partial x^2}+\dfrac{\partial^2 u_y}{\partial x\partial y}+\dfrac{\partial^2 u_z}{\partial x\partial z}\right)+\mu\left(\dfrac{\partial^2 u_x}{\partial y^2}+\dfrac{\partial^2 u_x}{\partial z^2}-\dfrac{\partial^2 u_y}{\partial x\partial y}-\dfrac{\partial^2 u_z}{\partial x\partial z}\right)+\gamma_x\\[2mm]\rho\dfrac{\partial^2 u_y}{\partial t^2}=(\lambda+2\mu)\left(\dfrac{\partial^2 u_x}{\partial y\partial x}+\dfrac{\partial^2 u_y}{\partial y^2}+\dfrac{\partial^2 u_z}{\partial y\partial z}\right)+\mu\left(\dfrac{\partial^2 u_y}{\partial x^2}+\dfrac{\partial^2 u_y}{\partial z^2}-\dfrac{\partial^2 u_x}{\partial y\partial x}-\dfrac{\partial^2 u_z}{\partial y\partial z}\right)+\gamma_y\\[2mm]\rho\dfrac{\partial^2 u_z}{\partial t^2}=(\lambda+2\mu)\left(\dfrac{\partial^2 u_x}{\partial z\partial x}+\dfrac{\partial^2 u_y}{\partial z\partial y}+\dfrac{\partial^2 u_z}{\partial z^2}\right)+\mu\left(\dfrac{\partial^2 u_z}{\partial x^2}+\dfrac{\partial^2 u_z}{\partial y^2}-\dfrac{\partial^2 u_x}{\partial z\partial x}-\dfrac{\partial^2 u_y}{\partial z\partial y}\right)+\gamma_z\end{cases} \tag{2.2.6}$$

将式（2.2.5）的位移张量的微分运算用梯度算子、散度算子、旋度算子和拉普拉斯算子来表示：

$$(\lambda+\mu)\nabla(\nabla\cdot\boldsymbol{u}_i)+\mu\nabla^2\boldsymbol{u}_i+\Gamma_i=\rho\ddot{\boldsymbol{u}}_i \tag{2.2.7}$$

$$\nabla^2\boldsymbol{u}_i=\nabla(\nabla\cdot\boldsymbol{u}_i)-\nabla\times\nabla\times\boldsymbol{u}_i \tag{2.2.8}$$

式中：$\nabla(\cdot)$ 为梯度算子；$\nabla\cdot\boldsymbol{u}_i$ 为位移的散度算子；$\nabla^2\boldsymbol{u}_i$ 为位移的拉普拉斯算子；$\nabla\times\boldsymbol{u}_i$ 为 $\boldsymbol{u}_i$ 的旋度。

于是，位移运动方程[式（2.2.5）]也可以写为散度、旋度表示的形式：

$$(\lambda+2\mu)\nabla(\nabla\cdot\boldsymbol{u}_i)-\mu\nabla\times\nabla\times\boldsymbol{u}_i+\Gamma_i=\rho\ddot{\boldsymbol{u}}_i \tag{2.2.9}$$

考虑体积力为 0 的情况，即 $\Gamma_i=0$，首先令质点位移的散度为 0，即 $\nabla\cdot\boldsymbol{u}_i=0$，代入式（2.2.7），得到：

$$\nabla^2\boldsymbol{u}_i=\dfrac{\rho}{\mu}\ddot{\boldsymbol{u}}_i=\dfrac{1}{c_s^2}\ddot{\boldsymbol{u}}_i,\quad c_s^2=\dfrac{\mu}{\rho} \tag{2.2.10}$$

式（2.2.10）为等体积波的波动方程。此时，弹性介质内部的体积单元只发生剪切或旋转形变，而不存在体积胀缩，弹性体内的质点运动方向与波的传播方向垂直，产生横波。

因此,式(2.2.10)也被称为横波波动方程。其中,c_s 为均匀各向同性介质中的横波传播速度。

若令质点位移的旋度为0,即 $\nabla \times \boldsymbol{u}_i = 0$,代入式(2.2.8),得到:

$$\nabla^2 \boldsymbol{u}_i = \nabla(\nabla \cdot \boldsymbol{u}_i) \tag{2.2.11}$$

将式(2.2.11)代入式(2.2.7),得到:

$$\nabla^2 \boldsymbol{u}_i = \frac{\rho}{\lambda + 2\mu} \ddot{\boldsymbol{u}}_i = \frac{1}{c_p^2} \ddot{\boldsymbol{u}}_i, \quad c_p^2 = \frac{\lambda + 2\mu}{\rho} \tag{2.2.12}$$

式(2.2.12)是胀缩波的波动方程,此时,弹性介质内部的体积单元只发生体积压缩或者膨胀形变,而不发生剪切或旋转形变,弹性体内的质点运动方向与波的传播方向一致,称为纵波,因此,式(2.2.12)也被称为纵波波动方程(或声波方程)。其中,c_p 为均匀各向同性介质中的纵波传播速度。下文将以纵波波动方程为例来讲解波动方程的有限差分数值解法。

2.2.2 波动方程有限差分离散

对式(2.2.6)的数值求解需要先把连续问题离散化,有限差分的离散思想是以差分代替微分(图2.2.1),以沿 x 方向传播的一维波动方程为例:

$$\frac{\partial^2 u(x,t)}{\partial x^2} = \frac{1}{c^2} \frac{\partial^2 u(x,t)}{\partial t^2} \tag{2.2.13}$$

式中:$u(x,t)$ 是空间坐标 x 和时间坐标 t 的单值连续函数;c 为波速,在均匀各向同性弹性介质中 c 为常数,在非均匀介质或者各向异性介质中,c 是空间坐标的函数 $c(x)$。

有限差分方法就是将式(2.2.13)中涉及的位移对空间和时间的偏导数用差分的形式代替,为此,先要对位移场进行网格离散(图2.2.1),假设方程的求解区域:

$$\Omega = \{(x,t) \mid X_1 \leq x \leq X_2, T \geq t \geq 0\} \tag{2.2.14}$$

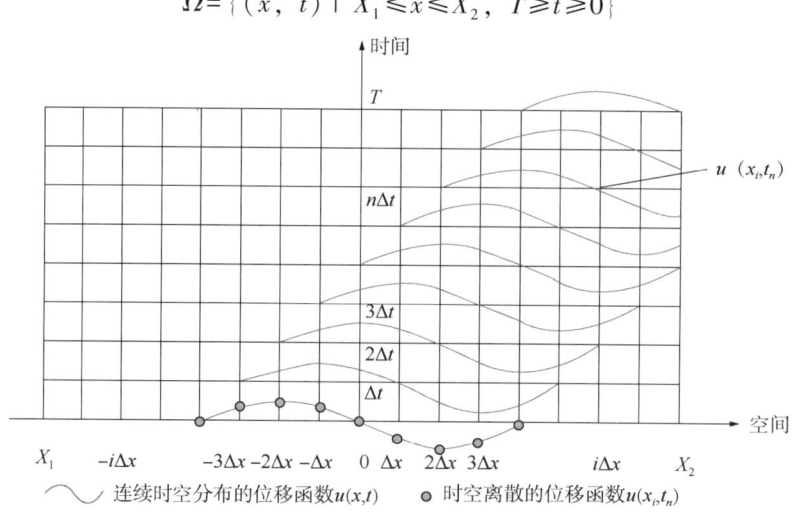

图 2.2.1 有限差分网格离散示意图

将求解区域平行划分为若干网格，网格线的交点称为节点，节点坐标表示为(x_i, t_n)或者直接取用网络序号，简写为(i, n)。空间方向的网格间距Δx称为空间步长，时间方向的网格间距Δt称为时间步长。若在$[X_1 \sim X_2]$区间内空间步长取相等距离，这种离散方法称为规则网格，若空间步长取Δx_1、Δx_2、Δx_3等若干不相等值，称为不规则网格，不规则网格在处理起伏地表等界面变化剧烈的情况下能降低计算噪声，提高计算精度。在有限差分算法中一般时间方向的离散均采用规则网格。解空间网格离散后，时空内连续传播的函数$u(x, t)$只能用"有限个"网格节点上的取值来表征：$u(0, n\Delta t)$，$u(\Delta x, n\Delta t)$，$u(-\Delta x, n\Delta t)$，…。对某一时刻t，将位移函数在坐标x两侧附近做泰勒展开：

$$u(x+\Delta x, t) = u(x, t) + \Delta x \frac{\partial u(x, t)}{\partial x} + \frac{1}{2!}\Delta x^2 \frac{\partial^2 u(x, t)}{\partial x^2} +$$

$$\frac{1}{3!}\Delta x^3 \frac{\partial^3 u(x, t)}{\partial x^3} + \frac{1}{4!}\Delta x^4 \frac{\partial^4 u(x, t)}{\partial x^4} + \cdots \quad (2.2.15)$$

$$u(x-\Delta x, t) = u(x, t) - \Delta x \frac{\partial u(x, t)}{\partial x} + \frac{1}{2!}\Delta x^2 \frac{\partial^2 u(x, t)}{\partial x^2} -$$

$$\frac{1}{3!}\Delta x^3 \frac{\partial^3 u(x, t)}{\partial x^3} + \frac{1}{4!}\Delta x^4 \frac{\partial^4 u(x, t)}{\partial x^4} + \cdots \quad (2.2.16)$$

将式(2.2.15)减去式(2.2.16)：

$$u(x+\Delta x, t) - u(x-\Delta x, t) = 2\Delta x \frac{\partial u(x, t)}{\partial x} + \frac{2}{3!}\Delta x^3 \frac{\partial^3 u(x, t)}{\partial x^3} + O(\Delta x^4) \quad (2.2.17)$$

重新整理式(2.2.17)顺序：

$$\frac{\partial u(x, t)}{\partial x} = \frac{u(x+\Delta x, t) - u(x-\Delta x, t)}{2\Delta x} - \frac{1}{6}\Delta x^2 \frac{\partial^3 u(x, t)}{\partial x^3} + O(\Delta x^3) \quad (2.2.18)$$

式中：$O(\Delta x^3)$表示包含Δx的三阶及更高阶数的项，当位移函数$u(x, t)$是波动方程充分光滑的解，$\frac{\partial^3 u(x, t)}{\partial x^3}$及更高阶空间导数项都是有界的。当$\Delta x \to 0$时，可略去三阶及更高阶数的项，保留二阶截断误差，整理得：

$$\frac{\partial u(x, t)}{\partial x} = \frac{u(x+\Delta x, t) - u(x-\Delta x, t)}{2\Delta x} + O(\Delta x^2) = \boldsymbol{D}_x u + O(\Delta x^2) \quad (2.2.19)$$

式中：$\boldsymbol{D}_x$为差分算子；$O(\Delta x^2)$为差分算子$\boldsymbol{D}_x$的截断误差。若继续忽略二阶的截断误差，位移对空间一阶偏导数的近似公式：

$$\frac{\partial u(x, t)}{\partial x} \approx \frac{u(x+\Delta x, t) - u(x-\Delta x, t)}{2\Delta x} \quad (2.2.20)$$

类似的做法，将式(2.2.15)与式(2.2.16)相加，得到：

$$u(x+\Delta x,\ t)+u(x-\Delta x,\ t)=2u(x,\ t)+\Delta x^2\frac{\partial^2 u(x,\ t)}{\partial x^2}+O(\Delta x^4) \quad (2.2.21)$$

整理得到位移二阶空间偏导数：

$$\frac{\partial^2 u(x,\ t)}{\partial x^2}=\frac{u(x+\Delta x,\ t)+u(x-\Delta x,\ t)-2u(x,\ t)}{\Delta x^2}+O(\Delta x^2)=\boldsymbol{D}_{xx}u+O(\Delta x^2)$$

略去二阶差分算子 $\boldsymbol{D}_{xx}$ 的截断误差 $O(\Delta x^2)$，得到位移对空间二阶偏导数的近似公式：

$$\frac{\partial^2 u(x,\ t)}{\partial x^2}\approx\frac{u(x+\Delta x,\ t)+u(x-\Delta x,\ t)-2u(x,\ t)}{\Delta x^2} \quad (2.2.22)$$

同理，位移函数对时间的二阶偏导数可以表示为：

$$\frac{\partial^2 u(x,\ t)}{\partial t^2}\approx\frac{u(x,\ t+\Delta t)+u(x,\ t-\Delta t)-2u(x,\ t)}{\Delta t^2} \quad (2.2.23)$$

将式（2.2.22）和式（2.2.23）代入式（2.2.13），得到差分表示的弹性波动方程：

$$\frac{u(x,\ t+\Delta t)+u(x,\ t-\Delta t)-2u(x,\ t)}{\Delta t^2}=c^2\frac{u(x+\Delta x,\ t)+u(x-\Delta x,\ t)-2u(x,\ t)}{\Delta x^2}$$

$$(2.2.24)$$

一般将空间离散节点写成下角标形式，将时间离散节点写成上角标形式：

$$\frac{u_i^{n+1}+u_i^{n-1}-2u_i^n}{\Delta t^2}=c^2\frac{u_{i+1}^n+u_{i-1}^n-2u_i^n}{\Delta x^2}\quad i=0,\ \pm 1,\ \pm 2,\ \cdots;\ n=0,\ 1,\ 2,\ \cdots \quad (2.2.25)$$

式（2.2.25）的截断误差为 $O(\Delta x^2+\Delta t^2)$，具有二阶时间精度，二阶空间精度。对有限差分法的"有限"理解，一方面来自上文所述，它是无限解空间中离散出有限个解网格；另一方面就是这里的微分方程有限精度截取。很明显当时间步长 Δt 和空间步长 Δx 趋于零时，差分的截断误差也趋近于零，说明随着差分网格不断精细，差分方程能够与微分方程充分接近，二者具有相容性，只有这样差分格式的离散才有意义。

推广到二维及三维波动方程：

$$\frac{\partial^2 u(x,\ z,\ t)}{\partial x^2}+\frac{\partial^2 u(x,\ z,\ t)}{\partial z^2}=\frac{1}{c^2}\frac{\partial^2 u(x,\ z,\ t)}{\partial t^2} \quad (2.2.26)$$

$$\frac{\partial^2 u(x,\ y,\ z,\ t)}{\partial x^2}+\frac{\partial^2 u(x,\ y,\ z,\ t)}{\partial y^2}+\frac{\partial^2 u(x,\ y,\ z,\ t)}{\partial z^2}=\frac{1}{c^2}\frac{\partial^2 u(x,\ y,\ z,\ t)}{\partial t^2}$$

$$(2.2.27)$$

时空二阶精度的差分格式方程：

$$\frac{u_{i,k}^{n+1}+u_{i,k}^{n-1}-2u_{i,k}^n}{\Delta t^2}=c^2\frac{u_{i+1,k}^n+u_{i-1,k}^n-2u_{i,k}^n}{\Delta x^2}+\frac{u_{i,k+1}^n+u_{i,k-1}^n-2u_{i,k}^n}{\Delta z^2} \quad (2.2.28)$$

$$\frac{u_{i,j,k}^{n+1}+u_{i,j,k}^{n-1}-2u_{i,j,k}^{n}}{\Delta t^2}=c^2\frac{u_{i+1,j,k}^{n}+u_{i-1,j,k}^{n}-2u_{i,j,k}^{n}}{\Delta x^2}+\frac{u_{i,j+1,k}^{n}+u_{i,j-1,k}^{n}-2u_{i,j,k}^{n}}{\Delta y^2}+\frac{u_{i,j,k+1}^{n}+u_{i,j,k-1}^{n}-2u_{i,j,k}^{n}}{\Delta z^2}$$

(2.2.29)

以二维为例，如图 2.2.2 所示，差分格式的计算过程为利用已知的过去时刻的波场值 $u_{i,k}^{n-1}$ 和当前时刻的波场值 $u_{i-1,k}^{n}$、$u_{i+1,k}^{n}$、$u_{i,k}^{n}$、$u_{i,k-1}^{n}$、$u_{i,k+1}^{n}$ 来推算未来时刻的波场值 $u_{i,k}^{n+1}$。在未来时刻所有的空间节点波场值都计算完毕后，以"当前时刻"作为新的"过去时刻"，以"未来时刻"作为新的"当前时刻"，继续推算下一个新的"未来时刻"，在波场值更新计算中，该差分格式涉及前后三层时间的空间波场，因此也称为三层显式格式。

式(2.2.28)描述了一个已存在的波在离散解空间的传播情况，在进行波动方程数值模拟的时候，这个"已存在的波"需要以初始条件的形式引入——将震源子波引入离散解空间：

$$u_{i,k}^{0}=g^{0} \qquad(2.2.30)$$

式中：g^0 为震源子波函数在 0 时刻的值。在 $-\Delta t$ 时刻，震源尚未加载，整个解空间波场值都为零，在 0 时刻解空间加载了 g^0，这个 g^0 作为"已存在的波"用来计算 Δt 时刻解空间的波场值。

一般进行数值模拟时，采用的震源子波都有一个时间长度，离散后对应一个时间序列 $\{g^0, g^{\Delta t}, g^{2\Delta t}, g^{3\Delta t}, \cdots, g^{N\Delta t}\}$，因此在 $\Delta t, 2\Delta t, 3\Delta t, \cdots, N\Delta t$ 时刻依然需要持续加载震源后续波形，与 0 时刻不同的是，后续的时间上波场值需要追加赋予，而不是直接赋值：

$$u_{i,k}^{n\Delta t}=u_{i,k}^{n\Delta t}+g^{n\Delta t} \qquad(2.2.31)$$

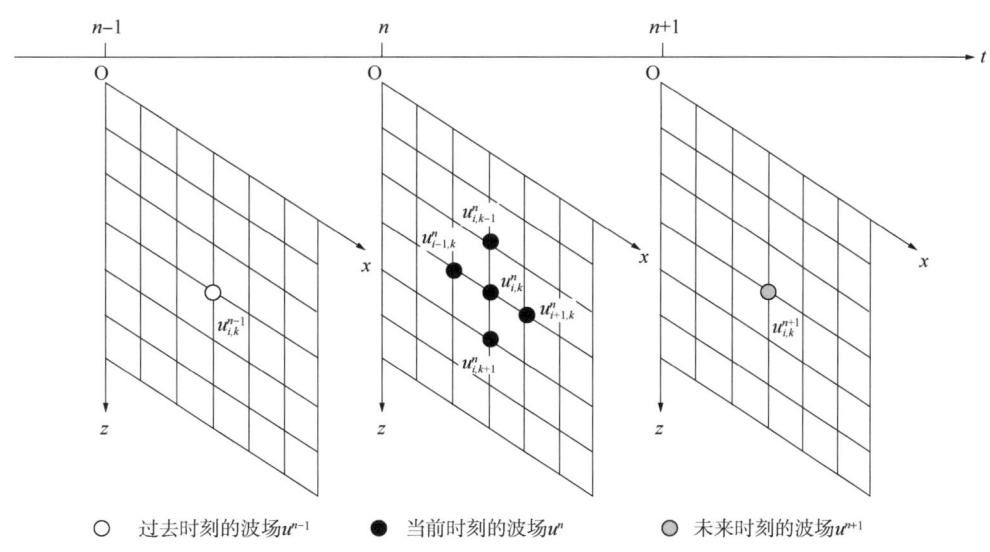

图 2.2.2 有限差分数值模拟求解过程示意图

2.2.3 数值频散及稳定性分析

2.2.2 节给出了各向同性介质波动方程的差分格式，采用此格式编写计算机程序，即可完成波动方程的数值模拟。

设计一个简单的二维各向同性介质模型[图2.2.3(a)]，模型尺寸1000m×1000m，采用10m×10m的间隔空间离散，地震波传播速度设定为800m/s，震源采用30Hz主频的雷克子波[式(2.2.32)]，震源设置于模型正中央。数值模拟时，时间方向离散间隔采用1ms，当波场在模型空间中传播至600ms时刻，输出模型空间各节点的波场值，如图2.2.3(b)所示。

$$g^n = e^{-(\pi f_m \Delta t)^2}[1 - 2^{-(\pi f_m \Delta t)^2}] \tag{2.2.32}$$

式中：g^n为雷克子波在第n个采样点的取值；f_m为雷克子波主频。

由于介质各向同性，地震波将以圆形向外扩展，按照800m/s的传播速度，地震波在600ms的时候将会传播到距离震源中心480m的位置，这与图2.2.3(b)中最外圈的地震波形位置保持一致。由式(2.2.32)计算得到的雷克子波只包含一峰两谷波形，因此图2.2.3(b)中最外圈波形向内的若干波形都是不应该存在的，为计算假象，在波动方程的数值模拟中，称其为数值频散现象——一种不同频率的波以不同速度传播的现象，本质上是由于波场计算的时空离散采样导致的。

一般将角频率ω与波数k的比值定义为相位速度v：

$$v = \frac{\omega}{k} \tag{2.2.33}$$

若相位速度v依赖于波数k，表明不同频率的波以不同的速度传播，方程是有频散的，否则无频散。

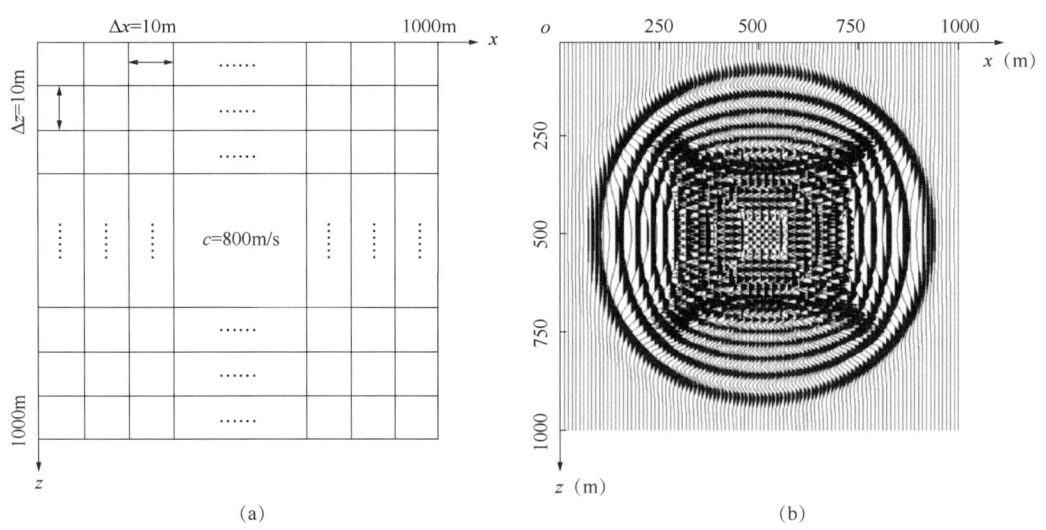

图2.2.3 波动方程数值模拟模型及600ms时的波场快照

下面推导波动方程的频散解析解公式。

根据傅里叶变换的微分性质：

$$\begin{cases} f(t) \leftrightarrow F(\omega) \\ f'(t) \leftrightarrow i\omega F(\omega) \\ f''(t) \leftrightarrow (i\omega)^2 F(\omega) \end{cases} \tag{2.2.34}$$

式中的 $f(t)$ 与 $F(\omega)$ 构成了一对傅里叶正反变换对，其中，i 为虚数单位，$i^2=-1$，ω 为角频率。

将式(2.2.34)代入式(2.2.27)，空间二阶导数与时间二阶导数性质类似，将角频率 ω 用波数 k_x、k_y、k_z 替换即可，整理得到：

$$-\omega^2 U(k_x, k_y, k_z, \omega) - c^2(-k_x^2 - k_y^2 - k_z^2) U(k_x, k_y, k_z, \omega) = 0 \quad (2.2.35)$$

因为频率—波数域的波场 $U(k_x, k_y, k_z, \omega) \neq 0$，因此：

$$\omega^2 = c^2(k_x^2 + k_y^2 + k_z^2) \text{ 或者 } \omega^2 = c^2 k^2, \ k^2 = k_x^2 + k_y^2 + k_z^2 \quad (2.2.36)$$

由式(2.2.33)相速度的定义，很明显式(2.2.36)中的 c 与相速度 v 相等，即 $v=c$，而 c 是空间坐标的函数，与波数无关，因此方程无频散。

下面考虑将波动方程的时间偏导部分用有限差分离散，空间偏导数不离散的情况。
根据傅里叶变换的时移性质：

$$\begin{cases} f(t) \leftrightarrow F(\omega) \\ f(t+\Delta t) \leftrightarrow F(\omega) e^{i\omega \Delta t} \\ f(t-\Delta t) \leftrightarrow F(\omega) e^{-i\omega \Delta t} \end{cases}$$

将上式代入式(2.2.23)，整理得：

$$-\omega^2 U(k_x, k_y, k_z, \omega) \approx \frac{(e^{i\omega \Delta t} + e^{-i\omega \Delta t} - 2)}{\Delta t^2} U(k_x, k_y, k_z, \omega) \quad (2.2.37)$$

将式(2.2.37)代入式(2.2.34)，将 e 指数用欧拉公式展开，并约去不为零的波场项：

$$2\frac{1-\cos(\omega \Delta t)}{\Delta t^2} \approx c^2(k_x^2 + k_y^2 + k_z^2) \quad (2.2.38)$$

当 $\Delta t \to 0$ 时：

$$\omega^2 \approx c^2(k_x^2 + k_y^2 + k_z^2) \quad (2.2.39)$$

式(2.2.39)与式(2.2.35)是一致的，说明时间间隔趋于无穷小时，频散是不存在的。
当离散间隔不是足够小，求解圆频率，得到：

$$\omega \approx \frac{1}{\Delta t}\arccos\left[1-\frac{1}{2}c^2 \Delta t^2(k_x^2 + k_y^2 + k_z^2)\right] = \frac{1}{\Delta t}\arccos\left(1-\frac{1}{2}c^2 \Delta t^2 k^2\right) \quad (2.2.40)$$

将圆频率与波数相除，同时代入 $k=2\pi f/c$，得到相速度：

$$v = \frac{\omega}{k} \approx \frac{c}{2\pi f \Delta t}\arccos\left[1-\frac{1}{2}(2\pi f \Delta t)\right]^2) \quad (2.2.41)$$

式(2.2.41)中，相速度是简谐波频率 f、时间离散间隔 Δt、地震波设定传播速度 c 的函数，因为不同频率的波以不同的速度传播，所以会发生数值频散现象。

再将相速度与波动方程求解时设定的 c 相除，得到相速度相对传播速度的比值：

$$\frac{v}{c} \approx \frac{1}{2\pi f \Delta t} \arccos\left[1 - \frac{1}{2}(2\pi f \Delta t)^2\right] \tag{2.2.42}$$

式（2.2.42）可以用来定量刻画数值频散的大小，比值越接近1频散压制效果越好，若比值大于1，代表超前频散，频散噪声会附加在"正常波"的前沿推进；若比值小于1，代表滞后频散，噪声会跟随在"正常波"的尾巴上推进，如图2.2.3(b)所示的那样。

图2.2.4(a)给出了30Hz简谐波下的式（2.2.42）计算结果，可见由时间离散导致的频散表现为超前频散的形式，稳定性条件以内[$\Delta t \leq 1/(\pi f)$，后文陈述，暂不讨论]，频散随时间间隔增大而增大。图2.2.4(b)给出了几种时间采样间隔下的随简谐波频率变化的频散曲线，可见：（1）对任何一种采样间隔，模拟的频率越高，频散越严重；（2）对同一种频率，采样间隔越小，频散压制效果越好。

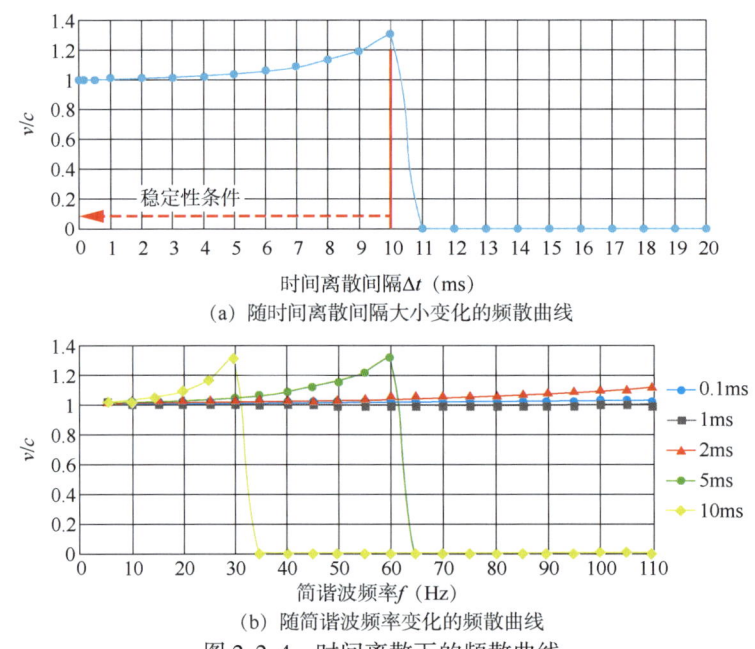

(a) 随时间离散间隔大小变化的频散曲线

(b) 随简谐波频率变化的频散曲线

图2.2.4 时间离散下的频散曲线

采样间隔的缩短将带来运算时长的线性增长，接下来讨论不改变采样间隔条件下进一步压制频散的方法。

参照式（2.2.15）、式（2.2.16）的形式，位移函数$u(x, t)$也可以在时间邻域$t \pm 2\Delta t$处展开，进而时间二阶偏导数也可以表示为：

$$\frac{\partial^2 u(x, t)}{\partial t^2} \approx \frac{u(x, t+2\Delta t) + u(x, t-2\Delta t) - 2u(x, t)}{(2\Delta t)^2} \tag{2.2.43}$$

式（2.2.43）与式（2.2.23）做线性组合，可以重新表达出二阶时间偏导数：

$$\frac{\partial^2 u(x, t)}{\partial t^2} \approx \alpha_1 \frac{u(x, t+\Delta t) + u(x, t-\Delta t) - 2u(x, t)}{(\Delta t)^2} + \alpha_2 \frac{u(x, t+2\Delta t) + u(x, t-2\Delta t) - 2u(x, t)}{(2\Delta t)^2} \tag{2.2.44}$$

式(2.2.44)将二阶时间偏导数使用$\pm\Delta t$与$\pm 2\Delta t$的位移场值联合表示,称为四阶精度展开。同理,也可以将二阶偏导数表达为更高阶的展开形式:

$$\frac{\partial^2 u(x,t)}{\partial t^2} \approx \sum_{m=-M}^{M} \alpha_i u(x, t+m\Delta t) \tag{2.2.45}$$

位移函数$u(x,t)$在邻域$t\pm n\Delta t$处的展开式:

$$u(x, t+m\Delta t) = u(x,t) + m\Delta t \frac{\partial u(x,t)}{\partial t} + \frac{1}{2!}(m\Delta t)^2 \frac{\partial^2 u(x,t)}{\partial t^2} + \\ \frac{1}{3!}(m\Delta t)^3 \frac{\partial^3 u(x,t)}{\partial t^3} + \frac{1}{4!}(m\Delta t)^4 \frac{\partial^4 u(x,t)}{\partial t^4} + O(\Delta t^5) \tag{2.2.46}$$

将式(2.2.46)代入式(2.2.45),方程等号两侧对应阶次导数的系数相等,可得:

$$\begin{cases} \alpha_{-M}(-M)^0 \Delta t^0 + \alpha_{-M+1}(-M+1)^0 \Delta t^0 + \cdots + \alpha_0 (0)^0 \Delta t^0 + \cdots + \alpha_{M-1}(M-1)^0 \Delta t^0 + \alpha_M (M)^0 \Delta t^0 = 0 \\ \alpha_{-M}(-M)^1 \Delta t^1 + \alpha_{-M+1}(-M+1)^1 \Delta t^1 + \cdots + \alpha_0 (0)^1 \Delta t^1 + \cdots + \alpha_{M-1}(M-1)^1 \Delta t^1 + \alpha_M (M)^1 \Delta t^1 = 0 \\ \alpha_{-M}\frac{(-M)^2 \Delta t^2}{2!} + \alpha_{-M+1}\frac{(-M+1)^2 \Delta t^2}{2!} + \cdots + \alpha_0 \frac{(0)^2 \Delta t^2}{2!} + \cdots + \alpha_{M-1}\frac{(M-1)^2 \Delta t^2}{2!} + \alpha_M \frac{(M)^2 \Delta t^2}{2!} = 1 \\ \alpha_{-M}\frac{(-M)^3 \Delta t^3}{3!} + \alpha_{-M+1}\frac{(-M+1)^3 \Delta t^3}{3!} + \cdots + \alpha_0 \frac{(0)^3 \Delta t^3}{3!} + \cdots + \alpha_{M-1}\frac{(M-1)^3 \Delta t^3}{3!} + \alpha_M \frac{(M)^3 \Delta t^3}{3!} = 0 \\ \vdots \\ \alpha_{-M}\frac{(-M)^{2M} \Delta t^{2M}}{2M!} + \alpha_{-M+1}\frac{(-M+1)^{2M} \Delta t^{2M}}{2M!} + \cdots + \alpha_0 \frac{(0)^{2M} \Delta t^{2M}}{2M!} + \cdots + \alpha_{M-1}\frac{(M-1)^{2M} \Delta t^{2M}}{2M!} + \alpha_M \frac{(M)^{2M} \Delta t^{2M}}{2M!} = 0 \end{cases} \tag{2.2.47}$$

将式(2.2.47)整理为矩阵形式:

$$\begin{bmatrix} (-M)^0, & (-M+1)^0, & \cdots, & (0)^0, & \cdots, & (M-1)^0, & (M)^0 \\ (-M)^1, & (-M+1)^1, & \cdots, & (0)^1, & \cdots, & (M-1)^1, & (M)^1 \\ (-M)^2, & (-M+1)^2, & \cdots, & (0)^2, & \cdots, & (M-1)^2, & (M)^2 \\ (-M)^3, & (-M+1)^3, & \cdots, & (0)^3, & \cdots, & (M-1)^3, & (M)^3 \\ & & & \vdots & & & \\ (-M)^{2M}, & (-M+1)^{2M}, & \cdots, & (0)^{2M}, & \cdots, & (M-1)^{2M}, & (M)^{2M} \end{bmatrix} \cdot \begin{bmatrix} \alpha_{-M} \\ \alpha_{-M+1} \\ \alpha_{-M+2} \\ \alpha_{-M+3} \\ \vdots \\ \alpha_M \end{bmatrix} = \begin{bmatrix} 0 \\ 0 \\ 1 \\ 0 \\ \vdots \\ 0 \end{bmatrix} \tag{2.2.48}$$

求解该方程组,可得各邻域处场点值的组合系数,表2.2.1展示了二至十六阶精度展开的差分系数。

表 2.2.1　二至十六阶离散差分系数

差分系数展开阶数	二	四	六	八	十	十二	十四	十六
α_0	-2.0	-2.5	-2.72222	-2.84722	-2.92722	-2.982778	-3.023594	-3.054843
α_1	1.0	1.333333	1.5	1.6	1.666667	1.714286	1.750000	1.777777
α_2		-0.08333	-0.15	-0.2	-0.23810	-0.267857	-0.291667	-0.311111
α_3			0.011111	0.025397	0.039682	0.052910	0.064815	0.075421
α_4				-0.00179	-0.00496	-0.008929	-0.013258	-0.017677
α_5					0.000317	0.001039	0.002121	0.003481
α_6						-0.00006	-0.000227	-0.000518
α_7							0.000012	0.000051
α_8								-0.000002

按照高阶精度展开重新整理式(2.2.48):

$$\sum_{m=1}^{M} \alpha_m [1 - \cos(\omega m \Delta t)] \approx 2\pi^2 f^2 \tag{2.2.49}$$

数值求解式(2.2.49),得到相速度与传播速度的比值。图 2.2.5 展示了简谐频率、时间离散间隔、时间偏导数的展开阶数这三个因素对频散的影响。图 2.2.5(a)展示了在固定频率为 30Hz 时,不同时间离散间隔、不同展开阶数对频散的影响;图 2.2.5(b)(c)展示了在固定时间离散间隔为 2ms、5ms 时,不同频率成分和不同展开阶数对频散的影响。观察这三张图,可以得出结论:

(1)在稳定性条件以内,对任一时间采样间隔,高阶精度展开都能够进一步压制频散,展开阶数越高,频散压制效果越好;

(2)在稳定性条件以内(2ms),对任一模拟频率,高阶精度展开都能够进一步压制频散,展开阶数越高,频散压制效果越好;

(3)高阶精度展开能够拓宽稳定性条件,将时间采样间隔和模拟频率的极限加大。

再来考虑空间偏导数有限差分离散,时间偏导数不离散的情况。类似的可以得到:

$$\omega^2 \approx 2c^2 \left[\frac{1-\cos(k_x \Delta x)}{\Delta x^2} + \frac{1-\cos(k_y \Delta y)}{\Delta y^2} + \frac{1-\cos(k_z \Delta z)}{\Delta z^2} \right] \tag{2.2.50}$$

当 $\Delta x \to 0$,$\Delta y \to 0$,$\Delta z \to 0$ 时:

$$\omega^2 \approx c^2 (k_x^2 + k_y^2 + k_z^2) \tag{2.2.51}$$

同样与式(2.2.35)保持一致,说明空间间隔趋于无穷小时,频散也是不存在的。

相速度:

$$v = \frac{\omega}{k} \approx \sqrt{2 \frac{c^2}{k^2} \left[\frac{1-\cos(k_x \Delta x)}{\Delta x^2} + \frac{1-\cos(k_y \Delta y)}{\Delta y^2} + \frac{1-\cos(k_z \Delta z)}{\Delta z^2} \right]} \tag{2.2.52}$$

其中:

$$k = \frac{2\pi f}{c}, \quad k_x = k\sin(\theta)\cos(\varphi), \quad k_y = k\sin(\theta)\sin(\varphi), \quad k_z = k\cos\theta \tag{2.2.53}$$

式中：f 为简谐波的频率；θ 为极坐标刻画下的三维空间水平角度，取 $0\sim360°$；φ 为极坐标刻画下的三维空间倾向角度，取 $0\sim180°$。

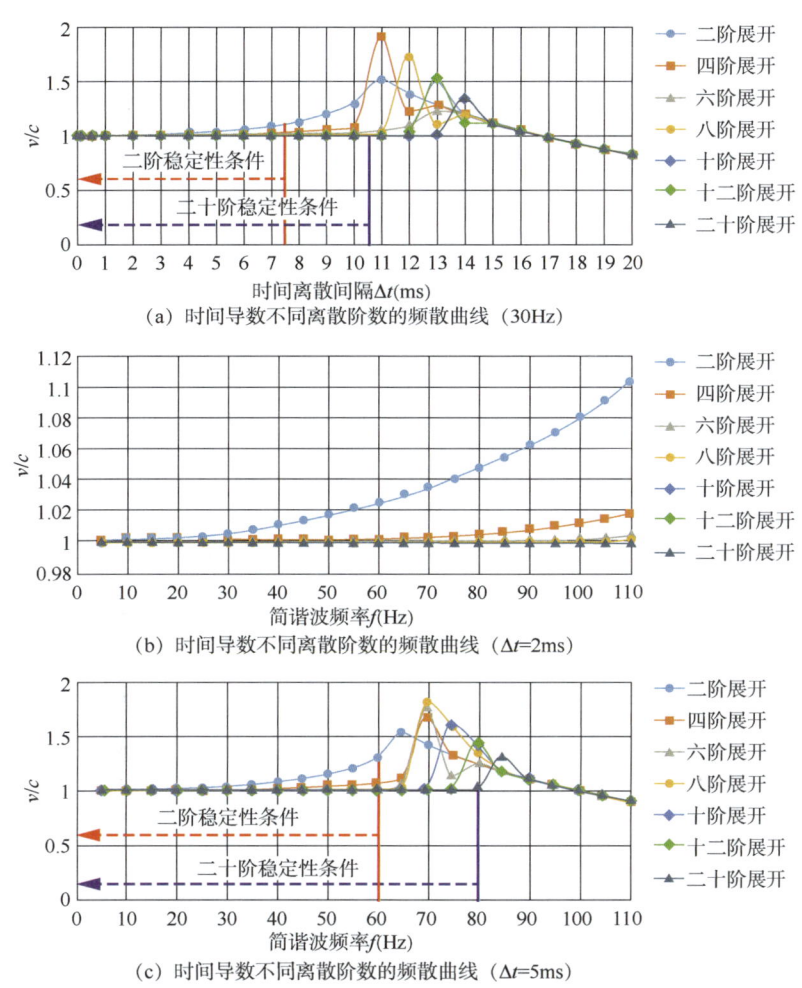

图 2.2.5 采用时间偏导高阶精度展开的频散曲线

相速度是简谐波频率 f，空间离散间隔 Δx、Δy、Δz，地震波传播速度 c，波传播方向 θ、φ 的函数。由于不同频率的波以不同的速度传播，所以也会发生数值频散现象。

同样将相速度与波传播速度 c 相除：

$$\frac{v}{c} \approx \sqrt{2\frac{1}{k^2}\left[\frac{1-\cos(k_x\Delta x)}{\Delta x^2}+\frac{1-\cos(k_y\Delta y)}{\Delta y^2}+\frac{1-\cos(k_z\Delta z)}{\Delta z^2}\right]} \quad (2.2.54)$$

图 2.2.6 展示了式(2.2.54)中各参数对频散的计算结果，可见因空间离散导致的频散为滞后频散，相较于时间频散，空间离散引起的频散更为严重。频散随空间离散间隔增大而增大，随简谐波频率提升而增大，随传播速度增大而减小，随空间角度周期性震荡。

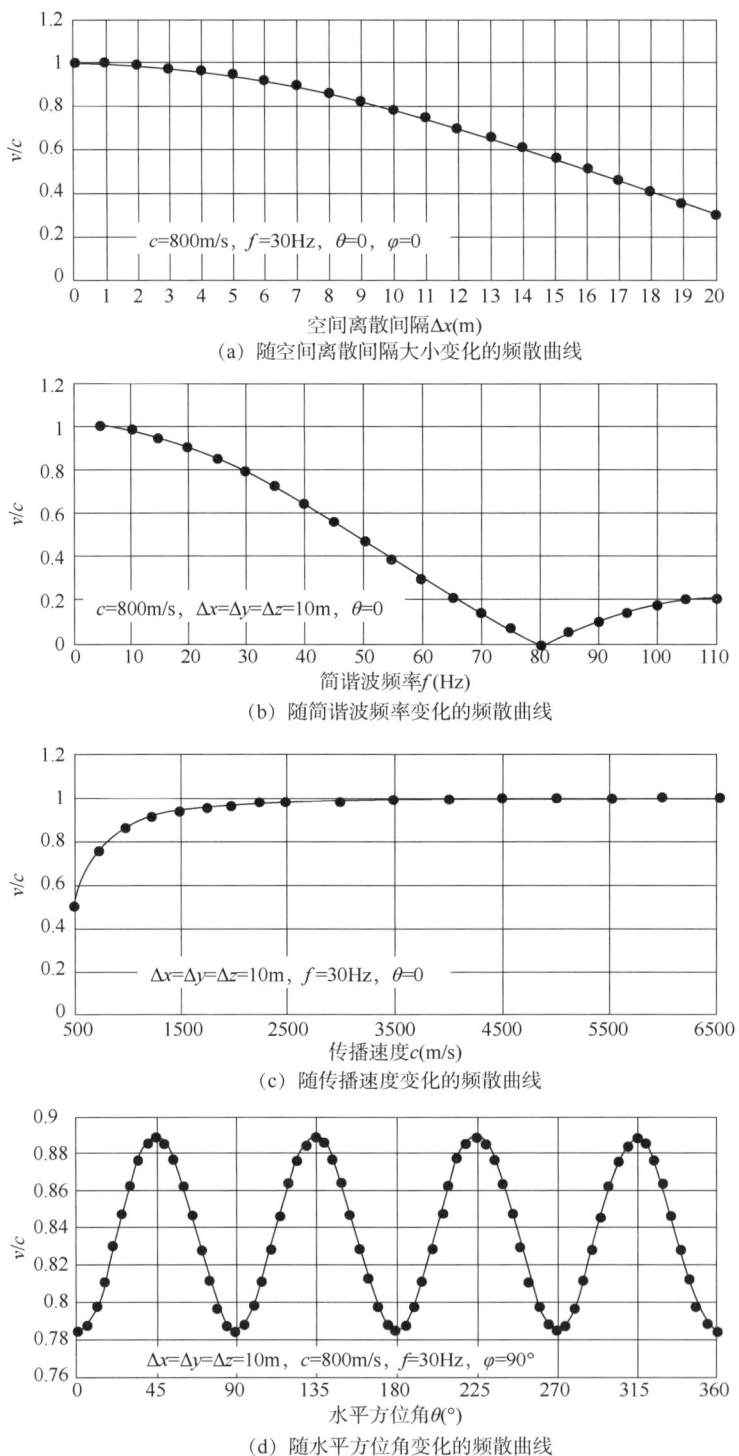

(a) 随空间离散间隔大小变化的频散曲线

(b) 随简谐波频率变化的频散曲线

(c) 随传播速度变化的频散曲线

(d) 随水平方位角变化的频散曲线

图 2.2.6　空间离散的频散曲线

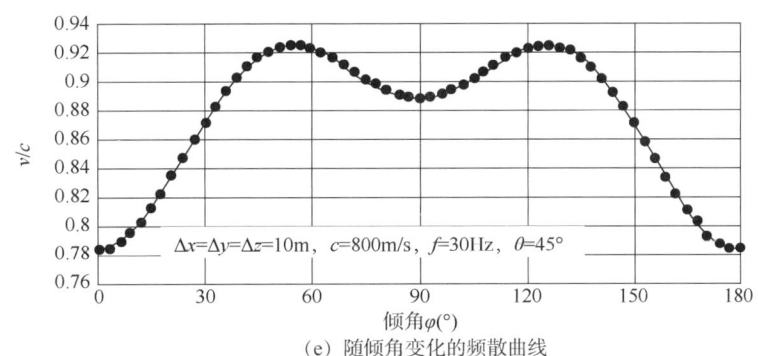

(e) 随倾角变化的频散曲线

图 2.2.6 空间离散的频散曲线(续)

对空间偏导数采用同时间偏导数一样的高阶展开格式,整理出相速度与传播速度的比值表达式:

$$\frac{v}{c} \approx \sqrt{2\frac{1}{k^2}\sum_{m=1}^{M}\alpha_m\left[\frac{1-\cos(k_x m\Delta x)}{\Delta x^2}+\frac{1-\cos(k_y m\Delta y)}{\Delta y^2}+\frac{1-\cos(k_z m\Delta z)}{\Delta z^2}\right]}$$

(2.2.55)

图 2.2.7 展示了空间偏导数不同展开阶数的频散曲线。对比三张图可以得出结论:

(1) 在稳定性条件以内,对任一空间采样间隔,高阶精度展开都能够进一步压制频散,展开阶数越高,频散压制效果越好。

(2) 在稳定性条件以内,对任一简谐频率,高阶精度展开都能够进一步压制频散,展开阶数越高,频散压制效果越好。

(3) 受限制于稳定性条件,伴随简谐波频率的抬升,即使高阶精度展开也不能有效压制频散,这时候只能通过减小空间离散间隔来实现。

在实际的地震波场数值模拟过程中,时间偏导离散一般只使用到二阶展开,空间偏导才会用高阶展开离散。原因在于:

(1) 时间离散引入的频散量小于空间离散引入的频散量[对比图 2.2.5(a)与图 2.2.7(a),稳定性条件以内,二阶时间离散的最高频散量不超过 0.3,而二阶空间离散的频散量会达到 0.5];

(2) 实际模拟时,时间离散间隔一般取 2ms 及以下,这时由时间离散引入的频散量已经很小;

(3) 时间高阶精度展开意味着要存储更多时间层的波场信息,运算"性价比"不高;

(4) 空间高阶精度展开不会带来额外的存储增加,只是在每一步波场更新过程中要调用更多的"邻居"节点参与运算,用有限的运算时间增长换取计算精度的大幅提升,"性价比"更高。

时间二阶精度,空间高阶精度展开的频散公式:

$$1-\cos(\omega\Delta t) \approx c^2\Delta t^2\sum_{m=1}^{M}\alpha_m\left[\frac{1-\cos(k_x m\Delta x)}{\Delta x^2}+\frac{1-\cos(k_y m\Delta y)}{\Delta y^2}+\frac{1-\cos(k_z m\Delta z)}{\Delta z^2}\right]$$

(2.2.56)

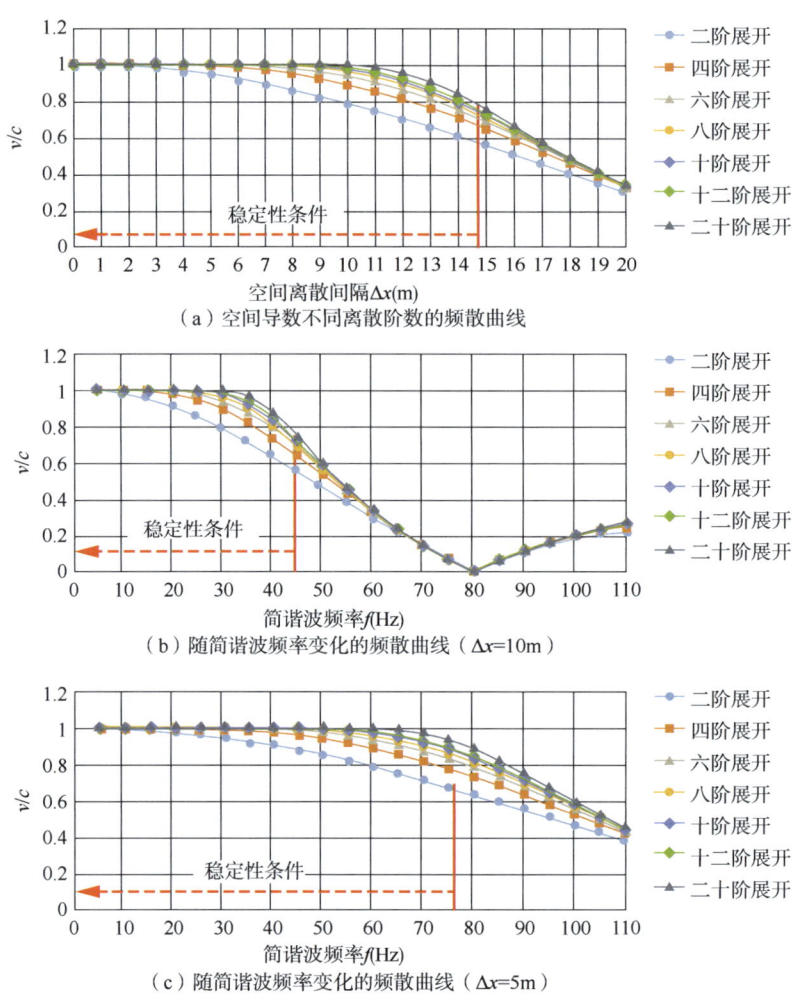

图 2.2.7 采用空间偏导高阶精度展开的频散曲线

当频散公式中同时具备了时间和空间离散量的时候,需要考虑二者间相互关系对频散的影响,库朗数(Courant number)定义为时间步长和空间步长的相对关系:

$$\text{Crt\_Num} = \frac{c\Delta t}{\Delta x} \quad (2.2.57)$$

图 2.2.8 展示了随库朗数变化的不同模拟频率的频散曲线,图 2.2.8(a)为空间二阶精度展开,图 2.2.8(b)为空间十六阶精度展开。可见在地震波的模拟频带内(一般为 5~100Hz),二阶精度需要达到 0.8 的库朗数才能有效压制频散,而十六阶精度可以将库朗数可以降到 0.3,低的库朗数意味着较大的空间网格步长,从而节省了计算资源。

时间二阶精度,空间高阶精度展开的二维及三维波动方程差分格式为:

$$\frac{u_{i,k}^{n+1} + u_{i,k}^{n-1} - 2u_{i,k}^{n}}{\Delta t^2} = c^2 \sum_{m=1}^{M} \alpha_m \left(\frac{u_{i+m,k}^{n} + u_{i-m,k}^{n} - 2u_{i,k}^{n}}{\Delta x^2} + \frac{u_{i,k+m}^{n} + u_{i,k-m}^{n} - 2u_{i,k}^{n}}{\Delta z^2} \right) \quad (2.2.58)$$

$$\frac{u_{i,j,k}^{n+1} + u_{i,j,k}^{n-1} - 2u_{i,j,k}^{n}}{\Delta t^2} = c^2 \sum_{m=1}^{M} \alpha_m \left(\frac{u_{i+m,j,k}^{n} + u_{i-m,j,k}^{n} - 2u_{i,j,k}^{n}}{\Delta x^2} + \right.$$

$$\left. \frac{u_{i,j+m,k}^{n} + u_{i,j-m,k}^{n} - 2u_{i,j,k}^{n}}{\Delta y^2} + \frac{u_{i,j,k+m}^{n} + u_{i,j,k-m}^{n} - 2u_{i,j,k}^{n}}{\Delta z^2} \right) \tag{2.2.59}$$

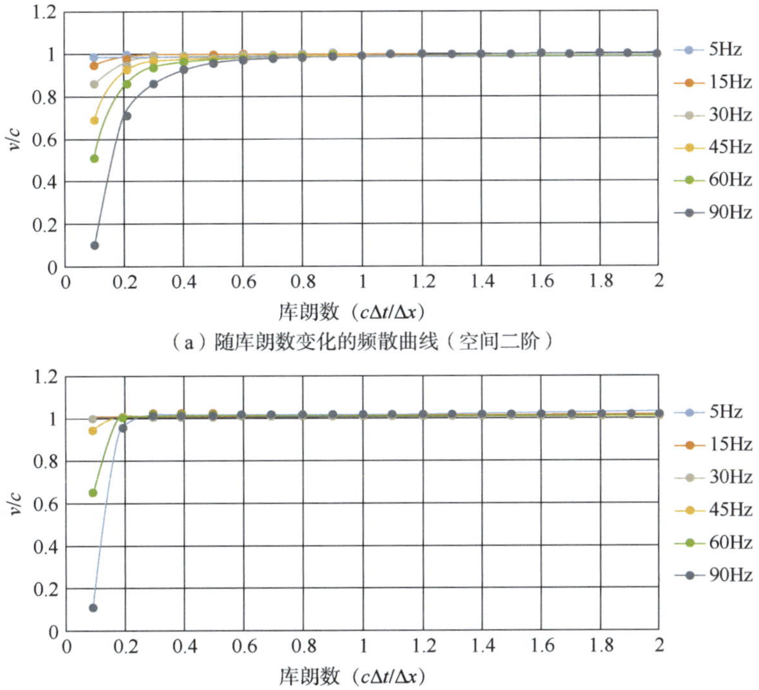

（a）随库朗数变化的频散曲线（空间二阶）

（b）随库朗数变化的频散曲线（空间十六阶）

图 2.2.8 不同库朗数对应的频散曲线

式（2.2.58）、式（2.2.59）中，若 $\Delta x \neq \Delta y \neq \Delta z$，应分别计算各自的差分系数 α_m。

图 2.2.9 展示了不同展开阶数的波动方程模拟 600ms 时刻的快照，采用图 2.2.3a 的均匀介质模型，地震波传播速度 800m/s，子波采用 30Hz 主频的雷克子波，2ms 时间离散间隔，5m 空间离散间隔，库朗数为 0.32。可见，二阶展开精度的时候频散较为严重，十六阶及以上频散降低到了可接受范围内。

稳定性分析：

当时间或空间离散间隔选取不合适，在波尚未传播到某网格节点时，强行计算其值，导致计算结果不可测的现象就是数值不稳定。在式（2.2.56）中，为了满足 $-1 \leqslant \cos(\omega \Delta t) \leqslant 1$ 的要求，需要：

$$0 \leqslant c^2 \Delta t^2 \sum_{m=1}^{M} \alpha_m \left[\frac{1 - \cos(k_x m \Delta x)}{\Delta x^2} + \frac{1 - \cos(k_y m \Delta y)}{\Delta y^2} + \frac{1 - \cos(k_z m \Delta z)}{\Delta z^2} \right] \leqslant 2 \tag{2.2.60}$$

因为:

$$\begin{cases} \dfrac{1-\cos(k_x m\Delta x)}{\Delta x^2} + \dfrac{1-\cos(k_y m\Delta y)}{\Delta y^2} + \dfrac{1-\cos(k_z m\Delta z)}{\Delta z^2} \geqslant 0 \\ \sum_{m=1}^{M} \alpha_m \geqslant 0 \end{cases} \qquad (2.2.61)$$

所以，式(2.2.60)左侧≥0的部分天然满足，不必考虑。右侧c与Δt是常数，因此只需要求和式的最大值满足:

$$\max\left\{\sum_{m=1}^{M}\alpha_m\left[\dfrac{1-\cos(k_x m\Delta x)}{\Delta x^2} + \dfrac{1-\cos(k_y m\Delta y)}{\Delta y^2} + \dfrac{1-\cos(k_z m\Delta z)}{\Delta z^2}\right]\right\} \leqslant \dfrac{2}{c^2\Delta t^2}$$

$$(2.2.62)$$

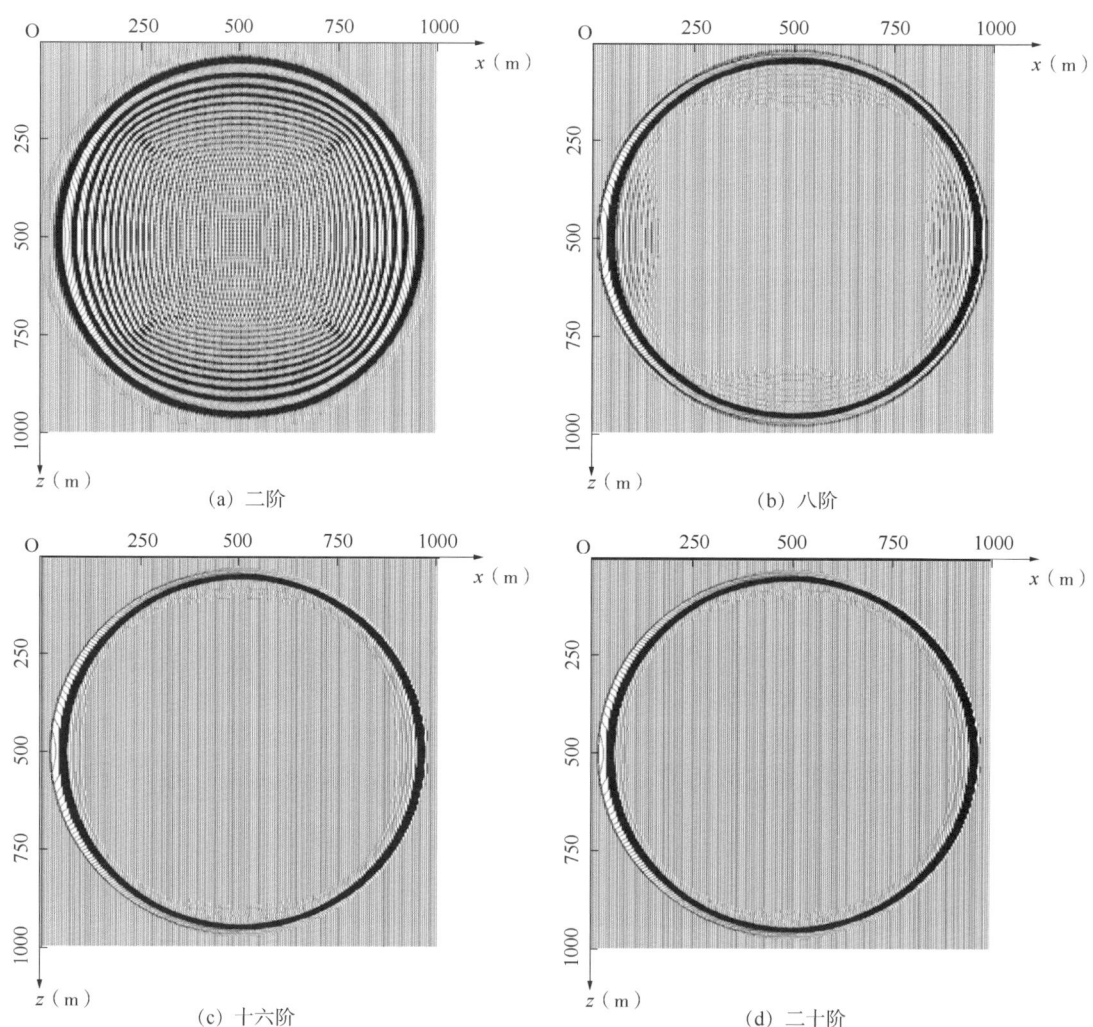

图 2.2.9　不同展开阶数的波动方程数值模拟结果快照

观察表 2.2.1，差分系数具有如下规律：

$$\begin{cases} \alpha_1, \alpha_3, \alpha_5, \cdots > 0 \\ \alpha_2, \alpha_4, \alpha_6, \cdots < 0 \\ \alpha_1 > |\alpha_2| > \alpha_3 > |\alpha_4| > \cdots \end{cases} \quad (2.2.63)$$

很明显以下条件满足时，求和式能取得最大值：

$$\begin{cases} \cos(k_x m \Delta x) = -1, \cos(k_y m \Delta y) = -1, \cos(k_z m \Delta z) = -1 \quad m = 1, 3, 5, \cdots \\ \cos(k_x m \Delta x) = 1, \cos(k_y m \Delta y) = 1, \cos(k_z m \Delta z) = 1 \quad m = 2, 4, 6, \cdots \end{cases} \quad (2.2.64)$$

此时：

$$\left(\frac{1}{\Delta x^2} + \frac{1}{\Delta y^2} + \frac{1}{\Delta z^2} \right) \sum_{m=1}^{M} \alpha_m [1-(-1)^m] \leq \frac{2}{c^2 \Delta t^2} \quad (2.2.65)$$

因此为满足稳定性，时间离散间隔需满足：

$$\Delta t \leq \frac{\sqrt{2}}{c \sqrt{\left(\dfrac{1}{\Delta x^2} + \dfrac{1}{\Delta y^2} + \dfrac{1}{\Delta z^2} \right) \sum_{m=1}^{M} \alpha_m [1-(-1)^m]}} \quad (2.2.66)$$

为满足计算稳定性，划分的时间间隔不能大于某一个值，这个值由空间离散间隔 Δx、Δy、Δz，传播速度 c（如果模型中存在多种速度，则取其中的最大速度）和高阶展开系数 α_m 共同决定。

或者写为库朗数的形式：

$$\frac{c^2 \Delta t^2}{\Delta x^2} + \frac{c^2 \Delta t^2}{\Delta y^2} + \frac{c^2 \Delta t^2}{\Delta z^2} \leq \frac{2}{\sum_{m=1}^{M} \alpha_m [1-(-1)^m]} \quad (2.2.67)$$

在 $\Delta x = \Delta y = \Delta z$ 时：

$$\frac{c \Delta t}{\Delta x} \leq \sqrt{\frac{2}{3 \sum_{m=1}^{M} \alpha_m [1-(-1)^m]}} \quad (2.2.68)$$

结合之前分析，库朗数要大于某个值才能足够压制频散，而这里的稳定性条件给予了库朗数的取值上限。

同样的推导思路，若只考虑时间离散，稳定性条件：

$$\Delta t \leq \frac{1}{\pi f} \quad (2.2.69)$$

若只考虑空间离散，假设 $\Delta x = \Delta y = \Delta z$，稳定性条件：

$$\Delta x \leq \frac{\sqrt{3} c}{\pi f} \quad (2.2.70)$$

进行有限差分波动方程数值模拟,首先要根据模型结构确定传播速度的上下限,根据研究需要确定模拟频率的上下限,按照以下约束条件设计合理的时、空离散间隔。

(1) 时、空采样定理:

$$\begin{cases} \Delta t \leqslant \dfrac{1}{2}T_{\min} = \dfrac{1}{2f_{\max}} \\ \Delta x \leqslant \dfrac{1}{2}\lambda_{\min} = \dfrac{c_{\min}}{2f_{\max}} \end{cases} \quad (2.2.71)$$

(2) 稳定性条件与压制频散需要:

$$频散压制需要 \leqslant \frac{c\Delta t}{\Delta x} \leqslant 稳定性条件 \quad (2.2.72)$$

需要指出的是,频散问题本质上来源于偏导数的有限差分离散,不可消除,只能尽量压制。虽然时间与空间偏导数的高阶精度展开都会带来频散的压制效果改善,但起决定作用的还是时空离散间隔取值大小,若追求极致的频散压制效果,如果计算资源允许,离散间隔应该尽量取小。

2.2.4 吸收边界条件

实际的地下地质结构体是近乎半无限的区域,地震波在传播过程中除非遇到地层界面才会发生反射,带回需要的地下结构信息。而波场数值求解的模型是实际地下地质结构的有限尺度截取,当地震波传播到解区间的边界时,由于边界外无介质,导致界面处弹性系数突变,地震波将以等幅度、反相位的形式"反弹"回介质内部,这与实际情况不符,且这部分地震波会污染正常传播的波场,对后期的模拟结果形成干扰,需要在边界处施加一定的吸收边界条件对地震波场进行衰减处理,达成地震波近乎"透明"地传出边界外的效果。

Bérenger(1994)提出的完全匹配层(Perfectly Matched Layer,PML)吸收边界条件是目前最有效的吸收边界条件。完全匹配层介质中的波动方程可以看作是常规波动方程的推广,波传播时相位改变而振幅随指数衰减;对于弹性介质参数相同而衰减系数不同的 PML,波阻抗完全匹配,理论上无反射波的传播。Chew 等(1994)引入复数伸展坐标系对 PML 吸收边界条件进行公式化;Kuzuoglu 等(1996)提出了复频移(Complex Frequency Shifted,CFS)边界条件,优化了高角度和低频率入射波的吸收效果;Roden 等(2000)提出了基于 CFS 的 PML 边界条件(C-PML),利用递归方法计算卷积,避免了常规 PML 的场分裂;Martin 等(2010)系统推导了辅助微分方程 PML 边界条件(ADE-PML),获得了比 C-PML 更高的模拟精度。

从经典的 PML 到 CPML,再到 ADE-PML,边界吸收效果和正演模拟精度在不断地提升,这里介绍经典也是最基础的分裂形式 S-PML(Splitting PML),其他方法读者可自行参阅相关文献学习。

以一维波动方程为例:

$$\frac{\partial^2 u(x,t)}{\partial t^2} = c^2 \frac{\partial^2 u(x,t)}{\partial x^2} \quad (2.2.73)$$

方程具有平面波解：

$$u = u_0 e^{-i(k_x x - \omega t)} \tag{2.2.74}$$

如图2.2.10所示，在波场的正常传播区域，地震波从左向右以不变的振幅 u_0，和时变、空变的相位向前推进。为此，希望引入这样一种边界条件：它在边界上是连续的（两侧具有统一的方程形式）；边界以内不衰减，边界以外快速衰减；衰减只发生在空间特定位置，与传播时间无关。

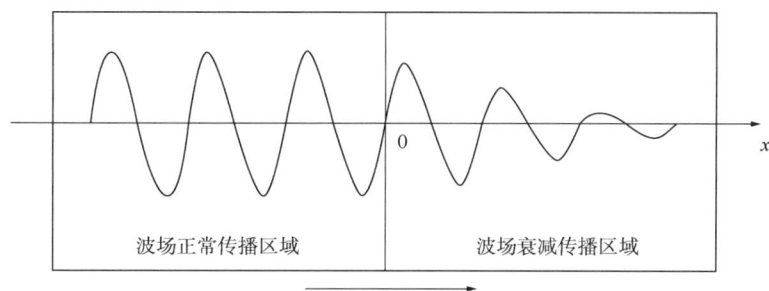

图2.2.10　地震波在含吸收边界的区域内传播示意图

达成以上目的，新的方程将具有以下平面波解形式：

$$u = u_0 e^{-i(k_x x - \omega t)} e^{f(x)} \tag{2.2.75}$$

$f(x)$是与空间坐标的相关的实函数，取值满足：

$$\begin{cases} f(x) < 0 & x > 0 \\ f(x) = 0 & x \leq 0 \end{cases} \tag{2.2.76}$$

下面来讨论$f(x)$的具体函数形式，令：

$$\begin{cases} f(x) = -i k_x g(x) \\ g(x) = -i r(x) \end{cases} \tag{2.2.77}$$

式中：i 为虚数单位；$g(x)$为纯虚数；$r(x)$为实函数，取值与$f(x)$相反。

$$\begin{cases} r(x) > 0 & x > 0 \\ r(x) = 0 & x \leq 0 \end{cases} \tag{2.2.78}$$

将式（2.2.77）代入式（2.2.75）：

$$u = u_0 \cdot e^{-i(k_x x - \omega t)} \cdot e^{-i k_x [-i r(x)]} = u_0 \cdot e^{-i\{k_x[x - i r(x)] - \omega t\}} \tag{2.2.79}$$

令：

$$\tilde{x} = x - i r(x)$$

则式（2.2.79）应该为以下方程的平面波解形式：

$$\frac{\partial^2 u(x, t)}{\partial t^2} = c^2 \frac{\partial^2 u(x, t)}{\partial \tilde{x}^2} \tag{2.2.80}$$

$\tilde{x}$ 对 x 求导：

$$\frac{\partial \tilde{x}}{\partial x} = 1 - \mathrm{i} \frac{\partial r(x)}{\partial x} \qquad (2.2.81)$$

令：

$$\frac{\partial r(x)}{\partial x} = d(x)，同时满足 \begin{cases} d(x) > 0 & x > 0 \\ d(x) = 0 & x \leq 0 \end{cases} \qquad (2.2.82)$$

则对新变量 $\tilde{x}$ 的导数算子可表达为：

$$\frac{\partial}{\partial \tilde{x}} = \frac{\partial}{\partial x} \cdot \frac{\partial x}{\partial \tilde{x}} = \frac{1}{1 - \mathrm{i} d(x)} \cdot \frac{\partial}{\partial x} \qquad (2.2.83)$$

二阶偏导算子：

$$\frac{\partial^2}{\partial \tilde{x}^2} = \frac{\partial}{\partial \tilde{x}} \left(\frac{\partial}{\partial \tilde{x}} \right) = \frac{1}{1 - \mathrm{i} d(x)} \cdot \frac{\partial}{\partial x} \left[\frac{1}{1 - \mathrm{i} d(x)} \cdot \frac{\partial}{\partial x} \right] =$$

$$\frac{-\mathrm{i}}{[1 - \mathrm{i} d(x)]^3} \cdot \frac{\partial d(x)}{\partial x} \cdot \frac{\partial}{\partial x} + \frac{1}{[1 - \mathrm{i} d(x)]^2} \cdot \frac{\partial^2}{\partial x^2} \qquad (2.2.84)$$

将式（2.2.84）代回式（2.2.80）：

$$\frac{\partial^2 u}{\partial t^2} = c^2 \left\{ \frac{-\mathrm{i}}{[1 - \mathrm{i} d(x)]^3} \cdot \frac{\partial d(x)}{\partial x} \cdot \frac{\partial u}{\partial x} + \frac{1}{[1 - \mathrm{i} d(x)]^2} \cdot \frac{\partial^2 u}{\partial x^2} \right\} \qquad (2.2.85)$$

按照式（2.2.82）的取值约定，当 $x \leq 0$ 时，$d(x) = 0$，上式可退化为式（2.2.73）的形式，达到了边界左右方程形式统一的目的。

式（2.2.85）具有复数项，不利于求解，可采用上节提到的傅里叶变换的微分性质替换虚数 i：

$$\begin{cases} f(t) \leftrightarrow F(\omega) \\ f'(t) \leftrightarrow \mathrm{i}\omega F(\omega) \\ f''(t) \leftrightarrow (\mathrm{i}\omega)^2 F(\omega) \end{cases} \qquad (2.2.86)$$

重新令：

$$\begin{cases} f(x) = -\mathrm{i} k_x g(x) \\ g(x) = -\mathrm{i}\omega r(x) \end{cases} \qquad (2.2.87)$$

由于 ω 与 x 无关，且 $\omega > 0$，因此多引入的 ω 不会破坏 $r(x)$ 及 $d(x)$ 的取值约定，不会影响式（2.2.85）的方程结构，只相当于多乘了一个正的常数，但借由此却可以将虚数转化为时间偏导算子，消去虚数单位。

新的波动方程形式：

$$\frac{\partial^2 u}{\partial t^2}=c^2\left[\frac{\mathrm{i}\omega}{[1-\mathrm{i}\omega d(x)]^3}\cdot\frac{\partial d(x)}{\partial x}\cdot\frac{\partial u}{\partial x}+\frac{1}{[1-\mathrm{i}\omega d(x)]^2}\cdot\frac{\partial^2 u}{\partial x^2}\right] \quad (2.2.88)$$

式(2.2.88)做时间傅里叶变换，变换到频率—空间域：

$$-\omega^2 U=c^2\left[\frac{\mathrm{i}\omega}{[1-\mathrm{i}\omega d(x)]^3}\cdot\frac{\partial d(x)}{\partial x}\cdot\frac{\partial U}{\partial x}+\frac{1}{[1-\mathrm{i}\omega d(x)]^2}\cdot\frac{\partial^2 U}{\partial x^2}\right] \quad (2.2.89)$$

式(2.2.89)等号两边同乘$[1-\mathrm{i}\omega d(x)]^2$，整理得：

$$\begin{cases}[\omega^4 d(x)^2+2\mathrm{i}\omega^3 d(x)-\omega^2]U=c^2\left[\Phi\cdot\dfrac{\partial d(x)}{\partial x}+\dfrac{\partial^2 U}{\partial x^2}\right]\\ \Phi=\dfrac{\mathrm{i}\omega}{1-\mathrm{i}\omega d(x)}\cdot\dfrac{\partial U}{\partial x}\end{cases} \quad (2.2.90)$$

对式(2.2.90)做时间傅里叶反变换，变换回时间—空间域：

$$\begin{cases}\dfrac{\partial^4 u}{\partial t^4}\cdot d(x)^2-2\dfrac{\partial^3 u}{\partial t^3}\cdot d(x)+\dfrac{\partial^2 u}{\partial t^2}=c^2\left[\phi\cdot\dfrac{\partial d(x)}{\partial x}+\dfrac{\partial^2 u}{\partial x^2}\right]\\ \dfrac{\partial\varphi}{\partial t}-\phi=-\dfrac{\partial}{\partial t}\left(\dfrac{\partial u}{\partial x}\right)\end{cases} \quad (2.2.91)$$

式(2.2.91)借助中间场ϕ和位移场的时间偏导数，实现了去虚数目的，但却在方程中引入了位移场的三阶、四阶时间偏导数以及时空混合偏导数，增加了编程求解的复杂度。

更换一种去虚数处理方法，改变ω的存在形式，重新令：

$$\begin{cases}f(x)=-\mathrm{i}k_x g(x)\\ g(x)=-\mathrm{i}\dfrac{r(x)}{\omega}\end{cases} \quad (2.2.92)$$

则偏微分算子：

$$\frac{\partial^2}{\partial\tilde{x}^2}=\frac{\omega^2}{[\mathrm{i}\omega+d(x)]^3}\cdot\frac{\partial d(x)}{\partial x}\cdot\frac{\partial}{\partial x}+\frac{-\omega^2}{[\mathrm{i}\omega+d(x)]^2}\cdot\frac{\partial^2}{\partial x^2} \quad (2.2.93)$$

代入式(2.2.80)，经正反傅里叶变换，整理得到：

$$\begin{cases}\dfrac{\partial^2 u}{\partial t^2}+2\dfrac{\partial u}{\partial t}\cdot d(x)+u\cdot d(x)^2=c^2\left[-\phi\cdot\dfrac{\partial d(x)}{\partial x}+\dfrac{\partial^2 u}{\partial x^2}\right]\\ \dfrac{\partial\phi}{\partial t}+\phi\cdot d(x)=\dfrac{\partial u}{\partial x}\end{cases} \quad (2.2.94)$$

式(2.2.94)相比不含吸收的原始方程，只多出了位移场和中间场的一阶时间偏导项，编程实现简单。当$d(x)=0$，方程可退化为原始方程，边界处形式统一，因此是较为理想的吸收方程形式。

$d(x)$控制着吸收区间内的波场衰减量，可以称其为吸收函数，直接采用Collino等

(2001)给出的形式:

$$d(x) = -\frac{3c}{2L}\ln R \left(\frac{x}{L}\right)^m \tag{2.2.95}$$

其导数:

$$\frac{\partial d(x)}{\partial x} = -m\frac{3c}{2L^{m+1}}\ln R x^{m-1} \tag{2.2.96}$$

式中:c 为地震波在吸收层中传播的速度;L 为吸收层的厚度;R 为理论反射系数,一般取值 0.001~0.00001 之间;指数 m 取值 2 或 3。

在离散形式下,吸收函数可以写为:

$$d(i\Delta x) = -\frac{3c}{2N\Delta x}\ln(R)\left(\frac{i}{N}\right)^m \tag{2.2.97}$$

式中:i 为序号,不是虚数单位;N 为 PML 吸收层的节点网格层数。

式(2.2.94)可以很容易地推广到三维:

$$\begin{cases} \dfrac{\partial^2 u_1}{\partial t^2} + 2\dfrac{\partial u_1}{\partial t} \cdot d(x) + u_1 \cdot d(x)^2 = c^2\left[-\phi_x \cdot \dfrac{\partial d(x)}{\partial x} + \dfrac{\partial^2 u}{\partial x^2}\right] \\ \dfrac{\partial^2 u_2}{\partial t^2} + 2\dfrac{\partial u_2}{\partial t} \cdot d(y) + u_2 \cdot d(y)^2 = c^2\left[-\phi_y \cdot \dfrac{\partial d(y)}{\partial y} + \dfrac{\partial^2 u}{\partial y^2}\right] \\ \dfrac{\partial^2 u_3}{\partial t^2} + 2\dfrac{\partial u_3}{\partial t} \cdot d(z) + u_3 \cdot d(z)^2 = c^2\left[-\phi_z \cdot \dfrac{\partial d(z)}{\partial z} + \dfrac{\partial^2 u}{\partial z^2}\right] \\ \dfrac{\partial \phi_x}{\partial t} + \phi_x \cdot d(x) = \dfrac{\partial u}{\partial x} \\ \dfrac{\partial \phi_y}{\partial t} + \phi_y \cdot d(y) = \dfrac{\partial u}{\partial y} \\ \dfrac{\partial \phi_z}{\partial t} + \phi_z \cdot d(z) = \dfrac{\partial u}{\partial z} \\ u = u_1 + u_3 + u_3 \\ d(x) = -\dfrac{3c}{2L}\ln(R)\left(\dfrac{x}{L}\right)^m \\ d(y) = -\dfrac{3c}{2L}\ln(R)\left(\dfrac{y}{L}\right)^m \\ d(z) = -\dfrac{3c}{2L}\ln(R)\left(\dfrac{z}{L}\right)^m \end{cases} \tag{2.2.98}$$

式中：u_1，u_2，u_3 为三个方向的分裂波场；ϕ_x，ϕ_y，ϕ_z 为对应三个方向的中间场；$d(x)$，$d(y)$，$d(z)$ 为三个方向的吸收函数。

在 PML 吸收算法中，x、y、z 三个方向是独立吸收的，互不影响。

带 PML 吸收的波动方程数值模拟程序编写有两种处理思路，其一为吸收区（四周边界）与模型中央计算区采用不同的方程单独计算，吸收区用带 PML 吸收方程，中央计算区用不带吸收的方程，每一时间步完成后停下来交换四周接触区的临界数组，这样做的好处是最大程度节省数组存储，坏处是程序编写复杂，且不利于后期并行计算。

另外一种思路是整个模型统一使用带 PML 吸收的方程模拟，通过吸收函数取值来自动处理不同空间位置的波场衰减与非衰减，好处是编程容易，易于并行计算，缺点是需要存储完整的中间波场和吸收函数，存储需求大。综合平衡效率和存储，更推荐采用第二种方案。

图 2.2.11 展示了带吸收与不带吸收的波场数值模拟结果，模拟采用各向同性介质模型，尺度为 1000m×1000m，模型速度 800m/s，震源放置在模型正中央，当模拟时间达到 800ms 时，地震波已经传出模型边界，若不加吸收，波场将反弹回求解区域，如图 2.2.11(a)所示；添加边界吸收条件以后，地震波在边界处几乎完全透射，如图 2.2.11(b)所示，达到了模拟地震波在无限区域传播的目的。

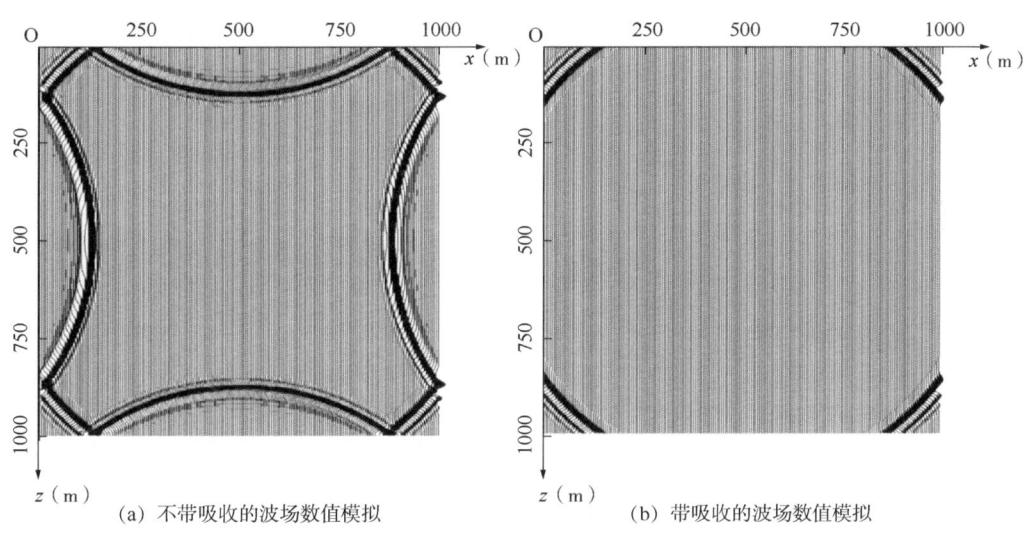

(a) 不带吸收的波场数值模拟　　　　(b) 带吸收的波场数值模拟

图 2.2.11　带吸收与不带吸收的波场数值模拟结果

2.3　数值模拟并行计算

2.2 节介绍了数值模拟中压制频散和边界吸收处理的方法，借由此可以实现地震波场的有限差分高精度求解。在众多的微分方程数值求解方法中，有限差分方法不是精度最高的，但一定是运算速度最快的，原因就在于其强大的计算可并行性。

如图 2.3.1 所示，更新波场时，$n+1$ 时间层的每个节点都需要计算一遍，常规的做法是一个个的节点排着队,顺次计算,这被称为串行执行。观察 $n+1$ 时间层,节点 $u_{i,k}^{n+1}$ 与 $u_{p,q}^{n+1}$ 之间具有计算独立性,相互不依赖,因此更新可以没有先后,如果计算资源允许,计算过程完全可以同步推进,比如让 A 处理核心计算 $u_{i,k}^{n+1}$,B 处理核心计算 $u_{p,q}^{n+1}$…,这就是有限差分能够支持并行计算的原理。由于 $n+1$ 时间层的节点在并行计算过程中不存在竞争写入的问题,避免了大量的计算同步加锁保护,只需要为各节点设计合理的均衡负载,即可快速地实现并行推进。

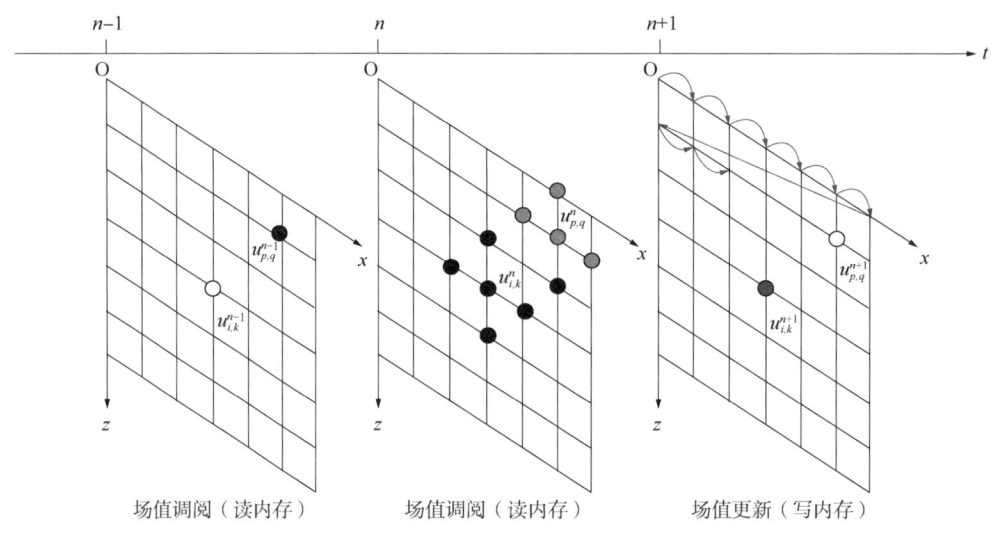

图 2.3.1 带吸收与不带吸收的波场数值模拟结果

并行计算的本质就是将一个大问题分解为若干个小问题,让多个计算资源协同处理以提高计算效率,与不同的计算硬件、软件结合,并行计算有多种实现方式,本节介绍几种常用的方法。

2.3.1 OpenMP 方法

OpenMP(Open Multi-Processing)是一种基于共享内存的多线程并行编程接口,共享内存一般指一台计算节点的统一内存池,因此 OpenMP 适用于单节点并行,它是目前最简单的一种并行编程方法,主要针对循环进行并行化(雷洪等,2016),如果应用程序具有一些没有循环依赖的循环,使用 OpenMP 能大幅度地提高性能。

应用 OpenMP 实现并行的思想很简单:将一个计算的 for 循环展开,每一个循环变量安排给一个线程(可以简单地理解为一个 CPU 的计算核心)计算。一般情况下 for 循环的迭代次数是多于 CPU 核心数目的,且很可能不是 CPU 核心数目的整数倍,每个计算核心上分担多少循环迭代次数称为负载,如何达到负载均衡 OpenMP 具有自己的调度算法,用户不必关心,这大大降低了并行程序编写的难度。

下面先给出波动方程数值模拟串行程序和 OpenMP 并行程序的实现伪代码:

串行代码	OpenMP 并行代码
| ```
//时间维度循环
for(it=0; it<forward_time; it+=dt)
{
    //空间 x 维度循环
    for(ix=0; ix<NX; ix++)
    {
        //空间 y 维度循环
        for(iy=0; iy<NY; iy++)
        {
            //空间 z 维度循环
            for(iz=0; iz<NZ; iz++)
            {
                //更新波场
                u[ix][iy][iz] = ……;
            }
        }
    }
}
``` | ```
#include <omp.h>
//时间维度循环
for(it=0; it<forward_time; it+=dt)
{
    //编译指导语句
    #pragma omp parallel for
    //空间 x 维度循环
    for(ix=0; ix<NX; ix++)
    {
        //空间 y 维度循环
        for(iy=0; iy<NY; iy++)
        {
            //空间 z 维度循环
            for(iz=0; iz<NZ; iz++)
            {
                //更新波场
                u[ix][iy][iz] = ……;
            }
        }
    }
}
``` |

左侧串行程序包含四层 for 循环,最外层的时间循环前后依赖,不能并行展开,空间计算不存在依赖,可以并行。应用 OpenMP 可以对 x、y、z 三个维度方向的任一个进行循环展开,右侧代码以 x 方向展开为例,对比串行代码,只需要添加一个头文件和一行编译指导语句即可。若计算节点有 M 个计算核心,程序将在这 M 个计算核心上平行推进 x 方向的网格点数,而在每一个计算核心上,对 y、z 循环依旧采用串行执行的方式。应用 OpenMP 做循环展开,理论上可以将计算效率提升 M 倍。

2.3.2 MPI 方法

MPI(Message Passing Interface)是一种标准消息传递接口,是一种分布式存储编程模式,适用于多节点并行方案。MPI 并行方法具有如下优点:(1)可扩展性强,由于采用节点间并行方案,当硬件资源发生改变(增加或减少节点)时现有程序无需重新编写;(2)可用于解决大规模的问题求解,MPI 并行程序一般应用于集群环境中,在一台节点的内存和 CPU 计算资源满足不了需要时会被采纳。由于数据被切割存放于不同的计算节点,数据计算过程中不可避免地需要通信以沟通彼此的计算结果,因此解决通信延迟和负载均衡是 MPI 编程需重点关注的内容。

一个基本的 MPI 程序结构如图 2.3.2 所示(张武生,2009)。

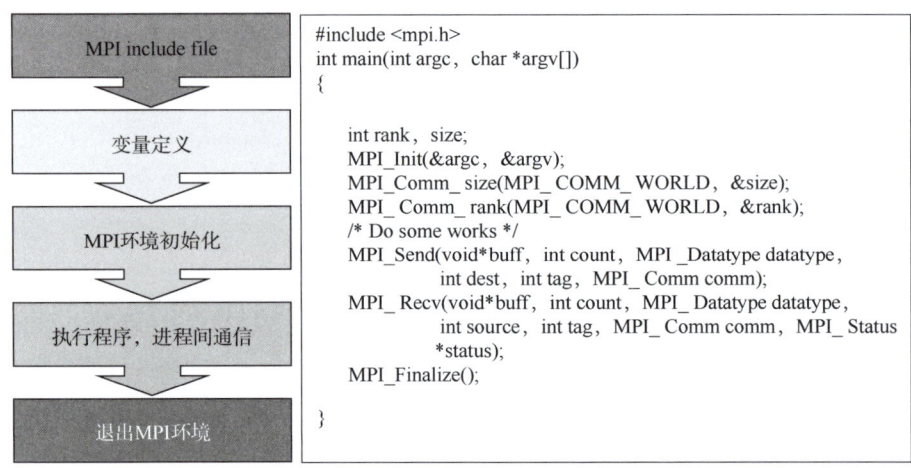

图 2.3.2 基本的 MPI 程序结构

函数首先需要使用#include<mpi.h>包含 mpi 头文件，然后使用 MPI_Init()函数初始化 MPI 执行环境，建立平行的多个 MPI 进程之间的联系，为通信做准备；MPI_Comm_size()函数给出了参与计算的进程总数；由 MPI_Comm_rank()函数给出当前计算的进程编号；MPI_Send()函数依次规定了发送出去哪个变量、变量长度、变量类型、发送端线程编号、与接收端约定的密码标签、发送的通信域；MPI_Recv()函数依次规定了接收到的数据存给哪个变量、接收数据长度、数据类型、接收端线程编号、与发送端约定的密码标签、接收的通信域，接收消息的状态信息；最后由 MPI_Finalize()结束并行代码，退出 MPI 系统。

如图 2.3.3 所示，假定 x 方向有 6 层网格需要计算，将其每两个拆分给一个进程，A 进程计算 0、1 网格层，B 进程计算 2、3 网格层，C 进程计算 4、5 网格层。假设对空间导数采用 4 阶离散，则任一网格层的计算需要其左右各两层网格的信息。以 A 进程为例，计算 0、1 层，需要额外的 -2 层、-1 层和 2 层、3 层，-2 层、-1 层为解区间外侧添加的边界，

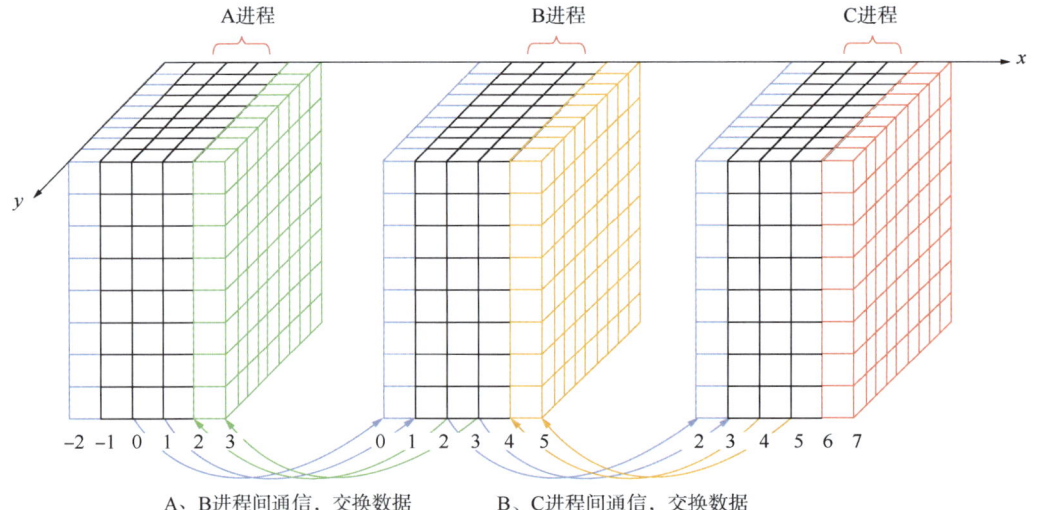

图 2.3.3 MPI 并行消息传递模式

只为差分计算 0 层而存在，不更新波场；2 层、3 层在 B 进程中被计算，因此求解 1 层之前必须将 2 层、3 层数据从 B 进程中拷贝过来。同理，B 进程计算前需要从 A 进程拷贝 0、1 层数据，从 C 进程拷贝 4、5 层数据；C 进程需要从 B 进程拷贝 2 层、3 层数据。

拷贝数据的时间，CPU 将停止计算，等待网络传输，因此设计 MPI 并行程序，需要平衡考虑计算效率与网络传输效率，不是将计算进程划分得越多越好。在可能的情况下，尽量让单一进程的计算趋于饱和(进程中的黑色网格线)，减少进程使用数量，降低网络传输时间占比。

波动方程数值模拟的 MPI 并行伪代码如下：

```
int main(int argc, char * argv[ ])
{
    //rank 保存当前进程编号，size 保存进程总数
    int rank, size, namelen;
    //初始化
    MPI_Init(&argc, &argv);
    //统计进程个数，计算每个进程分得的任务量
    MPI_Comm_size(MPI_COMM_WORLD, &size);
    int single_thread_cal_numx = round(NX / size);
    //获取进程编号，根据编号确定该进程求解总计算区域的子位置
    MPI_Comm_rank(MPI_COMM_WORLD, &rank);
    int start_ix = single_thread_cal_numx * rank;
    //定义若干进程间消息传递用的数组
    float * sendbuf = allocate1float(NY * NZ * Order / 2);
    float * recbuf = allocate1float(NY * NZ * Order / 2);
    //由根进程完成将弹性系数矩阵分配给各计算进程
    If(rank == 0)
    {
        MPI_Send(vel);
        MPI_Recv(vel);
    }
    //开始时间正演计算
    for(int it = 0; it < NT; it++)
    {
        //每个进程计算各自的网格区块
        forward(start_ix);
        //每时间步计算完毕后进行信息交换
        MPI_Send(sendbuf);
        MPI_Recv(recbuf);
        //同步中断，等待所有进程间信息交换完毕再进入下一轮时间迭代
```

```
        MPI_Barrier(MPI_COMM_WORLD);
    }
    //收集合并各进程的计算结果
    MPI_Gather(result);
    //退出MPI并行计算过程
    MPI_Finalize();
    return 0;
}
```

MPI并行方法可以与OpenMP方法相结合，在节点间采用MPI方法，在节点内采用OpenMP方法。

2.3.3 SIMD并行方法

SIMD(Single Instruction, Multiple Data)是一种CPU指令集，意指一个CPU指令对应多个数据操作。参照图2.3.4，完成一个加操作，CPU具体的执行过程为：发出add指令→读取a_1→读取b_1→执行add→输出结果c_1→发出add指令→读取a_2→读取b_2→执行add→输出结果c_2→⋯这个过程中一个指令对应一个数据的操作，称为SISD(Single Instruction, Single Data)；因为所有的$a_1 \sim a_4$与$b_1 \sim b_4$之间完成的都是add的操作，可以将add指令合成一个，执行过程改为：发出add指令→读取缓存中连续存放的$a_1 \sim a_4$→读取缓存中连续存放的$b_1 \sim b_4$→执行add→输出结果$c_1 \sim c_4$→⋯，这就是SIMD指令。落实到CPU硬件，具体的SIMD指令分为SSE指令集、AVX指令集和AVX512指令集，区别在于SSE指令集一次可

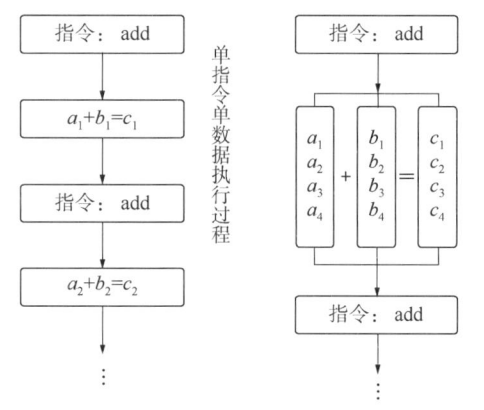

图2.3.4 SISD与SIMD计算过程

以处理连续的4个float型数据的加减乘除操作，AVX指令集可以一次性处理8个float型数据，AVX512指令集可以一次性处理16个float型数据(余文华，2012)。目前市面上大多数的CPU都支持前两种，是否支持AVX512要查询具体的CPU指令集信息。

很明显不同于OpenMP和MPI依赖计算资源的横向扩张来达到并行加速的目的，SIMD是靠发掘自身的单次数据吞吐能力来实现并行，完成单次计算的能耗更低，因此更加的"节能环保"。

实现SIMD程序编写有三个要求。一是并行展开的方向数据长度是4(或8、或16)的整数倍；二是存储数据的变量和数组需要重新定义为指令集支持的格式；三是SSE、AVX指令集只支持双参数运算，AVX512可以支持三参数运算，即一个运算函数一次只能完成两个参数间的加、减、乘、除运算之一，或者三个参数间的加、减、乘、除运算之二。

波动方程的SIMD并行代码整体结构与串行无异，区别在于并行展开的维度每次循环步进长度为4(或8、或16)的整数倍，不再赘述。以AVX指令集编程为例，下面给出空间偏

导数的代码示例：

$$\frac{\partial^2 u}{\partial x^2} = \sum_{m=-M}^{M} \alpha_m \frac{u(i+m,j,k)}{\Delta x^2} = \frac{\alpha_0 u(i,j,k) + \alpha_1 [u(i-1,j,k) + u(i+1,j,k)] + \cdots}{\Delta x^2}$$

实现上述求解过程，AVX 指令集下代码编写步骤如下：
(1) 将差分系数 α_0、α_1、α_2……保存为 AVX 格式变量：
//定义 AVX 格式的差分系数数组
__m256 AVX_diff_coeff[diff_order / 2+1];
//为 AVX 格式的差分系数数组赋值
for(int m=0; m<=diff_order / 2; m++)
{
　　AVX_diff_coeff[m] = _mm256_broadcast_ss(&diff_coeff[m]);
}
(2) 将波场 $u(i,j,k)$ 保存为 AVX 格式数组：
//定义 AVX 格式的波场数组
__m256 * AVX_u[diff_order / 2+1];
//为 AVX 格式的波场数组赋值
AVX_u[0] = (__m256 *)(u_cur[ix]+diff_order / 2);
for(int m=1; m<=diff_order / 2; m++)
{
　　AVX_u[2 * m-1] = (__m256 *)(u_cur[ix-m]+diff_order / 2);
　　AVX_u[2 * m] = (__m256 *)(u_cur[ix+m]+diff_order / 2);
}
(3) 将常数 Δx^2 保存为 AVX 格式变量：
//定义 AVX 格式的常数变量
__m256 AVX_constant_dx2;
//为 AVX 格式的常数变量赋值
float   variable_dx2=dx * dx;
AVX_constant_dx2 = _mm256_broadcast_ss(&variable_dx2);
(4) 使用 AVX 指令集完成计算：
//定义若干 AVX 格式的临时变量
__m256 AVX_xmm1, AVX_xmm_x;
//计算 $\alpha_0 * u(i,j,k)$
AVX_xmm_x = _mm256_mul_ps(AVX_u[0][iz], AVX_diff_coeff[0]);
//计算 $\alpha_0 * u(i,j,k) + \alpha_1 * (u(i-1,j,k) + u(i+1,j,k)) + \cdots\cdots$
for(int m=1; m<=diff_order / 2; m++)
{
　　AVX_xmm1 = _mm256_add_ps(AVX_u[2 * m-1][iz], AVX_u[2 * m][iz]);

AVX_xmm1 = _mm256_mul_ps(AVX_xmm1, AVX_diff_coeff[m]);
AVX_xmm_x = _mm256_add_ps(AVX_xmm_x, AVX_xmm1);
}
//计算($\alpha_0 u(i, j, k) + \alpha_1(u(i-1, j, k) + u(i+1, j, k)) + \cdots\cdots$)/$\Delta x^2$
AVX_xmm_x = _mm256_div_ps(AVX_xmm_x, AVX_constant_dx2);

应用 SIMD 指令集编程，加减乘除、赋值等操作要使用其特有的函数表达，一般并行展开内存中连续存放的那个维度，比如 C 语言中 z 方向维度的数据在内存中是连续存放的，那么优先展开它，而不是 x 或 y 方向。由于缓存调度的时间花费，实际的并行加速效率达不到理想的 4 倍(8 倍或 16 倍)，一般使用 SSE 指令集可以提速 3.5 倍，使用 AVX 指令集可以提速 5~6 倍，使用 AVX512 指令集可以提速 7~8 倍。

2.3.4 基于 CUDA 的 GPU 并行方法

CUDA(Computer Unified Device Architecture)为计算机统一设备架构，是 NVIDIA 公司在 2007 年推向市场的并行计算架构，借助它可以在计算机显卡(GPU)上完成通用计算。

由于定位不同，一台计算机上的 CPU 以处理逻辑判断为主要任务，晶体管中安排给计算单元的数量不占主体，而 GPU 的任务本身就是大规模数据流的并行处理，其硬件结构中大部分都是计算核心，这种结构为其完成并行计算提供了可能(张舒，2009)。以英伟达 2021 年 6 月发布的显卡 GeForce RTX 3080 Ti 为例，其 CUDA 核心数量达到了 10240 个，而同为 2021 年发布的 Intel Xeon Platinum 8380 CPU 核心数量为 40 个，AMD Ryzen Threadripper 3990X CPU 核心数量为 64 个，都远远少于 GPU 运算核心数量，因此使用 GPU 进行并行计算具有更大的优势。

不同于 OpenMP、MPI、SIMD 在一个方向维度上拆分并行，CUDA 力求一次性拆解所有的空间循环维度，如图 2.3.5 所示，CUDA 将差分求解区间切割为一个个的块(block)，成为其运算的基本单位，这些 block 中包含了若干个线程(thread)，一个 thread 对应计算一个解区间上的网格节点，block 中 thread 的数目与 GPU 硬件相关，一般设定为 32 的倍数，不超过 256 个，而 block 本身的数量则取决于解区间的整体规模。为高效计算且平衡计算负载，每个 block 中的 thread 结构、数目都相同，因此在边界处的 block 需要补齐因非整除多余出的解区间网格，只是在后续的计算过程中不予计算即可。

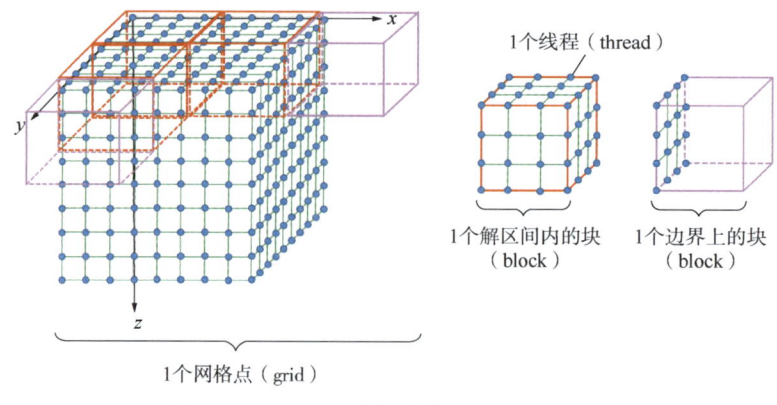

图 2.3.5　CUDA 并行计算组织结构示意图

如图 2.3.5 所示，假设求解规模是 9×10×9 个网格点，按照 4×4×4 个 thread 来布置 block，则一共需要 3×3×3 个 block（图中只绘制了一部分 block），这 27 个 block 组成了一个 grid。实际执行过程中程序将会启用 3×3×3×4×4×4 = 1728 个 thread 来求解 9×10×9 = 810 个网格点，一个 thread 对应一个 GPU 计算核心，在一个 Kernel 内核函数上运行。这里设定的运算规模较小，而实际计算的时候 thread 数目往往远大于 GPU 硬件核心数目，CUDA 会使用自己的调度算法，用户无需人为干涉。

使用 CUDA 求解波动方程的并行程序伪代码如下：

```
int main( int argc, char * argv[ ] )
{
    //主机端(CPU)申请波场数组(存放在内存中)
    float * u_cur_CPU = new float[ NX * NY * NZ ];
    …
    //设备端(GPU)申请波场数组(存放在显存中)
    float * u_cur_GPU;
    cudaMalloc( ( void * * )&u_cur_GPU, NX * NY * NZ * sizeof(float) );
    …
    //将主机端内存中申请的数组拷贝到设备端对应的数组中去
    cudaMemcpy( u_cur_GPU, u_cur_CPU, NX * NY * NZ * sizeof(float),
                cudaMemcpyHostToDevice );
    …
    //设定一个 block 中的 thread 组织结构
    int thread_x_num_inblock = 4;
    int thread_y_num_inblock = 4;
    int thread_z_num_inblock = 4;
    dim3 dimBlock( thread_x_num_inblock, thread_y_num_inblock,
                thread_z_num_inblock );
    //根据求解区间规模计算 block 自身的数目
    int block_x_num_inGrid = ceil( NX / thread_x_num_inblock );
    int block_y_num_inGrid = ceil( NY / thread_y_num_inblock );
    int block_z_num_inGrid = ceil( NZ / thread_z_num_inblock );
    dim3 dimGrid( block_x_num_inGrid, block_y_num_inGrid,
                block_z_num_inGrid );
    //时间维度循环
    for( it = 0; it < NT; it++ )
    {
        Kernelfun_update_field <<<dimGrid, dimBlock >>>( u_cur_GPU, … );
    }
}
```

```
//在设备端运行的核函数定义
__global__ void Kernelfun_update_field(float *U_Cur_GPU,...)
{
    //建立该核函数对应的thread编号与解区间下标索引的关系
    const int id_x=blockIdx.x * blockDim.x+threadIdx.x;
    const int id_y=blockIdx.y * blockDim.y+threadIdx.y;
    const int id_z=blockIdx.z * blockDim.z+threadIdx.z;
    unsigned long cal_Index+=id_z * NX * NY+id_y * NX+id_x;
    if((id_x < NX)&&(id_y < NY)&&(id_z < NZ))
    {
        U_Cur_GPU[cal_Index]=…
    }
}
```

上述代码中，blockIdx.x 指 grid 中的 block 在 x 方向的索引坐标，blockDim.x 指一个 block 中在 x 方向 thread 的数目，threadIdx.x 指 block 中的 thread 在 x 方向的索引坐标。编写有限差分的 CUDA 程序有三点需要注意，一是设备端的数组需要使用自身的 cudaMalloc() 函数申请空间，与内存间的数据传输需要用函数 cudaMemcpy() 完成；二是 block 数量计算时需要向上取整；三是内核计算时要摒弃解区间之外的为平衡负载额外增加的线程。

上述只简单介绍了 CUDA 的编程架构，没有给出完整代码，也没有进行任何程序优化，当运算规模大于显存容量时还需要考虑分块求解，甚至多 GPU 联合求解，具体的实现过程读者请自行参阅相关书籍完成。

综上所述，四种并行编程方法各有特点，可以单独使用，也可以混合使用，表 2.3.1 给出四种方法的特点比较。不同并行加速方案加速比如图 2.3.6 所示。

表 2.3.1 四种并行实现方法的特点比较

实现方法	硬件平台	运行环境	编程难度	编程难点	理论加速比(相比单线程)
OpenMP	CPU	单机	容易		CPU 核心数
MPI	CPU	单机或多机	一般	跨节点通信	节点数×CPU 核心数
SIMD	CPU	单机	较难	指令集语法	4倍(SSE) 8倍(AVX) 16倍(AVX512)
CUDA	GPU	单机(单 GPU、多 GPU)	较难	主机端与设备端索引映射关系	取决于 GPU 硬件，一般不低于 100 倍

下面给出一个 400×400×400 求解规模的并行加速比算例。计算平台：操作系统为 Windows7 64bit；CPU 为 IntelXeon E5-2670×2(32 核心)；运行内存为 128GB；显卡型号为 NVIDIA GTX970(1664SP、4GB 显存)；开发环境为 MSVC++2013+Qt5.5+MPICH2。

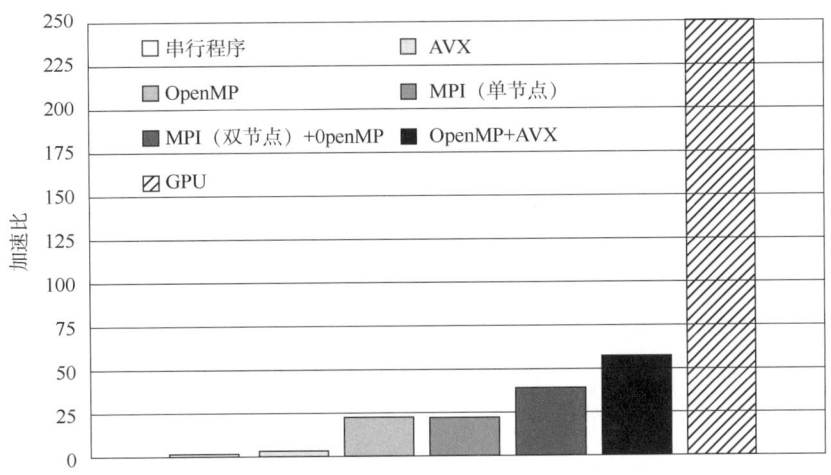

图 2.3.6 不同并行加速方案的加速比

2.4 其他数值解法介绍

时空域有限差分是最常用的波动方程数值解法,但不是唯一解法,下面介绍几种其他的常用解法。

2.4.1 虚谱法

虚谱法是先借助傅里叶变换将波动方程的空间导数项变换到波数域,乘以波数分量后再返回空间域,然后使用有限差分完成时间域递推的一种求解方法。

根据傅里叶变换的微分性质,空间二阶导数项的傅里叶变换可以表达为:

$$f\left[\frac{\partial^2 u(x, y, z, t)}{\partial x^2}\right] = -k_x^2 U(k_x, y, z, t) \tag{2.4.1}$$

可得反变换:

$$F\left[-k_x^2 U(k_x, y, z, t)\right] = \frac{\partial^2 u(x, y, z, t)}{\partial x^2} \tag{2.4.2}$$

$$\frac{\partial^2 u(x, y, z, t)}{\partial t^2} = c^2 \{ F[-k_x^2 U(k_x, y, z, t)] +$$
$$F[-k_y^2 U(x, k_y, z, t)] + F[-k_z^2 U(x, y, k_z, t)] \} \tag{2.4.3}$$

从式(2.4.3)可以看出虚谱法的计算过程:将空间域的波场分别沿 x、y、z 方向变换到 k_x、k_y、k_z 波数域,各自乘以 $-k_x^2$、$-k_y^2$、$-k_z^2$ 后反变换回空间域,将三个反变换的结果相加,然后使用有限差分展开时间导数,求得波场的时间递推结果。

由于傅里叶变换基于全空间,所以虚谱法能够使用全空间上所有的网格点来获得空间上的高精度,理论上来讲,虚谱法不存在空间误差,也就不存在空间项数值频散,这是该方法的优势，但也正因为它基于全空间，算子不是局部算子，当并行处理大规模问题时，所需要的通信量较大，并行效率较差。

2.4.2 频率域解法

虚谱法采用傅里叶变换的方法求解空间二阶导数，采用有限差分方法求解时间二阶导数，如果使用傅里叶变换方法求解时间二阶导数，使用有限差分方法求解频域二阶导数，就是波动方程的频率域解法。

下面以二维声波方程为例，简要介绍波动方程的频率域解法：

$$\frac{\partial^2 u(x,z,t)}{\partial t^2}=c^2\left[\frac{\partial^2 u(x,z,t)}{\partial x^2}+\frac{\partial^2 u(x,z,t)}{\partial z^2}\right]+s(t) \quad (2.4.4)$$

式中：$s(t)$为震源项。

对式(2.4.4)做时间傅里叶变换，并应用傅里叶微分性质，得：

$$-\omega^2 U(x,z,\omega)=c^2\left[\frac{\partial^2 U(x,z,\omega)}{\partial x^2}+\frac{\partial^2 U(x,z,\omega)}{\partial z^2}\right]+S(\omega) \quad (2.4.5)$$

或写为

$$\left(\nabla^2+\frac{\omega^2}{c^2}\right)U(x,z,\omega)=-S(\omega) \quad (2.4.6)$$

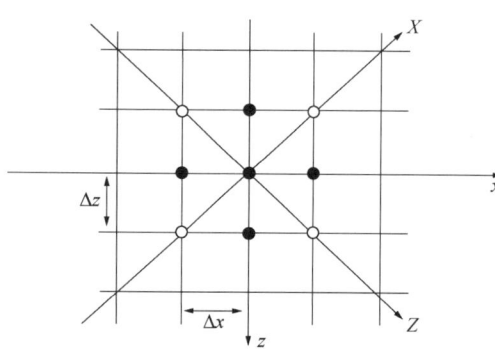

图2.4.1 9点差分格式

对拉普拉斯算子∇^2的离散可以采用9点法、25点法等，这里介绍9点法(图2.4.1)。

位于网格中心的$\nabla^2 U_{(i,j)}$可以用原始网格点(黑点)求取，也可以用45°方向的网格点(白点)求取，将其表达为两套网格的加权和形式：

$$\nabla^2 U(x,z,\omega)=a\nabla^2 U_{(0°)}(x,z,\omega)+(1-a)U_{(45°)}(x,z,\omega) \quad (2.4.7)$$

于是，$U_{(i,j)}$的拉普拉斯算子9点展开式：

$$\nabla^2 U_{(i,j)}=a\left[\frac{U_{(i+1,j)}+U_{(i-1,j)}-2U_{(i,j)}}{\Delta x^2}+\frac{U_{(i,j+1)}+U_{(i,j-1)}-2U_{(i,j)}}{\Delta z^2}\right]+$$
$$(1-a)\left[\frac{U_{(i+1,j+1)}+U_{(i-1,j-1)}+U_{(i+1,j-1)}+U_{(i-1,j+1)}-4U_{(i,j)}}{\Delta x^2+\Delta z^2}\right] \quad (2.4.8)$$

为满足求解的需要，式(2.4.6)中的$U_{(i,j)}$也需要改写为图2.4.1中的9点加权形式：

$$U_{(i,j)}=bU_{(i,j)}+d[U_{(i+1,j)}+U_{(i-1,j)}+U_{(i,j+1)}+U_{(i,j-1)}]+$$
$$e[U_{(i+1,j+1)}+U_{(i-1,j-1)}+U_{(i+1,j-1)}+U_{(i-1,j+1)}] \quad (2.4.9)$$

式中，需满足系数$b+4d+4e=1$。将式(2.4.8)与式(2.4.9)代入式(2.4.6)。

$$r_1 U_{(i-1,j-1)} + r_{2x} U_{(i-1,j)} + r_1 U_{(i-1,j+1)} + r_{2z} U_{(i,j-1)} + r_4 U_{(i,j)} + r_{2z} U_{(i,j+1)} +$$
$$r_1 U_{(i+1,j-1)} + r_{2x} U_{(i+1,j)} + r_1 U_{(i+1,j+1)} = S(\omega) \tag{2.4.10}$$

其中：$r_1 = \left(\dfrac{1-a}{\Delta x^2 + \Delta z^2} + \dfrac{1-b-4d\omega^2}{4} \dfrac{\omega^2}{c^2} \right)$，$r_{2x} = \left(\dfrac{a}{\Delta x^2} + d \dfrac{\omega^2}{c^2} \right)$，$r_{2z} = \left(\dfrac{a}{\Delta z^2} + d \dfrac{\omega^2}{c^2} \right)$

$$r_4 = \left[-\dfrac{2a}{\Delta x^2} - \dfrac{2a}{\Delta z^2} - \dfrac{2(1-a)}{\Delta x^2 + \Delta z^2} + b \dfrac{\omega^2}{c^2} \right]$$

式（2.4.10）代表一个点的求解方程，设该二维模型的大小为 $N_x \times N_z$，则待求解波场 $U(x, z, \omega)$ 是一个长度为 $N_x \times N_z$ 的一维向量，线性方程组表达为：

$$\mathbf{R} \cdot U(x, z, \omega) = S(\omega) \cdot \delta(x - x_0) \cdot \delta(z - z_0) \tag{2.4.11}$$

系数矩阵 $\mathbf{R}$：

$$\begin{bmatrix}
r_4 & r_{2x} & 0 & 0 & \cdots & \cdots & r_{2z} & r_1 & 0 & \cdots & \cdots & 0 \\
r_{2x} & r_4 & r_{2x} & 0 & \cdots & \cdots & r_1 & r_{2z} & r_1 & \cdots & \cdots & 0 \\
0 & r_{2x} & r_4 & r_{2x} & \cdots & 0 & \cdots & r_1 & r_{2z} & r_1 & \cdots & 0 \\
0 & \cdots & \ddots & \ddots & \ddots & \ddots & \ddots & \ddots & \ddots & \ddots & \ddots & 0 \\
\vdots & \ddots & \ddots & \ddots & \ddots & \ddots & \ddots & \ddots & \ddots & \ddots & \ddots & 0 \\
\cdots & \ddots & \ddots & \ddots & \ddots & \ddots & \ddots & \ddots & \ddots & \ddots & \ddots & \vdots \\
r_{2z} & r_1 & \cdots & \cdots & r_4 & r_{2x} & \cdots & r_{2z} & r_1 & \cdots & \cdots & 0 \\
r_1 & r_{2z} & r_1 & \cdots & \cdots & \ddots & \ddots & \ddots & \ddots & \ddots & \ddots & 0 \\
\cdots & \ddots & \ddots & \ddots & \ddots & \ddots & \ddots & \ddots & \ddots & \ddots & \ddots & \vdots \\
\vdots & \ddots & \ddots & \ddots & \ddots & \ddots & \ddots & \ddots & \ddots & \ddots & \ddots & \vdots \\
\vdots & \ddots & \ddots & \ddots & \ddots & \ddots & \ddots & \ddots & \ddots & \ddots & \ddots & \vdots \\
0 & \cdots & \cdots & \cdots & \cdots & \cdots & r_{2x} & r_1 & \cdots & \cdots & r_{2x} & r_4
\end{bmatrix}$$

矩阵中每一行代表 1 个网格点在整个波场的差分算子，矩阵中最多有 $9 \times N_x \times N_z$ 个元素非零；可以看出非零值在矩阵中分部呈条带状，其带宽为 $2 \times N_x + 3$。从方程（2.4.11）可以看出，波动方程频率域求解方法需要求解一个大型的稀疏系数矩阵，借助 UMFPACK、MUMPS、SUPERLU、PARDISO 等成熟的线性方程组求解包可完成求解工作。得到的解是某个频率成分的波场分布，收集各频率成分，做傅里叶反变换回时间域，得到最终的正演结果。

频率域解法有诸多优点：（1）在频率域计算波的衰减效应比时间域更方便；（2）各频率切片是独立计算的，没有数据依赖，无需通信，非常适宜粗粒度并行计算；（3）进行多炮模拟时，只需要将方程组右侧常数项炮点所在空间位置 (x_0, z_0) 进行调整，重新求解一遍方程组即可，比时间域正演更高效。频率域解法也存在缺点，其最大的缺点就是求解线性方程组需要巨量的内存存储空间，这往往成为应用该方法的现实障碍。

2.4.3 近似解析离散法

近似解析离散法（NADM）由清华大学杨顶辉教授在2003年引入计算地球物理学科。它充分利用梯度能够反映函数变化趋势这一重要数学性质，用粒子附近的一阶位移偏导数和位移值共同逼近粒子的空间高阶偏导数，如图2.4.2所示，使用较少的网格点，也可以获得较高的数值精度和较好的稳定性。宋国杰（2011）对该方法提出了改进，称为加权近似解析离散法（WNADM），使压制数值频散的效果更为理想，算法构造也相对简单。

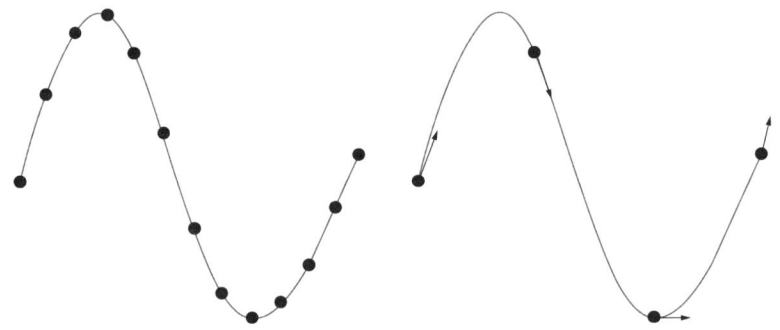

图2.4.2 常规差分与近似解析离散网格点

引入记号 W 与 P 表征位移场 U 的"速度场"与"加速度场"：

$$W = \frac{\partial U}{\partial t}, \quad P = \frac{\partial W}{\partial t} = \frac{\partial^2 U}{\partial t^2} \tag{2.4.12}$$

使用截断的泰勒展开式在时间域展开 W 和 U：

$$W_{i,j,k}^{n+1} = W_{i,j,k}^n + \Delta t \cdot P_{i,j,k}^n + \frac{(\Delta t)^2}{2} \frac{\partial P_{i,j,k}^n}{\partial t} + \frac{(\Delta t)^3}{6} \frac{\partial^2 P_{i,j,k}^n}{\partial t^2} \tag{2.4.13}$$

$$U_{i,j,k}^{n+1} = U_{i,j,k}^n + \Delta t \cdot W_{i,j,k}^n + \frac{(\Delta t)^2}{2} P_{i,j,k}^n + \frac{(\Delta t)^3}{6} \frac{\partial P_{i,j,k}^n}{\partial t} + \frac{(\Delta t)^4}{24} \frac{\partial^2 P_{i,j,k}^n}{\partial t^2} \tag{2.4.14}$$

宋国杰使用第 n 步和第 $n+1$ 步的速度组合来代替第 n 时间步中的粒子速度以谋求一个收敛更快的数值算法，改写式(2.4.14)。

$$U_{i,j,k}^{n+1} = U_{i,j,k}^n + \Delta t \cdot [(1-a)W_{i,j,k}^n + aW_{i,j,k}^{n+1}] + \frac{(\Delta t)^2}{2} P_{i,j,k}^n + \frac{(\Delta t)^3}{6} \frac{\partial P_{i,j,k}^n}{\partial t} + \frac{(\Delta t)^4}{24} \frac{\partial^2 P_{i,j,k}^n}{\partial t^2}$$

$$\tag{2.4.15}$$

式(2.4.13)和式(2.4.15)就构成了WNAD方法更新位移场（求解波动方程）的迭代公式。公式中包含了位移自身、位移的时间一阶导、二阶导、三阶导和四阶导，直接离散表达时间的高阶导数需要存储时间前后方向大量的数组，存储的开销难以承受，比较实际的做法是使用波动方程本身[式(2.4.16)]将时间导数转化为空间导数，即：

$$P_{i,j,k}^n = \frac{\partial^2 U_{i,j,k}^n}{\partial t^2} = c^2 \left(\frac{\partial^2 U_{i,j,k}^n}{\partial x^2} + \frac{\partial^2 U_{i,j,k}^n}{\partial y^2} + \frac{\partial^2 U_{i,j,k}^n}{\partial z^2} \right) \quad (2.4.16)$$

$$\frac{\partial P_{i,j,k}^n}{\partial t} = c^2 \left(\frac{\partial^2 W_{i,j,k}^n}{\partial x^2} + \frac{\partial^2 W_{i,j,k}^n}{\partial y^2} + \frac{\partial^2 W_{i,j,k}^n}{\partial z^2} \right)$$
$$= \frac{c^2}{\Delta t} \left(\frac{\partial^2 U_{i,j,k}^n}{\partial x^2} - \frac{\partial^2 U_{i,j,k}^{n-1}}{\partial x^2} + \frac{\partial^2 U_{i,j,k}^n}{\partial y^2} - \frac{\partial^2 U_{i,j,k}^{n-1}}{\partial y^2} + \frac{\partial^2 U_{i,j,k}^n}{\partial z^2} - \frac{\partial^2 U_{i,j,k}^{n-1}}{\partial z^2} \right) \quad (2.4.17)$$

$$\frac{\partial^2 P_{i,j,k}^n}{\partial t^2} = c^2 \left(\frac{\partial^2 P_{i,j,k}^n}{\partial x^2} + \frac{\partial^2 P_{i,j,k}^n}{\partial y^2} + \frac{\partial^2 P_{i,j,k}^n}{\partial z^2} \right)$$
$$= c^4 \left(\frac{\partial^4 U_{i,j,k}^n}{\partial x^4} + \frac{\partial^2 U_{i,j,k}^n}{\partial y^4} + \frac{\partial^2 U_{i,j,k}^n}{\partial z^4} + 2\frac{\partial^4 U_{i,j,k}^n}{\partial x^2 \partial y^2} + 2\frac{\partial^4 U_{i,j,k}^n}{\partial x^2 \partial z^2} + 2\frac{\partial^4 U_{i,j,k}^n}{\partial y^2 \partial z^2} \right) \quad (2.4.18)$$

这样，求解波动方程就转化为如何近似 U 关于空间各高阶偏导数的问题。该算法的高阶偏导数要用邻近点的位移以及邻近点位移的梯度来联合表示，如图 2.4.3 所示，首先对周围 26 个格点的位移 $\boldsymbol{U}$ 和梯度 $\partial \boldsymbol{U}/\partial x_i$ 分量进行泰勒展开：

$$U_{i+l_1, j+l_2, k+l_3} = \sum_{n=0}^{5} \frac{1}{n!} \left(l_1 \Delta x \frac{\partial}{\partial x} + l_2 \Delta y \frac{\partial}{\partial y} + l_3 \Delta z \frac{\partial}{\partial z} \right)^n U_{i,j,k} \quad (2.4.19)$$

$$\frac{\partial U_{i+l_1, j+l_2, k+l_3}}{\partial x} = \sum_{n=0}^{4} \frac{1}{n!} \left(l_1 \Delta x \frac{\partial}{\partial x} + l_2 \Delta y \frac{\partial}{\partial y} + l_3 \Delta z \frac{\partial}{\partial z} \right)^n \frac{\partial U_{i,j,k}}{\partial x} \quad (2.4.20)$$

$$\frac{\partial U_{i+l_1, j+l_2, k+l_3}}{\partial y} = \sum_{n=0}^{4} \frac{1}{n!} \left(l_1 \Delta x \frac{\partial}{\partial x} + l_2 \Delta y \frac{\partial}{\partial y} + l_3 \Delta z \frac{\partial}{\partial z} \right)^n \frac{\partial U_{i,j,k}}{\partial y} \quad (2.4.21)$$

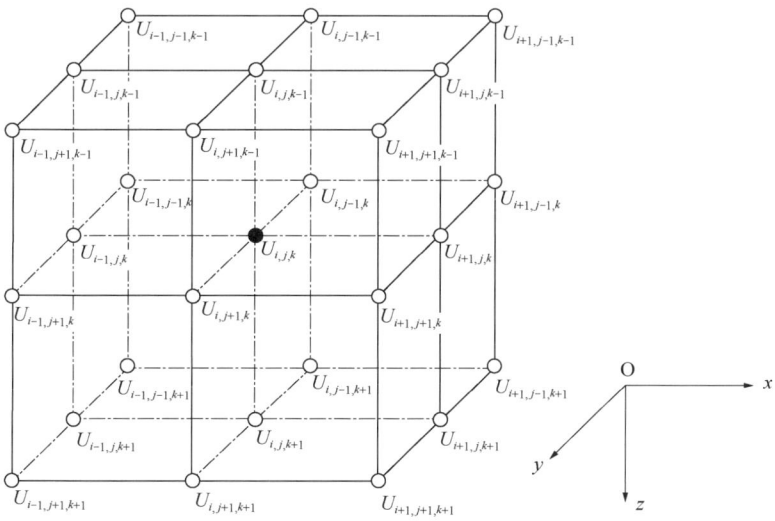

图 2.4.3 离散网格节点关系图

$$\frac{\partial U_{i+l_1,j+l_2,k+l_3}}{\partial z} = \sum_{n=0}^{4} \frac{1}{n!} \left(l_1 \Delta x \frac{\partial}{\partial x} + l_2 \Delta y \frac{\partial}{\partial y} + l_3 \Delta z \frac{\partial}{\partial z} \right)^n \frac{\partial U_{i,j,k}}{\partial z} \quad (2.4.22)$$

其中，$l_i \in \{-1, 0, 1\}$，$i = 1, 2, 3$。26 个网格点，每个网格点包含 1 个位移和 3 个梯度，于是各高阶偏导数可以用这 104 个变量表达出来，下面给出部分高阶偏导表达式，完整的表达式参照文献（Yang，2007）。

$$\begin{cases} \dfrac{\partial^2 U_{i,j,k}}{\partial x \partial y} = \dfrac{1}{2\Delta x}\left(\dfrac{\partial U_{i+1,j,k}}{\partial y} - \dfrac{\partial U_{i-1,j,k}}{\partial y}\right) + \dfrac{1}{2\Delta y}\left(\dfrac{\partial U_{i,j+1,k}}{\partial x} - \dfrac{\partial U_{i,j-1,k}}{\partial x}\right) - \\[2pt] \dfrac{1}{4\Delta x \Delta y}(U_{i+1,j+1,k} + U_{i-1,j-1,k} - U_{i+1,j-1,k} - U_{i-1,j+1,k}) \\[4pt] \dfrac{\partial^4 U_{i,j,k}}{\partial x^2 \partial y^2} = \dfrac{1}{\Delta x^2 \Delta y^2}(U_{i+1,j+1,k} + U_{i-1,j-1,k} + U_{i+1,j-1,k} + U_{i-1,j+1,k} + 4U_{i,j,k} - 2U_{i+1,j,k} - 2U_{i-1,j,k} - 2U_{i,j-1,k} - 2U_{i,j+1,k}) \\[4pt] \dfrac{\partial^5 U_{i,j,k}}{\partial x \partial y^2 \partial z^2} = \dfrac{1}{\Delta y^2 \Delta z^2}\left(\dfrac{\partial U_{i,j+1,k+1}}{\partial x} + \dfrac{\partial U_{i,j-1,k-1}}{\partial x} + \dfrac{\partial U_{i,j-1,k+1}}{\partial x} + \dfrac{\partial U_{i,j+1,k-1}}{\partial x} + 4\dfrac{\partial U_{i,j,k}}{\partial x} - 2\dfrac{\partial U_{i,j,k+1}}{\partial x} - 2\dfrac{\partial U_{i,j,k-1}}{\partial x} - 2\dfrac{\partial U_{i,j-1,k}}{\partial x} - 2\dfrac{\partial U_{i,j+1,k}}{\partial x}\right) \end{cases}$$

$$(2.4.23)$$

将式（2.4.23）的高阶偏导数公式先代入式（2.4.17）、式（2.4.18），然后再代入式（2.4.13）、式（2.4.15），可以得到 WNAD 方法的波动方程时间递推表达式。

近似解析离散方法充分利用了微分方程的信息进行了时间和空间的转化，在计算高阶偏导数时不但使用了网格点的位移，同时也使用了网格点的梯度，降低了数值频散。相对于以往的数值计算方法，该方法在粗网格中可以更有效地压制数值频散，从而单位距离内可以使用更大的网格划分，更有利于进行大尺度的波场模拟。

参 考 文 献

冯英杰，杨长春，吴萍，2007. 地震波有限差分综述[J]. 地球物理学进展，22(2)：487-491.
雷洪，胡许冰，2016. 多核并行高性能计算 OpenMP[M]. 北京：冶金工业出版社.
佘德平，2004. 波场数值模拟技术[J]. 勘探地球物理进展，27(1)：16-21.
宋国杰，2011. 并行 WNAD 算法及其波场模拟[D]. 北京：清华大学.
王勖成，邵敏，1997. 有限单元法基本原理和数值方法[M]. 北京：清华大学出版社.
余文华，李文兴，张泳，2012. 并行时域有限差分方法的 VALU 加速技术[M]. 哈尔滨：哈尔滨工业大学出版社.
张舒，褚艳利，赵开勇，等，2009. GPU 高性能运算之 CUDA[M]. 北京：中国水利水电出版社.
张武生，薛巍，李建江，等，2009. MPI 并行程序设计实例教程[M]. 北京：清华大学出版社.
Bérenger, J P, 1994. A perfectly matched layer for the absorption of electromagnetic waves[J]. Journal of Computational Physics, 114: 185-200.
Chew W C, Weedon W H, 1994. A 3D perfectly matched medium from modified maxwell's equations with stretched coordinates[J]. Microwave and Optical Technology Letters, 7(13): 341-359.
Collino F, Tsogka C, 2001. Application of the PML absorbing layer model to the linear elastodynamic problem in anisotropic heterogeneous media[J]. Geophysics, 66(1): 294-307.

Dablain M A, 1986. The application of high-order differencing to the scale wave equation Laser[J]. Geophysics, 51(1): 54-66.

Gottlieb D, Orszag S A, 1977. Numerical anlysis of spectral methods: Theory and applications[M]. Society for Industrial and Applied Mathematics.

Jo C, Shin C, Suh J H, 1996. An optimal 9 - point, finite - difference, frequency - space 2d scalar wave extrapolator[J]. Geophysics, 61(2): 529-537.

Kreiss H O, Ologer J, 1972. Comparison of accurate methods for the integration of hyperbolic equation[J]. Tellus, 24: 199-215.

Kuzuoglu M, Mittra R, 1996. Frequency dependence of the constitutive parameters of causal perfectly matched anisotropic absorbers[J]. IEEE Microwave and Guided Wave Letters, 6(12): 447-449.

Liao Q B, McMechan G A, 1996. Multifrequency viscoacoustic modeling and inversion[J]. Geophysics, 61(5): 1371-1378.

Martin R, Komatitsch D, Gedney S D, et al., 2010. A high-order time and space formulation of the unsplit perfectly matched layer for the seismic wave equation using auxiliary differential equations(ADE-PML)[J]. CMES: Computer Modeling in Engineering and Sciences, 56(1): 17-42.

Min D J, Shin C, Kwon B D, et al., 2000. Improved frequency-domain elastic wave modeling using weighted-averaging difference operators[J]. Geophysics, 65(3): 884-895.

Orszag S A, 1972. Comparison of pseudo-spectral and spectral approximation[J]. Studies in Applied Mathematics, 51: 253-259.

Pratt R G, 1990. Frequency-domain elastic wave modeling by finite difference: A tool for crosshole seismic imaging[J]. Geophysics, 55(5): 626-632.

Roden J A, Gedney S D, 2000. Convolution PML(CPML): An efficient FDTD implementation of the CFS-PML for arbitrary media[J]. Microwave and Optical Technology Letters, 27(5): 334-339.

Yang D H, Song G J, Lu M, 2007. Optimally accurate nearly analytic discrete scheme for wave-field simulation in 3D anisotropic media[J]. Bull. Seis. Soc. Am., 97(5): 1557-1569.

Yang D H, Teng J, Zhang Z J, et al., 2003. A nearly analytic discrete method for acoustic and elastic wave equations in anisotropic media[J]. Bull. Seis. Soc. Am., 93(1): 882-890.

3 各向异性介质和地震特征响应

本章主要介绍各向异性介质的类型、各向异性介质与裂缝的关系、各向异性等效介质的理论、各向异性介质中的地震波特性，以及各向异性介质中地震波的正演模拟方法等。

3.1 各向异性的概述

3.1.1 地震各向异性

地震波在岩石中的传播是一个复杂的问题，涉及各种介质、矿物包裹体、流体流动、地质构造、甚至包括周围的应力和地下温度。因此，它远远超出了最常见的假设，即地球模型是由各向同性水平层组成的。地震各向异性作为反映地震现象复杂性的一个方面，被称为地震属性的方向依赖性。最常讨论的地震属性之一是地震速度，取决于各向异性介质中波的传播方向。但是地震属性不仅仅限于地震速度，还包括地震振幅、地震极化，走时等。

在地球物理勘探中，地震各向异性有两种常见类型：垂直对称轴横向各向同性介质（VTI）和水平轴横向各向同性介质（HTI）。地壳中的薄层沉积层序可能产生由层引起的各向异性，这种各向异性本质上可能与等效均质 VTI 具有相同的地震表现，前提是地震波长与层序中各层的厚度相比足够长（Backus，1962）。这种"等效介质"概念对于估算薄层介质中的地震属性（如地震速度）非常有用。

在大地应力下，储层深度处的裂隙和小的裂缝倾向于在垂直面内排列，这可能产生排列整齐的裂缝引发的各向异性，或为方位各向异性（Crampin，1981，1983，1985）。这相当于均匀的 HTI，假设裂纹或裂缝的尺度远小于探测波的波长。以上引用的文献揭示了地震行为与裂缝岩石性质（如裂缝密度和排列方向）之间的重要联系，可作为描述裂缝性储层的重要工具。

地壳中地震各向异性的一些其他表现（如正交、单斜）可以看作是 VTI 或 HTI 的导数，或它们在几何变换或旋转下的组合。例如，经过历史上的地质作用后，在薄层地层中可能会发育定向垂直裂缝，可能形成等效的正交介质。

另一个地球物理上的概念就是非均质性，它与各向异性密切相关。如果在同一位置测量时，介质的性质随方向变化，则介质是各向异性的；如果介质的性质在同一方向上测量时随位置变化，则介质是异质的（Winterstein，1990）。用于探测物质的地震波的波长尺度对非均匀性和各向异性的概念至关重要。在用于探测的波长尺度上，非均质材料可以被视为均质材料。非均匀介质可以是各向异性的，前提是波长的尺度与非均匀介质的尺度相当或远大于非均匀介质的尺度。例如，由许多水平均匀层组成的材料（每一层作为单一材料具有不同的介质性质),如果波长小于每一层的厚度,则为非均匀材料;然而,如果每一层的厚度远小于波长,它可能仍然是均匀各向异性的。

3.1.2 波在各向异性介质中的传播

在详细讨论各向异性介质中的波传播之前,有必要先讨论张量这一基本术语。张量被定义为满足右手直角坐标系的一般坐标变换定律的多维数组(Marion et al.,1995),可表示为(Markov et al.,2009):

$$M'_{ABCD} = \beta_{Aa}\beta_{Bb}\beta_{Cc}\beta_{Dd}\cdots M_{abcd}\cdots \quad (3.1.1)$$

式中:β_{Aa}定义为新坐标系中的"A"轴和旧坐标系中的"a"轴之间的夹角的方向余弦,与其他坐标系类似;M_{abcd}为变换前的张量;M'_{ABCD}为变换后的张量。假定对下标"$AaBbCcDd\cdots$"求和。

在各向异性介质中,刚度张量满足如下相同的变换规律:

$$c'_{ijkl} = \beta_{ip}\beta_{jp}\beta_{kr}\beta_{ls}c_{pqrs} \quad (3.1.2)$$

式中:c_{pqrs}为四阶弹性刚度张量;c'_{ijkl}为变换之后的张量。

讨论的一般介质被认为是线性弹性和各向异性的。这种介质的胡克定律表明,应力和应变之间存在线性关系,即:

$$\boldsymbol{\sigma}_{ij} = \boldsymbol{c}_{ijkl}\boldsymbol{\varepsilon}_{kl} \quad (3.1.3)$$

式中:ε_{kl}和σ_{ij}为对应的应力和应变。c_{ijkl}张量总共有81个元素,由于6个应力和6个应变之间的对称关系,这些元素可以合并为21个独立元素(Markov et al.,2009)。

$$\boldsymbol{c}_{ijkl} = \boldsymbol{c}_{jikl} = \boldsymbol{c}_{ijlk} = \boldsymbol{c}_{jilk} \quad (3.1.4)$$

唯一应变能势的存在要求:

$$\boldsymbol{c}_{ijkl} = \boldsymbol{c}_{klij} \quad (3.1.5)$$

刚度张量可以通过引入 Voigt 符号来简化,它揭示了胡克定律中成对下标到单个下标 I(J)的以下转换(Markov et al.,2009):

$$\begin{cases} ij(kl) \rightarrow I(J) \\ 11 \rightarrow 1 \\ 22 \rightarrow 2 \\ 33 \rightarrow 3 \\ 23(32) \rightarrow 4 \\ 13(31) \rightarrow 5 \\ 12(21) \rightarrow 6 \end{cases} \quad (3.1.6)$$

因此,式(3.1.3)可以用一种非常方便的方法来编写:

$$\begin{bmatrix} \sigma_1 \\ \sigma_2 \\ \sigma_3 \\ \sigma_4 \\ \sigma_5 \\ \sigma_6 \end{bmatrix} = \begin{bmatrix} c_{11} & c_{12} & c_{13} & c_{14} & c_{15} & c_{16} \\ c_{12} & c_{22} & c_{23} & c_{24} & c_{25} & c_{26} \\ c_{13} & c_{23} & c_{33} & c_{34} & c_{35} & c_{36} \\ c_{14} & c_{24} & c_{34} & c_{44} & c_{45} & c_{46} \\ c_{15} & c_{25} & c_{35} & c_{45} & c_{55} & c_{56} \\ c_{16} & c_{26} & c_{36} & c_{46} & c_{56} & c_{66} \end{bmatrix} \begin{bmatrix} \varepsilon_{11} \\ \varepsilon_{22} \\ \varepsilon_{33} \\ 2\varepsilon_{23} \\ 2\varepsilon_{13} \\ 2\varepsilon_{12} \end{bmatrix} \qquad (3.1.7)$$

式(3.1.7)中的刚度矩阵包含21个弹性介质参数(前面提到的21个元素),这些参数在一般各向异性介质中是独立的。然而,在大多数情况下,刚度矩阵中的大多数元素都是零。一般来说,矩阵中的零越多,对应的介质就具有更高的固有弹性对称系统。

采用 Voigt 表示法后,一般的坐标变换法则不再适用于二阶刚度矩阵。然而,该矩阵可以基于变换矩阵 *M* 进行变换(Auld,1990):

$$[C'] = [M][C][M]^T \qquad (3.1.8)$$

式中:*C'* 和 *C* 分别为新刚度矩阵和旧刚度矩阵;*M* 为变换矩阵;T 表示转置。

转换矩阵具有这种形式(Markov et al.,2009):

$$M = \begin{bmatrix} \beta_{11}^2 & \beta_{12}^2 & \beta_{13}^2 & 2\beta_{12}\beta_{13} & 2\beta_{13}\beta_{11} & 2\beta_{11}\beta_{12} \\ \beta_{21}^2 & \beta_{22}^2 & \beta_{23}^2 & 2\beta_{22}\beta_{23} & 2\beta_{23}\beta_{21} & 2\beta_{21}\beta_{22} \\ \beta_{31}^2 & \beta_{32}^2 & \beta_{33}^2 & 2\beta_{32}\beta_{33} & 2\beta_{33}\beta_{31} & 2\beta_{31}\beta_{32} \\ \beta_{21}\beta_{31} & \beta_{22}\beta_{32} & \beta_{23}\beta_{33} & \beta_{22}\beta_{33}+\beta_{23}\beta_{32} & \beta_{21}\beta_{33}+\beta_{23}\beta_{31} & \beta_{22}\beta_{31}+\beta_{21}\beta_{32} \\ \beta_{31}\beta_{11} & \beta_{32}\beta_{12} & \beta_{33}\beta_{13} & \beta_{12}\beta_{33}+\beta_{13}\beta_{32} & \beta_{11}\beta_{33}+\beta_{13}\beta_{31} & \beta_{11}\beta_{32}+\beta_{12}\beta_{31} \\ \beta_{11}\beta_{21} & \beta_{12}\beta_{22} & \beta_{13}\beta_{23} & \beta_{22}\beta_{13}+\beta_{12}\beta_{23} & \beta_{11}\beta_{23}+\beta_{13}\beta_{21} & \beta_{22}\beta_{11}+\beta_{12}\beta_{21} \end{bmatrix} \qquad (3.1.9)$$

当考虑二阶刚度矩阵时,式(3.1.8)和式(3.1.9)非常便于进行坐标变换。

在一般各向异性介质中,应变矢量的定义可以写成:

$$\varepsilon_{ij} = \frac{1}{2}\left(\frac{\partial u_i}{\partial x_j} + \frac{\partial u_j}{\partial x_i}\right) = \frac{1}{2}(u_{i,j} + u_{j,i}) \qquad i,j=1,2,3 \qquad (3.1.10)$$

式中:*j* 和 *i* 是直角坐标轴1、2和3的指数;*j*,*i* 是位移分量 u_j 相对于 x_i 的空间导数。

将式(3.1.3)和式(3.1.10)与牛顿第二定律的方程合并,得到一般的各向异性弹性波方程:

$$\rho \ddot{u}_i - c_{ijkl} u_{k,jl} = 0 \qquad i,j,k,l=1,2,3 \qquad (3.1.11)$$

式中:$\ddot{u}$ 为位移分量对时间的二阶导数。

在这里,根据式(3.1.11)讨论地震速度。速度是一个重要的概念,特别是在地震各向异性方面。求解式(3.1.11)的通常方法是将一般的平面波代入式(3.1.11),得到开尔文—

克里斯托夫方程(Tsvankin，1997)：

$$(\boldsymbol{G}_{ik}-\rho V^2\delta_{ik})U_k=0 \tag{3.1.12}$$

式中：δ_{ik} 为 Kroneker 符号；V 为平面波速或相速度；G_{ik} 为对称 Christoffel 矩阵。

$$\boldsymbol{G}_{ik}=\boldsymbol{c}_{ijkl}n_jn_l \tag{3.1.13}$$

式中：n 为方向余弦；下标 i，j，k，l 为三维坐标编号，取值为 1、2、3。

3.1.3 各向异性介质的类型

(1) 各向同性介质。

各向同性指的是介质在不同方向上弹性性质相同，不随波传播方位改变而改变，各向同性介质是最简单的介质类型，也可以看作是特殊的各向异性(图 3.1.1)。许多关于波传播的研究和应用都是基于地质模型是各向同性的假设，大大简化了数学和物理上的推导过程。例如，在地震资料处理和解释(如速度估计和成像技术)中，经常使用各向同性介质代替各向异性介质。各向同性介质可以用以下形式的弹性矩阵来描述：

$$\boldsymbol{C}_{\mathrm{ISO}}=\begin{bmatrix} c_{11} & c_{12} & c_{12} & 0 & 0 & 0 \\ c_{12} & c_{11} & c_{12} & 0 & 0 & 0 \\ c_{12} & c_{12} & c_{11} & 0 & 0 & 0 \\ 0 & 0 & 0 & c_{44} & 0 & 0 \\ 0 & 0 & 0 & 0 & c_{44} & 0 \\ 0 & 0 & 0 & 0 & 0 & c_{44} \end{bmatrix} \tag{3.1.14}$$

用 Lame 参数描述各向同性介质更为常见，Lame 参数与矩阵中的元素有关：

$$c_{12}=\lambda,\quad c_{11}=\lambda+2\mu,\quad c_{44}=\mu \tag{3.1.15}$$

第一个 Lame 参数 λ 没有物理意义，只是用于简化，第二个 Lame 参数 μ 是剪切模量，是剪切应力与剪切应变之比。纵波速度 v_p、横波速度 v_s 和密度 ρ 之间的关系表示为：

$$v_\mathrm{p}=\sqrt{\frac{\lambda+2\mu}{\rho}},\quad v_\mathrm{s}=\sqrt{\frac{\mu}{\rho}} \tag{3.1.16}$$

从式(3.1.15)可以看出，描述各向同性介质只需要两个独立的弹性参数。

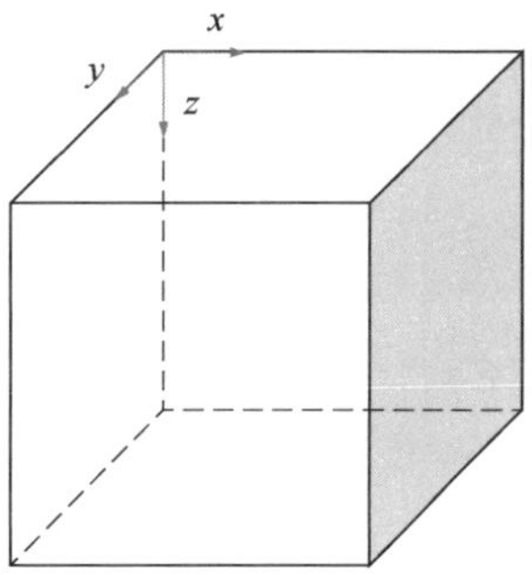

(2) 横向各向同性介质。

横向各向同性是各向异性中最简单的各向异性(各向同性除外)。横向各向同性是地球岩石观测到的最常见的各向异性，现有的绝大多数关于地震各向异性机制的研究都是在 TI 中进行的

图 3.1.1 各向同性介质
(各向同性介质中不存在对齐的裂纹或断裂)

(Backus，1962；Crampin，1981；Hudson，1980，1981；Thomsen，1986；Schoenberg et al.，1988)。在横向各向同性介质中，垂直与对称轴的所有方向上的弹性性质都是等效的。

根据笛卡尔坐标系中对称轴的方向，TI 可以分为三类：HTI、VTI 和 TTI。有许多原因致使地下形成 TI。例如，许多页岩地层是水平分层的，这可能产生 VTI（Anderson，1961）；垂直排列的裂缝可能产生 HTI 各向异性的地震特征（Crampin，1981、1983、1985）；VTI 在沉积和构造过程中发生倾斜，产生 TTI。

VTI 或 HTI 包含 5 个独立的弹性参数[式(3.1.17)和式(3.1.18)]。TTI 介质有 9 个独立参数，如式(3.1.19)所述。考虑到 TTI 可以通过将 VTI 或 HTI 模型绕 y 轴旋转一定角度(0°或90°除外)来产生，因此 TTI 可以由 5 个独立的弹性参数(来自 VTI)加上一个旋转角度来表征，即 6 个独立的参数。

$$\boldsymbol{C}_{\text{VTI}} = \begin{bmatrix} c_{11} & c_{33}-2c_{66} & c_{13} & 0 & 0 & 0 \\ c_{11}-2c_{66} & c_{11} & c_{13} & 0 & 0 & 0 \\ c_{13} & c_{13} & c_{33} & 0 & 0 & 0 \\ 0 & 0 & 0 & c_{55} & 0 & 0 \\ 0 & 0 & 0 & 0 & c_{55} & 0 \\ 0 & 0 & 0 & 0 & 0 & c_{66} \end{bmatrix} \tag{3.1.17}$$

$$\boldsymbol{C}_{\text{HTI}} = \begin{bmatrix} c_{11} & c_{12} & c_{13} & 0 & 0 & 0 \\ c_{13} & c_{33} & c_{33}-2c_{424} & 0 & 0 & 0 \\ c_{13} & c_{33}-2c_{44} & c_{33} & 0 & 0 & 0 \\ 0 & 0 & 0 & c_{44} & 0 & 0 \\ 0 & 0 & 0 & 0 & c_{55} & 0 \\ 0 & 0 & 0 & 0 & 0 & c_{55} \end{bmatrix} \tag{3.1.18}$$

$$\boldsymbol{C}_{\text{TTI}} = \begin{bmatrix} c_{11} & c_{12} & c_{13} & 0 & c_{15} & 0 \\ c_{12} & c_{22} & c_{23} & 0 & c_{25} & 0 \\ c_{13} & c_{23} & c_{33} & 0 & c_{35} & 0 \\ 0 & 0 & 0 & c_{44} & 0 & c_{46} \\ c_{15} & c_{25} & c_{35} & 0 & c_{55} & 0 \\ 0 & 0 & 0 & c_{13} & 0 & c_{66} \end{bmatrix} \tag{3.1.19}$$

此外,为了在勘探地球物理中的实际应用,5个Thomsen参数(Thomsen,1986)通常用于描述TI中弹性波的传播,这将在后面讨论。考虑到通过在各向同性主体介质中引入一组定向裂纹来描述TI,图3.1.2显示了相应的TI情况。

为了刻画HTI的特征,方位地震属性分析是估计各向异性强度或择优取向的常用方法。HTI界面上的振幅与偏移距(AVO)测量通常显示出随方位角的椭圆变化,可用于确定裂缝走向和相对裂缝密度(Ruger,1997)或实际裂缝密度(Varela et al.,2007)。地震纵波速度在平行于VTI或HTI介质对称轴的方向上比在垂直于轴的方向上传播得慢,这可以揭示HTI介质的破裂特性。

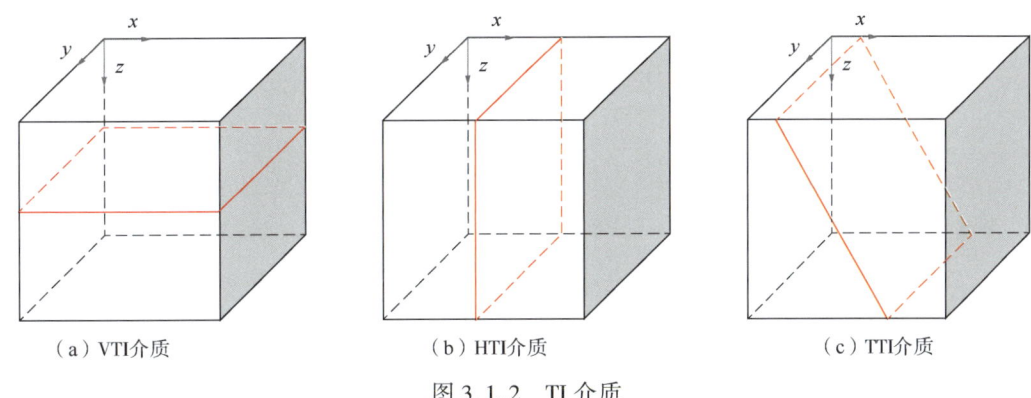

(a) VTI介质　　　　　　(b) HTI介质　　　　　　(c) TTI介质

图3.1.2　TI介质

(a)包含一组水平裂纹,(b)包含一组垂直裂纹,(c)包含一组倾斜裂纹。图中的红色平面表示对齐裂纹的平面方向

(3) 正交介质。

如果介质在坐标系中有三个相互垂直的对称轴,每个对称轴与三个坐标轴中的一个轴平行,则可以将其归类为正交介质。正交介质的刚度矩阵中有9个独立的弹性参数:

$$C_{\mathrm{ORI}} = \begin{bmatrix} c_{11} & c_{12} & c_{13} & 0 & 0 & 0 \\ c_{12} & c_{22} & c_{23} & 0 & 0 & 0 \\ c_{13} & c_{23} & c_{33} & 0 & 0 & 0 \\ 0 & 0 & 0 & c_{44} & 0 & 0 \\ 0 & 0 & 0 & 0 & c_{55} & 0 \\ 0 & 0 & 0 & 0 & 0 & c_{66} \end{bmatrix} \qquad (3.1.20)$$

比较式(3.1.17)、式(3.1.18)和式(3.1.20)的形式,可以得出VTI和HTI介质是正交介质的两种特殊情况。因此,类似地,正交介质可以通过在各向同性介质中引入一组垂直裂纹和一组水平裂纹来表示,如图3.1.3所示。在地质学中,正交各向异性最常见的原因之一是各向同性介质中平行垂直裂缝和水平层状地层的组合(Schoenberg,Helbig,1997)。

(4) 单斜介质。

单斜介质有三个对称轴,其中两个轴互不正交,但都与第三个轴垂直;第三个轴垂

直于 x—y 平面。单斜模型包括刚度矩阵中的 11 个独立弹性参数见方程(3.1.21)(Sayers, 2001)。通过演示具有两个裂纹组的单斜模型, 裂纹组被认为是垂直的, 但不是相互正交的, 如图 3.1.4 所示。HTI 模型绕 z 轴简单旋转一定角度(0°或 90°除外)将产生单斜模型。

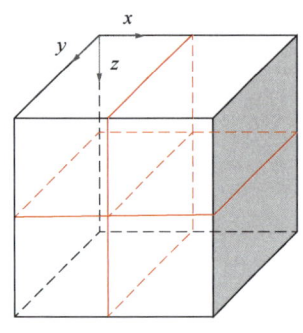

图 3.1.3 正交介质

包含一组水平裂纹和一组垂直裂纹

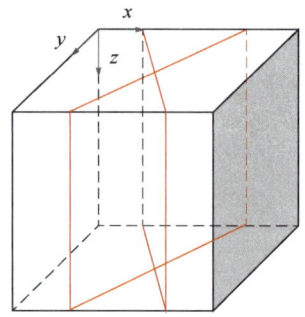

图 3.1.4 单斜介质

包含两个铅垂的非正交裂纹组, 裂纹相交线垂直于 x—y 平面

$$\boldsymbol{C}_{\mathrm{MONO}} = \begin{bmatrix} c_{11} & c_{12} & c_{13} & 0 & 0 & c_{16} \\ c_{12} & c_{22} & c_{23} & 0 & 0 & c_{26} \\ c_{13} & c_{23} & c_{33} & 0 & 0 & c_{36} \\ 0 & 0 & 0 & c_{44} & c_{45} & 0 \\ 0 & 0 & 0 & c_{45} & c_{55} & 0 \\ c_{16} & c_{26} & c_{36} & 0 & 0 & c_{66} \end{bmatrix} \tag{3.1.21}$$

在勘探地球物理中, 与 TI 或正交介质不同, 单斜模型由于其复杂的对称系统和罕见的情况而很少被讨论。但在一些裂缝性储层中, 存在多条垂向非正交裂缝组, 表现出单斜特征。用两个裂纹集来描述这种情况是一项具有挑战性的任务。直到最近几年, 一些相关的研究才逐渐出现, Sayers(2001)给出了单斜介质中纵波反射系数的近似表达式, 该表达式使用了表征非正交裂缝集的法向和切向柔度。

(5) 三斜介质。

三斜介质是最普遍的各向异性介质, 其中三个对称轴互不正交(图 3.1.5)。通过在笛卡尔坐标系中描述具有一个裂纹集的三斜介质, 裂纹集的对称轴不垂直于三个笛卡尔坐标平面中的任何一个。在三斜介质中, 所有弹性常数都是独立的, 这就使得三斜介质的刚度矩阵具有 21 个独立的参数(Tsvankin, 2001), 然而, 在实际的地球物理应用中, 三斜介质由于其复杂的对称系统而很少被讨论。

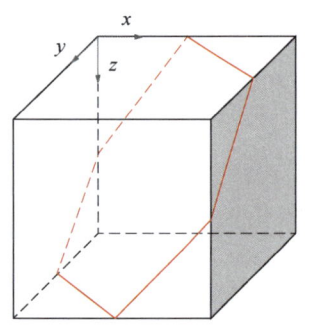

图 3.1.5 三斜介质

包含了一组对称轴不垂直于任何坐标平面的裂纹

$$\boldsymbol{C}_{\mathrm{TRI}} = \begin{bmatrix} c_{11} & c_{12} & c_{13} & c_{14} & c_{15} & c_{16} \\ c_{12} & c_{22} & c_{23} & c_{24} & c_{25} & c_{26} \\ c_{13} & c_{23} & c_{33} & c_{34} & c_{35} & c_{36} \\ c_{14} & c_{24} & c_{34} & c_{44} & c_{45} & c_{46} \\ c_{15} & c_{25} & c_{35} & c_{45} & c_{55} & c_{56} \\ c_{16} & c_{26} & c_{36} & c_{46} & c_{56} & c_{66} \end{bmatrix} \qquad (3.1.22)$$

(6) 右手直角坐标系下的介质不变性。

如果在基于波长限制的各向同性主体介质中考虑一组对齐的裂纹，则围绕其对称轴旋转任何角度都不会改变由此产生的刚度矩阵形式，因此也不会改变介质特性。例如，考虑到 VTI 的情况，如果在右手直角坐标系下绕 z 轴旋转，则介质特性不会改变。

这可以使用 VTI 的键变换矩阵进行验证，如下所示：

$$\boldsymbol{G}_{\mathrm{VTI}} = \boldsymbol{M}_z * \boldsymbol{G}_{\mathrm{VTI}} * \boldsymbol{M}_z^{\mathrm{T}} \qquad (3.1.23)$$

式中：$\boldsymbol{M}_z$ 是考虑绕 z 轴旋转的键变换矩阵；$\boldsymbol{M}_z^{\mathrm{T}}$ 是其转置矩阵。

对于 HTI 介质，介质不变性的轴是 x 轴。

3.1.4 弱弹性各向异性与 Thomsen 参数

McCollum 等(1932)的一份早期实验报告显示，Lorraine 页岩露头测得的速度各向异性非常强，沿层理方向的速度比垂直于层理方向的速度大 40%。然而，一项著名的研究证明在大多数地球岩石中各向异性很弱。为了简化具有垂直轴的弱横向各向同性（VTI 各向异性）的描述，Thomsen(1986)引入了以下符号：

$$\begin{cases} \alpha = \sqrt{\dfrac{c_{33}}{\rho}} \\ \varepsilon = \dfrac{c_{11} - c_{33}}{2c_{33}} \\ \beta = \sqrt{\dfrac{c_{44}}{\rho}} \\ \gamma = \dfrac{c_{66} - c_{44}}{2c_{44}} \\ \delta = \dfrac{(c_{13} + c_{44})^2 - (c_{33} - c_{44})^2}{2c_{33}(c_{33} - c_{44})} \end{cases} \qquad (3.1.24)$$

式中：α 和 β 分别为垂直于 VTI 介质对称面传播的波的纵波速度和横波速度，ε 和 γ 分别与纵波各向异性和横波各向异性有关；δ 为波前椭圆度；ρ 为介质密度。Thomsen 论文(1986)中的表格列出了从各种岩石样品中测量的各向异性参数，其中各向异性参数，大多数情况下小于 0.2。这证明了弱各向异性广泛存在的事实。

VTI 这 5 个参数的引入被认为是地震各向异性应用中的一个里程碑。与刚度矢量相比，这 5 个参数具有更多的物理意义，大大方便了地球物理过程（地震建模、数据处理和解释）中地震各向异性的解释。另外，HTI 和 TTI 可以看作是 VTI 的两种旋转后的形式，只是绕 y 轴有一个旋转角，因此这 5 个参数也是描述 HTI 和 TTI 的常用参数。

弱弹性各向异性的一个应用是用 Thomsen 参数表示相速度。Daley 等（1977）给出了 VTI 中三相速度的详细推导。在任何平行于 VTI 对称轴的平面上，三个速度与角度有关，可以用 5 个独立的刚度单元来表示。基于弱弹性各向异性假设，三种速度表达式可进一步简化为：

$$\begin{cases} v_\mathrm{p}^2 = \alpha^2 \left[1 + \delta \sin^2\theta \cos^2\theta + \varepsilon \sin^4\theta \right] \\ v_\mathrm{sv}^2 = \beta^2 \left[1 + \frac{\alpha^2}{\beta^2}(\varepsilon - \delta) \sin^2\theta \cos^2\theta \right] \\ v_\mathrm{sh}^2 = \beta^2 \left[1 + 2\gamma \sin^2\theta \right] \end{cases} \qquad (3.1.25)$$

式中：θ 为波前法线和对称轴之间的角度。

3.2 各向异性等效介质理论

裂隙介质中的等效介质理论被称为地球物理模型，用于描述含有裂缝和裂隙的介质的整体各向异性特性。如果希望能估计裂隙介质的有效介质参数，则必须考虑一些介质条件：

（1）裂缝和孔隙的尺寸大小；
（2）裂缝和孔隙的形状；
（3）所含的包含物或相；
（4）裂缝孔隙之间的空间关系。

下面介绍了裂缝型介质中主要的等效介质理论，包括 Backus 平均模型（虽然它不适用于裂缝或孔隙，但它是裂缝性介质中其他扩展理论的重要基础）、Hudson 模型、线性滑动模型和刘氏模型。

3.2.1 Backus 平均模型

在 Backus 模型（Backus，1962）中，考虑了一种细分层的非均匀各向同性（或横观各向同性）介质，其厚度在长波长假设下非常小。推导结果表明，层状介质表现为具有垂直对称轴的单一均匀横观各向同性介质，总有效密度是通过平均所含各分量的密度得到的，弹性刚度单元是由构件的平均组合得到的。Backus 模型通过一种直观易懂的代数平均法求解有效性质，即巴克斯平均法，它提供了一种计算精细分层地层有效性质的方法，如计算页岩薄层序列的有效性质。这个平均概念是非常有用的，它也适用于其他一些等效介质理论。Schoenberg 等（1989）将 Backus 模型推广到了任意各向异性组分的情况，其中每个组分层通常被认为是各向异性的。

3.2.2 Hudson 模型

Hudson 模型（Hudson，1980，1981）是裂隙介质中应用最广泛的等效介质理论，基于长波长假设，预测了嵌入排列的、小的、薄的、薄硬币状椭球裂隙或包裹体的弹性背景介质的有效性质。他通过对背景介质的刚度进行二阶校正，得出有效刚度，可表示为(Markov et al.，2009)

$$c_{ij}^{\text{eff}} = c_{ij}^0 + c_{ij}^1 + c_{ij}^2 \qquad (3.2.1)$$

式中：c_{ij}^{eff} 为有效刚度张量；c_{ij}^0 为各向同性背景介质的刚度张量；c_{ij}^1 和 c_{ij}^2 分别为与裂隙密度相关的一阶和二阶校正。注意，在 Hudson 模型中，假设裂隙是孤立的，因此不考虑裂隙之间的相互作用。

Hudson 模型是基于最早由 Eshelby(1957)首先提出的椭球裂隙模型。Cheng(1993)指出，Hudson 模型仅适用于小长宽比和小裂隙密度(的情况)。换句话说，对带有 c_{ij}^1 和 c_{ij}^2 的 Hudson 模型的描述，仅适用于弱填充材料的情况。对于较大的裂隙密度但较小的纵横比，二阶校正不再适用。通常建议使用一阶校正，而不是同时使用二者。为了避免二阶修正问题，Cheng(1993)提出了一种新的裂隙密度二阶展开式。

Hudson 模型的优点之一是可以表示不同的裂缝、包裹体类型：
(1) 一般的"弱填充"包裹体；
(2) 通过将包裹体体积模量设置为零来干燥空腔；
(3) 通过将包裹体剪切模量设置为零，使流体饱和空腔。

这一优势可以很容易地模拟真实地球上不同包裹体的岩石，并研究相应的地震响应。在 Hudson 模型中，有几点需要强调。假设孔隙纵横比很小，孔隙密度也较低。同样，孔隙之间没有相互连通，因此不会发生流体流动。然而，Hudson 模型是一个非常方便的计算具有不同包含物类型的分散孔隙的方法。

3.2.3 线性滑动模型

在要讨论的线性滑动模型(Schoenberg，1980)中，与 Hudson 模型中分散的小裂隙相比，通常将断裂视为厚度可忽略不计的长界面。线性滑动模型也称为离散断裂模型(DFM)，它模拟了两种弹性介质之间不完全黏结界面(或滑移界面，代表断裂)上的地震波行为。在滑移界面上，质点位移被认为是不连续的，不连续性被假定为与应力牵引呈线性关系。在这给出线性滑动模型的一些细节描述。

用有效弹性柔度张量 S_{ijkl} 把平均应变 ε_{ij} 和平均应力 σ_{ij} 联系起来：

$$\varepsilon_{ij} = S_{ijkl}\sigma_{ij} \qquad (3.2.2)$$

如果考虑断裂，则该形式表示为两项表达式(Coates，Schoenberg，1995)：

$$\varepsilon_{ij} = (S_{ijkl_b} + S_{ijkl_f})\sigma_{kl} \qquad (3.2.3)$$

式中：S_{ijkl_b} 为基质的柔度；S_{ijkl_f} 为断裂的存在导致的额外的柔度。

基于位移不连续性和应力之间的线性关系的假设，通过引入含分量 Z_{ij} 的断裂系统柔度张量 Z，扩展了式(3.2.3)中的额外柔度：

$$S_{ijkl_f} = (Z_{ik}n_l n_j + Z_{jk}n_l n_i + Z_{il}n_k n_j + Z_{jl}n_k n_i)/4 \qquad (3.2.4)$$

式中：n_l 为垂直于断裂面的局部单元的分量。

这里讨论一个最简单的例子。首先定义与断裂相关的法向柔度 Z_N 和切向柔度 Z_T，假设断裂行为相对于垂直于断裂的轴的旋转是不变的。然后 Z_{ij} 能写成：

$$Z_{ij} = Z_T \delta_{ij} + (Z_N - Z_T) n_i n_j \tag{3.2.5}$$

在将式(3.2.5)代入式(3.2.4)后，额外柔度为：

$$S_{ijkl_f} = \frac{Z_T}{4}(\delta_{ik} n_l n_j + \delta_{jk} n_l n_j + \delta_{il} n_k n_j + \delta_{jl} n_k n_i) + (Z_N - Z_T) n_i n_j n_k n_l \tag{3.2.6}$$

如果断裂法线是沿 x 轴的，这意味着 $n_1 = (1, 0, 0)$，6×6 矩阵形式的额外柔度的最终表达式将是：

$$S_{ijkl_f} = \begin{pmatrix} Z_N & 0 & 0 & 0 & 0 & 0 \\ 0 & 0 & 0 & 0 & 0 & 0 \\ 0 & 0 & 0 & 0 & 0 & 0 \\ 0 & 0 & 0 & 0 & 0 & 0 \\ 0 & 0 & 0 & 0 & Z_T & 0 \\ 0 & 0 & 0 & 0 & 0 & Z_T \end{pmatrix} \tag{3.2.7}$$

如果基质是各向同性的，含柔度 $S_{ijkl} = S_{ijkl_b} + S_{ijkl_f}$ 的裂隙介质是一种横向各向同性介质(TI)，它只依赖于主各向同性介质的两个模量 μ_b 和 λ_b，以及两个柔度分量 Z_N 和 Z_T。因此，这意味着在基质中裂缝附近的地震行为与均质 TI 中的相似。两种柔度 Z_N 和 Z_T 的相对大小控制介质的无误性(非椭圆性)。特别地，如果 $Z_N = Z_T$，非椭圆性消失，介质呈现出椭圆性。椭圆介质是 TI 的特例，其中 qP 波面为椭球面，qS 波面为球面。这种 TI 也称为 TI(LSD)(线性滑移变形)。TI(LSD)中的所有 4 个参数都是可恢复的(Coates, Schoenberg, 1995)。

与 Hudson 模型预测含分散孤立排列裂纹的各向同性介质的整体弹性参数相比，DFM 模型能够计算存在单个裂缝的基质(各向同性介质或一般各向异性介质)邻近区域的弹性参数，从而可以检验单个裂缝的地震行为。

3.2.4 基于有限差分方法的离散裂缝模型

为了用有限差分(FD)方法模拟单个或多个裂缝的地震响应，Coates 等(1995)提出了通过 FD 网格计算裂缝或断层的方法，称为离散裂缝模型(Discrete Fracture Model，DFM)。

假设有一个水平裂缝，在网格里面长度为 Δl，封闭在一个面积为 ΔA 的二维网格单元中。根据 Schoenberg 等(1989)中提到的理论，断裂单元的整体柔度为：

$$S = S_b + S_f = S_b + \frac{\Delta l}{\Delta A} \begin{bmatrix} 0 & 0 & 0 \\ 0 & 0 & 0 \\ 1 & 0 & 0 \\ 0 & 1 & 0 \\ 0 & 0 & 1 \\ 0 & 0 & 0 \end{bmatrix} \underline{Z} \begin{bmatrix} 0 & 0 & 1 & 0 & 0 & 0 \\ 0 & 0 & 0 & 1 & 0 & 0 \\ 0 & 0 & 0 & 0 & 1 & 0 \end{bmatrix} \tag{3.2.8}$$

式中：S_b 为未破裂的基质柔度；S_f 为破裂导致的柔度；$\frac{\Delta l}{\Delta A}$ 为考虑二维单元时使用的系数，而 $\frac{\Delta a}{\Delta V}$ 用于三维单元（Δa 是单元中三维裂缝的网格中的面积，ΔV 是网格的体积）；$\mathbf{Z}$ 为当断裂法线沿着 x_3 轴时的一个典型 3×3 柔度矩阵，写为（Schoenberg et al.，1989）：

$$\mathbf{Z} = \begin{bmatrix} Z_N & 0 & 0 \\ 0 & Z_T & 0 \\ 0 & 0 & Z_T \end{bmatrix} \tag{3.2.9}$$

在这里，Z_N 和 Z_T 的含义与式(3.2.6)相同。因此，裂缝相关柔度为：

$$\mathbf{S}_f = \frac{1}{L} \begin{bmatrix} 0 & 0 & 0 & 0 & 0 & 0 \\ 0 & 0 & 0 & 0 & 0 & 0 \\ 0 & 0 & Z_N & 0 & 0 & 0 \\ 0 & 0 & 0 & Z_T & 0 & 0 \\ 0 & 0 & 0 & 0 & Z_T & 0 \\ 0 & 0 & 0 & 0 & 0 & 0 \end{bmatrix} \tag{3.2.10}$$

$$\frac{1}{L} \equiv \frac{\Delta l}{\Delta A}, \text{二维}; \quad \frac{1}{L} \equiv \frac{\Delta a}{\Delta V}, \text{三维}$$

对于裂缝不在水平面上的情况，可以在内部裂缝坐标系中进行计算，然后使用 Bond 变换对外部坐标系进行旋转。整体有效柔度矩阵的逆矩阵是所考虑的有限差分单元的有效刚度矩阵。

这里注意到，在相关文献中没有明确描述单元大小有多适合数值模拟。关于这一点，还需要进一步研究。有限网格下离散裂缝模型的实现，给出了 DFM 中地震波二维和三维模拟时有效弹性参数的数值解，使得能够观察和分析与个别裂缝有关的各种波现象，例如散射波和散射衰减。

3.2.5 刘氏模型

基于 DFM 中位移不连续性和应力—牵引应力之间存在线性关系的相同假设，Liu 等（2000）得出结论，大范围的天然裂缝可分为三类：（1）小裂纹的平面分布，（2）孤立接触的平面分布和（3）软弱材料填充的薄层，他在论文中分别称为模型 1、模型 2 和模型 3，如图 3.2.1 所示。

线性关系由断裂柔度决定，柔度可视为与断裂微观结构有关的宏观参数。请注意，自然断裂是由一组小裂纹模拟的，这与模型 1 和模型 2 的情况相对应。模型 3 描述了在压力驱动裂缝表面接触之前裂缝的状态。在压裂早期，随着压力的增加，模型 3 中的裂缝部分断面接近形成接触，然后用模型 2 来表示。在后期，进一步增加的压力使接触区域继续增

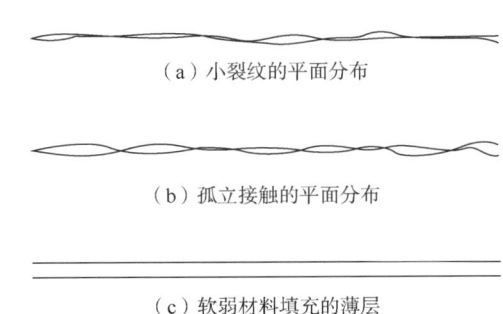

图 3.2.1　三种断裂模型的示意图描述(据 Liu et al.，2000)

长和连接，只留下很少的区域开放，这由模型 1 表示。

在 Liu 等(2000)的研究中，三种模型的有效柔度预测都与各向同性基质的弹性常数(密度和两个拉梅常数)相关，但方式不同。此外，几何条件和不同模型中的包含物会产生不同的附加变量，从而影响预测。对于模型 1，变量主要涉及裂缝密度 ϵ，以及两个术语，U_{11} 和 U_{33}，这可以根据不同类型夹杂物的先前研究进行计算，例如 Hudson(1981)。模型 2 中的一个重要变量是断裂密度，它不同于裂纹密度(断裂由一组小裂纹组成)。Liu 等(2000)的模型 2 未考虑其他填充材料，但干裂缝除外。对于模型 3，由于填充物较弱，填充物特性(两个拉梅常数和黏度)，以及探测小波频率都被考虑进来。模型 3 通常用于表示水力裂缝。对于 Liu 等(2000)提出的裂纹集中问题，认为裂纹密度小于 0.1，但预测结果表明，当裂纹密度大于 0.1 时，该理论同样是可行的。

此外，Liu 等(2000)指出，在所有三种模型中，当泊松比 v 很小($0.1 \leq v \leq 0.25$)时，柔度比 Z_N/Z_T 约为 1 的假设对于干裂缝来说是成立的。对于液体填充的情况，Z_N/Z_T 约为 0。从这一点出发，柔度比 Z_N/Z_T 可以用来推断裂缝中的流体含量。

3.2.6　假设和限制

上面讨论的所有等效介质理论都是建立在一系列假设之上的。这些假设有助于简化真实裂隙岩石的复杂性，这也导致了相关的限制。假设上述所有模型的基质(对于 Backus 平均值，考虑了每个分层介质)为线性弹性介质。裂缝或孔隙的规模比地震波长小得多。在 Backus 的平均值中，每层的厚度与地震波长相比较小，通常认为层厚与地震波长比小于 1/10。在 Hudson 模型中，孔隙是孤立的、对齐的、具有较小纵横比的薄硬币状孔隙，其中可以假设不同类型的包含物。在 DFM 和刘氏模型中，假设断裂是平面的。这些理论为裂隙介质地震反应的研究提供了理论基础。

3.3　各向异性介质中的地震波特性

地下裂缝系统是碳酸盐岩储层和非常规储层(致密油气储层、页岩气储层)研究的重要部分。与孔隙较好连通的裂缝系统可以增加岩石的有效孔隙度，为油气储存和运移提供重要的通道。因此，研究裂缝型储层中地震波的传播特征、利用地震资料反演裂缝参数对储层的地震预测具有重要意义。近年来，基于地震各向异性理论识别地下裂缝的技术已经取得了较好的应用效果。前文提到的各向异性介质中的弹性波理论是研究裂缝型储层的基础，能够有效地探索地震波在各向异性介质中的传播特征。裂缝参数是裂缝型储层描述的重要方面，本节所研究的裂缝参数主要指裂缝密度、裂缝充填流体类型（裂缝流体指示因子）及其他与裂缝相关的参数。通过裂缝型储层的地震波反射特征分析可以看出，不同的各向异性参数变化对地震波反射特征的影响不同。

3.3.1 裂缝型储层地震各向异性特征

大多数碳酸盐岩储层为天然裂缝，裂缝范围从微裂缝到数米长的裂缝群（裂缝带或裂缝廊道）。图 3.3.1 和图 3.3.2 显示了不同规模的裂缝（断裂），如果裂缝被不透水的上覆地层覆盖，则可以为流体创造储集孔隙；或者在连通的孔隙空间中形成流体流动的渗透通道。考虑到在裂缝中可能存在地质构造和多相流体流动的情况，对裂缝性储层进行定性研究是一项非常具有挑战性的工作。

图 3.3.1 南翼山油田一口井的岩心微切片中的裂缝

图 3.3.2 阿尔及利亚古生代系列泥质层小断层顶部发育的石英岩裂缝廊道（据 Singh et al., 2008）

在含有定向包裹体的介质中，S 波往往分裂为快 S 波（qS1）和慢 S 波（qS2），这为地球物理学家诊断各向异性介质特性提供了有用的手段（Crampin, 1985）。转换 PS 波被视为 S 波的另一种表现形式，因此 S 波分裂技术仍然适用于介质分析（Angerer et al., 2002）。此外，在含有高度包裹体的介质中，PS 波可能显示其属性的方位变化（Qian et al., 2007）。

然而，多分量资料中通常记录的 S 波和 PS 波存在采集成本高的缺点。同时，P 波在采集和高质量的数据方面显示出比其他两种方法更容易、更便宜的优势(Tsvankin et al., 1999)。三维宽方位纵波采集技术的最新进展使地球物理学家能够通过纵波方位属性分析(如振幅、走时、动校正速度和衰减等)来描述裂缝性储层(Ruger, 1997; Li, 1999; Grechka et al., 1998; Qian, 2009; Dasgupta et al., 1998; Chichinina et al., 2006)。下面将讨论基于纵波、横波和 PS 波三种地震资料的裂缝性储层描述的相关理论。

3.3.2 纵波

纵波又称胀缩波，是地震波从震源传出的一种弹性波，传播它的介质质点振动方向和波的传播方向一致。纵波传播时，介质的密度会加密和变疏，体积的大小发生变化，但形态不改变，在未固定形状的介质中也能通过，即地震纵波在地球内部的各部分都能传播。纵波的传播速度比横波快，因此地震纵波总是最先到达观测点，故又称初至波(Primary wave)。

在各向异性介质中传播的纵波在其各种属性中都显示出优先畸变的特性。特别是在 TI 介质中，纵波属性显示出与方位角或入射角相关的变化。为了描述裂缝性储层，通常采用宽方位纵波采集，然后进行方位属性分析，作为提供裂缝信息的有效技术。

(1) 振幅。

振幅特征指具有不同参数的地层组合有不同的 AVO 响应特征，因为波阻抗差的不同，可以分为正阻抗、零阻抗、负阻抗和高负阻抗四种类型，见表 3.3.1。

表 3.3.1　气层类型与 AVO 响应特征

AVO 特征	法向反射系数	振幅随偏移距变化情况	近道叠加效应	远道叠加效应	极性反转	AVO 截距 P	AVO 梯度 G
Ⅰ	正	减小	亮点	暗点	较大角度	正	负
Ⅱ	正或负	减少或增大	暗点	亮点	较小角度	正或负	负
Ⅲ	负	增大	中强	亮点	无	负	负
Ⅳ	负	减小	亮点	中强	较大角度	负	正

正阻抗(第Ⅰ类)：含气层的波阻抗大于盖层的波阻抗。入射角为 0 时，反射系数为正值，其值与入射角大小变化呈负相关关系；当入射角足够大时，反射系数变为负值。在共反射点(CRP)道集上，当入射角较小时，振幅随入射角的增大而减小；当入射角足够大时，道集上会出现极性反转现象。近道叠加剖面上，呈现"亮点"特征；远道叠加剖面上，呈现"暗点"特征。

零阻抗(第Ⅱ类)：含气储层的波阻抗与盖层的波阻抗接近。入射角在 0 附近时，反射系数接近于 0。当入射角增大时，反射系数变为负值，但其绝对值与入射角大小变化呈正相关关系。当噪声存在时，CRP 道集上近炮检距处的振幅现象不是很明显，随着炮检距的增加，可以明显地发现振幅也随之增大。在近道叠加剖面上，表现为"暗点"现象；在远道叠加剖面上，表现为"亮点"现象。

负阻抗(第Ⅲ类)：含气储层的波阻抗小于盖层的波阻抗。这种情况下，反射系数的值始终为负值，且其绝对值与入射角大小变化呈正相关关系。近道叠加剖面上表现为弱—中强振幅现象，在远道叠加剖面上表现为突出的"亮点"特征现象。

高负阻抗（第Ⅳ类）：含气储层的波阻抗远小于盖层的波阻抗。该情况下，盖层通常是硬页岩、致密砂岩等具有异常高速特性的地层。在入射角为0时，反射系数为负值，其绝对值与入射角大小变化呈负相关关系。叠加剖面上的振幅现象与第Ⅰ类、第Ⅲ类时的相反，在近道叠加剖面上出现"亮点"特征现象，远道叠加剖面上出现弱—中强振幅或"暗点"现象。

Zoeppritz（1919）导出了平面地震波在各向同性介质界面上反射系数和透射系数的经典解析表达式，为各向同性介质AVO分析奠定了理论基础。由于解析表达式中的参数化不方便，已经研究出了一系列覆盖合理入射范围的近似表达（Aki et al., 1980；Shuey, 1985；Smith et al., 1987）。在实际应用中，AVO响应中的特征有助于确定岩石性质。例如，AVO梯度G和截距P可用于解释气藏类别。

裂缝性介质中的AVO分析通常考虑方位角的变化。Rüger（1997）推导了VTI和HTI中P波反射系数的近似表达式，进一步的研究（Rüger, 1998）将先前的研究扩展到更一般的情况，即HTI和VTI界面上的P波反射，这清楚地表明P波反射系数随入射角和方位角的变化而变化。Thomsen（2002）也给出了类似的表达式，但是在各向同性、HTI界面上进行的。尽管如此，P波反射系数与各向同性、HTI界面入射角和方位角的关系也可以统一为两项表达式（据Thomsen, 2002，有修改）：

$$R_p(\theta, \varphi) \approx R_0 + R_2(\varphi)\sin^2(\theta) \quad (3.3.1)$$

$$R_2(\varphi) = R_{20} - R_{22}\sin^2(\varphi - \varphi_0) \quad (3.3.2)$$

式中：θ和φ分别为入射角和方位角；R_0为仅与零入射角的反射系数有关的独立项；R_2为与方位角有关的AVO梯度项。

在梯度方程[式（3.3.2）]中R_{20}和R_{22}均为常数，φ_0为主导断裂方向。

式（3.3.1）和式（3.3.2）表明，纵波反射系数（在一定入射角θ下）和AVO梯度随方位角φ均呈椭圆形变化，而且这种变化的椭圆度代表了地震各向异性的强度。换言之，假设采用各向同性、HTI模型，从地震数据中提取的反射系数可用于反演地震各向异性的主要裂缝的方向和强度（或相对裂缝密度）。但是，并非所有的入射角都适用于振幅—方位角分析。正如Qian（2009）指出的，偏移深度比在0.3~1.0之间有助于获得可靠的结果。

基于各向同性、HTI模型（裂缝模型），最大AVO梯度可以平行或垂直于对称平面，这通常导致等效裂缝走向的90°不确定性，这取决于裂缝填充材料、裂缝纵横比和其他因素（Hall et al., 2000；Tsvankin et al., 2010）。然而，纵波振幅和AVO梯度的方位变化分析被认为是评价裂缝性质或检测裂缝包裹体的有效方法。

（2）动校正速度和走时。

纵波走时和动校正速度是另外两个重要的属性，它们通常是相互关联的。Grechka等（1998）对走时和动校正速度进行了深入的研究，推导了任意各向异性介质中水平和倾斜反射体动校正速度的解析表达式：

$$\frac{1}{v_{nmo}^2} = \frac{\cos^2(\varphi + \varphi_0)}{v_{max}^2} + \frac{\sin^2(\varphi + \varphi_0)}{v_{min}^2} \quad (3.3.3)$$

式中：v_{nmo}为动校正速度；v_{max}和v_{min}分别为偏移量固定时的最大和最小动校正速度；φ为方位角；φ_0为水平面上的主导方向（在HTI中，平面平行于对称面）。

Grechka等指出，方程(3.3.3)的形式表明动校正速度和方位角之间存在椭圆关系。如果将该技术应用于P波地震资料的HTI（垂直裂缝）中，可以反演裂缝走向的对称平面方向，通过拟合椭圆变化来计算出相对裂缝密度。

Thomsen(2002)在一般情况下（考虑介质不均匀性、倾斜反射层和地震各向异性）给出了相似的走时椭圆表达式，因此在纵波资料应用中，可以采用同样的椭圆拟合技术对走时进行裂缝性反演。

上述讨论基于三维纵波测量，该测量允许在考虑不同方位角的情况下绘制裂缝信息。在某些情况下，二维纵波资料也可用于裂缝性质反演。如Li(1999)提出了一种使用两条正交的二维线来确定裂缝方向的方法。在他的研究中，对于包含单个HTI层（覆盖层是各向同性的）的水平分层模型或具有单个裂缝方向的多个HTI层，差异时差可写成：

$$\Delta t(\varphi, x) = (t_\perp - t_\parallel)\cos^2\varphi = B_0(x, \varepsilon, \delta)\cos^2\varphi \qquad (3.3.4)$$

式中：φ和x分别为与裂缝走向和偏移量的方位角；$t_\perp$为垂直于裂缝走向的旅行时间；$t_\parallel$为平行于裂缝走向的旅行时间；ε，δ为Thomsen参数；B_0为关于x、ε、δ的函数。

式(3.3.4)表明，通过固定偏移量，差分时差与方位角呈椭圆关系。对于该技术的局限性，Li(1999)认为偏移深度比至少应为1.0才能获得可靠的结果。

（3）衰减。

地震衰减指由传输介质或系统引起的地震波振幅或能量的降低。衰减的物理机制与几何扩展、吸收（能量转换为热量）和波模式转换等有关（Sheriff，2006）。在地球物理勘探中，地震衰减通常由地震品质因子Q来限定，它与岩性和黏弹性流体流动有关，因此通常被用作此类岩石性质的指标（Parra et al.，2002；Korneev et al.，2004）。油气储层中的定向裂缝或裂缝被认为是流体的优质储集场所或通道，从而形成所含流体或流体流动的优先方向。这一特征可能进一步导致方位角相关衰减（Chichinina et al.，2006）。Chichinina等(2006)基于Hudson(1996)等提出的色散HTI模型，推导了衰减和方位角之间的分析关系。它们的推导结果表明，这种关系接近椭圆（严格地说，它不是椭圆的），因此可以用来指导地震资料的纵波衰减裂缝性质反演。

在实践中，Q很少能得到很好的衡量。理想的测量方法是从零炮检距垂直地震剖面（VSP）开始，它允许在钻孔中的目标层顶部和底部使用检波器直接测量系数。零炮检距是指震源波从震源向井内检波器垂直传播。VSP测量仅在一个点位置进行，不考虑横向或空间变化。为了将这种方法推广到地震反射数据中，Dasgupta(1998)开发了一种基于动校正共中心点（CMP）道集的经典测量方法，称为QVO方法。该方法以谱比解为基础，提供了一种直接由地震资料进行估计的简便方法。但是，本方法具有局限性，例如该方法在只有单个孤立界面反射时候不能使用，并且没有考虑动校正拉伸效应。

测量Q的方法有很多，Tonn(1991)对基于VSP数据的各种方法进行了比较，进而分为时域和频域方法。这里简要介绍了谱比法（频域方法之一）和QVO方法。注意，QVO方法是在地震反射数据中应用谱比方法的一种技术，在谱比法中，记录信号$A(f)$与参考信号

$A_0(f)$(或源信号)用两个吸收项相关联,这两个吸收项用对数关系表示:

$$\ln \frac{A(f)}{A_0(f)} = 2\ln(RG) - \frac{2\pi(t-t_0)}{Q}f \tag{3.3.5}$$

式中:R 为反射率;G 为几何扩展因子;f 为频率;t 和 t_0 分别为两个信号的相应记录时间。

根据式(3.3.5)和地震数据计算谱比值 $\frac{A(f)}{A_0(f)}$ 后,谱比对数与频率f的线性回归得到截距 $2\ln(RG)$ (包括反射率和几何扩展)和坡度 $-\frac{2\pi(t-t_0)}{Q}$ (包含Q)。

基于谱比法,QVO 方法引入了区间为品质因子 Q(Dasgupta et al., 1998),如下所示:

$$Q_i = \frac{t_n - t_{n-1}}{\dfrac{t_n}{Q_n} - \dfrac{t_{n-1}}{Q_{n-1}}} \tag{3.3.6}$$

式中:t_{n-1} 和 t_n 分别为目标层顶部和底部的记录时间;Q_{n-1} 和 Q_n 分别为两个对应的信号相对于同一参考信号的品质因子。

对于裂缝介质中纵波衰减的方位变化,通常采用谱比法计算某一炮检距下不同方位的Q。然后将椭圆拟合技术应用于品质因子,以获得主裂缝走向(对应于拟合椭圆的长轴)和相对裂缝密度(对应于椭圆度)。

3.3.3 横波

横波又称剪切波,是另一种地震体波,传播它的介质质点振动方向与波的前进方向垂直。横波经过时,介质的体积不变,但形状要改变,产生切变方式的变形。在地壳中横波传播的速度较慢。

各向异性介质中的地震波传播与各向同性介质中的地震波传播不同,三体波的质点运动模式(或偏振)不同,通常称为准 P 波(qP)和准 S 波(qS1 和 qS2)。横波对地球岩石的地震各向异性非常敏感,而各向异性通常与定向包裹体有关,定向包裹体很可能是地球岩石中的定向排列的裂缝(Crampin, 1985)。各向异性介质中有一种特殊横波现象,特别是在定向裂缝介质中(或等效 HTI),即两个 S 波(qS1 和 qS2)在这种介质中以不同的速度传播,这称为 S 波双折射(Winterstein, 1990)。因此,S 波双折射的累积效应是 S 波分裂。图 3.3.3 显示了一个 S 波分裂为两个,延时为 δ_t,当它通过一裂缝介质后,它有一个对称平面(图中蓝色平面)和入射波平面(图中灰色平面)成(90-ϕ)°。当入射横波穿过裂隙介质时,分裂是一个渐进的过程。快 S 波(qS1)在介质对称面上极化,慢 S 波(qS2)在垂直对称面上极化。

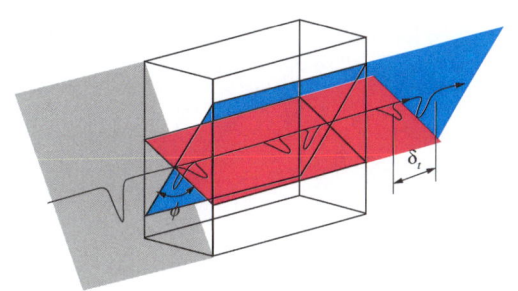

图 3.3.3 裂缝介质中剪切波分裂的示意图
(引自维基百科)

在实际应用中,上述思想可以用来诊断裂缝性质。图 3.3.3 中假设讨论的介质是一种定向裂缝介质。在介质的右侧放置一个双分量检波器,用于记录左侧震源的到达信号。确定了 S 波的入射平面后,通过旋转对称平面,在传播方向上两个 S 波会产生时间差。因此,裂缝走向与旋转角度有关,分离 S 波之间的时间差代表相对裂缝密度。

3.3.4 PS 波

近年来,多组分勘探模式已证明转换 PS 波在裂缝性储层描述中的潜力(Anger et al.,2002;Vetri et al.,2003;Qian et al.,2008;Dai et al.,2010)。利用 PS 波揭示裂缝性质是这些研究的一个主要方面。PS 波也称为转换波,包括一个到达反射界面的下行转换横波和一个来自反射界面的上行转换横波。由于速度差的存在,PS 波的轨迹与纵波或横波的轨迹是不对称的。入射角越小,波转换越小;入射角越大,转换波越大(Sheriff,2006)。Angerer 等(2002)对 PS 波资料中的 S 波分裂进行了研究,他们认为分裂 S 波的两个时间延迟方位变化的不对称性可以用来解释倾斜裂缝组。这一想法对于推断裂缝组的倾斜程度非常有用,通过影响裂缝中的流体流动情况,从而影响定向钻井和井筒稳定性。Qian 等(2008)对 PS 波属性的方位角变化(振幅和走时)进行了系统的多分量研究,指出通过拟合 PS 波属性的方位角变化,可以得到裂缝性质,但只能在一定的深度—偏移距比值的范围内。他们的研究表明,地震资料中 PS 波属性的方位变化与 PP 波属性的方位变化相似。Dai 等(2010)提出了一种分析垂直裂缝组发育储层中 PS 波速度各向异性变化的方法。他们的研究表明,在考虑了 PS 叠加速度的方位变化后,PS 数据剖面的成像效果得到了改善。综上所述,PS 波属性的方位变化是描述裂缝性储层裂缝性质的一种潜在技术。

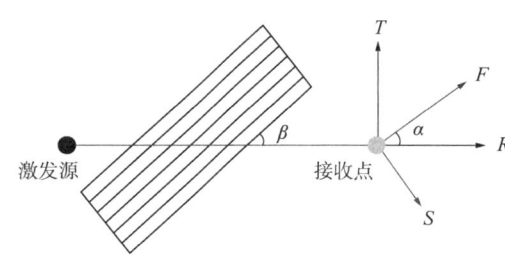

图 3.3.4 由 PS 波估算裂缝性质的示意图

PS 资料中的 S 波分裂也是揭示定向断裂信息的基本工具。在这里,回顾并解释了如何在 PS 数据中确定裂缝走向和 S 波分裂的时间延迟。图 3.3.4 显示了具有倾斜裂缝的介质的 x—y 平面图,其对称平面垂直于 x—y 坐标平面,但与震源—接收线成角度(震源用黑色实心圆表示;接收器用灰色实心圆表示)。纵波从震源传播,并在沿波径的界面处转换为到达接收器的横波。在接收器位置,地震信号作为两个分量数据(x 分量和 y 分量)采集,然后转换为径向分量(R 分量)和横向分量(T 分量)。R 分量在源—接收器延长线上,而 T 分量垂直于延长线上。如上所述,作为 S 波,PS 波将分裂,可以在 R 波或 T 波分量中诊断出来。为了完全分离 R 分量和 T 分量中的两个 S 波,引入了局部矩形 F—S 坐标系。假设 F—S 系统和 R—T 系统之间存在旋转角,可以计算新的 F 分量和 S 分量:

$$F(t) = R(t)\cos\alpha + T(t)\sin\alpha \tag{3.3.7}$$

$$S(t) = R(t)\sin\alpha + T(t)\cos\alpha \tag{3.3.8}$$

式中:$R(t)$,$T(t)$,$F(t)$,$S(t)$ 分别表示 R 分量、T 分量、F 分量和 S 分量。

当以不同的角度 α 旋转 F—S 系统时,发现 R 分量和 T 分量中的两个 S 波在 $\alpha=\beta$ 时,快 S 波(qS1)只出现在 F 分量中,慢 S 波(qS2)只出现在 S 分量中。当前扫描角度 α(=β)对应于裂缝走向角,可以清楚地观察到两个 S 波的时间延迟,这与介质中各向异性的强度或相对裂缝密度有关。

为了表征裂缝性储层,在这些等效介质理论的基础上,利用地震资料,提出了多种反演方案。在三维测量中,P 波或 PS 波的地震属性往往表现出方位变化或特殊的地震特征。属性的方位变化可以用来推断裂缝性质。此外,S 波分裂的特征也可用于定向裂缝的诊断。总之,不同的地震体波在裂缝性储层特征上显示出很大的潜力。P 波数据,由于其采集成本低、分辨率高、数据质量高,通常用于此目的。

3.4 各向异性介质的正演模拟

裂缝介质的地震正演模拟在裂缝研究中起着两个重要作用:揭示各种裂缝介质的地震响应特征、验证现有裂缝反演方法的正确性。大多数各向异性介质中有限差分地震正演模拟研究基于 Virieux(1984,1986)提出的标准交错网格(Standard Staggered Grids, SSG)方法。在 SSG 中,为了求解所需网格位置处的波场空间导数,波场分量在不同的数值网格中离散。这个思想非常简单,容易编程实现。Saenger 等(2000)提出了一种旋转交错网格(Rotated Staggered Grid, RSG)方法,沿网格对角线求解导数。Lisitsa 等(2010)将 Lebedev scheme(Lebedev,1964)引入地震模拟,沿着坐标轴求解导数。Lebedev scheme 或称为菱形交错网格(Diamond Staggered Grid, DSG),也是一种交错网格方法。

Lisitsa 等(2010)对一般各向异性介质中的 RSG 和 DSG 方法进行了定量比较。对不同的有限差分方案进行了更多的比较,以阐明它们在特定各向异性介质(例如 TTI 和正交介质)中的实现和应用中的适用性,因为这种各向异性介质可以简化有限差分实现,并且由于其刚度矢量的特征而节省计算。这在三维时尤其重要,因为大型三维各向异性模型中的地震正演模拟通常需要几天、几周甚至几个月的时间。这种比较还将有利于各向异性介质中与正演模拟有关的其他应用,例如逆时偏移和全波形反演。

基于此,本节在三维各向异性介质的地震正演模拟中,深入比较分析三个有限差分交错网格,以确定其适用性、优缺点和计算需求。首先比较 SSG、RSG 和 DSG 三种有限差分在地震正演模拟中的优缺点。在与 DSG 比较的基础上,提出一种简化的(将两个不同的菱形网格合并成一个规则的矩形网格,使得三维新网格具有立方体形状)能够实现极端各向异性介质正演模拟的新有限差分方法。为了模拟大规模各向异性介质的地震响应,还提出一种优化的正演模拟计算流程(将模型参数分离为模型介质参数和模型构造参数,参数索引法)。该计算流程对三种有限差分方案都适用。

3.4.1 各向异性介质与一阶速度应力方程

在大多数情况下,各向异性油气藏或地球模型被简化为 VTI、HTI 或正交;在地震偏移或波形反演中,在地震资料处理中经常考虑到 TTI。

在各向异性理论中,各向异性介质用对称刚度矩阵定义(Markov et al.,2009)。图 3.4.1 说明了不同类型的各向异性介质的矩阵形式。图 3.4.1(a)描述简单的各向异性介质，即正交各向异性介质，图 3.4.1(b)(c)(d)分别代表 TTI、单斜介质和三斜介质。正交介质和 TTI 介质，在数值模拟中常见。各向同性、HTI 和 VTI 是正交介质的三种特殊的情况，可以用 6×6 刚度矩阵图 3.4.1(a)表示。这里所有的矩阵都是对角对称。TTI 和单斜介质在矩阵中具有更多的非零，它们在正演模拟时更困难。由于单斜和三斜介质的正演模拟计算成本高、内存需求大，因此很少被讨论。

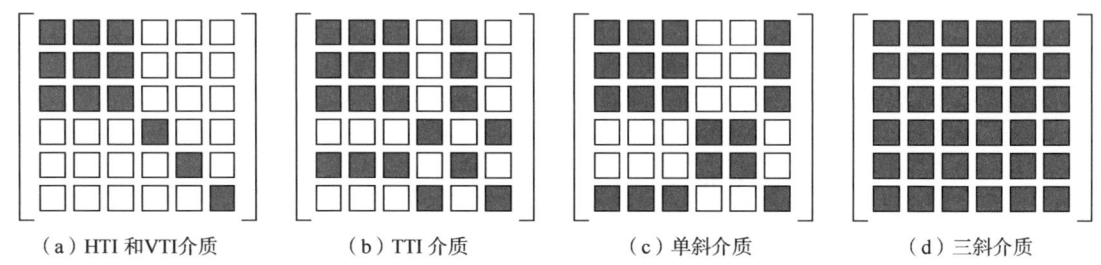

(a) HTI 和 VTI 介质　　　(b) TTI 介质　　　(c) 单斜介质　　　(d) 三斜介质

图 3.4.1　不同的各向异性介质的刚度矩阵
黑色单元代表非零元素，白色表示零元素

不同各向异性介质的正演难度不同。刚度矩阵中的独立元素越多，地震正演的难度就越大，同时还取决于刚度矩阵的形式。各向同性为 2 个独立元素；VTI 或 HTI 为 5 个独立元素；正交介质和 TTI 都为 9 个独立元素；单斜介质为 11 个独立元素；三斜介质为 21 个独立元素。虽然正交介质和 TTI 介质都为 9 个非零元素，但由于图 3.4.1(b)所示的特殊形式，因此 TTI 更难正演。各向同性、VTI、HTI 和正交介质具有较少的独立元素和更简单的刚度矩阵。单斜和三斜介质具有更多的独立元素和更复杂的矩阵形式，它们是最难正演的介质。

求取波动方程的数值解，多采用有限差分方程，而实现有限差分的方式多为一阶速度应力方程，其形式如下：

$$\begin{bmatrix} \dot{\sigma}_{xx} \\ \dot{\sigma}_{yy} \\ \dot{\sigma}_{zz} \\ \dot{\sigma}_{yz} \\ \dot{\sigma}_{xz} \\ \dot{\sigma}_{xy} \end{bmatrix} = \begin{bmatrix} c_{11} & c_{12} & c_{13} & c_{14} & c_{15} & c_{16} \\ c_{12} & c_{22} & c_{23} & c_{24} & c_{25} & c_{26} \\ c_{13} & c_{23} & c_{33} & c_{34} & c_{35} & c_{36} \\ c_{14} & c_{24} & c_{34} & c_{44} & c_{45} & c_{46} \\ c_{15} & c_{25} & c_{35} & c_{45} & c_{55} & c_{56} \\ c_{16} & c_{26} & c_{36} & c_{46} & c_{56} & c_{66} \end{bmatrix} \begin{bmatrix} v_{x,x} \\ v_{y,y} \\ v_{z,z} \\ v_{y,z}+v_{z,y} \\ v_{z,x}+v_{x,z} \\ v_{y,x}+v_{x,y} \end{bmatrix} \qquad (3.4.1)$$

$$\begin{cases} \rho \dot{v}_x = \sigma_{xx,x} + \sigma_{xy,y} + \sigma_{xz,z} \\ \rho \dot{v}_y = \sigma_{xy,x} + \sigma_{yy,y} + \sigma_{yz,z} \\ \rho \dot{v}_z = \sigma_{xz,x} + \sigma_{zy,y} + \sigma_{zz,z} \end{cases} \qquad (3.4.2)$$

这里 σ 是应力分量，两下标表示正应力或剪切应力，如果 σ 上面有点表示时间一阶导数，如果含第三个下标表示坐标轴方向的空间导数；v 表示质点震动的速度分量，其第一个下标表示坐标轴三个方向的速度分量,如有第二个下标则表示对坐标轴三个方向的导数,如果 v 上面有点表示时间一阶导数。

对于式(3.4.1),在有限差分网格中,假设含初试的 v 分量,求取空间导数后,与 6×6 的弹性矩阵相乘,得到应力分量的时间导数,进而得到应力分量,代入式(3.4.2)(对应牛顿第二定律),求取空间导数后,即可得到速度分量时间导数,此时可得到速度分量,反代入式(3.4.1),开始下一个时刻的循环计算,即可模拟地震波随时间的传播波场。

3.4.2 三种有限差分方法

上面一阶速度—应力方程包括胡克定律和牛顿第二定律,而方程的实现与应用最广泛的方法是有限差分(FD)交错网格法。数值求解该方程的关键点是计算质点速度分量和应力分量的空间导数。

有限差分交错网格法:交错网格法有多种不同的实现形式或不同的方案,其共同特征是:(1)模拟中至少有两个 FD 网格;(2)一个网格位于另一个网格的中点,确保使用中心差分求解空间导数;(3)在导数位置上只有相邻的几个点参与计算,而不是伪谱法的波场中的所有点都参与计算。

上面已做讨论,地震模拟中常用的三个交错网格方案有:(1)SSG(Virieux,1984、1986);(2)RSG(Saenger et al.,2000);(3)Lebedev scheme(Lebedev,1964;Lisitsa et al.,2010)或 DSG。与其他方案相比,每一种方案都有其优点和缺点。

在地震正演模拟中,有三种 FD 方案可供选择,因此必须选择哪一种方案更适合于裂缝介质中特定形式的刚度向量。下面讨论它们对各向异性裂缝介质正演模拟的优缺点。

SSG 方案:Virieux(1984,1986)提出的 SSG,用于求解二维各向同性介质中的地震波传播,其中有四个不同的交错网格[图 3.4.2(a)]。Dong 等(1995)扩展到三维黏弹性各向异性正演模拟,涉及 7 个不同的网格[图 3.4.2(b)]。在 SSG[图 3.4.2(a)(b)]中,有些网格位于其他网格的中点。不同的波场分量,无论是应力分量还是速度分量,都分布在不同的网格上。有些重合在同一个网格上。这个聪明的思想使得每一个导数都由中心差分求得。SSG 沿坐标轴计算导数,容易编程实现、计算速度快、成本低,因此大多数正演模拟都是基于 SSG。但是在 SSG 中,如果在一个对称系统低于正交介质的各向异性介质(例如,TTI、单斜介质和三斜介质)中,弹性常数不为零,会出现额外的数值误差,速度分量需要插值。尽管如此,SSG 在模拟 VTI、HTI 和正交介质时效果很好。

SSG 的四点结论:(1)包括 7 个网格;(2)计算速度快和内存成本小;(3)很好地处理正交介质;(4)任何对称系统低于正交介质的正演模拟,都需要波场插值。

RSG 方案:Saenger 等通过引入一个新的交错网格 RSG 解决 SSG 的插值问题。在二维或三维时,只有两个交错网格[图 3.4.2(c)(d)]。网格越少意味着编程实现越简单。所有的速度分量都在一个网格上,所有的应力分量都在另一个网格上。但不同的是,求解每一个导数[例如在图 3.4.2(d)中央红色位置中的应力导数],其他 4 个导数是首先沿 4 个对角线网格(4 个黄色虚线)而计算,然后使用它们的线性组合来计算在 FD 网格中心的导数。该处理适用于应力导数和速度导数。此特点可以实现极端各向异性介质(直到三斜介质)的正演数值模拟,而不需要任何波场分量插值。缺点是求解一个额外的 4 对角导数导致计算量比

SSG 大。此外，沿对角线计算导数，为了保持与 SSG 的精度相同，需要更多的计算内存。

RSG 的四点结论：(1)涉及两个网格；(2)比 SSG 需要更多的计算和内存；(3)可以很好地处理任意各向异性介质；(4)求解空间导数时需要线性结合对角波场分量。

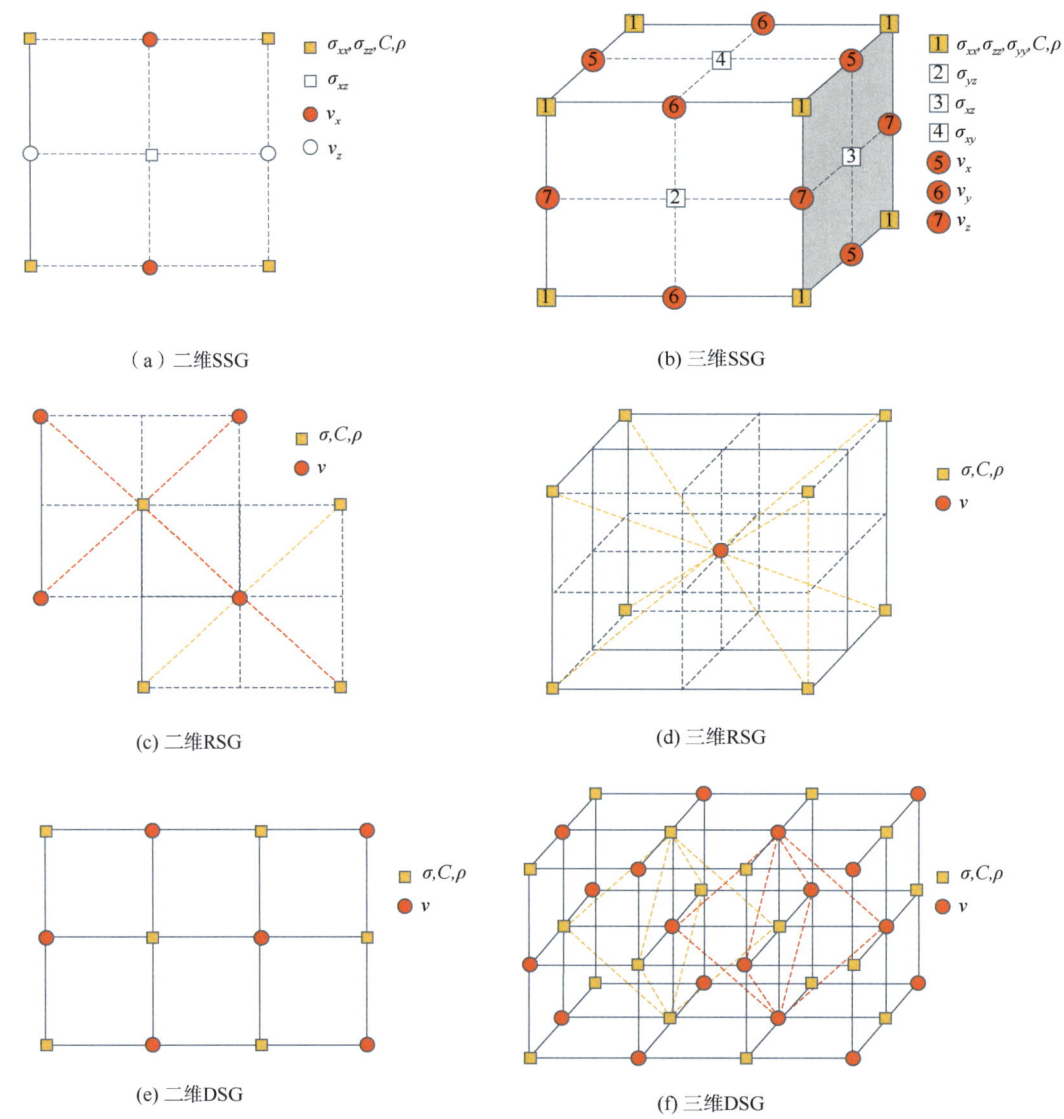

图 3.4.2　三种不同的交错网格

对于所有交错网格，速度分量的导数在定义应力分量的位置上用中心差分求解，反之亦然。

SSG 网格数比 RSG 和 DSG 多。RSG 在网格的对角线求解波场的导数。DSG 沿坐标轴求解波场导数，导致菱形网格

DSG 方案：是 Lebedev(1964)在数学物理的研究，最近才被引入地震正演模拟(Lisitsa，2007；Lisitsa et al.，2009、2010)。在 DSG 中[图 3.4.2(e)(f)]，含有相同的波场分量，形状像菱形网格[图 3.4.2(e)(f)的红色和黄色虚线的对象]，这些网格可以确保一般各向异性介质在期望的网格位置处所有的导数，能够容易地沿三个坐标轴使用中心差分求解，它不同于 SSG 中的元素需要插值，也不同于 RSG 中的导数的组合。例如，在图 3.4.2(f)中红

色虚菱形网格，三个速度导数沿三个轴，在菱形的 6 个顶点处，可以用 6 个速度分量在菱形的中心处求解三个速度导数。

应力导数与此相同，DSG 更容易理解。鉴于每个单元网格[图 3.4.3(c)]有更多元素的节点，因此需要更多的计算内存。更多的元素网格会导致更多的计算时间，问题是 RSG 和 DSG 之间的计算应如何比较。需要详细地讨论该问题。此外，由于计算机更愿意使用二维或三维规则矩形网格，这种不寻常的菱形特性会给正演模拟数值实现带来困难。关于这个不寻常的特性，提出了一个改进的方法来适应 FD 正演模拟。DSG 的优点是只有两个网格，在极端各向异性介质中正演模拟时，不需要 SSG 中的插值，也不需要 RSG 中的波场元素的线性组合。

DSG 的四点结论：(1)包含两个网格；(2)与 SSG 相比，计算量更多，存储成本更高，但都比 RSG 低；(3)非常好地处理任意极端各向异性介质；(4)网格是菱形。

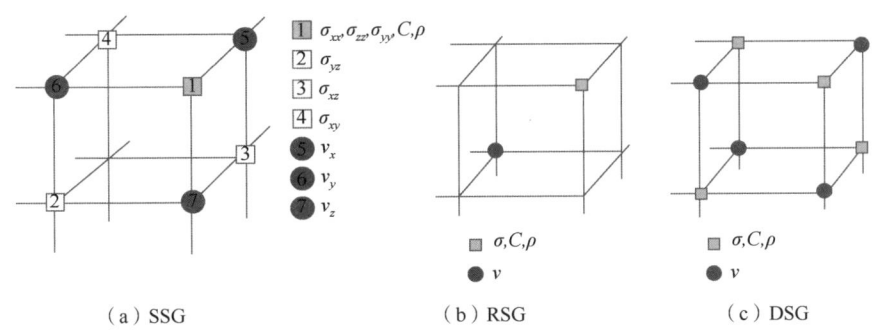

图 3.4.3　三个方案中的单元网格

单元格的长度是由交错网格而产生的单元格间距的一半

3.4.3　优化改进的 DSG 实施方案

Lisitsa 等(2010)给出了一般各向异性介质中使用 LS 方案进行正演模拟的详细描述。然而，他们并没有直接描述如何处理菱形网格，并将其应用于实际正演模拟。通常情况下，在矩形或立方形中，不同的元素或参数被分开保存，但在这种 DSG 中，由于网格为菱形，所以不便于保存这些数组中的元素或参数。根据研究，菱形网格在数值实现过程中，可以将两个不同的菱形网格合并形成一个规则的矩形来处理所有的波场分量，这样就容易计算 DSG 中的导数。

基于三维空间中的 DSG[图 3.4.2(f)]，将所有的应力 σ 网格和速度 v 网格结合形成新的网格 T，因此在三维模型每个网格位置都有一个矩形形状 T(图 3.4.4)，在整个模型只有一个网格 T。对于这样一个组合的条件是：如果空间任意一点的三个坐标的代数和 $(i+j+k)$ 为奇数，则 $T(i,j,k)$ 表示应力分量；如果 $i+j+k$ 的和为偶数，则 $T(i,j,k)$ 代表速度分量；如果求和为偶数代表应力分量，那么速度、应力分量则对称分布，同样成立。其优点是使用奇数和偶数条件，下面方程可以用来近似三个轴上的应力分量或速度分量的三个空间导数：

$$\frac{T^{i+1,j,k}-T^{i-1,j,k}}{\Delta x},\ \frac{T^{i,j+1,k}-T^{i,j-1,k}}{\Delta y},\ \frac{T^{i,j,k+1}-T^{i,j,k-1}}{\Delta z} \tag{3.4.3}$$

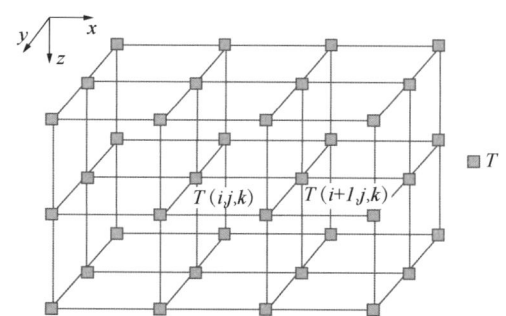

图 3.4.4 优化改进的 DSG 数值实施方案，
两个网格合并成一个新网格

这极大地简化了使用新网格的下标而计算导数。
当 $i+j+k$ 为偶数时，$T(i,j,k)$ 代表速度分量；
当 $i+j+k$ 为奇数时，$T(i,j,k)$ 代表应力分量

式中：$T^{i+1,j,k}$ 为 $(i+1,j,k)$ 处的应力，其他的类似；Δx，Δy 和 Δz 是沿 x，y 和 z 轴的离散网格间距。

式(3.4.3)分别代表 x、y 和 z 在 (i,j,k) 位置上 T 的导数。极大简化了使用新网格 T 下标的导数计算。

为了实现 SSG 和 RSG，需要仔细检查图 3.4.2(a)(b) 的网格位置，或图 3.4.2(c)(d) 的网格位置，使用正确的下标正确求解导数。对于 DSG，使用式(3.4.1)和奇数或偶数条件，可以不参考图 3.4.2(e)(f) 而求解导数，因为三个需要求解的导数总是可以通过在菱形的 6 个顶点使用相邻的 6 个元素，使用该方程求解。

利用这种方式处理网格，DSG 是三种方案中数值实现时最简单的方案，特别是它适用于极端各向异性介质。

下面定量比较三维正交介质的三个 FD 方案(图3.4.3)。SSG 和 DSG 的稳定性条件相同(Lisitsa et al., 2010)。对于纵波模拟，二维和三维二阶空间 FD 的稳定性条件分别为：

$$\tau \leqslant \frac{h}{\sqrt{2}\,v_{\max}}, \text{ 或 } \tau \leqslant \frac{h}{\sqrt{3}\,v_{\max}} \qquad (3.4.4)$$

RSG 的稳定性条件为：

$$\tau \leqslant \frac{h}{v_{\max}} \qquad (3.4.5)$$

基于正交介质的假设，可以得出三种方案 SSG, RSG, DSG 的定量比较：

采样速率相同都为 τ；网格间距分别为 h，$\sqrt{3}h$，h；$v_{\max}$ 是网格点最大速度，每一个轴的网格点个数分别为 n，$\sqrt{3}n$，n；单元的个数总数分别为 n^3，$3\sqrt{3}n^3$，n^3；每一个单元上的变量个数分别为 19，19，76；所有变量所需要的内存分别为 $19 \times n^3$，$19 \times 3\sqrt{3}n^3$，$76 \times n^3$。因此三种方法内存消耗比例为 1 : 5.2 : 4；对于计算时间来说，时间主要消耗在单元格上导数的求取，因此计算时间可以以单元格求取导数的次数决定。针对三种方法，每一个单元需要求取的空间导数次数分别为 18 次[参考公式(3.4.1)和式(3.4.2)，一共 18 次空间导数]，4×18 次(RSG 网格每个空间导数由 4 个对角线上的空间导数组合形成)，18 次，所需要的导数总的次数分别为 $18 \times 19 \times n^3$，$4 \times 18 \times 19 \times 3\sqrt{3}n^3$，$18 \times 76 \times n^3$，因此，三种方法的计算量比值为 1 : 20.8 : 4。

SSG 在内存成本和总导数计算中性能最好。DSG 需要 4 倍于 SSG 的内存需求和总导数运算。与其他两种方法相比，RSG 的内存和导数运算更多。总的导数运算约与所需的总计算时间成正比。RSG 与 DSG 之间的内存需求比为 5.2 : 4，其计算时间比为 10.4 : 4，在 TTI、单斜介质和三斜介质两种方案中都是如此。

使用雷克子波作为震源。图3.4.5演示了二维和三维时的震源。对于SSG和RSG，震源设置为图3.4.5(a)，对于DSG方案，震源设置如图3.4.5(b)所示。

使用吸收函数为 $G=\exp\{-[0.015(20-i)]2\}$（Cerjan et al.，1985）的吸收边界来衰减在二维、三维模型边界的能量，边界厚度为20个网格，使用空间八阶和二阶时间差分算子。

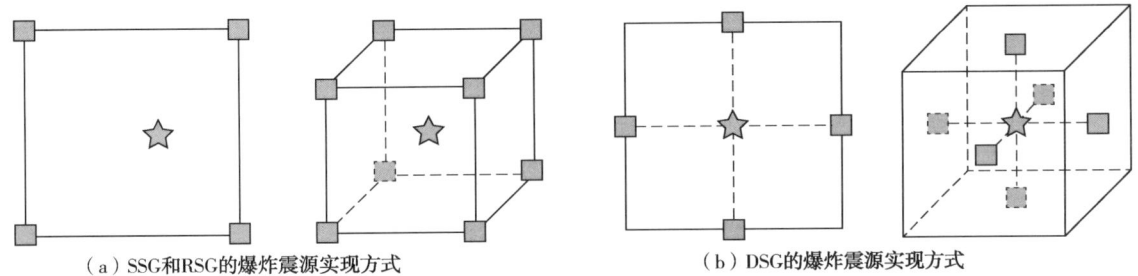

(a) SSG和RSG的爆炸震源实现方式　　　　(b) DSG的爆炸震源实现方式

图3.4.5　爆炸震源实现方式

3.4.4　模拟示例——SSG、RSG和DSG的比较

图3.4.6展示的是两个各向同性的数值模拟结果，分别使用了SSG和RSG的方法。两种方法基于同样的模型参数，模型参数包括，$v_p=3.6$km/s，$v_s=1.8$km/s 和 $\rho=1.0$g/cm^3，使用爆炸震源在模型中间，震源为40Hz雷克子波，模型大小为500×500，单个网格大小为5m×5m，采样间隔0.5ms，记录时间为0.3s。由于RSG方法是沿着网格对角线求取空间倒数，而对角线的长度始终大于网格边长，所以在RSG方法中出现更多的数值频散。图中单位为网格点数。所有模拟的参数都一样，除了选择不同的方法。和预期相符，P波的波前为圆形，但是在RSG模拟的结果中[图3.4.6(b)]显示了更多的数值频散，原因是RSG需要更小的网格才能达到和SSG相同的数值精度。

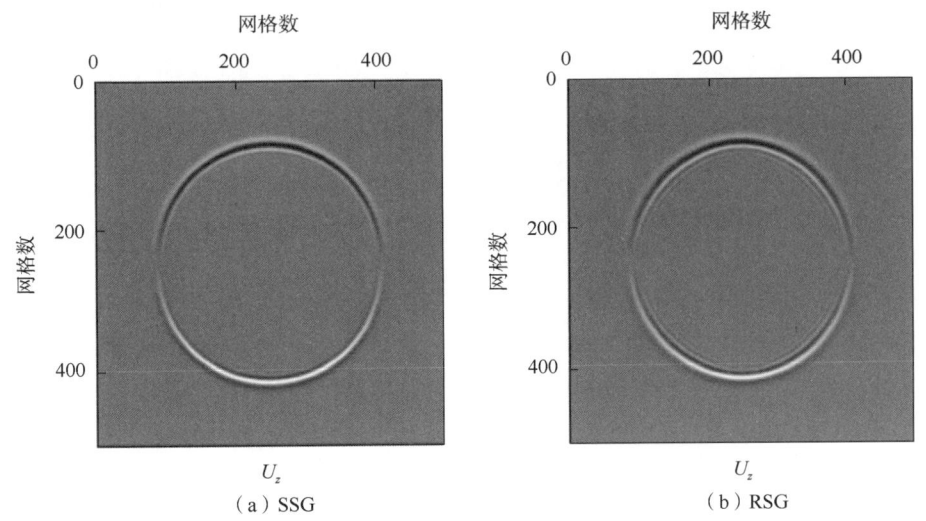

图3.4.6　二维各向同性模型模拟的速度 z 分量快照

图 3.4.7 展示的是一个 VTI 介质模型和一个 TTI 模型,分别使用 SSG 和 DSG 两种方法做模拟。VTI 模型参数使用 Thomsen 参数表达,$\alpha_0 = 2.4495\text{km/s}$,$\beta_0 = 1.4142\text{km/s}$,$\varepsilon = 0.3333$,$\delta = 0.0885$,$\gamma = 0.25$,$\rho = 1.0\text{g/cm}^3$。将 VTI 模型围绕 y 轴逆时针旋转 30°得到了 TTI 模型。爆炸震源置于模型中间,震源为 40Hz 雷克子波,模型大小为 500×500,单个网格大小为 5m×5m,采样间隔为 0.5ms,记录时间是 0.3s。图中单位为网格点数。其中图 3.4.7(a)(b)显示的是 SSG 方法在 VTI 中模拟的例子,分别是 x 和 z 分量,从图中可以看出,P 波波前呈躺着的类似椭圆形,这是 VTI 介质 P 波传播特点。图 3.4.7(c)(d)显示的是 RSG 方法在 TTI 介质中模拟的例子,分别是 x 和 z 分量。对比图 3.4.7 中 VTI 和 TTI 的波场快照,TTI 的快照类似将 VTI 的快照旋转了 45°,用 RSG 模拟 TTI 模型时,采用的网格大小和时间间隔和 VTI 模型相同,但 TTI 出现了明显的数值频散现象。RSG 能有效模拟 TTI 介质模型或更复杂的各向异性介质模型,SSG 在不引入插值的情况下,不能模拟比正交各向异性更复杂的介质。

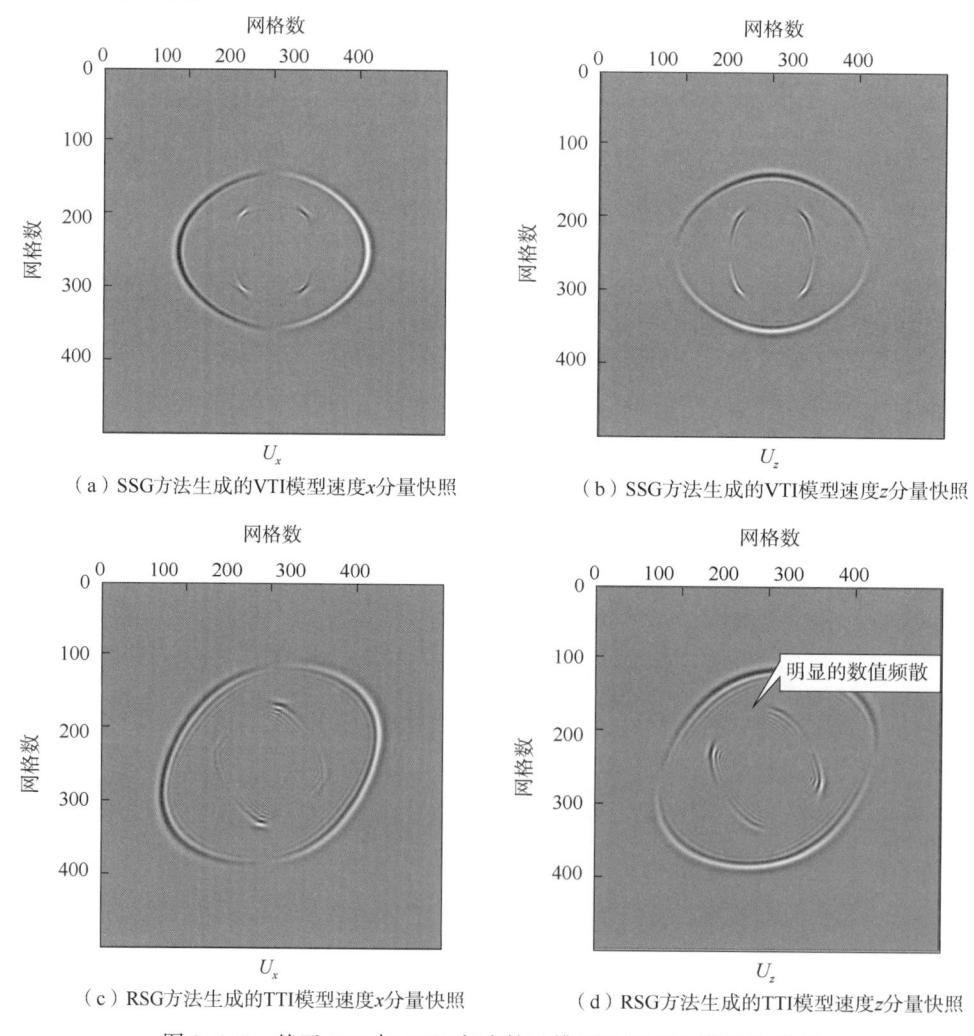

(a) SSG 方法生成的 VTI 模型速度 x 分量快照　　(b) SSG 方法生成的 VTI 模型速度 z 分量快照

(c) RSG 方法生成的 TTI 模型速度 x 分量快照　　(d) RSG 方法生成的 TTI 模型速度 z 分量快照

图 3.4.7　基于 SSG 与 RSG 方法的二维 VTI 和 TTI 模型的模拟

图 3.4.8 比较了 SSG 和 DSG 两种有限差分的二维模拟实例。图 3.4.8(a) 和图 3.4.8(b) 分别表示基于 SSG 方法模拟 VTI 模型的 x 和 z 分量。图 3.4.8(c) 和图 3.4.8(d) 显示的是 DSG 方法在 TTI 介质中模拟的例子,分别是 x 和 z 分量。VTI 模型参数使用 Thomsen 参数表达,$\alpha_0 = 3.368$km/s,$\beta_0 = 1.829$km/s,$\varepsilon = 0.11$,$\delta = -0.035$,$\gamma = 0.255$,$\rho = 2.5$g/cm³。将 VTI 模型围绕 y 轴逆时针旋转 45°得到了 TTI 模型。使用的爆炸震源位于模型中间,震源为 20Hz 雷克子波,模型网格大小为 1000×1000,单个网格大小为 5m×5m,采样间隔为 1ms,记录时间为 0.72s。图中单位为网格点数。除了使用不同的有限差分方法,两个实例模型和模拟参数相同,由于两种方法的频散关系式相同,两种方法模拟的精度也一样。不过 DSG 方法能有效模拟各种各向异性介质,如 TTI、单斜和三斜介质。

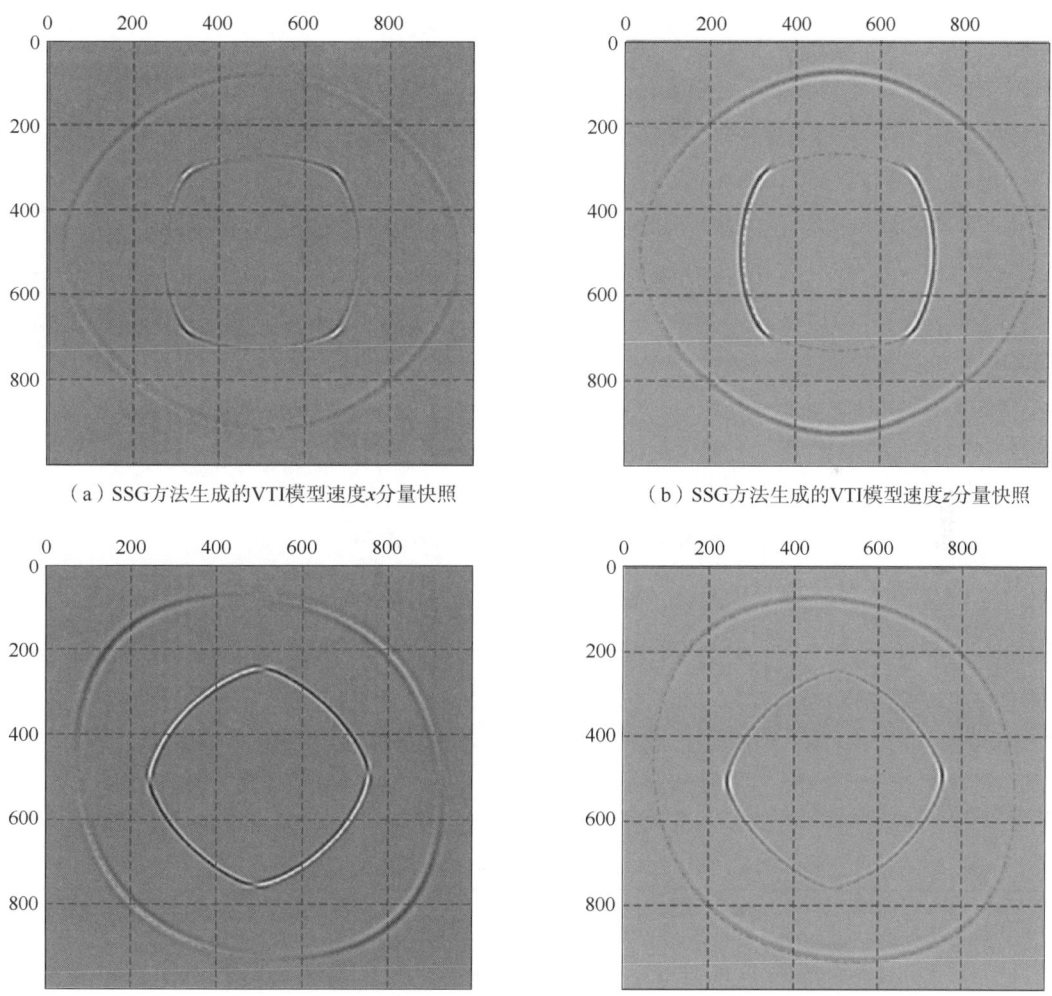

(a) SSG方法生成的VTI模型速度x分量快照　　(b) SSG方法生成的VTI模型速度z分量快照

(c) DSG方法生成的TTI模型速度x分量快照　　(d) DSG方法生成的TTI模型速度z分量快照

图 3.4.8　VTI 模型的 SSG 方法模拟与 TTI 模型的 DSG 方法模拟的对比

图 3.4.9 显示的是一个三层的 HTI 模型,此模型用来验证 DSG 三维模拟过程实现的有效性。模型的第一层和第三层为各向同性介质,第二层为 HTI,表 3.4.1 介绍了各层介质参数。模型大小为 1000m×1000m×2000m,三维模型三个方向上模型网格大小都为 10m,对应

生成的离散网格大小为 100×100×200。震源位于图 3.4.9(a) 中的红色矩形点位置，蓝色矩形点表示信号接收点位置。这里注意模型颜色表示不同的层，没有具体的物性含义。模拟方法采用了 DSG 方法，DSG 方法能有效模拟正交各向异性，提高计算效率并且节省内存消耗。模拟采用 15Hz 的雷克子波，模拟记录时间长度 2s。图 3.4.10 和图 3.4.11 分别是三维 z 分量的炮集过震源 xz 面和 yz 面的剖面。

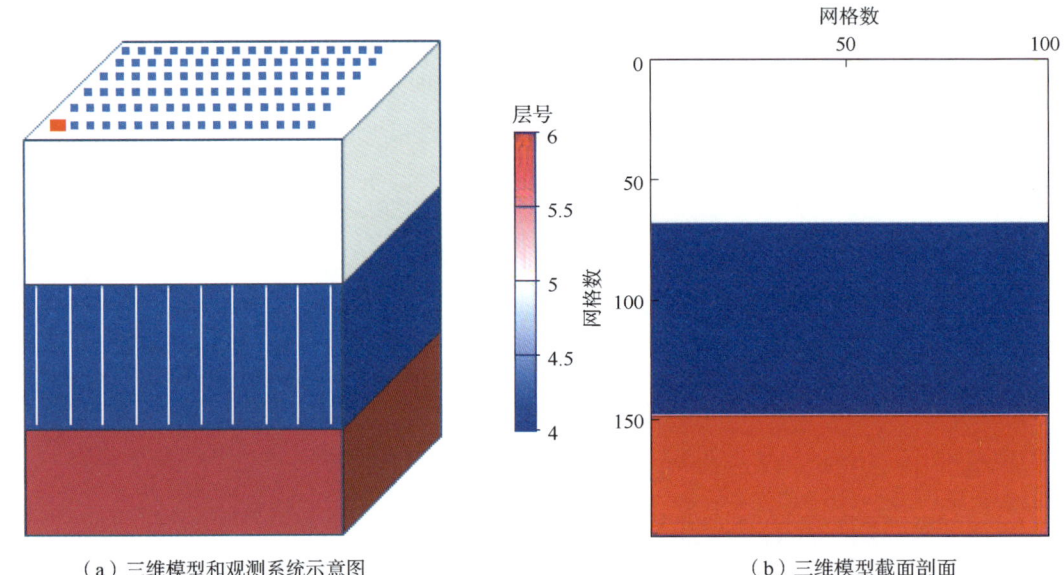

(a) 三维模型和观测系统示意图　　　　(b) 三维模型截面剖面

图 3.4.9　三维 HTI 模型的数值模拟

模型大小为 100×100×200，网格大小为 10m×10m×10m，爆炸震源设置在图(b)网格(0, 0, 0)位置

表 3.4.1　三层 HTI 模型的各层参数

参　数	第一层	第二层	第三层
介质类型	各向同性	HTI	各向同性
厚度	700	800	500
网格数	70	80	50
介质参数	$v_p = 2.0$km/s $v_s = 1.2$km/s $\rho = 1.8$g/cm^3	HTI：对以下 VTI 介质绕 y 轴旋转 90° VTI：$\alpha_0 = 3.292$m/s，$\beta_0 = 1.768$m/s， $\varepsilon = 0.195$，$\delta = -0.220$，$\gamma = 0.180$ $\rho = 2.075$g/cm^3（Thomsen，1986）	$v_p = 2.5$km/s $v_s = 1.5$km/s $\rho = 2.0$g/cm^3

同时，使用商业软件 Aniseis 对同样的模型进行模拟，以便对比验证 DSG 方法的实现和有效性。图 3.4.10 和图 3.4.11 中的黑色波形为 DSG 产生的结果，红色为 Aniseis 产生的结果。两图对应的黑色、蓝色和红色的三个箭头对应的同向轴分别对应第一个界面的反射 P 波，第一个界面的 PS 波和第二个界面反射的 P 波。Aniseis 生成的波场是基于反射率方法，DSG 是有限差分方法，总的来说，两个结果吻合度高，基本一致。由此说明 DSG 实现的可行性。另外，从上面三维炮集提取第一个界面反射的包含 0~90°方位的 P 波振幅，如图 3.4.12 所示，方位振幅的颜色形态反应了等效垂直裂缝的方向为 y 方向。

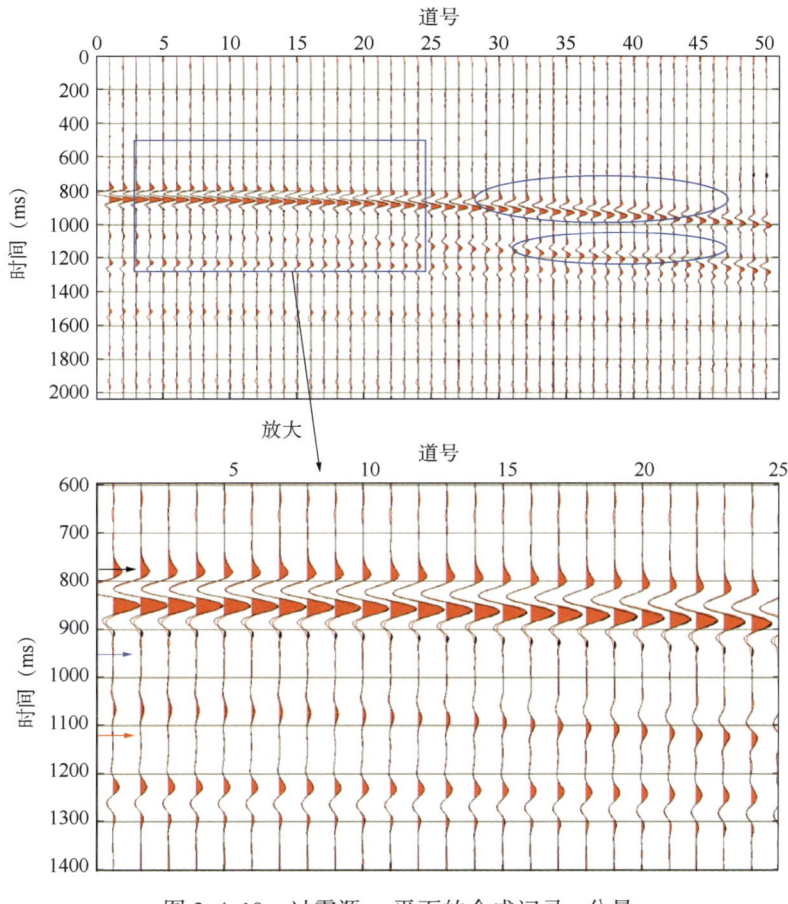

图 3.4.10　过震源 xz 平面的合成记录 z 分量

道间距为 20m，黑色的波形曲线标识 DSG 方法生成的记录，红色的对应 Aniseis 软件生成的合成记录，对比椭圆里面的振幅，两者一致性高，说明 DSG 方法的实现过程有效

3.4.5　小结

地震正演数值模拟是研究裂隙介质地震响应的重要手段。对于不同的正演模拟方法，FD 模拟比 PS 方法优越，特别是在三维裂隙介质中。比较了三种不同的 FD 方案，即 SSG、RSG 和 DSG，展示了它们在正演中的优点和缺点。

在处理正交介质及以下的各向异性介质时，SSG 是这三个方案中最好的方法。对于更复杂的各向异性介质（如单斜、TTI 和三斜介质），DSG 比 RSG 更好，尽管它的菱形网格特征不利于数值实现，但可以被提出的改进方法所克服。改进后的方法极大简化了 DSG 的数值实现，为发展基于各向异性正演模拟的算法提供了理论基础，比如 TTI 的逆时偏移和全波形反演，通过分离介质参数为介质的构造参数和弹性参数，而适用于大型的三维正演模拟的优化计算流程。

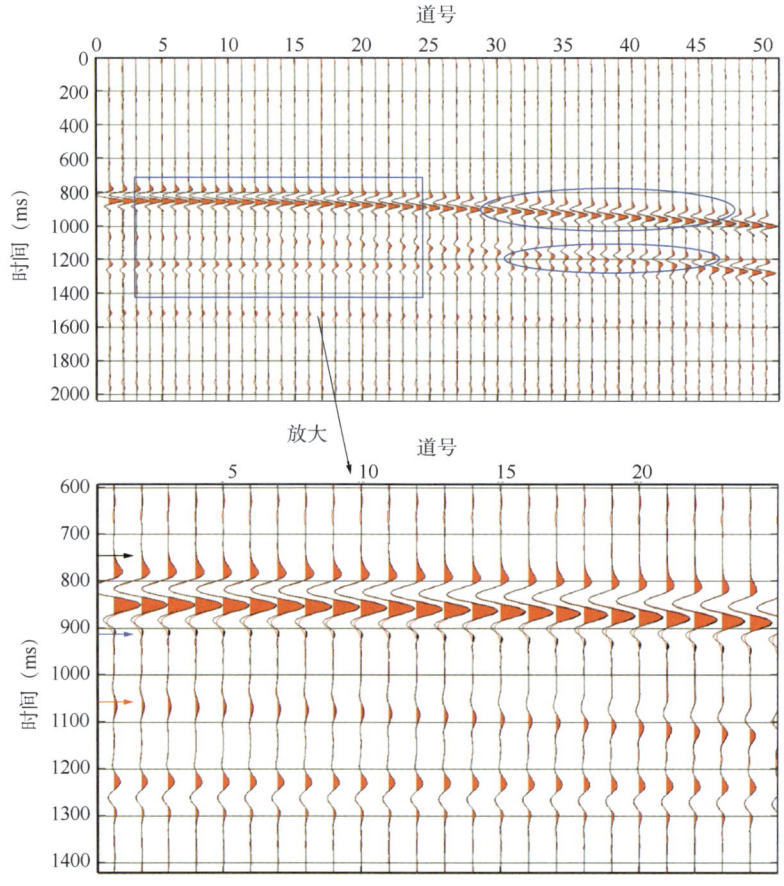

图 3.4.11 过震源 yz 平面的合成记录 z 分量

道间距为 20m，黑色的波形曲线标识 DSG 方法生成的记录，红色的对应 Aniseis 软件生成的合成记录，对比椭圆里面的振幅，两者一致性高，说明 DSG 方法的实现过程有效

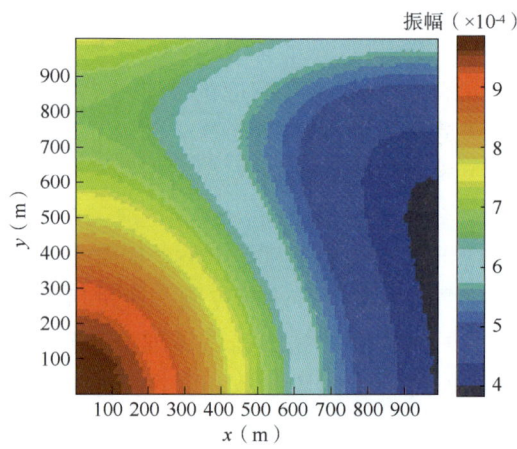

图 3.4.12 P 波在第一个反射界面上方位振幅响应，纵横坐标为网格点

参 考 文 献

Aki K, Richards P G, 1980. Quantitative Seismology[M]. University Science Books.

Anderson D L, 1961. Elastic wave propagation in layered anisotropic media[J]. J. Geophys. Res. 66, 2953-2963.

Angerer E, Crampin S, Li X, et al., 2002. Processing, modelling and predicting time-lapse effects of overpressured fluid-injection in a fractured reservoir[J]. Geophysical Journal International, 149, 267-280.

Auld B A, 1990. Acoustic fields and waves in solids[M]. V1, 2. Malabar, FL: Robert Krieger Publication Co..

Backus M, 1962. Long - wave elastic anisotropy produced by horizontal layering [J]. Journal of Geophysical Research, 67, 4427-4440.

Bansal R, Sen M, 2008. Finite-difference modelling of S-wave splitting in anisotropic media[J]. Geophysical Prospecting, 56, 293-312.

Bernth H, Chapman C, 2011. A comparison of the dispersion relations for anisotropic elastodynamic finite - difference grids[J]. Geophysics, 76(3): WA43-WA50.

Cerjan C, Kosloff D, Resef R, 1985. A nonreflecting boundary condition for discrete acoustic and elastic wave equations[J]. Geophysics, 50(4): 705-708.

Cheng C H, 1993. Crack models for a transversely isotropic medium[J]. J. Geophys. Res., 98, 675-684.

Chichinina T, Sabinin V, Ronquillo-Jarillo G, 2006. QVOA analysis: p-wave attenuation anisotropy for fracture characterization[J]. Geophysics, 71(3): C37-C48.

Coates R, Schoenberg M, 1995. Finite-difference modeling of faults and fractures[J]. Geophysics, 60(5): 1514-1526.

Crampin S, 1981. A review of wave motion in anisotropic and cracked elastic media[J]. Wave Motion, 3, 343-391.

Crampin S, 1983. Shear-wave polarizations: A plea for three-component recording[C]. SEG 53rd Annual International Meeting Expanded Abstracts, 425-428.

Crampin S, 1985. Evaluation of anisotropy by shear wave splitting[J]. Geophysics, 50(1): 142-152.

Dai H, Li X Y, 2010. A revised two-parameter moveout equation of PS converted-waves in VTI media[C]. 80th SEG Annual Meeting Expanded Abstracts.

Daley P, Horn F, 1977. R and T coefficients for transversely isotropic media[J]. Bulletin of the Seismological Society of America, 67, 661-675.

Dasgupta R, Clark R, 1998. Estimation of Q from surface seismic reflection data[J]. Geophysics, 63(6): 2120-2128.

Dong Z, McMechan A G, 1995. 3-Dviscoelastic anisotropic modeling of data from a multi-component, multi-azimuth seismic experiment in northeast Texas[J]. Geophysics, 60(4): 1128-1138.

Eshelby J D, 1957. The determination of the elastic field of an ellipsoidal inclusion, and related problem[J]. Proceedings of the Loyal Society of London, A241, 376-396.

Gassmann F, 1951. Über die elastizität poroser medien[J]. Vierteljahrsschrift der Naturforschenden Gesellschaft in Zürich, 96, 1-23.

Gray F D, Roberts G, Head K J, 2002. Recent advances in determination of fracture strike and crack density from P-wave seismic data[J]. The Leading Edge, 21(3): 280-285.

Grechka V, Tsvankin I, 1998. Feasibility of nonhyperbolic moveout inversion in transversely isotropic media[J]. Geophysics, 63(3): 957-969.

Hudson J, 1981. Wave speeds and attenuation of elastic waves in material containing cracks[J]. Geophys. J.

Roy. Astr. Soc., 64, 133-150.

Hudson J A, 1980. Overall properties of a cracked solid[J]. Mathematical Proceedings of the Cambridge Philosophical Society, 88, 371-384.

Hudson J A, Liu E, Crampin S, 1996. The mechanical properties of materials with interconnected cracks and pores [J]. Geophys. J. I., 124, 105-112.

Korneev V A, Goloshubin G M, Daley T M, et al., 2004. Seismic low-frequency effects in monitoring fluid-saturated reservoirs[J]. Geophysics, 69(2): 522-532.

Lebedev V I, 1964. Difference analogues of orthogonal decompositions of basic differential operators and some boundary value problems[J]. I. USSR Computational Mathematics and Mathematical Physics, 4, 449-465.

Li X Y, 1999. Fracture detection using azimuthal variation of P-wave moveout from orthogonal seismic survey lines [J]. Geophysics, 64(4): 1193-1201.

Lisitsa V, 2007. Lebedev scheme for anisotropic elastic problems[C]. Proceedings of 8th International Conference on Theoretical and Computational Acoustics, 331-341.

Lisitsa V, Lys E V, Vishnevskiy D, 2009. Numerical simulation of waves' propagation in anisotropic elastic media by lebedev's grids-ram saving and stable PML[C]. EAGE 71st Conference & Exhibition Expanded Abstracts.

Lisitsa V, Vishnevskiy D, 2010. Lebedev scheme for the numerical simulation of wave propagation in 3D anisotropic elasticity[J]. Geophysical Prospecting, 58, 619-635.

Liu E, Hudson J A, Pointer T, 2000. Equivalent medium representation of fractured rock[J]. J. Geophysical Research, 105(B2): 2981-3000.

Marion J B, Thornton S T, 1995. Classical dynamics of particles and systems[M](4th ed.). Saunders College Publishing. 424.

Markov G, Mukerji T, Dvorkin J, 2009. The rock physics handbook[M]. Cambridge university press.

McCollum B, Snell F A, 1932. Asymmetry of sound velocity in stratified formations[J]. Physics, 2, 174-185.

Parra J O, Hackert C L, 2002. Wave attenuation attributes as flow unit indicators[J]. The Leading Edge, 21(6): 564-572.

Qian Z, Li X Y, Chapman M, 2008. Fracture characterization with azimuthal attribute analysis of PS-wave data: modelling and application[C]. EAGE 70th Annual Conference Expanded Abstracts, 354.

Qian Z, Li X Y, Chapman M, 2007. Azimuthal variations of PP-and PS-wave attributes: a synthetic study[C]. EAGE 69th Annual Conference Expanded abstract.

Qian Z, 2009. Analysis of seismic anisotropy in 3D Multi-component seismic data[D]. PhD thesis, University of Edinburgh.

Rüger A, 1997. P-wave reflection coefficients for transversely isotropic models with vertical and horizontal axis of symmetry[J]. Geophysics, 62(3): 713-722.

Rüger A, 1998. Variations of P-wave reflectivity with offset and azimuth in anisotropic media[J]. Geophysics, 63 (3): 935-947.

Saenger E H, Gold N, Shapiro S A, 2000. Modeling the propagation of elastic waves using a modified finite-difference grid[J]. Wave Motion, 31, 77-92.

Sayers C M, Simon D, 2001. Azimuth-dependent AVO in reservoirs containing non-orthogonal fracture sets[J]. Geophysical Prospecting, 49(1): 100-106.

Schoenberg M, Douma J, 1988. Elastic-wave propagation in media with parallel fractures and aligned cracks[J]. Geophysical Prospecting, 36, 571-590.

Schoenberg M, Helbig K, 1997. Orthorhombic media: modeling elastic wave behavior in a vertically fractured earth

[J]. Geophysics, 62(6)1954-1974.

Schoenberg M, Muir F, 1989. A calculus for finely layered anisotropic media[J]. Geophysics, 54(5): 581-589.

Schoenberg M, 1980. Elastic wave behavior across linear-slip interfaces[J]. J. Acoust. Soc. Am., 68, 1516-1521.

Schoenberg M, Sayers C, 1995. Seismic anisotropy of fractured rock[J]. Geophysics, 60(1): 204-211.

Sheriff R, 2006. Encyclopedic dictionary of applied geophysics[M]. revised 4th ed. SEG.

Shuey R T, 1985. A simplification of the zoeppritz equations[J]. Geophysics, 50(4): 609-614.

Singh S K, Hanan A, Badruzzaman K, et al., 2008. Mapping fracture corridors in naturally fractured reservoirs: an example from Middle East carbonates[J]. First Break, 26, 109-113.

Smith G C, Gidlow P M, 1987. Weighted stacking for rock property estimation and detection of gas[J]. Geophys. Prosp., 35, 993-1014.

Thomsen L, 2002. Understanding seismic anisotropy in exploration and exploitation[M]. SEG distinguished instructor series, No. 5.

Thomsen L, 1986. Weak elastic anisotropy[J]. Geophysics, 51(10): 1954-1966.

Tonn R, 1991. The determination of the seismic quality Q from VSP data: A comparison of different computational methods[J]. Geophysical Prospecting, 39, 1-27.

Tsvankin I, 1997. Anisotropic parameters and P-wave velocity for orthorhombic media[J]. Geophysics, 62(4): 1292-1309.

Tsvankin I, Lynn H B, 1999. Special section on azimuthal dependence of P-wave signatures - introduction[J]. Geophysics, 64(4): 1139-1142.

Tsvankin I, 2001. Seismic signature and analysis of reflection data in anisotropic media[M]. pergamon.

Tsvankin I, James G, Vladimir G, et al., 2010. Seismic anisotropy in exploration and reservoir characterization: an overview[J]. Geophysics, 75(5): 75A15-75A29.

Varela I. Maultzsch S, Li X, 2007. Fracture properties inversion from azimuthal AVO using singular value decomposition[C]. SEG 77th Conference & Exhibition, 26, 259-263.

Vetri L, Loinger E, Gaiser J, et al., 2003. 3D/4C Emilio: azimuth processing and anisotropy analysis in a fractured carbonate reservoir[J]. The Leading Edge, 22(7): 675-679.

Virieux J, 1984. SH-wave propagation in heterogeneous media: velocity-stress finite-difference method[J]. Geophysics, 49(11): 1933-1957.

Virieux J, 1986. P-SV wave propagation in heterogeneous media: velocity-stress finite-difference method[J]. Geophysics, 51(4): 889-901.

Winterstein D F, 1990. Velocity anisotropy terminology for geophysicists[J]. Geophysics, 55(8): 1070-1088.

Zoeppritz K, 1919. Erdbebenwellen VIII B, on the reflection and penetration of seismic waves through unstable layers[J]. Goettinger Nachr: 66-84.

4 地震波成像技术

地震成像是利用记录在地面或海面的反射波获取地下结构信息的过程。地球是一个弹性体，一旦在某些位置激发，产生的弹性波就可以从一个地方传播到另一个地方。在地震勘探中，震源在地球表面被激发，弹性波传播到地下深处。与所有类型的波类似，弹性波一旦到达某些地震特性（例如速度或密度）不同的位置，就会被反射、衍射或折射。这些反射波、衍射波或折射波，或者统称之为散射波，可能会回到表面。因此，散射波携带着它们所通过的介质的信息，如果被记录下来，可用于估计地下信息，例如地质结构。获取地下结构的主要工具之一是地震成像或地震偏移。本章将简单回顾反射地震勘探方法及地震成像的发展历史，地震成像基本概念与原理。最后介绍现在石油勘探常用的成像方法 Kirchhoff（克希霍夫）偏移，波动方程偏移，逆时偏移以及还处于前沿研究阶段的波干涉成像和 Marchenko 成像技术。

4.1 地震勘探方法及成像历史发展简述

早在 20 世纪 20 年代，地震方法就被成功应用于石油勘探。1924 年，美国墨西哥湾开发公司雇用的地震折射小组成功地定位了得克萨斯州本德堡县的 Orchard 盐丘。这可能是墨西哥湾沿岸的首个，也许是世界首个应用地震方法对地质体的发现。1925 年，Amerada 石油公司的全资子公司，地球物理研究公司（GRC），在俄克拉荷马州的塔尔萨发起了一个计划以期设计生产新的地震仪器或对现有仪器进行改进（Peterson et al., 1974）。1927 年，位于俄克拉荷马州庞卡市的马兰德石油公司（康菲石油公司的前身）宣称他们有了第一个可工作的反射地震系统（Bednar, 2005）。30 年代中期反射地震方法得到石油工业界的广泛重视，当时几乎所有大的石油公司已经在使用或正在迅速采用新的反射地震方法，并尽一切可能将其用于商业用途。

随着反射地震的有效性越来越被人们接受并且其应用得到增加，疑虑也随之而来。尽管这种新奇的方法似乎有效，但在许多地方产生的地震记录极差。这些地震记录极差的地方被称为所谓的无记录区域。为什么可以在一个地方获得完全可以接受的记录，而在另一个地方却没有？其实这是因早期地球物理学家的认识偏差所误导，那时人们认为地下反射层近似水平，期望在反射记录上看到明显的平行排列的同相轴波形特征。不符合这种特征的记录统统划为 N.R.，意味着没有反射。Rieber 是最早揭示反射记录混乱原因的人之一。Rieber（1936）指出，品质良好的反射记录主要发生在地层明确、标志清晰、地势相对平坦的地区。品质糟糕的反射记录多发生在地质条件复杂，如陡峭的褶皱、断裂丰富地区。所谓没反射，实际上是反射太多，传播方向各自不同的反射组合，造成在地震记录上无法分辨。Rieber 不仅指出了问题，还设计制造了一个模拟设备，用于模拟简单但逼真的地质模型对声波的响应，即通常说的波场快照。

图 4.1.1、图 4.1.2 和图 4.1.3 是 Rieber 认为重要的模型和他创建的"阴影"图像的三个示例。如图 4.1.1 所示，可以看到来自断层末端的绕射。图 4.1.2 显示了绕射如何确定断层。图 4.1.3 准确地显示了今天每个解释人员都会识别的向斜响应。无疑这些图片都非常精彩，它们清楚地表明模拟可以提供有关地球某些区域为何会产生混乱、不连贯的地震记录的线索。地球物理学家在地震方法发展的早期（20 世纪 30 年代）就做到类似今天用物理模型来模拟的地震波响应。

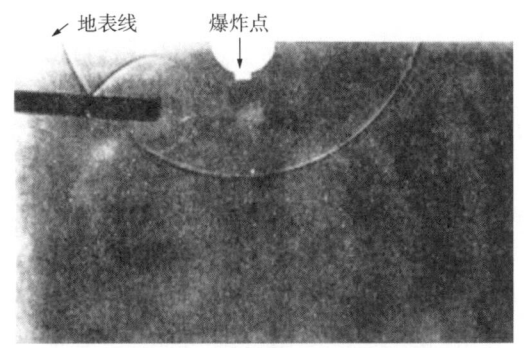
图 4.1.1 地层截断模型及其声波波前组合响应，截断边缘的绕射非常清晰（据 Rieber，1936）

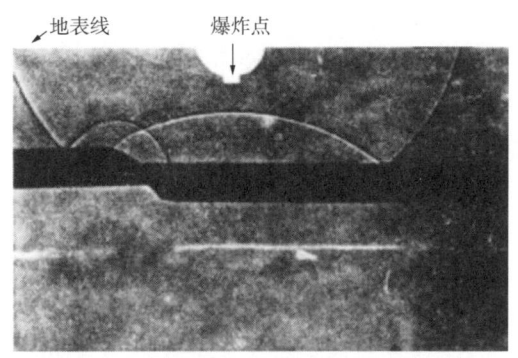
图 4.1.2 断层模型及其声波响应，同样来自断层的绕射波清晰可见（据 Rieber，1936）

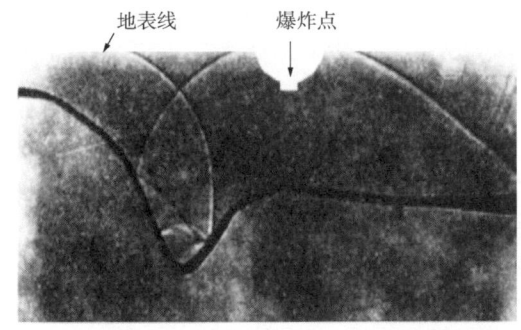

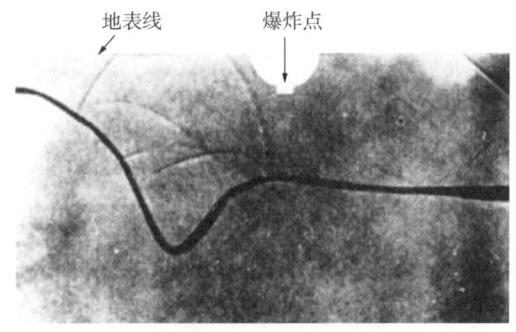

图 4.1.3 Rieber（1936）展示的向斜对声波的响应（左图的时间比右图记录时间短）

1954 年，反射地震方法取得重大进展，20 世纪 50 年代中后期对地震成像产生巨大影响。Hagedoorn（1954）发表在《Geophysical Prospecting》的文章成为地震成像的基石论文之一。在这篇论文中，介绍了一种"线绳"或"标尺和圆规"方法，标尺和圆规绘制的走时曲线包络线可解释为反射层位置。Hagedoorn 的方法基于惠更斯原理，几年后，由此发展成 Kirchhoff 或"绕射叠加"偏移方法（Bleistein et al.，2001）。即便到现在，各种形式的 Kirchhoff 偏移方法被证明是最灵活和最稳健的地震成像方法之一。除了 Hagedoorn 的工作之外，Mayne（1962）正在开始申请获得共中心点（Common Middle Point，CMP）叠加技术专利。这两项技术发展无疑是后来建立地震成像算法的基础。与此同时，地球物理服务公司（GSI）、德士古（Texaco）公司和美孚（Mobil）公司联合开发了一个数字记录系统。尽管数字滤波和信号分析是主要关注点，但随之而来的数字计算机的发展对地震成像产生巨大影响（Bednar，2005）。

1954 年，计算机化的 Kirchhoff 偏移还只是一个梦想，但能够将给定的反射能量归位到其适当空间位置的机器正在研制过程中。1959 年，麻省理工学院的 WorldWind 计算机是世界上第一台坚实可靠的计算机，紧随其后的是 IBM(7090)、UNIVAC、Control Data、得克萨斯州仪器(TI)和其他计算机制造商的产品。TI 的 TIAC 机器引起了人们的兴趣，因为它们是最早用于处理地震数据的数字计算机之一。

在 20 世纪 50 年代中期，Sherwood 使用圣诞烟花作为震源，创造性地研究弹性声波传播。1956 年完成博士论文后，他开始思考自己的未来。当他于 1958 年到达雪佛龙公司时，了解到该公司正在使用带有 24 通道磁带的大型机器对地震道进行求和，首先获得视倾角，然后获得地震子波。这种方法源于前面提到的 Rieber 的工作。实际上就是偏移成像过程，根据地震记录确定视倾角，逆向分析问题，找出子波的真实位置以构建偏移地震剖面。这个想法与大多数科学家目前对偏移的看法略有不同。一方面，它没有隐含地使用惠更斯原理。另一方面，它是一种射线束方法，与绕射叠加方法相比，它更类似于绘图偏移。

Sherwood 并不是唯一参与研究这种地震成像方法的人。位于俄克拉荷马州庞卡城的康菲石油公司的几个人，以及几乎可以肯定的许多其他公司的人，都在以完全相同的方式思考。1967 年，Sherwood 在旧金山的一台 IBM 计算机上完成了"连续自动偏移"(CAM)的开发。数字化在当时还处于起步阶段，但毫无疑问，它正开始全面爆发。Sherwood 和同期地球物理学家研发的 CAM 成像方法并未公开发表，CAM 与现今最可能相似的方法是波路径偏移技术(Sun et al., 2001)。

1970 年和 1971 年，Claerbout 先后发表了两篇开创性的论文，都集中在二阶双曲线偏微分方程来实现成像。1971 年的论文详细描述了该成像算法。由单程波动方程控制计算的上行波和下行波与成像条件相结合以产生图像。本质上，使用计算机对炮源进行波场模拟，对地震记录进行波场延拓。在每个深度或时间步骤，对两个波场进行互相成像以生成该深度(时间)处图像。

大多数情况下，Claerbout 的方法基于有限差分。双曲线方程中的导数被数值差分代替，并且正传和反传传播按顺序进行。Claerbout 于 1973 年成立了斯坦福勘探项目(SEP)研究团队，可以肯定地说，SEP 是波动方程成像技术开发的领导者，也是 Claerbout 的思想在随后许多年里的倡导者。SEP 还培养了大量世界顶级地球物理学家。很难指出 Claerbout 学生中有谁没有对地球物理发展做出突出贡献。SEP 及其前身麻省理工学院的 GAG 小组可能是许多优秀联合研究组的基础。没有这两个先驱组织，就可能没有科罗拉多矿业大学的波现象研究中心、得克萨斯大学达拉斯分校的 McMechan 岩石圈研究中心、犹他大学的层析成像研究组、美国联邦地球物理实验室的联合地球物理实验室、休斯敦大学、莱斯大学的 TRIP 研究组，以及荷兰代尔夫特大学的 Delphi 研究团队。

1974 年前后，在大陆石油公司(Continental Oil Co.，康菲石油公司前身)的 Stolt 撰写了一份公司内部研究报告《傅里叶变换偏移》(Bednar, 2005)，后来这份研究报告发表在 *Geophysics* 上(Stolt, 1978)。Claerbout 和 Stolt 的方法之间的差异显著。Stolt 方法使用快速傅里叶变换，因而偏移速度非常快。即使在当时的计算机上，Stolt 的偏移程序已成为大陆石油公司日常地震数据处理的重要部分。Stolt 的基于傅里叶变换的偏移方法理论上仅在常速情况下有效，但 Claerbout 的有限差分方法对速度变化相当不敏感。Claerbout 的方法只能处理

15°左右的倾角，而 Stolt 的方法可以处理 90°左右的倾角。两者都是基于单程波动方程的偏移方法，并假设检波器只记录向上传播的波场。

Claerbout(1971)和 Stolt(1978)这两篇论文之所以重要，有四个原因：第一，两者为解决同一问题提供了不同的方法；第二，它们代表了该时期第一次不同于绕射叠加方法的两个新尝试；第三，它们都基于相同的二阶双曲线偏微分方程；第四，他们明确表示，人们实际上可以在当时的计算机上对数据进行数字成像。

这之前，多数地球物理学家还生活在二维世界中。地震采集都是两维的，地下反射层由相隔很宽的一组组二维线所采集的地震数据中提取反射时间，继而绘制成等值图，这种等值线图往往互相矛盾，尤其在地质复杂地区深度彼此不匹配。这必须改变，地震采集和成像必须进化到三维才能使三维成像成为可能。这大致开始于这一时期的末期，并导致算法和计算机能力的加速发展。二维算法必须变成三维算法，计算机必须能够处理和偏移大量数据。

不管当时的一些地球物理学家的意见如何，波动方程、数字化处理和地震成像都将继续存在和发展。双曲线偏微分方程是波动方程偏移的根基。在短偏移距近似中，几乎可以保证双曲线成立。波动方程偏移理念一旦被接受，寻找高效计算方法的动力就变成了一场竞赛。图 4.1.4 显示了这个过程的爆炸性。尽管不是按照这个顺序发展的，基于双程波动方程的逆时偏移在精度上位居榜首，而 Sherwood 的射线束方法和 Stolt 的傅里叶变换方法曾经并且仍然是最有效的。请注意，图 4.1.4 中的绝大多数算法都是单程波动方程类。原因很明显，要得到一个单程方程，必须首先分解完整的双程波动方程。尽管数学家曾争辩分解波动方程是否有效，但实际上此方法很有效，尽管分解过程中会引入许多很难解决的问题。例如，当将二阶方程分解为二阶二次方程时，就会失去与横向传播相关的所有波传播现象。结果，这些由单程波方程计算的振幅是不正确的，如果没有某种修正，任何一种真振幅处理都是不可能的。

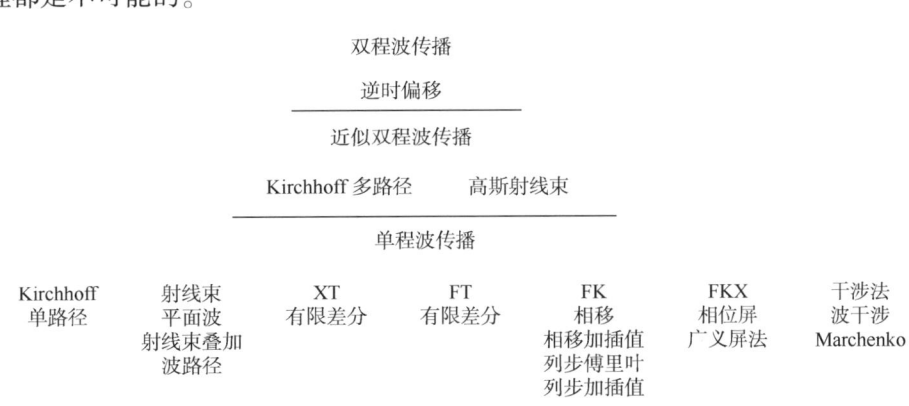

图 4.1.4 地震偏移成像分类层次结构

有许多研究者对高效成像算法做出了贡献。Schneider(1971)将绕射叠加和 Kirchhoff 偏移联系在一起。French(1974，1975)和 Gardner 等(1974)进一步阐释了这一点。1978 年，Schneider(1978)的积分偏移公式为绕射叠加方案奠定了坚实的理论基础。Gazdag(1978)加入了对 Stolt 原始算法的改造，该算法是最早开始消除 Stolt 常速假设的算法之一，并且几乎与 Stolt 算法同时出现。1978 年，Gazdag 的相移方法被修改为"相移加插值"（Gazdag et al.，1984），此后不久裂步法（Stoffa et al.，1990）出现。裂步法预示了 Wu 的相位屏方法（Wu et al.，1992；1996）的诞生。Berkhout（1980）详细描述了对地震偏移一般框架。Berkhout（1984a，1984b）的著作在这方面无疑是经典之作。虽然它从未得到应有的重视和接受，但在这一时期结束时，Forel 和 Gardner（1988）开发了一种完全与速度无关的偏移技术。这听起来不可能，但壳牌公司和 Amerada Hess 公司都证明它在实践中运行良好。

1983 年是一个充满魔幻的一年，有三篇基于双程波动方程的地震偏移文章同时间发表（Whitmore，1983；McMechan，1983；Baysal et al.，1983）。McMechan 的论文开始被 Geophysics 拒绝，但后来出现在 Geophysics Prospecting 上。McMechan 文章是迄今为止描述记录波场反传外推中最清晰的文献之一。上述三篇文章是最经典的关于逆时偏移成像文章，是开始地震偏移研究工作的入门文献。

Bleistein（1987）发表了一篇关于 Kirchhoff 偏移（反演）的定义性文章，该文章极大改进了地震波场的幅度和相位保真处理。地震偏移可以在空间时间（x，t）域、频率空间（f，x）域、波数时间（k，t）域，或这些域的几乎任何组合中进行。Whitmore 成像是叠后深度偏移，因此偏移成像从时间域到深度域的转变正在开始。

20 世纪 70 年代矢量处理器的推出与发展极大地推动了先进成像技术的开发和应用。到 1979 年，Apple II 可以放在办公桌上，比早期计算机强大千倍。在 1981—1982 年，Cray-1 的性能是 VAX 780 的 140 倍。不幸的是，这一时期的计算机仍然不够强大，无法使用任何更先进、更准确的算法进行叠前偏移。Sherwood 的算法兴许可以用于叠前偏移，而像 Claerbout 波场向下延拓算法是非常昂贵的，因而波动方程偏移还未普及，叠前逆时偏移在当时更是不切实际。

如果没有朝着更小、更强大的计算机不断发展，今天所知道的叠前偏移可能永远不可能实现。理论就在那里，即使是最快的 Cray T90 也不够快，无法处理现代海洋采集系统产生的不断增加的数据量。此外，这些机器非常昂贵，以至于许多公司要么没有经济资源，要么只是不愿意放弃必要的资金来投资购买它们。

20 世纪 90 年代有三个标志性事件推动了地震数据处理与成像的迅速发展，其重要性无论任何赞扬都不为过：

（1）1992 年 9 月科罗拉多矿业学院波现象研究中心（CWP）发布了公共开源地震数据处理软件包 Seismic Unix（简称 SU）；

（2）开始于 1991，作为芬兰学生 Linus Torvald 的个人兴趣爱好项目，一个可以在个人电脑上运行的类似 Unix 的操作系统 Linux，经过全世界开源开发人员的共同努力，到 1992 年初，当时大部分电脑硬件都能支持，因而地位开始建立；

（3）设计用于在并行计算机体系结构上运行标准化的、可移植的信息传递标准（Message Passing Interface，简称 MPI）协议经全世界计算机专家广泛讨论和反复修改后，MPI 标准 1.0 版于 1994 年 6 月发布。

SU 始于 Einar 在 20 世纪 70 年代后期开始编写一个叫 SY 的软件包，当时他还是 Claerbout 的斯坦福勘探项目（SEP）的研究生。80 年代初，他在犹他大学担任教授期间，继续扩展 SY 性能。1984 年，在对 SEP 的一次长期访问期间，Einar 将 SY 介绍给了当时在斯坦福大学攻读研究生的Ronen。Ronen从1984年到1986年进一步开发了SY。SEP的其他学生开始使用它并贡献代码和想法。SY受到SEP开发的许多其他软件的启发,并受益于Claerbout和他的许多学生奠定的基础。

1986年,Ronen在科罗拉多矿业学院担任为期一年的博士后期间,将这项工作带到了CWP。Ronen帮助Cohen将SY变成了可支持Unix管道输入输出的产品。软件包内所有程序运行形式与Unix命令运行一致,SY由此被命名为Seismic Unix(SU)。Liner和Artley在CWP中心求学期间,为SU许多绘图显示代码做出了贡献。Hale编写了几个重要的处理以及大多数核心科学计算和图形显示库。

Stockwell与SU的合作始于1989年。他主要负责软件包中的编译开发环境Makefile。自1992年9月首次公开发布SU(第17版)以来,他一直是该项目的主要联系人。

SU现在是世界上下载量最大的地震数据处理包之一,无疑是1989年以来最重要的计算机地震数据发展之一。它适用于几乎所有种类的Unix系统,包括Linux系统和Mac OS X系统。所有地球物理学家都应该感谢Einar、Shuki、Cohen和Stockwell的远见卓识和努力。

受SU启发和鼓舞,另一个地震数据处理与成像的开源科研平台Madagascar于2006年6月发布其初始版本。Madagascar比SU功能更强大。

SU和Madagascar的意义不仅仅在于给全世界地球物理学家提供一个工具可以处理地震数据,它们的意义在于为地球物理学家提供一个可以检验他们新想法以及能互相交换代码的平台,大大推动了地球物理研究。

Linux操作系统和随系统携带的各种开发工具,如C/C++,Fortran编译器,科学、数学和工程开源软件。这些让科学家可以在便宜的个人电脑上就可以开展过去只能在大型计算机或工作站上才能做的研究工作以实现自己的想法。同时,得力于快速的网络速度,便宜电脑可以相互连接起来并集中管理组成计算集群,可以充当一台功能非常强大的计算机。通过MPI软件库,科学家可以开发分布式并行程序完成过去只能在超级计算机上(每台耗资数百万美元)才能(甚至不能)完成的任务。20世纪90年代以后,很多地震服务公司安装了运行Linux操作系统且价格便宜得多的PC组成的庞大集群。三维叠前地震偏移对计算机的运算能力和内存要求很高,受限于计算资源,原来难以实现的三维Kirchhoff深度偏移和波动方程偏移成像此时得到广泛应用。在Linux集群环境中,可以使三维叠前深度偏移既高效又具有成本效益。对计算能力要求更高的基于双程波动方程的逆时偏移还没有得到全面普及,直到21世纪初期(Owens et al.,2007),高性能GPU计算出现。GPU在科学计算中的普及得力于CUDA编程语言的推出(NVIDIA Corporation,2009)。随着CUDA编程语言在2006年底推出,由于其语法与C语言类似,在NVIDIA显卡上的GPU编程已变得非常容易。很快,基于GPU集群的地震模拟和逆时偏移开始涌现(Michea et al.,2010;Abdelkhalek et al.,2009)。得力于高性能GPU运算能力,今天逆时偏移已在石油工业界广泛使用,有时甚至是强制要求。

2000年前后,地震干涉法(Seismic interferometry)从理论和实际应用两个方面开始迅速发展,极大地丰富了对地震波传播规律的认识和研究,并为地震成像提供了新的手段。地震干涉主要指利用记录的地震数据之间的相关、反褶积等运算,估算接收点之间的格林函数的方法,其特点是从记录的数据中提取出没有被直接记录的波场信息,而且这一过程中无需介质速度模型。对通过地震干涉法计算的格林函数进行地震成像的方法统称为干涉成像。

干涉法最早也是由 Claerbout(1968) 提出,他用水平层状介质证明了对自由地表接收到的从底部来的透射地震记录进行自相关等价于其自激自收模拟记录。荷兰代尔夫特理工大学的应用地球物理研究组发展了基于地震互易性的理论,使用格林定理严格地证明了 Claerbout 的构想,将 Claerbout 推导的透射和反射响应之间的关系推广到非均匀介质中(Wapenaar et al., 2002)。

此外,地震干涉成像还应用到震源定位成像中,在非常规油气压裂开发等领域的微地震裂缝成像监测中发挥着独到的作用(Cao et al., 2008; Wu et al., 2018)。

近年来,分布式光纤声波传感器(DAS)这一新型的振动监测技术开始应用到垂直地震剖面(Vertical Seismic Profile, VSP)的数据采集中,这一技术的空间采样密度和展布范围较传统的 VSP 数据显著提高,为干涉成像的应用提供了理想的数据采集手段。

Marchenko 方程作为一维逆散射理论最早由 Marchenko(1955) 在量子力学领域提出。它将在一维无损介质一侧测量的反射响应与该介质内部的场联系起来,而该场又与介质中的散射势有关。Broggini 和 Snieder(2012) 将 Marchenko 方法引入到地球物理,并讨论了 Marchenko 方程和地震干涉法之间的联系。他们表明,通过使用 Marchenko 方程,可以从在该介质表面测量的反射响应中重构一维介质内任意虚拟源位置与表面接收器之间的格林函数。这是超越地震干涉测量的重要一步。在使用地震干涉法重构格林函数时,需要在两侧对一维介质进行照明,并且要在介质内部虚拟震源位置处放置一个物理接收器。与此相反,Broggini 和 Snieder(2012) 提出的方案不需要在介质内部放置物理接收器,且仅需要从一侧的照明。重构的格林函数包含了准确的内部多次反射波。

基于 Marchenko 方法的结果,Wapenaar 等提出了对地下构造成像的框架(Wapenaar et al., 2014a, 2014b),该框架被广泛应用到成像领域(Behura, 2014; Slob et al., 2014; da Costa Filho, 2015)。在 Marchenko 成像方法中,通过求解 Marchenko 方程获得的单程格林函数包含了层间多次反射在内的所有散射效应,因此用该格林函数对地下构造成像时,地面记录数据中的多次波也能对地下反射界面准确成像而不产生偏移假象(Wapenaar et al., 2014b)。

4.2 地震成像的概述

广义上讲,几乎所有的地震数据处理都旨在对地下地质构造进行成像,即从地球表面记录的地震波中获得地下结构的图像。例如,反褶积旨在提高反射层分辨率,共中心点(CMP)叠加利用数据冗余来提高信噪比,同时生成模拟零偏移距地震勘探中记录的地震时间剖面,即是,其中单个接收器位于每个震源位置,记录震源在该位置产生的地震响应。然而,零偏移距地震剖面与实际地质剖面存在偏差,在地下地质结构复杂地区,这种偏差往往很大,因而引导出纠正偏差的处理方法,即地震偏移。

地震偏移是将地震信号在空间或时间上,以所用偏移方法对波动方程的求解方式,重新定位到其发生在地下的位置而不是在地表记录的位置的过程。将倾斜反射层移动到其真实的地下位置并使绕射波收敛,从而创建更准确和更高分辨率的地下图像。偏移处理对于纠正复杂地质构造，如断层、盐体、褶皱等，对地震成像方法所造成的虚假影响尤为必要。

4.2.1 地震偏移的原理

如前所述，地震偏移是将地面记录到地震反射同相轴移到其真实发生的地下位置的过程，它可以被认为空间反褶积过程，试图提高空间横向分辨率。这个过程可以用倾斜反射层情况最好地解释，如图 4.2.1 所示，具有相同位置的震源和检波器布置在地表位置 AB 之间，由震源激发，来自反射层 CD 段的反射地震信号，再由位于 AB 间相同位置的检波器接收，而接收的反射信号认为来自 AB 正下方的 $C'D'$ 段。来自 C 点反射记录位于 A 下方的 C' 点，而来自 D 点的反射记录位于 B 点下方的 D' 点。因此，地震偏移就是要将地震记录同相轴 $C'D'$ 段移至其真实位置 CD 段。

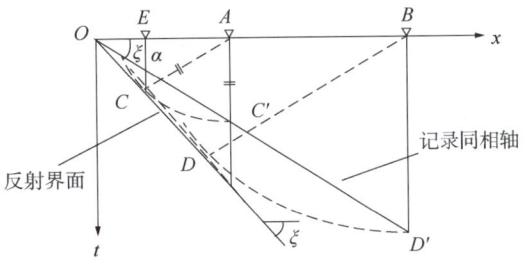

图 4.2.1 水平叠加时间剖面记录同相轴 $C'D'$ 与真实地质（目标）反射层段 CD 在空间位置上不一致

图 4.2.2(a) 所示模型仅存在一个散射点 R，四对震源—检波器安置在模型表面 A、B、C 和 D 位置上。当在 A、B、C 和 D 位置上的震源分别激发后，位于相同位置上的检波器接收到散射点 R 的响应，并记录在相应位置之下[图 4.2.2(b)(c)(d) 和(e) 的红色数据道]。相对地震—检波器位置 A，B，C 和 D，散射点和对应地震响应波至在时间上位于同一半圆弧上[图 4.2.2(b)(c)(d) 和(e) 的蓝色半圆曲线]。合并图 4.2.2(b)(c)(d) 和(e) 则组成零炮检距剖面[图 4.2.2(f)]。

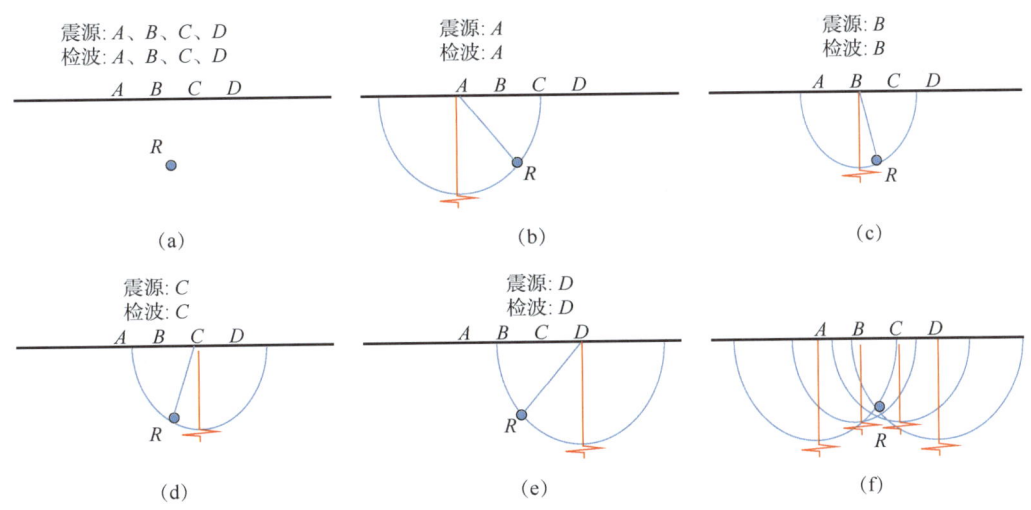

图 4.2.2 单散射点零炮检距地震响应

四对震源与检波器分别安置于地表位置 A、B、C 和 D，震源-检波器对下方存在一散射点 R(a)；在 A、B、C、D 位置上的震源分别激发，来自散射点 R 的响应由同位置上的检波器接收，其信号安置在相应位置下方(b)、(c)、(d)、(e) 中红色信号道；合并 A、B、C、D 点接收的地震道组成零炮检距剖面(f)

这里以 Kirchhoff 方法为例说明地震偏移是如何将反射同相轴替换到它们正确的地下位置的。Kirchhoff 偏移算法以地震道数据采样点的速度为基准，对每道数据的每个时间样本画弧，以确定反射同相轴源自的可能位置。

首先考虑零炮检距地震剖面情况，图4.2.3(a)中所示震源和检波器都位于地表位置 O，记录到一单次波至数据。该波至可能源自地下任何一个能产生同样传播时间的反（散）射点，如果做时间偏移，则将该道数据所有采样点以其采样点时间为半圆[图4.2.3(b)蓝色]投射道临近道上[图4.2.3(b)红色虚线道]，如果做深度偏移，则需计算出(如用射线追踪)空间上产生同样传播时间的反（散）射点，然后将采样点投射到相应空间位置上。

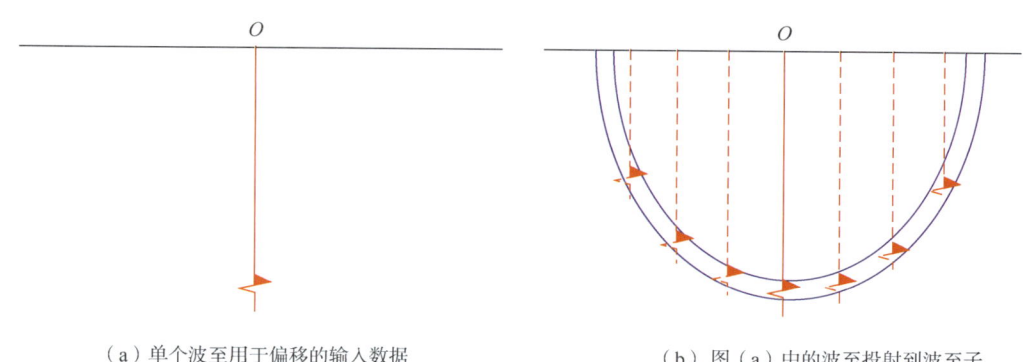

（a）单个波至用于偏移的输入数据　　　　　　（b）图（a）中的波至投射到波至子

图4.2.3　叠后时间偏移示意图

如果零炮检距地震剖面的所有道信号均来自一个散射点，当所有道都按图4.2.3将信号投射到相应半圆上，则在散射点上因信号同相，振幅相互叠加得到增强，其他位置点上，信号不同相，振幅相互相消(图4.2.4)。

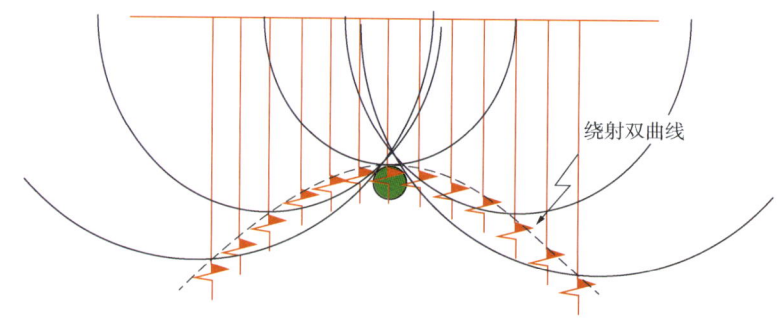

图4.2.4　单散射点零炮检距时间偏移示意图

各道数据投射到各自相应的半圆轨迹上(蓝色)后散射点附近因信号同相振幅相互叠加而增强

如果零炮检距地震剖面的所有道信号均来自一个反射层面，当所有道都按图4.2.3将信号投射到相应半圆上，则在反射层面上因信号同相，振幅相互叠加得到增强，其他位置点上，信号不同相，振幅相互相消(图4.2.5)。

图4.2.6示范叠前偏移原理。数据道上波至信号[图4.2.6(a)中的波至A]被认为来自位于震源和检波器位置之间的地下椭圆上任何位置的反射体，如图4.2.6(b)所示由Ⅰ到Ⅳ的数字表示的那些，作为示例可能性。为了找出哪个位置是正确的位置，将数据道上振幅采样投射到以震源和检波器位置为焦点，采样时间和速度确定长短轴的椭圆上。如零炮检距偏移一样，叠前偏移确定真实反射层同样是依赖于从几个紧密间隔的地震道的振幅数据偏移期后振幅的干涉过程。如果地下位置是反射同相轴的真实位置，则沿椭圆的连续振幅

之间会发生相长干涉，并包含偏移过程。另外，如果同相轴的位置与反射的真实位置不对应，则相消干涉会导致振幅互相抵消而下降，并且在理想情况下，输出中不会形成有效偏移幅度。

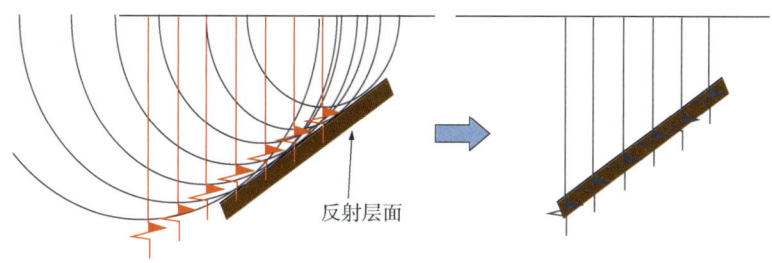

(a) 将各道数据投射到各自相应的半圆轨迹上　　(b) 通过相长干涉使真实反射层得以显现

图 4.2.5　反射层示意图

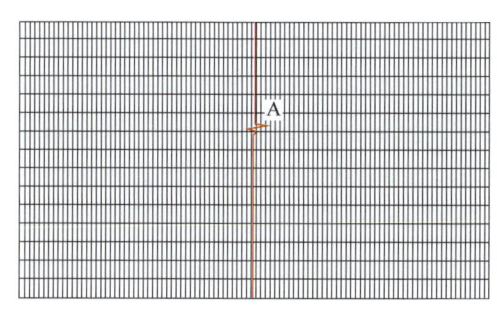
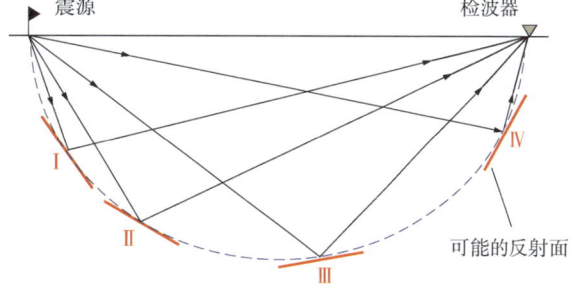

(a) 单个波至A用于偏移的输入数据　　(b) 图(a)中的波至A可能源自具有任意倾角和沿椭圆位置的反射体（由蓝色虚线表示）
（Ⅰ—Ⅳ指示了反射体位置的四种不同可能性）

图 4.2.6　叠前偏移原理示意图

4.2.2　地震偏移的作用

来自倾斜反射层的反射并不位于叠加剖面上其真正的地下位置，这是因为地震信号不是从正好位于检波器下方的点反射回来，而是从最接近震源—检波器位置且在零炮检距情况下垂直于反射层的点反射回来。图4.2.7对零炮检距情况下做了示意性几何说明。零炮检距射线总是从垂直于反射体的点反射，如图4.2.7(a)所示。对倾斜反射层，这些垂直反射点沿上倾方向移动。然而，在记录期间，来自这些点的反射信号被分配到地面检波器的正下方位置，如蓝色虚线所示。这种情况导致反射层的倾角值[图4.2.7(a)中的蓝色虚线反射层]比通常应有的值[图4.2.7(a)中的红色反射层]更小。在倾斜反射层的情况下，偏移会将反射同相轴沿略微上倾的方向移动到其正确的反射位置。

当地表下为向斜或背斜结构的起伏反射体时，也会发生类似的变化。背斜的顶端被更密集的射线照明，而向斜被较少数量的射线照射[图4.2.7(b)]。反射信号总是倾向于从倾角反射体的上倾方向反射回来，但再次直接映射到零炮检距剖面上的检波器位置下方。因此，背斜和向斜的侧翼没有正确定位，背斜显得更宽，而向斜在堆叠部分更窄。

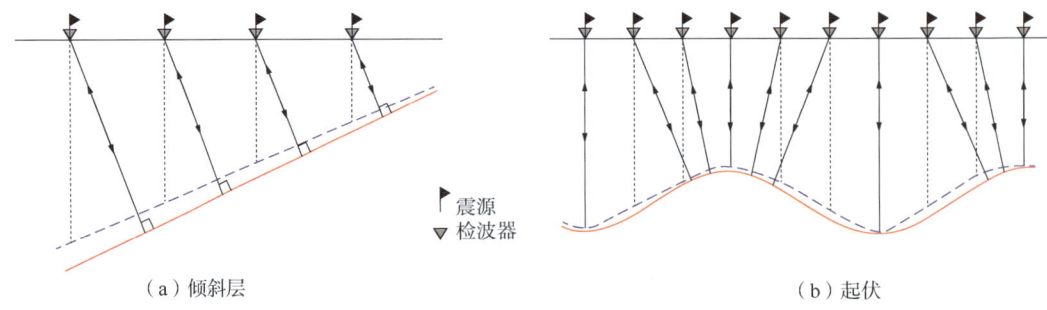

(a)倾斜层　　　　　　　　　　　　　　(b)起伏

图4.2.7　倾斜层和起伏反射(红色曲线)上的零炮检距射线路径
及其在零炮检距地震剖面(蓝色虚线)上的错误表示

对于倾角反射层,真实反射点实际上位于上倾方向,因为反射信号同相轴被分配到检波器位置正下方的位置,如蓝色虚线所示

同一个检波器记录的是不同反射点的多值反射,向斜的存在有时会使叠加剖面复杂化。例如,图4.2.8(a)显示五个震源与检波器位于地表相同位置,其下为一向斜模型。每个检波器记录从垂直于向斜模型的不同反射点反射的信号。由于每次反射的射线路径彼此不同,因此,它们到达同一检波器的时间也不同。在地震记录上每一个检波器都记录了不止一个反射信号,且每个反射信号代表传播不同的射线路径,因此每个反射信号对应着不同的到达时间,最终产生一种特定的反射类型,称为叠加剖面的领结[图4.2.8(b)]。领结通常在海底地形崎岖的地区被观察到,可通过偏移处理解决。

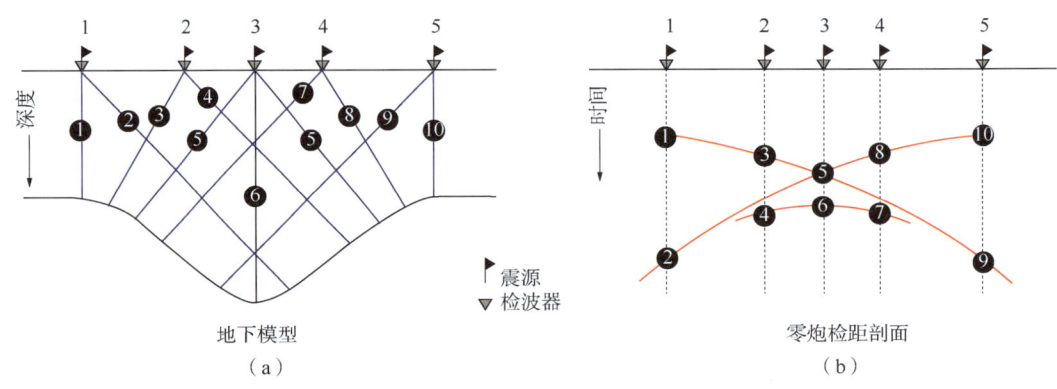

地下模型　　　　　　　　　　　　　　零炮检距剖面
(a)　　　　　　　　　　　　　　　　　(b)

图4.2.8　反射路径示意图
图(a)向斜模型上相同的五个震源和接收器对的零偏移射线路径,图(b)表示领结的特定反射类型,
由地下向斜上的零偏移射线形成。数字示意性地表示图(a)中射线数的反射到达

地震偏移对地震资料的主要影响可列举为:
(1)偏移后向斜更宽,背斜更窄(图4.2.9)。
(2)偏移缩短了倾斜反射体,并使它们向上倾方向移动,从而更为陡峭(图4.2.10)。
① 偏移速度影响结构的视宽度。较高的速度导致过度偏移,使背斜变窄,向斜变宽(图4.2.9和图4.2.10)。当偏移速度较慢,影响效应则相反。
② 偏移使绕射波收敛,将能量集中到它们的顶点,断层平面变得更加清晰。水平反射层不受偏移的影响(图4.2.11)。
③ 偏移消去了领结效应,将它们转换成连续的向斜和背斜(图4.2.12)。

④ 二维和三维偏移的脉冲响应分别是一个半圆和一个半球(叠后，图 4.2.13)或半椭圆和椭球(叠前)。因此，如果数据中有突发的振幅异常或脉冲，偏移后会出现画弧现象。

所有偏移方法都是近似求解地震波在地下传播特征的波动方程。一旦知道地下介质的波速和地面检波器记录的随时间变化的地震记录，就可以使用波动方程来获取地下地质结构甚至介质弹性参数信息。目前使用的地震成像方法普遍基于一个基本假设：在地下波阻抗不连续的点仅产生单次散射。

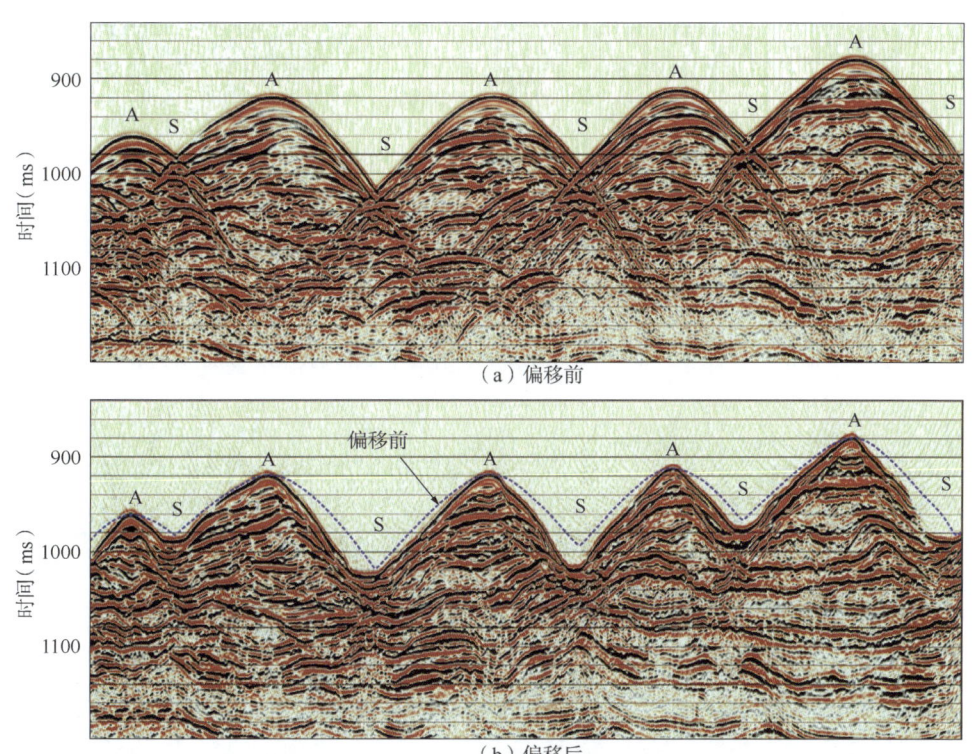

图 4.2.9　偏移前和偏移后的背斜 A 和向斜 S 构造的变化(据 Dondurur，2018)
偏移前的海底由(b)中的蓝色虚线表示

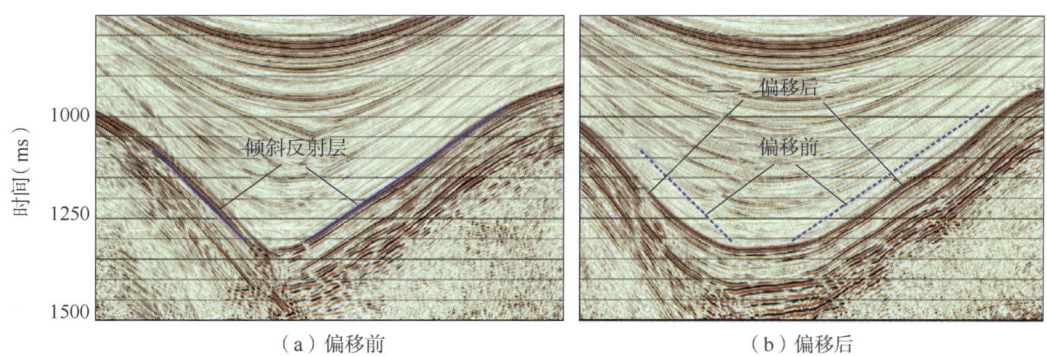

图 4.2.10　偏移前和偏移后地下埋藏的小型盆地侧翼的倾斜反射层在
偏移后向上移动，并且它们的倾角增加(据 Dondurur，2018)

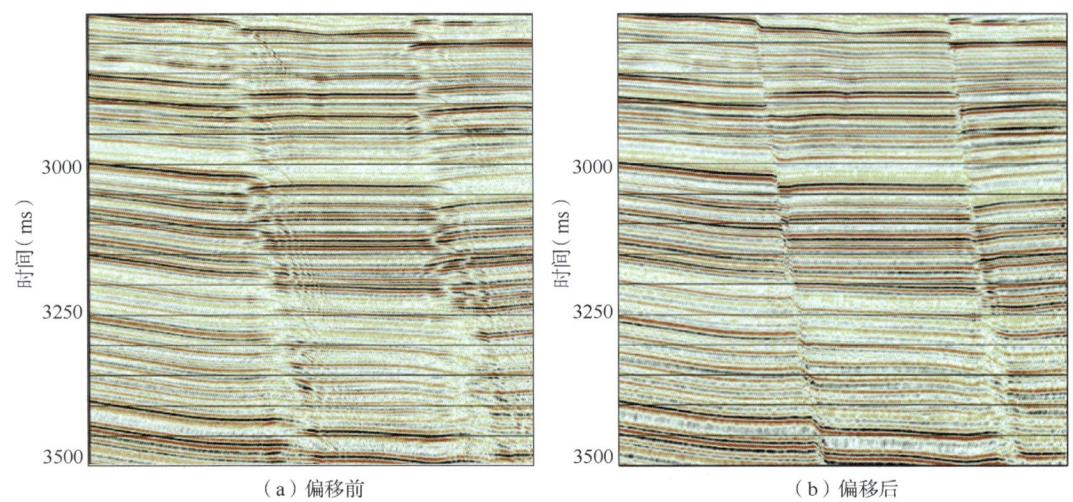

（a）偏移前　　　　　　　　　　　　　　　（b）偏移后

图 4.2.11　具有陡倾正断层偏移前和偏移后的零偏移剖面。
沿断层面的绕射因偏移而收敛，而水平反射层不受影响（据 Dondurur，2018）

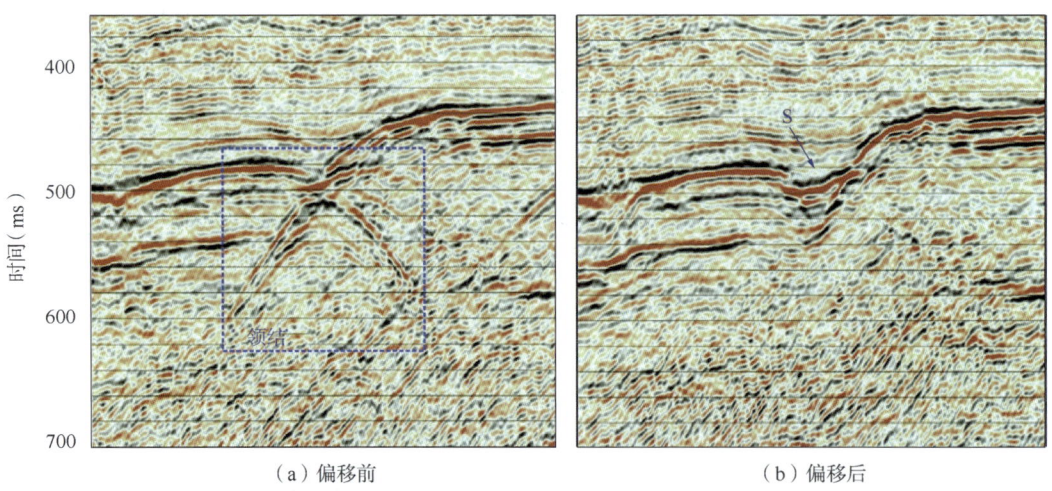

（a）偏移前　　　　　　　　　　　　　　　（b）偏移后

图 4.2.12　偏移前和偏移后具有领结效果的同相轴转换为向斜 S（据 Dondurur，2018）

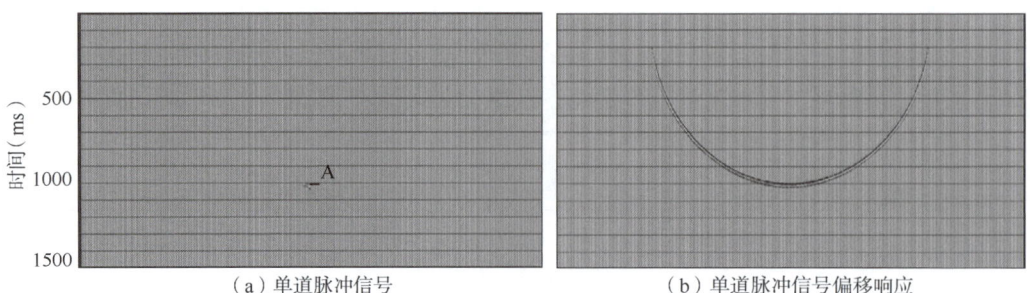

（a）单道脉冲信号　　　　　　　　　　　（b）单道脉冲信号偏移响应

图 4.2.13　振幅异常在 Kirchhoff 偏移剖面产生画弧

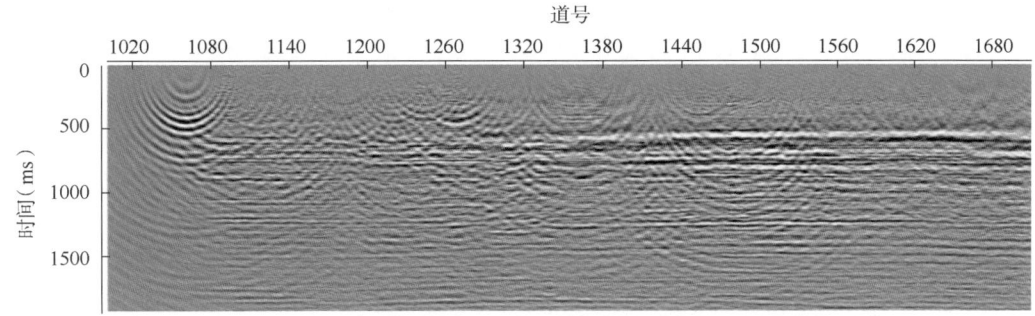

(c) 地震输入数据的异常值会在偏移剖面上留下画弧现象

图 4.2.13　振幅异常在 Kirchhoff 偏移剖面产生画弧(续)

如图 4.2.14 所示，从算法上地震成像方法可分为两大类：基于射线的方法和基于波动方程的方法(Sava et al.，2009)。前者包括 Kirchhoff 深度偏移(KMIG)和束偏移(BMIG)。后者主要包括基于单程波动方程的波场延拓偏移和基于双程波动方程的逆时偏移(RTM)。由于 BMIG 算法效率高，目前已被广泛应用于成像等速度模型的建立。KMIG 用于速度变化适中的地区成像，而逆时偏移最适用于速度复杂变化的地质环境。

下面四节将分别介绍 Kirchhoff 叠前偏移，波场延拓偏移，地震干涉和 Marchenko 偏移成像。

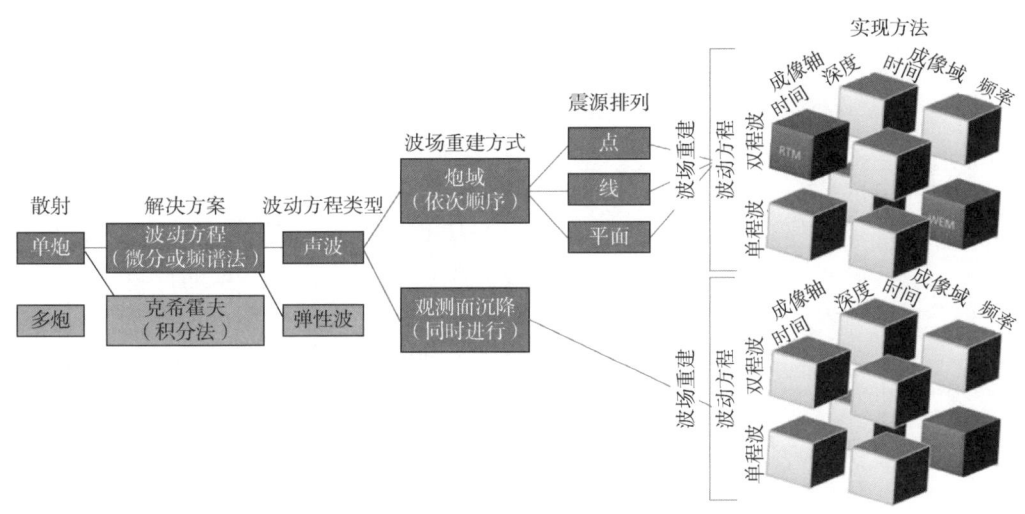

图 4.2.14　地震偏移方法分类(据 Sava et al.，2009)

4.3　Kirchhoff 叠前偏移

为了对地下的反射体成像，偏移是从记录的数据中消除了波从地表传播到反射体再返回到地表的影响。偏移的理论基础是波传播理论。不同类型的偏移使用不同的方法来求解波动方程。由于三维叠前数据的空间采样不规则，Kirchhoff 偏移往往是三维叠前偏移的首选方法。

Kirchhoff 偏移基于格林函数理论和波动方程的积分解。虽然 Kirchhoff 偏移的理论推导颇为复杂,但最终的结果却异常简单(Schneider,1978)。一般形式由积分表达式给出。取决于记录数据的排序,对炮集数据,其积分公式为:

$$I(\xi) = \int_{\Omega_\xi} W(\xi, x_r, x_s) \frac{\partial D(x_r, x_s, t)}{\partial t} \delta[t - t_D(\xi, x_r, x_s)] dx_r dx_s \quad (4.3.1)$$

式中:$\xi = (z_\xi, x_\xi, y_\xi)$ 为成像点位置;x_s 为震源位置;x_r 为检波器位置;$t_D(\xi, x_r, x_s)$ 为从震源位置 x_s 到成像点位置 ξ,再到检波器位置 x_r 的总旅行时;$W(\xi, x_r, x_s)$ 为权重函数;$D(x_r, x_s, t)$ 为震源在 x_s 激发,地面检波器在 x_r 记录的地震波场;δ 为狄拉克函数。如果记录数据是 CMP 道集,则积分公式为:

$$I(\xi) = \int_{\Omega_\xi} W(\xi, h, m) \frac{\partial D(h, m, t)}{\partial t} \delta[t - t_D(\xi, h, m)] dmdh \quad (4.3.2)$$

不同于式(4.3.1),积分在共中心点 m 和炮检距 h 轴上进行。

式(4.3.1)和式(4.3.2)以多种方式展示了 Kirchhoff 偏移的巨大灵活性。首先,成像只需要在用户选择的位置 ξ 处计算。成像区域可以是整个成像空间,也可以是总成像空间的任何一个所需要成像的子集。成像的空间采样可以不同于记录道集的空间采样。

其次,对炮集数据,可以选择来自部分检波器记录的道集作为输入对成像做出贡献[式(4.3.1)],而对 CMP 道集,可以选择某些炮检距的记录作为成像的输入数据。输入道集范围的选择以及每一道数据的成像范围确定了偏移孔径,而这个孔径大小可以任意选择。第三,可以选择来自整个记录的任何一个时间段的数据体来对图像做出贡献。如果通过射线追踪计算旅行时,则可以将射线追踪在记录地表的入射角,或地下的传播角限制在某个所需要的范围。如果传播角度范围足够宽,那么 Kirchhoff 偏移可以成像非常陡峭的倾角;相反,限制中等倾角区域的角度范围通常允许 Kirchhoff 偏移以非常经济的方式产生干净的成像结果。第四,通过地下追踪射线角度,它们可用于计算诸如地下反射张角或地层倾角(图 4.3.1)。

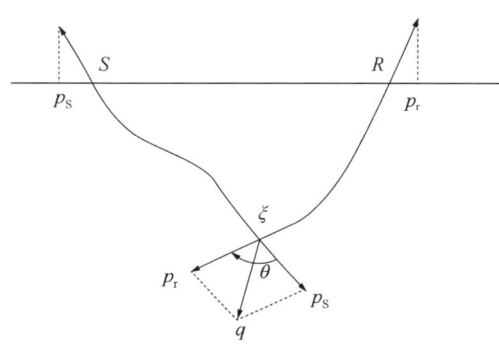

图 4.3.1 始于震源和检波器位置的射线路径,用于计算 Kirchhoff 偏移的旅行时间。在某些情况下,入射角和反射角可用于计算地下反射开角或地层倾角(据 Xu,2001)

4.3.1 常速模型地震偏移

旅行时移 t_D 是由反射从震源位置 s 传播到成像点 ξ 并返回到在检波器位置 r 处记录的总时间延迟。对于常速度,时间延迟可以估计为:

$$t_D = t_s + t_r = \frac{\sqrt{z_\xi^2 + |\overline{xy}_\xi - s|^2}}{v} + \frac{\sqrt{z_\xi^2 + |\overline{xy}_\xi - r|^2}}{v} \quad (4.3.3)$$

或在中心点—偏移距坐标系中,其值为:

$$t_{\mathrm{D}}=\frac{\sqrt{z_\xi^2+|\overline{xy_\xi}-m+h|^2}}{v}+\frac{\sqrt{z_\xi^2+|\overline{xy_\xi}-m-h|^2}}{v} \quad (4.3.4)$$

其中，$\overline{xy_\xi}=(x_\xi,y_\xi)$ 表示成像点向量的水平投影。

在实际中，三维叠前数据记录是在一组离散的表面点上采集，用有限求和来近似式(4.3.1)和式(4.3.2)中的积分。改写式(4.3.2)为：

$$I(\xi)\approx\sum_{i\in\Omega_\xi}W_i(\xi,h_i,m_i)\frac{\partial D(h_i,m_i,t)}{\partial t}\delta[t-t_{\mathrm{D}}(\xi,h_i,m_i)] \quad (4.3.5)$$

式(4.3.5)中的下标 i 表明记录的数据道数量有限，并且数据位置是在离散且不规则的空间网格上记录的。

如果偏移只是想得到地下地质结构的图像，式(4.3.5)中权重函数的准确定义并不重要。但当反射波振幅用于确定反射层的相对强度和估计地下的岩石物理参数时，权重函数的准确定义就至关重要。整个地球物理研究界一直都致力于寻找合适的权重函数，很多有关此权重函数的研究文章不断地发表在相关地球物理期刊上。推导权重的一般原则是将偏移作为一个反演问题。Cohen 和 Bleistein(1979)做了许多开创性的工作并推导出简单背景模型(常速水平分层模型)的解决方案。Beylkin(1985)将问题定义为与求和面特定形状无关 Radon 变换的反演问题，因此 Beylkin 能够将 Cohen 和 Bleistein 的结果推广到复杂模型。Schleicher 等(1993)得出与前几位作者相同的结果，但他们的推导严格基于射线理论和动态射线追踪的结果(Cerveny et al.，1983)。Bleistein 和 Gray(2001)对该主题进行了清晰直观的介绍。

积分权重显然不仅取决于波传播的运动学(求和面的形状)，还取决于波传播的动力学特征，即地震波在地下传播时的发散和聚焦效应。在简单速度模型中，这种效应通常被称为几何扩散，可以通过一个与旅行时的倒数成正比的因子很好地近似。然而，在更复杂的介质中，它必须与走时函数一起进行数值计算。

公式(4.3.5)中表达的求和在数值上可以以两种在数学上等效但数值特性不同的替代方式实现。第一类算法包括绕射曲面叠加法[图4.3.2(a)]，它在每个成像点上循环并纳入偏移孔径内所有输入地震道的贡献；第二类算法，等时面扫描归位法[图4.3.2(b)]，循环遍历每个输入地震道并将数据分布到偏移孔径内的所有成像曲面上并循环求和。

由式(4.3.3)计算的旅行时延迟定义了用于绕射曲面叠加法的叠加曲面族和用于波前模糊法的扩展曲面族。在接下来的两个小节中，将分析和可视化这些多维曲面。

(1) 求和面。

求和面属于由式(4.3.4)定义的双曲面族。除了作为 Kirchhoff 偏移的基础之外，求和面还具有作为位于地下的点状散射体的绕射面的重要物理解释。来自地下的孤立点散射体的散射将产生与求和面形状相同的同相轴。

式(4.3.3)定义的叠加曲面实际上属于五维数据空间。然而，可视化五维曲面超出了现有的能力范围。因此，仅限于显示代表有意义的特殊情况的三维部分。这些情况中最简单的是零炮检距数据的求和面。这种情况下，式(4.3.3)的双平方根简化为一个平方根，叠加曲面变成下式给出的旋转双曲面：

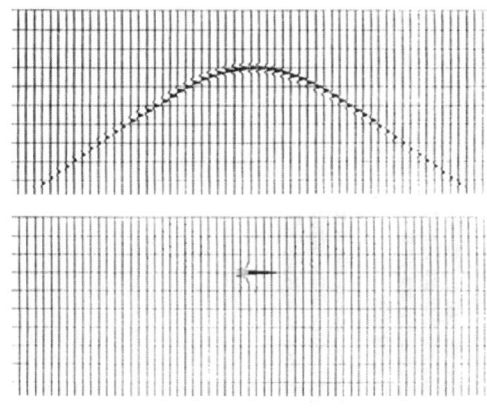 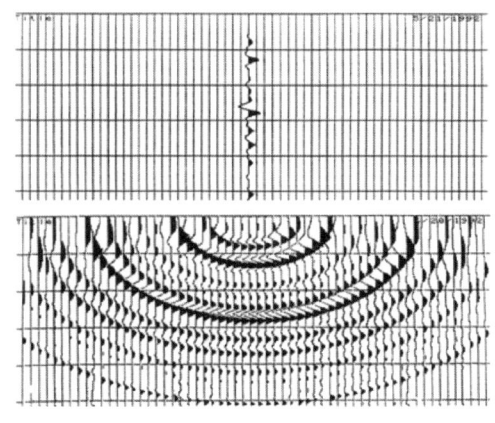

（a）绕射曲面叠加将偏移孔径内所有数据沿绕射双曲面叠加，绕射同相轴会聚成一个子波

（b）等时面扫描归位将地震道上的数据(脉冲)投射到对应的等时曲面上

图 4.3.2　Kirchhoff 偏移实现方案

$$t_D = 2\frac{\sqrt{z_\xi^2 + |\overline{xy}_\xi - m|^2}}{v} \tag{4.3.6}$$

图 4.3.3 显示了三维透视图中的零炮检距双曲面。纵轴（在图中左下角可见的轴三元组中由 z 标识）是时间轴，而两个横轴是共中心点轴。等高线标识具有相等时间延迟的圆。双曲面顶点处的十字标识对应于求和面的成像点。十字标识对应的时间等同双向走时 $t_\xi = 2z_\xi/v$。

常炮检距求和曲面是另一个在整个五维求和曲面中有意义的三维部分。图 4.3.4 显示了三维透视图中的常炮检距双曲面。为简单起见，但不失一般性，假设炮检距向量沿线方向对齐，在图中标识为 x。常炮检距双曲面在顶部是个平面而不是像零炮检距双曲面那样圆形对称。反而，沿垂直方向在顶部被挤压，沿道方向（图中标识为 y）受横向挤压。等高线标识具有相同时间延迟的点；顶部由零炮检距时的圆变成了常炮检距情形时的椭圆。十字标识求和曲面对应的成像点与零炮检距情况相同，但在这种情况下，成像点分离于求和面上方。在保持绝对炮检距不变的同时改变数据方位角相当于如图 4.3.4 所示的围绕时间轴旋转的双曲面。相反，在保持方位不变的同时改变绝对炮检距将导致同时在垂直和水平方向收到不同量的挤压。为了更好地了解整个五维表面，图 4.3.5 同时显示了对应于同一图像点的零炮检距双曲面和常炮检距双曲面。对于大的时间延迟，两个曲面接

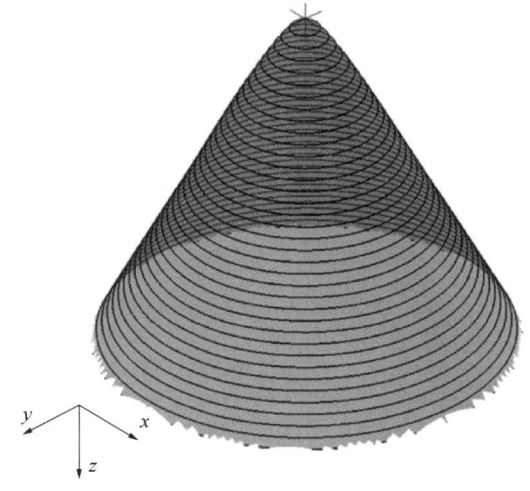

图 4.3.3　数据空间中定义的零炮检距求和曲面（据 Biondi, 2006）

纵轴为时间轴；水平轴是共中心点轴。等高线标识具有相等时间延迟的圆。双曲面顶点处的十字标识对应于求和面的成像点。十字标识对应时间相当于双向旅行时 $t_\xi = 2z_\xi/v$

近相同的渐近线，并在极限处相切。常炮检距双曲面的沿线方向的边比横向线方向上的边更快地接近零炮检距双曲面。

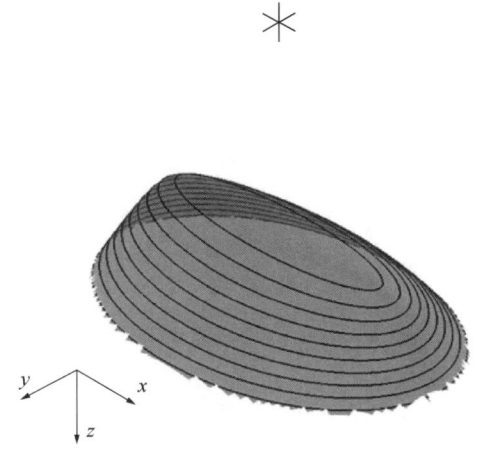

图 4.3.4 数据空间中定义的
等炮检距求和面（据 Biondi，2006）

纵轴为时间轴；水平轴是共中心点轴。等高线标识具有相等时间延迟的椭圆。双曲面上方十字标识对应求和表面的成像点。十字标识对应时间相当于双向旅行时 $t_\xi = 2z_\xi/v$

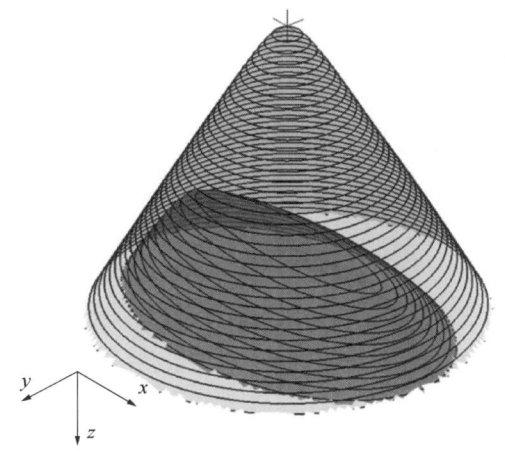

图 4.3.5 数据空间中定义的零炮检距和
常炮检距求和曲面（据 Biondi，2006）

纵轴为时间轴；水平轴是共中心点轴。十字标识对应于两个求和面的成像点。十字标识对应时间相当于双向走时
$$t_\xi = 2z_\xi/v$$

（2）等时面。

扩展表面与求和表面是对偶的，属于三维成像空间中定义的椭球族。这种椭球的解析表示可以从式(4.3.3)中经过一些代数运算推导出来。这个椭球族的标准形式是：

$$\frac{4(x_\xi-x_\mathrm{m})^2}{t_\mathrm{D}^2 v^2}+\frac{4(y_\xi-y_\mathrm{m})^2}{t_\mathrm{D}^2 v^2-4x_\mathrm{h}^2}+\frac{4z_\xi^2}{t_\mathrm{D}^2 v^2-4x_\mathrm{h}^2}=1$$

（4.3.7）

式中：x_m 和 y_m 为共中心点；x_h 为输入数据道的炮检距。可以立即验证零炮检数据道沿下式定义的球面展布。

$$\frac{4(x_\xi-x_\mathrm{m})^2}{t_\mathrm{D}^2 v^2}+\frac{4(y_\xi-y_\mathrm{m})^2}{t_\mathrm{D}^2 v^2}+\frac{4z_\xi^2}{t_\mathrm{D}^2 v^2}=1 \quad (4.3.8)$$

图 4.3.6 显示了零炮检距扩展半球面的三维透视图。扩展面定义于三维成像空间；因此，在图 4.3.6 和以下两帧图中，纵轴是深度。等高线标识具有相同深度的圆。半球底部几乎看不见的十字表示输入地震道中的一个脉冲。脉冲的等效深度由 $z_\xi = vt_\xi/2$ 给出。图 4.3.7 所示一个常炮检

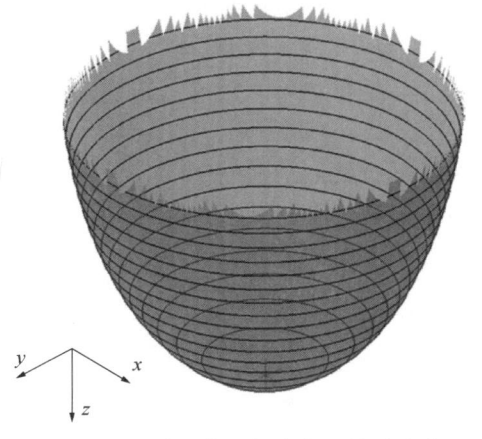

图 4.3.6 三维图像空间中定义的零炮检距
扩展表面（据 Biondi，2006）

纵轴是深度轴。等高线标识相同深度的圆。半球底部的十字标识沿表面扩展的输入脉冲。脉冲的等效深度由 $z_\xi = vt_\xi/2$ 给出

距地震道沿椭球面扩展。与零炮检距半球面相比，常炮检距的椭球面在垂直方向和横向方向上都受到挤压；因此，轮廓线变成椭圆形。椭圆体的底部位于相应的输入脉冲上方，在图中用十字标识。图4.3.8同时显示了零炮检距半球和常炮检距椭球。请注意，两个曲面在 $z_\xi=0$ 平面沿着沿线方向相切。

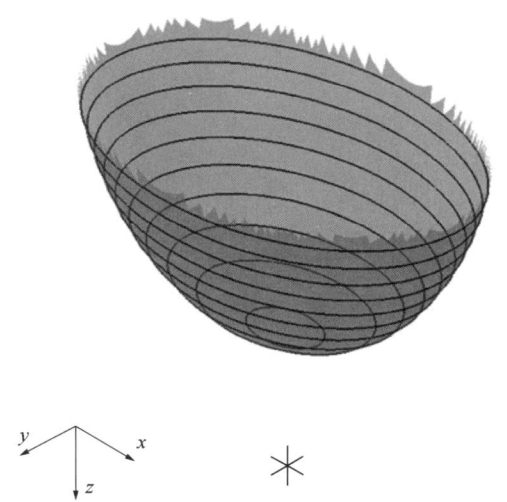

图 4.3.7 在三维图像空间中定义的常炮检距扩展表面（据 Biondi，2006）

纵轴是深度轴。等高线标识相同深度的椭圆。图底部的十字标识沿表面扩展的输入脉冲。脉冲的等效深度由 $z_\xi=vt_\xi/2$ 给出

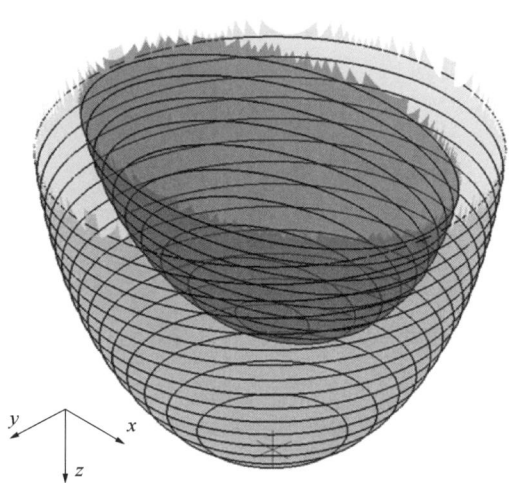

图 4.3.8 在三维图像空间中定义的零炮检距和常炮检距扩展表面（据 Biondi，2006）

纵轴是深度轴。图底部的十字标识沿表面扩展的输入脉冲。脉冲的等效深度由 $z_\xi=vt_\xi/2$ 给出

4.3.2 复杂介质地震偏移

当速度不是常速时，地下成像点和震源或接收点之间的时延函数不能使用式(4.3.3)中的关系简单计算。因此，求和曲面的形状比图4.3.3至图4.3.5中表示的形状更复杂。

用于偏移的时间延迟是通过数值计算获得的。由复杂速度函数计算时间延迟的方法多基于程函方程（Eikonal equation）。程函方程是波动方程的高频近似（Bleistein，1984），通常采用射线追踪方法（Cerveny et al.，1983；Sava et al.，2001），或者有限差分方法求解（Vidale，1988，1990；Popovici et al.，2002）。

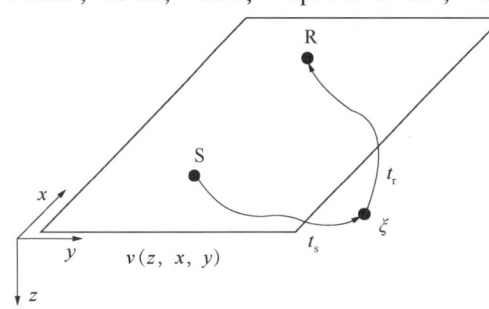

图 4.3.9 计算用于叠前深度偏移的时间延迟所需的射线追踪示意图（据 Biondi，2006）

图4.3.9说明了下行射线和上行射线是如何通过区间速度函数 $v(z, x, y)$ 进行追踪的。由此产生的时间延迟可以解析地表达为：

$$t_D = t_s[\xi, s, v(x, y, z)] + t_r[\xi, r, v(x, y, z)]$$

(4.3.9)

式中：t_s 为从震源位置 s 到成像点 ξ 的时延；t_r 为从同一成像点 ξ 到检波器位置 r 的时延。

当需要考虑反射振幅时，沿着连接像点和震源—接收器点的射线的几何扩展（a_s，a_r）也可以通过求解相关的传输方程进行数值计算。旅行时（t_s，t_r）和振幅（a_s，a_r）的组合定义为给定复杂介质中波传播现象的渐近格林函数。根据格林定理，这些函数可用于计算由源 $P_s(\omega)$ 产生的波场 $P(\omega, \xi)$：

$$P(\omega, \xi) \approx P_s(\omega) a_s \exp(i\omega t_s) \tag{4.3.10}$$

假设 t_s 和 a_s 都是波动方程（分别是程函方程和传输方程）的渐近近似解，并且它们与时间频率 ω 无关。可见，在成像过程中引入了渐近近似。该近似值是 Kirchhoff 偏移的基础，构成了该方法的基本理论局限。

当速度函数非常复杂且波前三次重合时，格林函数为多值函数，因此求和面裂变为多个分支。理论上，计算偏移积分（求和）对于任意复杂求和面都可实现。在实践中，当多路径严重时，格林函数的计算和偏移积分的数值计算变得费时且不准确。这是 Kirchhoff 偏移的实际缺陷。

4.3.2.1 时间域偏移与深度域偏移

并不总是需要计算时间延迟函数 t_s 和 t_r。当速度在水平方向上缓慢变化时，时间延迟函数通常可以用式（4.3.2）近似，不同的是，用均方根速度函数 v_{rms} 代替常速度 v。v_{rms} 函数通过 Dix 公式与层速度函数建立关系。在这种情况下，成像往往是在时域中进行的，相对于深度偏移，这种偏移称之为时间偏移。

偏移名称不同不能代表内涵实质的不同，时间偏移和深度偏移之间的主要区别不在于垂向上成像轴（即时间或深度）的定义。深度偏移是通过式（4.3.9）计算旅行时的延迟函数，时间偏移则使用式（4.3.11）计算旅行时的延迟函数：

$$t_D = \sqrt{\frac{\tau_\xi^2}{4} + \frac{|\overline{xy}_\xi - s|^2}{v_{rms}^2(\tau_\xi, x_\xi, z_\xi)}} + \sqrt{\frac{\tau_\xi^2}{4} + \frac{|\overline{xy}_\xi - r|^2}{v_{rms}^2(\tau_\xi, x_\xi, z_\xi)}} \tag{4.3.11}$$

需要注意的是，计算时间偏移的旅行时延迟，需要估计每个成像位置的平均速度。相比之下，对于深度偏移，则需要估计地下每个点的层速度。

地震数据聚焦的质量可以通过叠前偏移获得的成像结果来衡量。对于时间偏移，平均速度可以通过测量每个成像位置点对点基础上的聚焦质量来进行直接估计。这种直接估计是可能的，因为均方根速度（v_{rms}）直接进入相应求和面的表达式。相比之下，对深度偏移，旅行时延迟和层速度之间没有点对点的直接对应关系。因此，从成像数据中测量聚焦质量来估计层速度是一个复杂的反演问题，即偏移层析反演。

时间偏移和深度偏移的另一个根本区别在于时间偏移仅仅聚焦数据，而将时间到深度的转换任务留给后续的独立步骤，这通常被称为映射偏移。当速度是常数时，成像的深度坐标 z_ξ 和相应的双向旅行时 t_ξ 之间由简单的关系式 $z_\xi = vt_\xi/2$ 唯一地建立联系。当速度不是常数时，双向旅行时与深度之间的关系则更为复杂。然而，如果速度只是深度的函数，这种关系仍然是唯一确定的，并且可以使用简单的一维拉伸将定义在时间域的成像转换到深度域，反之亦然。如果速度同时发生横向变化，这种关系就不能唯一确定。在许多情况下，时间域成像仍然可以映射到深度域，但需要使用成像射线（Hubral, 1977）。成像射线在概念上是很容易构建，但它们在物理上不真实存在。

聚焦和映射步骤的分离是时间偏移的一个重要优点。在许多情况下，正确聚焦数据所需的速度参数（平均速度）比用于准确时间到深度转换所需的速度参数（层速度）更容易估计。相反，深度偏移依赖于聚焦和映射的层速度估计。当层速度估计不准确时，深度偏移不仅在深度上错置反射层，而且使数据散焦。

时间偏移的稳健性使其成为必不可少的成像工具。然而，它必须在符合其基本假设限制条件下才能得到正确应用。当速度变化足够剧烈时，所生成的非双曲绕射曲面时间偏移无法正确聚焦数据，因此需要深度偏移。下面的例子说明了这个问题。

4.3.2.2 时间成像的局限性

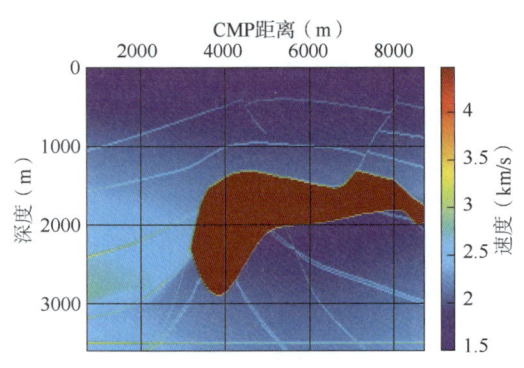

图 4.3.10 SEG-EAGE 盐丘数据层速度模型的沿线剖面

为了说明时间偏移和深度偏移之间的差异，通过检查 SEG-EAGE 盐丘数据的示例来说明（Aminzadeh，1996）。特别是，比较偏移结果，分析对应沿线剖面上两个代表性成像点位置（盐丘体上方和下方）的格林函数。图 4.3.10 为 SEG-EAGE 盐丘剖面的速度模型。

图 4.3.11 显示了三维叠前时间偏移体的沿线剖面。使用了通过 Dix 公式从真实层速度计算得到的真实的均方根速度 v_{rms}。图 4.3.12 显示了用真实层速度得到三维叠前深度偏移体沿线方向的垂直剖面。两张剖面在盐体上方相似，而在在盐丘之下，它们有很大的不同，这差别远远超出垂直轴的明显的横向变化拉伸。特别是，盐丘底和水平基底反射层（$z=3.6km$）的成像，深度偏移明显优于时间偏移。然而，即使深度偏移也不能对盐丘下所有反射层完美地成像，原因是海洋式采集系统没有给一些反射层足够的照明。图 4.3.11 和图 4.3.12 之间的差异可以通过分析式（4.3.11）计算的旅行时延函数与使用波场模拟计算的真实格林函数的旅行时延的近似程度得到解释。

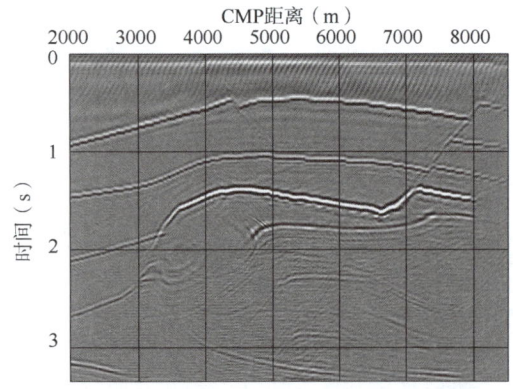

图 4.3.11 使用真实均方根速度 v_{rms} 得到的三维时间偏移沿线剖面（据 Biondi，2006）

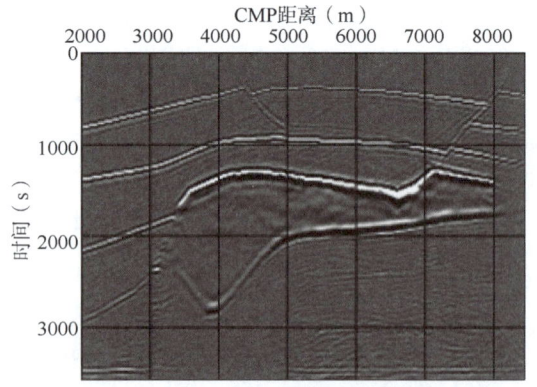

图 4.3.12 使用真实层速度得到的三维深度偏移沿线剖面（据 Biondi，2006）

图 4.3.13 显示了当震源位于盐丘之上，两个波场在时间 $t=0$ 和 $t=0.6s$ 的叠加快照。

注意上行波场呈圆形形状。图 4.3.14 显示了在地表记录的波场，它作为记录位置和记录时间的一个函数，对应着位于盐丘上方的反射层点的时间—空间域上的全波场格林函数。表示时间偏移采用的近似旅行时延函数的双曲线轨迹叠加在波场上。在这种情况下，双曲线轨迹几乎完美地与真正的格林函数吻合。

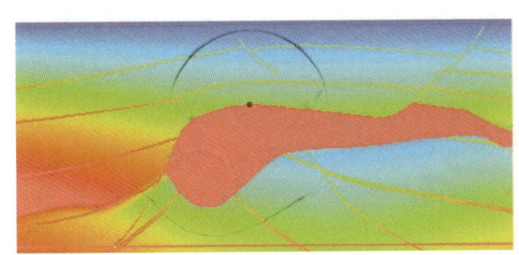

图 4.3.13 震源位于盐丘之上($t=0$) 和 ($t=0.6s$) 时波场的叠加快照（据 Biondi，2006）

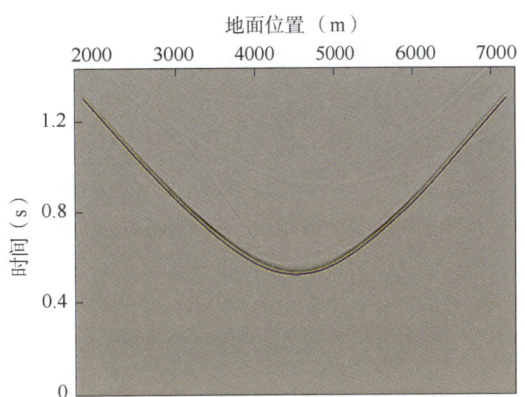

图 4.3.14 地表记录到的波场：对应于图 4.3.13 显示的模型正演（据 Biondi，2006）叠置在波场上的双曲轨迹表示时间偏移所使用的近似旅行时延迟函数

当成像点位于盐丘之下，其对应的结果显示于图 4.3.15 和图 4.3.16 中。图 4.3.15 所示的上行波场快照的形状远非圆形。在图 4.3.16 中，解析双曲线轨迹（蓝黄色线）与使用波场模拟计算的真实格林函数有很大不同。相比之下，通过数值求解程函方程计算的旅行时间延迟（红黄色线）几乎完美地与真实的格林函数重合。

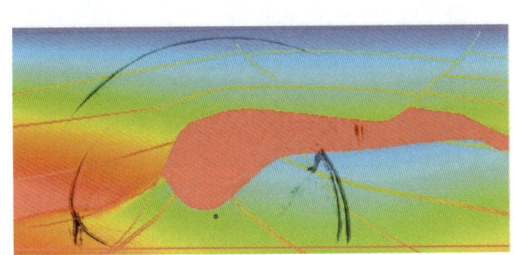

图 4.3.15 震源位于盐丘之上($t=0$) 和 ($t=1.0s$) 时波场的叠加快照（据 Biondi，2006）

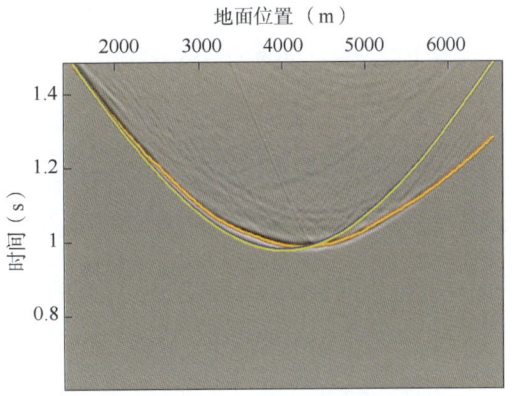

图 4.3.16 对图 4.3.15 模型正演其地表记录到的波场（据 Biondi，2006）叠置在波场上的双曲轨迹表示时间偏移所使用的近似旅行时间延迟函数（蓝黄色线）和通过数值求解程函方程计算的时间延迟（红黄色线）

4.4 波场延拓偏移

4.4.1 概述

对于深度偏移,波场延拓偏移方法可以比 Kirchhoff 偏移方法产生更好的成像。在整个地震频率范围内,波场延拓法可以提供波动方程的精确解,而 Kirchhoff 偏移方法是基于波动方程的高频近似。此外,波场延拓方法可自然地处理由复杂介质引起的反射能量的多路径问题。相反,当发生多路径时,Kirchhoff 偏移方法需要对复杂多值的曲面上对地震数据进行求和。该过程可能很烦琐且容易出错。

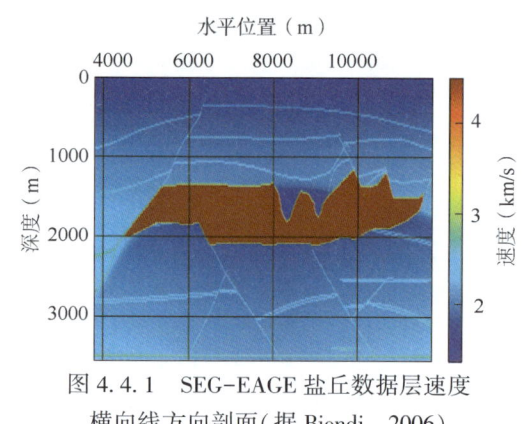

图 4.4.1 SEG-EAGE 盐丘数据层速度横向线方向剖面(据 Biondi,2006)

下面的例子显示在波场严重多路径情况下,使用波场延拓方法的必要性。图 4.4.1 显示穿过 SEG-EAGE 盐丘模型的横测线剖面。图 4.4.2 比较对 SEG-EAGE C3-NA 窄方位角数据集分别使用波场延拓方法和 Kirchhoff 偏移方法获得的三维叠前偏移成像结果。该剖面的位置与图 4.4.1 所示剖面重合。波场延拓偏移对盐丘底下成像[图 4.4.2(a)]有明显的改进。在 Kirchhoff 偏移成像[图 4.4.2(b)]中看不见的反射层得以在波场延拓成像中显现。此外,Kirchhoff 偏移成像中出现的几个影响成像质量的伪像在波场延拓成像中没有出现。波场延拓成像是通过应用共方位角偏移算法来实现的,其计算成本与使用 Kirchhoff 偏移的全体数据成像成本相当。

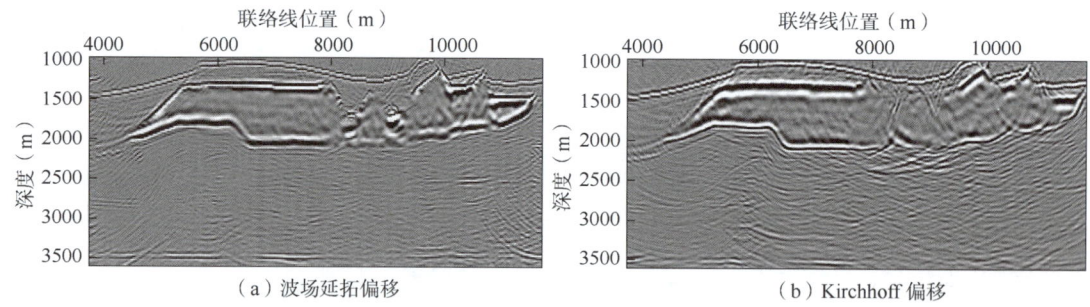

(a)波场延拓偏移   (b)Kirchhoff 偏移

图 4.4.2 CMP $x=7500$ 合成数据集的三维叠前偏移结果剖面(据 Biondi,2006)

该剖面位置与图 4.4.1 所示的剖面位置重合

图 4.4.3 显示了震源位于盐体下方时,时间分别为 $t=0$ 和 $t=1s$ 所取的两个波场快照的叠加。图 4.4.4 显示了地表记录的波场。这里应注意波场的复杂多重路径和格林函数的多重分支。叠加在波场上的线表示使用程函方程的有限差分解计算的时间延迟函数。在这种情况下,程函方程解是真实格林函数的一个很差的近似。

图 4.4.3 时间为 $t=0$ 和 $t=1s$ 时的波场快照，震源位于盐体下方皱纹结构顶部（据 Biondi，2006）

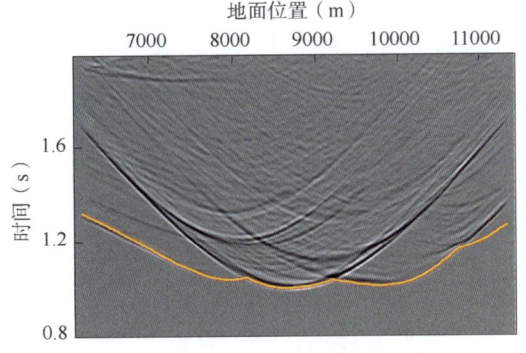

图 4.4.4 对图 4.4.3 所示的模拟在地表记录的波场（据 Biondi，2006）
叠加在波场上的轨迹代表通过数值求解程函方程计算出的时间延迟函数。可以看出程函方程解不能很好地表达全波场格林函数

前面的例子表明，基于记录波场延拓的偏移方法可以克服 Kirchhoff 偏移方法的一些局限性。然而，它们的计算成本，尤其是叠前成像，可能比 Kirchhoff 偏移方法的计算成本高得多。

波场延拓方法是使用规则和完整的计算网格的最有效方法。例如，对零炮检距数据整体成像，通常使用波场延拓方法比使用 Kirchhoff 偏移方法更有效。

相比之下，对于叠前偏移，记录数据中的间隙需要用零数据道充填，因为叠前采集系统远非完整和规则。在这种情况下，取决于采集几何形状和偏移方法，可能需要许多零数据道。由此产生的计算域大小的增加可能会使波场延拓方法非常昂贵。幸运的是地球物理研究者已开发了克服这一计算障碍的几种策略（Biondi，2006），以与 Kirchhoff 偏移方法相媲美的计算成本执行三维海洋数据的波场延拓偏移。

Kirchhoff 偏移方法的另一个重要计算优势是它们仅对整个成像区域的一个子集进行成像（即在面向目标的偏移）的相对高效率。对于面向目标的偏移，Kirchhoff 偏移的计算成本与成像大小的减小成正比。

相比之下，通过波场延拓方法进行面向目标偏移的计算成本很少，显然低于全空间偏移的成本。执行面向目标的偏移的可能性在偏移速度分析（MVA）程序中特别有利，其中迭代应用偏移以提高速度模型的准确性。出于速度更新的目的，通常可以沿水平轴对叠前图像进行粗采样，或者在每次迭代时仅对一个层进行分析（层剥离），或者两者兼而有之。

Kirchhoff 偏移在概念上具有更易于可视化和理解的优势。这个特性是引入 Kirchhoff 偏移方法的主要原因（4.3 节）。射线追踪（这是 Kirchhoff 方法的基础）提供了波传播的直观表示。此外，Kirchhoff 偏移算子是多维褶积算子。对这些褶积算子的求和进行图形分析，可以直观地了解它们的主要属性以及记录数据与偏移成像之间的关系。

相比之下，对于波场延拓方法而言，成像和数据之间的关系是间接的，因为这些方法基于两个连续但不同的步骤：记录的波场（和可能的源函数）的数值传播和对传播的波场应用成像条件获得的成像。

地球物理研究者已经提出过用于地震数据成像的许多波场延拓方法。所有这些方法都包括波场延拓和使用成像条件成像的两个主要组成部分，但它们在这些步骤的执行方式上有所不同。这些方法可以根据波场沿其延拓的维度（例如，深度或时间）和计算域的空间维度（炮点—检波点位置或炮道集），以及用于传播波场的数值方法。

波场延拓偏移的基本原理与具体的偏移方法无关。事实上，正如将在本节末尾看到的那样，当满足适当的条件时，明显不同的波场延拓方法实际上会产生相同的成像数据体。

首先分析波场在时域传播的情况下波场延拓偏移的基本原理。基于时域传播的一类偏移方法通常被称为逆时偏移。

4.4.2 逆时偏移

逆时偏移（Baysal，1983；Whitmore，1983）可能是最直观的波场延拓偏移方法，得力于高性能显卡运算，这个2010年前还很少应用的成像方法，现在得到广泛使用。引入逆时偏移的最直接方法是界定一个从单个采集实验中收集的数据体的偏移，即对单炮数据集偏移。因此，这类偏移称为炮集偏移（Jacobs，1982；Etgen，1986）。在炮集偏移中，对每一个单炮进行一次偏移，然后将所有偏移后的单炮结果进行求和便获得成像数据体。

在单炮偏移中，两个波场独立传播：（1）检波点波场从记录的数据开始传播；（2）震源波场从一个假设的震源子波开始传播。震源波场和记录波场都沿时间轴延拓。震源波场在时间轴上正向传播，而记录波场在时间轴上反向传播。正因为记录波场传播这一特性，所以这种偏移方法被称之为逆时偏移。将两个波场进行互相关并在零时间上求相关值就得到了偏移成像（Claerbout，1971）。

如果 $P^s(t, z, x, y; s_i)$ 和 $P^r(t, z, x, y; s_i)$ 分别是第 i 个震源位置 s_i，以传播时间 t 和地下位置 (z, x, y) 为函数的震源波场和检波记录波场，偏移成像是通过应用以下成像条件实现的：

$$I(z_\xi, x_\xi, y_\xi) = \sum_i \sum_t P^s(t, z = z_\xi, x = x_\xi, y = y_\xi; s_i) P^r(t, z = z_\xi, x = x_\xi, y = y_\xi; s_i)$$

(4.4.1)

该表达式区分了成像空间坐标 (z_ξ, x_ξ, y_ξ) 和物理空间坐标 (z, x, y)，尽管在实际中，这两个空间经常重合。为了简化以下讨论中的符号，仅在需要避免歧义时才区分这两个坐标系。成像条件式（4.4.1）的应用产生具有正确运动学特征的构造成像，但不一定是具有正确振幅值的成像。在这方面，它类似于公式（4.3.5）中的Kirchhoff偏移成像公式，其中忽略了求和加权函数。

下面的例子简单地展示了逆时偏移的过程，并提供了成像条件式（4.4.1）如何工作的概念。图4.4.5(a)显示了用于生成图4.4.5(b)中所示的炮记录的速度模型。直达波已从炮记录中去除以避免在偏移过程中出现伪影。正如预期的那样，来自倾斜层的反射同相轴在零炮检距附近是非对称的，而作为倾斜反射层定义的阶梯沿着反射产生了严重的绕射。

图4.4.6至图4.4.8显示逆时偏移过程的三个快照。这三张快照剖面以逆时顺序显示，与数据上的实际计算的顺序一致。图4.4.6显示的快照是在偏移过程开始稍后时间（$t =$

1.20s)获得的。图4.4.7中的快照是在偏移过程中($t=0.75$s)完成的,图4.4.8中的快照是在反射层完全成像之后的早期时间($t=0.30$s)完成的。中间的图板[图板(b)]通过使用所记录到的炮记录[图4.4.5(b)]作为模型顶部上的边界条件显示了反向传播的检波点波场[$P^r(z,x)$]。左侧图板[图板(a)]显示了震源波场[$P^s(z,x)$]传播经过模型。右侧的图板[图板(c)]显示了成像的全过程:从震源波场还没有与检波点波场产生干涉时的空白像到两个波场相互穿过后完全成像[图4.4.8(c)]。

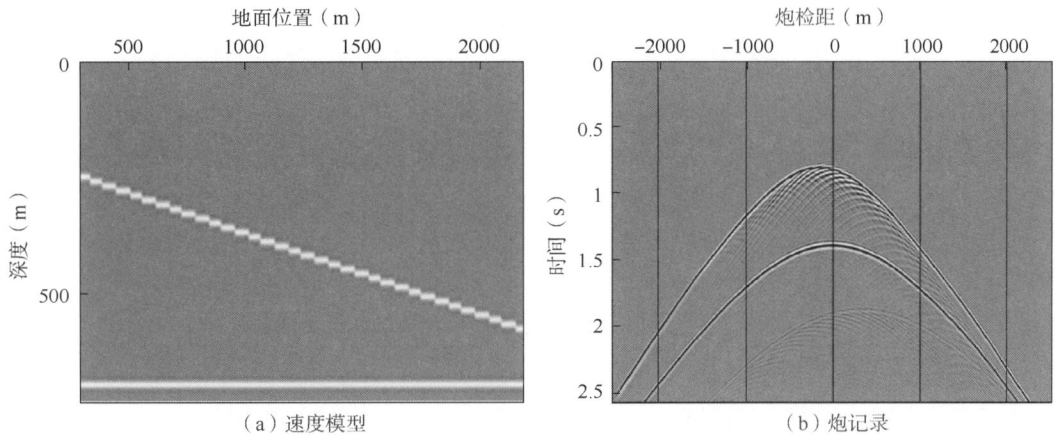

图4.4.5 速度模型和模拟得到用于逆时偏移的炮记录(直达波被消除)(据Biondi,2006)

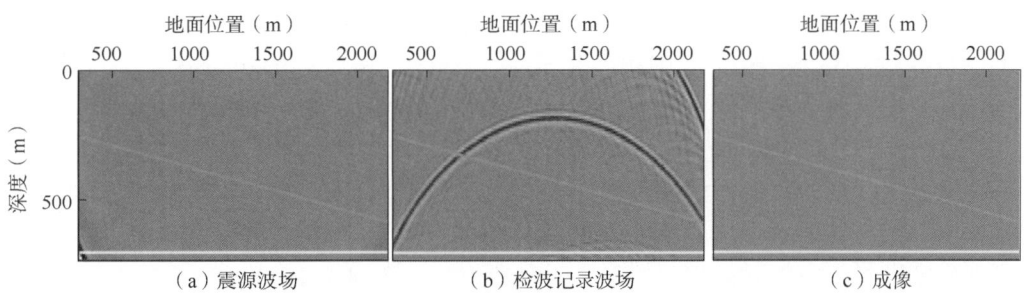

图4.4.6 使用常数(背景)速度函数的逆时偏移,$t=1.20$s的波场快照(据Biondi,2006)
反射层没有得到成像

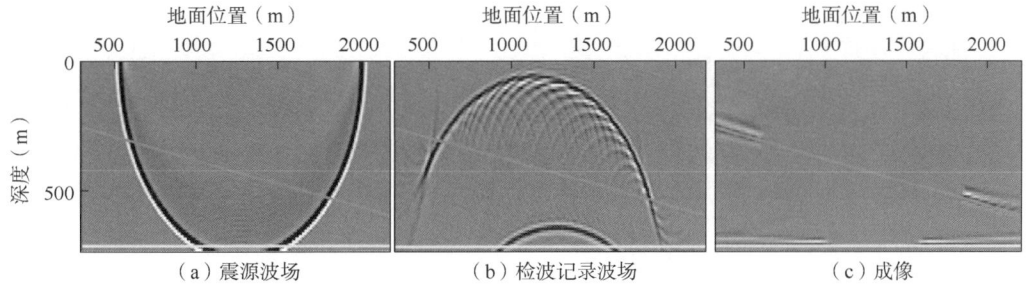

图4.4.7 使用常数(背景)速度函数的逆时偏移,$t=0.75$s的波场快照(据Biondi,2006)
底部反射层几乎得到完全成像,而浅层反射层仅仅得到部分成像

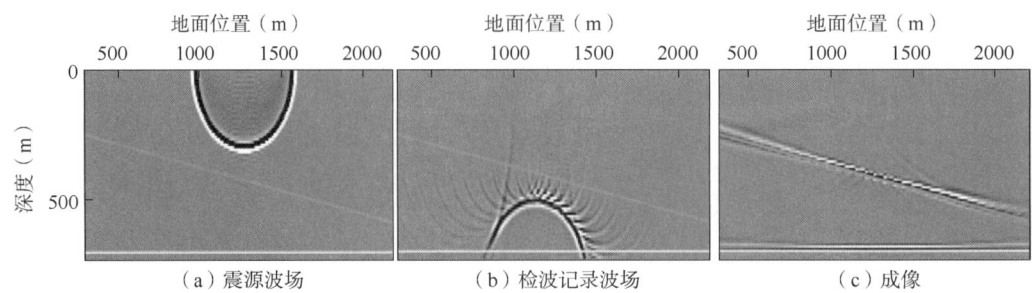

(a)震源波场　　　　　(b)检波记录波场　　　　　(c)成像

图 4.4.8　使用常数(背景)速度函数的逆时偏移，$t=0.30s$ 的波场快照(据 Biondi，2006)
两个反射层得到完全成像

用于生成图 4.4.6 至图 4.4.8 的偏移速度函数是背景速度场(在此例中为常数)；也就是说，它不包括反射层[图 4.4.5(a)中的白线]速度。如果在速度模型中包括反射层或任何速度不连续性，在两个波场传播的过程中就会产生内部反射，从而造成成像中的人为假像。此类问题如图 4.4.9 至图 4.4.11 所示，它是通过使用图 4.4.5(a)中所示包含反射层的速度场生成的。图 4.4.9 中显示的快照是在偏移过程开始时稍后时间($t=1.20s$)完成的。图 4.4.10 中的快照是在偏移过程中间($t=0.75s$)完成的，图 4.4.11 中的快照是在反射层完全成像后的早期($t=0.30s$)完成的。

当将图 4.4.9 至图 4.4.11 中所示的震源波场[图(a)]和检波点波场[图(b)]与图 4.4.6 至图 4.4.8 中的相应波场进行比较时，很明显，包括反射界面原始速度模型会产生内部反射。当两个波场互相关时，这些内部反射的存在会在成像中产生强烈的伪影，这在图 4.4.9 至图 4.4.11 的右侧图板[图(c)]中相当明显。

消除内部反射的一种简单方法是平滑速度模型。然而，当实际模型内速度差异很强时(例如，出现盐丘)，这种平滑可能会对传播波场的运动学产生不利影响。Baysal 等(1984)提出了通过在速度不连续界面处匹配声阻抗来减少内部反射的方法。他们的方法对零偏移距偏移有效，因为它消除了法向反射，但对叠前偏移无效。即使计算成本不再是广泛采用逆时偏移的障碍，但内部反射相关的问题仍需要解决。Cunha(1992)和 Karrenbach(1997)就原则上如何解决这个问题提出了一些建议。

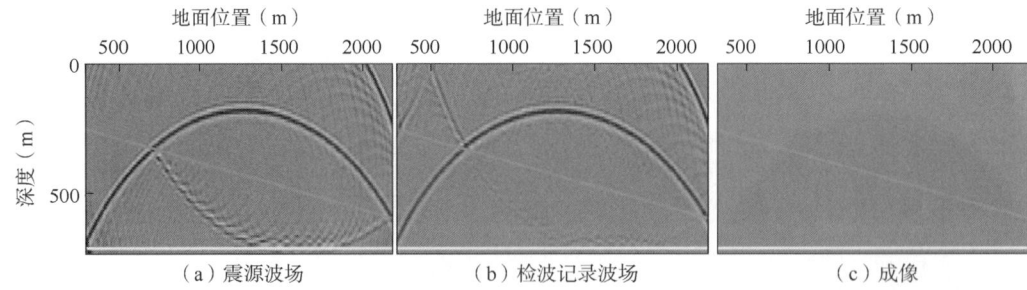

(a)震源波场　　　　　(b)检波记录波场　　　　　(c)成像

图 4.4.9　使用真实速度函数(包括反射层)的逆时偏移，$t=1.20s$ 的波场快照(据 Biondi，2006)
在震源波场中，可见来自水平反射界面的反射。这个反射与检波点波场(b)反向传播的互相关形成了成像(c)上的白色阴影

成像条件式(4.4.1)创建了一个叠加的成像数据体。在很多方面，它相当于对所有数据炮检距成像叠加在一起做 Kirchhoff 偏移的结果。然而，创建叠前成像数据体对速度估计和

做幅度随入射角变化(AVA)分析通常很有必要。成像条件式(4.4.1)可以通过引入地下半偏移量 $x_{\xi h}$ 和 $y_{\xi h}$ 得到推广总结。然后通过水平方向相互移动震源波场和检波点波场做互相关获得成像,如下所示:

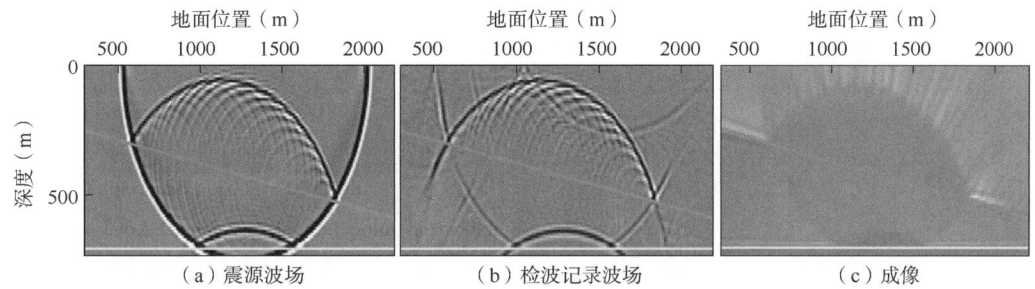

图 4.4.10　使用真实速度函数(包括反射层)的逆时偏移, $t=0.75s$ 的波场快照

在震源波场中,来自倾斜界面的反射形成了成像上附加的人为假象

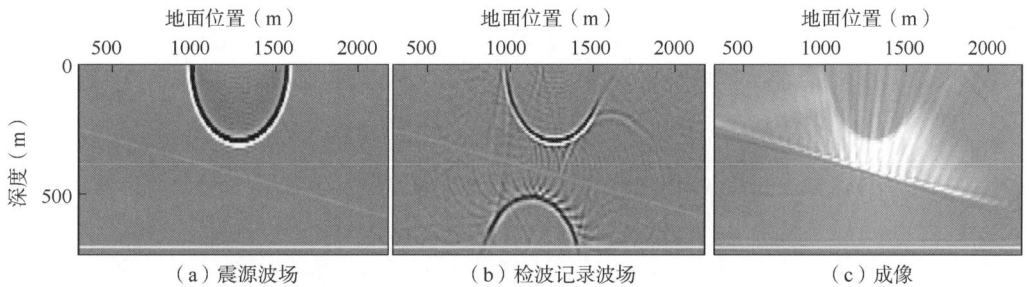

图 4.4.11　使用真实速度函数(包括反射层)的逆时偏移, $t=0.30s$ 的波场快照(据 Biondi, 2006)

在检波点波场中,来自两个界面反射构成的干涉形成了一个圆形波前。

这个波前直接与震源波场(a)相关并造成了成像上附加的倾斜界面的人为假象

$$I(z_\xi, x_\xi, y_\xi, x_{\xi h}, y_{\xi h}) = \sum_i \sum_t P^s(t, z_\xi, x_\xi + x_{\xi h}, y_\xi + y_{\xi h}; s_i)$$
$$P^r(t, z_\xi, x_\xi - x_{\xi h}, y_\xi - y_{\xi h}; s_i) \qquad (4.4.2)$$

显然,成像条件式(4.4.1)是成像条件式(4.4.2)当 $x_{\xi h}$ 和 $y_{\xi h}$ 为零的一个特例。

成像条件的这种推广很重要,它能够从偏移的数据体中提取速度和 AVA 信息。对于逆时偏移情况,地下界面炮检距的物理解释不是直接的。但是,接下来的标题为"炮点—检波点偏移"一节中介绍的炮点—检波点偏移是直接的。通过分析炮点—检波点偏移可以洞察地下界面炮检距的物理意义,并应用到逆时偏移,其原因在于本节稍后展示的炮集偏移和炮点—检波点偏移之间的等效性。

定义为地下界面炮检距函数的叠前成像数据体本身很少有用。然而,通过成像条件式(4.4.2)可以得到的叠前成像转化为在反射点孔径角和方位角的叠前成像角道域数据体的方法。该叠前成像数据体对于速度估计和 AVA 分析都很有价值。

4.4.3　向下延拓偏移

向下延拓偏移的原理与逆时偏移类似。主要区别在于,随着向下延拓偏移,波场沿深度轴而不是沿时间轴传播。这个特点是向下延拓偏移方法的优点和缺点两者的起因。其主要局限性是波场沿着深度的一个方向传播,无法正确对回折波成像,即至少有一支来自震源或检波点的波场发生同时向上和向下传播的同相轴进行成像。至少在原理上此类同相轴可以用逆时偏移成像。

某些情况下,回折波同相轴提供了极其有用的信息,因此有学者强调了向下延拓偏移方法对回折波同相轴成像的局限性。所提出的解决方案的共同点是在一个不同于传统的与地下深度轴对齐的笛卡尔坐标系的新坐标系上应用单程外推算子。这种坐标系可以是倾斜坐标系(Shan,2004)或一个与射线路径一致的扭曲坐标系(Sava,2004)。

另外,沿深度轴传播波场有两个方面的优势:(1)计算可以在时间—频域中实现,这种方式可以大大减少计算量和内存需求。(2)速度模型中的不连续性几乎不会导致像逆时偏移方法中的那些成像伪影。此外,向下延拓导致衍生另外一组有用的偏移方法系列,即:炮点—检波点偏移。炮点—检波点偏移是基于观测系统沉降的概念,并因此依赖于所记录波场的向下延拓。炮点—检波点偏移具有不同于炮域类偏移的特征,并且对于海洋数据有一定的优势性。

向下延拓方法基于单程波动方程的递推解,其详细推导超出了本书的范围。对更多相关背景材料感兴趣的读者可阅读 Claerbout(1985)的论著。通过使用深度 z 处的波场计算深度 $z+\Delta z$ 处的波场的基本延拓步骤可以在频率—波数域中表示为:

$$P_{z+\Delta z}(\omega, k_x, k_y) = P_z(\omega, k_x, k_y) e^{ik_z \Delta z} \quad (4.4.3)$$

式中:ω 为时间坐标轴上的频率;k_x 和 k_y 为水平方向波数;k_z 为垂向波数。

垂向波数可通过下列频散关系式表示,该关系式通常称为单平方根方程(SSR),即:

$$k_z = \text{SSR}(\omega, k_x, k_y) = -\sqrt{\frac{\omega^2}{v^2(z, x, y)} - (k_x^2 + k_y^2)} \quad (4.4.4)$$

式中:$v(z, x, y)$ 是波传播速度。根据 Claerbout(1985)定义的符号约定,平方根前面的负号意味着希望向下延拓向上传播的波场。在式(4.4.4)中,水平方向波数 k_x 和 k_y 的使用与以水平坐标 x 和 y 为函数的传播速度 v 表达式之间存在明显的冲突。调和这种冲突是向下延拓方程数值解的主要挑战。

如何求解式(4.4.3),地球物理研究者提出了 SSR 算子近似的各种各样的解,读者可参考 Biondi(2006)第五章,里面详细介绍了求解延拓算子的几种方法。这里向下延拓算子 $e^{ik_z \Delta z}$ 可以认为是一个非平稳褶积算子,其褶积至少是在一个水平轴上进行的。必要时,会在式(4.4.3)中引入角标来规定所实施褶积的坐标轴。例如,使用符号 $e^{ik_{zs} \Delta z}$ 来表示褶积是沿着炮点坐标轴进行的。此外,用 $e^{ik_z z}$ 表示将波场从地表到深度 z 波场传播的褶积算子。该算子是由所有深度步长 Δz 上所有 $e^{ik_z \Delta z}$ 从地表到深度 z 串联给出。

4.4.3.1 向下延拓法的炮集偏移

向下延拓的炮集偏移以类似于在时域传播的炮集偏移的形式实行。不同深度上的检波点波场 P_z^r 通过向下延拓记录到的波场 $P_{z=0}^r$ 计算得到,即

$$P_z^r = P_{z=0}^r e^{ik_z z} \quad (4.4.5)$$

不同深度上的炮点波场 P_z^s 通过向下延拓假设的震源子波 $P_{z=0}^s$ 计算得到，即

$$P_z^s = P_{z=0}^s \mathrm{e}^{-\mathrm{i}k_z z} \tag{4.4.6}$$

式（4.4.6）中指数函数前面的负号是必须的，因为震源波场是向下传播的，而不是像检波点波场那样向上传播。

成像可以通过沿时间轴对两个波场进行互相关（使用频域中的复共轭相乘）并在零时刻计算相关值（频率求和）来得到：

$$I(z_\xi, x_\xi, y_\xi, x_{\xi h}, y_{\xi h}) = $$
$$\sum_i \sum_\omega P_z^r(\omega, x_\xi + x_{\xi h}, y_\xi + y_{\xi h}; s_i) \overline{P_z^s(\omega, x_\xi - x_{\xi h}, y_\xi - y_{\xi h}; s_i)} \tag{4.4.7}$$

4.4.3.2 炮点—检波点偏移

炮点—检波点偏移是基于观测系统沉降的概念。在每个深度传播步长之后，传播的波场等效于所有炮点和检波点都放置在新的深度上记录到的数据。即通过双平方根（DSR）方程将地表记录向下延拓计算得到在每个深度步长处的炮点和检波点波场（Schultz et al.，1980）。

$$k_z = \mathrm{DSR}(\omega, k_s, k_r) = k_{z_s} + k_{z_r} = -\sqrt{\frac{\omega^2}{v^2(s, z)} - k_s^2} - \sqrt{\frac{\omega^2}{v^2(r, z)} - k_r^2} \tag{4.4.8}$$

式中：k_s 和 k_r 分别为沿炮点和检波点坐标轴的波数；$v(s, z)$ 和 $v(r, z)$ 分别为炮点和检波点位置上的传播速度。DSR 方程中的第一个平方根向下延拓炮点波场，而 DSR 方程中的第二个平方根向下延拓检波点波场。

通常，可以方便地将双平方根方程表示为共中点坐标和炮检距坐标的函数代替炮点坐标和检波点坐标。在这种情况下，等式（4.4.8）变为

$$k_z = \mathrm{DSR}(\omega, k_m, k_h) = -\sqrt{\frac{\omega^2}{v^2(s, z)} - \frac{1}{4}(k_m - k_h) \cdot (k_m - k_h)} - $$
$$\sqrt{\frac{\omega^2}{v^2(r, z)} - \frac{1}{4}(k_m + k_h) \cdot (k_m + k_h)} \tag{4.4.9}$$

式中：k_m 和 k_h 分别为共中点波数和炮检距波数。

DSR 方程的结构与 Kirchhoff 叠前偏移求和面的式（4.3.4）的结构相似。然而，DSR 方程中的速度是层速度，而不是式（4.3.4）的平均速度。

通过应用 DSR 算子可在增加的深度上一起沉降整个观测系统 $P_z(\omega, x_m, y_m, x_h, y_h)$，也就是：

$$P_{z+\Delta z}(\omega, x_m, y_m, x_h, y_h) = P_z(\omega, x_m, y_m, x_h, y_h) \mathrm{e}^{\mathrm{i}k_{z_s}\Delta z} \mathrm{e}^{\mathrm{i}k_{z_r}\Delta z} \tag{4.4.10}$$

通过在每个深度上应用成像条件（Claerbout，1985），并从波场中提取成像值，即在零时刻（通过频率求和）和零炮检距上求取波场值波场，如下所示：

$$I(z_\xi, x_\xi, y_\xi) = \sum_\omega P_z(\omega, x_m = x_\xi, y_m = y_\xi, x_h = 0, y_h = 0) \quad (4.4.11)$$

应用成像条件式(4.4.11)的直观解释是，延拓炮点和检波点波场到成像点后，位于与炮点和检波点相同深度的反射层产生零炮检距和零时刻的反射记录。这种成像条件的另一个直觉判断是，在地表记录的波场是由反射层在零时刻爆炸所产生的(Claerbout，1985)。

注意在成像条件式(4.4.11)中，将共中点坐标(x_m, y_m)与成像点坐标(x_ξ, y_ξ)等同起来。成像后，波场的数据共中点坐标(x_m, y_m)与成像数据坐标(x_ξ, y_ξ)重合。此外，如4.4.2节"逆时偏移"的部分中所讨论的，成像的坐标通常与物理空间坐标重合。也就是说，通常有($x = x_\xi = x_m$)和($y = y_\xi = y_m$)。正如逆时偏移一节中指出的，只有当需要区分以避免歧义时，这些坐标表示才加以区分。

正如在炮偏移的情况下一样，也可以将震源炮点—检波点偏移的成像条件推广到地下界面炮检距成像，其形式如下：

$$I(z_\xi, x_\xi, y_\xi, x_{\xi h}, y_{\xi h}) = \sum_\omega p_z(\omega, x_m = x_\xi, y_m = y_\xi, x_h = x_{\xi h}, y_h = y_{\xi h}) \quad (4.4.12)$$

对炮点—检波点偏移，地下界面炮检距($x_{\xi h}$和$x_{\xi h}$)与向下延拓的观测系统的数据炮检距重合。将成像域中的地下炮检距解释为沉降的观测系统中数据炮检距相当重要。它允许对使用成像条件式(4.4.12)获得的叠前成像进行直接的物理解释。此外，由于炮集偏移和炮点—检波点偏移获得的叠前成像之间的等价性(在题为"炮点—检波点偏移和炮集偏移的等效性"一节中说明)，从而引导出对使用成像条件式(4.4.2)和式(4.4.7)获得的叠前成像进行物理解释。

当使用炮点—检波点偏移时，作为地下炮检距函数的成像立即成为可能。相比之下，通过炮集偏移获得叠前成像数据体需要式(4.4.7)中定义的额外波场相关。炮点—检波点偏移，由于无需计算额外的波场相关，相对于炮集偏移，其具有计算成本优势。在三维偏移中，由于炮检距空间是一个平面，这种计算成本节省可能是巨大的。

4.4.3.3 零炮检距偏移

将偏移波数k_{x_h}和k_{y_h}设置为零，并且使$m = s = g$(即将炮检距设置为零)，可以从叠前式(4.4.9)推导出零炮检距的向下延拓方程。通过这些替换，DSR方程简化为SSR方程：

$$k_z = \text{SSR}(\omega, k) = -\sqrt{\frac{4\omega^2}{v^2(m, z)} - k_m \cdot k_m} \quad (4.4.13)$$

该方程类似于SSR方程[式(4.4.4)]，重要的区别是现在偏移速度是真实层速度的一半。

当对零炮检距数据进行偏移时，成像条件式(4.4.11)的则明显可简化为：

$$I(z_\xi, x_\xi, y_\xi) = \sum_\omega P_z(\omega, x_m = x_\xi, y_m = y_\xi) \quad (4.4.14)$$

注意，将式(4.4.9)中炮检距波数设置为零并不等效于在零炮检距上对波场求值，而是等效于假设对所有零炮检距同相轴，炮点射线路径与检波器射线路径是重合的。因此，严格来说，使用SSR算子的零炮检距数据偏移是垂直入射的共角度域偏移，而非单纯零炮检距偏移。虽然所有法向入射反射都是在零炮检距处记录的,但在零炮检距处记录的所有同相轴不一定都是法向入射反射。有趣的是,横向速度异常或多次反射或两者均有,会导致炮点和检波点射线路径的假设失效(Claerbout,1985)。

图 4.4.12 为一个反射例子,该反射打破了所有零炮检距同相轴的上行路径与下行路径重合的假设。图 4.4.12(a)为盐丘顶部深大山谷两翼的反射同相轴所对应的射线路径。这种特殊类型的多重反射通常称为棱镜反射(Broto,2001)。棱镜反射潜在地携带有关盐丘几何形状和沉积岩速度的有用信息。尽管棱镜反射通常在盐丘顶部表面崎岖不平时被记录,然而,由于难以对棱镜反射成像,故此类信息很少被使用。从图 4.4.12(a)所示速度模型生成的模拟记录中抽出零炮检距剖面[图 4.4.12(b)]和共中点道集[图 4.4.12(c)]。由于互易性,共中点道集[图 4.4.12(c)]是关于零炮检距的对称。然而,穿过零炮检距线的棱镜反射同相轴有一非零的时间倾角,即 $k_\mathrm{h}\neq 0$。因此,如果方程(4.4.13)被用于零炮检距剖面成像[图 4.4.12(b)],那么棱镜反射将无法得到正确成像。

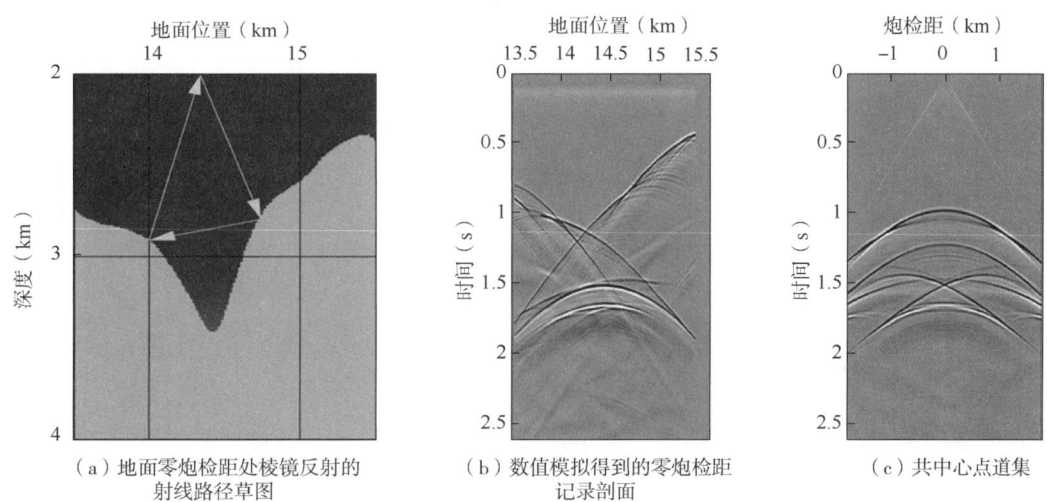

(a)地面零炮检距处棱镜反射的射线路径草图 (b)数值模拟得到的零炮检距记录剖面 (c)共中心点道集

图 4.4.12 反射举例(据 Biondi,2006)

4.4.3.4 炮点—检波点偏移和炮集偏移的等效性

乍一看,炮集偏移和炮点—检波点偏移似乎是截然不同的算法。两种方案使用的基本原理不同。炮集偏移通过独立传播震源波场和检波点波场,并对两个波场进行互相关获得成像结果。炮点—检波点偏移基于观测系统沉降的概念,通过观测系统沉降,在深度上逐次递推地合成等效数据集。在每个深度步骤,通过在零时刻提取波场来实现成像。

本节中,将展示两种偏移方法生成完全相同的成像数据体。并遵循 Biondi(2003)展示的结果,它等效于 Wapenaar 和 Berkhout(1987)给出的展示。结果意味着偏移成像的质量和速度更新信息的准确性都与炮—检波点偏移和炮集偏移之间的选择无关。尽管它们在理论上是等效的,但三维炮剖面偏移和三维震源—接收器偏移可能具有非常不同的计算成本。每种方法的相对优势在很大程度上取决于采集几何形状。一般而言,震源—接收器偏移对方位角范围有限的海洋数据更具吸引力(Biondi,1996),而炮集偏移更适合陆地或海底电缆(OBC)采集的观测系统。Jeannot(1988)讨论了其他实际方面的内容,以及炮点—检波点偏移和炮集偏移关于两维数据的相对优势。他的大部分观察结果也适用于三维数据。

当炮集偏移满足三个方面特定要求时，可以证明两种方法的等效性：（1）震源函数在零时间上为一脉冲，空间上为一δ函数；（2）成像条件是用炮点波场与检波点波场进行互相关；（3）炮点波场和检波点波场是通过向下延拓来传播（不是逆时传播）。另外一个明显的假设是使用相同的数值算法来向下延拓这两种偏移方法的波场。

两种偏移方法的等价是基于偏移的线性性质和向下延拓算子的交换性质。为简单起见，通过给出记录在单一炮集偏移所获相同的成像结果，展示两种偏移方法的等效性。相对于输入波场的两种偏移的线性性质，显然可以扩充到全部数据体上。

为了从单炮记录地震道创建整个叠前波场，笔者将实时地震道添加到零值的数据体中，生成的数据体等于两个函数的外积。第一个函数表示记录数据 $P^g_{z=0}(\omega, r, s)$，与炮点坐标 s 无关。第二个函数是一个以 $\bar{s}$ 为中心的 δ 函数，与接收器坐标 r 无关。因此，整个观测系统上记录到的数据可以表示为：

$$P^r_{z=0}(\omega, r, \bar{s})\delta(s-\bar{s}) \tag{4.4.15}$$

由于 Biondi（2003）展示的向下延拓算子的交换性质，使用 DSR 算子在深度 z 处向下延拓的调查表示为：

$$P^r_{z=0}(\omega, r, \bar{s})\delta(s-\bar{s})e^{-ik_{z_s}z}e^{-ik_{z_r}z} \tag{4.4.16}$$

记录的数据 $P^r_{z=0}(\omega, r, s)$ 与炮点位置无关，因此它们可以从炮点坐标轴的褶积中提取出来。然后式（4.4.16）变成：

$$[P^r_{z=0}(\omega, r, \bar{s})e^{-ik_{z_r}z}][\delta(s-\bar{s})e^{-ik_{z_s}z}] = [P^r_{z=0}(\omega, r, \bar{s})e^{-ik_{z_r}z}][\overline{\delta(s-\bar{s})e^{-ik_{z_s}z}}] \tag{4.4.17}$$

在式（4.4.17）的右侧，第一个方括号中的项是在深度 z 处向下延拓的检波点波场，第二个方括号中的项是在深度 z 处向下延拓的震源波场的复共轭。因此，这两项与式（4.4.7）所示的炮集偏移成像条件的那两项相同。因此，炮点—检波点偏移得到的叠前成像数据体与炮集偏移得到的叠前成像数据体完全相同。注意式（4.4.6）中指数函数前面的负号对于导出式（4.4.17）中的结果是非常重要的。

4.5 干涉成像

4.5.1 方法原理

地震干涉主要指利用地震记录数据之间的相关、反褶积等运算，估算接收点之间的格林函数的方法，其特点是从地震记录中提取出没有被直接记录的波场信息，而且这一过程中无需介质速度模型。对地震干涉法计算的格林函数进行成像的方法统称为干涉成像。

干涉成像主要分为主动源干涉法和被动源干涉法。主动源地震干涉法是利用主动源地震数据中重构新的格林函数，例如，将震源重置到检波器位置上使观测系统更加接近地下构造，进而更好地对地下成像，在油气等地下资源勘探中发挥着独到的作用。被动源地震干涉法则主要从被动源地震数据中预测格林函数，例如对地面上两个检波点在长时间段内记录的背景噪声信号进行互相关、反褶积等干涉技术重构,得到检波器位置的虚拟面波或者反射响应,从而对近地表或者地下深部地质构造进行地震成像研究。

干涉法最早由 Claerbout(1968)提出,他用水平层状介质证明了在自由地表接收到从底部来的透射地震记录的自相关等价于其自激自收模拟记录。荷兰代尔夫特理工大学的应用地球物理研究组发展了基于地震互易性的理论,使用格林定理严格地证明了 Claerbout 的构想,将透射和反射响应之间由 Claerbout 推导的关系推广到非均匀介质中(Wapenaar et al.,2002)。Schuster 等(2001,2004)以及 Bakulin 等(2004,2006)分别开展了利用地震记录的互相关估算非层状介质下格林函数的研究工作,并且迅速应用到垂直地震剖面(VSP)数据成像(Jiang et al.,2007;Hornby et al.,2007)、油藏监测等领域,分别称之为地震干涉和虚震源方法(图4.5.1)。

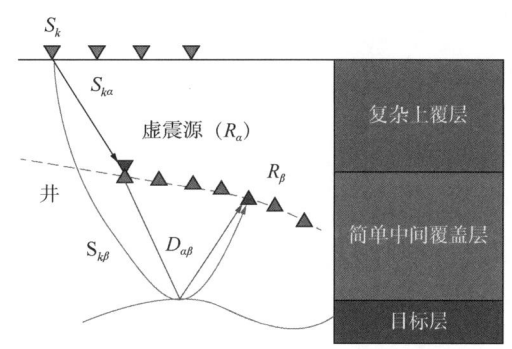

图 4.5.1　虚震源法示意图
(据 Bakulin et al.,2004)

该方法具有对速度模型精度依赖程度低、成像照明范围大、油藏监测精度高等优点。Wapenaar 等(2006)进一步给出互相关估算格林函数的严格证明,以及干涉计算结果中噪声成分的成因。同一时期,使用背景噪声重建面波的被动源地震干涉法在地球物理领域产生了重要影响(Campillo et al.,2003;Sabra et al.,2005;Shapiro et al.,2005)。Draganov 等(2007)通过数值实验说明了由确定性介质内透射响应的互相关来重构反射响应的过程,并分别对声波和弹性介质下地下瞬态震源以及同时激发的白噪声震源情况下反射响应的重构进行了分析。由互相关法重构得到的反射响应是带限的,且重构的反射响应中容易因为过度照明、非均匀震源分布等因素的影响而产生假象,但是 Curtis 等(2010)证明了这种影响可以被最小化。地震干涉法通过数据道间相关计算波场传播的格林函数,这一特点在后续的研究中应用范围不断扩大,Schuster(2009)总结了地震干涉在 VSP、地面地震、井间地震等多种数据采集方式上的应用模式(图4.5.2)。

假设在声波介质中,一个任意非均匀的空间 V 被一个均匀的空间 V_0 所包围,在这个非均匀介质 V 中有两个点 x_A 和 x_B,对 x_A 和 x_B 处的被动源地震记录做互相关,可以得到以 x_A 为震源点的格林函数 $G(x_B,x_A,t)$。假设一个闭曲面 S 上有很多个检波器 x_B,此时的任意一个检波点 x 上的响应可以表示为 $G(x,x_A,t)$,假设对这个 x_A 处的地震波场取逆时得到 $G(x,x_A,-t)$,此时很多个噪声源的地震波场的方向均指向 x_A。此时依据惠更斯原理,闭曲面 S 上的一点 x_B 处的波场可以表示为:

$$p(x_B,t) \propto \oint_S G(x_B,x,t) * G(x,x_A,-t) \mathrm{d}^2 x \tag{4.5.1}$$

其中,$*$ 表示卷积,x_B 是一个变量。根据这个方程可以看出,$G(x_B,x,t)$ 传播震源函数 $G(x,x_A,-t)$ 从 x 到 x_B,然后这个结果沿着震源曲面 S 积分。由于波场 $P(x_B,t)$ 是对于任意位置的 x_B 以及任意时刻 t,对在 x_A 位置且 $t=0$ 的虚拟震源的响应 $G(x_B,x_A,t)$,由于在 x_A 位置的震源是虚拟的,所以 $P(x_B,t)$ 是关于时间对称的,因此可得:

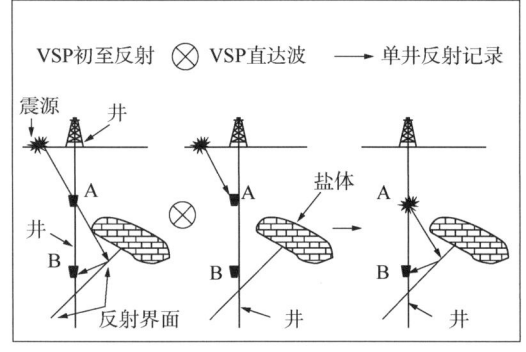
（a）VSP记录→单井反射记录

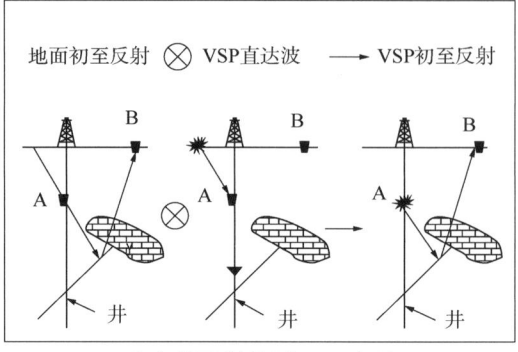
（b）地面反射记录→VSP记录

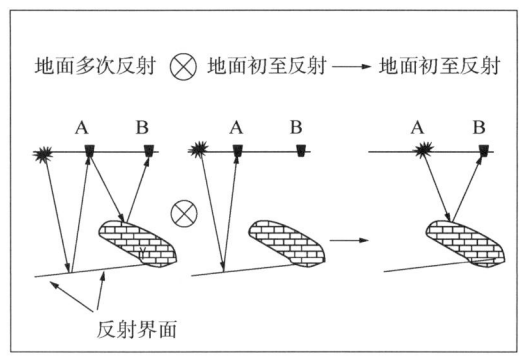
（c）地面反射记录→地面反射记录

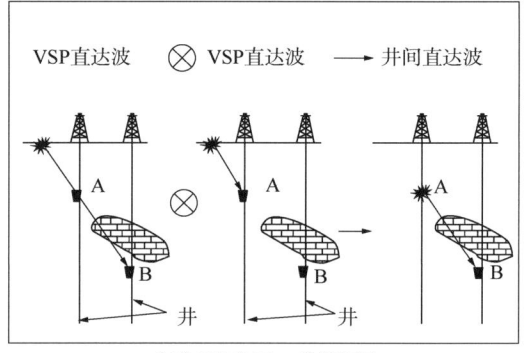
（d）VSP记录→井间记录

图 4.5.2　地震干涉在多种数据采集形式下的应用（据 Schuster，2009）

$$p(x_B, t) = G(x_B, x_A, t) + G(x_B, x_A, -t) \tag{4.5.2}$$

式（4.5.2）中的逆时格林函数在实际中是不适用的。

进一步来推导互相关被动源干涉法的基础关系表达式。首先假设震源子波函数为 $s(t)$，那么在 x_A 和 x_B 处的波场可以分别表示为：

$$G(x_A, x, t) * s(t)$$
$$G(x_B, x, t) * s(t)$$

它们之间的互相关表达式为：

$$[G(x_A, x, t) * s(t)] * [G(x_B, x, t) * s(t)] \tag{4.5.3}$$

对这个互相关表达式在闭曲面 S 内所有的震源位置上进行积分，利用式（4.5.1）和式（4.5.2），以及互易定理可以得到：

$$\begin{aligned}&[G(x_B, x_A, t) + G(x_B, x_A, -t)] * \\ &C_{ss}(t) \propto \oint_S [G(x_B, x, t) * s(t)] * [G(x_A, x, -t) * s(-t)] \mathrm{d}^2 x\end{aligned} \tag{4.5.4}$$

式中：$C_{ss}(t)$ 为震源函数 $s(t)$ 的自相关结果。上式给出了 x_A 和 x_B 被动源记录的互相关结果与这两点的格林函数之间的关系。由于 $G(x_B, x_A, t)$ 是因果的,可以通过对上式(4.5.4)左边反褶积上 $C_{ss}(t)$,然后取正时部分后得到。从物理上说,上面重构出的格林函数不是总体均值,所以这个格林函数中包含尾波响应。

把式(4.5.4)变换到频率域,定义时域傅里叶变换 $\widetilde{P}(x, \omega) = \int \exp(-iwt) P(x, t) dt$,其中 i 是虚部,$\omega$ 是角频率,此时式(4.5.4)为:

$$2\Re[\widetilde{G}(x_B, x_A, \omega)]\widetilde{C}_{ss}(\omega) \propto \oint_S [\widetilde{G}(x_B, x, \omega)\tilde{s}(\omega)][\widetilde{G}(x_A, x, \omega)\tilde{s}(\omega)]^* d^2x \quad (4.5.5)$$

式中:$\Re$ 为实部;* 为复共轭;$\widetilde{C}_{ss}(\omega) = |\tilde{s}(\omega)|^2$ 为震源函数 $s(t)$ 的功率谱。

下面用格林函数重构进行数学推导。格林函数重构的数学推导从互易定理开始,假设有一个声波波场的特征由空间频率域的声波压力 $\tilde{p} = \tilde{p}(x, \omega)$ 和质点速度 $\tilde{v}_i = \tilde{v}_i(x, \omega)$ 表示,$\tilde{q} = \tilde{q}(x, \omega)$ 代表震源分布。互易定理给出了两个独立声波状态 A 和 B 之间的关系。假定在域 V 被边界 S 包围,且法向量 $\boldsymbol{n} = (n_1, n_2, n_3)$,此时有:

$$\int_V (\tilde{p}_A \tilde{q}_B - \tilde{q}_A \tilde{p}_B) d^3x = \oint_S (\tilde{q}_A \tilde{v}_{i,B} - \tilde{v}_{i,A} \tilde{p}_B) n_i d^2x \quad (4.5.6)$$

介质 V 是任意的非均匀介质,假设这个介质是无损介质,可以使用其时间反转不变性。在频率域,逆时被复共轭代替,因此,当和 $\tilde{p}$、$\tilde{v}_i$ 是 $\tilde{q}$ 这个震源分布的情况下波动方程的解,那么 $\tilde{p}^*$、$-\tilde{v}_i^*$ 也是在 $-\tilde{q}^*$ 震源分布情况下的波动方程的解。

此时,式(4.5.6)可以满足状态 A:

$$\int_V (\tilde{p}_A^* \tilde{q}_B + \tilde{q}_A^* \tilde{p}_B) d^3x = \oint_S (\tilde{q}_A^* \tilde{v}_{i,B} + \tilde{v}_{i,A}^* \tilde{p}_B) n_i d^2x \quad (4.5.7)$$

又由于 $\tilde{q}_A(x, \omega) = \delta(x - x_A)\tilde{s}(\omega)$,$\tilde{q}_B(x, \omega) = \delta(x - x_B)\tilde{s}(\omega)$。

此时状态 A 和状态 B 的波场可以表示为:

$$\begin{cases} \tilde{q}_A(x, \omega) = \widetilde{G}(x, x_A, \omega)\tilde{s}(\omega) \\ \tilde{v}_{i,A}(x, \omega) = -(i\omega\rho(x))^{-1}\partial_i\widetilde{G}(x, x_A, \omega)\tilde{s}(\omega) \end{cases} \quad (4.5.8)$$

$$\begin{cases} \tilde{q}_B(x, \omega) = \widetilde{G}(x, x_B, \omega)\tilde{s}(\omega) \\ \tilde{v}_{i,B}(x, \omega) = -[i\omega\rho(x)]^{-1}\partial_i\widetilde{G}(x, x_B, \omega)\tilde{s}(\omega) \end{cases} \quad (4.5.9)$$

式中:$\rho(x)$ 为质量密度。

把式(4.5.8)、式(4.5.9)代入状态 A 的表达式(4.5.7),可以得到 x_A 和 x_B 处的波场互相关的精确的表达式:

$$2\Re[\widetilde{G}(x_B, x_A, \omega)]\widetilde{C}_{ss}(\omega) = \oint_S \frac{-1}{j\omega\rho(x)}\{[\partial_i\widetilde{G}(x_B, x, \omega)\tilde{s}(\omega)][\widetilde{G}(x_A, x, \omega)\tilde{s}(\omega)]^* -$$

$$[\widetilde{G}(x_B, x, \omega)\tilde{s}(\omega)][\partial_i\widetilde{G}(x_A, x, \omega)\tilde{s}(\omega)]^*\}n_i\mathrm{d}^2x$$

(4.5.10)

在实际运用中,需要对上面所推导的过程做一个简化表示。假设在非均匀介质中的震源 x 和检波点分别为 x_0、x_0'' 的格林函数为 $G(x_0, x, t)$、$G(x_0'', x, t)$,其频率域形式是 $G(x_0, x, \omega)$、$G(x_0'', x, \omega)$,此时互相关法重构在频率域(Wapenaar,2004)可以表示为:

$$G_a(x_0, x_0'') = \oint_{\partial D} \frac{-1}{j\omega\rho(x)}\{G^*(x_0, x)\partial_i G(x_0'', x) - [\partial_i G^*(x_0, x)]G(x_0'', x)\}n_i\mathrm{d}^2x$$

(4.5.11)

$$G_a(x_0, x_0'') = G(x_0, x_0'') + G^*(x_0, x_0'') = 2\Re[G(x_0, x_0'')] \quad (4.5.12)$$

式中,x_0 和 x_0'' 在 ∂D 内。式(4.5.12)是在任意无损非均匀声波介质的精确表达式,通过上式重构出的格林函数 $G(x_0, x_0'')$ 包含了 x_0 和 x_0'' 之间的直达波、一次波、非均匀性导致的层间多次波以及自由表面多次波。

为了重构两个检波点之间的格林函数,需要对式(4.5.12)进行近似:(1) ∂D 之外是均匀介质;(2)远场近似;(3)围绕 ∂D 的介质参数均匀变化。经过近似后所得的公式为:

$$2\Re[G(x_0, x_0'')] \approx \frac{2}{c\rho}\oint_{\partial D} G^*(x_0, x)G(x_0'', x)\mathrm{d}^2x \quad (4.5.13)$$

4.5.2 干涉成像的数值算例

4.5.2.1 主动源 VSP 资料干涉成像

以下算例来自 Hornby 等(2007)的一个有限差分法(FDM)数值模拟,主要为了说明在单井成像下干涉法重构的"虚拟"井下震源响应和真实井中震源响应之间的差异,以及使用"真实"单井成像结果、使用 VSP 数据和干涉法重构的虚拟震源成像结果之间的比较,以帮助解释和理解 VSP 数据干涉法成像原理。

图 4.5.3 为有限差分(FDM)数值模拟中使用的阻抗模型,检波器全部沿井中布置,震源布置于地面,模拟了距离井 10km 的 Walkaway-VSP 采集方式。井中放置 125 个震源,用来模拟单井成像实验中使用的井下震源。震源间距为 25m,检波器间距为 6.25m。

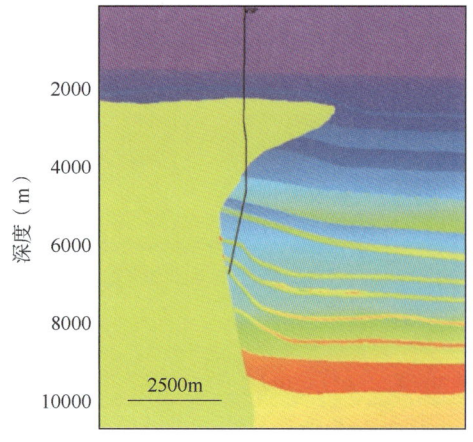

图 4.5.3 用于 FDM 建模的阻抗模型
(据 Hornby et al.,2007)

图 4.5.4 为使用 VSP 数据和干涉法重构的虚拟震源响应,以及对实际井下震源的共炮点记录进行数值模拟的结果。显然,对于真正的井中震源而言,放炮采集效果更好;然而,虚拟震源在同样构造处存在响应。

图 4.5.5 为叠前深度偏移(PSDM)应用于实际井下震源的单井数据(a)和虚拟震源的单井数据(b)的结果。可以看出使用实际井下震源的成像结果更清晰,但使用虚拟震源数据的成像结果同样给出了盐侧翼的良好成像结果。

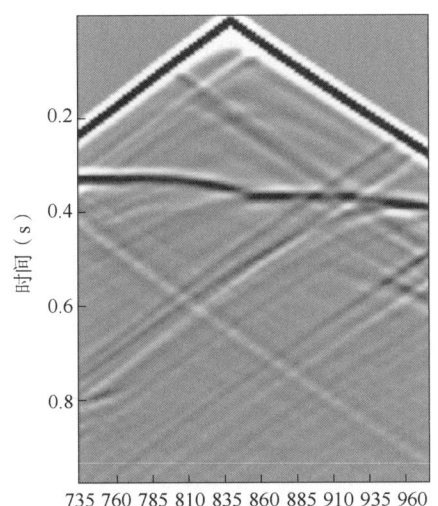 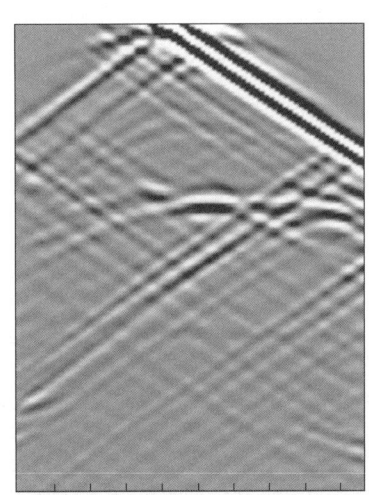

(a)实际井下震源的共炮道集　　(b)VSP数据重构的虚拟震源响应

图 4.5.4　单炮响应(据 Hornby et al.,2007)

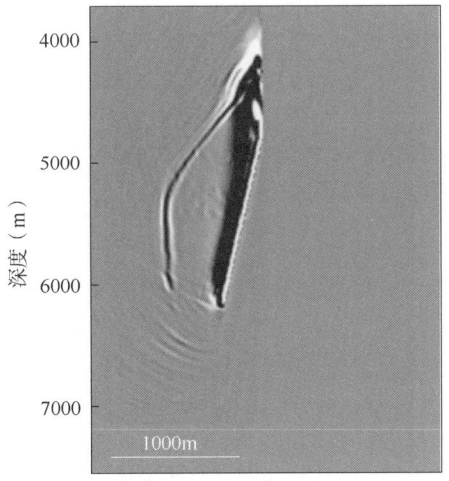 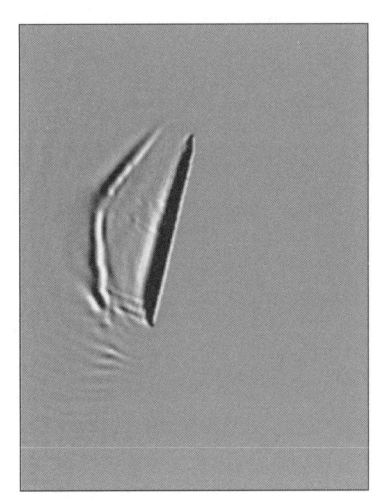

(a)单井使用实际井下震源的成像结果　　(b)使用随钻VSP数据和干涉法重构震源的成像结果

图 4.5.5　FDM 模型成像结果(据 Hornby et al.,2007)

4.5.2.2　被动源干涉成像

使用图 4.5.6 中的模型(Draganov et al.,2006),在自由表面分别记录了 225 个白噪震源响应。震源在深度 $D_1 = 700\mathrm{m}$ 到 $D_2 = 850\mathrm{m}$ 范围内随机分布，在水平方向上规则分布，每个波长范围内有两个震源。检波点位于 $x_1 = 1200\mathrm{m}$ 和 $x_2 = 6800\mathrm{m}$ 之间，道间距为 $10\mathrm{m}$。图 4.5.7 为记录 23min 的总数据中截取 3s 的显示结果。图 4.5.8 为该模型来自 (4000m, 0) 处的震源的重构反射响应。该反射响应是通过图 4.5.7 中的记录数据与 $x = 4000\mathrm{m}$ 位置处检波器在自由表面上记录的数据进行互相关得到的。可以看到图 4.5.8(a) 很好地重建了反射波和多次反射波。图 4.5.8(b) 为单程波偏移的结果，在 225 个随机白噪声源存在的情况下，每个检波点位置重构震源位置的反射响应均参与成像。可以看到三个反射界面成像结果都很清晰，虽然成像结果中包含一些由于自由表面多次波和层间多次波造成的假象。

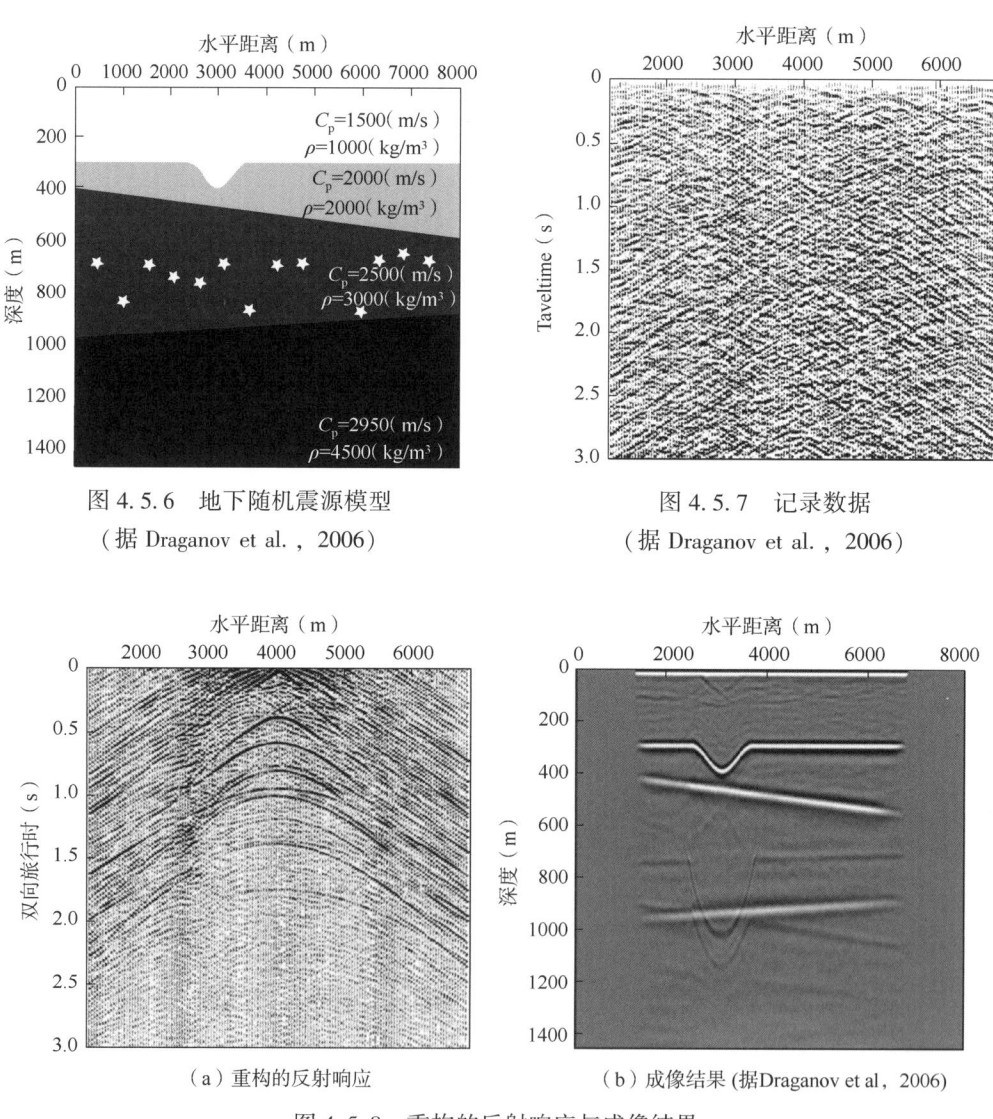

图 4.5.6 地下随机震源模型
（据 Draganov et al., 2006）

图 4.5.7 记录数据
（据 Draganov et al., 2006）

（a）重构的反射响应

（b）成像结果（据 Draganov et al, 2006）

图 4.5.8 重构的反射响应与成像结果

4.6 Marchenko 成像

4.6.1 方法原理

(1) 格林函数重构。

Wapennar 等(2014a，2014b)将基于 Marchenko 理论的格林函数重构方法扩展到了三维，并提出了最终的 Marchenko 地震成像框架。在格林函数重构方法中，引入了聚焦函数，并根据互易定理推导了格林函数、聚焦函数和地震反射响应三者之间的关系，建立了三维 Marchenko 方程。通过迭代方式求解 Marchenko 方程组，可以重构地下任意点到地面的单程格林函数(上行格林函数和下行格林函数)，该单程格林函数构成了 Marchenko 成像基础。

格林函数 G 被定义为非均匀介质中(图 4.6.1)震源在 x_0'' 的标量波动方程的解(Wapenaar et al.，2014a)：

$$\rho \nabla \cdot \left(\frac{1}{\rho} \nabla G\right) - \frac{1}{c^2} \frac{\partial^2 G}{\partial t^2} = -\rho \delta(x - x_0'') \frac{\partial \delta(t)}{\partial t} \tag{4.6.1}$$

式中：c 和 ρ 分别为非均匀介质的传播速度和密度；t 为传播时间。根据上述方程定义的格林函数代表的是在观测位置 x 观测到的对 x_0'' 处的脉冲点源的响应。该脉冲点源向均匀上半空间发射上行波，向非均匀下半空间发射下行波，图 4.6.1 中 x_0'' 为震源点，∂D_i 为第 i 层界面，x_i 为 ∂D_i 界面上的观测点，$R(x_0, x_0'', t)$ 为地震反射数据。由于介质的非均质性，∂D_0 界面下任意点 x 处的格林函数可以被分解为上行格林函数 $G^-(x, x_0'', t)$ 和下行格林函数 $G^+(x, x_0'', t)$ 两个成分(Wapenaar et al.，2014a)：

$$G(x, x_0'', t) = G^+(x, x_0'', t) + G^-(x, x_0'', t) \tag{4.6.2}$$

式中：上角标"+"为观测点 x 处的下行方向；上角标"-"为观测点 x 处的上行方向。

聚焦函数所代表的场从一个界面入射后能在聚焦点聚焦(图 4.6.2)。与式(4.6.2)类似，聚焦函数 $f(x, x_i', t)$ 也可以被分解成上行聚焦函数 $f^-(x, x_i', t)$ 和下行聚焦函数 $f^+(x, x_i', t)$(Slob，2014)：

$$f(x, x_i', t) = f^+(x, x_i', t) + f^-(x, x_i', t) \tag{4.6.3}$$

式中：x_i' 为 ∂D_i 界面上任意位置处的聚焦点。上行聚焦函数为在观测点 x 处上行的波场，下行聚焦函数为在观测点 x 处下行的波场。

定义聚焦函数 $f^\pm(x, x_i', t)$ 是为了将介质中的上行和下行格林函数与界面 ∂D_0 上接收到的反射响应 $R(x_0, x_0'', t)$ 联系起来。格林函数、聚焦函数以及反射响应三者之间的关系如下(Wapenaar et al.，2014a)：

$$G^-(x_i', x_0'', t) = -f^+(x_0'', x_i', t) + \int_{\partial D_0} dx_0 \int_{-\infty}^{t} R(x_0'', x_0, t-t') f^+(x_0, x_i', t') dt'$$

$$\tag{4.6.4}$$

$$G^+(x'_i, x''_0, t) = f^+(x''_0, x'_i, -t) - \int_{\partial D_0} dx_0 \int_{-\infty}^t R(x''_0, x_0, t-t') f^-(x_0, x'_i, -t') dt'$$

(4.6.5)

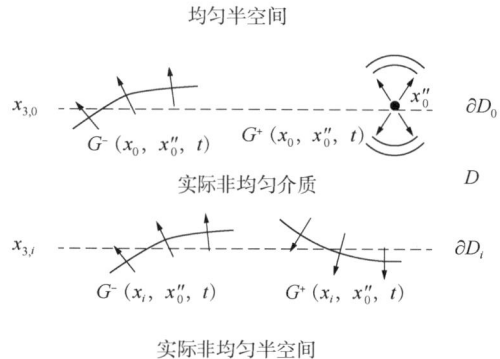

图 4.6.1 非均匀介质中的上行格林函数和下行格林函数(据 Wapenaar et al., 2014a)

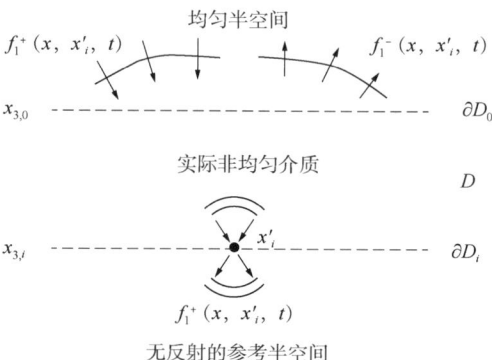

图 4.6.2 非均匀介质中的上行聚焦函数和下行聚焦函数(据 Wapenaar et al., 2014a)

根据因果关系,在格林函数的直达波部分到达 ∂D_0 界面之前,该界面上接收到的格林函数的值为零(Wapenaar et al., 2014a),即当 $t < t_d(x'_i, x''_0)$ 时:

$$0 = -f^+(x''_0, x'_i, t) + \int_{\partial D_0} dx_0 \int_{-\infty}^t R(x''_0, x_0, t-t') f^+(x_0, x'_i, t') dt' \quad (4.6.6)$$

$$0 = f^+(x''_0, x'_i, -t) - \int_{\partial D_0} dx_0 \int_{-\infty}^t R(x''_0, x_0, t-t') f^-(x_0, x'_i, -t') dt' \quad (4.6.7)$$

式中:$t_d(x'_i, x''_0)$ 为格林函数直达波的走时。式(4.6.6)与式(4.6.7)的组合被称为 Marchenko 方程,通过求解 Marchenko 方程可以得到单边聚焦函数。为了通过迭代的方式求解 Marchenko 方程,下行聚焦函数按如下的方法被初始化(Wapenaar et al., 2014a):

$$f^+(x''_0, x'_i, t) = T^{inv}(x'_i, x''_0, t) \quad (4.6.8)$$

式中:$T^{inv}(x'_i, x''_0, t)$ 为截断介质中的透射响应。假设该透射响应由直达波和尾波两部分组成,则有:

$$f^+(x''_0, x'_i, t) = T_d^{inv}(x'_i, x''_0, t) + M^+(x''_0, x'_i, t) \quad (4.6.9)$$

式中:M^+ 为未知的散射尾波;T_d^{inv} 为 T^{inv} 直达波部分。在式(4.6.9)中,取地下虚源点到地面的直达波部分作为近似的 T_d^{inv}(Wapenaar et al., 2014a),则有:

$$f^+(x''_0, x'_i, t) \approx G_d(x'_i, x''_0, -t) + M^+(x''_0, x'_i, t) \quad (4.6.10)$$

以反射响应数据和虚源点到地面的直达波为输入数据,Marchenko 方程通过求解尾波来重构聚焦函数。设初始的尾波为零,即:

$$M^+(x_0'', x_i', t) = 0 \tag{4.6.11}$$

以式(4.6.11)作为初始化,将式(4.6.10)代入式(4.6.6),可以得到初始化的(第 0 次更新)上行聚焦函数:

$$f_0^-(x_0'', x_i', t) = \int_{\partial D_0} dx_0 \int_{-\infty}^{t} R(x_0'', x_0, t - t') G_d(x_0, x_i', -t') dt' \tag{4.6.12}$$

将式(4.6.7)代入式(4.6.10),并用时窗函数滤掉直达波部分,就能得到尾波成分:

$$M_k^+(x_0'', x_i', -t) = w(t) \int_{\partial D_0} dx_0 \int_{-\infty}^{t} R(x_0'', x_0, t - t') f_{k-1}^-(x_0, x_i', -t') dt' \tag{4.6.13}$$

式中:k 为迭代次数;$w(t)$ 为根据虚源点到地面的直达波的走时 t_d 定义的时窗(Slob et al.,2014;Thorbecke et al.,2017)。

$$w(t) = \begin{cases} 1 & t < t_d \\ 0.5 & t = t_d \\ 0 & t > t_d \end{cases} \tag{4.6.14}$$

遵循式(4.6.10)的假设并联合式(4.6.7)、式(4.6.10)和式(4.6.13),则第 k 次更新的上行聚焦函数和下行聚焦函数分别为:

$$f_k^-(x_0'', x_i', t) = f_0^-(x_0'', x_i', t) + \int_{\partial D_0} dx_0 \int_{-\infty}^{t} R(x_0'', x_0, t - t') M_k^+(x_0, x_i', t') dt' \tag{4.6.15}$$

$$f_k^+(x_0'', x_i', t) = G_d(x_i', x_0'', -t) + M_k^+(x_0'', x_i', t) \tag{4.6.16}$$

式(4.6.6)至式(4.6.16)为完整的 Marchenko 方程求解过程。将求解 Marchenko 方程得到单边聚焦函数代入式(4.6.4)和式(4.6.5)就得到分解后的上行格林函数和下行格林函数。

(2) Marchenko 成像。

通过求解 Marchenko 方程可以重构地下介质任意位置的上行格林函数和下行格林函数,并利用计算这两个格林函数的互相关或者多维反褶积进行成像,这种成像方法被叫作 Marchenko 成像。Marchenko 成像相对于传统的地震成像方法的两大优势在于:

① 不需要输入精确的速度模型;
② 成像结果不受地震数据中的层间多次波响应的影响。

互相关成像条件:

当用上文所示的方法重构出地下介质任意位置的上行格林函数和下行格林函数后,可以通过计算上行格林函数和下行格林函数的互相关来获得地下介质的成像结果。上行格林函数和下行格林函数在频率域的互相关 C 可以表示为:

$$C(x_i', x_i', t) = \int_{-\infty}^{\infty} G^-(x_i', x_0'', \omega) G^+(x_i', x_0'', \omega)^* dx_0'' \tag{4.6.17}$$

此时的互相关成像条件是取零时刻、零偏移距位置的值作为成像结果。

多维反褶积成像条件可以使 Marchenko 成像结果具有更精确的振幅。地下任意深度 $\partial \mathbb{D}_i$ 位置的上行格林函数和下行格林函数关系可以表示为：

$$G^-(x_i, x_0'', t) = \int_{\partial \mathbb{D}_i} \mathrm{d} x_i' \int_{-\infty}^{\infty} R^{\cup}(x_i, x_i', t') G^+(x_i', x_0'', t-t') \mathrm{d} t' \quad (4.6.18)$$

式中：$R^{\cup}(x_i, x_i', t)$ 为界面 $\partial \mathbb{D}_i$ 上观测到的来至界面 $\partial \mathbb{D}_i$ 以下介质的反射响应，其虚拟震源 (x_i') 和虚拟检波点 (x_i) 均在界面 $\partial \mathbb{D}_i$ 上，该反射响应不受界面 $\partial \mathbb{D}_i$ 之上的上覆地层的影响。可以利用多维反褶积方法求解式 (4.6.18) 来获得该反射响应。为了得到这个结果，首先将式 (4.6.18) 的两边均与下行格林函数进行互相关，并在界面 $\partial \mathbb{D}_i$ 上沿着震源位置进行积分：

$$C(x_i, x_i''', t) = \int_{\partial \mathbb{D}_i} \mathrm{d} x_i' \int_{-\infty}^{\infty} R^{\cup}(x_i, x_i', t') \Gamma(x_i', x_i''', t-t') \mathrm{d} t' \quad (4.6.19)$$

式中：$C(x_i, x_i''', t)$ 为互相关函数；$\Gamma(x_i', x_i''', t)$ 为点扩散函数。

$$C(x_i, x_i''', t) = \int_{\partial \mathbb{D}_0} \mathrm{d} x_0'' \int_{-\infty}^{\infty} G^-(x_i, x_0'', t+t') G^+(x_i''', x_0'', t') \mathrm{d} t' \quad (4.6.20)$$

$$\Gamma(x_i', x_i''', t) = \int_{\partial \mathbb{D}_0} \mathrm{d} x_0'' \int_{-\infty}^{\infty} G^+(x_i', x_0'', t+t') G^+(x_i''', x_0'', t') \mathrm{d} t' \quad (4.6.21)$$

通过对矩阵进行离散化来求解 $R(x_r, x, t)$，这里采用最小二乘反演法进行 R 的求解：

$$R = C(\Gamma + \varepsilon \boldsymbol{I})^{-1} \quad (4.6.22)$$

式中：$\boldsymbol{I}$ 为单位矩阵。

4.6.2 格林函数与成像数值算例

（1）格林函数重构。

通过求解 Marchenko 方程，可以很容易地实现格林函数重构。在本小节，将用一个二维的非均匀地下介质模型（图 4.6.3）来演示基于 Marchenko 理论的格林函数重构方法。图 4.6.3(a) 为速度模型，不同层的速度用不同的颜色表示，界面 $\partial \mathbb{D}_i$ 以下的部分为目标区域，图 4.6.3(b) 为对应的平滑速度模型。图 4.6.3(c) 为通过有限差分正演模拟得到的地震反射响应，其震源子波为雷克子波，主频为 20Hz。该反射响应不包含直达波和自由表面多次波。图 4.6.3(d) 为用平滑速度模型［图 4.6.3(b)］正演模拟得到的格林函数的直达波部分，其震源在界面 $\partial \mathbb{D}_0$ 上的 x_0 处，检波点在界面 $\partial \mathbb{D}_i$ 上的 x_i' 处。为了获得该直达波，不需要关于模型界面信息和模型参数。图 4.6.3(c) 所示的反射响应和图 4.6.3(d) 所示的直达波即为 Marchenko 方法所需的输入。通过迭代方式求解 Marchenko 方程重构的格林函数如图 4.6.4 所示，其中图 4.6.4(a) 为重构的上行格林函数，图 4.6.4(b) 为重构的下行格林函数。图 4.6.5 为重构的格林函数与直接模拟的格林函数的对比。图中黑色实线为重构的上行格林函数与下行格林函数的和，灰色虚线为直接模拟得到的格林函数。通过观察可以发现，两者匹配程度很高。

4 地震波成像技术

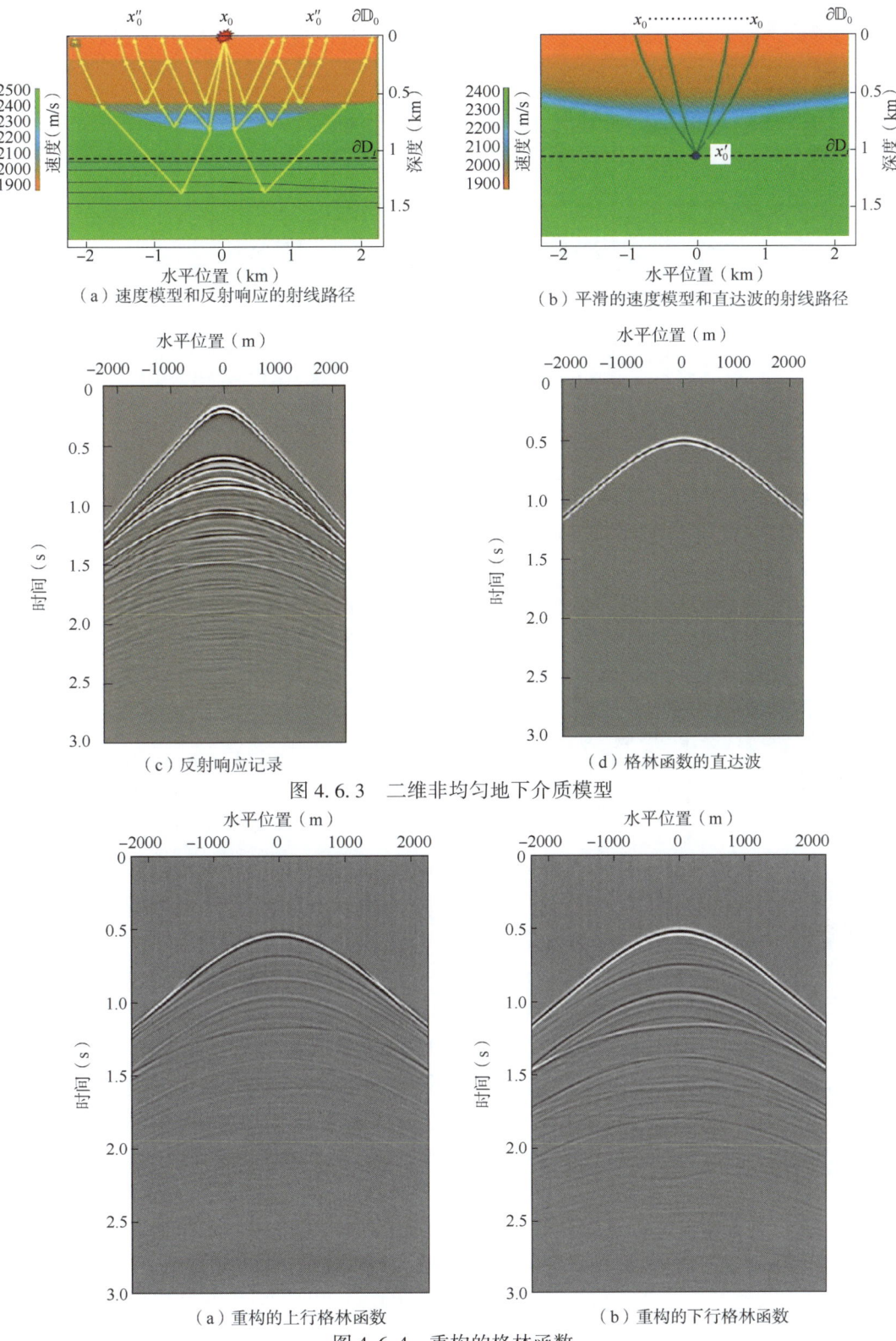

(a) 速度模型和反射响应的射线路径
(b) 平滑的速度模型和直达波的射线路径
(c) 反射响应记录
(d) 格林函数的直达波

图 4.6.3 二维非均匀地下介质模型

(a) 重构的上行格林函数
(b) 重构的下行格林函数

图 4.6.4 重构的格林函数

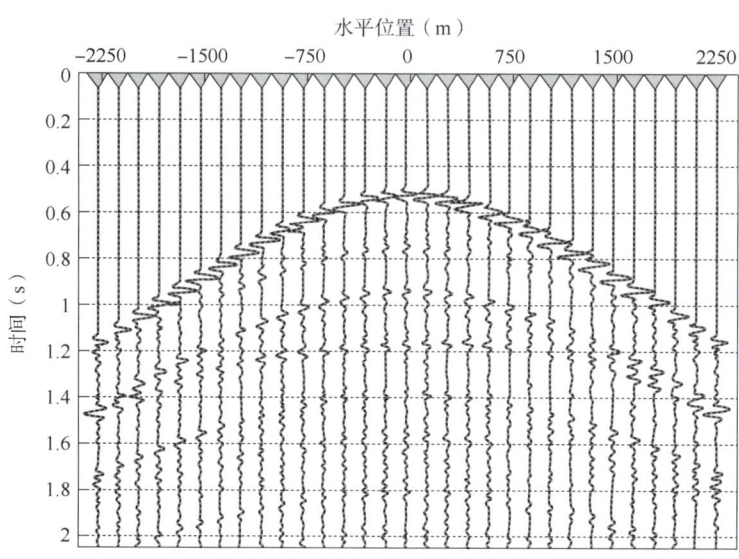

图 4.6.5 重构的格林函数(黑色实线)与直接模拟的格林函数(灰色虚线)对比

(2) Marchenko 成像。

图 4.6.6 为用于 Marchenko 成像测试的模型。图 4.6.6(a)和 4.6.6(b)分别为速度和密度模型,图 4.6.6(c)为平滑后的速度模型。该模型在水平方向上是对称的,有利于不同成像结果之间的比较。为了比较,首先使用逆时偏移(Reverse-Time Migration,RTM)方法进行成像,成像结果如图 4.6.7(a)所示。逆时偏移成像和许多其他地震成像算法是依赖于单散射假设,这意味着所记录的数据不包括层间多次波。当数据中出现不需要的多次反射时,这类成像算法会错误地将其成像为偏移假象,如图 4.6.7(a)中白色箭头所示。图 4.6.7(b)为互相关成像条件的 Marchenko 成像结果。相比于 RTM 成像结果,基于互相关成像条件得到的 Marchenko 成像结果得到了改善。成像结果中不含受层间多次波影响的偏移假象,成像结果噪声更少,且横向连续性更好。图 4.6.7(c)为多维反褶积成像条件的 Marchenko 成像结果。与前两者成像结果一样,反射界面在正确的空间位置被成像,但与图 4.6.7(b)相比,不同反射界面的相对振幅被更好地恢复。图中黑色箭头表示由水平传播的散射波引起的假

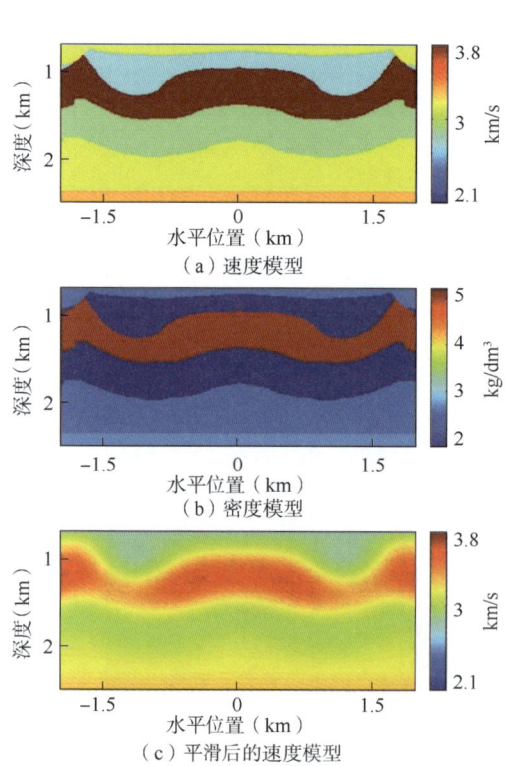

图 4.6.6 用于 Marchenko 成像测试的模型

象，Marchenko 成像背后的理论是基于单向传播的，其中传播的首选方向是垂直方向。因此，数据驱动的波场聚焦算法不能很好地处理沿水平方向传播的能量。图 4.6.7(d) 为逆时偏移成像结果与多维反褶积 Marchenko 成像结果的对比。

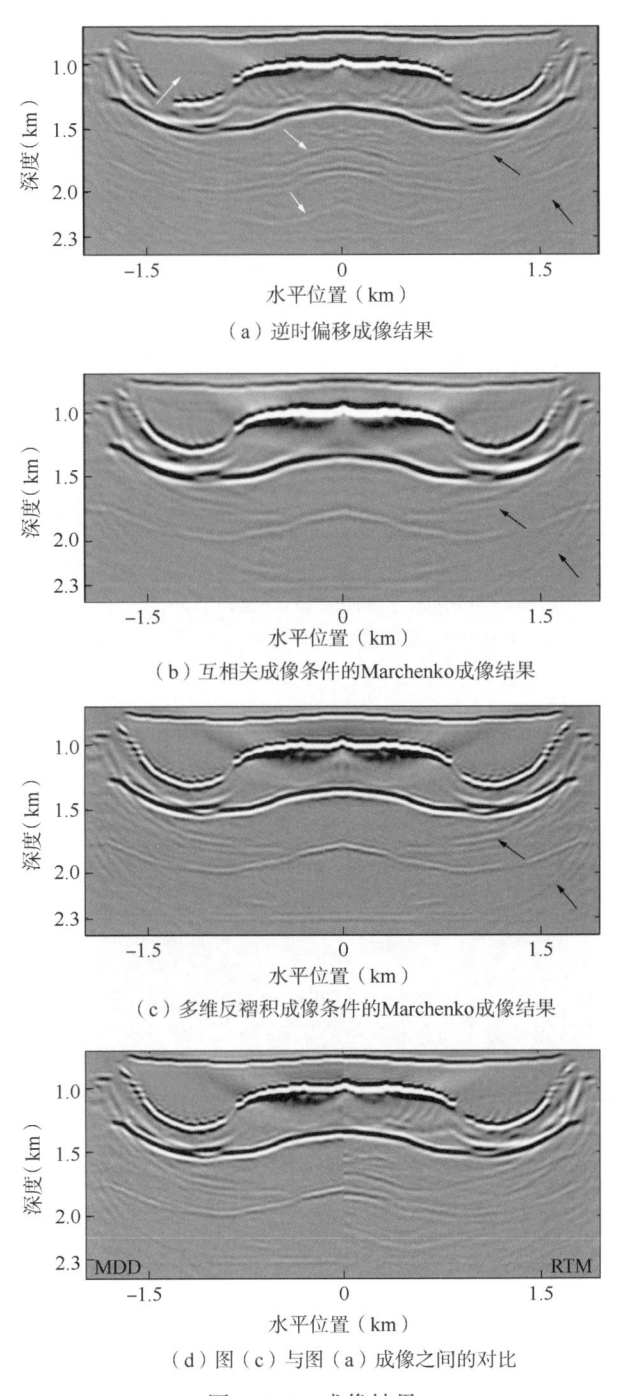

(a) 逆时偏移成像结果

(b) 互相关成像条件的 Marchenko 成像结果

(c) 多维反褶积成像条件的 Marchenko 成像结果

(d) 图 (c) 与图 (a) 成像之间的对比

图 4.6.7　成像结果

4.7 地震成像的应用实例

4.7.1 理论模型偏移比较

（1）HUSKY模型。

图4.7.1为HUSKY模型，在山前地区，地形的高程变化很大，速度存在横向剧烈变化，且逆冲断层的构造相当复杂。图4.7.2分别给出了Kirchhoff叠前时间偏移、Kirchhoff叠前深度偏移、炮域单程波波动方程叠前深度偏移、逆时偏移的成像结果。Kirchhoff叠前时间偏移由于速度横向变化导致绕射不能正确归位，虽然Kirchhoff叠前深度偏移在成像精度上要高于Kirchhoff叠前时间偏移，但受限于Kirchhoff积分法原理，仍然无法对于山前带横向速度变化的地区很好地保证断层成像、断点归位。逆时偏移成像精度较单程波波动方程偏移在复杂构造，尤其是高陡倾角区域成像精度要高。

图4.7.1 HUSKY模型

（2）Sigsbee2A模型。

由于高速盐丘厚度的剧烈变化，容易造成盐下地震资料品质较差的问题。图4.7.3为Sigsbee2A模型，利用炮域单程波波动方程偏移和逆时偏移的结果如图4.7.4所示。图4.7.4(a)炮域单程波波动方程偏移盐丘形态不清晰，而4.7.4(b)逆时偏移所得剖面波组特征较为清楚，盐丘的顶、底及边界较为清楚。图4.7.5和图4.7.6为模型成像局部对比，相比较单程波波动方程偏移，逆时偏移成像结果与其他非盐地层的接触关系更为合理，在高陡断层处断点更加清晰。

4 地震波成像技术

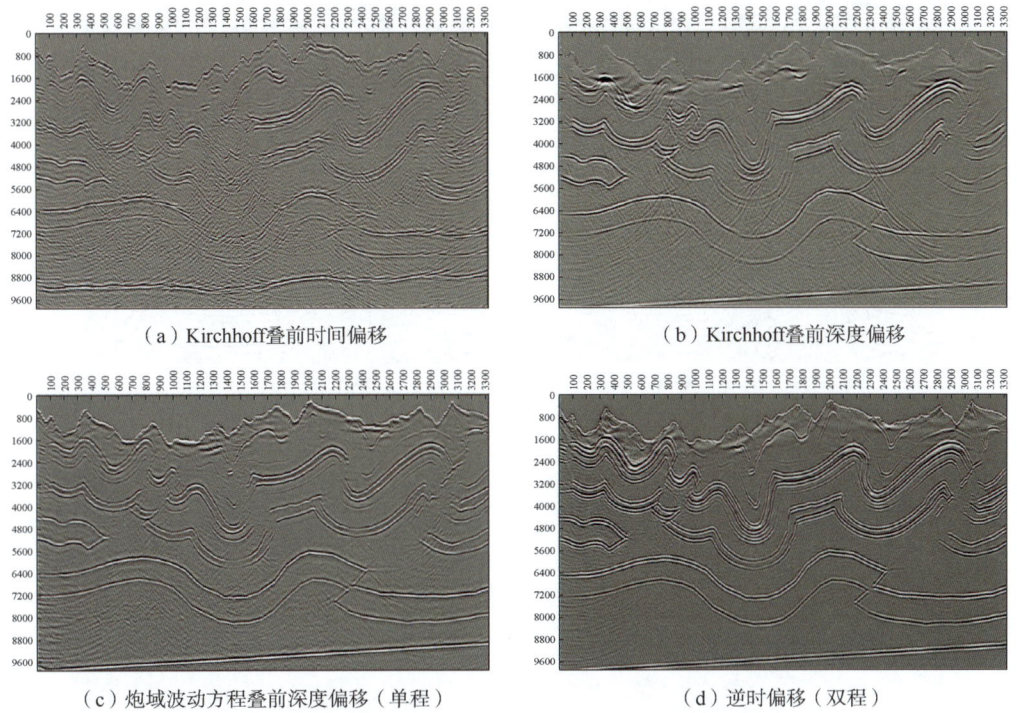

图 4.7.2 HUSKY 模型偏移效果比较

图 4.7.3 Sigsbee2A 模型

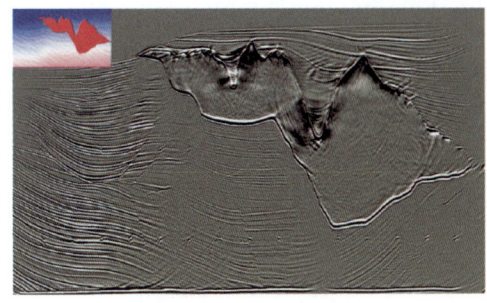 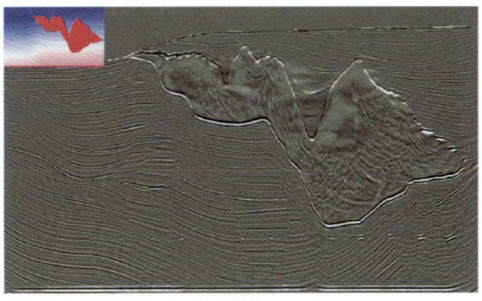

（a）炮域波动方程偏移（单程）　　　　　　　　（b）逆时偏移（双程）

图 4.7.4 Sigsbee2A 模型偏移效果比较

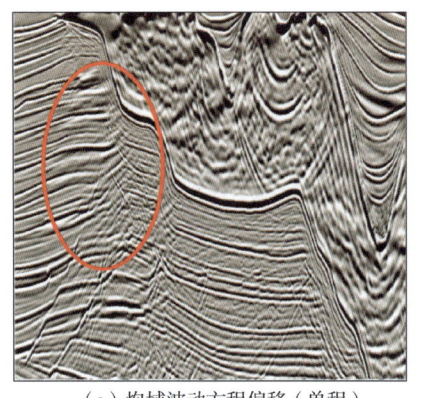

(a) 炮域波动方程偏移（单程）　　　　　（b）逆时偏移（双程）

图 4.7.5　Sigsbee 2A 模型成像局部对比 1

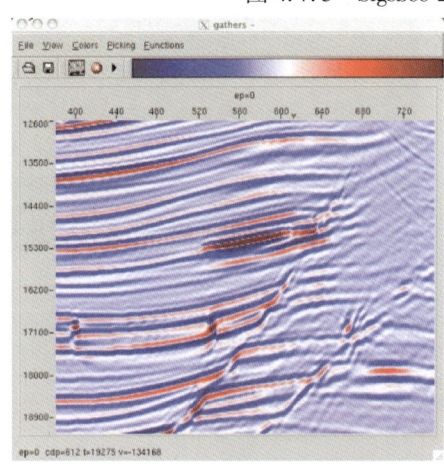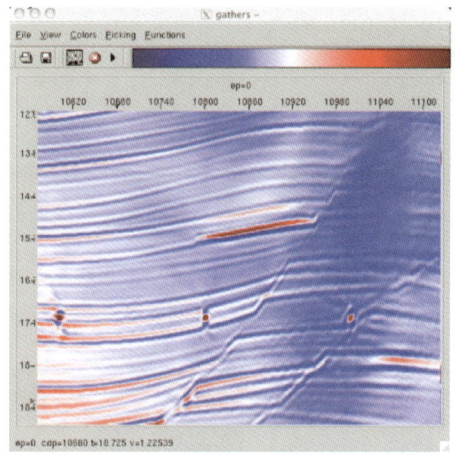

(a) 炮域波动方程偏移（单程）　　　　　（b）逆时偏移（双程）

图 4.7.6　Sigsbee 2A 模型成像局部对比 2

（3）North Sea Sill 模型。

图 4.7.7 为 North Sea Sill 的速度模型，图 4.7.8 给出了该模型下三种不同偏移方法效果比较。图 4.7.8(a) 为 Kirchhoff 偏移，成像结果不清晰，尤其是对速度突变区域以及深部反射界面无法准确成像。图 4.7.8(b) 为单程波（FKX）偏移，对比 Kirchhoff 偏移虽然效果有所改善，但对横向速度突变处刻画不够精细。图 4.7.8(c) 为逆时偏移（FD），其结果很好地反映了真实构造情况。

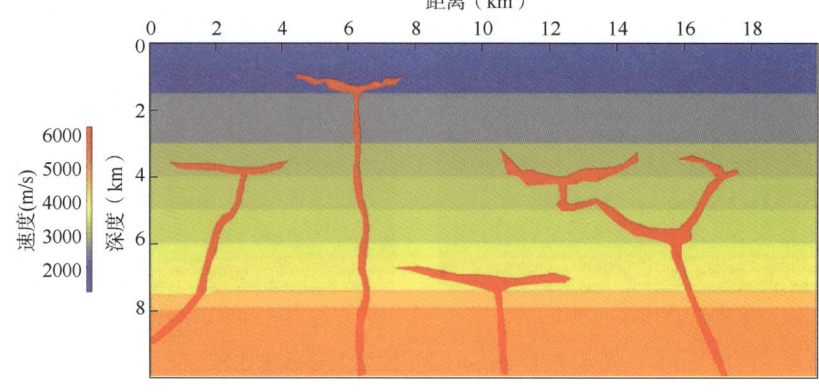

图 4.7.7　North Sea Sill 模型

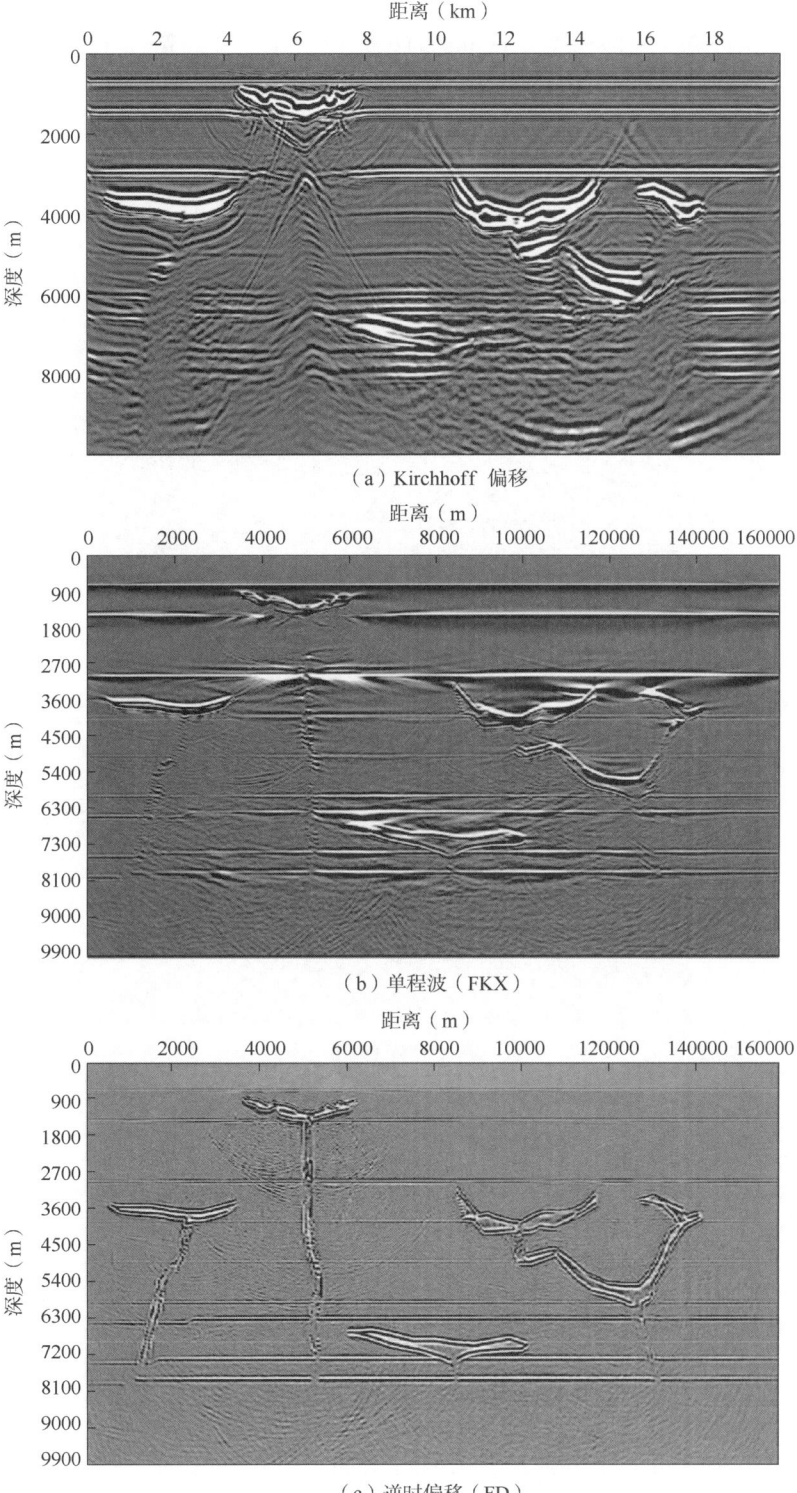

图 4.7.8 North Sea Sill 模型偏移效果比较

（4）RTM 与 Marchenko 对比。

图 4.7.9 给出了逆时偏移和 Marchenko 偏移成像对比，在透镜体下逆时偏移存在由于层间多次波造成的偏移假象，而 Marchenko 成像重构的格林函数包括内部多次反射波在内的所有散射效应，因此，地震记录中的多次波也可以对地下反射界面准确成像，所以成像结果中不含虚假反射界面的成像结果。

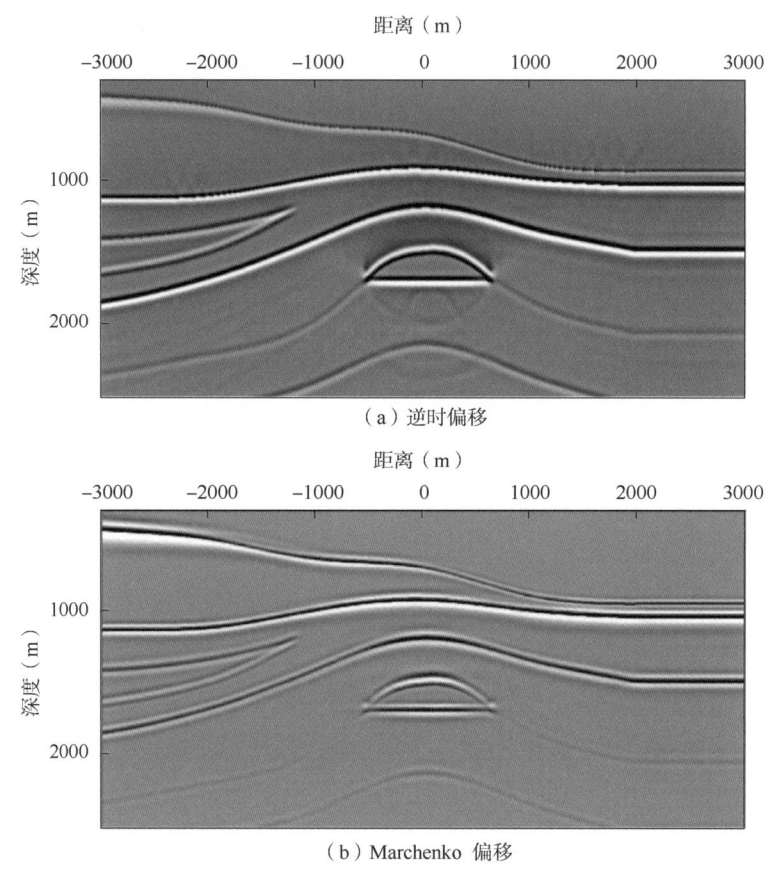

图 4.7.9 偏移效果对比

（5）三维模型。

图 4.7.10、图 4.7.11、图 4.7.12 分别给出了三维理论模型下 Inline450 线、Inline460 线、Xline469 线的逆时偏移成像结果。可以看到反射层和盐体均已准确成像，断层断点清晰。

4.7.2 实际模型偏移比较

图 4.7.13 和图 4.7.14 分别展示了 Inline951 线和 Xline580 线叠后时间偏移与波动方程成像对比。图 4.7.15 为 Inline900 线 Kirchhoff 叠前深度偏移成像结果与逆时偏移成像结果对比，并且图 4.7.16 给出了逆时偏移剖面井标定结果。图 4.7.17 和图 4.7.18 为同一速度模型实际数据的 Kirchhoff 叠前深度偏移、单程波偏移和逆时偏移局部成像效果对比。可以看出，Kirchhoff 成像深层成像并不准确，单程波偏移受限于倾角限制，在陡倾角处同相轴连

续性较差，逆时偏移能处理陡倾角和来自其他双程射线路径的能量，对高陡构造带边界断裂成像刻画更好。

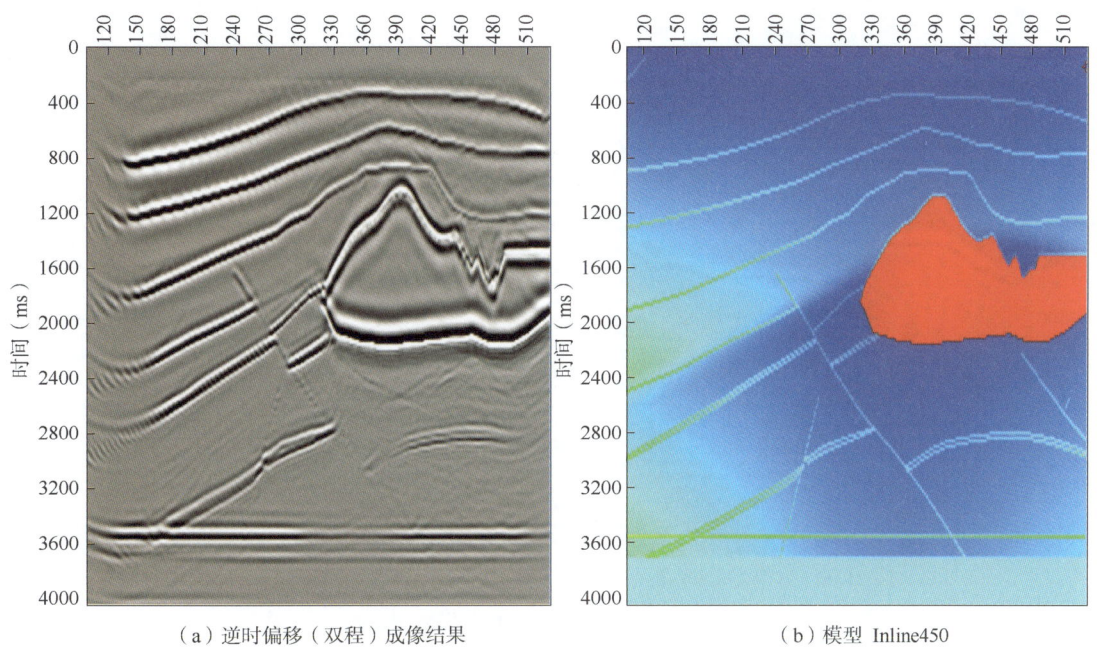

(a) 逆时偏移（双程）成像结果　　(b) 模型 Inline450

图 4.7.10　三维模型及成像效果 1

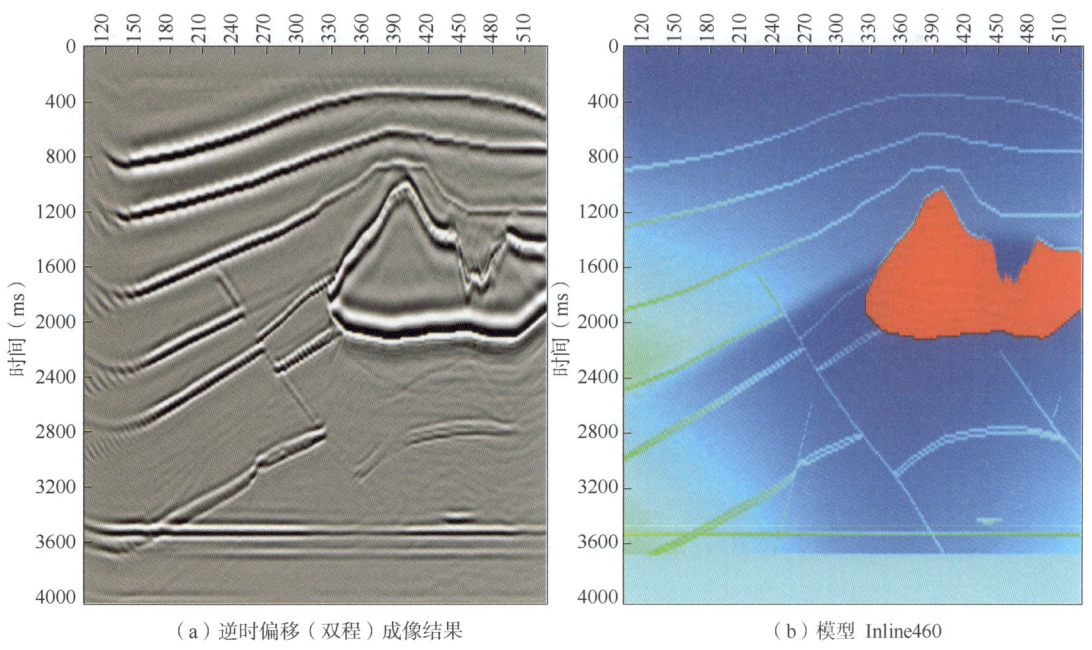

(a) 逆时偏移（双程）成像结果　　(b) 模型 Inline460

图 4.7.11　三维模型及成像效果 2

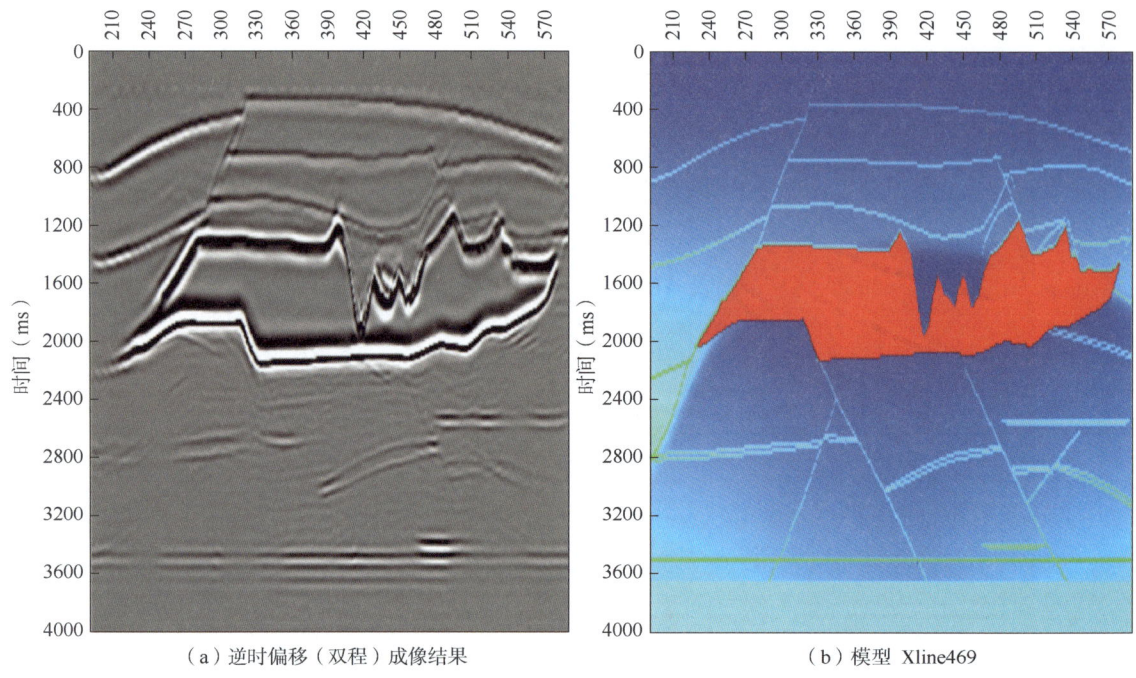

图 4.7.12 三维模型及成像效果 3

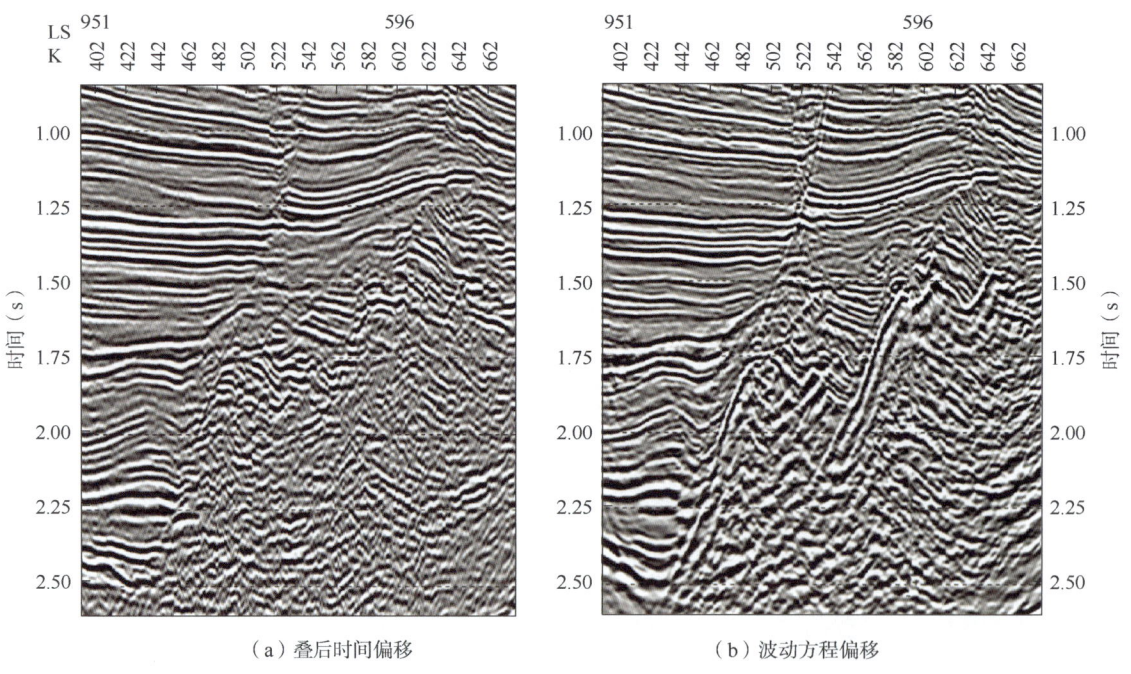

图 4.7.13 实际数据 Inline951

4 地震波成像技术

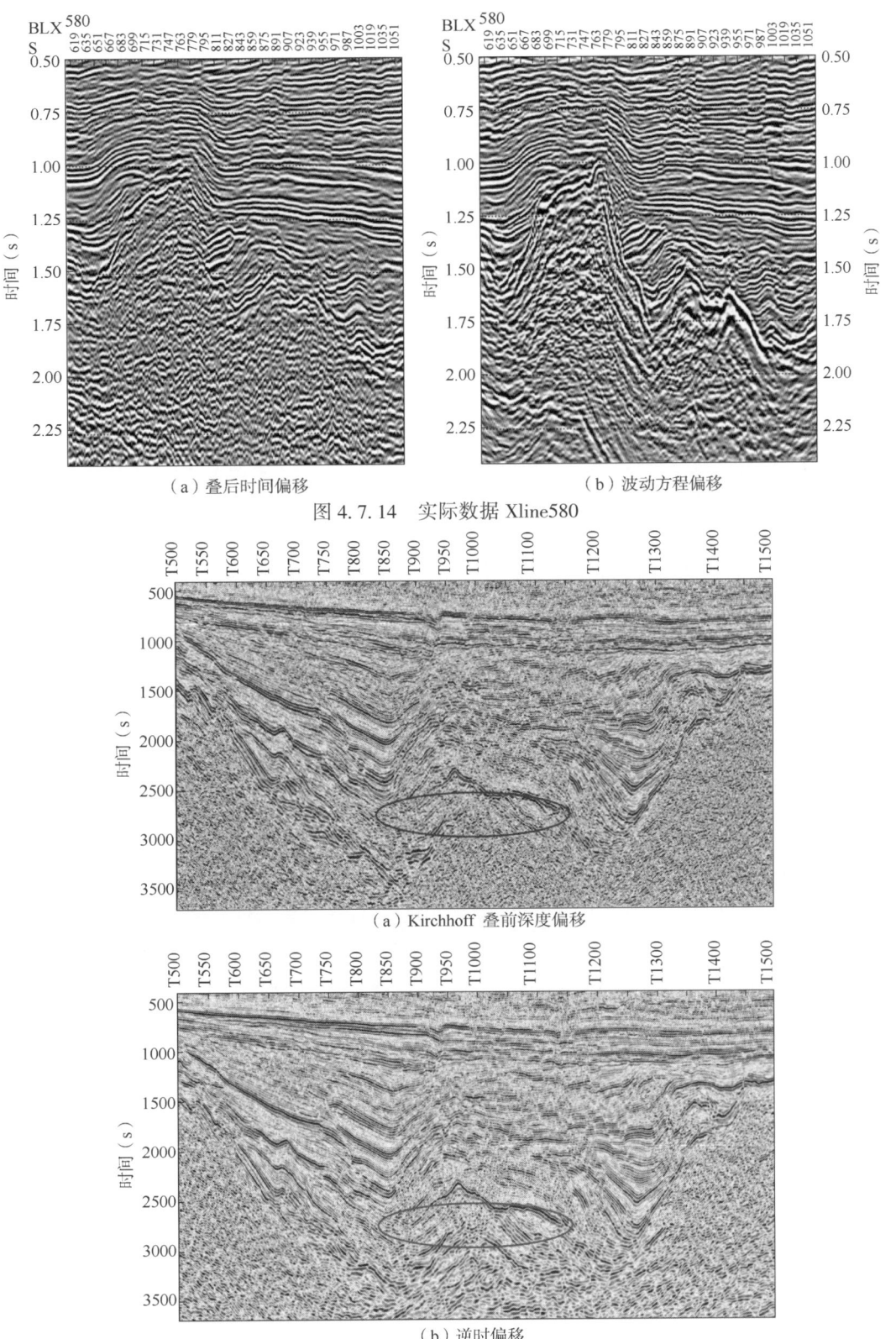

（a）叠后时间偏移　　　　　　　（b）波动方程偏移

图 4.7.14　实际数据 Xline580

（a）Kirchhoff 叠前深度偏移

（b）逆时偏移

图 4.7.15　Inline900 成像效果对比

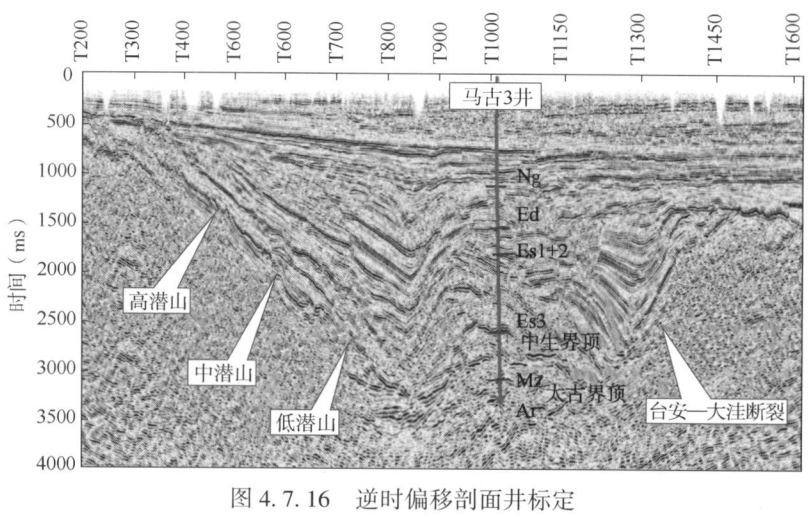

图 4.7.16 逆时偏移剖面井标定

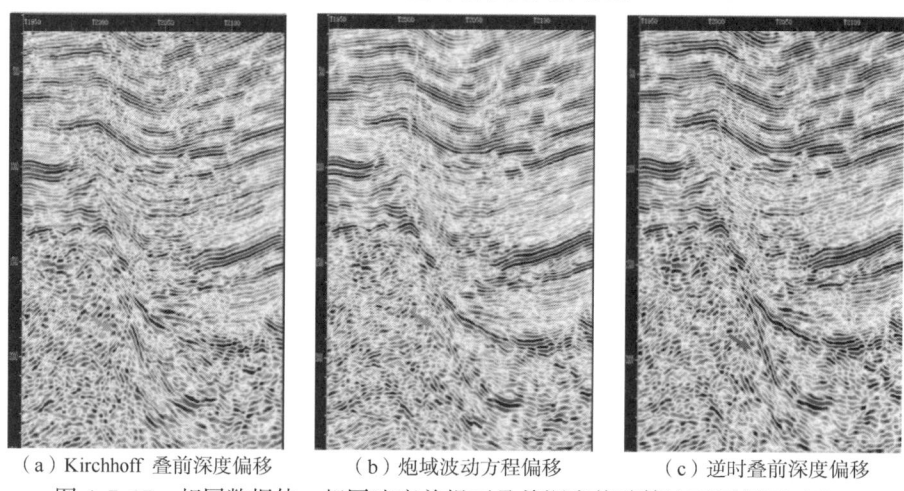

（a）Kirchhoff 叠前深度偏移　　（b）炮域波动方程偏移　　（c）逆时叠前深度偏移

图 4.7.17 相同数据体、相同速度前提下叠前深度偏移算法不同剖面对比 1

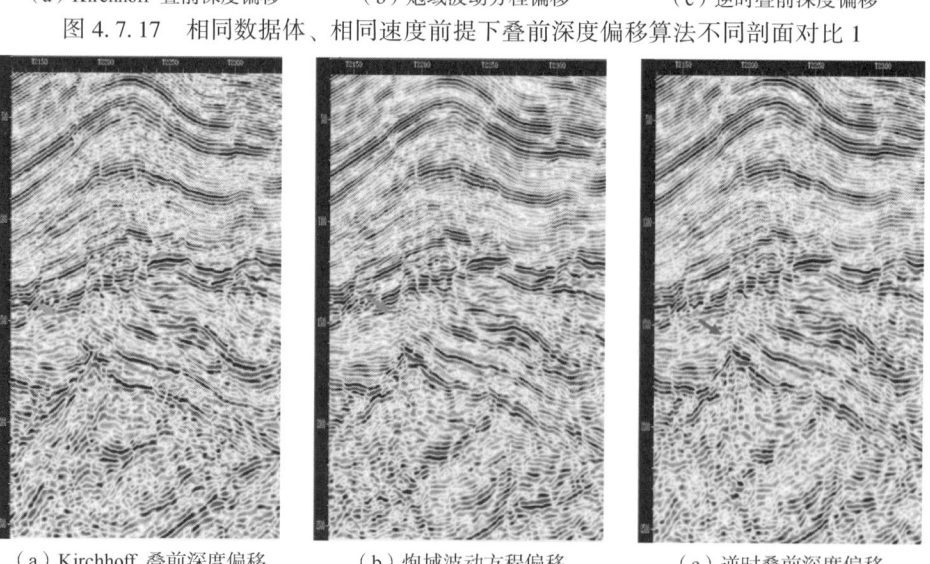

（a）Kirchhoff 叠前深度偏移　　（b）炮域波动方程偏移　　（c）逆时叠前深度偏移

图 4.7.18 相同数据体、相同速度前提下叠前深度偏移算法不同剖面对比 2

参 考 文 献

Abdelkhalek R, Calandra H, Coulaud O, et al., 2009. Fast seismic modeling and reverse time migration on a GPU cluster[C]. Conference: High Performance Computing & Simulation.

Aminzadeh F, Burkhard N, Long J, et al., 1996. Three dimensional SEG/EAGE models-An update[J]. The Leading Edge, 15(2): 131-134.

Bakulin A, Calvert R, 2004. Virtual source: new method for imaging and 4D below complex overburden[C]. 74th Annual International Meeting, SEG, Expanded Abstracts: 2477-2480.

Bakulin A, Calvert R, 2006. The virtual source method: theory and case study[J]. Geophysics, 71(4): SI139-SI150.

Baysal E, Kosloff D D, Sherwood J W C, 1983. Reverse time migration[J]. Geophysics, 48(11): 1514-1524.

Baysai E, Kosloff D D, Sherwood J W C, 1984. A two-way nonreflecting wave equation[J]. Geophysics, 49(2): 132-141.

Bednar J B, 2005. A brief history of seismic migration[J]. Geophysics, 70(3): 3MJ-20MJ.

Behura J, Wapenaar K, Snieder R, 2014. Autofocus imaging: image reconstruction based on inverse scattering theory[J]. Geophysics, 79(3): A19-A26.

Berkhout A J, 1980. Seismic migration: Imaging of acoustic energy by wave field extrapolation[M]. Developments in Solid Earth geophysics 12, Elsevier Science Publishing Co.

Berkhout A J, 1984a. Seismic migration: imaging of acoustic energy by wave field extrapolation: a. theoretical aspects[M]. Developments in Solid Earth Geophysics 14A, Elsevier Science Publishing Co.

Berkhout A J, 1984b. Seismic migration: imaging of acoustic energy by wave field extrapolation: b. Practical aspects[M]. Developments in Solid Earth Geophysics 14B, Elsevier Science Publishing Co.

Beylkin G, 1985. Imaging of discontinuities in the inverse scattering problem by inversion of a causal generalized radon tvarform[J]. Journal of mathematical physics, 26(1): 99-108.

Biondi B, 2003. Equivalence of source-receiver migration and shot-profile migration[J]. Geophysics, 68(4): 1340-1347.

Biondi B L, 2006. 3D seismic imaging[M]. Society of Exploration Geophysicists.

Bleistein N, 1984. Mathematical methods for wave phenomena[M]. Academic Press, 343.

Bletstein N, 1987. On the imaging of reflectors in the earth[J]. Geophysics, 52(7): 931-942.

Bletstein N, 1999. Hagedoorn told us how to do kirchhoff migration and inversion[J]. The Leading Edge, 18(8): 918-927.

Bleistein N, Gray S H, 2001. From the hagedoorn imaging technique to kirchhoff migration and inversion[J]. Geophysical Prospecting, 49(6): 629-643.

Broggini F, Snieder R, 2012. Connection of scattering principles: a visual and mathematical tour [J]. Eur. J. Phys., 33(3): 593-613.

Broto K, Lailly P, 2001. Towards the tomographic inversion of prismatic reflections[C]. SEG 71st Annual International Meeting Expanded Abstracts, 726-729.

Cao W, Fei T W, Luo Y, et al., 2008. Estimation of hydrofracture source location with time reversal mirrors[C]. SEG 78th Annual International Meeting Expanded Abstract, 1421-1424.

Cerveny V, Psencik I, 1983. Gaussian beam and paraxial ray approximation in three-dimensional elastic inhomogeneous media[J]. Journal of Geophysics, 53: 1-15.

Claerbout J F. 1968, Synthesis of a layered medium from its acoustic transmission response[J]. Geophysics, 33(2): 264-269.

Claerbout J F, 1970. Coarse grid calculations of waves in inhomogeneous media with application to delineation of complicated seismic structure[J]. Geophysics, 35(3): 407-418.

Claerbout J F, 1971. Toward a unified theory of reflector mapping[J]. Geophysics, 36(3): 467-481.

Claerbout J F, 1985. Imaging the earth's interior[M]. Blackwell Scientific Publications.

Campillo M, Paul A, 2003. Long-range correlations in the diffuse seismic coda[J]. Science, 299(5606): 547-549.

Cohen J K, Bleistein N, 1979. Velocity inversion procedure for acoustic waves[J]. Geophysics, 44(6): 1077-1087.

Cunha C A, 1992. Elastic modeling and migration in earth models[D]. Ph. D. thesis, Stanford University.

Curtis A, Halliday D, 2010. Directional balancing for seismic and general wavefield Interferometry[J]. Geophysics, 75(1): SA1-SA14.

da Costa Filho C A, Ravasi M, Curtis A, 2015. Elastic P- and S-wave autofocus imaging with primaries and internal multiples[J]. Geophysics, 80(5): S187-S202.

Draganov D, Wapenaar K, Thorbecke J, 2006. Seismic interferometry: reconstructing the earth's reflection response[J]. Geophysics, 71(4), SI61-SI70.

Draganov D, Wapenaar K, Thorbecke J, et al., 2007. Retrieving reflection responses by crosscorrelating transmission responses from deterministic transient sources: application to ultrasonic data[J]. Journal of the Acoustical Society of America, 122(5): EL172-EL178.

Dondurur D, 2018. Acquisition and processing of marine seismic data[M]. Elsevier Inc.

Etgen J, 1986. Prestack reverse time migration of shot profiles[R]. Stanford Exploration Project, Report 50, 151-170.

Forel D, Gardner G H F, 1988. A three-dimensional perspective on two-dimensional dip moveout[J]. Geophysics, 53(5): 604-610.

French W S, 1974. Two-dimensional and three-dimensional migration of model experiment reflection profiles[J]. Geophysics, 39(3): 265-277.

French W S, 1975. Computer migration of oblique seismic reflection profiles[J]. Geophysics, 40(6): 961-980.

Gardner G H F, FrenchW S, Matzuk T, 1974. Elements of migration and velocity analysis[J]. Geophysics, 39(6): 811-825.

Gazdag J, 1978. Wave equation migration with the phase-shift method[J]. Geophysics, 43(7): 1342-1351.

Gazdag J, Sguazzero P, 1984. Migration of seismic data by phase-shift plus interpolation[J]. Geophysics, 49(2): 124-131.

Hagedoorn J G, 1954. A process of seismic reflection interpretation[J]. Geophysical Prospecting, 2(2): 85-127.

Hornby B E, Yu J, 2007. Interferometric imaging of a salt flank using walkaway VSP data[J]. The Leading Edge, 26(6): 760-763.

Hubral P, 1977. Time migration-some ray theoretical aspects[J]. Geophysical Prospecting, 25(4): 738-745.

Jacobs B, 1982. The prestack migration of profiles[D]. Ph. D. thesis, Stanford University.

Jeannot J P, 1988. Full prestack versus shot record migration: practical aspects[C]// 58th Annual International

Meeting, Society of Exploration Geophysicists, Expanded Abstracts, 966-968.

Jiang Z, Sheng J, Yu J, et al., 2007. Migration methods for imaging different-order multiples[J]. Geophysical Prospecting, 55(1): 1-19.

Karrenbach M, 1997. Prestack reverse-time migration in anisotropic media[R]. Stanford Exploration Project, Report 70: 1-145.

Lumley D, Claerbout J, Bevc D, 1994. Anti-aliased kirchhoff 3-D migration[C]. SEG 64th Ann. Internat. Mtg. Expanded Abstracts: 1282-1285.

Marchenko V A, 1955. The construction of the potential energy from the phases of the scattered waves[J]. Doklady Akademii Nauk SSSR, 104: 695-698.

Mayne W H, 1962. Common reflection point horizontal data stacking techniques[J]. Geophysics, 27(6): 927-938.

McMechan G A, 1983. Migration by extrapolation of time-dependent boundary values[J]. Geophysical prospecting, 31(3): 413-420.

Michea D, Dimitri K, 2010. Accelerating a three-dimensional finite-difference wave propagation code using GPU graphics cards[J]. Geophys. J. Int. 182(1): 389-402.

NVIDIA Corporation, 2009. NVIDIA CUDA programming guide version2.3[M]. Santa Clara, California, USA.

Owens J D, Luebke D P, Govindaraju N K, et al., 2007. A survey of general-purpose computation on graphics hardware[J]. Comput. Graph. Forum, 26(1): 80-113.

Peterson R A, Waller W C, 1974. Through the kaleidoscope: a doodlebugger in wonderland[M]. United Geophysical Corporation.

Popovici A M, Sethian J, 2002. 3-D imaging using higher-order fast marching traveltimes[J]. Geophysics, 67(2): 604-609.

Rickett J, 1996. The effects of lateral velocity variations and ambient noise source location on seismic imaging by cross-correlation[R]. Stanford Exploration Project Report, 93: 139-151.

Rieber F, 1936. Visual presentation of elastic wave patterns under various structural conditions[J]. Geophysics, 1(2): 196-218.

Sabra K G, Gerstoft P, Roux P, et al., 2005. Extracting time-domain Green's function estimates from ambient seismic noise[J]. Geophysical Research Letters, 32(3): 1-5.

Sava P, Fomel S, 2001. 3-D traveltime computation using huygens wavefront tracing[J]. Geophysics, 66(3): 883-889.

Sava P, Fomel S, 2004. Wavefield extrapolation in riemannian coordinates[C]. SEG 74th Annual International Meeting Expanded Abstracts: 1049-1052.

Sava P, Hill S J, 2009. Overview and classification of wavefield seismic imaging methods[J]. The Leading Edge, 28(2): 170-183.

Schleicher J, Tygel M, Hubral P, 1993. 3-D true-amplitude finite-offset migration[J]. Geophysics, 58(8): 1112-1126.

Schneider W A, 1971. Developments in seismic data processing and analysis(1968-1970)[J]. Geophysics, 36(6): 1043-1073.

Schneider W A, 1978, Integral formulation for migration in two and three dimensions[J]. Geophysics, 43(1): 49-76.

Schulte B, 2012. Overview on the fundamentals of imaging[J]. CSEG Recorder, 40-48.

Schultz P S, Sherwood J W C, 1980. Depth migration before stack[J]. Geophysics, 45(3): 376-393.

Schuster G T, 2001. Theory of daylight/interferometric imaging: tutorial[C]. EAGE 63rd Conference & Technical Exhibition Extended Abstracts, A32.

Schuster G T, Yu J, Sheng J, et al., 2004. Interferometric/daylight seismic imaging[J]. Geophysical Journal International, 157(2): 838-852.

Schuster G T, 2009. Seismic interferometry[M]. Cambridge: Cambridge university press.

Shan G, Biondi B, 2004. Imaging overturned waves by plane-wave migration in tilted coordinates[C]. SEG 74th Annual International Meeting Expanded Abstracts, 969-972.

Shapiro N M, Campillo M, Stehly L, et al., 2005. High resolution surface wave tomography from ambient seismic noise[J]. Science, 307(5715): 1615-1618.

Slob E, Wapenaar K, Broggini F, et al., 2014. Seismic reflector imaging using internal multiples with marchenko type equations[J]. Geophysics, 79(2): S63-S76.

Stoffa P L, Fokkema J T, de Luna Freire, et al., 1990. Split-step fourier migration[J]. Geophysics, 55(4): 410-421.

Stolt R H, 1978. Migration by fourier transform[J]. Geophysics, 43(1): 23-48.

Sun H, Schuster G T, 2001. 2D wavepath migration[J]. Geophysics, 66(5): 1528-1537.

Thorbecke J, Slob E, Brackenhoff J, et al., 2017. Implementation of the marchenko method[J]. Geophysics, 82(6): WB29-WB45.

Vidale J, 1988. Finite-difference calculation of traveltimes[J]. Bull. Seis. Soc. Am., 78(6): 2062-2076.

Vidale J E, 1990. Finite-difference calculation of traveltimes in three dimensions[J]. Geophysics, 55(5): 521-526.

Wapenaar C P A, Berkhout A J, 1987. Full prestack versus shot record migration[C]. SEG 69th Annual International Meeting Expanded Abstracts, 761-764.

Wapenaar C P A, Draganov D, Thorbecke J, et al., 2002. Theory of acoustic daylight imaging revisited[C]. 72nd SEG annual meeting Expanded Abstracts, 2269-2272.

Wapenaar K, 2004. Retrieving the elastodynamic Green's function of an arbitrary inhomogeneous medium by cross correlation[J]. Physical Review Letters, 93(25): 1-4.

Wapenaar K, Draganov D, Robertsson J O A, 2006. Introduction to the supplement issue on seismic interferometry[J]. Geophysics, 71(4): SI1-SI4.

Wapenaar K, Fokkema J, 2006. Green's function representations for seismic interferometry[J]. Geophysics, 71(4): SI33-SI46.

Wapenaar K, Thorbecke J, van der Neut J, et al., 2012. Integrated migration and internal multiple elimination[C]. 82th SEG, Ann. Internat. Mtg. Expanded Abstracts, 1-5.

Wapenaar K, Thorbecke J, van der Neut J, et al., 2014a. Green's function retrieval from reflection data, in absence of a receiver at the virtual source position[J]. The Journal of the Acoustical Society of America, 135(5): 2847-2861.

Wapenaar K, Thorbecke J, van der Neut J, et al., 2014b. Marchenko imaging[J]. Geophysics, 79(3): WA39-WA57.

Whitmore N D, 1983. Iterative depth migration by backward time propagation[C]//53rd Annual International Meeting, SEG, Session S10. 1.

Wu R S, Huang L Y, 1992. Scattered field calculation in heterogeneous media using phase-screen propagation[C]. SEG 62nd Annual International Meeting Expanded Abstracts, 1289-1292.

Wu R S, de Hoop M V, 1996. Accuracy analysis of screen propagators for wave extrapolation using a thin-slab model[C]. SEG 66th Annual International Meeting Expanded Abstracts, 419-422.

Wu S J, Wang Y B, Zheng Y K, et al., 2018. Microseismic source locations with deconvolution migration[J]. Geophysical Journal International, 212(3): 2088-2115.

Xu S, Chauris H, Lambare G, et al., 2001. Common-angle migration: a strategy for imaging complex media[J]. Geophysics, 66(6): 1877-1894.

5 地震反演技术

地球物理反演的最终目的是根据地球物理观测资料求取相应的地球物理模型参数。其中,地震反演作为油气藏研究的核心技术,在油气藏勘探开发中发挥着至关重要的作用。本章简要论述地震反演技术的基本理论框架和重要发展思想。

5.1 地震反演简介

5.1.1 地震反演的目的与基本理论框架

油气地球物理的根本任务是提取有关地下介质的物性参数,评价储层的含油气性。这需要涉及正演和反演两个方面:地震正演是在地下介质特性和震源已知的情况下,研究地震波在地下介质中的传播规律,并获取地震相关模拟数据的过程;地震反演是利用观测的地震资料,以已知地质规律和钻井、测井资料为约束,推测地下岩层空间结构和物理性质。

如图 5.1.1 所示,SEG 标准 Marmousi Ⅱ 弹性模型是与安哥拉 Quanza 盆地 North Quenguela 海槽的地质情况相对应的。该段主要由页岩单元组成,偶尔有砂层。复杂断裂区的核心为泥灰岩组成的背斜。不整合面和部分排空的盐层将泥灰岩与较深的背斜单元分开,背斜单元也主要是页岩和一些砂,这些不同的岩石具有不同的传播纵波速度。由于地下物性和岩性参数难以直接获得,地质剖面所对应的不同尺度的弹性参数模型(速度、密度、各向异性等)便被用于确定地层的几何结构、物性和岩性。

长期以来,常规地震处理解释流程采用先从地震数据分步地反演弹性参数,再从弹性参数推测物性和岩性参数的路线。因此,地震反演技术在油气地球物理中具有重要意义(撒利明等,2015)。

一般地,地球物理离散反问题可以通常定义为:

$$d = Fm \tag{5.1.1}$$

式中:d 为记录的数据向量;m 为反演模型参数向量;F 为依赖于 m 并以此预测数据 d 的正演算子。如果原始正演算子是非线性的,则通常基于某些背景模型进行线性化。

20 世纪 60 年代 Backus 和 Gilbert 就建立了现代反演理论(BG 理论),并系统地把线性反问题引入地球物理领域。基于 BG 理论,发展出了连续介质的线性反演理论,其基本思想是先在泛函空间中展开连续介质的模型参数函数,接着将离散后的介质模型参数用展开系数表示,然后采用离散线性反演理论进行求解。

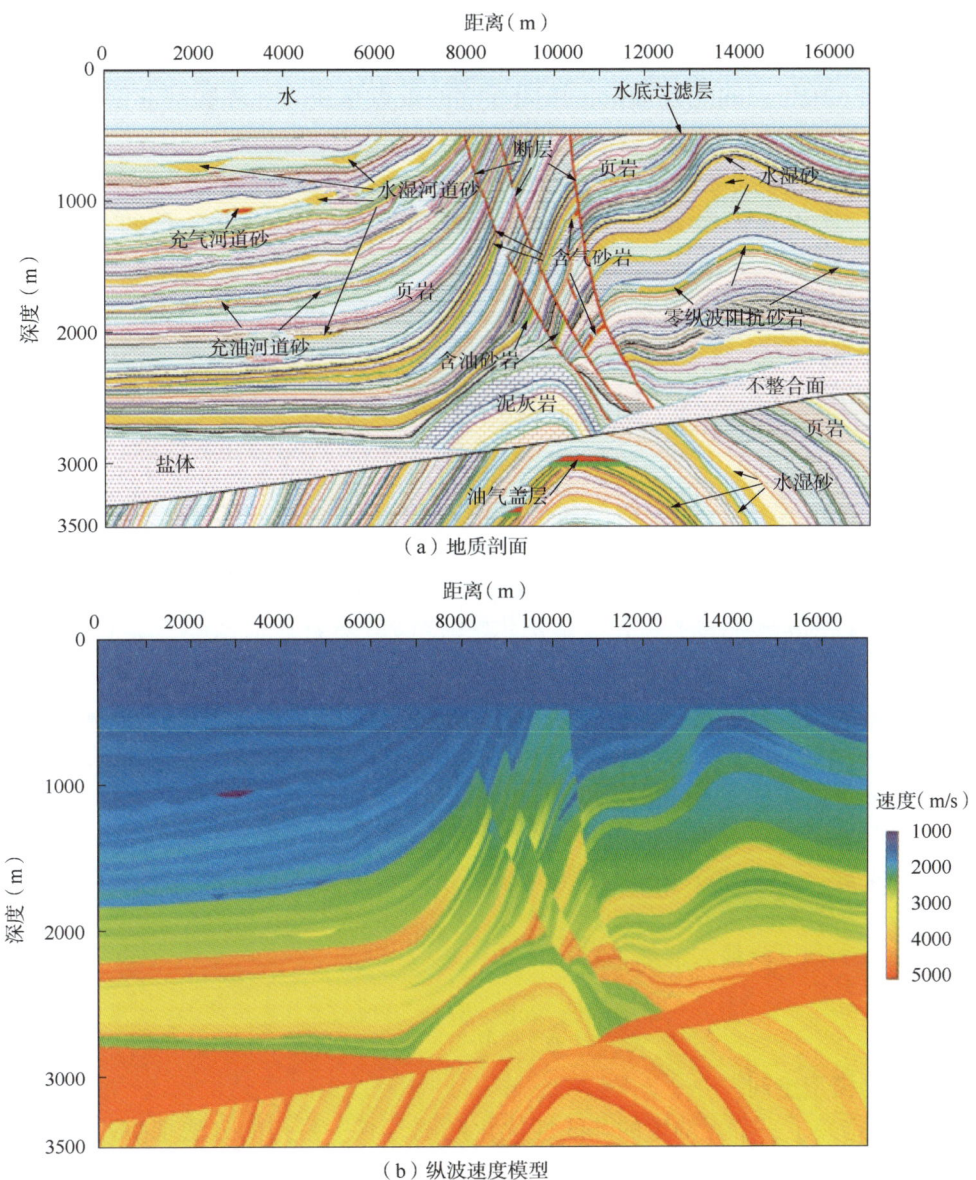

图 5.1.1 Marmousi Ⅱ 模型的地质剖面与速度模型对比

随着科学研究和生产实际的深入，线性反演理论越来越不能满足地球物理学发展要求，非线性反演理论迅速发展。在最小二乘线性反演理论的基础上，地球物理学家建立起非线性最小二乘反演理论，并采用迭代算法进行求解（王家映，1998）。

假定观测到的地震波场数据与介质的性质及其变化紧密相关。那么，通过一个正问题，即在假定的介质分布情况下，可预测观测波场。正是因为观测波场与介质参数分布之间存在着这种可预测的关联性，才使得利用观测波场估计地下参数的分布成为可能。

一方面，人为构造的正演模型来模拟实际数据，加上实际数据观测的空间不规则及有限性，导致所形成的矩阵方程的系数矩阵往往是不满秩的，或是病态的，使得反演问题不唯一性加剧。另一方面，介质参数的空间剧变也会使问题的非线性剧增，找到反问题唯一解的难度加大。因此，仅仅依赖数据推算地下参数，难以在实际问题中得到有实用价值的反演解。必须引入关于解的先验知识，从统计学的观点来建立地球物理非线性反演理论是必然的选择。

贝叶斯(Bayes)估计理论是现代信号分析的核心内容(Kay，1998)。到目前为止，大部分地球物理反演从现代信号处理的角度都可以归于其理论框架之下(Tarantola，1984，2005)。

根据贝叶斯估计理论，首先假设存在一个正演预测算子，式(5.1.1)描述了抽象的正问题，它是一种抽象的映射关系，把模型空间中的一个元素映射成数据空间的一个元素。d和m都是随机过程，假定都有Gaussian概率密度，对应的协方差分别是C_D和C_M。m的后验概率密度$\sigma_M(m)$为：

$$\sigma_M(m) \propto \exp\left\{-\frac{1}{2}\left[(Fm-d_{obs})^T C_D^{-1}(Fm-d_{obs})+(m-m_{prior})^T C_M^{-1}(m-m_{prior})\right]\right\} \quad (5.1.2)$$

式中：$\propto$为正比符号；T为转置符号；$\exp\{\cdot\}$表示以e为底的指数函数；d_{obs}为观测数据；m_{prior}为实际模型的先验估计；C_D^{-1}和C_M^{-1}分别是C_D和C_M的逆。$\sigma_M(m)$的最大化反演方法是贝叶斯框架的核心。可以证明，观测数据为Gaussian白噪声随机过程时，最大后验概率估计是无偏的方差最小估计。这是一种比较理想的估计，此时最大后验概率估计等价于最大似然估计。

据此定义如下误差泛函$E(m)$为：

$$E(m) = \frac{1}{2}\left[(Fm-d_{obs})^T C_D^{-1}(Fm-d_{obs})+(m-m_{prior})^T C_M^{-1}(m-m_{prior})\right] \quad (5.1.3)$$

此时后验概率密度或最大似然估计定义为：

$$求 m^* 使 \min_{m^* \in M} E(m^*) 成立 \quad (5.1.4)$$

式中：M为模型空间。

式(5.1.4)定义了一个无约束的非线性优化问题。有一系列的方法求解式(5.1.4)，最经典的方法包括最速下降法和牛顿法。式(5.1.3)中的两项与二次型泛函关系密切。线性问题的求解往往从解线性方程组转化为求二次型泛函的极值，极值点就是线性问题的解。

为求二次型泛函的极小值，如果用最速下降法，必须给出$\partial E/\partial m$，它规定了负梯度方向。对式(5.1.3)按泰勒展开：

$$E(m+\delta m) = E(m) + \nabla_m E \delta m + O(\|\delta m\|^2) \quad (5.1.5)$$

其中，$\nabla_m E = \partial E/\partial m$。

$$\nabla E = G^T C_D^{-1}(Fm-d_{obs}) + C_M^{-1}(m-m_{prior}) \quad (5.1.6)$$

其中，$G = \dfrac{\partial F}{\partial m}$定义了$F$关于模型的Fréchet导数或是敏感核函数，由介质性质决定，也与正演算子有关,反映了波场传播由介质扰动所引起的扰动。$C_M G^T C_D^{-1}$ 定义了 G 的共轭转置算子 G^*,也称伴随(Adjoint)算子。G 规定了由参数空间到数据空间的映射。G^* 规定了由数据空间到模型空间的映射,二者互为伴随算子。对应的贝叶斯估计意义下最速下降方向由下式确定:

$$\gamma_n = C_M \nabla_m E = C_M G_n^T C_D^{-1} [g(m_n) - d_{\text{obs}}] + (m_n - m_{\text{prior}}) \quad (5.1.7)$$

式中:下标 n 为将问题线性化后的计算迭代次数;γ_n、G_n^T 和 m_n 分别为在该次迭代中的最速下降方向、敏感核函数的伴随算子和参数模型。

最后模型参数由下式迭代更新完成:

$$m_{n+1} = m_n - \mu_n \gamma_n \quad (5.1.8)$$

式中:μ_n 为一个正实数,称其为步长因子,μ_n 选取的基本要求是保证 $E(m_{n+1}) < E(m_n)$。

5.1.2 地震反演的基本步骤

基于以上地球物理反演构架,可以建立大多数地球物理反演方法的主要步骤。

(1)局部线性化。将式(5.1.1)定义的数据以分量形式在近似模型 m_0 处做一阶泰勒展开:

$$d_i(m) \approx d_i(m_0) + \sum_j \left. \frac{\partial d_i(m)}{\partial m_j} \right|_{m_0} \delta m_j \quad (5.1.9)$$

式中:d_i 和 m_j 分别为数据向量和模型参数向量的第 i 和 j 个分量。以矩阵向量形式表示为:

$$\Delta d(m) = L \Delta m \quad (5.1.10)$$

数据残差 $\Delta d_i(m) = d_i(m) - d_i(m_0)$ 是观测数据向量 $d(m)$ 和预测数据向量 $d(m_0)$ 之差的第 i 个分量。模型摄动 $\Delta m = m - m_0$ 是实际模型 m 和猜测模型 m_0 之间的差异。矩阵 L 是雅可比矩阵(Jacobian Matrix),由 Fréchet 导数 $G = \partial d_i(m)/\partial m_j$ 组成,确定了第 i 个数据对第 j 个单元模型扰动的敏感性。

(2)正则化求解。根据 Hadamard(1902)适定的物理系统数学模型:假定一个问题的解是存在的,且它是唯一的,连续地依赖于数据的(即数据中的一个小扰动不会引起解的大扰动)。对于地球物理问题而言,地球物理反问题是典型的不适定(病态)问题。理论上讲,病态问题是不可解的,但病态问题的求解非常具有应用价值。

对于许多地球物理数据集,由于数据太过嘈杂,导致方程组的不一致性和超定性,因此不存在解。补救方法是寻求数据残差最小化的解决方案。而在一个典型的地球物理实验中,震源和检波器只位于我们感兴趣的区域的一小部分。这经常导致 L 的零空间产生,从而使得 $L^T L$ 的特征值为零。地球物理学家使用正则化来缓解这个问题。

式(5.1.10)中 L 一般既非满秩,条件数也比较大,求解上述地球物理反问题是典型的病态问题。在地球物理反演中,处理反问题不适定性主要是加入模型参数的先验信息,对反演问题进行正则化约束。正则化约束一般作为模型参数约束项加入反演目标函数中，通过降低正问题算子的条件数来使得地球物理反演问题求解稳定。常见的有吉洪诺夫（Tikhonov）正则化、稀疏正则化、先验模型参数约束正则化，以及全变差正则化。

正则化在贝叶斯思想下，可以看作是关于解的约束加到求解估计的过程中。为了部分地解决病态问题，重新定义目标函数。它是一个惩罚项和 p-范数的总和

$$E = \left\| \overbrace{L\delta m - \delta d}^{\text{残差向量}} \right\|_p + \eta^2 g(\boldsymbol{m}) \tag{5.1.11}$$

其中，$\|\cdot\|_p$ 是 L_p 范数，p 是一个正整数，残差向量 $L\delta m - \delta d$ 是预测数据和观测数据之间的差值。当 $p=2$ 时，就是前述的平方误差函数。η 是一个小的正标量，即规则化参数，这是 Tikhonov 正则化的基本思想。实质上，正则化应理解为对解的某种约束。在此意义下各种约束解的思想方法都可以加入。常用的选择方法有广义交叉校验方法（Generalized cross Validation），L 曲线法，差异原则法等。

$g(\boldsymbol{m})$ 是一个罚函数，当估计模型接近实际模型的先验估计时，该罚函数变小。按贝叶斯估计的思想，需引入对模型参数分布的假设，因为要反演的模型参数本身就是随机变量。为此引入各种所谓的罚函数去惩罚不符合概率分布假设的模型参数。常见罚函数选择的准则有能量最小准则（使得反演结果的模最小），总变差能量最小准则（使反演结果的总变差最小）等。还有各种范数可定义罚函数，如 Huber 范数，Cauchy 泛函，总变差能量最小准则也有许多变种。关于正则化和罚函数的内容，具体见参考文献（Vogel, 2002）。

常见的是选择目标函数为数据残差平方和一个模型惩罚项 $\|L\delta m - \delta d\|_p + \eta^2 g(\boldsymbol{m})$。在这种情况下，正则阻尼最小二乘解是：

$$\delta m = [L^T L + \eta^2 I]^{-1} L^T \delta d \tag{5.1.12}$$

式中：I 为单位矩阵。

（3）迭代正则化求解。数据与模型非线性相关，因此方程（5.1.12）的解，可通过迭代更新找到：

$$m_{n+1} = m_n - \mu_n [L^T L + \eta_n^2 I]^{-1} L^T \delta d \tag{5.1.13}$$

式中：μ_n 和 η_n 分别为第 n 次迭代的步长和规则化参数。矩阵 $L^T L$ 通常计算、存储和求逆的代价太高，所以通常采用局部最优化方法求解。

非线性地震反演的主要问题是目标函数经常受到许多局部极小值的困扰。因此，迭代求解往往陷入局部极小值，永远达不到全局极小值或实际模型。为了缓解这个问题，可以在早期迭代中只反演其基本特征，即求解具有低波长的特征，在后期迭代中，高阶细节逐渐被引入到数据和模型中。避免局部极小一直都是地震反演技术中一个活跃的研究领域。

5.1.3 地震反演的分类与本章的内容

一般的反问题定义为找到最能解释记录数据 $\boldsymbol{d} = \boldsymbol{Fm}$ 的模型 $\boldsymbol{m}$。地震反演中，反演数据可以是观测数据，也可以是由此计算得到的偏移图像。对于大多数实际地震问题，虽然预测数据与有噪声的记录数据不完全一致，但是 $\boldsymbol{d} = \boldsymbol{Fm}$ 是一组非线性方程组，而许多模型几

乎都能很好地拟合。求解是一个迭代的非线性优化过程。通过使用正则化，反演结果被引导到一个被认为是最合理的模型。另外，抽取数据子集或多尺度优化对于克服局部极小问题是必不可少的。

在油气地球物理领域，根据求解问题的不同，输入数据的不同，所用算法的不同，地震反演可以从多个方面进行区别。例如，从反演原始地震资料来说，可分为叠后反演及叠前反演；从待求模型参数与观测数据之间的关系假设来说，可分为线性反演和非线性反演；从数据与模型之间正演算子来说，可以分为基于弹性波动理论的波动方程反演，及基于 Zoeppritz 方程的叠前 AVO 反演。具体采用什么分类方法，主要取决于研究问题本身。受篇幅所限，本章主要从不同地震数据类型出发，基于不同地震数据与反演参数的关系，介绍相应的反演技术，包括旅行时反演，振幅反演，波形反演，相位信息反演以及成像相关反演，最后展示相关的应用实例，说明不同反演方法的特点。本章接下来将简要地介绍以上内容。

5.2 旅行时反演

旅行时反演一般指旅行时层析成像（Seismic travel-time tomography），是利用地震波运动学信息反演地下结构的一种方法（Nolet，1987；杨文采，1997）。它的英文（tomography）源于希腊语 tomos，本意是断面或切片，但现在使用的术语"tomography"却普遍指获取三维图像的过程。

层析成像问题可以提为：利用目标体外部观测投影值反求目标体内物性参数的分布。从震源点出发到达检波器的某种物理量的累积结果可以被观测到。该观测结果被称为投影值。物理量的累积过程称为投影过程。该投影过程用拉东变换进行理论描述。拉东变换是一个正变换。以地震波传播为例，若射线是直射线，拉东变换是线性的。实际上，地震射线一般都是弯曲射线。速度横向变化的剧烈程度决定了射线的弯曲程度。也决定了速度参数反演的非线性程度的强弱。目标体内部的图像可以通过这些投影产生。这个过程称为反投影过程。拉东反变换对应于反投影过程。

传统的旅行时层析成像技术的目标函数与速度摄动之间为拟线性关系，非线性程度较弱，对初始模型要求不高。由于其相对高效性，目前在研究地球内部结构中得到最广泛应用。在勘探地震学领域，旅行时层析成像技术也被广泛应用，如利用初至波或折射波旅行时反演近地表速度结构、利用井间透射波旅行时反演两井之间储层的精细结构、利用 VSP 资料中的下行或上行地震波旅行时反演井旁有限区域的速度结构等。

5.2.1 射线层析成像

传统旅行时层析成像技术基于高频近似射线理论，即旅行时是沿着震源和检波器之间的射线路径上慢度的线积分（图 5.2.1）：

$$t^i = g^i(\boldsymbol{m}) = \int_{L_i(\boldsymbol{m})} K\boldsymbol{m}(\boldsymbol{x}) = \int_{L_i(\boldsymbol{m})} s(x_j)\,\mathrm{d}l_j \tag{5.2.1}$$

式中：$\boldsymbol{x}$ 为空间位置坐标；t^i 为第 i 根射线旅行时，是关于模型向量的函数 $g^i(\boldsymbol{m})$；L_i

(m)为第i根射线积分路径;K为Fredholm积分核,其元素由射线在每个网格内的长度dl_j决定;$s(x_j)$为与dl_j对应的慢度值,即速度的倒数。

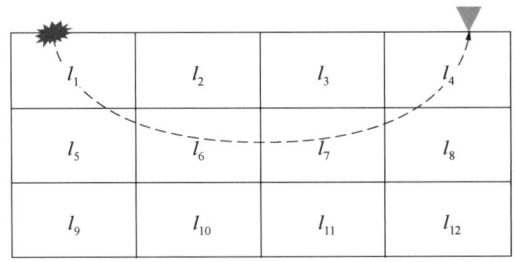

图 5.2.1　离散模型中射线路径示意图

其中第j个网格的模型参数为慢度$m_j=s_j$,射线在第j个网格的分段长度为l_j

对式(5.2.1)引入介质扰动后有:

$$g^i(m_n + \delta m) = \int_{L_i(m_n+\delta m)} [s(x_j) + \delta s(x_j)] dl_j \tag{5.2.2}$$

根据费马原理,积分路径$L_i(m)$取决于未知的慢度分布$s_i(x)$。因此,旅行时是关于慢度的非线性泛函。通过线性化原则,可以将旅行时通过慢度沿着无扰动背景介质中的固定射线路径的积分来近似。假定射线在光滑介质中的传播路径受到介质的小扰动带来的影响可以忽略不计,即介质的小扰动并不产生射线路径的扰动。因此,便将式(5.2.1)转化为一个线性问题,由慢度扰动产生的旅行时变化通过沿扰动背景介质中已知的老路径积分算出。假设旅行时可以在背景介质中进行泰勒展开,最终可以将所有射线的投影方程组简记为:

$$\Delta t_i = \sum_{j=1}^{N} l_{ij} \Delta s_j \tag{5.2.3}$$

式中:l_{ij}为第i根射线在网格j中的射线长度;Δs_j为网格j中的慢度;N为整个模型的网格点的总数;Δt_i为沿第i根射线的观测旅行时与理论计算的旅行时残差。由于忽略了路径变化的旅行时扰动小量而将式(5.2.1)线性化,所以不能期望只经一次迭代就能得到真解的,而仅能求得某种真解的估计值。

这种线性化原则需要反复利用式(5.2.3)得到每一次迭代的模型估计值,来代替初始无扰动背景慢度。继而计算适合的路径,通过一次又一次的反演便能得到对模型真解逐步逼近的新估计值。这种过程对真解的收敛性并不是直接的,还要取决于在每一迭代中解线性反问题时所用的特定方法。

一般说来传统射线层析采用两大类方法进行理论旅行时的计算。一大类是射线追踪方法,它基于程函方程、费马原理或惠更斯原理,计算快速高效,所提供的射线路径非常直观,如图5.2.2所示。具体又可以分为打靶法、弯曲法及试射法等近似算法。另一类方法是利用程函方程直接在规则网格点上计算旅行时和旅行时在深度方向上的梯度。最初从程函方程出发,求出旅行时场分布,再计算旅行时场的最速下降方向,近而得到接收点到震源的每一条射线路径。接着将程函方程化为守恒型程函方程,然后用有限差分直接求解变换后的方程,进而求出地震波的最小旅行时。

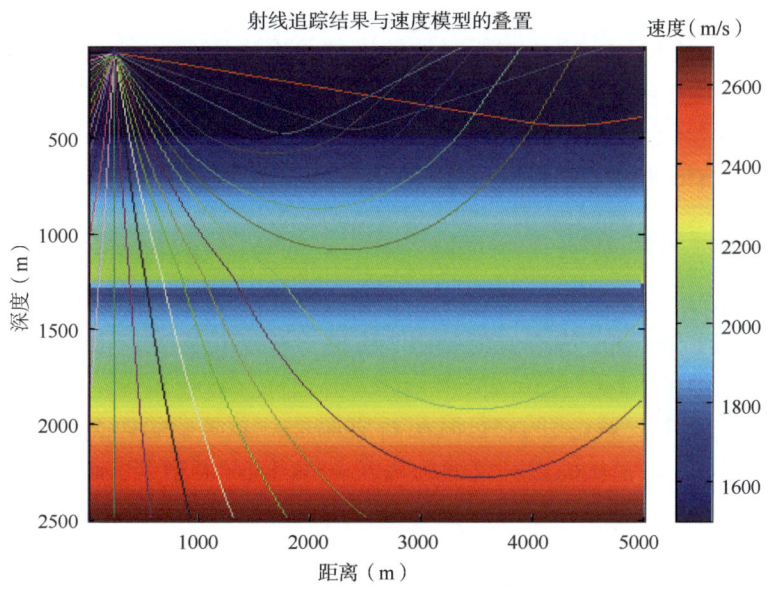

图 5.2.2 层状模型中射线追踪

对于求解式(5.2.2)这样一个非线性问题,更新模型中的射线路径与当前模型中明显不同,因此旅行时层析就是从初始慢度场开始,通过解层析方程组,多次迭代实现逼近。由于每根射线仅仅穿过总网格中的很少几个网格点,因此,每个投影方程中的绝大部分系数(即射线长度)是零。在油气勘探面对实际地质问题时,存储和直接求解大规模稀疏矩阵方程是行不通的。因此,一般采用一些很有吸引力的迭代方法来求解该方程。常用的求解大规模稀疏矩阵方程的方法有反投影法(BPT),代数重建法(ART),联合迭代重建法(SIRT),截断奇异值分解法(SVD),最小二乘 QR 分解法(LSQR),最小二乘共轭梯度法(LSCG)和级数展开法等。

近年来,基于伴随状态法的旅行时层析方法得到了关注(董良国等,2021)。该类方法基于伴随状态法,通过模拟的旅行时场和伴随方程计算的伴随场来计算目标函数的梯度,避免进行射线追踪和 Fréchet 导数(射线路径 L 或是后面有限频层析中的敏感度矩阵),内存要求极低,特别适合并行计算。

上述旅行时层析的实现步骤可以归纳为:

(1)数据输入。从地震数据中拾取初至波旅行时作为反演的观测旅行时数据。

(2)建立初始模型。为了实现反演速度结构的目的,需要一个初始模型来开始迭代过程。

(3)对层析模型进行旅行时数值计算,模拟当前模型中炮检对的射线路径和初至波旅行时。

(4)对于正演数据和观测数据,求得数据体之间的旅行时残差和目标函数。

(5)当目标函数未满足收敛条件时,构建初至波旅行时层析方程组式(5.2.3)。根据稳定性和反演需要引入正则化处理,采用合适方法求解层析方程组。

(6)更新模型,然后循环执行步骤(2)到(5),直到旅行时残差满足迭代条件为止。

传统旅行时层析成像技术基于高频近似射线理论，即旅行时是沿着震源和检波器之间的射线路径上慢度的线积分。这种旅行时和速度的关系实际上是对费马原理的一种线性化的体现，但这种数学抽象仅仅在无限高频率的条件下成立，射线会沿高速区域的优势采样。射线理论的这些局限性会直接影响旅行时层析只能反演速度空间变化的低波数成分，影响对地球壳幔结构的精细认识，也阻碍对油气储层的细致识别。

5.2.2 有限频层析成像

当不满足射线理论成立的相应条件时，波动方程层析成像方法就被众多学者研究以求克服基于射线理论的旅行时层析成像的局限。波动方程层析成像用散射波场代替旅行时延迟（Devanvey，1984；Wu et al.，1987）。

而常规基于"高频射线理论"的旅行时层析成像是一个典型的病态问题，层析矩阵非常稀疏，存在较大的零空间，从而影响反演的精度。Fat Ray（胖射线）旅行时层析加宽了射线宽度，可以降低层析矩阵的稀疏程度，以提高反演的分辨率（Vasco et al.，1993）。但是这个思路只是在高频射线附近增加了一些射线，其实质就是利用平滑因子对层析过程进行正则化约束，没有从地震波传播的物理本质上考虑波的传播路径。

几何地震学中，射线是费马原理的体现，它垂直于地震波前且无体积，这样的射线概念只不过是一种高度数学抽象。从最基本方程——程函方程的导出过程可以看出，射线理论的成立基本前提是：（1）无限高频；（2）介质速度变化平缓。在物理现实中，波在一个有体积的区域中传播，而不仅仅是沿着一条一维射线，因为从逻辑上来说波传播所携带的能量不可能只存在于一个点或是一条线上（Hagedoorn，1954），也就是说地震波能量是在有限体积区域内传导。

对复杂介质中有限频带的地震波传播，射线理论已不再成立。结合地震波频带信息可以描述地震波在介质中距离中心射线不同距离的区域中的传播情况，如图5.2.3所示。其中三类阴影区对应了垂向到中心射线最大距离分别为1/8，1/4，以及1/2地震波波长长度的区域。一些学者提出了用"波路径"的概念来描述这样的区域。通过地震波记录中的波形信息计算波在传播中影响的区域，以替代传统旅行时层析成像中的"射线路径"。因为地震波数据的有限频带特性，地震波到达时被平均到这些的区域内，即地震波到达时是关于地震波速度分布的函数，函数核心通常被视为灵敏度函数（Sensitivity function）或灵敏度核（Sensitivity Kernel）（Li et al.，1993）。"波路径"更准确地描述了地震信号对介质速度结构的灵敏度，与传统射线路径相比，波路径对低速区域具有更大的依赖性，改善了高频射线路径对高、低速区域采样的差异所产生的问题，为正确估计模型参数的校正尺

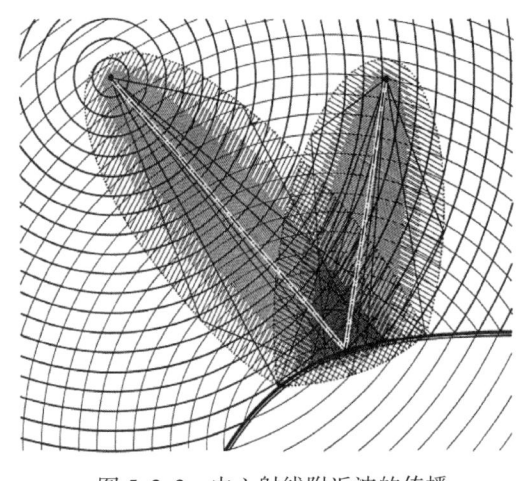

图5.2.3 中心射线附近波的传播
（据 Hagedoorn，1954）

度和空间分辨率提供了物理基础(Woodward,1992；Luo et al.,1991)。

为了发挥旅行时层析的快速和稳定的优点，又要克服其对低速异常体的不敏感性，研究者利用波路径的概念发展了有限频旅行时层析方法。典型的有波动方程旅行时层析(Luo et al.,1991；Woodward,1992)和菲涅尔体层析(Cerveny,1992；Liu et al.,2009)。实际上菲涅尔带是对波路径的一种近似，最本质的思想是利用灵敏度核函数自身作为一套基函数(事实上波路径和菲涅尔体的确作为基函数在起作用)，实现在模型空间和数据空间的映射。相移旅行时层析和瞬时旅行时层析也是考虑了地震波传播的有限频特性，克服了射线高频近似的局限。

5.2.3 层析成像反演

由于地震数据最通常的接收方式是地面接收，因此除了利用初至波数据，人们最先想到的是利用反射资料进行反射层析的研究。利用反射波旅行时反演可以重建深层速度(成谷等,2005)。与透射层析相比，反射层析成像除了受到"地震数据有限带宽、观测方式的有限视角"等问题的影响外，由于要求对每个单元的速度和反射边界的未知位置进行参数化，这增加了未知数的数量(即反射层位置)和问题的复杂性。

为了避免反射层界面的参数化，Billette 等(1998)引入了立体层析，其中下行射线和上行反射射线的射线方向通过局部倾斜叠加的轨迹找到。震源射线和检波器射线的交点定义了反射层界面的位置，通过沿反射射线或其相关菲涅耳区消除旅行时残差来更新速度。立体层析的理论框架可以有效地为大多数深度成像提供速度宏观模型的估计方法(Lambaré,2008)。

深度域偏移道集的旅行时层析也受到了工业界的应用。其中典型的是网格层析速度建模技术，其更新速度模型的方式通过求解波的传播路径和共成像点道集的剩余时差所结合的方程组来实现。近些年，基于网格的层析反演技术在各大油田针对复杂地质构造的高精度成像处理中得到大力推广，提高了深度偏移层速度模型精度，改善了复杂构造的成像质量(肖艳玲等,2017；任俊兴等,2020)。

5.3 振幅信息反演

与旅行时反演利用旅行时重建模型低波数宏观背景场不同，振幅信息反演利用反射数据反演弹性参数高波数成分，不但用于获取地下结构的几何结构，还能用于估计岩性和流体。由于计算效率及稳定性方面的优势，目前在面向储层的参数估计工作中，以此类反演方法为主。在工业界提及地震反演，也多指此类反演方法。

叠后地震反演首先发展，目前在业界已形成多种成熟技术。传统叠后方法以一维褶积模型为理论基础，仅使用指定地质界面的振幅信息(而不是它的反射时间)，主要以一维波阻抗反演为主。基本方法包括有递归反演、模型反演、地震属性反演、地震统计学反演和测井曲线反演等。最基本的波阻抗反演方法主要有以下几种：

(1)道积分反演。该类方法基于对地震数据进行从上到下的积分，对地层相对波阻抗进行直接反演。其反演结果直接反映的是岩层速度的变化，不是求取绝对波阻抗和绝对速度，因此无法用于定量计算储层参数。另外受地震资料频宽的限制，分辨率较低。

（2）递推反演。通过地震记录与所估计子波的反褶积得到反射系数，再由反射系数递推地计算波阻抗。稀疏脉冲反演是一种基于稀疏脉冲反褶积的典型的递推反演方法。目前大多数的叠后地震反演都属于稀疏脉冲反演的范畴。

（3）基于模型的叠后反演。首先依据钻井层位数据估计初始背景模型，将生成的正演合成记录与实际地震对比，依据两者的差异修改模型，最终产生高分辨率的波阻抗剖面。处理思路首先是在初始模型附近进行线性化，使用线性算法求解。随着非线性技术发展，人工神经网络算法，模拟退火和遗传算法等也被用于求取最优解。

叠后反演利用叠后资料反演地层纵波相关信息，很难获得孔隙度、储层流体、岩性等关键参数，难以满足储层定量描述的要求。相对地，叠前反演利用叠前地震资料，不但能反演纵波相关信息，还可估计横波信息、密度、岩石模量等反映地层岩性、流体信息的弹性参数，有助于更加准确地进行储层预测。

如今叠前地震反演已成为油气勘探的常规技术，并在复杂储层精细预测、流体识别等领域展示了良好的应用前景。根据采用的地震正问题不同，叠前反演又可分为基于波动方程的叠前反演和基于地震波反射系数方程，以及其近似公式的叠前反演等。后者基于 Zoeppritz 方程，利用叠前地震振幅随偏移距或入射角，以及方位角的变化信息来进行反演。相较于基于波动方程的叠前反演，基于 Zoeppritz 方程的反演更易实现，在实际中得到广泛研究与应用，成为获取地下储层弹性参数、裂缝参数、各向异性参数、流体敏感参数、脆性指数，以及地应力参数等的重要途径。基于地震波反射系数方程及其近似公式的叠前反演方法主要可分为 AVO 或 AVA 反演和弹性阻抗反演。

5.3.1 AVO/AVA 反演方法

AVO 技术在岩性和流体检测领域发挥了重要的作用，是隐蔽性油气藏勘探的重要技术之一。其核心思想是依据 AVO 效应，利用振幅（或反射系数）随入射角的变化规律来寻找油气层。振幅随炮检距的变化是纵、横波速度及密度的函数，通过对不同入射角的叠前道集进行反演，就可得到纵横波速度和密度。通过求解波动方程，并引入反射系数，透射系数概念后，可以推导出描述位移反射系数与透射系数关系的佐普里兹（Zoeppritz）方程。

$$\begin{pmatrix} \sin\theta_1 & \cos\phi_1 & -\sin\theta_2 & \cos\phi_2 \\ -\cos\theta_1 & \sin\phi_1 & -\cos\theta_2 & -\sin\phi_2 \\ \sin2\theta_1 & \dfrac{v_{p_1}}{v_{s_1}}\cos2\phi_1 & \dfrac{\rho_2 v_{s_2}^2 v_{p_1}}{\rho_1 v_{s_1}^2 v_{p_2}}\sin2\theta_2 & -\dfrac{\rho_2 v_{s_2} v_{p_1}}{\rho_1 v_{s_1}^2}\cos2\phi_2 \\ \cos2\phi_1 & -\dfrac{v_{s_1}}{v_{p_1}}\sin2\phi_1 & -\dfrac{\rho_2 v_{p_2}}{\rho_1 v_{p_1}}\cos2\phi_2 & \dfrac{\rho_2 v_{s_2}}{\rho_1 v_{p_1}}\sin2\phi_2 \end{pmatrix} \begin{pmatrix} R_P \\ R_{SV} \\ T_P \\ T_{SV} \end{pmatrix} = \begin{pmatrix} -\sin\theta_1 \\ -\cos\theta_1 \\ \sin2\theta_1 \\ -\cos2\phi_1 \end{pmatrix} \quad (5.3.1)$$

在已知了上、下介质的密度，纵、横波速度（ρ_1，v_{p_1}，v_{s_1}，ρ_2，v_{p_2}，v_{s_2}），P 波入射角 θ_1 的情况下，可算出 SV 波的反射角 ϕ_1、SV 波的透射角 ϕ_2、P 波的透射角 θ_2，以及 P 波和 SV 波的反射系数 R_P、R_{SV} 和透射系数 T_P、T_{SV}。

完全形式的 Zoeppritz 方程全面考虑了平面纵波和横波入射在平界面两侧产生的纵横波和透射能量之间的关系，描述了反演需要输出的反射系数表达式。但由于精确 Zoeppritz 方程数学上的复杂性、物理上的非直观性以及不易进行数值计算的困难，学者们从不同的角度简化 Zoeppritz 方程，提出了不同的纵波反射振幅随入射角变化的近似表达式。它们从不同的方面帮助理解岩性参数，纵、横波速度，密度和泊松比对反射振幅的影响。比较经典的近似公式有 Aki—Richard 纵波反射系数一阶近似式(Aki et al., 2002)。将地层纵波速度和密度之间的 Gardner 经验关系代入 Aki—Richard 公式，获得仅由纵波速度与横波速度表征的 Smith—Gidlow 近似公式(Smith et al., 1987)。利用加权叠加，可以由叠前纵波数据得到纵波阻抗与横波阻抗的相对变化率，然后通过道积分得到最终的纵波阻抗与横波阻抗等弹性参数，即为 Fatti 公式(Fatti et al., 1994)。

基于反射系数近似公式，AVO 反演被用于反演纵横波速度，阻抗和密度等弹性参数。基于 Aki—Richard 一阶近似式，采用最小二乘反演理论与线性反演算法，可以实现纵横波速度 AVO 反演(钟森，1995)。基于 Fatti 纵波反射系数近似公式，采用线性化反演算法，可以得到纵波阻抗、横波阻抗和密度的相对变化率，并在此基础上换算出其他弹性参数，用于油气储层的预测(Simmons et al., 1996; Goodway et al., 1997)。熊定钰等(2005)基于纵波反射系数的 Shuey 近似式研究了 AVO 梯度与截距属性反演方法，并用于油气直接检测。需要注意的是界面两侧弹性参数强变化情况会引起线性反演精度不足等问题。非线性 AVO 反演方法被用于克服线性 AVO 的不足，例如基于弹性参数二阶近似反射系数方程的非线性反演方法(Rabben et al., 2008)，精确反射系数方程纵横波联合反演方法(Kurt, 2007)，最优化 AVO 反演方法(Causse et al., 2007)，基于支持向量机(SVM)的精确反射系数的 AVO 反演方法和主次迭代非线性 AVA 反演等(杨培杰等，2008; 代荣获等，2014, 2015)。

5.3.2　弹性阻抗反演

基于道集的 AVO/AVA 反演方法对资料信噪比要求较高，另外零偏移距(或小偏移距)剖面可近似视为声波阻抗(Acoustic Impedance, AI)的函数，只用声波阻抗经常不能很好识别油气。20 世纪 90 年代，英国石油公司在勘探开发大西洋海上油田时发展了一种 AVO 反演技术——弹性阻抗(Elastic Impedance, EI)反演技术。弹性阻抗反演可反映振幅随偏移距变化的信息，可获得纵、横波阻抗，纵、横波速度，纵、横波速度比，密度和泊松比等多种参数体，比叠后反演具有明显的优越性，能更可靠地揭示地下储层的展布情况和孔、渗物性及含油气性(Connolly, 1999)。图 5.3.1 为声波阻抗和入射角为 30°的弹性阻抗对比剖面，在曲线的大部分地方，声波阻抗和弹性阻抗是相当的，但是在油藏处可以明显看到差异，它们的差异有助于区分和识别油藏。

EI 是 AI 的一个扩展，也就是在零角度入射时，EI 便可表示为 AI：AI=EI(0)。弹性波阻抗也是基于 Zoeppritz 近似方程，它解决了由于阻抗叠置从而导致储层无法分辨的难题，是波阻抗的发展和延伸。利用弹性阻抗方程，可以提取纵、横波速度和密度参数，并得到纵、横波阻抗，拉梅常数，泊松比等岩性参数，从而进行地下储层的展布情况及含油气性预测，在储层流体识别中也能得到较好的应用。

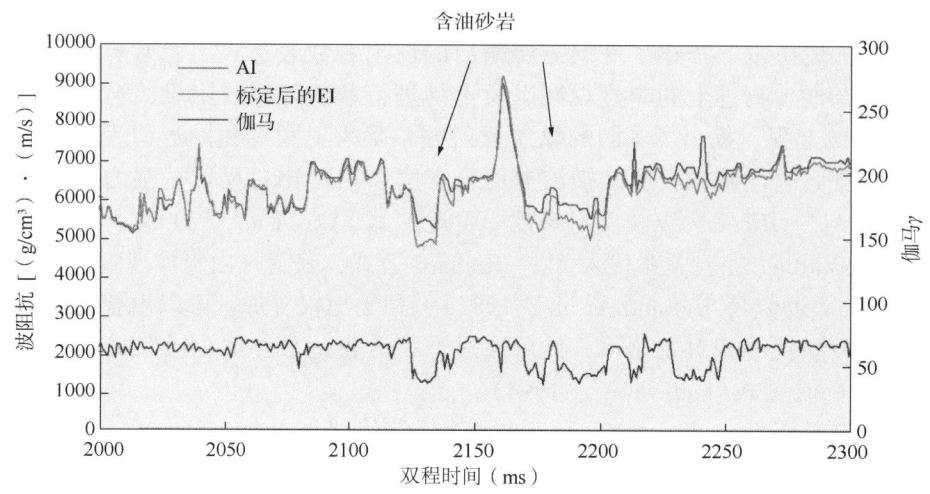

图 5.3.1　AI 曲线与 30°EI 曲线的比较（据 Connolly，1999）

由弹性阻抗可以提取地下介质弹性参数。然而 Connolly 定义的弹性阻抗存在数量级随入射角度剧烈变化的问题，因此，射线参数域的弹性阻抗反演和标准化弹性阻抗方法被相继发展。另外，为了克服最大入射角的限制，扩展弹性阻抗的概念被提出（Whitcombe，2002）。基于扩展弹性阻抗，弱各向异性介质的弹性阻抗公式被提出。马劲风（2003）在小入射角的扩展弹性阻抗概念上提出了广义弹性阻抗，随后发展出基于精确 Zoeppritz 方程纵波反射系数解的弹性阻抗概念（Ma et al.，2005）。基于不同入射角度的弹性阻抗的数值变化规律，部分角度叠加数据体的弹性阻抗反演得以发展（李爱山等，2009）。基于 Connolly 弹性阻抗方程，可以从三个角度反演结果中提取纵、横波速度和密度以及岩性参数，从而进行地下储层的展布情况及含油气性预测。除了纵波速度、横波速度与密度，不同参数化的弹性阻抗公式也得以发展。拉梅参数表征的归一化弹性阻抗公式可以由叠前地震部分角度叠加数据体直接提取出拉梅参数（Wang et al.，2006）。

5.3.3　概率反演与储层预测

传统叠前 AVO 反演是确定性反演，主要反演地震反射数据，还会施加测井数据进行约束。然而如 5.1 节所述，地震数据中的噪声会对反演产生影响。因此，近年来又发展了基于贝叶斯反演理论的概率化 AVO 反演。该方法引入模型先验信息，结合噪声的似然函数生成模型的后验分布，通过求解最大后验概率分布实现参数估计。

基于贝叶斯理论的 AVO/AVA 反演方法能有效提高反演的稳定性和反演结果的可靠性。Buland 等（2003）基于贝叶斯框架，将似然函数和弹性参数先验概率分布相结合得到弹性参数后验概率分布，用于表征待反演弹性参数信息。陈建江等（2007）引入测井参数的协方差进行约束，发展了更加稳定的多参数线性反演方法。宗兆云等（2011b）发展了基于贝叶斯理论的弹性阻抗反演方法，提高了反演结果的稀疏性。张丰麒等（2013，2016）基于三变量柯西分布假设并结合广义线性反演算法求解模型参数。Tian 等（2013）引入马尔科夫随机场约束，有效保留了模型参数的边缘信息。Zong 等（2015）基于介质微扰理论建立非均匀介质地震波散射系数方程，在贝叶斯反演理论的框架下，提出了非均匀介质孔隙流体参数的叠前地震 AVA 反演方法。

振幅类地震反演利用反射地震资料预测弹性性质，进而推断感兴趣的储层性质，如岩性、孔隙度和流体饱和度。确定性反演方法提供了地下弹性性质单一的局部平滑估计，而对解的不确定度评估不准确。另外，概率化或者随机反演方法对于地震数据和井资料提供多种解，并对其有较为合适的不确定性评估。虽然基于贝叶斯理论的概率化反演方法具有广阔的应用潜力，但是目前大多数地震反演使用确定性算法。确定性反演方法更简单，涉及的计算量更少，软件和专业知识的易用性和可用性更强(Bosch et al.，2010)。

近年来一个趋势是将流体因子与地震资料相结合进行储层预测和流体识别。利用Biot—Gassmann 方程，可以推导出岩石孔隙中所含流体性质的流体因子，并利用 AVA 反演估计该流体因子，并用于油气储层中流体类型的直接识别。张世鑫等(2010，2011a，2011b)推导了包含流体等效体积模量的固液解耦 AVA 近似式，实现了流体等效体积模量提取，用于叠前地震数据的流体直接识别。Zong 等(2012)建立了用孔隙体参数表示的纵波反射系数近似式，直接提取纵横波模量并用于孔隙流体预测。印兴耀等(2010)和 Zhang 等(2009，2011)分别基于多孔介质岩石物理理论和双相介质岩石物理模型，推导了包含 Gassmann 流体项的弹性阻抗公式，直接提取 Gassmann 流体项，并将其作为流体因子进行流体识别。宗兆云等(2011a)基于归一化拉梅参数表征的弹性阻抗公式，将弹性阻抗反演用于碎屑岩和碳酸盐岩储层中的流体类型识别。张震等(2014)提出了采用反演谱分解的频变 AVA 反演，该方法考虑了因孔隙流体而引起的衰减频散现象，并用实际资料说明了该方法对油气识别的可行性。

5.4 波形反演

如图 5.4.1 所示，常规旅行时反演重建宏观速度背景模型(低波数成分)，振幅反演估计地层的反射率(高波数成分)。传统的旅行时层析加振幅反演(或是偏移成像)的流程缺少了对模型中等波数成分的估计。

不同于前述反演方法，常规的波形信息反演利用所有波至的振幅和相位信息，而不是仅仅使用某些选定波至的特定信息。在理论上是精度最高的反演方法，但是在油气地球物理中并不总是使用波形信息反演。这是由于它计算昂贵，最具挑战性的问题是迭代非线性反演过程往往陷入局部极小值而得到精度不高的结果。

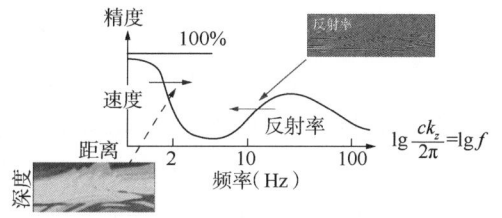

图 5.4.1 地震反演所得信息的可靠程度示意图
(图中虚线和实线箭头所指方向代表旅行时反演和振幅反演结果可靠性的降低)
(据 Claerbout，1985)

幸运的是，计算机速度的提高，更有效的反演策略，以及对精确岩性信息的更大需求将增加其在未来的使用。

典型的波形反演方法有全波形反演(Full Waveform Inversion，FWI)，它是一种建立在完备理论基础上的高分辨率定量地震反演技术。FWI 可纳于贝叶斯估计理论框架之下，利用不同的正演算子来预测地震数据，并假设噪声为高斯白噪，在最小二乘意义下实现贝叶斯估计。它不仅可以为偏移成像和地震解释提供比较准确的速度模型，还可以为储层描述和预测提供所需的弹性参数。尽管目前采用速度分析、旅行时反演等方法可以提供一个背景速度模型，但由于这些方法只是利用了地震波的旅行时信息，无法提供更高分辨率的模型参数。全波形反演则综合利用波形的旅行时、振幅和相位等信息，理论上可以重建出具有全频段、更高分辨率的速度模型，从而为成像速度建模问题提供了一个有效解决手段。另外，近年来开发地震越来越受到重视，从构造轮廓的刻画转到了获取油气藏内部的结构特征，其主要内容是圈定、描述和监测油气藏。这些过程都需要用到地下介质的物性参数以及含油气性参数，而这些参数与介质的弹性参数紧密关联。因而，全波形反演具有为地震勘探在油气田开发中的应用搭建桥梁的潜力。

5.4.1 全波形反演理论框架

全波形反演可以归结为特定泛函下最小化目标函数的最优化问题。经典的目标函数可写为：

$$E(\boldsymbol{m}) = \frac{1}{2}\Delta \boldsymbol{d}^{\dagger} \Delta \boldsymbol{d} \tag{5.4.1}$$

式中：$\dagger$ 表示伴随算子（共轭转置算子）；$\Delta \boldsymbol{d}$ 为矢量观测数据 $\boldsymbol{d}_0$ 和模拟数据 $\boldsymbol{d}_c$ 之间的残差；$\boldsymbol{m}$ 为模型参数。而矢量模拟数据 $\boldsymbol{d}_c$ 由以下正问题决定：

$$\boldsymbol{d}_c = \boldsymbol{F}(\boldsymbol{m}) \tag{5.4.2}$$

其中，正演算子 $\boldsymbol{F}$ 通过离散弹性波波动方程得到。

全波形反演的目的就是在初始模型 $\boldsymbol{m}_0$ 邻域中找到最优的模型 $\boldsymbol{m}_{opt}$，使得目标函数式（5.4.1）达到最小。由于目标函数 $E(\boldsymbol{m})$ 是在 $\boldsymbol{m}_0$ 邻域内的最小值在其对模型偏导数为零时取得，因此，得到模型增量满足的 Newton（牛顿）方程：

$$\left[\frac{\partial^2 E(\boldsymbol{m}_0)}{\partial \boldsymbol{m}^2}\right]\Delta \boldsymbol{m} = -\frac{\partial E(\boldsymbol{m}_0)}{\partial \boldsymbol{m}} \tag{5.4.3}$$

反演沿着与 $\boldsymbol{m}_0$ 处目标函数下降最快方向（即梯度）的反向搜索扰动模型。目标函数关于模型参数的二阶偏导数称为 Hessian（海森矩阵），记为 $\boldsymbol{H}$，它定义了目标函数的曲率。当目标函数是关于 $\boldsymbol{m}$ 的二次型函数时，这种情况下正问题是线性的，而式（5.4.3）中的扰动模型通过一次迭代即可求得。全波形反演中，地震数据和反演参数模型的关系是非线性的，因此反演需要迭代进行，逐渐收敛至目标函数最小的解。将第 n 次迭代的模型更新公式为：

$$\boldsymbol{m}_{n+1} = \boldsymbol{m}_n + \alpha_n \Delta \boldsymbol{p}_n = \boldsymbol{m}_n - \alpha_n \boldsymbol{H} \nabla_m E \tag{5.4.4}$$

其中，$\Delta \boldsymbol{p}_n$ 为更新方向；α_n 为更新步长，可以通过线搜索方法估计，也可通过抛物线插值法进行计算。$\nabla_m E$ 是目标函数关于模型的梯度：

$$\nabla_m E = \mathrm{Re}\left[\left(\frac{\partial \boldsymbol{d}_c}{\partial \boldsymbol{m}}\right)^{\mathrm{T}} \Delta \boldsymbol{d}^*\right] = \mathrm{Re}(\boldsymbol{J}^{\mathrm{T}} \Delta \boldsymbol{d}^*) \tag{5.4.5}$$

式中：上标 T 和 * 分别代表矩阵的转置和复共轭算子；Re 为取实部运算；$\boldsymbol{J}$ 为模拟波场对模型参数的 Fréchet 导数，其中的元素为：

$$J_{ij} = \frac{\partial u_i}{\partial m_j} \quad (5.4.6)$$

目标函数关于模型的二阶偏导数矩阵 $\boldsymbol{H}$ 可以表示为：

$$\boldsymbol{H} = \mathrm{Re}\left[\boldsymbol{J}^\mathrm{T}\boldsymbol{J}^* + \frac{\partial \boldsymbol{J}^\mathrm{T}}{\partial \boldsymbol{m}^\mathrm{T}}(\Delta d^* \cdots \Delta d^*)\right] = \boldsymbol{H}_\mathrm{a} + \boldsymbol{R} \quad (5.4.7)$$

式中：$\boldsymbol{H}_\mathrm{a}$ 为 Gauss-Newton Hessian；$\boldsymbol{R}$ 为波场关于模型扰动的高阶变化项。不同的局部最优化方法的区别主要体现在更新方向的计算上。它们可以大致分为梯度类方法和牛顿类方法。

梯度类方法不考虑 Hessian 的作用。一般的梯度法中直接将负梯度作为更新方向：

$$\boldsymbol{p}_n = -\nabla_m E \quad (5.4.8)$$

由于不用计算 Hessian 信息，梯度法具有实现简单、单次迭代计算量小的优点。但是收敛速度较慢。因此，目前在大规模优化问题中较少使用。

共轭梯度法（Conjugate Gradient method，CG 法）为了克服梯度法收敛缓慢的缺点，利用目标函数的梯度，按照一系列共轭方向进行更新：

$$\boldsymbol{p}_n = -\nabla_m E + \beta_n \boldsymbol{p}_{n-1} \quad (5.4.9)$$

其中，系数 β_n 在不同的共轭梯度法中通过共轭的性质和各自的假设来确定。

牛顿类方法考虑目标函数的二阶偏导数即海森矩阵来加快收敛速度。牛顿法的更新方向取为模型增量：

$$\boldsymbol{p}_n = \Delta \boldsymbol{m} = -\boldsymbol{H}^{-1}\nabla_m E \quad (5.4.10)$$

Gauss-Newton 法在计算更新方向时，使用 $\boldsymbol{H}_\mathrm{a}$ 去近似式(5.4.7)中的精确 $\boldsymbol{H}$。这两种方法的优点是当初始模型接近真实模型时，求解反问题的收敛速度很快。但是当初始模型不够准确时，不能保证反演过程收敛。此外，对大规模复杂问题而言，直接计算 $\boldsymbol{H}$ 及其逆矩阵需要巨大的计算量和存储空间。如何有效利用 Hessian 矩阵，也是近年来全波形反演优化算法方面的研究热点。

拟牛顿法不需要显示计算 $\boldsymbol{H}$ 及其逆矩阵，而是利用迭代过程中的目标函数值与梯度信息，估计 $\boldsymbol{H}$ 的逆矩阵，节约了计算量，同时加快了求解反问题的收敛速度。有限内存 BFGS 法（limited-memory Broyden-Flechter-Goldfarb-Shanno，l-BFGS）是目前在弹性波全波形反演（EFWI）中应用广泛的一类拟牛顿方法。l-BFGS 法的更新方向为：

$$\boldsymbol{p}_n = -\boldsymbol{B}_n \nabla_m E \quad (5.4.11)$$

其中，$\boldsymbol{B}_n$ 是 $\boldsymbol{H}$ 逆矩阵的 l-BFGS 近似，它是从一个对 $\boldsymbol{H}$ 初始 $\boldsymbol{B}_0$ 估计开始，每一次迭代中通过之前计算的模型残差和梯度残差信息构造的正定矩阵。

截断牛顿法（Truncated Newton method，TN 法）是一种隐式考虑海森矩阵信息的方法（Epanomeritakis et al.，2008；Fichtner et al.，2011；Xu et al.，2021）。它通过共轭梯度法迭代求解式(5.4.3)牛顿方程来整体计算海森矩阵和已知向量的乘积，从而避免显式计算海森矩阵及其逆矩阵。当通过共轭梯度法得到牛顿方程的精确解时，截断牛顿法与牛顿法等价。但通常为了节省计算量，在达到适当条件后即停止共轭梯度迭代，从而得到一个近似的更新方向。最近提出的散射积分法也属于此类方法（Liu et al.，2015）。

牛顿类方法使用海森逆矩阵来校正梯度方向，从而提高反演收敛速度。相比之下，单纯的梯度法和共轭梯度法只利用了目标函数的一阶偏导数信息，收敛速度相对较慢。然而无论是显式还是隐式求取海森矩阵及其逆矩阵都需要付出昂贵的计算代价，限制了牛顿方法在大规模反问题上的应用。作为一种折中办法，使用海森逆矩阵的近似矩阵（如对角近似矩阵）来校正梯度方向，可以加快优化方法的收敛速度，同时又无需增加过多的计算量。这种校正方式被称为对梯度的预条件，用于校正梯度的近似海森逆矩阵被称作预条件子。

为了减少计算消耗，常用的方法是使用海森矩阵的对角线元素来构造近似的海森逆矩阵（Shin et al.，2001a）。然而，精确地计算海森的对角元素需要求取雅可比矩阵，这需要对每个炮点和检波点分别进行正演。基于虚震源概念可以计算一种所谓的 Pseudo-Hessian 的近似对角海森矩阵，节省了绝大多数的正演计算量，极大地提高了计算效率（Shin et al.，2001b）。然而，对角近似海森矩阵对于多参数全波形反演还不是一种足够准确的海森近似矩阵。Wang 等（2016）发展了块对角近似 Pseudo-Hessian 矩阵，克服了常规近似方法忽略多参数间耦合效应的缺陷，用于弹性波全波形反演中同时重建纵横波速度和密度，提高弹性波全波形反演的收敛率和反演精度。

5.4.2 全波形反演问题与对策：基于地震数据子集的波形反演思路

在近 20 年期间，随着高性能计算机技术的不断进步，以及全孔径、高密度、宽频带等地震数据采集技术的逐渐成熟，尤其是逆时偏移（RTM）技术的发展和成功应用，推动了全波形反演的迅猛发展，掀起了全波形反演理论方法研究和实际应用研究的热潮。然而，理论上可以综合利用各种信息的全波形反演还面临着强烈的非线性难题（Virieux et al.，2009），其根本原因在于地震波传播的复杂性，即地震数据与地下介质的物性参数之间的复杂变化关系导致了目标函数的高度非线性，具体表现就是目标函数存在局部极小值（Jannane et al.，1989；董良国等，2013；王毓玮等，2016）。如图 5.4.2 所示，对分层速度模型的上层速度进行扰动，计算的目标函数曲线存在若干局部极值现象。这要求初始模型足够准确位于吸引盆中（Basin of attraction），否则极易因为"周期跳跃"现象（Cycle skipping）而收敛到局部极值甚至收敛失败（图 5.4.3）。

另外，目前全波形反演在实际应用中也面临着诸多实际问题，如观测孔径不够宽、缺乏低频信息、震源子波难以确定、初始模型精度不高、复杂介质中地震波传播的准确描述困难、信噪比较低，等等。上述问题的复杂性以及诸多客观条件的限制，导致了全波形反演目前在实际中成功使用并不多，在地震学领域全波形反演还没有替代传统的射线旅行时层析和有限频层析技术，在地震勘探领域全波形反演也没有替代传统的地震数据处理和解释流程。

如 5.1 节所述，描述地震数据摄动与模型参数摄动之间的关系为：

$$\Delta d = L \Delta m \tag{5.4.12}$$

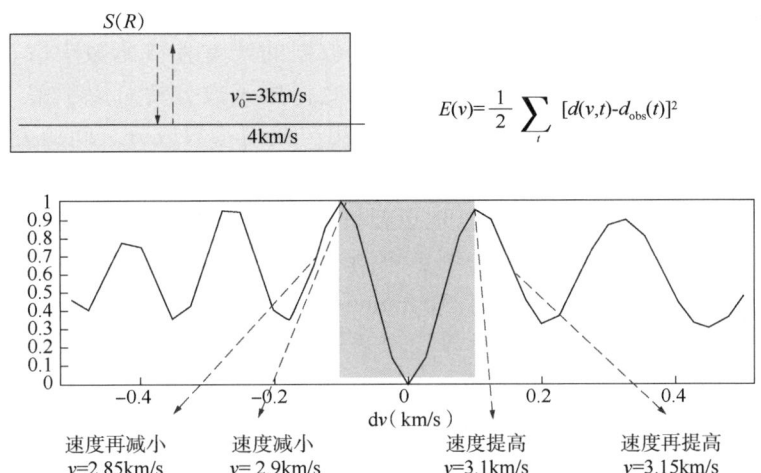

图 5.4.2 非线性目标函数局部极值问题示意图

其中，L 为描述数据与模型参数之间关系的 Fréchet 导数或核函数。利用 Gauss-Newton 法，可以得到模型量为：

$$\Delta m = [L^T L]^{-1} L^T \Delta d \quad (5.4.13)$$

式中：$L^T \Delta d$ 为梯度方向，$[L^T L]^{-1}$ 为 Gauss-Newton Hessian 的逆。

在数据与模型参数之间的关系比较简单的情况下，像式（5.4.13）将地震数据和地下模型参数分别看作一个整体的做法还是可行的。然而，地下模型具有不同分量，如高、低波数分量，而实际观测地震数据中也有不同性质的不同成分或数据子集，如折射波、反射波、面波等不同震相，旅行时、振幅、相位等不同信

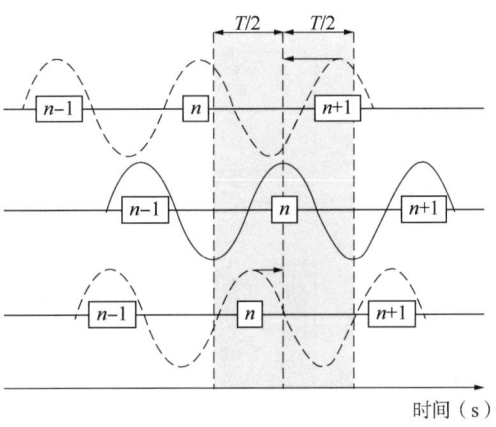

图 5.4.3 数据匹配的周期跳跃问题示意图
（据 Virieux et al., 2009）

息，等等。这些不同数据子集与模型参数不同成分之间的非线性程度是不同的。不同数据子集与不同模型参数成分之间的这种复杂关系，决定了不同数据子集具有不同的反演能力，这就要求对它们之间的关系要进行具体分析，从而降低了全波形反演的非线性程度。

董良国等（2015）和迟本鑫（2016）详细论述了不同数据子集和不同模型成分的关系，以及基于地震数据子集的波形反演方法思路，这里简要引用其思路与相关分析。常规全波形反演中描述地震数据摄动与模型参数摄动之间关系可以修改为：

$$\begin{pmatrix} \Delta d_1 \\ \vdots \\ \Delta d_N \end{pmatrix} = \begin{pmatrix} L_{11} & \cdots & L_{1M} \\ \vdots & \ddots & \vdots \\ L_{N1} & \cdots & L_{NM} \end{pmatrix} \begin{pmatrix} \Delta m_1 \\ \vdots \\ \Delta m_M \end{pmatrix} \quad (5.4.14)$$

式中：Δd_i，Δm_j，L_{ij} 分别为数据子集残差、模型参数分量的修改量。描述不同数据子

集与不同模型参数成分之间关系的子核函数(Sub-Kernels),可以采用伴随状态法或散射积分法计算和存储,模型参数的修改量则可以通过数据的残差和核函数求取。全波形反演的全核函数是由所有波场间相互作用而形成的,因此将核函数分解可以了解不同波场间的相互作用,更重要的是可以更好地理解不同数据子集与模型参数成分之间的关系。

如图5.4.4所示,不同子核函数之间存在很大的差异。核函数中的最强能量贡献为透射核函数[图5.4.4(c)],因此可以很好地更新折射波路径覆盖区域的背景速度,但是这部分能量在反射波反演中会变为零,无法用于更新反射波路径覆盖的范围。在全波形反演的初期阶段中不合需要的分量是偏移响应(Migration-ellipse)[图5.4.4(d)],它主要是用于恢复模型高波数成分。相对地,反射波沿着类似透射形状的波路径进行低波数背景速度更新[图5.4.4(e)和(f)],形成兔耳朵状(Rabbit-ear)反射波子核函数,这在利用反射波反演中深部低波数背景速度时较为有利。然而兔耳朵状反射波子核函数比偏移响应的强度要小一个数量级,因此反演时需要的低波数能量会被不需要的高频偏移响应所掩盖[图5.4.4(b)],这就是常规全波形反演通常难以用反射波来更新背景速度的最主要原因。

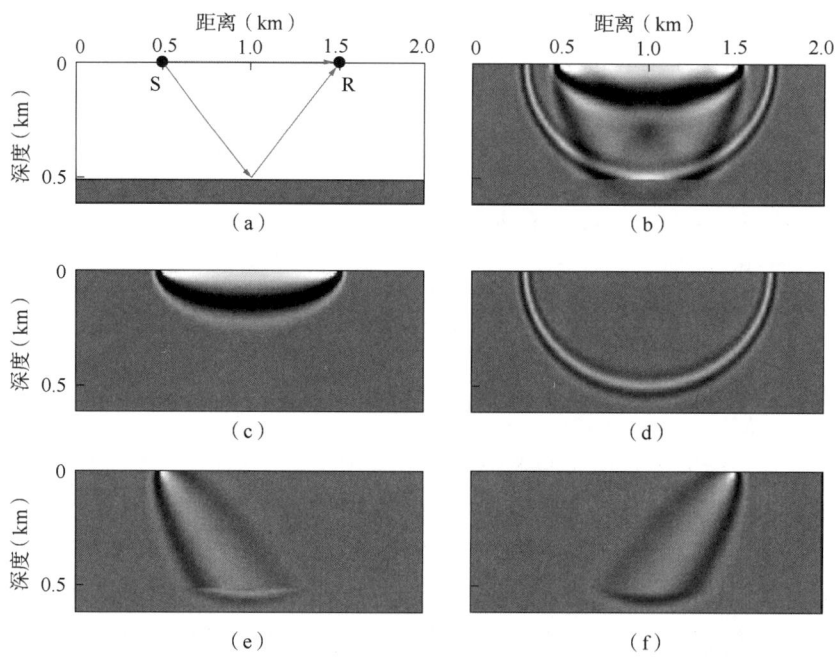

图5.4.4 全波形反演的全核函数及其分解(据迟本鑫,2016)
(a)单界面模型;(b)总核函数;(c)透射核函数;(d)偏移响应;(e)(f)反射核函数

利用不同的地震数据子集进行波形反演时,具有与常规全波形反演一致的统一梯度计算和伴随方程的形式。只是计算伴随场的伴随震源随着正问题、目标函数形式以及地震数据子集的变化而变化而已。因此,可以在全波形反演理论框架下输入不同的地震数据子集,实现不同的全波形反演的方法和策略。

目前,学者们为了提高全波形反演的实用性,提出了一些全波形反演的方法和策略,目的都是通过利用部分信息来降低波形反演的非线性程度。这些反演方法和策略都可以体现出基于地震数据子集进行全波形反演的基本想法。董良国等(2015)对此进行了归纳:

（1）采用某种特定震相构成的数据子集。例如，初至波波形反演选取的是初至波波形子集；反射波波形反演选取的是反射波波形子集。

（2）采用某个特定时间和空间观测孔径的数据构成的数据子集。例如，为了降低反演的非线性程度，可以选取地震记录某一个时窗的波形子集，这时相应的反演就退化为层剥离全波形反演；若是选取不同偏移距的地震数据子集，相应的反演就是采用分偏移距反演策略的全波形反演。

（3）采用地震数据经过特定数学变换后构成的数据子集。例如，拉普拉斯（Laplace）域全波形反演是基于 Laplace 变换数据子集，匹配初至波的旅行时信息，恢复一个低波数初始速度模型。基于道积分的全波形反演，是根据道积分产生的数据子集，在数据缺失低频或者初始模型不好时为常规全波形反演提供一个较好的初始模型。基于包络的全波形反演通过希尔伯特变换提取地震道的包络数据子集，在地震数据缺失低频信息时建立一个相对可靠的初始速度模型。而多尺度分频反演策略，实际上也是利用低频数据子集构造的目标函数非线性程度低的特点，来更稳健地建立一个相对可靠的低波数初始速度模型，以此为基础再逐步利用高频成分的地震数据子集，从而在反演中逐渐提高反演的分辨率。

在全波形反演实施过程中，应该根据反演所处的阶段、目的以及实际地震资料的特点对应地选取地震数据子集。当重建浅层速度结构时，全波形反演可以只选取初至波数据子集；当为偏移成像提供宏观模型时，可以选取体现地震数据宏观信息的数据子集，例如旅行时信息、地震道包络、拉普拉斯变换、积分变换、相位信息等；如果成像问题已经解决，需要进行精细储层反演与描述时，就需要考虑利用体现数据精细变化特征的地震数据子集。

5.5 相位反演

通过匹配地震数据中的全部信息，全波形反演可以获得高分辨率的地震速度模型。但是在实际应用中，全波形反演具有高度病态和强非线性的反问题，因此其结果严重受噪声、初始模型的精度和数据中是否有低频信息等因素的影响。

在缺少低频信息的情况下，如何为全波形反演提供较好的初始模型，这是目前迫切的实际需求。根据 5.4 节中基于地震数据自身的波形反演思路，一种解决思路是在波动理论下，修正反演的目标函数来匹配地震数据中的其他次级可观测量，即应用高频数据来反演光滑的速度模型。例如，通过互相关函数获取旅行时差的波动方程旅行时反演（Luo et al. 1991），利用波动方程来获得模拟数据，修正目标函数并且通过伴随状态法来计算梯度，这种目标函数通过时间上的互相关操作获得的是不同偏移距处的全局旅行时差，旨在最小化观测的和反偏移的反射波间相位的延迟。

波动方程旅行时反演的实施主要有如下步骤。

（1）通过开窗操作从观测数据和模拟数据中分别截取目标波至 $d_{\text{obs}}(\boldsymbol{g}, \boldsymbol{s}, t)$ 和 $d_{\text{cal}}(\boldsymbol{g}, \boldsymbol{s}, t)$，$\boldsymbol{g}$ 和 $\boldsymbol{s}$ 分别是检波器和震源坐标，t 为时间。

（2）对 $d_{\text{obs}}(\boldsymbol{g}, \boldsymbol{s}, t)$ 和 $d_{\text{cal}}(\boldsymbol{g}, \boldsymbol{s}, t)$ 进行互相关，建立连接函数：

$$f(\boldsymbol{g}, \boldsymbol{s}, \tau) = \int d_{\text{obs}}(\boldsymbol{g}, \boldsymbol{s}, t+\tau) d_{\text{cal}}(\boldsymbol{g}, \boldsymbol{s}, t) \mathrm{d}t \quad (5.5.1)$$

寻找一个使合成地震记录移动的 τ，以便使模拟数据"最佳"地匹配观测的地震记录。"最佳"匹配的标准定义为最大化互相关函数 f：

$$f(\boldsymbol{g}, \boldsymbol{s}, \Delta\tau) = \max\{f(\boldsymbol{g}, \boldsymbol{s}, \tau) \mid \tau \in [-T, T]\} \quad (5.5.2)$$

式中：T 为观测数据和模拟地震道之间的最大旅行时差。当截取的目标波至是透射波时，则 $\Delta\tau$ 对应于观测的和模拟的透射波至旅行时差。$\Delta\tau = 0$ 表示已建立正确的速度模型，该模型生成的透射波与观测到的透射波同时到达。

（3）以 $\Delta\tau$ 建立目标函数。

$$E = \frac{1}{2} \sum_{s,g} \Delta\tau(\boldsymbol{g}, \boldsymbol{s})^2 \quad (5.5.3)$$

对应的速度更新公式为：

$$c(\boldsymbol{x})_{n+1} = c(\boldsymbol{x})_n - \alpha \frac{1}{c^3(\boldsymbol{x})} \sum_s \sum_g \int \dot{g}(\boldsymbol{x}, t \mid \boldsymbol{g}, 0) * \dot{p}(\boldsymbol{x}, t \mid \boldsymbol{s}, 0) \times \Delta\tilde{\tau}(\boldsymbol{g}, \boldsymbol{s}) \mathrm{d}t$$

$$(5.5.4)$$

式中：$c(\boldsymbol{x})$ 为速度；$g(\boldsymbol{x}, t \mid \boldsymbol{g}, 0)$ 为震源在 $\boldsymbol{g}$ 处 0 时刻激发，在 $\boldsymbol{x}$ 处的格林函数；$p(\boldsymbol{x}, t \mid \boldsymbol{s}, 0)$ 为震源在 $\boldsymbol{s}$ 处 0 时刻激发，在 $\boldsymbol{x}$ 处的正演模拟数据；$\Delta\tilde{\tau}$ 为伪旅行时残差。

$$\Delta\tilde{\tau}(\boldsymbol{g}, \boldsymbol{s}) = \frac{-2}{\int \mathrm{d}t \dot{p}(\boldsymbol{g}, t \mid \boldsymbol{s}, 0)^{\mathrm{obs}} \ddot{p}(\boldsymbol{g}, t + \Delta\tau \mid \boldsymbol{s}, 0)} \dot{d}(\boldsymbol{g}, t - \Delta\tau \mid \boldsymbol{s}, 0)^{\mathrm{obs}} \Delta\tau(\boldsymbol{g}, \boldsymbol{s})$$

$$(5.5.5)$$

式中：$p(\boldsymbol{g}, t \mid \boldsymbol{s}, 0)^{\mathrm{obs}}$ 为震源在 $\boldsymbol{s}$ 处 0 时刻激发，在 $\boldsymbol{g}$ 处接收到的观测数据。

（4）重复（1）至（3）步直到满足收敛条件。

波动方程旅行时反演的梯度说明了速度模型通过沿着波路径将全局旅行时残差消除来更新，则显著更新的速度和较大的旅行时残差相联系。这暗示了浅部强反射振幅对梯度并没有强烈影响，即观测的浅部强反射只有运动学部分发挥了作用。

更为直接的相位反演类方法，将步骤（1）中正演数据 $d_{\mathrm{cal}}(\boldsymbol{g}, \boldsymbol{s}, t)$ 的振幅谱替换为观测数据 $d_{\mathrm{obs}}(\boldsymbol{g}, \boldsymbol{s}, t)$ 的振幅谱，从而关于速度扰动的 Fréchet 偏导数只与相位相关，而与振幅无关。因此，不需要匹配观测数据的幅度谱，只需解释相位谱。类似的相位反演方法可以通过对每个记录道的幅度谱进行归一化可以得到，这类方法的典型代表是不依赖振幅的波形反演方法。其他存在空间—频率或空间—拉普拉斯域计算的相位反演方法。

除了像波动方程旅行时反演对初至透射波采用相关的目标函数外，还可以对反射波数据建立基于相关的目标函数，利用反射波数据来全自动地更新中深层模型的背景速度（Chi et al., 2015）。通过核函数分解后得到的反射波核函数，加强了波形反演中的层析效应。不同于常规的波形残差泛函，基于相关的目标函数具有更好的线性特征，并且对数据的频率成分不敏感，如图 5.5.1 所示。同时，对数据的振幅信息也并不敏感。因此，可以更好地克服周期跳跃问题，这在常规反射波波形反演缺乏可靠的低频数据时是难以实现的。将该方法和常规全波形反演结合起来，可以很好地恢复模型的低波数和高波数成分。

图 5.5.1 展示了三种不同反射波数据的目标函数随速度变化形态。可以看出，波形残差和零延迟互相关目标函数具有很强的非线性性，并且对数据的频率成分十分敏感。如果数据是高频占优的，这两种目标函数会严重受限于周期跳跃问题，其反演结果很可能陷入局部极值。相反，基于相关的目标函数在全局极小值附近有很宽的邻域。因此，基于相关的目标函数更适合于背景速度建模，尤其是在初始模型较差和低频数据缺失的情况下。同时，基于相关的目标函数对地震数据的振幅信息并不敏感，可以在不需准确模拟数据的动力学特征的情况下，保证稳健的背景速度估计。

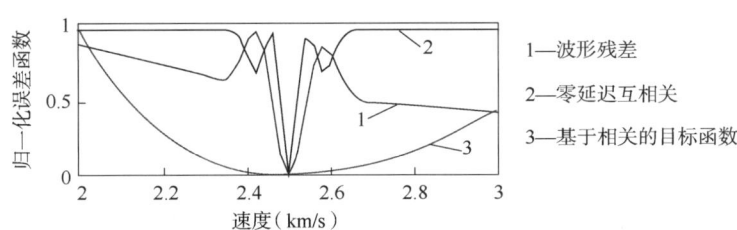

图 5.5.1　不同目标函数的归一化目标函数

5.6　成像相关反演

前述的反演方法可以描述为在数据域通过预测合成数据最佳匹配观测数据来估计地下参数模型。相对地，成像域反演可以找到最能匹配在成像域中观测偏移剖面的速度模型。通过使用假定的速度模型偏移记录数据，可以获得观测的偏移剖面。成像域反演的目标是找到合适的速度模型使得实际偏移结果 $\widetilde{\boldsymbol{m}}=\boldsymbol{L}^{\mathrm{T}}\boldsymbol{d}_{\mathrm{obs}}$ 和预测的偏移结果 $\widetilde{\boldsymbol{m}}_{\mathrm{pre}}=\boldsymbol{L}^{\mathrm{T}}\boldsymbol{L}\boldsymbol{m}$ 相匹配。如果仅仅只是要预测偏移反射层的位置，成像域速度反演可以看作是偏移速度分析方法（MVA），常见的有经典基于射线 MVA 或是相似最优化方法。如果反演的目标是同时预测偏移成像的波形振幅和位置，反演过程看作是成像域波形反演，比较典型的是波动方程偏移速度分析（WEMVA）。

WEMVA 通过解决最优化问题来估计速度。常规通过评估地下角域共成像点道集（AD-CIG）的平坦度来形成 WEMVA 目标函数（Biondi et al.，2004）。目标函数通常采用基于梯度的算法求解最优化问题。而梯度的计算分两步进行：（1）计算偏移成像扰动，（2）使用成像空间波动方程层析算子将偏移扰动反投影到速度模型中（Sava et al.，2004）

微分相似最优化方法（Differential-semblance optimization，DSO）是一种基于 ADCIG 的 WEMVA 方法，DSO 泛函具有比最小二乘泛函更好的凸性，从而与全波形反演相比具有更好的全局收敛性，受到更少或者完全不受局部极小值的影响。

对于扩展偏移成像而言，DSO 使用迭代局部最优化方法找到速度模型实现最小化：

$$E = \frac{1}{2}\sum_{x,z,h}[hm(x,z,h)]^2 \tag{5.6.1}$$

式中：$m(x, z, h)$ 为扩展偏移成像，如图 5.6.1 所示，并由式(5.6.2)定义。

$$m(x, z, h) = \sum_{t} p_s(x - h, z, t) p_g(x + h, z, t) \tag{5.6.2}$$

式中：$p_s(x-h, z, t)$ 为 $x-h$ 处炮点正传波场；$p_g(x+h, z, t)$ 为 $x+h$ 处从检波点出发出的反传波场。h 是由图 5.6.1(b)所表示的地下偏移距参数。与常规偏移不同，不是在同一地下点 x 处校正下行震源和反向传播反射场，而是将扩展焦点$(x-h, z)$和$(x+h, z)$处的相邻波场相关，以给出扩展偏移成像 $m(x, z, h)$。其基本原理是，在分层介质中存在偏移速度误差的情况下，当 h 远大于 0 时，将有显著的 $m(x, z, h)$ 振幅聚焦在$(x±h, z)$处。这种错误归位的振幅体现了速度模型中的误差，从而 DSO 尝试迭代地寻找更准确的速度模型来最小化这样的振幅，达到最小化目标函数的目的。

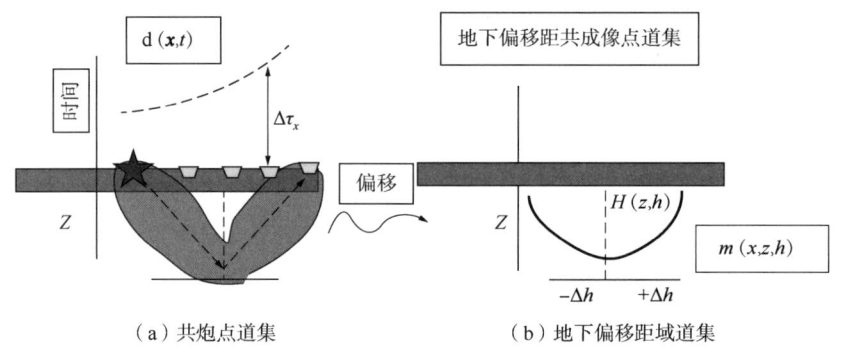

(a) 共炮点道集　　　　　(b) 地下偏移距域道集

图 5.6.1　共炮点道集与地下偏移距域道集对比示意图

在实践中，数据应先去除多次波，否则，该方法可能会收敛至错误的模型。点散射，点绕射和背景速度模型中的不连续可能会导致反演问题。扩展成像中的假象可能会导致基于梯度的优化方法产生噪声。为了削弱这种噪声问题，后续又发展了广义 DSO 方法，目标函数替换为：

$$E = \frac{1}{2} \sum_{x, z, h} [H(z, h) m(\boldsymbol{x}, h)]^2 \tag{5.6.3}$$

式中：$H(z, h)$ 为关于 z 和 h 的函数，在满足如图 5.6.1(b)中黑色实线所示的轨迹关系时 $H(z, h) = h$，否则 $H(z, h) = 0$。该成像域函数 $H(z, h)$ 类似于数据域中平滑变化的旅行时曲线，具有一个额外好处是能消除积分核 $H(z, h) m(\boldsymbol{x}, h)$ 中的相干噪声。该方法的速度更新梯度为：

$$\nabla E = \eta \sum_{x, z, h} H(z, h) m(\boldsymbol{x}, h)^2 \frac{\partial H(z, h)}{\partial c(\boldsymbol{x}')} + (1 - \eta) \sum_{x, z, h} H(z, h)^2 m(\boldsymbol{x}, h) \frac{\partial m(\boldsymbol{x}, h)}{\partial c(\boldsymbol{x}')} \tag{5.6.4}$$

上式第一项包含了拾取曲率 $H(z, h) = h$ 的 Fréchet 偏导数，提供了模型更新的低波数成分。第二项是 DSO 梯度项，将扩展成像的能量压缩至 $h=0$ 处，提供了模型更新的中波数成分，但是多次波、点绕射和速度不连续点会导致偏移噪声。对式(5.6.3)的问题，通过式(5.6.4)的梯度采用最优化算法可以求解，流程如图 5.6.2 所示。

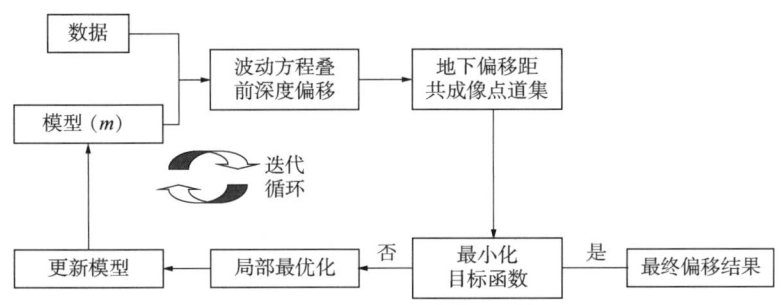

图 5.6.2 DSO 类方法流程示意图

5.7 地震反演的应用实践

下面介绍四个实际地震资料的反演案例。通过这些案例来说明不同反演技术所使用的数据类型、技术特点以及达成的反演目的。

第一个例子是将网格层析反演应用于四川盆地的地震数据，通过匹配剩余旅行时时差来获取高精度偏移速度模型，达到提高成像质量的目的。

第二个例子将变参数 AVA（振幅随反射角的变形）反演应用于东部实际地震数据，得到了纵波速度与泊松比的高分辨率反演结果，清晰地展现出含油层的展布范围。

第三个例子展示了正则化处理在振幅反演中的作用，在东部实际数据的反演结果中清晰地表征地层分界面及地质体在横向上渐变边缘位置，对油气储层展布形态进行了精细地刻画。

最后一个例子展示了反射波波形反演在东海实际资料的应用效果，反演结果说明了通过反射波波形反演可重建深部宏观速度场，从而达到提高深部成像质量的目的。

5.7.1 网格层析速度建模技术在四川盆地的应用

速度模型的精度严重影响叠前深度偏移的成像质量，因此，如何建立高精度速度模型一直是地震勘探的重要内容，直接影响着地震勘探的效益和成果。在实际应用中，影响高精度速度建模的因素贯穿资料处理的整个阶段。林杨（2020）根据四川盆地 BD 地区的地质目标，利用网格层析速度建模技术多轮迭代获得该工区的深度偏移层速度模型，达到落实工区地质目标准确成像目的。

首先需要根据工区概况分析相关资料特点，建立初始速度。在此基础上进行网格层析速度建模，通过对叠前深度偏移共成像点道集进行剩余时差最小化，迭代地更新深度域速度模型，流程如图 5.7.1 所示。

网格层析速度建模是目前高效的速度更新技术，综合了偏移剖面的同相轴连续性、倾角和方位角属性等多种地质信息，根据数据驱动更新速度模型。

对比初始速度模型[图 5.7.2(a)]、基于网格层析速度优化后的速度模型[图 5.7.2(b)]，可以看到优化后层速度模型的变化趋势，速度细节丰富，速度倒转符合地质认识，证明了速度的可靠性。优化后层速度模型的变化趋势与地层的变化趋势是保持一致的，说明深度域的层速度模型是符合地质规律的，为精确的深度偏移成像提供保障。

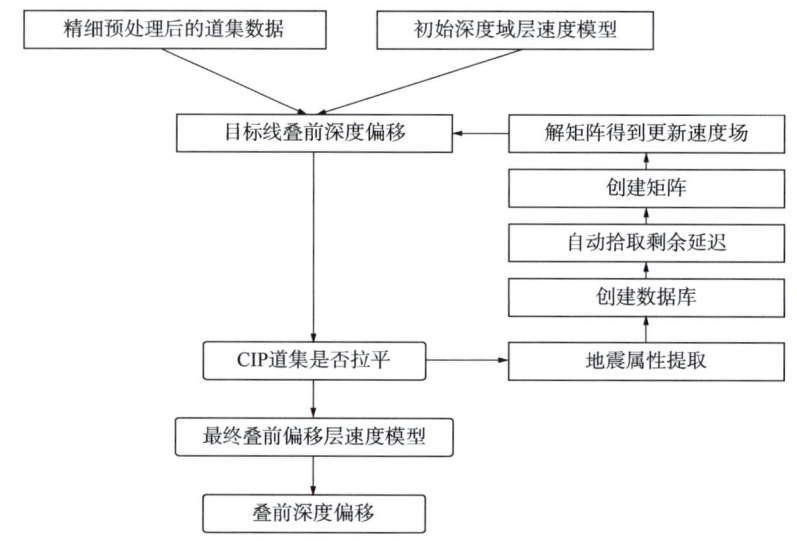

图 5.7.1　网格层析速度建模流程

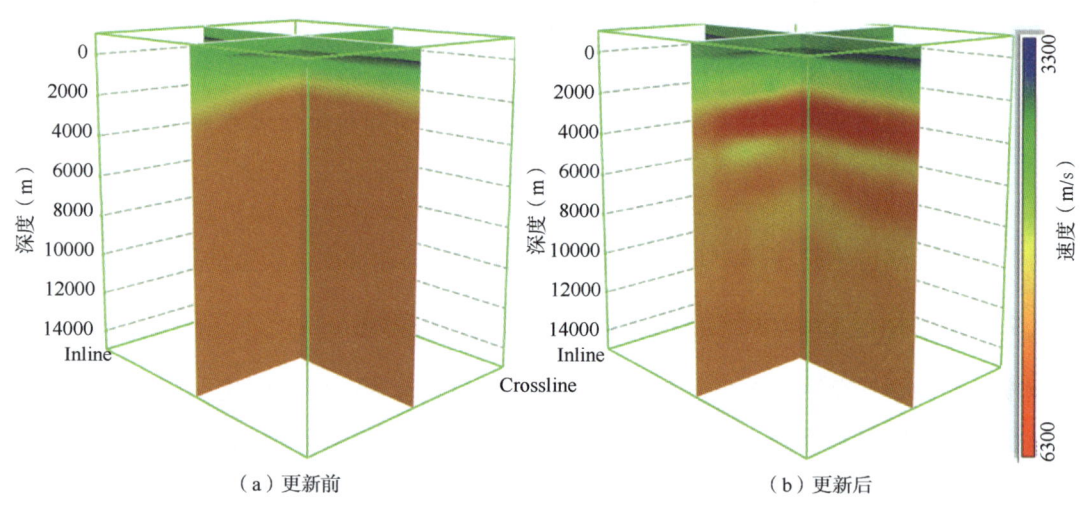

图 5.7.2　网格层析更新前后的速度模型

经过多轮网格层析速度优化迭代，每一轮都要对道集和剖面进行质控。道集是否平直是一个重要的质控标准。观察基于网格层析成像速度优化后的道集［图 5.7.3(b)］，可以看到相对于初始道集［图 5.7.3(a)］，最终道集得到了校平。说明经过网格层析多次迭代后的深度域层速度模型是合理的。

对比本次深度偏移成果［图 5.7.4(b)］与二维老偏移成果［图 5.7.4(a)］在相同位置，可以看出目的层成像，新成果有明显改善，地质构造关系更加清楚，反射同相轴更加连续，成像更好。

从四川盆地东部 BD 区块深度偏移成果来看，基于网格层析速度建模技术在该地区的应用效果较好，提高了叠前时间和深度成像精度，能够较好地反映地下地质构造，印证了深度偏移层速度模型是合理的。

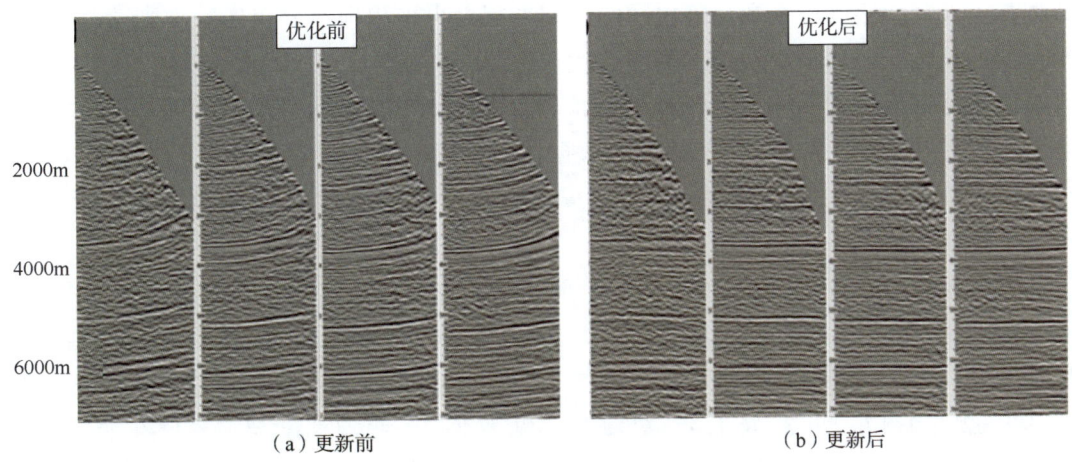

图 5.7.3　网格层析速度更新前后的道集

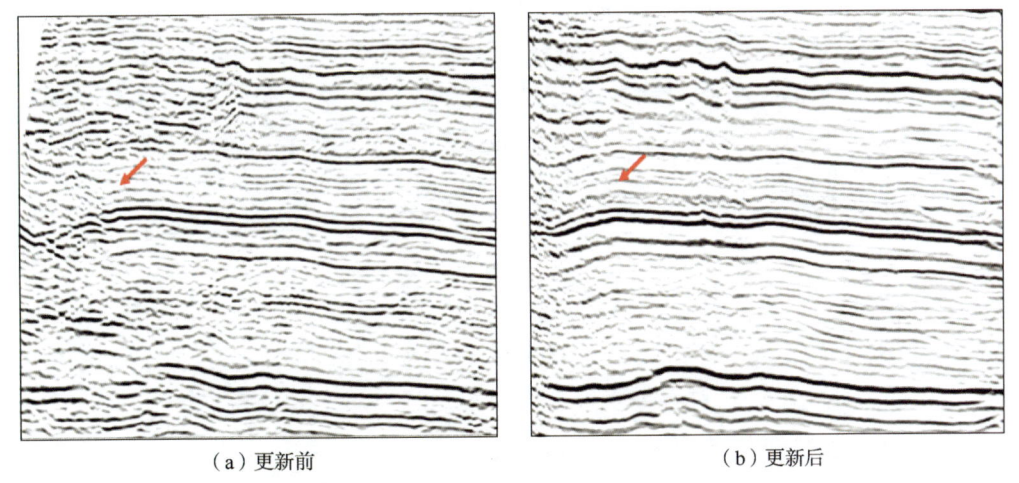

图 5.7.4　网格层析更新前后速度处理剖面对比

5.7.2　叠前 AVA 变参数反演在东部实际地震资料的应用

常用的 AVA 反演方法是线性化反演方法，其基本假设条件是将纵横波速度比取为常数。在实际应用中，很多情况下速度比并不满足这一条件，而是在随深度和空间变化的。若一概假定纵横波速度比取为常数，反演出的各种弹性参数势必会出现较大的误差。因此，如何克服这一假设条件对 AVA 反演的限制成为亟须解决的问题。

通常解决该问题的方法是通过给定初始模型，不断迭代修正模型弹性参数达到最终反演的目的。但该方法在求解过程中需要求解计算量大且不稳定的雅可比矩阵和海森矩阵，在实际工作中很不方便。代荣获等（2015）在常规线性化 AVA 反演基础上，提出了变参数反演方法，合理地解决了线性化 AVA 反演的不足，避免了海森矩阵的直接求解。

该方法通过对纵波反射系数近似公式（Aki-Richard 公式）进行参数变换，将反射系数与参数相对变化率转化为线性关系。通过将变参数线性化关系扩展到不同入射角情况形成叠前数据与子波褶积矩阵，系数矩阵之间的正演方程。再采用柯西分布先验准则建立 AVA 变参数反演的目标泛函，采用最速下降法迭代求解。

选取东部某工区的实际地震资料进行检验变参数反演在实际工作中的适用性。该工区的叠前地震资料包括三个部分角度叠加的数据体，角度范围分别为 0~10°、11°~20° 和 21°~30°。利用工区内的测井资料，在地质与地震层位的约束下构建出约束模型，对实际地震资料进行变参数反演。

图 5.7.5 是过 a1 井的 Inline561 线三个部分角度叠加剖面，相应的反演结果如图 5.7.6 所示，图中 a1 井 1.25s、1.43s、1.48s 及 1.52s 处为油层，横波速度在油层呈现高值，泊松比呈现低值，与实测井曲线非常吻合。图 5.7.7 展示了过 a2 井 Inline645 线的变参数反演结果，其中 a2 井 1.17s、1.3s 及 1.45s 处测井解释为油层，纵波速度与泊松比在油层发育部位都呈现低值，反演结果清晰地展现出含油层的展布范围，与井曲线吻合。

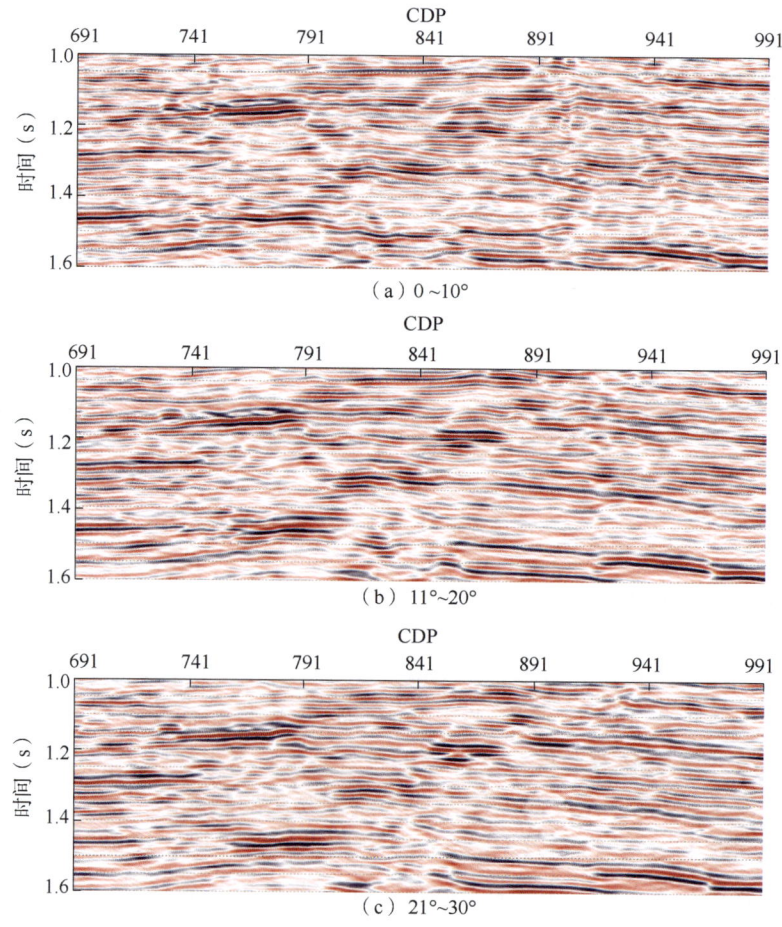

图 5.7.5　Inline561 线部分角度叠加地震剖面

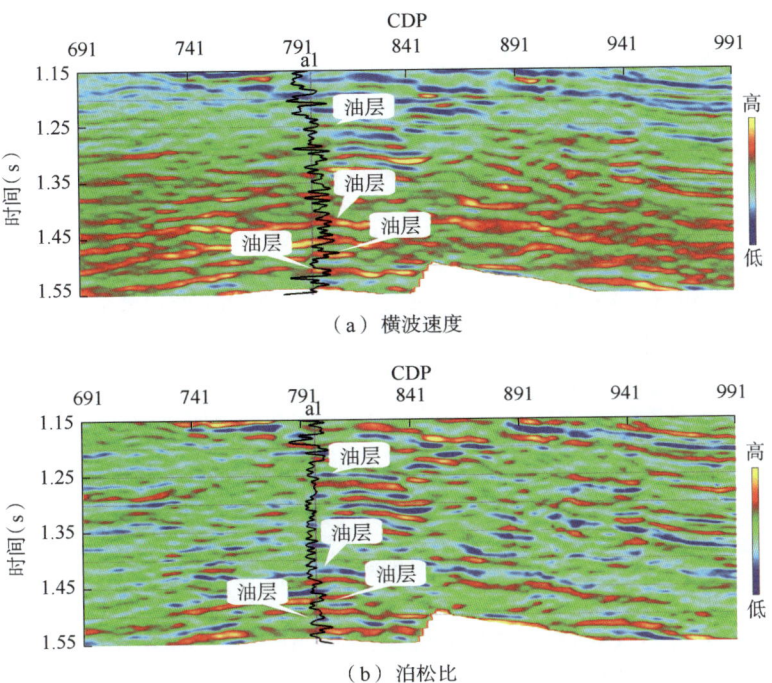

图 5.7.6 过 a1 井 Inline561 线变参数反演剖面

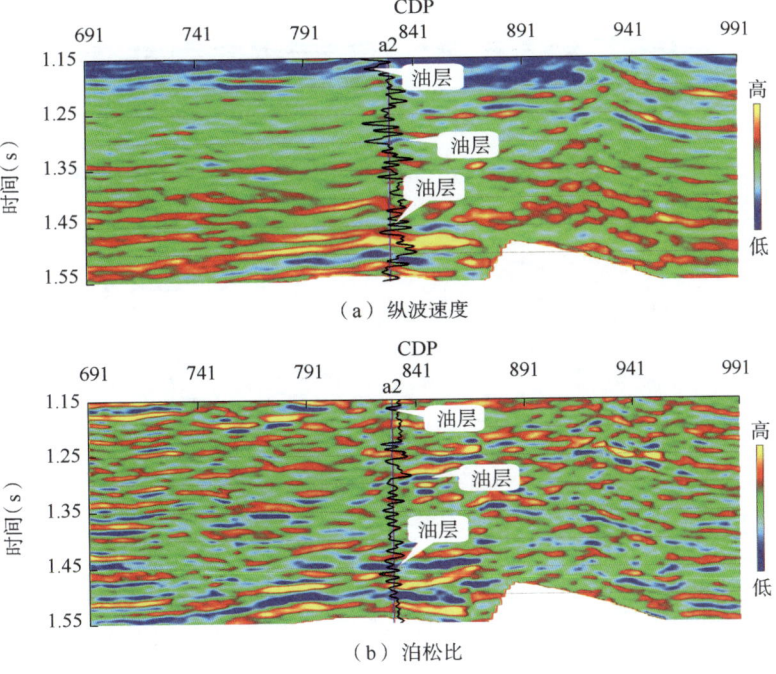

图 5.7.7 过 a2 井 Inline645 线变参数反演结果

5.7.3 自适应边缘保持平滑滤波正则化反演在东部实际地震数据的应用

随着油气资源精细勘探与开发的发展,对地震反演结果的要求越来越高。特别地,希望能够对油气储层展布形态进行精细的刻画,要求地震反演结果能够清晰地表征地层分界面及地质体在横向上渐变边缘位置,满足微小地质体地震地质精细描述需要。具体地说有两方面要求,首先要求在深度域或时间域上能够尽量分辨出更小的地质目标,以及清晰刻画地质体目标在垂向上的边界;其次要求地震反演方法能够进行横向正则化约束,以满足地下介质在横向上的变化分布特征,使得反演结果能够清晰地描绘地质体目标在横向上的展布情况,即清晰地表征地质体在横向上的边缘。

Dai 等(2019)基于模型空间高斯先验正则化约束的地震反演方法,将自适应边缘保持平滑滤波作为模型参数的预处理正则化引入叠后地震波阻抗反演中,发展了基于自适应边缘保持平滑滤波正则化的叠后地震反演方法(AEPSSI),采用多道地震数据同时反演策略,清晰地反演出地层分界面及地质体边缘,满足了微小地质体地震地质精细描述的需要,并将 AEPSSI 应用在东部某工区实际叠后地震数据体,取得的良好效果说明了其可行性。

该工区地质构造复杂,断层发育,构造类型多样。在油气藏条件上,物源条件好,但存在断层、地层不整合以及岩性尖灭等多种类型封闭的储层,储油层系主要是河流相砂岩与砂砾岩体。为精确刻画储层的展布特征,需要准确反演出储层在垂向与横向上的展布特征。图 5.7.8 显示了 Inline355 线的实际地震剖面。

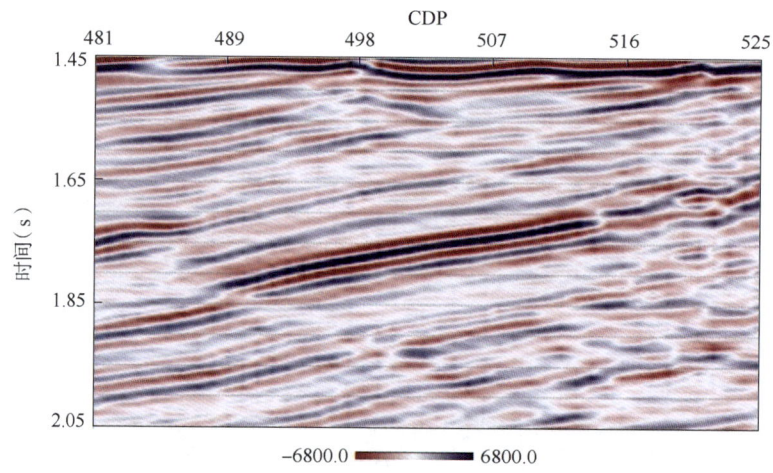

图 5.7.8　Inline355 线的实际地震数据剖面

对该工区中的测井资料进行基线校正、环境校正、刻度均衡等处理后,在地震地质层位与先验地质构造认识的约束下,由 Kriging 插值法构建出由测井数据插值得到的波阻抗模型。对该插值模型进行低通平滑滤波,得到低频波阻抗模型。以该低频波阻抗模型作为反演的初始模型以及反演的先验模型约束,对实际地震数据体执行 AEPSSI。

图 5.7.9(a)显示了 Inline355 线的 AEPSSI 波阻抗反演结果剖面,剖面中叠合显示的曲线是临近井的波阻抗测井曲线。由图 5.7.9(a)所示的反演结果可以看出:(1)反演得到的波阻抗剖面与实际的测井波阻抗曲线能够较好地吻合;(2)剖面上,上下地层之间的分界面

以及地质体边缘十分清晰;(3)反演结果具有"块状化"的特点,这同 AEPS 滤波预处理正则化引入到模型空间中的先验信息是一致的。

为了对比说明 AEPSSI 相对于 EPSSI 的优势,对该实际地震数据体执行 EPSSI。Inline355 线的 EPSSI 反演结果如图 5.7.9(b) 所示。从两种反演结果的对比可以看出,EPSSI 反演结果也能与实际测井波阻抗曲线有较好的吻合,且反演结果具有"块状化"的特点,这也同 EPS 滤波预处理正则化引入到模型空间中的先验信息是一致的。但是 EPSSI 反演结果中,许多薄层的分界面被 EPSSI 压制了,没有 AEPSSI 的反演结果中薄层位置处分界面清晰[图 5.7.9(b)中黑色箭头所指示的位置],且 EPSSI 反演结果在横向上的展布特征也没有 AEPSSI 反演结果那么清晰自然。计算实际波阻抗测井曲线、EPSSI 和 AEPSSI 反演结果单道波阻抗曲线的有效频带,结果见表 5.7.1。由表 5.7.1 可以看出,测井波阻抗曲线具有最宽的有效频带;由于 AEPSSI 能够保持弱小的地质特征,因此 AEPSSI 反演结果的有效频带比 EPSSI 反演结果的有效频带要宽。

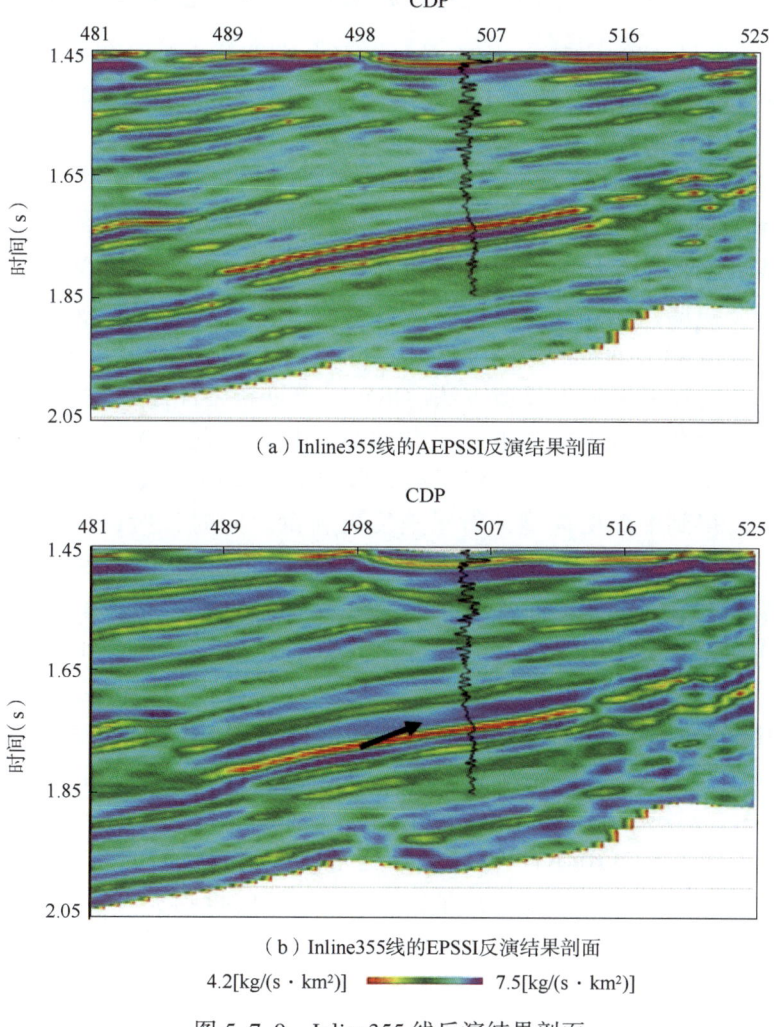

(a) Inline355线的AEPSSI反演结果剖面

(b) Inline355线的EPSSI反演结果剖面

图 5.7.9 Inline355 线反演结果剖面

表 5.7.1 实际波阻抗测井曲线、AEPSSI 和 EPSSI 反演结果单道波阻抗曲线有效频带范围

数据	有效频带范围(Hz)
实际波阻抗测井曲线	0~235
AEPSSI	0~65
EPSSI	0~45

由反演结果有效频带的对比可知，AEPSSI 的反演结果是达不到测井数据频带宽度的，即反演结果在垂向上的分辨率依然主要受控于原始地震数据有效频带。这就是说，所谓保护小地质特征的 AEPSSI 反演是在常规 EPSSI 反演所能够得到的反演结果中，使常规 EPSSI 反演压制的一些细节能够得以反演出来，但依然是在原始地震数据所包含的信息之内。

5.7.4 基于相关目标函数的反射波波形反演方法在中国东海实际资料应用

对于目前普遍缺乏可靠的低频(小于 4Hz)及长偏移距信息的地震数据，中深层的速度信息主要包含在反射波数据中，常规全波形反演对于中深层速度建模往往无能为力。因此，反射波波形反演(RWI)成为近几年国际地震勘探领域争相研究的课题。沿反射波路径进行背景速度反演也是在基于地震数据子集的反演思路下的一种成功应用。

虽然 RWI 是处理全波形反演的强非线性问题的一种解决途径，但是，当采用常规的基于数据残差或者零延迟互相关目标函数的 RWI 方法时，强非线性问题仍然存在，尤其是当没有使用真振幅偏移、并且在远偏移距数据存在周期跳跃时，强非线性问题更加突出。为了避免常规 RWI 周期跳跃问题和对真振幅偏移的过度依赖，Chi 等(2015)提出了基于相关目标函数的反射波波形反演方法(CRWI)来更新中深层速度模型的低波数成分。由于基于相关目标函数衡量了数据的运动学信息差异，因此，相比于常规的数据残差目标函数，其非线性程度大大降低了。将反射波残差沿着反射波核函数("兔耳朵"波路径)进行反投影，可以得到中深层模型的背景速度更新量。同时，所提出的方法对数据的频率成分和振幅信息并不敏感，因此可以保证在不需要低频信息和全物理模拟的情况下，得到可靠的背景速度反演结果。由于反射波的运动学特征已经被准确描述，所提方法的反演结果可以作为偏移所用模型或者常规全波形反演的初始模型进而得到准确的高波数模型更新。

迟本鑫(2016)对中国东海一条二维实际拖缆数据应用 CRWI，获得了较好的效果。经过前期的去噪和去多次波处理的地震数据，平滑后的叠前时间偏移速度分析结果如图 5.7.10(a)所示，对应的高斯束叠前深度偏移结果如图 5.7.11 所示。通过 CRWI 算法后，速度模型的更新量如图 5.7.10(b)所示，利用更新后得到的模型的高斯束叠前深度偏移结果如图 5.7.12 所示。可以看到，成像质量较 CRWI 反演前得到了大幅度提高，同相轴连续性显著改善，许多断层更加清晰，尤其是 2km 深度处的上超以及削截等沉积现象在图 5.7.12 上更加清晰。在 CRWI 反演后的角度域共成像点道集上(图 5.7.13)，同相轴基本拉平，说明了波形反演得到的速度模型较初始模型更加准确。

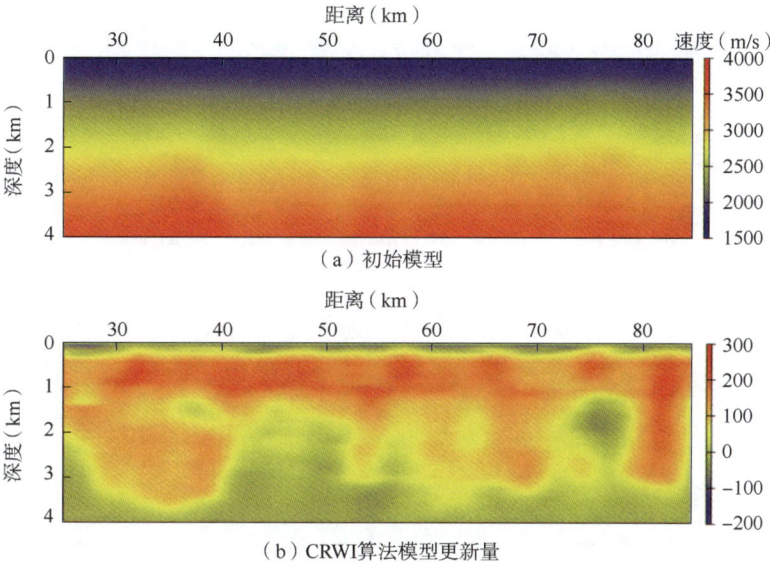

图 5.7.10 初始模型和 CRWI 算法模型更新量

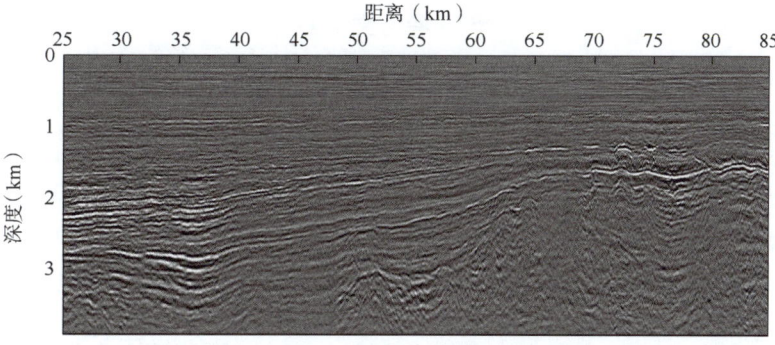

图 5.7.11 基于初始模型的叠前深度偏移结果

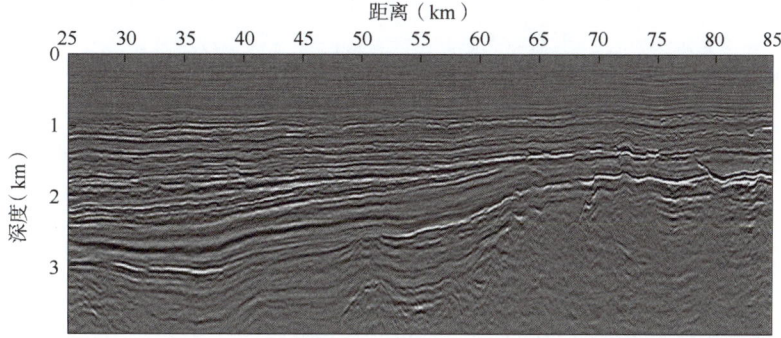

图 5.7.12 基于 CRWI 反演模型的叠前深度偏移结果

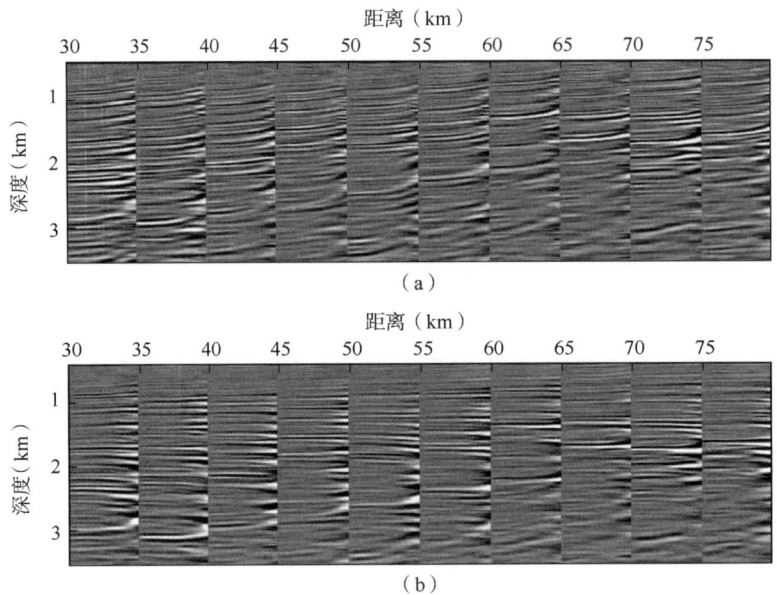

图 5.7.13　CRWI 前(a)和后(b)的角度域共成像点道集

参 考 文 献

陈建江，印兴耀，2007. 基于贝叶斯理论的 AVO 三参数波形反演[J]. 地球物理学报，50(4)：1251-1260.
成谷，马在田，耿建华，等，2002. 地震层析成像发展回顾[J]. 勘探地球物理进展，25(3)：6-12.
迟本鑫，2016. 基于地震数据子集的波形反演方法研究[D]. 上海：同济大学.
代荣获，张繁昌，刘汉卿，等，2014. 基于贝叶斯理论的逐次迭代非线性 AVA 反演方法[J]. 吉林大学学报：地球科学版，44(6)：2026-2033.
代荣获，张繁昌，刘汉卿，2015. 叠前地震资料 AVA 变参数反演方法[J]. 地球物理学进展，30(1)：261-266.
代荣获，尹成，刘阳，等，2019. 广义 Stein 无偏风险估计与地球物理反问题正则化参数求取[J]. 地球物理学报，62(3)：982-992.
董良国，迟本鑫，陶纪霞，等，2013. 声波全波形反演目标函数性态[J]. 地球物理学报，56(10)：3445-3460.
董良国，黄超，迟本鑫，等，2015. 基于地震数据子集的波形反演思路、方法与应用[J]. 地球物理学报，58(10)：3735-3745.
董良国，张建明，韩佩恩，2021. 改进的伴随状态法初至波走时层析成像方法[J]. 地球物理学报，64(3)：982-992.
李爱山，印兴耀，陆娜，等，2009. 两个角度弹性阻抗反演在中深层含气储层预测中的应用[J]. 石油地球物理勘探，44(1)：87-92.
林杨，2020. 网格层析成像速度建模技术在四川盆地东部 BD 区块的应用[D]. 成都：西南石油大学.
马劲风，2003. 地震勘探中广义弹性阻抗的正反演[J]. 地球物理学报，46(1)：118-124.
任俊兴，孟庆利，杨帆，2020. 基于构造约束的逐层网格层析速度建模技术在南川地区的应用[J]. 油气藏评价与开发，10(1)：17-21.
撒利明，杨午阳，姚逢昌，等，2015. 地震反演技术回顾与展望[J]. 石油地球物理勘探，50(1)：184-

202.

王家映, 1998. 地球物理反演理论[M]. 武汉：中国地质大学出版社.

王毓玮, 董良国, 黄超, 等, 2016. 弹性波全波形反演目标函数性态与反演策略[J]. 石油物探, 55(1)：123-132.

肖艳玲, 范旭, 王晓涛, 等, 2017. 网格层析速度反演技术在齐古背斜叠前深度偏移中的应用[J]. 石油地球物理勘探, 52(S2)：98-103.

熊定钰, 钱忠平, 赵波, 2005. 拟合AVO属性反演[J]. 石油地球物理勘探, 40(6)：646-651.

杨培杰, 印兴耀, 2008. 基于支持向量机的叠前地震反演方法[J]. 中国石油大学学报(自然科学版), 32(1)：37-41.

杨文采, 1997. 地球物理反演的理论与方法[M]. 北京：地质出版社.

印兴耀, 张繁昌, 孙成禹, 2010. 叠前地震反演[M]. 东营：中国石油大学出版社.

张丰麒, 魏福吉, 王彦春, 等, 2013. 基于精确Zoeppritz方程三变量柯西分布先验约束的广义线性AVO反演[J]. 地球物理学报, 56(6)：2098-2115.

张丰麒, 金之钧, 盛秀杰, 等, 2016. 贝叶斯三参数低频软约束同步反演[J]. 石油地球物理勘探, 51(5)：965-975.

张世鑫, 印兴耀, 孔国英, 等, 2010. 基于岩石物理模型的最优化AVO三参数同步反演[J]. 中国海上油气, 22(5)：300-304.

张世鑫, 印兴耀, 张繁昌, 2011a. 岩石物理模型约束拉梅参数提取方法[J]. 中国石油大学学报(自然科学版), 35(4)：59-63.

张世鑫, 印兴耀, 张广智, 等, 2011b. 纵波速度频散属性反演方法研究[J]. 石油物探, 50(3)：219-224.

张震, 印兴耀, 郝前勇, 2014. 基于AVO反演的频变流体识别方法[J]. 地球物理学报, 57(12)：4171-4184.

钟淼, 1995. AVO反演纵、横波速度[J]. 石油地球物理勘探, 30(3)：373-374.

宗兆云, 2013. 基于模型驱动的叠前地震反演方法研究[D]. 青岛：中国石油大学.

宗兆云, 印兴耀, 吴国忱, 2011a. 拉梅参数直接反演技术在碳酸盐岩缝洞型储层流体检测中的应用[J]. 石油物探, 50(3)：241-246.

宗兆云, 印兴耀, 张繁昌, 2011b. 基于弹性阻抗贝叶斯反演的拉梅参数提取方法研究[J]. 石油地球物理勘探, 46(4)：598-604.

Aki K, Richards P G, 2002. Quantitative seismology, 2nd Edition[M]. Sausalito：University Science Books.

Backus G E, Gilbert J F, 1967. Numerical application of a formalism for geophysical inverse problems[J]. Geophysical Journal of the Royal Astronomical Society, 13：247-276.

Backus G E, Gilbert J F, 1968. The resolving power of gross earth data[J]. Geophysical Journal of the Royal Astronomical Society, 16：169-205.

Backus G E, Gilbert J F, 1970. Uniqueness in the inversion of inaccurate gross earth data[J]. Philosophical Transactions of the Royal Society of London, 266：123-192.

Biondi B, Symes W, 2004. Angle-domain common-image gathers for migration velocity analysis by wavefield-continuation imaging[J]. Geophysics, 69(5)：1283-1298.

Billette F, Lambare G, 1998. Velocity macro-model estimation from seismic reflection data by stereo-tomography[J]. Geophysical Journal International, 135：671-680.

Bishop T N, Bube K P, Cutler R T, et al., 1985. Tomographic determination of velocity and depth in lateral varying media[J]. Geophysics, 50(6)：903-923.

Bleistein N, Cohen J K, Stockwell J W Jr, 2001. Mathematics of multidimensional seismic imaging, migration, and inversion[M]. New York: Springer-Verlag New York, Inc.

Bosch M, Mukerji T, Gonzalez E F, 2010. Seismic inversion for reservoir properties combining statistical rock physics and geostatistics: a review[J]. Geophysics, 75(5): A165-A176.

Buland A, Omre H, 2003. Bayesian linearized AVO inversion[J]. Geophysics, 68(3): 184-198.

Causse E, Riede M, van Wijngaarden A J, et al., 2007. Amplitude analysis with an optimal model-based linear AVO approximation: part 1-theory[J]. Geophysics, 72(3): C59-C69.

Červený V, Soares J E P, 1992. Fresnel volume ray tracing[J]. Geophysics, 57(7): 902-915.

Cerveny V, 2001. Seismic ray theory[M]. Cambridge Univ. Press.

Chi B, Dong L, Liu Y, 2015. Correlation-based reflection full-waveform inversion[J]. Geophysics, 80(4): R189-R202.

Claerbout J F, 1985. Imaging the earth's interior[M]. Blackwell Scientific Publications, Oxford.

Connolly P, 1999. Elastic impedance[J]. The Leading Edge, 18(4): 438-452.

Dai R, Yin C, Zaman N, et al., 2019. Seismic inversion with adaptive edge-preserving smoothing preconditioning on impedance model[J]. Geophysics, 84(1): R11-R19.

Devaney A J, 1984. Geophysical diffraction tomography[J]. IEEE Transactions on Geoscience and Remote Sensing, GE-22: 3-13.

Epanomeritakis I, Akçelik V, Ghattas O, et al., 2008. A Newton-CG method for large-scale three dimensional elastic full waveform seismic inversion[J]. Inverse Problems, 24: 1-26.

Fatti J L, Smith G C, Vail P J, et al., 1994. Detection of gas in sandstone reservoirs using AVO analysis: a 3-D seismic case history using the geostack technique [J]. Geophysics, 59(9): 1362-1376.

Fichtner A, Trampert J, 2011. Hessian kernels of seismic data functional based upon adjoint techniques[J]. Geophysical Journal International, 185: 775-798.

Gardner G H F, Gardner L W, Gregory A R, 1974. Formation velocity and density-the diagnostic basics for stratigraphic traps[J]. Geophysics, 39(6): 770-780.

Goodway B, Chen T, Downton J, 1997. Improved AVO fluid detection and lithology discrimination using lame petrophysical parameters from P and S inversions[C]. The SEG Annual Meeting Extended Abstracts.

Gray D, Goodway B, Chen T, 1999. Bridging the gap: Using AVO to detect changes in fundamental elastic constants [C]. The SEG Annual Meeting Extended Abstracts.

Hadamard J, 1902. Sur les problèmes aux dérivées partielles et leur signification physique[J]. Princeton University Bulletin, 49-52.

Hagedoorn J G, 1954. Process of seismic reflection interpretation[J]. Geophysical Prospecting, 2: 85-127.

Jannane M, Beydoun W, Crase E, et al., 1989. Wavelengths of earth structures that can be resolved from seismic reflection data[J]. Geophysics, 54(7): 906-910.

Kay S M, 1998. Fundamentals of statistical signal processing, volume II: estimation theory[M]. USA: Pearson Education, Inc.

Kosloff D, Sherwood J, Koren Z, et al., 1996. Velocity and interface depth determination by tomography of depth migrated gathers[J]. Geophysics, 61(5): 1511-1523.

Kurt H, 2007. Joint inversion of AVA data for elastic parameters by bootstrapping[J]. Computers &. Geosciences, 33(3): 367-382.

Lambaré G, 2008. Stereotomography[J]. Geophysics, 73(5): VE25-VE34.

Li X D, Tanimoto T, 1993. Waveforms of long-period body waves in a slightly aspherical Earth model[J]. Geophysical Journal International, 112: 92-102.

Liu Y Z, Dong L G, Wang Y W, et al., 2009. Sensitivity kernels for seismic fresnel volume tomography[J]. Geophysics, 74: U35-U46.

Liu Y Z, Yang J Z, Chi B X, et al., 2015. An improved scattering-integral approach for frequency-domain full waveform inversion[J]. Geophysical Journal International, 202(3): 1827-1842.

Luo Y, Schuster G T, 1991. Wave equation travel time inversion[J]. Geophysics, 56(5): 645-653.

Ma J, Morozov I B, 2005. The exact elastic impedance as a ray-path and angle of incidence function[C]. The SEG Annual Meeting Extended Abstracts.

Nolet G, 1987. Seismic tomography with applications in global seismology and exploration geophysics[M]. Seismology and Exploration Geophysics, VOL5. Springer, Dordrecht.

Rabben T E, Tjelmeland H, Ursin B, 2008. Non-linear bayesian joint inversion of seismic reflection coefficients [J]. Geophysical Journal International, 173(1): 265-280.

Sava P, Biondi B, 2004. Wave-equation migration velocity analysis. i. theory[J]. Geophysical Prospecting, 52: 593-606.

Simmons J L, Backus M M, 1996. Waveform-based AVO inversion and AVO prediction error[J]. Geophysics, 61 (6): 1575-1588.

Shin C, Jang S, Min D J, 2001a. Improved amplitude preservation for prestack depth migration by inverse scattering theory[J]. Geophysical Prospecting, 49: 592-606.

Shin C, Yoon K, Marfurt K, et al., 2001b. Efficient calculation of a partial-derivative wavefield using reciprocity for seismic imaging and inversion[J]. Geophysics, 66(6): 1856-1863.

Smith G C, Gidlow P M, 1987. Weighted stacking for rock property estimation and detection of gas[J]. Geophysical Prospecting, 35: 993-1014.

Tian Y K, Zhou H, Chen H M, et al., 2013. Bayesian prestack seismic inversion with a self-adaptive huber-markov random-field edge protection scheme[J]. Applied Geophysics, 10: 453-460.

Tarantola A, 1984. Inversion of seismic reflection data in the acoustic approximation[J]. Geophysics, 49(8): 1259-1266.

Tarantola A, 2005. Inverse problem theory and methods for model parameter estimation[M]. Paris: Society for Industrial Mathematics.

Vasco D W, Majer E L, 1993. Wave path travel time tomography[J]. Geophysical Journal International, 115: 1055-1069.

Virieux J, Operto S, 2009. An overview of full-waveform inversion in exploration geophysics[J]. Geophysics, 74: WCC1-WCC26.

Vogel C R, 2002. Computational methods for inverse problems[M]. Philadelphia: SIAM Society for Industrial and Applied Mathematics.

Wang B L, Yin X Y, Zhang F C, 2006. Lame parameters inversion based on elastic impedance and its application [J]. Applied Geophysics, 3(3): 174-178.

Wang T, Cheng J, Geng J, 2021. Reflection full waveform inversion with second-order optimization using the adjoint-state method[J]. Journal of Geophysical Research: Solid Earth, 126(8): e2021JB022135.

Wang Y, Dong L, Liu Y, et al., 2016. 2D Frequency-domain elastic full waveform inversion using the block-diagonal approximate hessian[J]. Geophysics, 81(5), R247-R259.

Woodward M J, 1992. Wave-equation tomography[J]. Geophysics, 57(1): 15-26.

Wu R S, Toksöz M N, 1987. Diffraction tomography and multisource holography applied to seismic imaging[J]. Geophysics, 52(1): 11-25.

Whitcombe D N, 2002. Elastic impedance normalization[J]. Geophysics, 67(1): 60-62.

Xu W, Wang T, Cheng J, et al., 2021. Hessian-based reflection waveform inversion: theory and applications to synthetic and field data[J]. Geophysics, 86(5): R747-R762.

Zhang R, 2008. Seismic reflection inversion by basis pursuit[D]. Houston: University of Houston.

Zhang S, Schuster G, 2013. Generalized differential semblance optimization[C]. 75th Conference and Exhibition, EAGE, Extended Abstracts.

Zhang S, Yin X, Zhang F, 2009. Fluid discrimination study from fluid elastic impedance[C]. The SEG Annual Meeting Extended Abstracts.

Zhang S, Yin X, Zhang G, 2011. Dispersion-dependent attribute and application in hydrocarbon detection[J]. Journal of Geophysics and Engineering, 8(3): 498-507.

Zong Z, Yin X, Wu G, 2012. AVO inversion and poroelasticity with P- and S-wave moduli[J]. Geophysics, 77(6): N17-N24.

Zong Z, Yin X, Wu G, 2015. Geofluid discrimination incorporating poroelasticity and seismic reflection inversion[J]. Surveys in Geophysics, 36(5): 659-681.

6 地震属性分析技术

本章主要介绍了地震属性分析从亮点技术到现今地震多属性综合分析的发展历程，地震准属性分析的基本思想与框架，以及地震属性分析技术在河流相砂体储层预测与表征等方面的应用与实践。

6.1 地震属性分析技术的发展历程

在地震勘探领域，最早出现"地震属性"（seismic attribute）一词可以追溯到20世纪60年代，人们最初分别使用过地震反射特征、地震特征参数、地震信息、地震标志等名称，地震属性一词于70年代出现，直到1997年第67届SEG年会对地震属性进行了专题讨论，以及西方奥塔拉斯国际石油公司（Western Atlas International Inc）的Chen和Sidney发表了两篇文章以后，国内外学者才开始统一使用地震属性一词。

"属性"一般是对某一事物的性质与事物之间关系描述的统称。在地震勘探领域，Webster认为地震属性是地震数据的一种内在的特征；Sheriff则认为地震属性是基于地震数据的一项测量；而Brown则将其称为是常规地震数据的一种衍生物；1997年，Chen给出了被广泛认可的一个定义，即地震属性是对地震资料的几何学、运动学、动力学及统计学特征的一种量度。随后，Barnes对其进行了更为全面的解释，即地震属性是一种描述和量化地震资料的特性，是原始地震资料中所包含全部信息的子集，地震属性的求取是对地震数据进行分解与挖掘，每一个地震属性均为地震数据的一个子集。

上述这些定义强调了地震属性的提取过程以及与地震资料的关系。从应用地球物理学的角度看，地震属性是地震数据中反映不同地质特征的分量或子集，是描述地层结构、岩性，以及储层物性等地质信息的地震特征量。结合实践，地震属性应该从应用角度来定义，即地震属性是将叠前或叠后地震资料经过各种数学运算而得到，且能大概确定与地下地质体特征有关的各种几何学、运动学、动力学及统计学特征的信息，能用来表征地下地层、构造、岩性、流体等地质特征。

地震属性的发展与地震勘探技术和石油工业的发展是息息相关，按照地震属性的研究和应用程度，本节将地震属性的发展分为以下五个阶段（图6.1.1）。

6.1.1 数字化记录开始阶段

首先是Mayne（1962）提出了地震勘探中的多次覆盖技术，它能够有效地压制地震资料中的随机噪声，从而提高了地震剖面的信噪比。1963年，数字化地震记录仪的出现，标志着地震勘探从此开始进入了数字化时代。这为地震直接找油（或称为直接烃类检测，即

DHI）创造了可行的条件，进而人们开始将数字地震剖面上的强振幅条带称为"亮点"。亮点直接烃类检测也开始被广泛应用，这也是地震属性与地质目标的首次直接关联。

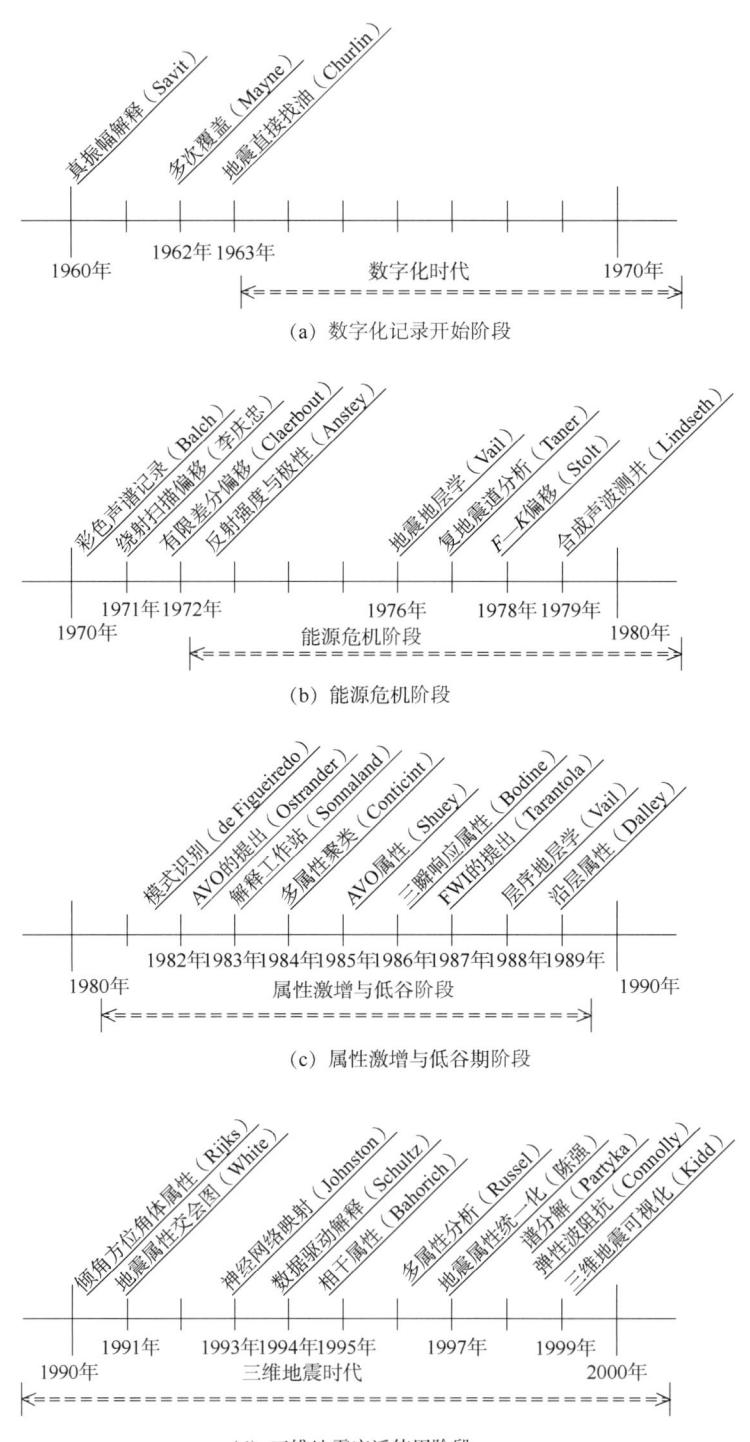

图 6.1.1　地震属性发展及地震勘探技术进步关系的时间线

6 地震属性分析技术

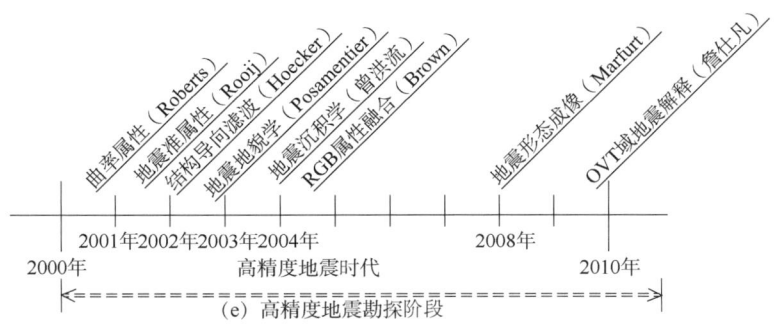

图 6.1.1 地震属性发展及地震勘探技术进步关系的时间线(续)

6.1.2 能源危机阶段

20世纪70年代,世界上爆发了两次能源危机,起因是1973年的第四次中东战争和1979年的两伊战争。能源危机虽然造成了世界经济的严重冲击,但同时也带来了石油勘探活动的全面爆发。整个70年代,地震剖面的彩色显示(Balch,1971)、地震数据处理中的波动方程偏移成像(Claerbout,1970;李庆忠[①],1974;Stolt,Gazdag,1978)、地震资料解释中的"亮点"技术,以及更多的反射特征参数的广泛使用(Anstey,1972)、地震地层学的提出(Vail,1977)、复地震道分析的引入(Taner et al.,1979)、地震波阻抗反演的出现(Lindseth,1979),这些新技术与新方法极大地推动了能够更好反映地层与岩性解释的地震属性技术被广泛重视和普及。

6.1.3 属性激增与低谷阶段

20世纪80年代,地震解释工作站的使用与普及,AVO技术的提出(Ostrander,1982)与AVO属性(Shuey,1985)的应用为亮点技术带来了新的活力,三瞬响应属性(Bodine,1986)使得对地层结构和沉积模式的认识上了一个新的台阶,地震反演技术及其应用软件日趋成熟,特别是三维地震技术的变革,极大地推动了大量地震属性技术的发展。

当时对三维地震属性解释的很多认识,还停留于二维地震解释的思路上,加之配套的计算机技术的缺乏,所以用单纯的信号分析或数学算法来求取的地震属性,以及其预测出的有利区却打出了许多干井,使得解释人员对地震属性产生了不信任。

直到1989年,基于三维地震数据体的沿层属性(Dalley,1989)和层间属性(Sonneland,1989)的应用,才开始摆脱了二维地震解释思想的束缚,开始认识到如果垂向地震剖面上无法识别出的地质特征,可以通过沿层上下时窗之间或两层间振幅数据的统计均值,反映出横向上地层平面反射区域中的古地貌单元,进而在井约束下内插或外推区域的油藏特征。沿层属性和层间属性的出现,标志着三维地震属性分析技术走向成熟和实用,逐渐成了现

---

① 国内外广泛认可,1974年发表在《石油地球物理勘探》第五期上的"绕射扫描叠加"是地震数据绕射扫描偏移思想的首次提出,其主要贡献应归功于李庆忠院士领导的课题组。

在地震属性分析的常规手段。

6.1.4 三维地震广泛使用阶段

20世纪90年代,三维地震技术在成本与效果两方面的对比中,逐渐得到了人们的广泛接受,同时也开始了三维地震属性数据体的应用(Rijks,1991),其中最有影响的是1995年Bahorich和Farmer开创性提出的第一代相干体算法,即计算相邻道的归一化相关,从而量化地震波形的连续性,可以有效地直接指示断层和沉积地层异常等。紧接着的十来年,诸如Marfurt(1998,1999)等发展出多代相干体算法及其成果实例应用,也展示了这一基于地质目标背景来构建的属性算法的巨大成功。

20世纪90年代还有三方面的研究成果推动了地震属性的应用与发展,一是Partyka等(1999)提出的谱分解技术,这是一种代表性的多域联合分析方法,也是提高单一地震数据相对分辨率的行之有效的方法;二是Connolly(1999)引入了弹性波阻抗和叠前角道集的概念,助推了叠前岩石弹性参数的反演与应用;三是基于实际地震数据和测井数据中的属性特征的交会分析(White,1991),建立了基于数据驱动的地震解释方法(Schultz,1994),以及基于神经网络的非线性模式识别所形成的地震多属性的分析方法(Russel,1997)。这些分析方法与技术不但应用于勘探阶段的地震地层学研究,也广泛应用于了开发阶段的油气藏描述。

6.1.5 高精度地震勘探阶段

到了21世纪,随着计算机性能的提高,上万道地震仪的出现(如Q-Land、Q-Marine系统等),地震技术也经历了高分辨率地震勘探到宽方位地震勘探,以及现今的宽方位、宽频带、高密度(简称"两宽一高")地震勘探的发展。

在高密度宽方位地震数据的支持下,地震解释技术也从二维地震解释到三维地震解释,以及发展到了现今OVT域的五维(三维空间+炮检距+方位角)地震解释。利用OVT道集的方位各向异性,其地震属性可以进行包括构造解释、地层解释、岩性解释、流体解释、裂缝识别、地应力研究等(印兴耀等,2018)。五维地震解释也可以看成是以方位各向异性分析为核心的OVT域叠前地震属性分析,还可以实现针对地质目标的最优化方位和尺度的叠后地震属性分析(詹仕凡等,2015)。

在利用地震资料研究地层学和沉积学方面,从地震地层学(Vail,1977)到层序地层学(Vail,1987),进而提出了地震地貌学(Posamentier,2003)和地震沉积学(曾洪流,2004)。但对地震属性分析技术来说,其关键的核心是:适合沉积与地貌形态刻画的地震属性集;适合沉积体系中储层物性表征的地震属性集;恰当的多属性优化方法;可靠的储层模式识别方法;适合人眼视觉的沉积与地貌形态的呈现方法。正像Chopra等(2008)所强调的需要大力发展刻画各种地层结构、沉积单元和储层特征的地震属性,来实现"地震形态成像"的目标。

在地震属性分析方面,也从单一的地震属性分析到地震多属性分析,进而提出了地震准属性分析(Rooij et al.,2002)。地震准属性分析可以说是地震多属性分析技术发展的一个必然结果，对于目前不同类型的各种地震数据的综合分析解释，完全也可以引入到地震准属性分析的基本框架上来，因此，从研究的地质目标出发，完全有可能提炼出一套地震准属性分析的宏观框架，从而发展与完善地震多数据解释和地震多属性分析的统一的工作流程与技术体系。

6.2 地震准属性分析的基本框架

6.2.1 地震多属性的分析方法

一般来说，地震属性与地下地质目标（及其地质参数）之间并不存在一一对应的关系，实际上多数地震属性是构造、地层、岩性和油气等综合因素的反映，这还不包括由地震属性计算，以及地震资料本身等因素引起的误差与干扰。因此，应用地震属性研究油气藏特征存在有很大的不确定性，这也属于地球物理反演中所存在的多解性问题。克服地震属性的不确定性，涉及岩石物性的综合标定和地震多属性的综合评判研究。这里主要介绍地震多属性综合分析的一般性流程和基本的框架。

6.2.1.1 地震多属性分析的基本流程

地震多属性的分析是将提取和优化了的各种敏感地震属性参数，结合到已知井的地层结构、岩石物性、储层含油气等信息中去，通过不同的数学变换手段，将多种可利用的地震属性信息赋予更加明确的地质意义，并进行细致的解释、推断，得出有关岩相、岩性、油气藏等纵向、横向变化的定性或定量的结论。

一般情况，地震多属性分析技术的工作流程包含了四个方面的内容：地震多属性的提取与优选；地震多属性的标定与模式建立；地震多属性的转换与映射；地震多属性的校正与误差分析。下面将对此做进一步的阐述。

(1) 地震多属性的提取与优选。

地震属性的提取一般可以分为层属性提取和体属性提取。层属性提取指沿着研究的目的层提取地震属性，它可以包括沿着目的层顶界面的反射波提取、或沿着目的层的底界面的反射波提取、或在目的层顶底界面之间的地震数据上提取、或在某一个明确地质意义的反射标志层的下方（或上方）选择一个延拓时窗内提取。体属性提取指在三维数据体上的每一个点都要按一个固定的时窗来提取地震属性。另外，属性提取也可以在单道时窗上提取，也可以在多道时窗上提取。

地震多属性的优选是通过对各个地震属性与预测对象之间的敏感性分析，优选出对求解问题最敏感（或最有效、或最有代表性）的个数最少的地震属性组合。地震多属性的优选一般可以通过三种方式来进行：专家优化、数学优化和物性优化。

专家优化指地质类、地球物理类或开发类专家对某个区块的储层信息特征是比较了解的，可凭经验在剖面和平面上，借助计算机可视化技术对地震属性的视觉异常进行直接的选取；

数学优化指根据信号或参数（如地震属性）之间的内在特征，利用数学或信号分析的方法来选取最优的地震属性，如常用的有主成分分析（或 K—L 变换）、独立分量分析和聚类分析等；

物性优化指在实际工区的地质和测井信息约束下，利用信号分析的方法进行敏感属性的选择，常用的有地震属性与储层参数的交会分析、贡献量分析、逐级搜索法、灰色关联分析、GA-BP优化分析、有效性—离散度—相关性的三参数分析、粗糙集决策分析、判别分析、正演模拟分析等。

（2）地震多属性的标定与模式建立。

应用井孔资料对地震属性进行标定，是目前使用最多，效果最好，大家最为认可的方法。该方法采用的是从已知到未知的思路，即运用井中已经获得的地层、岩性、储层物性及含油气性等信息，通过井旁地震道，建立油藏（储层）特征与地震属性之间的关系，然后，将其外推至整个油藏空间。

应用测井属性对地震属性进行标定最便捷的方法是回归分析，即运用井中获得的储层岩性、物性及含油气性等参数，与对应的地震属性进行回归，建立油藏特征与地震属性之间的对应关系式。这种方法简单易行，且很直观。通过回归曲线，可清楚地看出地震属性与油藏特征参数之间的关系。

地震多属性的标定也可以借助于聚类分析或人工智能的数学方法建立起该地区油气藏与地震属性参数之间的模式类别，其主要的数学方法就是模式识别。

模式识别是一种借助于大量信息和经验进行逻辑推理的方法。它既能利用信息参数，又能利用前人的经验，是一种集信息和经验于一体的方法。模式识别的高级阶段是通过大量已知信息（如由井孔资料确定的储层参数、油藏参数等）对复杂过程进行学习、判断和寻找规律。由此可见，在地震资料及其他地球物理资料的解释中，几乎都是在使用模式识别技术。

模式识别成败的关键是建立分类器，即通过对已知信息的学习，根据已知样本确定隶属函数。建立隶属函数（分类器）的过程，实际上就是运用井孔资料或其他先验信息对地震属性进行标定的过程。常用的方法有统计模式识别法与模糊模式识别法，前者是通过统计的方法建立隶属函数，后者则根据前人的经验或成果直接选用一些理论函数（如正态分布）作为隶属函数。

近年来逐渐兴起的神经网络模型建立实际上也是一种模式识别技术，它具有自学习与自适应能力，以及较强的容错能力，并具有非线性特征。神经网络的学习过程实质上就是利用已知样本（如井孔资料），对地震属性进行标定的过程。

（3）地震多属性的转换与映射。

地震属性除了用于储层空间分布预测和储集体轮廓描述以外，还可以进行储层参数的定量解释，即将地震属性转换为油藏参数的过程也称为储层表征。这也是地震属性分析评价的一项重要工作，也是油藏描述中的一项基本工作。这项工作主要是在前面测井标定和模式建立的基础上，将单个地震属性或多属性根据统计回归关系、神经网络模型建立的线性或非线性映射关系转换为油藏参数。这些参数可以是储层的岩性、储层的孔隙度、储层的含水饱和度、储层的渗透率等。

(4) 地震多属性的校正与误差分析。

对地震属性研究进行误差分析，也是一种有效的优化属性应用的方法。这一点在直接应用地震属性时体现不够明显，但在应用地震属性计算储层物性参数时，如果把最终的物性预测结果与预测的置信度（或方差等）联合起来解释，即对预测的物性特征进行误差分析，将有助于降低预测风险，提高预测可信度。例如，某储层两个有利部位的预测孔隙度均为15%，但其中一个的置信度为80%，另一个为50%，显然前者比后者更好一些。但如果不给出置信度，就无法判别两者的优劣。同理，对地震属性的应用也应进行误差分析，以对属性本身的可靠性进行评价。只有这样才能使地震多属性的应用建立在牢固的基础上。

6.2.1.2 地震多属性分析的基本框架

从前面的地震多属性分析基本流程可以看出，地震多属性分析的核心是从实际地震数据中挖掘出具有物理意义和地质意义的地震属性；是根据实际的测井数据去优选出对地质参数敏感的地震属性；是根据实际的测井数据去建立地震属性与地质参数之间模式或映射关系；是根据实际的测井数据去校正和评估地震多属性的预测结果，进而实现地震多属性的分析与可靠地质解释。

上述这些过程都是从实际的地震数据和测井数据出发，采用推理的方法去获得地震属性与测井属性之间具有统计学意义的关系，来实现地震多属性的分析解释，因此，Schultz等（1994）把这种方法称为数据驱动的解释方法。不同于基于近似理论的解释方法，数据驱动的解释方法的基本框架可以概括为从实际地震和测井数据中进行特征提取、对地震和测井特征的相关性分析、归纳地震特征与测井特征之间的统计关系或映射模式和对预测结果的校正与评估等四个环节（图6.2.1）。

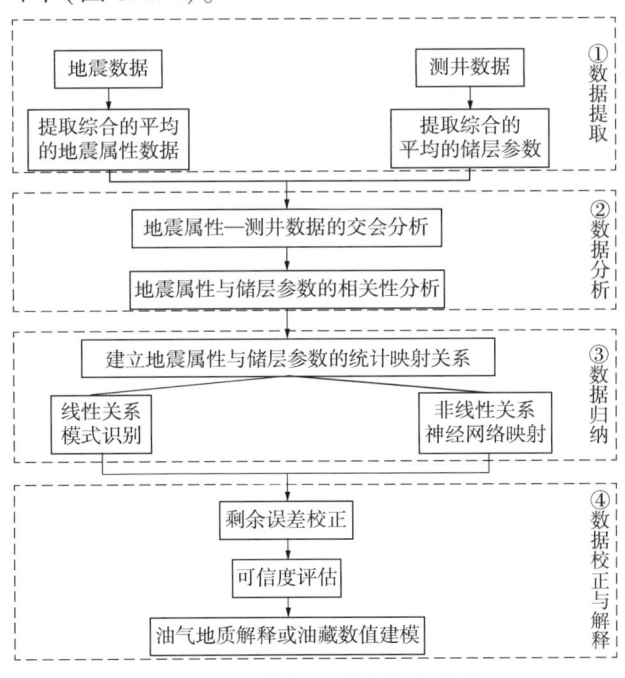

图 6.2.1 数据驱动的解释方法

6.2.2 地震准属性的提出

对前面的地震多属性分析流程,可以进一步概括为是由各种地震数据,如三维、四维、五维地震数据,或 P 波、SV 波地震数据,或叠前、叠后地震数据,或不同 OVT 域地震数据,或谱分解后不同频率的地震数据等,经过数学变换而导出的表征地震波几何学特征、运动学特征、动力学特征和统计学特征的各种地震属性参数,如振幅类、频率类、波形类、相干类、层序类、非线性类地震属性等,再经过各种信号分析或统计分析得到的对储层参数敏感的多个地震属性,最后通过各种模式识别的方法得到的表征地下地质特征的某个储层参数(图 6.2.2)。

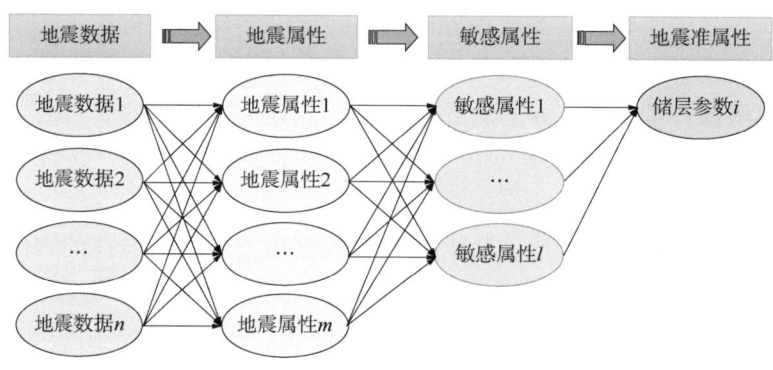

图 6.2.2 地震准属性分析的基本流程

可以看出,地震属性是由地震数据,经过数学变换而导出的表征地震波几何学特征、运动学特征、动力学特征、统计学特征的一些参数。而储层参数则是由地震属性数据,经过数学变换而导出的表征地下储层特征的一些参数。

由此,Rooij 等(2002)将由多个地震属性经过数学变换而导出的这个储层参数称为地震准属性。地震准属性也可以理解为对不同类型的地震信息进行目标拟合,而生成的一些按用户意图定义的地质意义明确的属性参数。进而可以统一地将地震多属性分析称为地震准属性分析。

地震准属性分析的实质是将多个数据变成了一个数据,它既是现今大数据分析、大数据挖掘的发展趋势,也是油气勘探与开发发展的需求。从数据和需求的角度,可以按照图6.2.3 所示来阐述地震准属性分析的基本框架:

(1)对于某一个地质目标或地质参数,可能需要一个从多维度的坐标系,才可能比较可靠地表征它,即需要构造一个能够涵盖地质目标最大化信息的 m 维地震属性的相空间;

(2)由于 m 维的地震属性相空间中可能存在一定的相关性,其包含的地质信息可能存在一定的重复性和冗余性,因此,需要进一步压缩构造一个相互独立的具有正交基特征的 l 维敏感地震属性的相空间;

(3)将 l 维敏感地震属性融合映射为一个具有明确地质意义的地震准属性,该准属性与工区的地质目标或储层参数具有最大化后验概率条件下的一一对应关系。

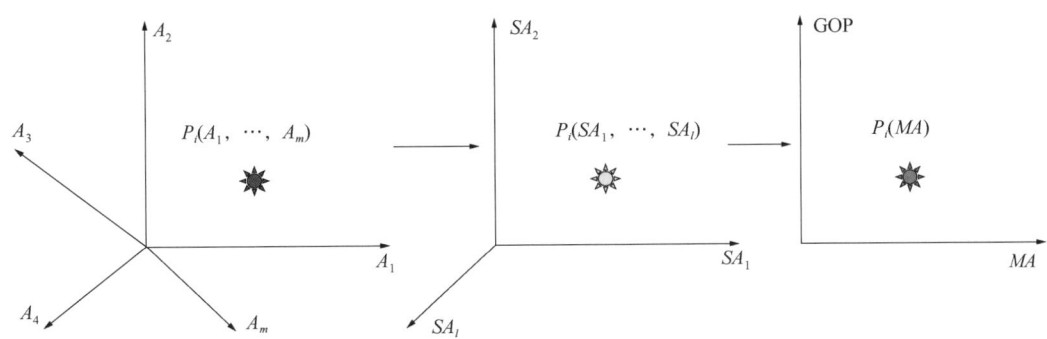

图 6.2.3　地震准属性分析的基本框架

6.2.3　地震准属性的生成方法

6.2.3.1　地震多属性的代数和逻辑运算

地震准属性生成最简单的方法是将多个地震属性进行相加、相减、相乘、相除的四则代数运算。假设空间中有 $A(x,y,t)$ 和 $B(x,y,t)$ 两个属性，四则代数运算得到的准属性为 $F(x,y,t)$，即可以表示为：

$$\begin{cases} F(x,y,t)=A(x,y,t)+B(x,y,t) \\ F(x,y,t)=A(x,y,t)-B(x,y,t) \\ F(x,y,t)=A(x,y,t)\times B(x,y,t) \\ F(x,y,t)=A(x,y,t)\div B(x,y,t) \end{cases} \quad (6.2.1)$$

另外，通过对两个或多个地震属性数据值的选大、选小或取中间值是最简单的逻辑运算，可以描述为：

$$\begin{cases} F(x,y,t)=\text{Max}[A(x,y,t),B(x,y,t),C(x,y,t)] \\ F(x,y,t)=\text{Min}[A(x,y,t),B(x,y,t),C(x,y,t)] \\ F(x,y,t)=\text{Mid}[A(x,y,t),B(x,y,t),C(x,y,t)] \end{cases} \quad (6.2.2)$$

在准属性处理时，比较多属性 $A(x,y,t)$、$B(x,y,t)$、$C(x,y,t)$ 中对应位置处值的大小，选择其中较大（或较小、或中间）的值作为准属性 $F(x,y,t)$ 在对应位置处的值。

Radovich 等（1998）在研究澳大利亚 Gorgon 油田时首次提出的含气砂岩的"甜点"概念，就是利用瞬时振幅与瞬时频率的比值而得到的一种地震准属性，容易理解，当强振幅有利储集砂体与含流体的低频储层存在时，则该比值得到的准属性必将更加突出油气勘探与识别的异常特征。

6.2.3.2　地震多属性的线性组合运算

将地震多属性进行线性组合运算也是一种地震准属性的生成方法，其实质就是对多个地震属性进行一种线性变换，其目的是从大量的地震属性数据 X 中通过一变换矩阵 W 提取出其中隐含的信息 Y，即：

$$Y = WX \tag{6.2.3}$$

可以想象,在没有任何限定条件下,同样的地震数据可以用多种地震属性进行表示,而每种变换方法会在各个不同方面突出地震属性数据的某些特征。这些方法的任务是选取最优的线性变换,使得对变换后的数据的处理变得更加容易、计算更为简单,如:数据压缩、特征提取、信号消噪、模式识别等。这里主要介绍三种不同方式的线性变换方法:基于少量已知值的统计回归分析、基于输入数据的特征值和特征向量的主成分分析和基于输入数据的互信息最小化的独立分量分析。

(1)多元统计回归分析。

设有 m 个自变量(如:m 个优选的地震属性)x_1,x_2,$\cdots$,x_m 和一个因变量 y(需要预测的某个地质参数,即准属性),用自变量来表示因变量的回归模型可写成如下形式:

$$y_i = \beta_0 + \beta_1 x_{i1} + \beta_2 x_{i2} + \cdots + \beta_m x_{im} + \varepsilon_i \qquad \forall i \tag{6.2.4}$$

式中:β_0,β_1,β_2,$\cdots$,β_m 为待定常数;y_i 和 ε_i 都是随机变量,各自服从不同期望与方差的正态分布 $y_i \sim N(\mu, \sigma_1^2)$ 和 $\varepsilon_i \sim N(0, \sigma_2^2)$,且 ε_i 之间是相互独立的;自变量 x_1,x_2,$\cdots$,x_m 可以是随机变量,也可以是数值可控制的确定型变量,通常假定是后者。

由式(6.2.4)两边求数学期望,得到:

$$E(y_i) = \beta_0 + \beta_1 x_{i1} + \beta_i x_{i2} + \cdots + \beta_m x_{im} \qquad \forall i \tag{6.2.5}$$

y_i 的数学期望 $E(y_i)$ 是变量 x_{i1},x_{i2},$\cdots$,x_{im} 的线性函数。

假定对这些变量进行了 n 次观察(如已钻有 n 口井),取得了 n 个观察样品,而且第 i 次观察得到的数据为 $(x_{i1}, x_{i2}, \cdots, x_{im}; y_i)$,$i = 1, 2, \cdots, n$,根据实际观察数据求回归模型式(6.2.4)中的系数 β_0,β_1,β_2,$\cdots$,β_m 的估计值 b_0,b_1,$\cdots$,b_m,即求回归方程:

$$\hat{y} = b_0 + b_1 x_1 + b_2 x_2 + \cdots + b_m x_m \tag{6.2.6}$$

使得 n 个回归值 $\hat{y}_i = b_0 + b_1 x_{i1} + b_2 x_{i2} + \cdots + b_m x_{im}$($i = 1, 2, \cdots, n$)与 y 的观察值 y_i 的偏差平方和最小,亦即求回归系数 b_0,b_1,b_2,$\cdots$,b_m 使式(6.2.7)达到最小值,于是回归系数 b_0,b_1,$\cdots$,b_m 应满足式(6.2.8)至式(6.2.10):

$$Q = \sum_{i=1}^{n} (y_i - \hat{y}_i)^2 = \sum_{i=1}^{n} (y_i - b_0 - b_1 x_{i1} - b_2 x_{i2} - \cdots - b_m x_{im})^2 \tag{6.2.7}$$

$$\frac{\partial Q}{\partial b_0} = -2 \sum_{i=1}^{n} (y_i - b_0 - b_1 x_{i1} - b_2 x_{i2} - \cdots - b_m x_{im}) = 0 \tag{6.2.8}$$

$$\frac{\partial Q}{\partial b_1} = -2 \sum_{i=1}^{n} (y_i - b_0 - b_1 x_{i1} - b_2 x_{i2} - \cdots - b_m x_{im}) x_{i1} = 0 \tag{6.2.9}$$

$$\vdots$$

$$\frac{\partial Q}{\partial b_m} = -2 \sum_{i=1}^{n} (y_i - b_0 - b_1 x_{i1} - b_2 x_{i2} - \cdots - b_m x_{im}) x_{im} = 0 \tag{6.2.10}$$

将上述方程整理，可得到关于回归系数 b_0，b_1，b_2，$\cdots$，b_m 的正则方程：

$$\sum_{i=1}^{n}(b_0 + b_1 x_{i1} + b_2 x_{i2} + \cdots + b_m x_{im}) = \sum_{i=1}^{n} y_i \qquad (6.2.11)$$

$$\sum_{i=1}^{n}(b_0 + b_1 x_{i1} + b_2 x_{i2} + \cdots + b_m x_{im}) x_{i1} = \sum_{i=1}^{n} y_i x_{i1} \qquad (6.2.12)$$

$$\vdots$$

$$\sum_{i=1}^{n}(b_0 + b_1 x_{i1} + b_2 x_{i2} + \cdots + b_m x_{im}) x_{im} = \sum_{i=1}^{n} y_i x_{im} \qquad (6.2.13)$$

若令 $\boldsymbol{X} = \begin{bmatrix} 1 & x_{11} & x_{12} & \cdots & x_{1m} \\ 1 & x_{21} & x_{22} & \cdots & x_{2m} \\ \vdots & \vdots & \vdots & \vdots & \vdots \\ 1 & x_{n1} & x_{n2} & \cdots & x_{nm} \end{bmatrix}$，$\boldsymbol{B} = [b_0, b_1, \cdots, b_m]^{\mathrm{T}}$，$\boldsymbol{Y} = [y_1, y_2, \cdots, y_n]^{\mathrm{T}}$，则

方程组式(6.2.11)至式(6.2.13)可表示成矩阵形式：

$$(\boldsymbol{X}^{\mathrm{T}} \boldsymbol{X}) \boldsymbol{B} = \boldsymbol{X}^{\mathrm{T}} \boldsymbol{Y} \qquad (6.2.14)$$

式中：矩阵 $\boldsymbol{X}$ 是一个 $n \times (m+1)$ 矩阵，矩阵中的 x_{ij} 表示第 i 个样品在第 j 个变量上的观察值（$i = 1, 2, \cdots, n$；$j = 1, 2, \cdots, m$）。方程(6.2.14)的右端矩阵是自变量与因变量的组合。

在多元线性回归中，当观察数据远多于变量数即 $n \geq m$ 时，矩阵 X 一般是列满秩的，从而可以解出：

$$\boldsymbol{B} = (\boldsymbol{X}^{\mathrm{T}} \boldsymbol{X})^{-1} \boldsymbol{X}^{\mathrm{T}} \boldsymbol{Y} \qquad (6.2.15)$$

由式(6.2.15)得到了回归系数 b_0，b_1，b_2，$\cdots$，b_m，即可以利用式(6.2.4)得到整个工区的某个准属性参数 y_i。多元统计回归分析也就是人们使用多个参变量的线性拟合来表征某一个新的参变量的过程。

（2）主分量分析。

主分量分析（Principal Component Analysis，PCA），也称 K-L 变换，是以输入数据协方差矩阵的最大特征值以及相应的特征向量定义的常规统计信号处理方法。就几何观点来说，PCA 的基本思想是寻找一个最佳子空间，当多维观测数据 $\boldsymbol{X}$ 在该子空间进行投影后，所得分量具有最大方差。同时，当用新分量对原始数据进行重构时，在最小均方误差意义下逼近效果最优，即：

$$\min \varepsilon = E \left\{ \left\| \boldsymbol{X} - \sum_{i=1}^{n} (\boldsymbol{W}_i^{\mathrm{T}} \boldsymbol{X}) \boldsymbol{W}_i \right\|^2 \right\} \qquad (6.2.16)$$

设 $\boldsymbol{X} = [x_1, \cdots, x_n]^{\mathrm{T}}$ 是 n 维随机向量，其均值 $m_X = E[\boldsymbol{X}] = 0$，协方差矩阵为：

$$C_X = E\{XX^T\} = E\left\{\begin{bmatrix} x_1 \\ \vdots \\ x_n \end{bmatrix}[x_1, \cdots, x_n]\right\} \qquad (6.2.17)$$

PCA 的目的就是寻找一正交变换的系数矩阵 $W^T = [w_1, w_2, \cdots, x_m]$，对 n 维向量 X 进行正交变换，使得新分量 $y_i(i=1, 2, \cdots, m)$ 之间彼此互不相关，即满足：

$$Y = WX \qquad (6.2.18)$$

$$\begin{bmatrix} y_1 \\ \vdots \\ y_m \end{bmatrix} = \begin{bmatrix} w_{11} & \cdots & w_{1n} \\ \vdots & \ddots & \vdots \\ w_{m1} & \cdots & w_{mn} \end{bmatrix}\begin{bmatrix} x_1 \\ \vdots \\ x_n \end{bmatrix} \qquad (6.2.19)$$

且 Y 的协方差矩阵为对角矩阵：

$$C_Y = E\{YY^T\} = E\left\{\begin{bmatrix} y_1 \\ \vdots \\ y_m \end{bmatrix}[y_1, \cdots, x_m]\right\} = \mathrm{diag}(\lambda_1, \lambda_2, \cdots, \lambda_m) \qquad (6.2.20)$$

由式(6.2.19)可以得到：

$$y_1 = w_1^T X \qquad (6.2.21)$$

当所有观测数据 X 沿 w_1 方向投影时，PCA 将使得到的分量 y_1 能量最大，即方差 $E\{y_1^2\}$ 最大，此时便把 y_1 称为第一个主分量(PC1)。用同样的方法在与 w_1 正交的所有矢量中寻找第二个矢量 w_2，在满足 $w_1^T w_2 = 0$ 的前提下，使投影后的 $y_2 = w_2^T X$ 能量最大，这样 y_2 成为第二个主分量(PC2)。在下述限定条件下，该过程不断重复：

① 新方向与前面所有方向都正交，$w_i^T w_j = 0$，$\forall j < i$，$\|w_i\| = 1$；
② 投影后的数据具有最大方差。

同时，由于各矢量 w_i 投影方向相互正交，所以 PCA 得到的各个新分量 $y_i = w_i^T X$，$i=1, \cdots, m$ 间彼此互不相关，即 $E\{y_i y_j\} = E\{(w_i^T X)(w_j^T X)\} = 0$，$i \neq j$。

当所有 w_i 按上述方法确定之后，得到 m 个主分量 y_i，$i=1, \cdots, m$，同时所有 w_i 将作为基向量构成 PCA 子空间。m 的最大值可等于原始数据维数 n，变换矩阵 $W^T = [w_1, w_2, \cdots, x_n]$。但通常少数几个主分量就可保留原信号 80% 以上的信息，因此将变换矩阵后 $n-m$ 个基向量置零，得到 m 个方差较大的主分量的投影方向，新变换矩阵 $W^T = [w_1, \cdots, x_m, 0, \cdots, 0]$，此时仅余下的 m 个基向量对原信号进行重构，得：

$$X' = W'^T Y = W'^T W' X \qquad (6.2.22)$$

式中：$W'X$ 为前 m 个主分量；$E\{\|X - X'\|^2\}$ 为均方误差。

当 $m \ll n$ 时，PCA 完成数据压缩目的。通过 PCA 预处理后，首先将大大简化后续数据处理的计算量；其次，当噪声不包含在前 m 个主分量中时，PCA 可以完成去噪目的；第三,当映射子空间的维数非常低时,如二维情况下,对数据的可视化非常有用。总之,PCA 是基于输入数据二阶统计特性的一种正交变换方法,输出的各主分量间互不相关,二阶冗余信息得以去除。

(3) 独立分量分析。

独立分量分析(Independent Component Analysis,ICA)的基本思想是将多道观测信号(如多种敏感的地震属性参数)按照统计独立的原则通过优化算法分解出若干独立分量(即新的若干个相互独立的地震准属性参数),而这些独立分量是源信号的一种近似估计。其前提条件是各源信号为彼此统计独立的非高斯信号。

假定从 m 个通道获得 m 个观测信号 x_i,$i=1,2,\cdots,m$,每个观测信号是由 n 个独立源信号 s_i,$i=1,2,\cdots,n$ 的线性混合,N 为 m 维附加噪声。即:

$$X = A \times S + N$$
$$X = [x_1, x_2, \cdots, x_m]^T \tag{6.2.23}$$
$$S = [s_1, s_2, \cdots, s_n]^T$$

式中:X,S,N 分别为观测信号矢量、未知的源信号矢量和 m 维附加噪声;A 为尺寸 $m \times n$ 的未知混合矩阵。一般情况下,假设噪声可以忽略不计。则可以简化为:

$$X = A \times S \tag{6.2.24}$$

我们的目的是仅从观测信号矢量 X 中确定分离矩阵 W,使得变换后的输出为:

$$Y = W \times X = \hat{S} \tag{6.2.25}$$

式(6.2.24)、式(6.2.25)分别是 ICA 的瞬时混合模型和分解模型(图 6.2.4)。

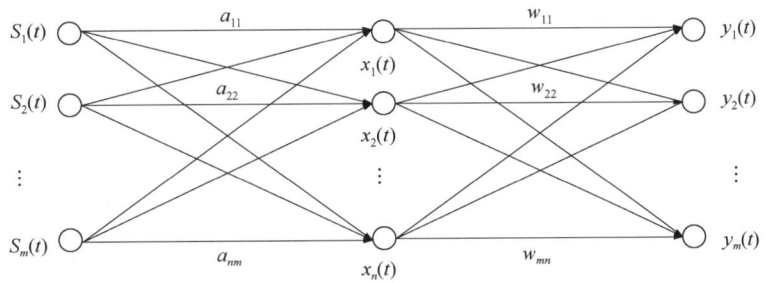

图 6.2.4 独立分量分析流程示意图

对于给定的地震多属性集 X,利用其高阶统计特性的分析,而寻找出一线性变换矩阵 W,利用该矩阵对原始地震属性集作线性变换,从而优选出一系列相互独立的、属性个数最少的地震准属性样本集 Y,即:

$$Y = W \times X \tag{6.2.26}$$

其中,W 可以通过建立最大化似然估计、最大化非高斯性估计、互信息最小化、最大化互熵等目标函数,进行最优化求解算法来确定。

对任一概率密度函数为 $P(y)$ 的地震属性 y,其负熵定义如下:

$$J(y) = H(y_{\text{gauss}}) - H(y) \tag{6.2.27}$$

式中：y_{gauss} 为一均值为零，与 y 具有相同方差的高斯分布的任一地震属性；$H(*)$ 为任一地震属性的信息熵：

$$H(y) = -\int p(y) \lg p(y) \mathrm{d}y \tag{6.2.28}$$

根据信息理论，具有相同方差的地震属性中，高斯分布的地震属性具有最大的信息熵。非高斯性越强，信息熵越小，由式(6.2.27)可得，当 y 具有高斯分布时，$J(y)=0$；y 的非高斯性越强，$J(y)$ 值越大。实际应用中，由于式(6.2.27)的计算需要知道概率密度分布函数，这显然是不切实际的。一般可以采用一些近似公式来进行非高斯性度量，如式(6.2.29)所示。

$$J(y) \propto \{E[G(y)] - E[G(y_{\text{gauss}})]\}^2 \tag{6.2.29}$$

式中：$E[*]$ 为均值运算；$G(*)$ 为非线性函数，$G(*)$ 选取依照下列情况而定。

源信号为超高斯和亚高斯信号的混合：

$$G(u) = \frac{1}{a_1} \log \cosh(a_1 u), \quad G'(u) = \tanh(a_1 u) \tag{6.2.30}$$

源信号全为超高斯信号：

$$G(u) = -\frac{1}{a_2} \exp(-a_2 u^2/2), \quad G'(u) = u\exp(-a_2 u^2/2) \tag{6.2.31}$$

源信号全为亚高斯信号：

$$G(u) = u^4/4, \quad G'(u) = u^3 \tag{6.2.32}$$

这里，$1 \leq a_1 \leq 2$、$a_2 \approx 1$ 为一些适合的常数。当 $J(y)$ 达到最大值时，此时的变换矩阵 W 即为式(6.2.26)所求。

综上，新的地震准属性集 Y 是对原始地震属性集 X 的线性组合，组合后的地震准属性集 Y 的每一个分量都具有最大化负熵，即各个属性分量之间是相互独立的，并且是互不相关的。类似于 K-L 变换，ICA 属性组合优化，既全面反映了 X 所包含的储层参数的所有信息，同时又实现了对地震多属性的优化与压缩。

6.2.3.3 地震多属性的神经网络模式识别

除了将地震多属性进行代数运算和线性组合运算映射为一个地震准属性参数外，还可以将地震多属性参数通过非线性运算映射为一个地震准属性，目前最为广泛应用的非线性映射是神经网络模型。

神经网络是模拟生物神经网络的结构和功能，以获得智能信息处理功能的理论。神经网络着眼于人脑的微观网络结构，通过大量神经元的非线性连接，采用由底到顶的方法，通过自学习、自组织和非线性动力学所组成的并行分布方式，来处理难以数学公式化的模式信息。神经网络应用于油气勘探中的模式识别主要可分为有监督的人工神经网络（如 BP 神经网络）和无监督的人工神经网络（如 Kohonen 自组织神经网络），下面将针对这两类神经网络的基本思想做简要介绍。

(1) 有监督的神经网络。

有监督的人工神经网络主要是一种层状结构的前馈神经网络，即输入信息流从输入层经过隐含层向输出层单向流动(图6.2.5)。其相邻的处理层之间有连接，不相邻的处理层之间没有直接连接，同层各处理元件之间也没有连接。

多层前向网络由一般多个输入参数(如地震多属性)构成的一个输入层和一个输出参数含多种结果(多个模式或系列数据等)的一个输出层，以及单层或多层的中间隐含层(每一个隐含层可以有多个神经元)单元构成。

有监督的神经网络也称为有导师的学习，是指在网络训练期间有一个外部老师告诉网络

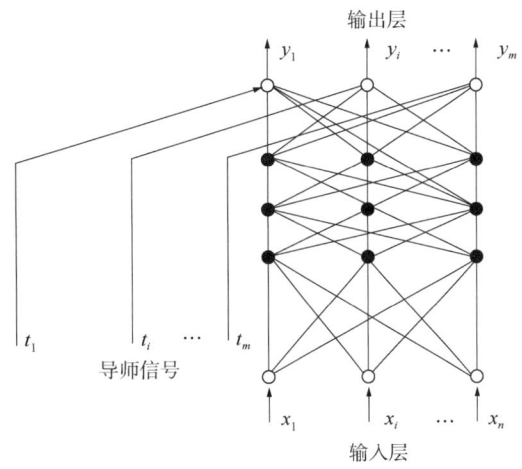

图6.2.5　BP网络结构示意图

每个输入向量的正确的输出向量。学习的目的就是减少网络产生的实际输出向量和预期输出向量之间的差异。这一目标是通过逐步调整网络内相邻的处理层之间的各个神经元的连接权值实现的。常规的误差反向传播(BP)算法是通过实际与预期输出向量的误差来决定权值要改变多少，当网络对于给定的输入能产生所需要的输出时，就认为网络的学习和训练已经完成。

由此可以看到，有监督的神经网络模型的核心主要有：实际输出向量、预期输出向量、实际输出向量和预期输出向量之间存在的差异，以及基于这些差异的神经网络模型的权系数修改算法等。

(2) 无监督的自组织神经网络。

无监督的自组织神经网络(Self—Organization Map, SOM)是模拟生物神经系统依靠神经元之间的兴奋、协调与抑制、竞争的作用，来进行信息处理的动力学原理，指导网络的学习与工作，对非线性系统进行研究的一种方法。这类神经网络一般采用无监督的竞争学习方式，它是由输入层和竞争层构成的两层网络。网络通过自身的训练，可以自动实现无监督聚类和分类过程。

如图6.2.6所示，其输入层是一维的，接受信号输入(如n个地震属性)；输出层(竞争层)可以是多维的(如二维平面或三维空间)，并且输出节点与邻域的其他节点广泛互连。

在第一次输入中，竞争层中各节点的权值是随机给定的，每个神经元获胜的概率相同，但是最后会有一个兴奋最强的神经元，兴奋最强的神经元战胜了其他神经元。在权值调整中，其兴奋程度得到了进一步的加强，而其他神经元保持不变，竞争神经网络通过这种竞争学习的方式获取训练样本的分布信息，每个训练样本都对应一个兴奋的核心层神经元，也就是对应一个类别。当有新样本输入时，要进行相似性测量，即比较两个不同模式的相似性，可转化为比较两个向量的"距离"(如欧氏距离或模糊隶属度)，因而可用模式向量间的"距离"作为聚类依据。

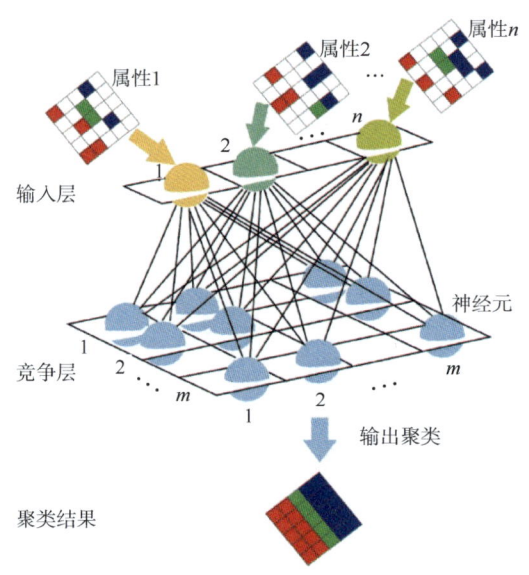

图 6.2.6 自组织神经网络结构模型

无监督的自组织神经网络实际上是一种非线性映射,它将信号空间中各种模式的拓扑关系几乎不变地反映在网络的输出上。

6.3 地震属性分析的应用实践

近年来,地震属性分析技术在油田的勘探和开发阶段获得了广泛的应用,并取得了巨大的成功。同时,作为一个重要的储层描述工具,地震属性也通过改进常规方法、引入新方法等方式,不断地提升技术效果、丰富方法选择,以满足研究者在储层预测、岩性解释、流体识别等各个环节的需求。而随着油气田开发程度的不断加大,油藏工程师的需求也加入到了研究中来,他们期望能通过现有的地震资料,更加精细地刻画储层,并且准确描述储层的非均质性,从而进一步提高油气田的产量。

对于河流相砂体储层的精细刻画,应该是油藏工程师所面临的重要的储层类型之一。众所周知,目前基于河流沉积演化过程中可容空间(A)及沉积物供给速率(S)的相对关系(A/S),一般可以将河流相砂体储层划分为:孤立型、堆叠型和侧叠型等三种储层构型(图6.3.1)。接下来本节将针对这三大储层构型的地震属性分析开展应用实践。

6.3.1 孤立型河道砂体的地震属性分析

当 A/S 值>1 时,即可容纳空间大于沉积物供给速率,此时河道规模变小,砂体变薄,泛滥平原泥岩沉积增加,河道砂体呈孤立式分布,地层表现为弱退积—加积特征,地震剖面上出现以弱反射为背景的不连续的强振幅反射。因此,对于孤立型河道砂体,一般可以通过敏感属性的分析、多属性的融合,以及地震准属性的分析来确定河道砂体的位置、分布范围,以及砂体储层参数的平面分布特征。

下面将以渤海莱州湾凹陷北部KL10-1油田(图6.3.2中的红框研究区),新近系明化镇组下段四期孤立型河道的地震属性分析来说明其应用实践。

6 地震属性分析技术

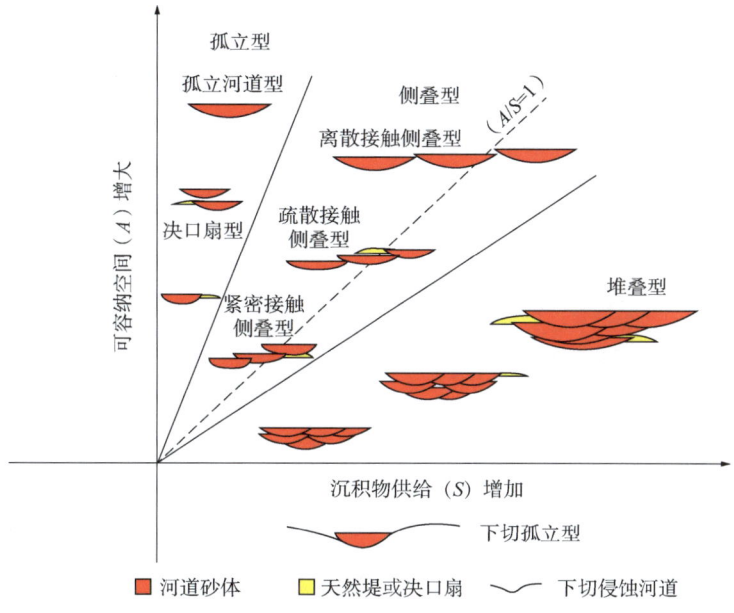

图 6.3.1　河流相复合砂体构型要素控制因素分析图
（据胡光义，2019）

莱州湾凹陷是济阳坳陷中一个典型的断陷湖盆，凹陷内新生界发育较全，从老到新依次为古近系（图 6.3.3 中 T_3 以下）以湖相沉积环境为主的孔店组、沙河街组和东营组，新近系（图 6.3.3 中 T_3 以上）以河流相沉积环境为主的馆陶组和明化镇组，以及第四纪平原组。图 6.3.3 可以看出馆陶组和明化镇组具有典型的短轴状不连续的孤立型河道砂体的反射特征。

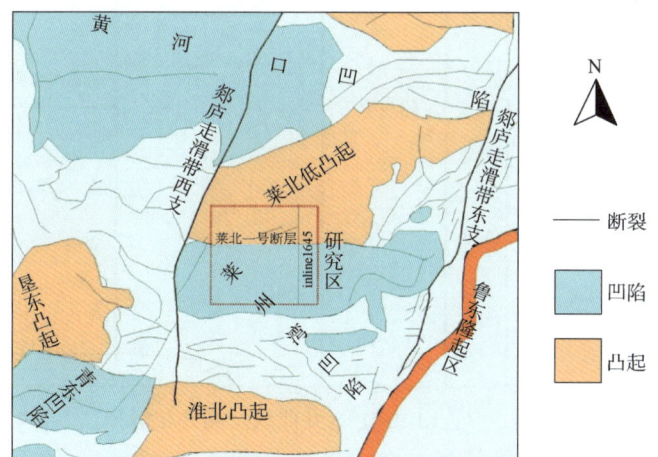

图 6.3.2　渤海莱州湾凹陷区域构造示意图

研究的目标层为明化镇组下段，通过层切片漂移扫描，并结合测井相解释结果（图 6.3.4），最终将明化镇组下段划分为了 4 个河流期次。在图 6.3.4 中，KL10-1-3 井的声波和密度曲线上显示出了 4 段波阻抗显著变化的区域。另外，伽马曲线向左增大，自然电位曲线同时向右增大时，指示了砂岩。依据上述层切片扫描和测井曲线分析，挑选出了 4 个典型的 T_2 向下漂移层位来代表 4 个河流期次，即 T_2+16ms、T_2+38ms、T_2+48ms 和 T_2+72ms。

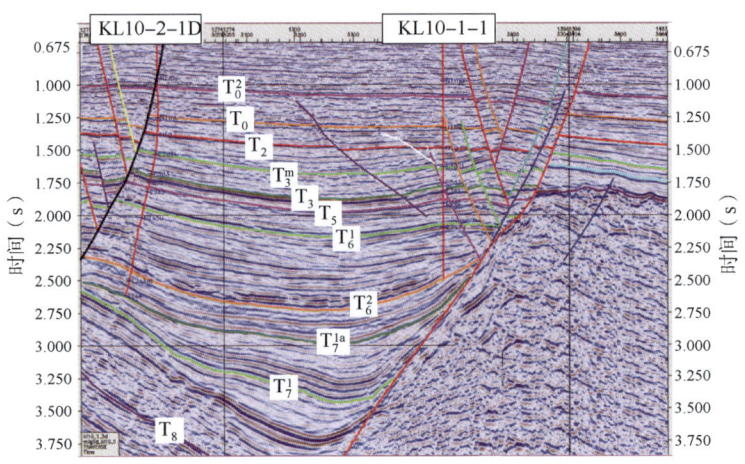

图 6.3.3 河流相砂体典型地震剖面

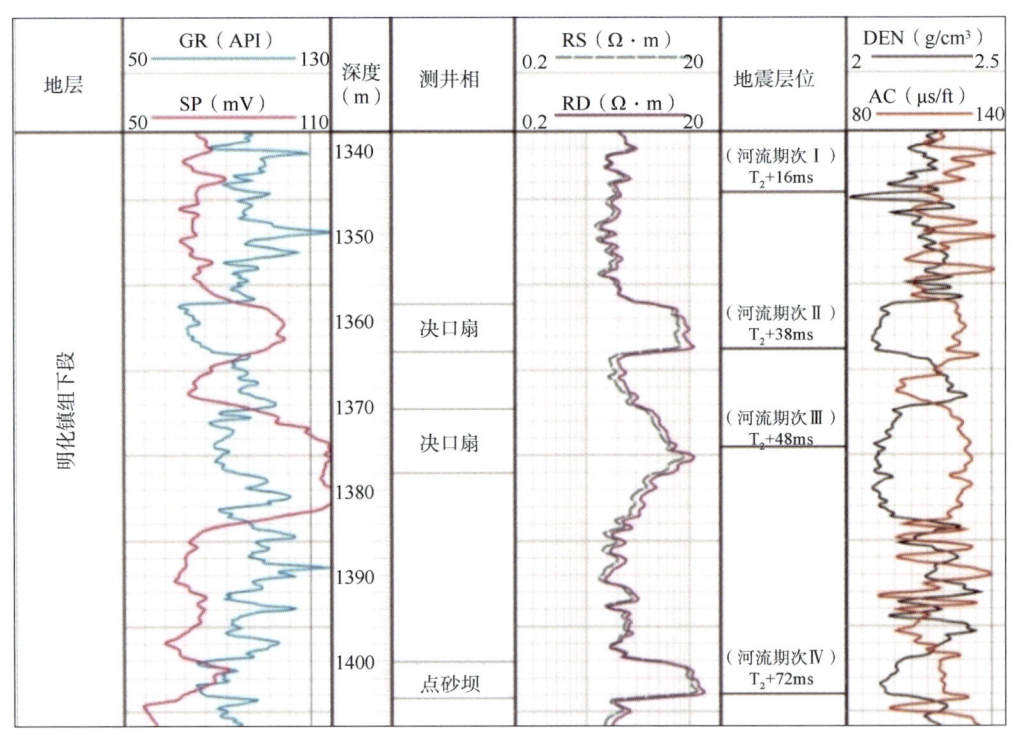

图 6.3.4 KL10-1-3 井曲线及测井相解释

选择了 11 种几何类地震属性，包括相空间瞬时振幅属性、甜点体属性、高阶统计量相干体属性、倾角曲率属性、方位角曲率属性、最大正曲率属性、物理小波体属性、纹理能量属性、纹理熵属性、纹理对比度属性、纹理均质性属性。通过 Seis2A 软件计算出了这 11 种地震属性体后，分别沿 T_2+16ms、T_2+38ms、T_2+48ms 和 T_2+72ms 的 4 个典型层位做沿层切片，即可得到每个属性展示的四期河道的平面分布特征。

以 T_2+38ms 层的沿层切片结果为例进行比较分析，如图 6.3.5 所示。与地震振幅沿层切片(图 6.3.5 中第一行的左图)对比,不同的几何类地震属性在不同方面都有一定的效果改善,有的是河道边缘更清楚,有的是能够将河道与断层有所区分,还有的是河道内部砂体的刻画更清晰。

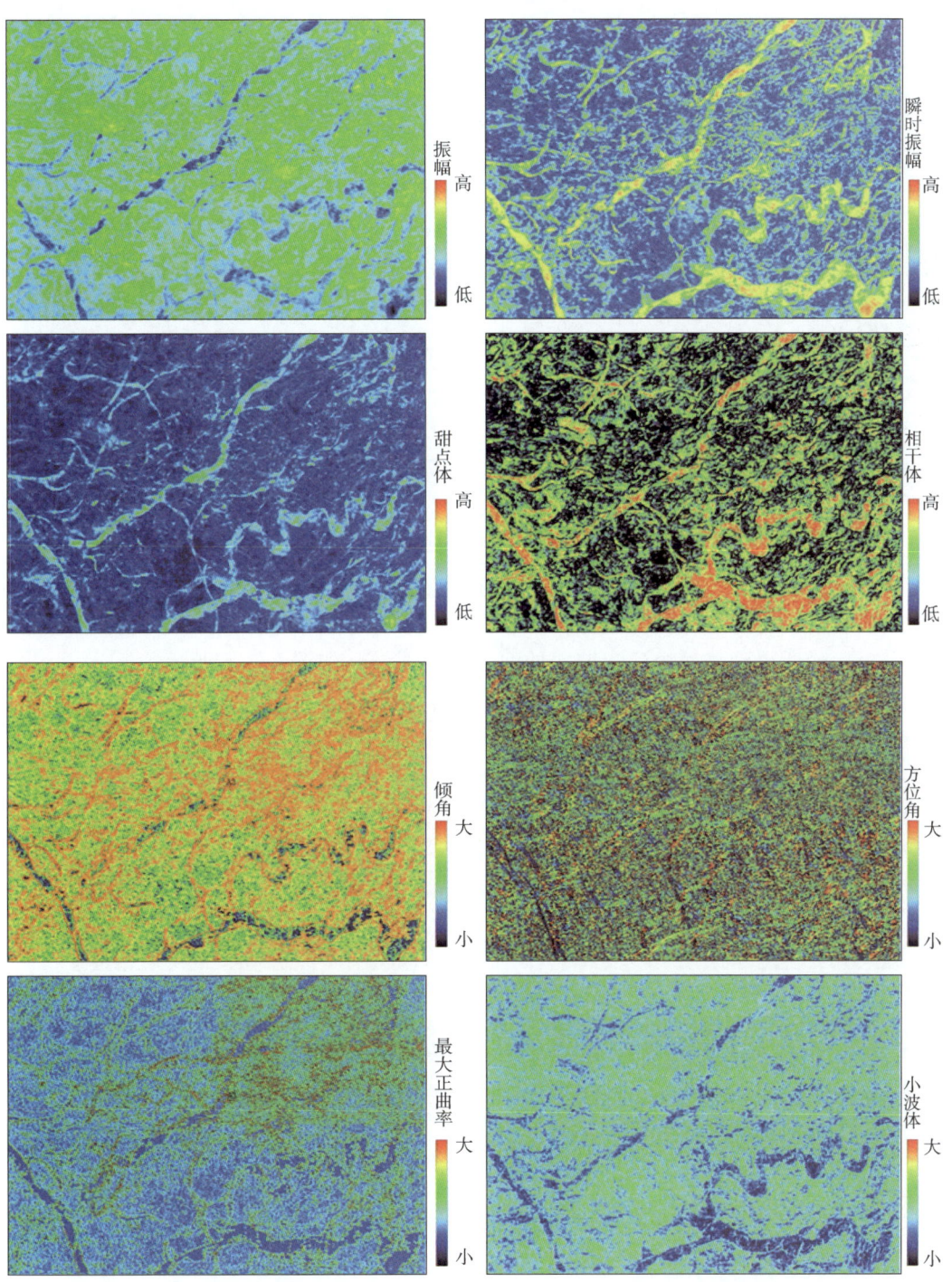

图 6.3.5　地震振幅数据体与 11 种几何类属性体在沿 T_2+38ms 层的沿层切片对比

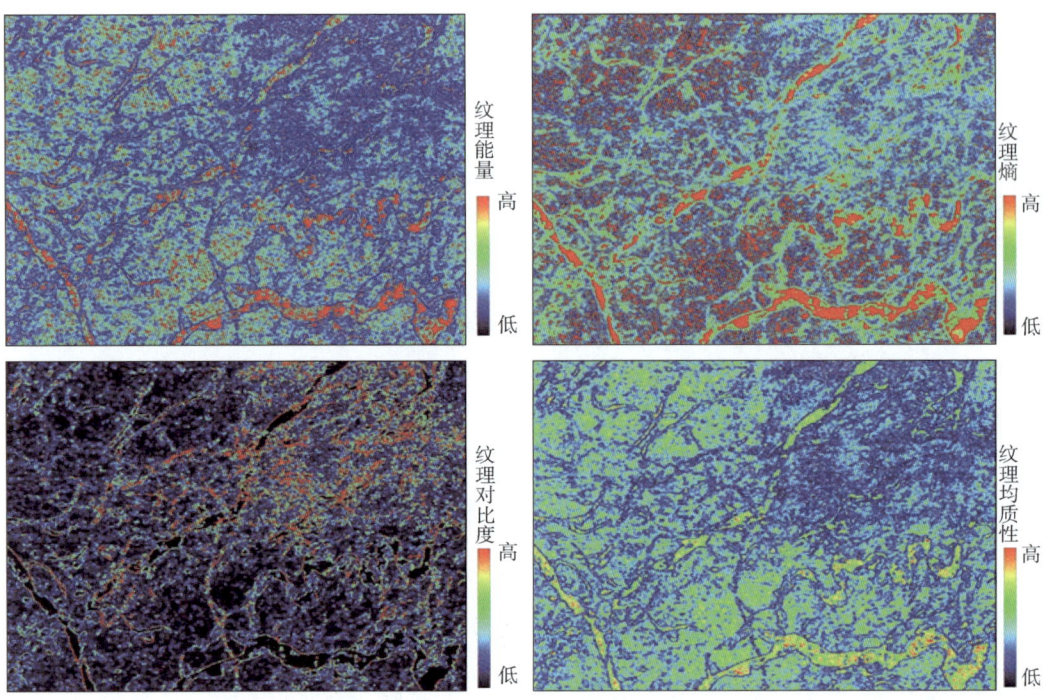

图 6.3.5 地震振幅数据体与 11 种几何类属性体在沿 T_2+38ms 层的沿层切片对比(续)

为了将不同属性的优势集中起来,采用主分量颜色融合方法(PCA+RGB)。将 11 个几何类属性体的沿层切片进行主分量分析后,选取代表其主要特征的前三个主分量进行 RGB 三原色融合,最后得到每一个河流期次的河道数字图像,如图 6.3.6 所示。

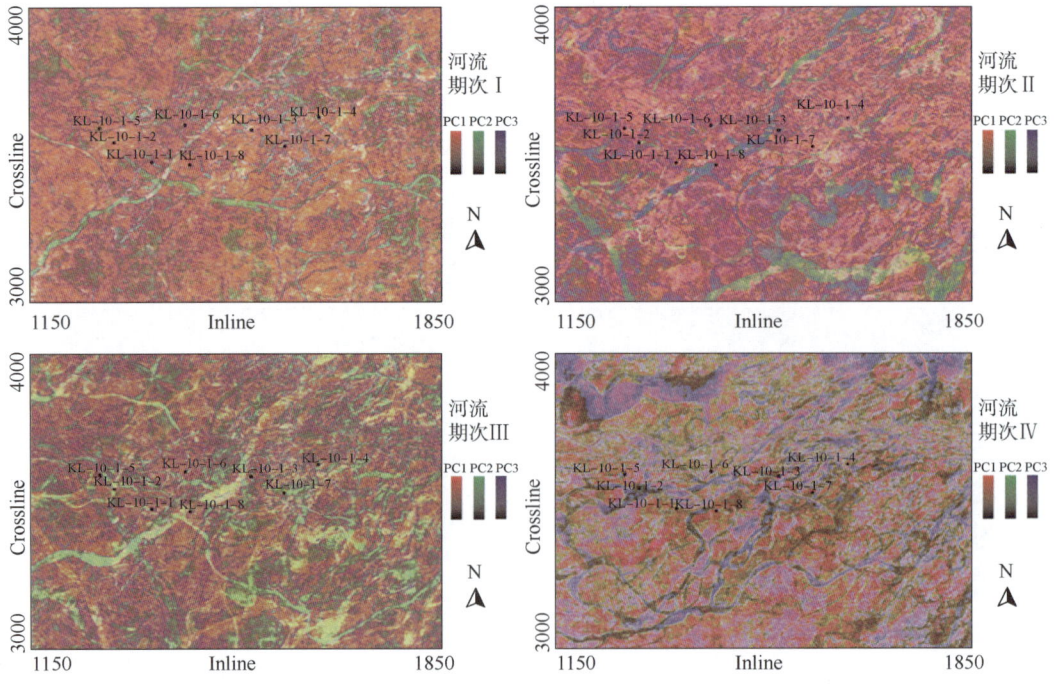

图 6.3.6 11 个几何类属性压缩为三个主分量 RGB 融合刻画的四期河道形态

与图 6.3.5 中的单一属性相比，T_2+38ms 时刻融合后的河道几何形态更加清晰，一些小的河道和河道内部细节也能清楚地显示出来。从 KL10-1-3 井的测井曲线分析，可以看到 T_2+16ms 深度处没有钻遇河道，T_2+38ms 和 T_2+48ms 深度处都钻遇了决口扇，T_2+72ms 深度钻遇了河道砂坝，与图 6.3.6 中 KL10-1-3 井在 4 个河流期次中的沉积环境相一致，验证了 11 个几何类属性的主分量融合图像识别河道的可靠性。

对图 6.3.6 利用计算机图像辅助识别方法，可以得到图 6.3.7 所示的 4 个期次的河道平面分布形态。其中在河流期次Ⅰ中识别出河道 15 条，河流期次Ⅱ中识别出河道 17 条，河流期次Ⅲ中识别出河道 22 条，河流期次Ⅳ中识别出河道 30 条。

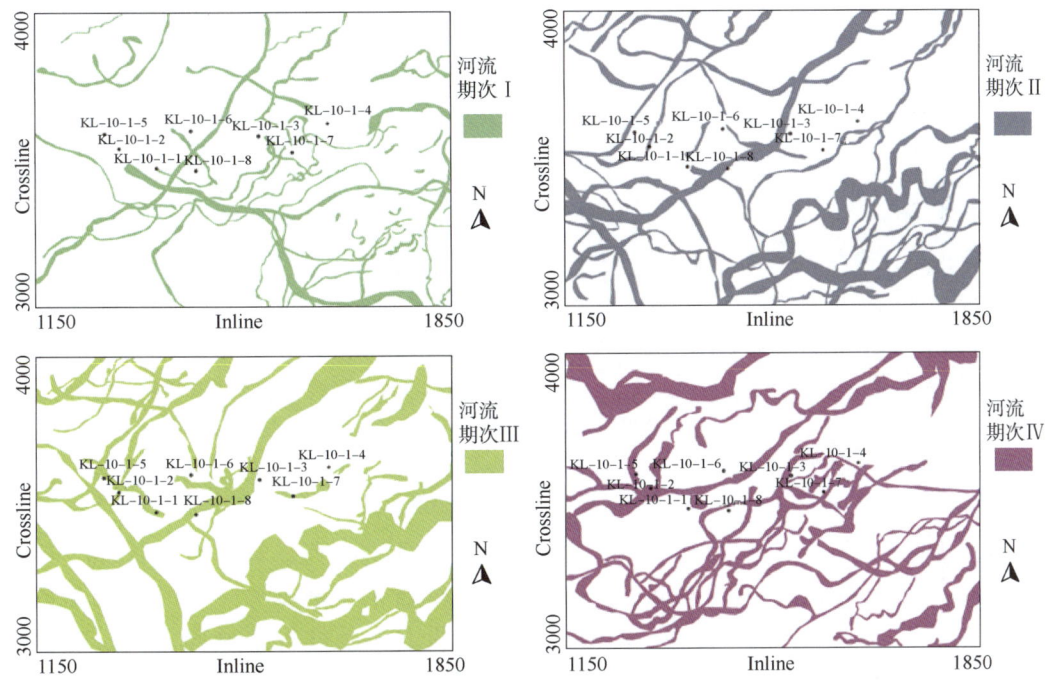

图 6.3.7　4 期河道形态的计算机辅助识别结果
Ⅰ期识别出河道 15 条，Ⅱ期识别出河道 17 条，Ⅲ期识别河道 22 条，Ⅳ期识别河道 30 条

从河道的数目上看，明化镇组下段总共识别出 84 条古河道，后两期河道数目大于前两期河道，说明了在更老的地层中沉积了更多的河道。整个河流没有一个非常一致的流动方向，但是规模大的河道服从西南到东北的流动方向，而规模小的河道没有什么明显的方向性。规模大的河道的流动方向，正是莱州湾凹陷古黄河水系的方向，说明整个区域受古黄河水系的影响比较大。

最后对整个明下段储层利用地震多属性模式识别，进行了储层参数预测。首先沿明下段顶底之间提取了 44 个地震层属性，然后依据研究区的 8 口井的储层参数，分别组合优选出了 4 组敏感地震属性，再送入非线性模式识别网络中，得到 4 组（砂体厚度、孔隙度、渗透率和含油饱和度）明化镇组下段的储层物性分布图（图 6.3.8）。

总体来说，明化镇组下段的 4 个储层物性参数很明显都受到了 4 个河流期次的河道分布的影响。其中砂体的厚度大小完全受到了河道形态规模的影响，甚至可以反映出每一河流期次的河道形态。

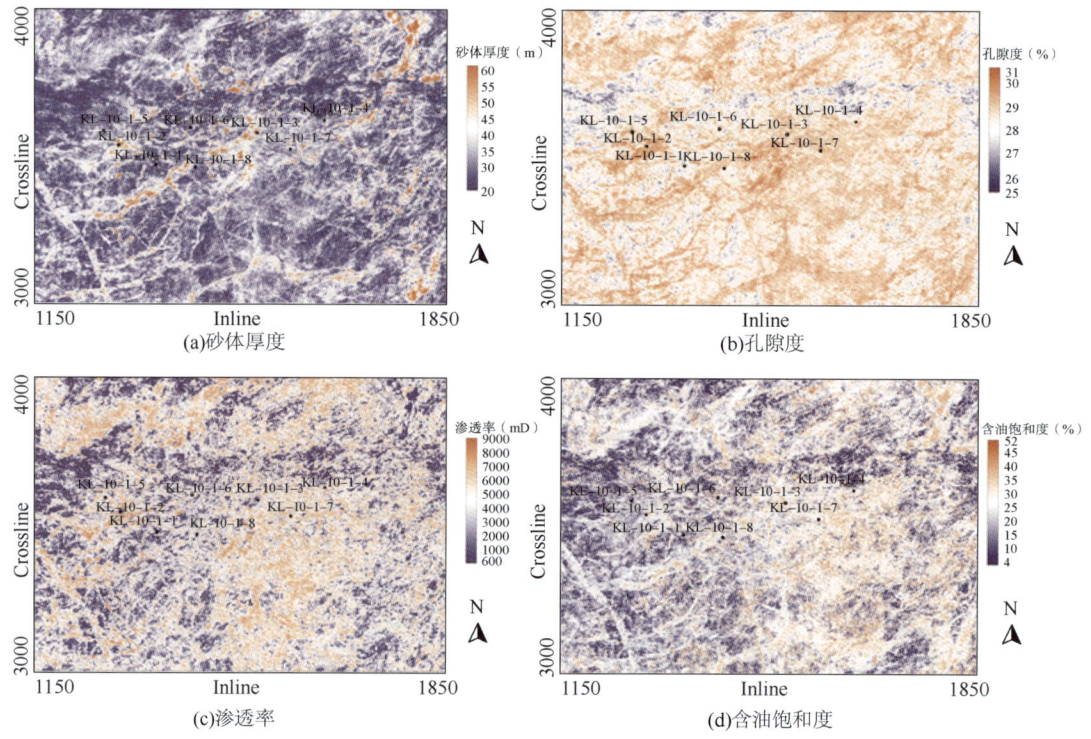

图 6.3.8　明化镇组下段 4 个储层物性参数的预测图

综合前面的分析，在明化镇组油藏开发时，建议优先选择河道宽度大于 200m，砂体厚度大于 45m，孔隙度大于 28%，渗透率大于 5000mD，含油饱和度大于 40% 的河道内部区域。将砂体厚度、孔隙度、渗透率、含油饱和度按照上述条件优选后归一化，再依次以 0.4、0.2、0.2、0.2 为权值，将其转换为百分制的储层物性综合评分图[图 6.3.9(a)]。以评分 80% 以上为良好储层，再将其与 4 个河流期次中相对应规模的河道叠合起来，得到了明化镇组下段优势河道储层的分布，如图 6.3.9(b)图所示。

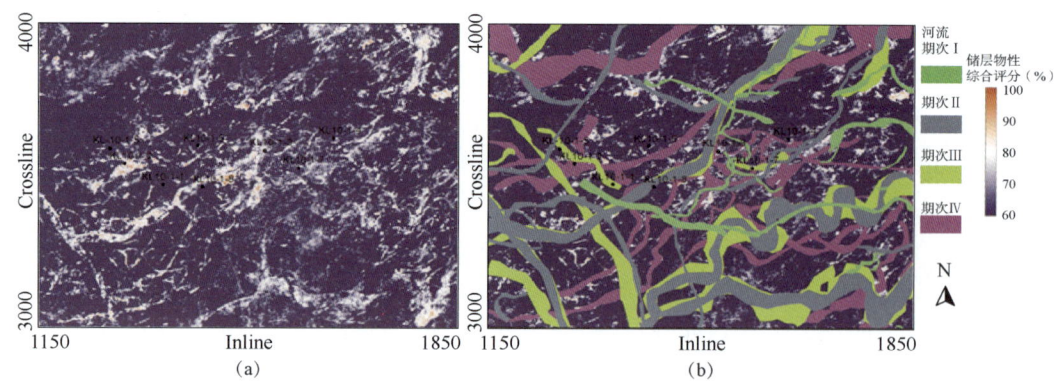

图 6.3.9　明化镇组下段储层物性综合评价图和优势河道储层分布图

基于明化镇组下段优势河道储层分布图，可以从优质储层的角度，为优先部署的生产井位提供一份平面上的决策依据。另外，河道规模指标，还可以为储层地质建模提供尺度数据。每一河流期次的河道形态，则可以在油藏数值模拟时，提供主力油藏的范围约束。在设计水平井时，还可以沿形态稳定、流域范围大的河道，辅助勾勒出水平段轨迹。

6.3.2　侧叠型河道砂体间不连续性界限的地震属性分析

当 A/S 值近似为 1 时，即可容纳空间与沉积物供给大致相当，此时河道弯曲度增大，单套砂体规模变大，河道呈大规模冲刷充填，砂体呈透镜状、板状，以大规模侧向增生为主，底界面以低角度增生面为界。河道迁移摆动能力相对较强，砂体散布于细粒泛滥平原沉积内，形成连片状河道砂体，垂向上呈侧向叠置，横向迁移。侧向连续性较好，河道砂体依次相互搭接。地震剖面上反射同相轴相连，但是波形有所变化。侧叠砂体最显著特征就是河道在横向具有一定方向的迁移性，往往会存在多个河道彼此连而不通、或通而不畅、或彼此孤立的油气水渗流屏障。因此，对于侧叠型河道砂体的展布范围和内部流体渗流界线的识别，应是地震属性分析的重点。

下面将对渤海 QHD 油田明化镇组下段 R13 储层的侧叠型河道砂体中的不连续界限进行地震属性分析解剖与应用实践。

QHD 油田位于渤海中部海域，是一个在前古近系古潜山（石臼坨凸起）背景上发育起来的被断层复杂化的大型低幅度披覆构造（图 6.3.10），南北两组北东东向基底断层构成了构造的南北边界，并在构造主体发育浅层次级断层。明化镇组下段构成了该油田的主力含油层段，储层为正韵律和复合韵律河道沉积砂体。

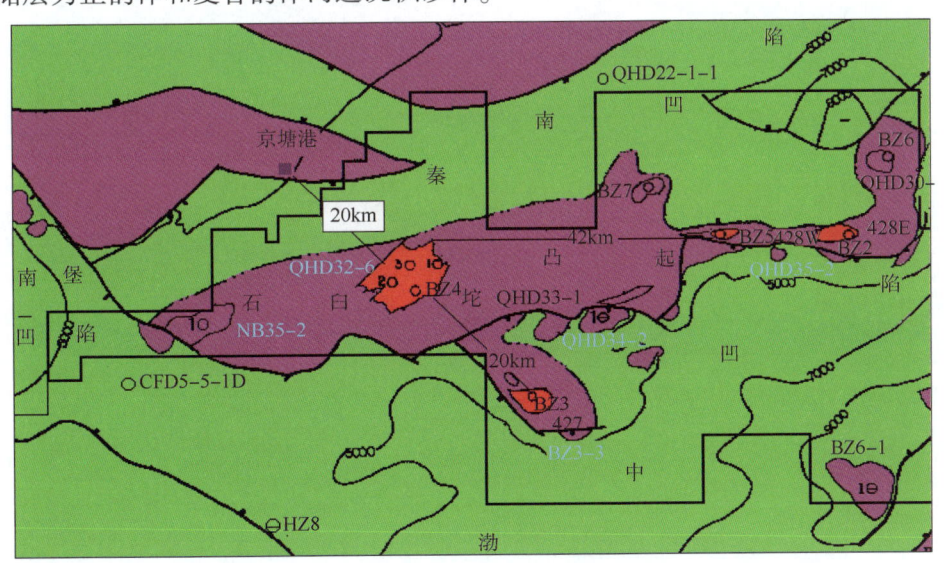

图 6.3.10　QHD 油田的区域位置图

该油田在沿北东方向的连井剖面和地震剖面上（图 6.3.11），可以看出 R13 储层内存在多个点坝砂体之间的相互叠置，砂体相互叠置的区域一般应存在砂体储层的不连续性边界。在沿北西方向的三条连井地震剖面上（图 6.3.12），还可以见到 R13 储层内分别由三期河道产生的地震反射波形特征的差异。

首先讨论利用地震层属性刻画河道的横向边界。图 6.3.13(第一行)为利用该区的地质资料、测井资料,并通过沉积旋回划分和井间储层对比解释的 R13 储层的三期河道的平面分布图。在 R13 储层顶底两层之间提取了 20 余种层序类(能量半时间、复合包络差等)和波形结构类(波形对称度、波形变异系数等)地震属性,并进行了多属性的主分量分析,得到它们的第一主分量。

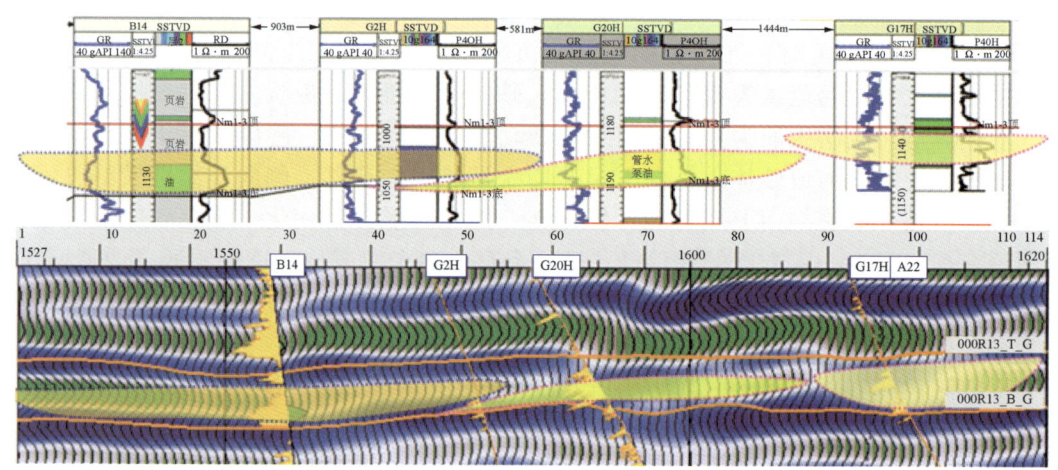

图 6.3.11 河道砂体的测井与地震响应特征

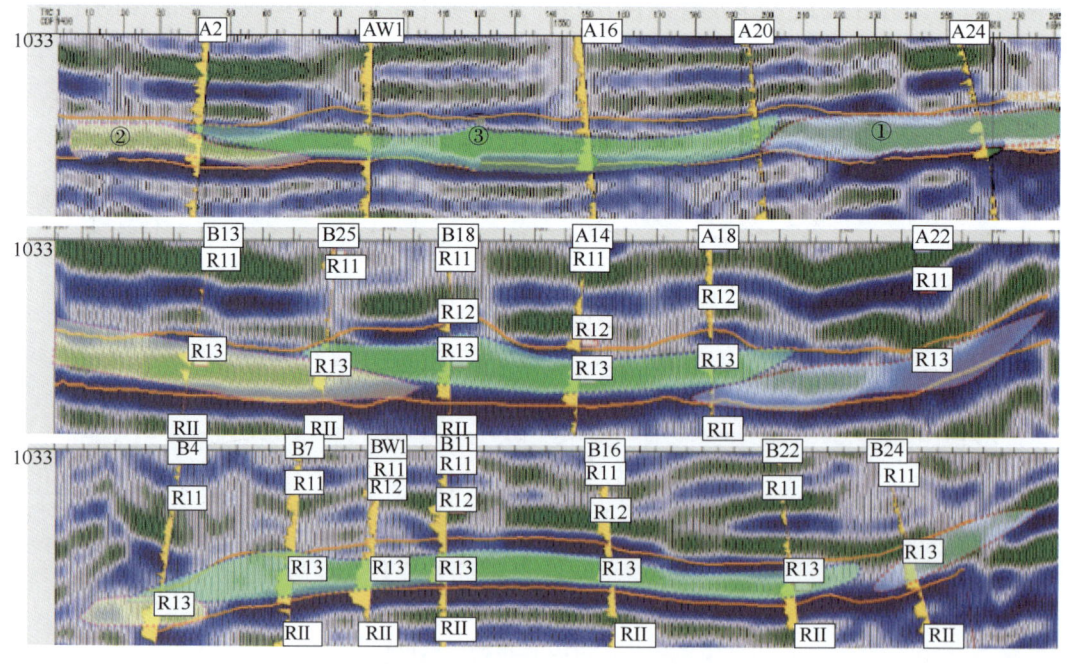

图 6.3.12 北西向三条连井地震剖面上展示的三期河道砂体的响应特征

如图 6.3.13(第二行)所示,层序类的能量半时间和复合包络差属性基本能够反映第一期和第二期河道的平面分布的边界,基于层序类和波形结构类属性的第一主分量还能够进一步展示三条河道的走向特征。

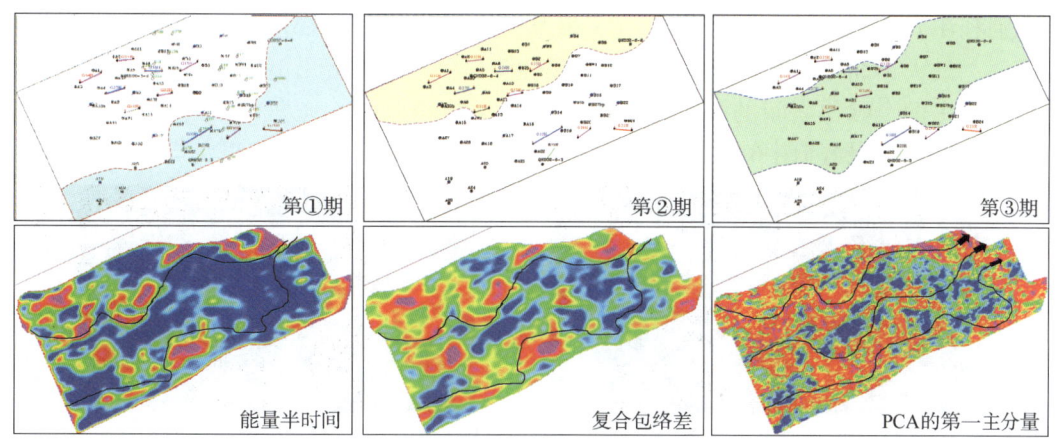

图 6.3.13 地震属性与井资料联合解释三期河道砂体

接下来将通过结构类地震体属性来识别河道与河道之间，或河道内部点坝与点坝之间的不连续性界限。

通过分析地震资料中的地震波形变化特征发现，在 R13 顶底两层间的地震剖面中存在有三种类型的砂体叠置特征（图 6.3.14），即紧密接触型河道砂体、疏散接触型河道砂体和离散孤立型河道砂体（胡光义，2014）。其中，紧密接触型砂体的特征表现为两个砂体波形之间有一定的高程差异和叠置范围，相互接触的程度较大；疏散接触型砂体表现为两个砂体波形之间的高程差异和叠置范围较小，相互接触的程度较小；离散孤立型砂体表现为两个砂体波形之间有一定的水平距离，不存在任何接触。

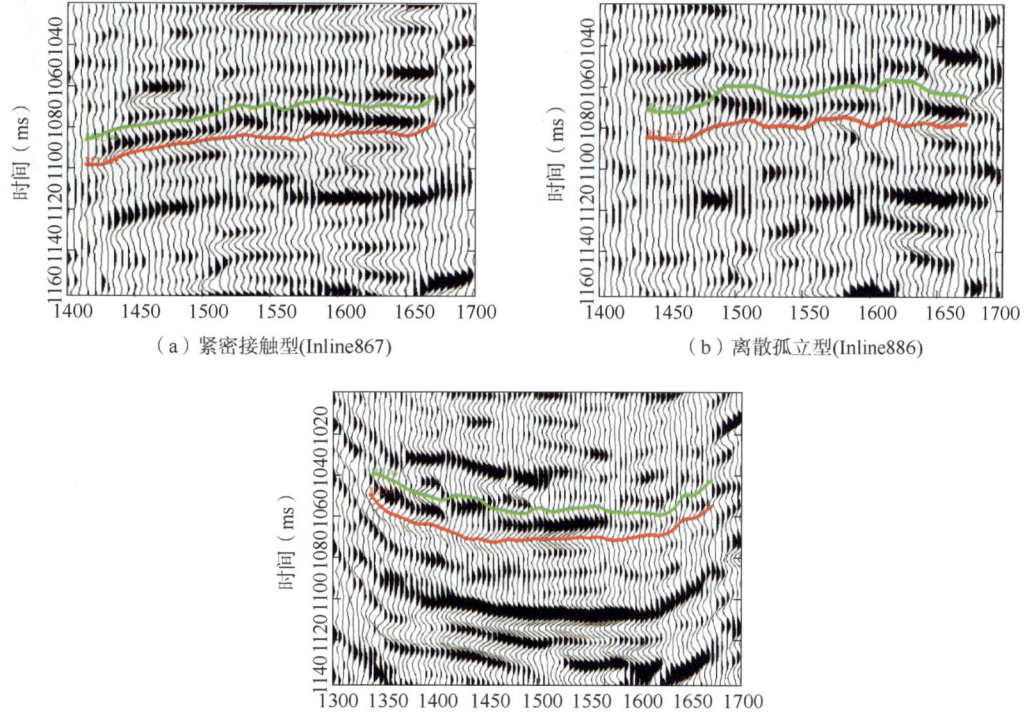

图 6.3.14 三种典型的侧叠型河道砂体的地震响应特征

分别利用 6 种不连续性几何属性（C3 相干、局部结构熵、梯度结构张量、倾角导向梯度能量熵、最大正曲率和最小负曲率）作体属性测试。可以看出，这 6 种不连续性几何属性都能够检测出两个砂体之间的叠置边界，其中梯度结构张量、倾角导向梯度能量熵和最小负曲率属性的效果最好（图 6.3.15）。

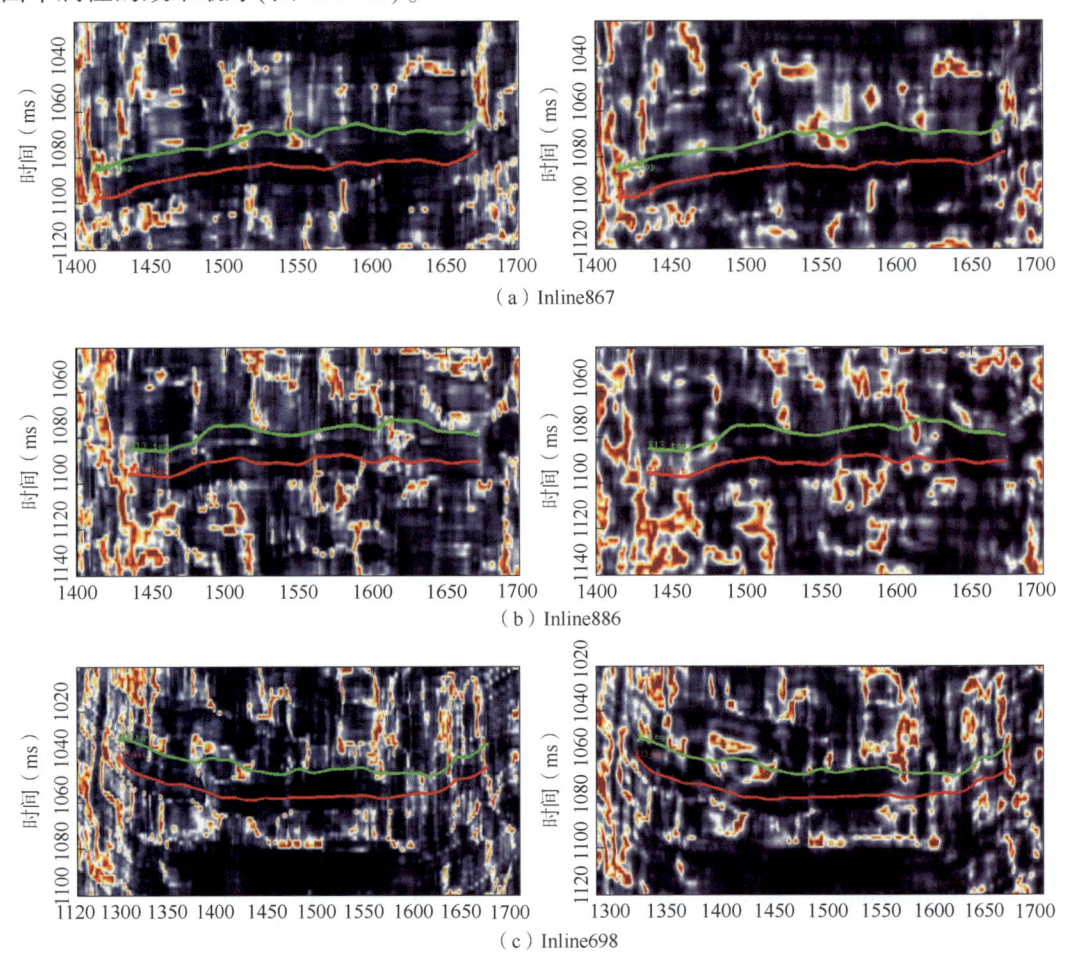

图 6.3.15　倾角导向梯度能量熵（左）和梯度结构张量（右）体属性

为了刻画三种砂体叠置类型的不连续性界限在切片上的横向展布特征，在梯度结构张量体属性中提取了沿 R13 顶向下每隔 2ms 的沿层切片（图 6.3.16）。沿层切片中黄色区域为紧密接触型砂体的叠置边界，绿色区域为疏散接触型砂体的叠置边界，粉红色区域为离散孤立型砂体的叠置边界。从沿层切片中可以看出，三种砂体叠置边界在平面上的展布特征都不一样，随着时间的推移，边界特征逐渐消失。

为了展示整个 R13 储层在平面上的不连续性界限的分布特征，分别将倾角导向梯度能量熵、梯度结构张量和最小负曲率体属性在 R13 储层顶底之间的数据进行了均方根求和，得到如图 6.3.17 所示的平面分布图。可以看出，这三种不连续性几何属性在 R13 储层中检测出来的不连续性界限都很相似，进一步将这三个平面属性作 RGB 融合后，利用这些不连续性界限的平面分布，将有助于对 R13 储层中三期河道内部的复合点坝间的构型进行解剖。

6 地震属性分析技术

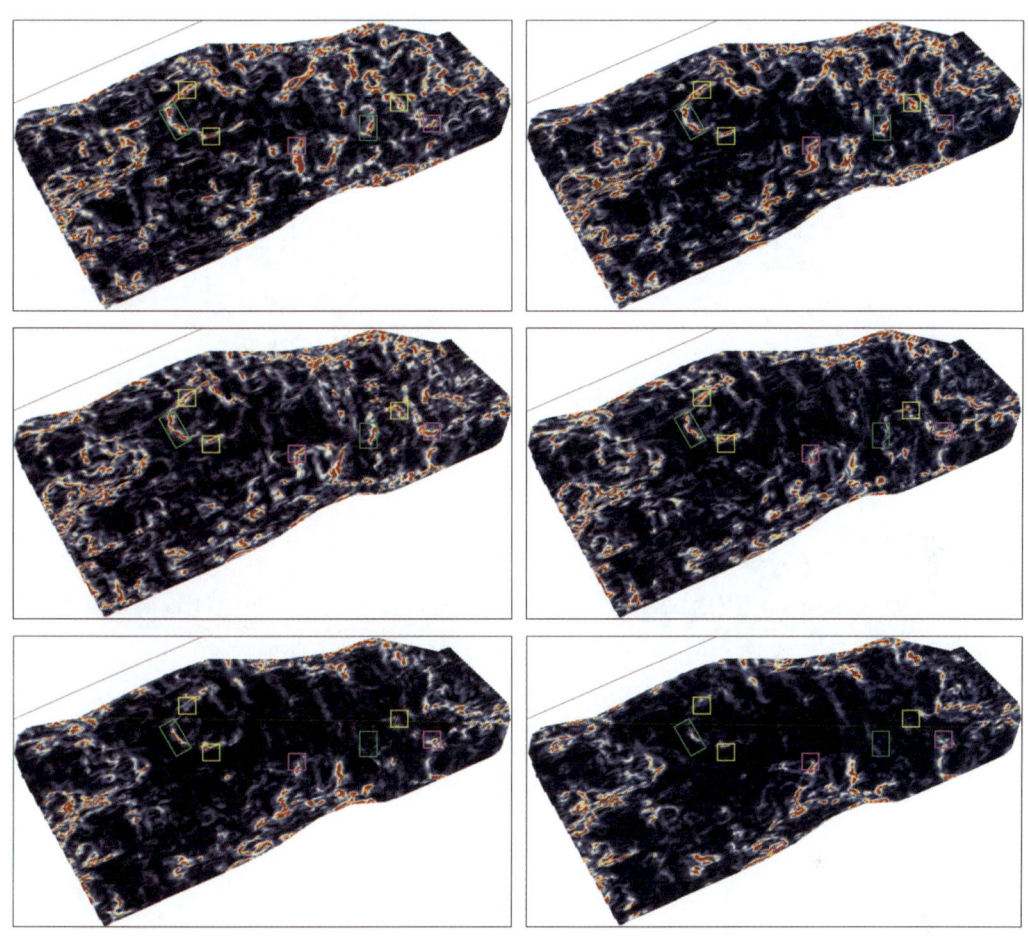

图 6.3.16　梯度结构张量体属性沿 R13 顶向下每隔 2ms 提取的沿层切片

进入油田开发中后期，普通的沉积相研究已经不能满足精细开发需求，以砂体形态、规模和叠置关系为内容的储层构型研究逐渐成为油田开发的主要研究方法。对于 QHD 油田 R13 储层，基于不连续界线的井震联合对比研究，可以将该储层划分为三期单一河道带（图 6.3.18 的左列）；同时对于第一期河道内可以划分 5 个复合点坝，第二期河道内可以划分 4 个复合点坝，第三期河道内可以划分 5 个复合点坝（图 6.3.18 的中列）；在此单一河道边界，以及河道内部的单一点坝边界的约束下，可以利用井数据得到更加精细的每一个点坝砂体厚度图（图 6.3.18 的右列），进而可以更加精确细致地反映优势储层的分布特征，有利于下一阶段的布井以及开发方案的制定与调整，同时使沉积微相图趋于半定量甚至定量化。

下面将通过 R13 储层的第二期河道中部两个点坝砂体的叠置界限的认识与油气生产曲线的相关性，来进一步说明基于地震属性分析的不连续性界限识别对油气藏开发方案的制定与调整的作用。

如图 6.3.19 由于在地震上识别出了黑、黄、红三条不连续性界限，从而将 A30 井、A5 井和 A6 井分别划入了互不联通的两个点坝，其中 A5 井位于两期点坝的叠置区。进一步对砂体解剖分析认为，G27H 井平面上与 A8 井、A30 井、G35H 井、A2 井位于同一点坝之上，

· 209 ·

砂体物性好,连通性强[图6.3.20(a)],而两期点坝叠置区的A5井下部虽与G27H井位于同一点坝之上,但砂体厚度薄,并且由于上部河道的切割,且底部滞留沉积物性形成了具有遮挡作用不连续界线[图6.3.20(b)]。

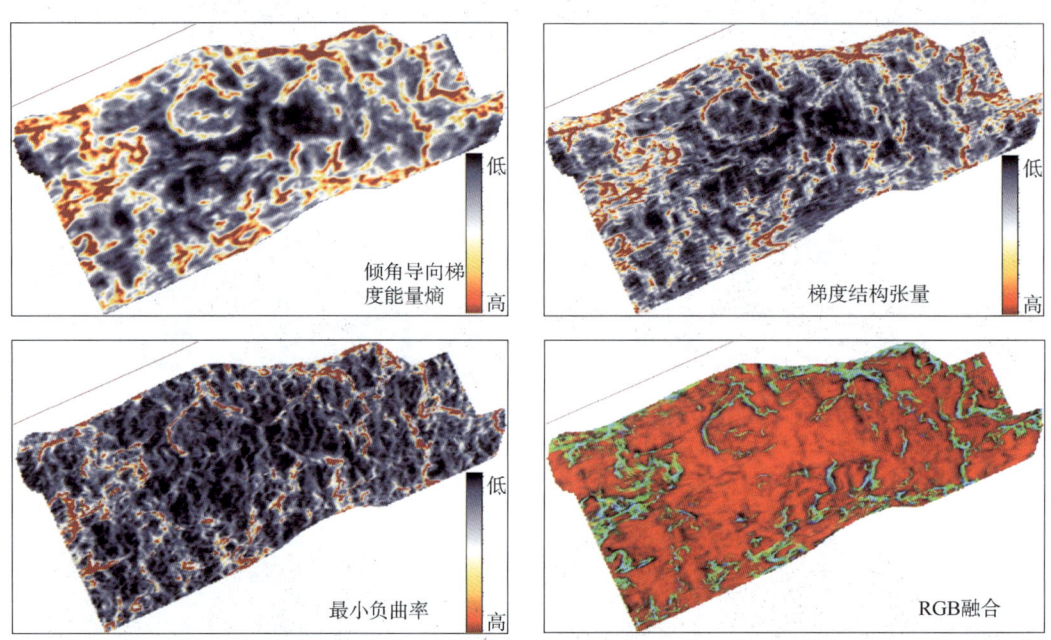

图6.3.17　R13储层不连续性界限的平面分布

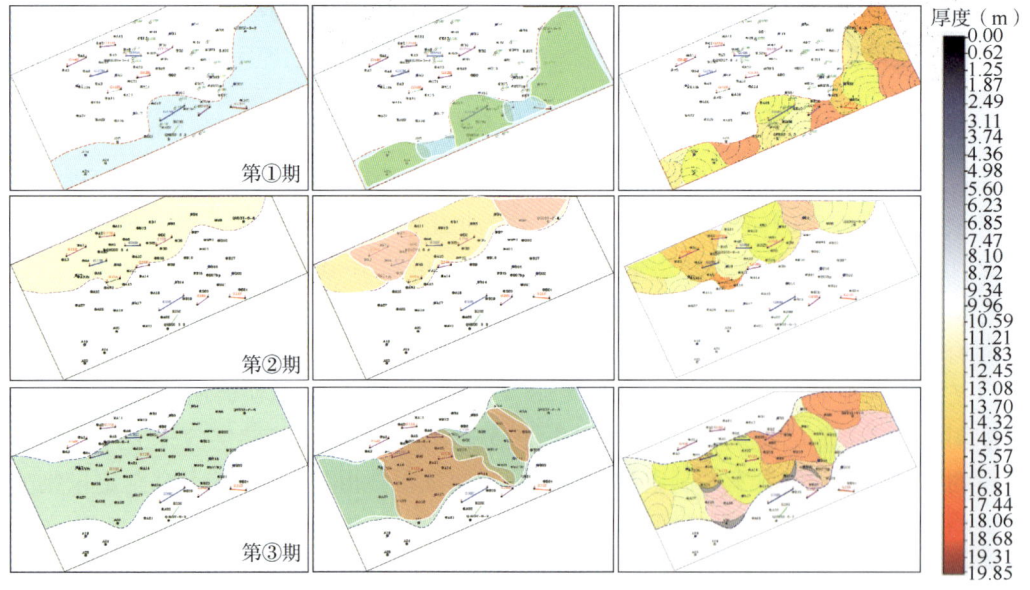

图6.3.18　基于不连续性界限约束的三期河道(左)砂体中点坝分布(中)与砂体厚度分布(右)

图6.3.21为G27H井组注采曲线,G27H注水后,产量发生了两次较大的波动,A30井、G35H井都有明显响应,表现为:产液量上升、气油比下降,反映间隔时间基本相等。

而 A5 井始终无波动,并且 A5 井气油比逐渐升高(绝对值明显大于其他两口井),注水未受效。这也充分说明了图 6.3.19 中点坝间的不连续性界限的划分,以及两期点坝微相的精细刻画对河流相砂岩油气藏的开发生产有重要的作用。

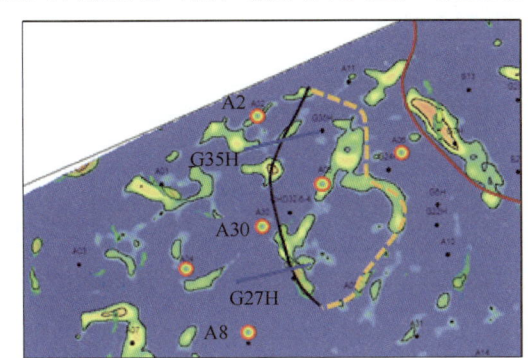 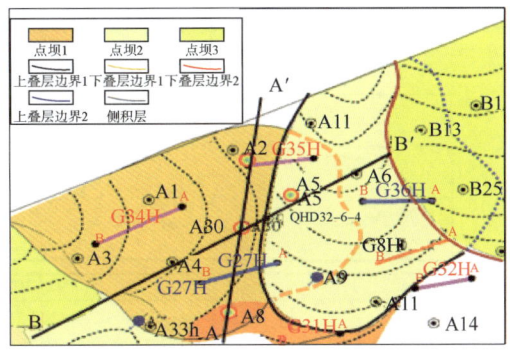

图 6.3.19　二期河道中部多期点坝的叠置图

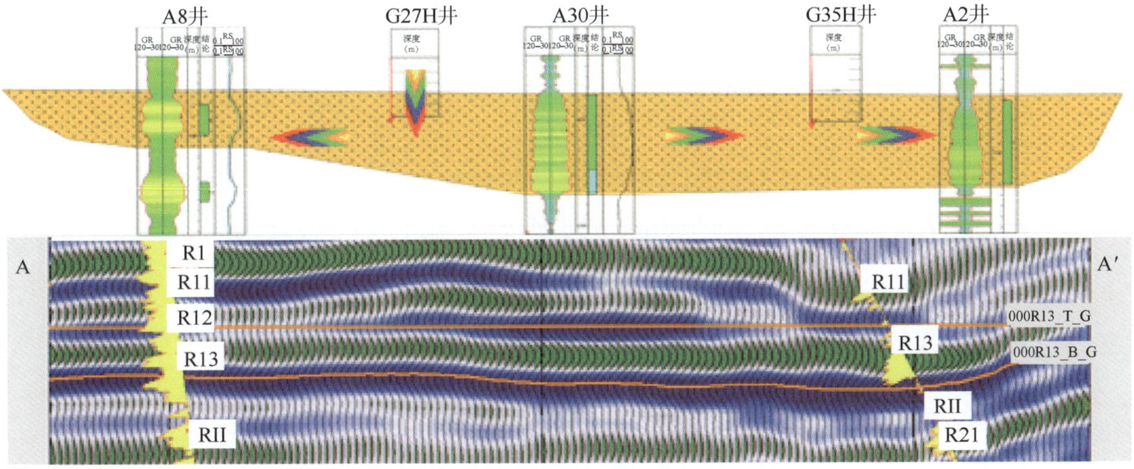

(a) AA′剖面

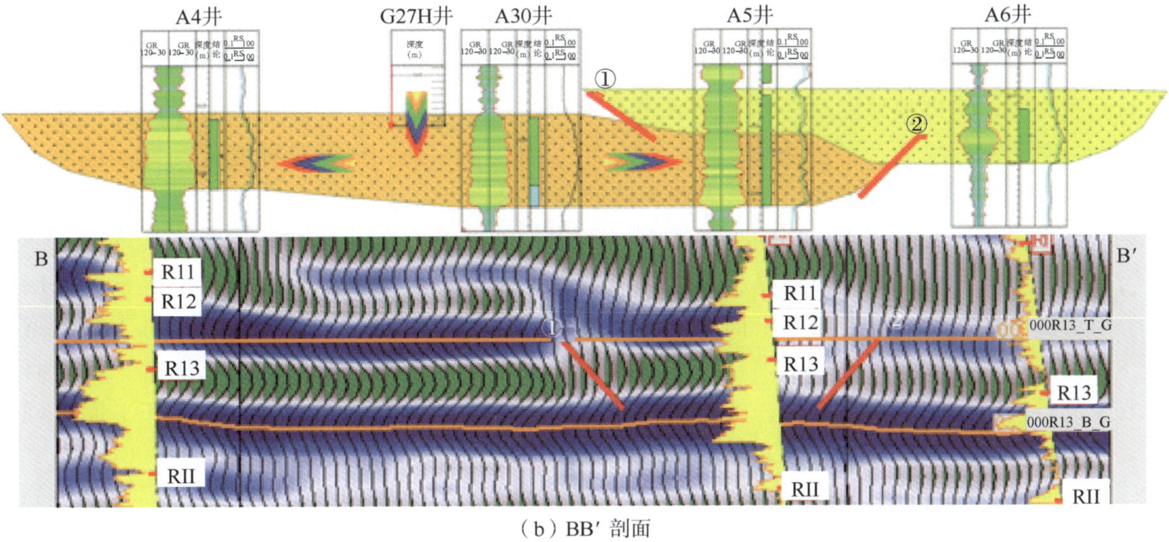

(b) BB′剖面

图 6.3.20　两条连井剖面上点坝砂体的测井与地震解释

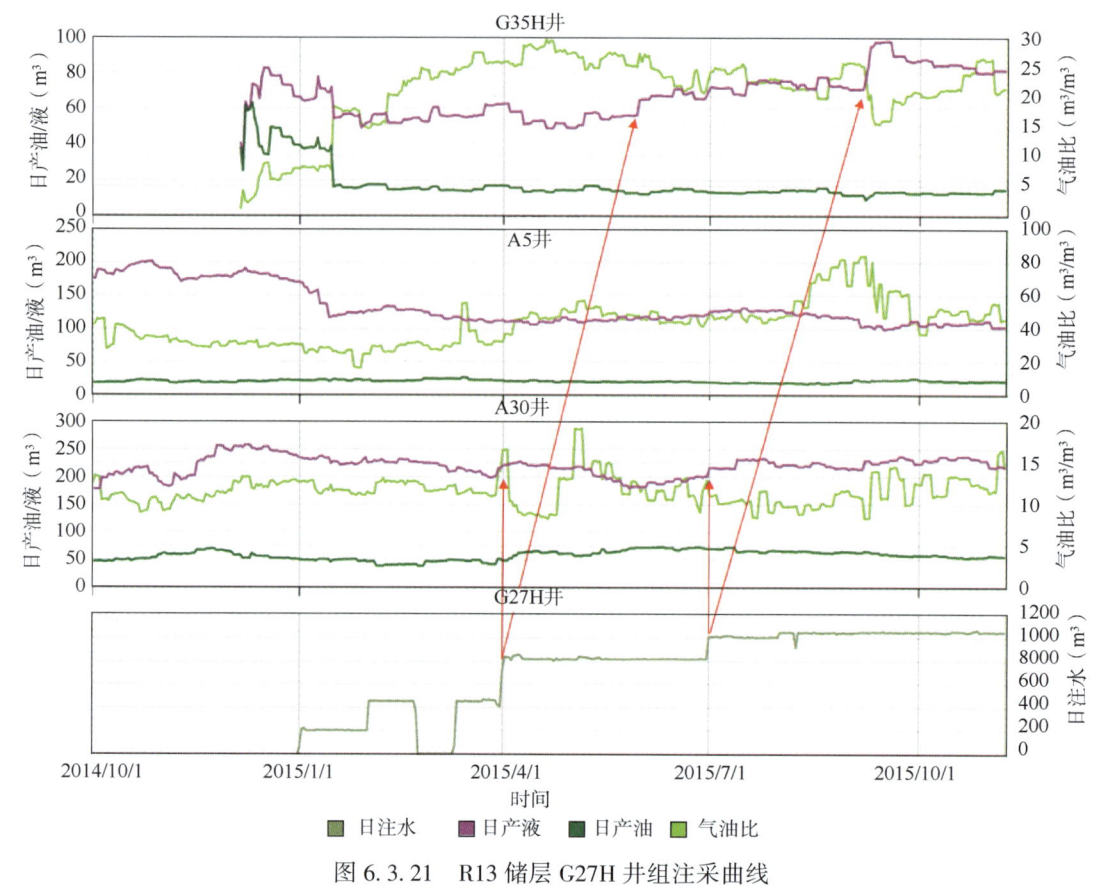

图 6.3.21 R13 储层 G27H 井组注采曲线

6.3.3 堆叠型薄互层砂体叠置模式的地震属性分析

当 A/S 值小于1时，即可容纳空间小于沉积物的供给速率，此时砂体在侧向和垂向上的彼此切割和叠置，呈多层叠置形态。整体呈楔状体，互层砂体分布其中，以槽状交错层理为主。不同期次、不同级次砂体叠置，砂体内部发育各种形式的冲刷面，局部残留了薄的泥质夹层。河道频繁摆动迁移，河道向下游和侧向增生普遍，砂体在井间横向延伸相对较大，填充粗粒物质。粒度由粗—细、细—粗—细或粗—细—粗等三种变化类型。地震上呈现为强振幅，连续性较好，波形表现为拉伸和变形。

堆叠型河道砂体由于内部隔夹层较多，砂体和砂体之间复杂的垂向重叠，其垂向上非均质性将更加复杂。如果整体厚度不大，在地震剖面上将更难以单独分辨出组成整个储层中单个砂体和泥岩夹层，而在平面上，多个薄砂体在一定范围内相互叠置，相对于侧叠型砂体，其叠置界线极其复杂，难以通过简单的界线来描述这种叠合的关系。因此，在现有地震资料纵向分辨率的条件下，可以通过地震属性区分不同的垂向叠置模式，在平面上确定各种模式的展布范围，为研究薄互层砂体储层提供一定的指导。

下面将通过 QHD 油田明化镇组下段中堆叠型薄互层砂体的叠置模式建立，以及分级分步式的地震属性分析，来展示地震属性分析技术的应用与实践。

根据胡光义等(2017)抽象的垂向堆叠型砂体一般具有如图6.3.22上部所示的构型,进一步研究可以将该构型划分为三个典型的区域:单砂体区域、多互层砂体区域、单互层砂体区域。进一步抽象为理论模型(胡光义等,2017),可以将单砂体区域设计为单个楔形体结构,它能反映厚度渐变的单层砂体;多互层砂体区域设计为两个楔形体夹一个单层砂体的结构,它能反映变厚度砂体的三层叠置形态;单互层砂体区域设计为两个反向楔形体或两个同向楔形体的双层结构,它能反映变厚度砂体的单互层叠置形态。这样一来,就将堆叠型河道砂体的构型模式离散为能直观展现砂体间相互叠置关系的结构模型。

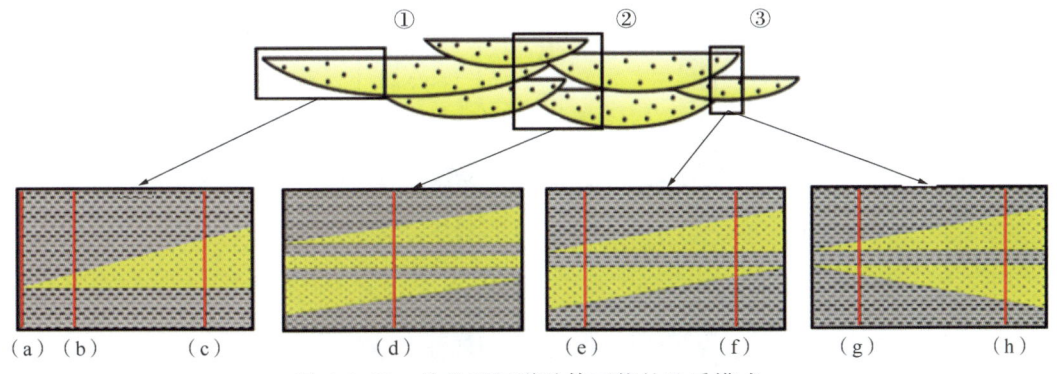

图 6.3.22 堆叠型河道砂体可能的地质模式

如果在调谐厚度下剖析堆叠型河道砂体的构型,应重点关注砂体间的垂向叠置关系,从图6.3.22的结构模型中不难看出,砂体间的垂向叠置关系无外乎两大类,即有叠置和无叠置以及双层叠置和多层叠置,同时根据砂体的相对厚度又可将这些叠置关系细化为不同的垂向叠置模式。

因此,在胡光义等(2017)的结构模型基础上,充分考虑砂体间的垂向叠置关系,以及调谐厚度下砂体的相对厚度大小,最终形成了薄互层砂体垂向叠置的地质模式(图6.3.23),它代表了堆叠型河道砂体经构型转换后形成的不同分解模式:(a)纯泥模式;(b)单层薄砂模式;(c)单层厚砂模式;(d)砂泥多互层模式;(e)薄厚砂互层模式;(f)厚薄砂互层模式;(g)薄砂互层模式;(h)厚砂互层模式。这8种模式中,单层砂体的厚度是以该地区砂体调谐厚度($\lambda/4$)为标准,将$\lambda/4 \sim \lambda/8$之间的砂体称为相对厚砂体,将$\lambda/8 \sim \lambda/16$之间的砂体称为相对薄砂体,模式中的泥岩隔夹层的一般也选取为$\lambda/8 \sim \lambda/16$之间的中值大小。

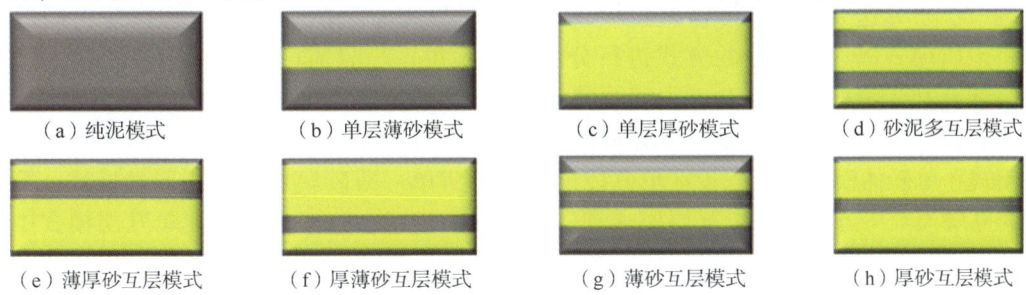

图 6.3.23 QHD油田基于测井解释的8种砂体垂向叠置模式

厚砂的厚度为$\lambda/4 \sim \lambda/8$之间的中值,薄砂的厚度为$\lambda/8 \sim \lambda/16$之间的中值

图6.3.24是QHD油田A27井的单井地质相分析结果,也说明了对于堆叠型河道砂体可以抽象为图6.3.23中的砂体垂向叠置模式。

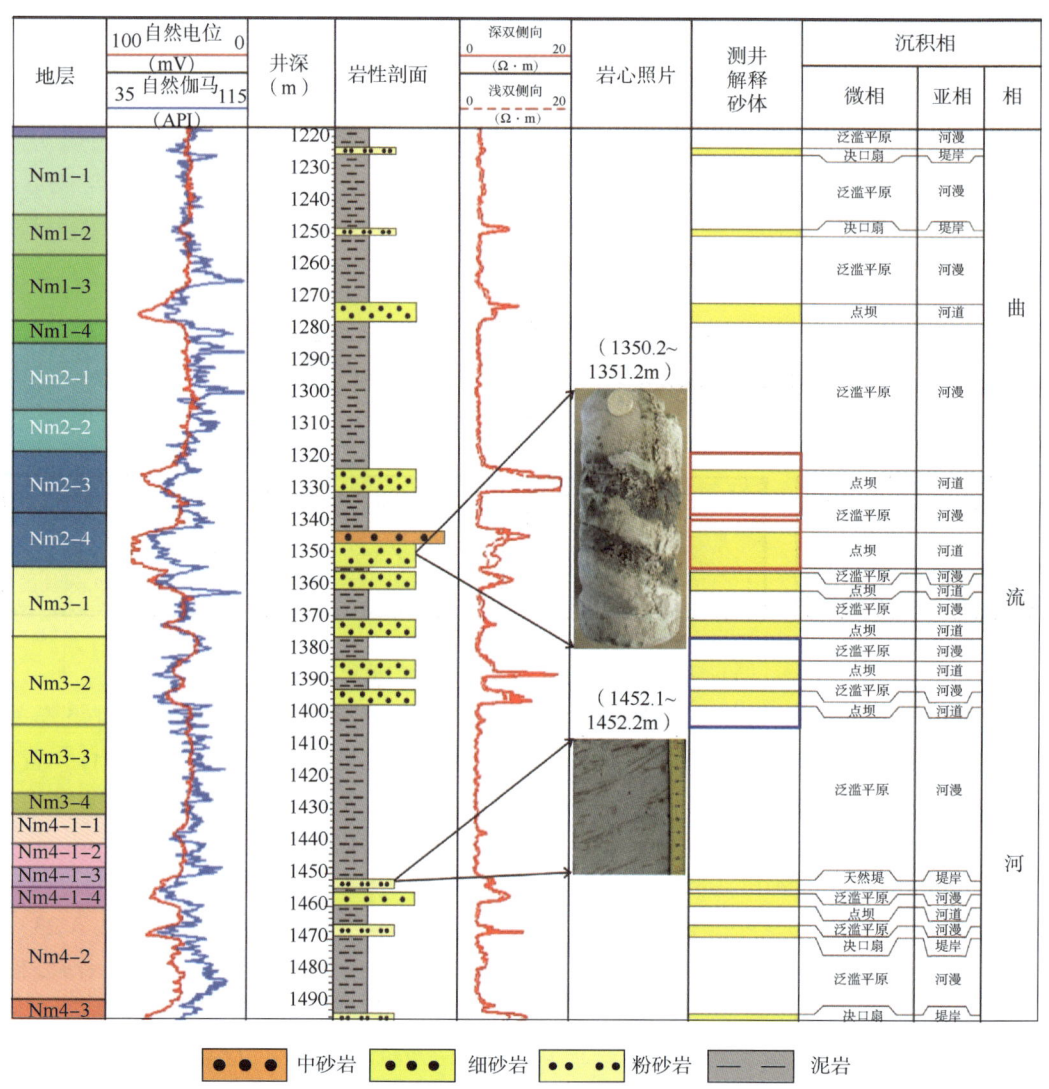

图 6.3.24　QHD 油田 A27 井的单井解释

进一步研究这 8 种垂向砂体叠置模式，发现可以将复杂的薄互层砂体按照不同的分类标准将地质模式以逐级剖分的方式进行分步划分，每一步只需区分差异明显的两方面模式特征，这有利于降低解决复杂工程问题的难度，实现复杂储层的更精细的表征。

如图 6.3.25 所示，第一步首先分辨含砂模式和纯泥模式；第二步在含砂模式中分辨砂泥互层模式和单砂体模式；第三步在单砂体模式中分辨单一薄砂模式和单一厚砂模式；第四步在砂泥互层模式中分辨砂泥单互层模式和砂泥多互层模式；第五步在砂泥单互层模式中分辨含厚砂互层模式和薄砂互层模式；第六步在带厚砂互层模式中分辨全厚砂的互层模式和一厚一薄砂的互层模式；第七步在一厚一薄的互层模式中分辨薄厚砂互层模式和厚薄砂互层模式。

采用逐级剖分的方式将地震可识别的薄互层砂体垂向叠置模式层层剥离，每种地震可识别模式即为一种独立的具有明确地质意义的地震模式或相。若存在地震不可识别模式，则以合并的方式将其归为上一级地震可识别模式。如此获取的地震可识别模式可用于指导相模式的定义并确定分步预测步骤，同时也将分步预测法所必需的来自地质尺度的监督信息统一到了地震尺度，确保了监督信息上的相模式均为地震可识别模式，为地震相预测精度的提高提供了保障。

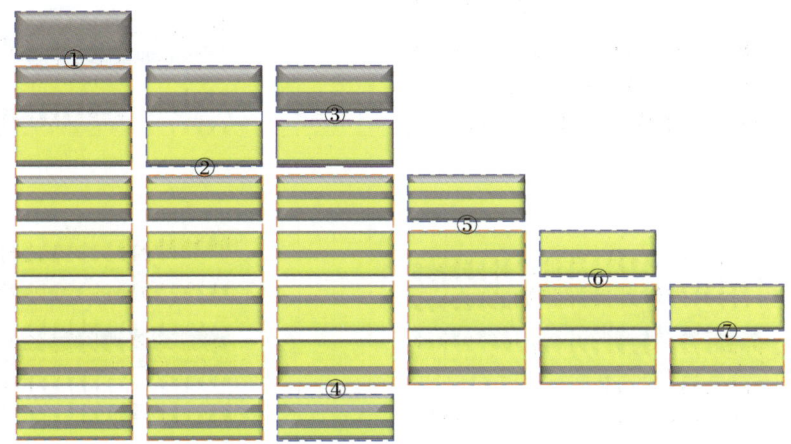

图 6.3.25　8 种砂体垂向叠置模式分级分步识别思路的示意图

下面将上述薄互层垂向叠置模式的分级分步预测思路应用于 QHD 油田中一套堆叠型河道砂体的预测表征中。

首先通过该地区 56 口井的测井曲线和过井地震剖面的分析和统计（图 6.3.26），发现 R13 小层的薄互层砂体共有 5 种垂向叠置模式（图 6.3.27），即单层薄砂模式、单层厚砂模式、厚薄砂互层模式、薄厚砂互层模式和纯泥模式。另外，根据理论模型的综合分析，对于厚薄砂互层模式和薄厚砂互层模式目前的地震属性很难将两者完全区分开，但可将二者合并为同一种地震可识别模式，即带厚砂互层模式。

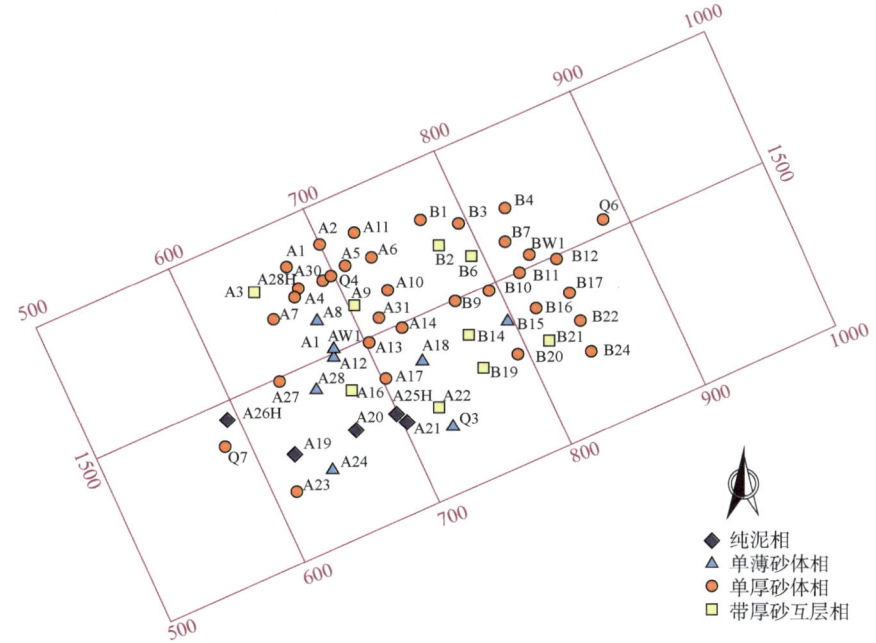

图 6.3.26　研究区 56 口井位置及其井上解释的 4 种砂体模式的分布

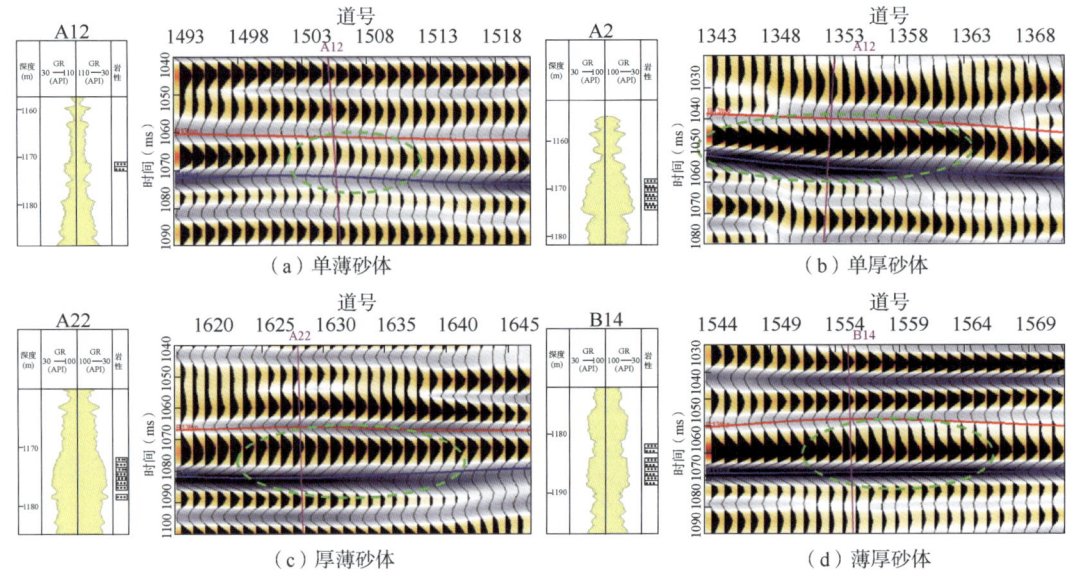

图 6.3.27 QHD 油田 R13 小层测井识别的 4 种砂体垂向叠置模式及其地震响应特征

根据该地区薄互层砂体垂向叠置模式中地震可识别的实际类型,可以确定本次分级分步预测的步骤为:

第一步,区分纯泥模式和含砂模式(包括单薄砂体、单厚砂体和带厚砂互层模式);

第二步,区分单一砂体(包括单薄砂体和单厚砂体)和带厚砂互层模式;

第三步,区分单薄砂体和单厚砂体。

接下来根据井资料,确定表 6.3.1 所列的每一步识别过程中的敏感属性。为了对比该方法的效果,还选择了常规的"一步到位"法来预测这 4 种砂体垂向叠置模式,同样也利用井资料选择了表 6.3.1 中(最后一行)的敏感属性集。

表 6.3.1 垂向叠置砂体模式分级分步识别的敏感属性集

预测的阶段	地震敏感属性的名称
第一步识别纯泥模式与含砂模式阶段	变异系数、平均瞬时相位、间歇性指数、平均谷值振幅、最大峰值振幅、波形长度、峰谷面积比、上半时弯曲度
第二步识别单一砂体与带厚砂互层模式阶段	有效带宽、平均瞬时频率、能量半时间、波形平均弯曲度、顶底振幅比、小波系数 C2、小波系数 C5、反射强度的斜率
第三步识别单薄砂体与单厚砂体阶段	波形面积、平均瞬时相位、振幅的峰度、平均峰值振幅、最大谷值振幅、小波系数平方和、小波系数 C2、小波系数 C5
"一步法"识别	有效带宽、均方根振幅、总能量、小波系数 C1、累积能量比、波形面积

如图 6.3.28 所示,利用各自的敏感属性和概率神经网络(PNN)分别得到分步法和一步法的预测结果。对比 56 口井上的砂体叠置模式,分步法预测在三个步骤中累计误识别了 6 口井,预测精度为 89.29%;一步法在预测过程中一共误识别了 13 口井,预测精度为 76.79%。

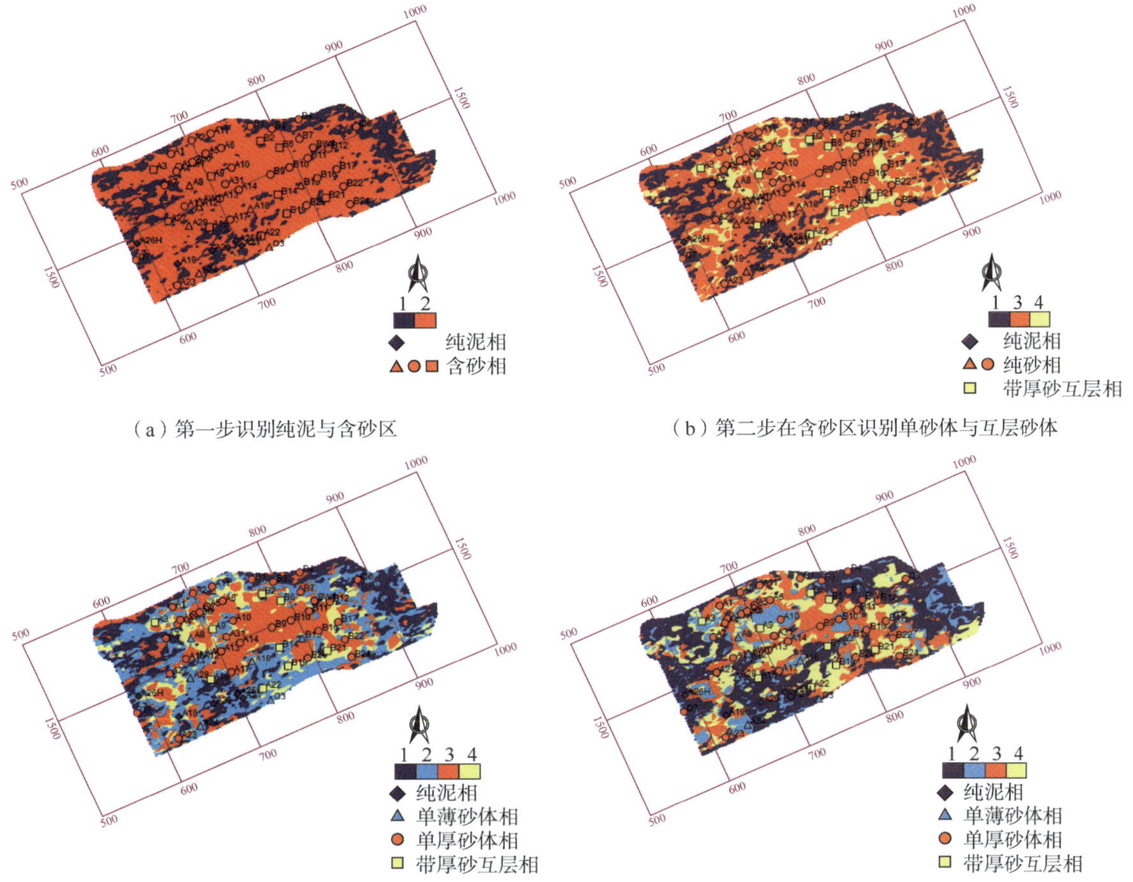

(a) 第一步识别纯泥与含砂区

(b) 第二步在含砂区识别单砂体与互层砂体

(c) 第三步在单砂体区识别单薄砂体和单厚砂体

(d) 一步法直接预测的四种砂体模式

图 6.3.28　四种砂体垂向叠置模式分步预测与一步预测的结果对比

进一步将图 6.3.28(c) 的预测结果看成一种砂体的沉积微相(也可看成一种地震相)的分布模式,作为约束条件对 R13 小层的砂体累计厚度进行定量预测。利用地震属性与径向基神经网络(RBF),分别得到如图 6.3.29 所示的有约束和无约束的砂体厚度分布图。

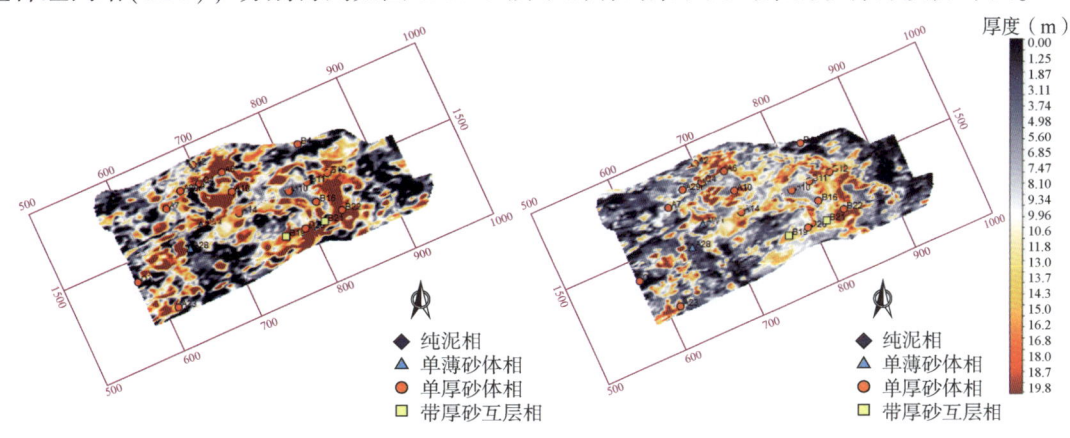

(a) 无地震相约束　　　　　　　　　(b) 有地震相约束

图 6.3.29　R13 小层河道砂体厚度的两种方式预测结果对比

对比预留的20口检验井的砂体累计厚度,无论是绝对误差还是相对误差(图6.3.30),有地震相约束的砂体厚度都有非常明显的下降,从而说明了薄互层垂向叠置砂模式识别,以及在此约束下的储层进行表征,提供新的研究思路和技术支持,也能进一步挖掘现有地震资料在油气田开发阶段的更大作用。

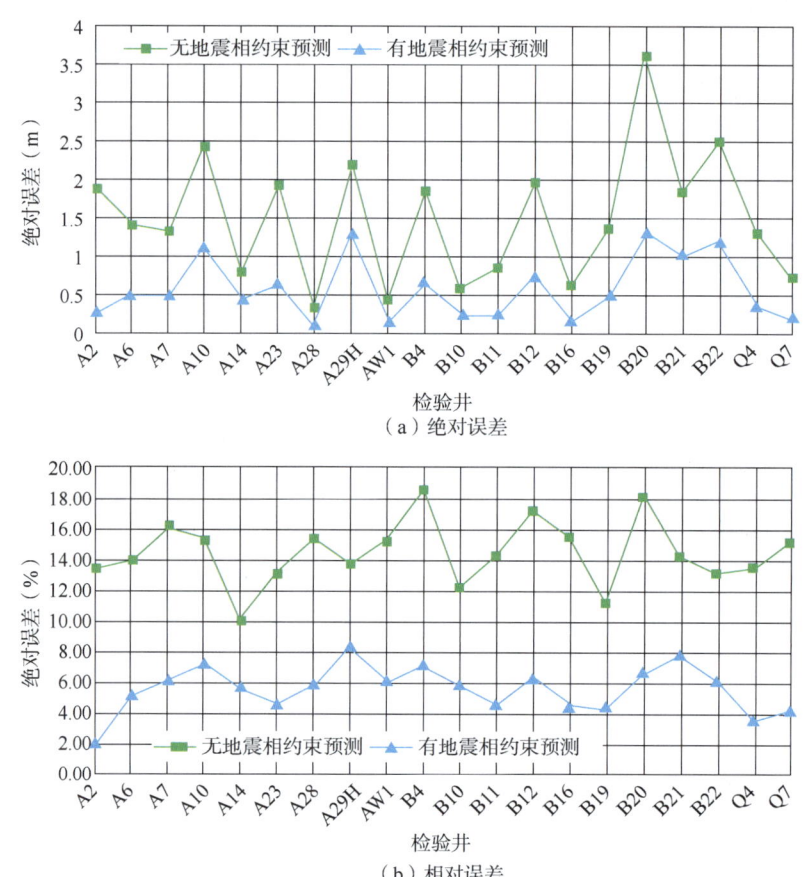

图6.3.30　R13小层河道砂体厚度的两种方式预测的井上误差分析

参 考 文 献

鲍祥生,2006. 时移地震属性的分析与应用[D]. 成都:西南石油大学.

陈遵德,1998. 储层地震属性优化方法[M]. 北京:石油工业出版社.

丁峰,2008. 高精度地震属性技术研究及其系统实现[D]. 成都:西南石油大学.

郭刚明,2005. 地震属性技术的研究与应用[D]. 成都:西南石油大学.

范廷恩,2016. 点坝砂体储层内部不连续界线类型及预测方法研究[D]. 成都:西南石油大学.

胡光义,陈飞,范廷恩,等,2014. 渤海海域S油田新近系明化镇组河流相复合砂体叠置样式分析[J]. 沉积学报,32(3):586-592.

胡光义,范廷恩,陈飞,等,2017. 从储层构型到"地震构型相":一种河流相高精度概念模型的表征方法[J]. 地质学报,91(2):465-478.

胡光义,肖大坤,范廷恩,等,2019. 河流相储层构型研究新理论、新方法:海上油田河流相复合砂体构型概念、内容及表征方法[J]. 古地理学报, 21(1): 143-159.

罗浩然, 2019. 地质信息约束的河流相砂体叠置模式分步预测方法研究[D]. 成都: 西南石油大学.

吕文彪, 2007. 独立分量分析及其应用的研究[D]. 成都: 西南石油大学.

彭达, 2016. 河道砂体储层不连续性地震属性分析研究[D]. 成都: 西南石油大学.

胜利油田地质处、地调指挥部, 1974. 绕射扫描叠加[J]. 石油地球物理勘探, 9(5): 1-40.

王永刚, 乐友喜, 张军华, 2007. 地震属性分析技术[M]. 东营: 中国石油大学出版社.

王治国, 2012. 地震地貌学中的关键地震属性技术研究[D]. 成都: 西南石油大学.

魏艳, 2007. 地震多属性综合分析技术的研究和应用[D]. 成都: 西南石油大学.

尹成, 王治国, 2012. 明确地质含义的地震准属性的回顾与探讨[J]. 地球物理学进展, 27(5): 2024-2032.

印兴耀, 周静毅, 2005. 地震属性优化方法综述[J]. 石油地球物理勘探, 40(4): 482-489.

印兴耀, 张洪学, 宗兆云, 2018. OVT数据域五维地震资料解释技术研究现状与进展[J]. 石油物探, 57(2): 155-178.

詹仕凡, 陈茂山, 李磊, 等, 2015. OVT域宽方位叠前地震属性分析方法[J]. 石油地球物理勘探, 50(5): 956-966.

Anstey N, 1973. The significance of color displays in the direct detection of hydrocarbons [C]. 43rd SEG Ann. Int. Mtg., Expanded abstracts.

Balch A H, 1971. Color sonagrams: a new dimension in seismic data interpretation[J]. Geophysics, 36(6): 1074-1098.

Barnes A E, 1999. Seismic attributes past, present, and future [C]. 69th SEG Ann. Int. Mtg., Expanded abstracts.

Bodine J H, 1986. Waveform analysis with seismic attribute[J]. Oil and Gas J., 86(23): 59-63.

Brown A R, 1996. Seismic attributes and their classification[J]. The Leading Edge, 15(10): 1096.

Brown A R, 2001. Understanding seismic attributes[J]. Geophysics, 66(1): 47-48.

Chen Q, Sidney S, 1997. Advances seismic attribute technology[C]. 67th SEG Ann. Int. Mtg. Expanded Abstracts.

Chen Q, Sidney S, 1997. Seismic attribute technology for reservoir forecasting and monitoring [J]. The Leading Edge, 16(5): 445-456.

Chopra S, Marfurt K J, 2005. Seismic attributes—a historical perspective [J]. Geophysics, 70(5): 3SO-28SO.

Chopra S, Marfurt K J, 2008. Emerging and future trends in seismic attributes [J]. The Leading Edge, 27(3): 298-318.

Claerbout J F, 1970. Coarse grid calculations of waves in inhomogeneous media with application to delineation of complicated seismic structure[J]. Geophysics, 35(3): 407-418.

Connolly P, 1999. Elastic impedance[J]. The Leading Edge, 18(4): 438-452.

Dalley R M, Gevers E C A, Stampfli G M, et al., 1989. Dip and azimuth display for 3D seismic interpretation [J]. First Break, 7(3): 86-95.

Gazdag J, 1978. Wave equation migration with the phase-shift method[J]. Geophysics, 43(7): 1342-1351.

Justice J H, Hawkins D J, Wong G, 1985. Multidimensional attribute analysis and pattern recognition for seismic interpretation[J]. Pattern Recognition, 18(3): 391-407.

Lindseth R O, 1979. Synthetic sonic logs—a process for stratigraphic interpretation[J]. Geophysics, 44(1): 3-26.

Marfurt K J, Kirlin R L, Farmer S L, et al., 1998. 3-D seismic attributes using a semblance-based coherency algorithm [J]. Geophysics, 63(4): 1150-1165.

Marfurt K J, Sudhaker V, Gersztenkorn A, et al., 1999. Coherency calculations in the presence of structural dip [J]. Geophysics, 64(1): 104-111.

Mayne W H, 1962. Common reflection point horizontal data stacking techniques[J]. Geophysics, 27(6): 927-938.

Ostrander W J, 1984. Plane-wave reflection coefficients for gas sands at nonnormal angles of incidence[J]. Geophysics, 49(10): 1637-1648.

Partyka G, Gridley J, Lopez J, 1999. Interpretational applications of spectral decomposition in reservoir characterization [J]. The Leading Edge, 18(3): 353-360.

Posamentier H W, Kolla V, 2003. Seismic geomorphology and stratigraphy of depositional elements in deepwater settings[J]. Journal of Sedimentary Research, 73(3): 367-388.

Radovich B J, Oliveros R B, 1998. 3-D sequence interpretation of seismic instantaneous attributes from the Gorgon field[J]. The Leading Edge, 17(9): 1286-1293.

Rijks E J H, Jauffred J C E M, 1991. Attribute extraction: An important application in any detailed 3-D interpretation study[J]. The Leading Edge, 10(9): 11-19.

Rooij M de, Tingdahl K, 2002. Meta-attribute—the key to multivolume, multiattribute interpretation [J]. The Leading Edge, 21(10): 1050-1053.

Russell B, Hampson D, Schuelke J, 1997. Multiattribute seismic analysis[J] The Leading Edge, 16(10): 1439-1443.

Schultz P S, Ronen S, Hattori M, et al., 1994. Seismic-guided estimation of log properties[J]. The Leading Edge, Part 1, 13(5): 305-310; Part 2, 13(6): 674-678; Part 3, 13(7): 770-776.

Sheriff R E, 1994. Encyclopedic dictionary of exploration geophysics[M]. Third edition. Tulsa: Society Exploration Geophysicists.

Shuey R T, 1985. A simplification of the zoeppritz equations[J]. Geophysics, 50(4): 609-614.

Sonneland L, Barkved O, Olsen M, et al., 1989. Application of seismic wave-field attributes in reservoir characterization [C]. 59th SEG Ann. Int. Mtg., Expanded abstracts.

Stolt R H, 1978. Migration by fourier transform[J]. Geophysics, 43(1): 23-48.

Taner M T, Koehler F, Sheriff R E, 1979. Complex seismic trace analysis[J]. Geophysics, 44(11): 1041-1063.

Taner M T, Schuelke J S, O'Doherty R, et al., 1994. Seismic attribute revisited[C]. 64th SEG Ann. Int. Mtg. Expanded Abstracts.

Vail P R, Mitchum R M, Thompson S, 1977. Seismic stratigraphy and global changes of sea level, part 3: relative changes of sea level from, in C. E. Payton(ed.), seismic stratigraphy applications to hydrocarbon exploration [M]. Tulsa: AAPG Memoir 26: 63-81.

Vail P R, 1987. Seismic stratigraphy interpretation using sequence stratigraphy, part 1: seismic stratigraphy interpretation procedure. in: Bally A W, ed. atlas of seismic stratigraphy[M]. AAPG Studies in Geology, 27: 1-10.

White R E, 1991. Properties of instantaneous attribute[J]. The Leading Edge, 10(7): 26-32.

7 时移地震技术

油气田开发地震技术是用人工地震方法开发油气田的科学理论和技术体系,通常也称为时移地震(Time-lapse Seismic)技术,是在油气田开发过程中应用的一整套地震技术,以实现油藏的动态监测、开发方案的优化和剩余油分布的挖掘。

7.1 概况

时移地震技术是针对同一个油藏在不同时间进行地震数据采集,通过多次采集的地震信号的变化来监测油藏在开发中的变化,从而进一步推断剩余油的分布情况,进而改善开采效果。但是不同时间对同一个地方进行地震勘探,所使用的勘探仪器车、震源激发方式(井炮激发、可控震源激发等)、接收信息的检波器(检波器型号、组合图形等)都有可能发生变化,这样导致在资料处理和分析时,存在的太多变量会给监测过程和油藏动态解释带来挑战。因此,时移地震在比较严格激发和接收一致的情况下,也叫四维地震。

时移地震技术作为开发地震技术的主要方法之一,近年来得到长足的发展。壳牌(Shell)公司和英国石油(BP)公司曾认为时移地震技术的应用有可能会使得采收率提高15%左右,其他的主要服务公司和石油公司在此方面也投入了相当的力量。时移地震技术自20世纪80年代初期提出以来,经历了若干个过程。

在20世纪80年代初期,主要强调检波器几何位置的绝对重复,为达此目的,甚至把检波器埋于水泥块中,但由于当时检波器技术限制,常导致检波器的损坏。另外,这种采集方式使成本大幅上升,导致此技术在相当长时间内处于停滞不前的状态。

20世纪90年代以后,随着三维地震技术的广泛应用,在相当多的地区重复采集了不同时间的三维地震资料。人们开始思考如何利用这些地震资料去解决油藏工程中感兴趣的问题,换言之,就是把重复的三维数据当作时移数据去处理,由此获得油藏变化的信息。在此阶段,工业界开发了很多处理、分析和解释技术,并对采集方式提出了相应的建议。

21世纪后,工业界提出了E-Field概念,即在油藏开发的初期,就在与油藏对应的地表和井中安置检波器,并在不同的时间,在与油藏对应的位置进行地震激发,这样就构成真正的四维数据。如果对油藏进行全开发过程的监测,从成本和效益的角度而言,这种做法是最佳的。虽然并不一定在所有的油田都能实施此技术,但它确实代表了未来的发展方向。

时移地震涉及的领域比较多,总体而言,涉及岩石物理、数据处理和解释、油藏动态模拟和多数据融合。

(1)岩石物理。

对于时移地震技术而言,岩石物理技术是连接地震响应和油藏参数(如压力、流体饱和度等)的桥梁。很多岩石物理学家对此做了大量的试验和总结(Gassmann,1951;Biot,1956;Hill,1963;Kuster et al.,1974;Berryman et al.,1980)。近几年来,人们注意到实际的时移地震响应变化往往大于实验室中观测到的由流体以及压力变化引起的响应变化。如 Han(2000a,2000b)对低频岩样进行了测量,测量结果表明,地震方法测出的变化大于实验室的测量结果。这样,当两次地震响应相减时,差异就可能更大。因此,当进行时移地震的可行性分析时,必须考虑油藏本身的变化,以及油藏的其他参数,如厚度以及地震主频等。时移地震可行性研究综合考虑了岩石物理、地震资料的品质及油藏的若干信息和条件。Lumley 等(1994)发表的可行性评分标准就是其中一例,此标准结合了岩石物理分析、油藏状态、地震数据质量等多种信息,而每一个因素定为 1~5 分。最后得出一个综合分数,作为最终可行性得分。

(2) 采集技术。

近几年来,时移地震技术多应用在重复采集的三维区中,然而,采集技术方面的进展相对缓慢。人们通常把在同一地区不同时期采集的数据称为继承性数据(Legacy Data)。这种数据往往在采集时没有考虑到时移地震技术的应用。显然,继承性数据的成本最低。另外一种采集方式为目的性重复采集,即在已有的三维区,为了时移地震技术的应用进行另一个时间的采集,这种数据的成本次之,但其重复性相对比较好。如果把检波器永久固定在同一个位置,在不同时间进行地震波激发,称之为永久性检波器的采集,其成本最高。

各大地球物理服务公司协同各大石油公司近几年作了各方面的试验,如 WesternGeco 和 Exxon、壳牌、Chevron 及中东各石油公司作了继承性数据及目的性重复采集的试验,并和英国石油公司在北海地区做了海底电缆的试验;PGS 作了继承性数据永久海底电缆的试验;WesternGeco 作了陆上目的性重复采集的试验。另外,各大公司还在砂岩、碳酸盐岩等各种不同类型的油藏上做了一定的试验。如法国 CGG 公司为科罗拉多矿业学院的时移地震联合研究体作了陆上目的性重复采集的多波采集试验。

在采集设计上,目的性重复采集主要要求检波器以及炮点尽量保持一致。GPS 技术的发展使这种一致性比较容易达到。荷兰的代尔夫特理工大学在实验室中制作了按实际比例缩小的海上采集物理模型,在实验槽中可以根据不同的采集设计用微型的拖船收集数据。此外,还可以根据试验的需要改变"海底"的油藏性质。在采集方面,WesternGeco 近年推出的 Q 系统应该说是一个重大的进展。这种采集系统采用了高密度网格数据接收,从而将响应的重复性和位置的重复性问题变成相同位置如何取舍检波器数据进行处理的问题。

(3) 处理技术。

处理技术基本分为两大类。第一类为均衡处理技术,即在完成常规处理后,为了提高可重复性,对不同时间的地震响应进行匹配,或称为互均衡,目的是使油藏以外的差异性比较小,而油藏位置上的差异性比较大(有时也称时移地震反演)。由于两次采集处理过程中会有很多参数不同,甚至网格亦不相同,因此,首先必须进行面元的重置。其方法主要有以下三种:

① 线性插值法。这种方法认为新的面元上的振幅值是邻近道振幅的线性组合。由于临近道之间的相位差足够小,没有假频现象,因此,新的网格结点上的值是其他网格结点的某种线性插值。

② 相关抽道法。如果一个三维体相对另一个三维体的网格足够小，那么，粗网格上的道就应该接近细网格上最近道的响应，这样就相当于细网格道的位置平移。

③ 频域插值法。该法和线性插值法类似，但是这种插值方法是在邻近道的频域中进行的，其插值包括振幅和相位的插值。

有了相同面元的数据体就可以进行互均衡处理。其方法主要有以下几类。

① 标志层方法，即在比较稳定的标志层附近求取匹配滤波器，在对应的层位上，使得：

$$[S_b(\omega) - S_m(\omega) * F(\omega)] \sim 0 \tag{7.1.1}$$

式中：S_b 为基础测量的信号；S_m 为观测测量的信号；F 为滤波器；ω 为频率。

② 窗口法，即在窗口内求取匹配滤波器，窗口可以是时间或位置的窗口。

③ 振幅、相位分离匹配方法，即先匹配相位，然后匹配振幅。

根据匹配滤波器的应用方法，又可以分为以下两种：

① 全局互均衡化，即对某特定区域只求取一个匹配滤波器。这种情况往往认为两次处理结果只有一个系统误差，这种误差没有时变和空变的情况。

② 局部互均衡化，即认为匹配滤波器是时变和空变的。这样匹配滤波器的求取就必须在时间上或空间上是一个移动的窗口，空间的移动窗口极限就是道道相匹配。互均衡处理有时很难消除处理过程中的差异，很多情况下要对原始数据体重复进行处理。

这种重新处理的过程往往用常规的处理流程就可以完成，但其处理参数和原则与三维处理方法不同，主要包括：噪声的独立消除，即不同数据体的噪声由于采集条件不同，去噪必须是相对独立的；相同的叠加速度以及相同的偏移距；相同的网格生成；相同的偏移速度。一般而言，重新处理后的结果再做互均衡化处理能改进的空间不大。

（4）解释技术。

时移地震数据经过处理后，作差异性求取可以确定对应油藏的地震响应变化。如何把这些变化和油藏工程的信息结合起来去解决油藏工程中的问题是时移地震的关键，这方面的工作近几年取得较大进展。Huang 于 1997 年首次提出了用时移地震约束动态历史拟合的技术和思路，这方面的研究得到欧共体的支持，成为 Elftotalfina、NorthHydro 等知名公司的共同研究项目之一。解释方法主要分为以下四类：

① 人工解释法。即对时移的差异性进行人工解释，是联合地质、地球物理和石油工程专家对差异性进行分析，最后指导油藏开发。

② 基于物质平衡方法的解释。即认为两次测量中的流体和压力之间满足物质平衡关系，再结合岩石物理模型，确定出流体或压力的分布。

③ 基于油藏数值模拟的解释方法。在此过程中，以时移地震的差异性做动态历史拟合的约束，并不断修改模型，直至满足动态历史和时移地震的差异性。此方法中，剩余油气分布只是数值模拟的结果。

④ 叠前分析方法。通过叠前地震属性的分析，可以分析流体性质变化和压力变化，这种思路最早由 Norway 技术大学的 Landro 于 2001 年提出，随后 Lumley 等对此技术进行了修改。该方法的优点是直接得到流体和压力变化的信息，但对数据的品质要求比较高。

7.2 时移地震反演技术

7.2.1 时移地震反演基本原理

时移地震研究的是因地下流体在空间位置上发生变化导致所接收到的地震信号发生变化,其本质是反演目的油藏在开采前后波阻抗的变化或者速度的变化,以进一步确定油藏流体的动态变化或剩余油的分布(Hall et al.,2002,2005;Hatchell,2005;Richett et al.,2001;Williamson et al.,2007)。

时移地震反演是用地震资料的差异来反演油气藏的物性随时间的变化。最直接的方法就是相关法的时移地震反演。相关分析是利用数理统计原理研究两组数据之间的相似程度,并用相关系数衡量两组数据之间相关程度。

若自变量 X,随机变量 Y 对于给定 X 值,Y 的取值具有不确定性。X 和 Y 的联合分布是二维正态分布,随机变量 X 和 Y 之间的总体相关系数 ρ_{XY} 定义为:

$$\rho_{XY} = \frac{\mathrm{Cov}(X,Y)}{\sqrt{\mathrm{Var}(X)\mathrm{Var}(Y)}} \tag{7.2.1}$$

式中:$\mathrm{Cov}(X,Y)$ 为 X,Y 的协方差;$\mathrm{Var}(X)$ 为 X 的方差;$\mathrm{Var}(Y)$ 为 Y 的方差。

图7.2.1中,蓝色Base曲线假定为油藏开采前的三维地震测量中的某一地震道,即基础数据。绿色Monitor曲线假定为油藏开采后,利用相同的排列方式采集的三维地震数据中的相同位置的地震道曲线,即监测数据。以下针对图7.2.1做反演的进一步解释。

第一栏曲线:对比油藏开发前的Base曲线和油藏开发后Monitor曲线,在时间轴的上半部分还是一致的,但是下半部分油藏开发前的Base曲线和油藏开发后的Monitor曲线在时间方向和振幅方向上都发生了错动,即Base曲线相对Monitor曲线存在上下错位和值的大小变化。这说明油藏开发后相对于油藏开发前,在曲线未重合的部分以下发生了地震波纵波传播速度的变化,图中的地震波纵波在储层中传播速度变大了,使得Monitor曲线在目的层往上移动。地震波在地层中速度增大是由于油气藏注水开采或者注高密度聚合物开采等原因,导致地震波纵波在油藏中传播速度增大。

第二栏曲线:$\Delta x_i / x_i$ 曲线计算的是速度变化率,假定曲线向右为正,曲线向左为负,油藏开发后的速度曲线值减去油藏开发前的速度

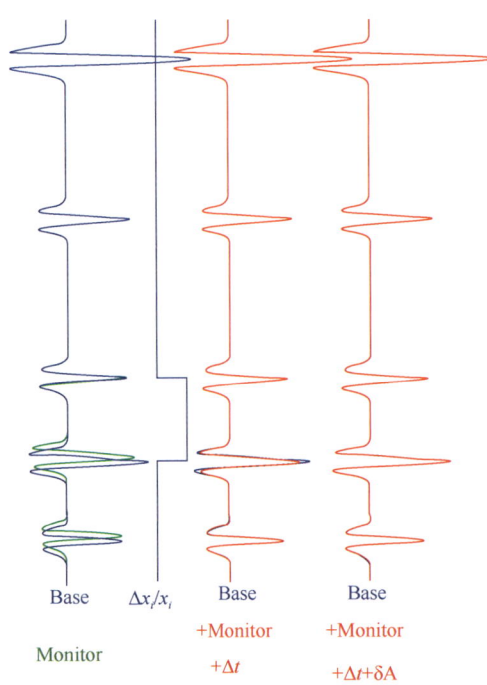

图 7.2.1 油藏速度变化导致地震信号变化

曲线值得到速度曲线差值，速度曲线差值除以油藏开发前的速度曲线值，相对有凸起的部分，即为速度发生变化的部分。从第二条曲线可以得出，在曲线中下部分发生向右的凸起，说明地震波在油藏开发后的储层中传播速度增大，而曲线其他部分无凸起是非储层。

第三栏曲线：由于油藏开采后的 Monitor 曲线表现出地震波纵波传播速度增大的趋势，所以在油藏开发后 Monitor 曲线后半部分加上时间移动量，使油藏开发后的 Monitor 曲线与油藏开发前的 Base 曲线在时间方向基本重合，但 Base 曲线与 Monitor 曲线并没有在振幅方向上完全重合。

第四栏曲线：经过前三条曲线的对比，得出即使在 Monitor 曲线时间方向上添加了时间移动量，但 Base 曲线和 Monitor 曲线在振幅方向上也没有完全重合，这是因为在储层开采过程中，地下介质会随着开采过程而发生改变，影响了地震波纵波的传播速度，假定地下介质密度不变，即影响了岩石波阻抗。所以必须在 Monitor 曲线振幅方向上加上一定的 δA 振幅变化值，才能使 Base 曲线和 Monitor 曲线无论是时间方向上还是振幅方向上都得到重合。

地震记录=地层反射系数 * 地震子波，即油藏动态开采前的 Base 地震信号 $S_b = R_b * W$，动态开采后的 Monitor 信号 $S_m = R_m * W$，（W 为子波，R 为时间域的地层反射系数）。可利用相关法取其时移量 Δt，利用时移量修改 S_m 得到 S'_m 后，将 S'_m 与 S_b 匹配求取振幅变量差 δA，综合 Δt 和 δA 即可确定波阻抗变化或速度变化量，最终确定油藏流体的动态变化和剩余油的分布。

总之，时移地震反演的目的是获取油藏的物性变化，这种变化体现在地震信号的变化上，地震信号的变化包括时移量和振幅的变化，在反演过程中可采用相关法或其他先进的算法分步计算出时移量和振幅变化量（图 7.2.2），以达到反演油藏波阻抗或速度变化的目的。另外，有些更先进的算法可以一次性同时反演这两个量。关于这些算法可参考相关文章。

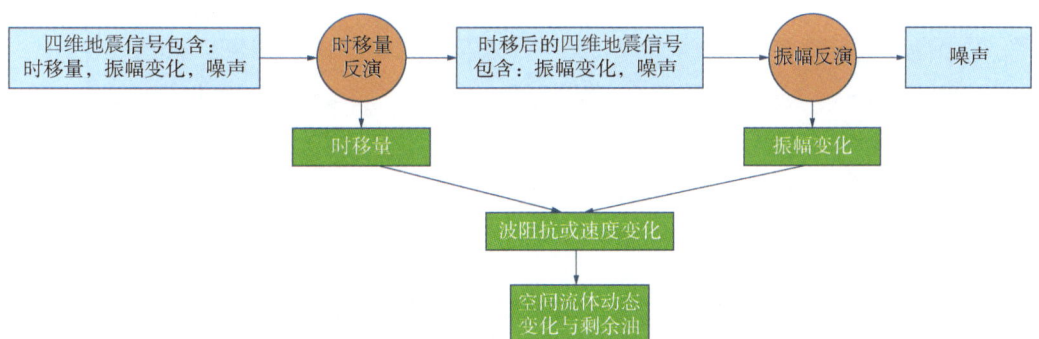

图 7.2.2　基于地震信号变化的剩余油分布信息提取

油藏开采前后的地震信号的变化可用下面图例（图 7.2.3 至图 7.2.6）说明，假定 Base 模型（图 7.2.3）左边透镜状的油藏采取的开采方式是注气开采，右边透镜状的油藏采取的开采方式是注水开采。

对比图 7.2.3 与图 7.2.5 可知，注气开采的油藏，开采后地震波在油藏中传播的速度是减小的，注水开采的油藏，开采后地震波在油藏中传播的速度是增大的。对比图 7.2.4

与图7.2.6由相关分析的原理可知,注气开采后的油藏在流体发生变化的起始点后的单道记录曲线上,曲线发生向下移动,且振幅值减小。注水开采后的油藏在流体发生变化的起始点后的单道记录曲线上,曲线发生向上移动,且振幅值增大。

图7.2.3 Base模型的深度域速度模型

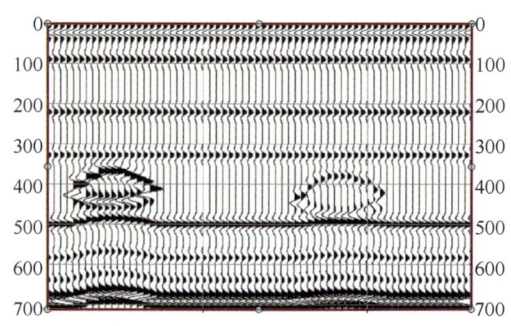

图7.2.4 Base模型的合成地震记录

图7.2.5 Monitor模型的深度域速度模型

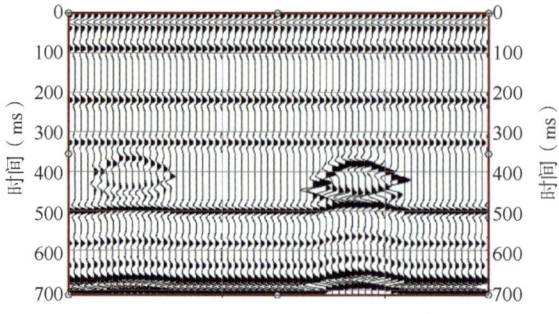

图7.2.6 Monitor模型的合成地震记录

7.2.2 时移地震实例分析

(1) 高温高压油气藏实例分析。

本例是一个海上高温高压凝析气藏,气藏压力高达 1100bars,开发井位置测量温度达到 200℃,目标油气藏位于海平面 -5000m 以下。通常高温高压油气藏在开采的前若干年,油气藏压力会下降很快。针对本气藏的开采,为了监测油气藏整体压力变化分布,特别是由于油气藏压实导致的储层和盖层压力变化,可通过时移地震的方法来求取地震波速度的变化来提取压力相关的分布信息。因此,在油气藏开采 4 年后,设计了第二次时移地震的采集,此时压力已经下降到 600bars。为了提高地震数据的重复性,数据处理环节采用完全相同的处理模块和流程参数。

尽管地震数据信噪比低,并且平台下方的数据缺乏近偏移距的信息,通过反演算法反演出的油藏及盖层的时移量,即速度变化信息,并且反演过程加入了层位和断层解释做约束,反演的速度变化剖面如图 7.2.7 所示。图中蓝色表示盖层部分速度下降,处于松弛状态,而红色表示油藏部分速度增加,处于压实状态,由于反复而仔细的测试反演算法和约束条件,整个油藏和盖层的应力状态分布清晰可见,而且盖层的拱形效应十分明显。针对反演的三维速度变化,清晰的构建油藏和盖层的三维压力变化模型,有利于开发方案优化与剩余油的挖掘。

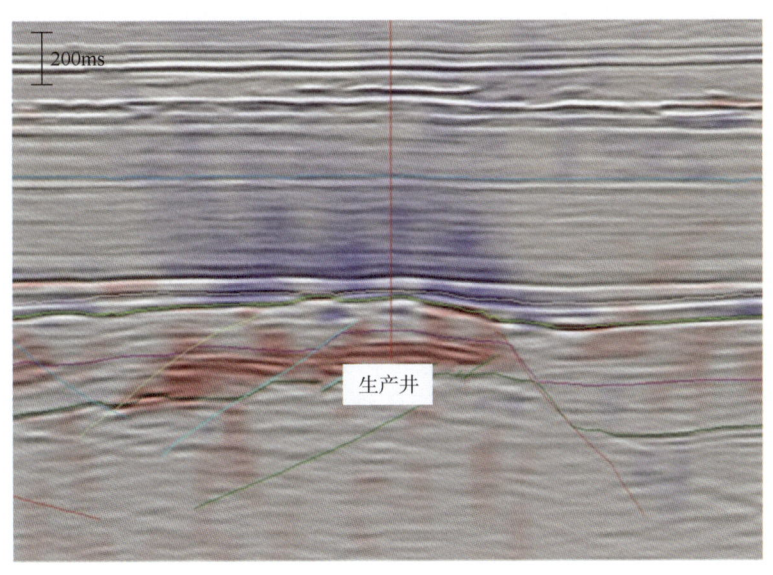

图 7.2.7 基于时移地震数据反演的高温高压油藏(红色区域)与盖层(蓝色区域)的压力分布

(2) 浊流沉积油藏实例分析。

本例是一个浊流沉积油藏的实例,油藏由复合浊积河道构成,延伸 14km,宽 10km,河道砂沉积松散,渗透率高,砂体被非渗透的浊积泥分隔开,形成一个复杂的浊流沉积系

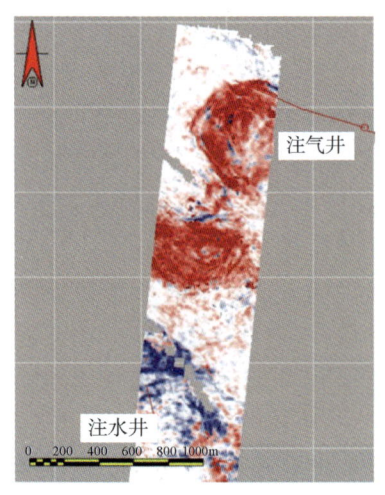

图 7.2.8 基于时移地震数据反演的浊流沉积油藏的速度变化信息

统。目标区块含有一口注水井和一口注气井,如图 7.2.8 所示,由于注水或注气可能改变对应岩层的速度,因此可能引起地震信号的变化,通过分析时移地震信号的变化可获取水和气的空间分布,进而评估注采的效率和效果。在 5 年的注采开发后,采集了第一套监测数据,另外,注水和注气也是为了维持油藏压力。进行时移地震的监测目标是为了取得空间速度变化,最后提取油藏压力和饱和度空间变化信息。图 7.2.8 是油藏速度变化的平面图,从图中可以看出,注水井和注气井周围区域的地震速度变化,红色表示注气井周围区域压力降低,蓝色表示注水井周围区域压力增加。进一步分析三维速度变化规律,可提取各个薄砂层的压力和饱和度变化信息。

7.3 油气藏地质建模技术

7.3.1 油气藏地质建模概述

7.3.1.1 油气藏地质建模的基本概念

油气藏地质建模是根据观测的地面、地下多种信息对储层特征的定量化表征,是对储层的构造要素、沉积相、物性类型、岩相类型、孔隙结构等地质特征进行三维空间定量描述。它要符合实际数据,还需要和一维或二维角度描述的储层特征研究成果保持一致,因此,也可以说地质建模是融合、验证多学科数据和研究成果的定量化研究,最终建立可以表征储层三维分布的数字化模型。随着油气勘探开发的不断深入,需要不断加深对储层的认识,然而数据源的多样性以及繁杂的建模过程会使油气藏建模面临以下一些问题:

(1)多数据问题。在建模时,基于地球物理数据、岩心数据、井数据、生产动态数据等应用探测手段识别的储层特征数据,以及一维或者二维的储层特征研究成果数据,如何把这些多学科测试数据、研究成果数据等信息融合到三维模型中,就成为地质建模定量表征成败的关键。

(2)数据反映的尺度不同。由于数据测量方法的差别,不同数据反映的尺度不同,如岩心数据通常是几厘米到十几厘米的物理测量,测井信息则反映的是十几厘米至米级的岩石物性,地震测量是十几米甚至更粗的岩石物性反映,那么,就需要合理地将这些不同尺度、不同源的数据融合建立模型。

(3)数据物理意义及测量问题。不同的数据来源以及取得这些数据的物理方法原理不同,如地球物理数据主要为地震波场的声学测量,测井数据主要是电学、声学、放射性等方法测量,生产动态主要是流体和岩石物理的流动和渗流量测量,同时,这些测量的数据质量差别较大，因此，如何在建模过程中把不同源、不同质量的信息融合到模型中是建模的挑战。

（4）数据一致性与验证问题。随着油气藏勘探开发程度的不断深入，基础资料不断丰富，储层外部形态及内部特征的研究成果越来越多。特别是在油田开发中后期，在建立储层三维地质模型的过程中，如何做好储层特征的不确定性分析和评价，对地质建模定量化表征具有十分重要的意义。整个三维地质建模是一个闭合循环分析与验证的过程，这样才可以保证最终所建立模型的准确性和可靠性，并在建立模型后保持模型和数据的一致性，符合数据本身的内涵。

基于上述多数据、多源、多质量、多尺度的问题，油气藏地质建模需要建立一个基本的理论框架，进而建立三维地质模型。目前，工业界常用的地质建模理论基本是以地质统计学为基础。

7.3.1.2 地质统计学方法概述

目前常用到的描述储层非均质性并建立地质模型的方法，主要是以地质统计学方法为基础的。经过几十年的发展，现在已经成为油气储层建模领域的重要方法和技术。地质统计学是以自然界中测量的数据距离越近则相似性越高，反之距离越远则相似性越低这一原则为基础，利用统计学手段对未知样点测量的位置进行估计或模拟，从而获得在统计学意义满足不同条件的油藏地质模型。该方法是以变差函数为基本工具，对具有空间分布特征结构的区域化变量进行表述和研究的一种数学方法。在实际应用中，地质统计学建模方法可以综合应用地震、测井、地质等数据，用井数据作为主体数据，地震和地质数据作为辅助约束数据，通过地质统计学理论来建立能够满足各类数据关系的三维地质模型。

地质统计学的优点在于：

（1）模型保持和观测点一致，尤其是"硬"观测点数据，如实际地质建模中用到的测井数据。

（2）可以通过统计学方法计算误差，从而提供不确定性的信息，为决策提供更为合理的手段。

（3）地质统计学考虑了"软"信息、岩性信息的利用，为满足不同数据的同尺度信息提供了工具，例如地震数据作为建模的约束信息。

地质统计学建模过程，主要包括以下几个基本概念和假设条件。

（1）平均值函数。

对于区域化变量 $Z(u)$，当给定位置 u_0 时，$Z(u_0)$ 为一个随机变量，平均值为 $E[Z(u_0)]$，当 u 作为变量时，$E[Z(u)]$ 就是区域化变量的平均值函数。

（2）方差函数。

对于区域化变量 $Z(u)$，当给定位置 u_0 时，$Z(u_0)$ 为一个随机变量，它的方差为 $D[Z(u_0)]$，当 u 作为变量时，$D[Z(u)]$ 就是区域化变量的方差函数。

（3）协方差函数。

对于两个区域化变量 $Z(u)$ 和 $Z(u+h)$，它们的协方差函数为：

$$\text{Cov}[Z(u), Z(u+h)] = E[Z(u) \cdot Z(u+h)] - E[Z(u)] \cdot E[Z(x+h)] \quad (7.3.1)$$

当空间位移向量 $h=0$ 时，有先验方差函数：

$$\text{Cov}[Z(x), Z(x+0)] = E[Z(x)^2] - E\{[Z(x)]\}^2 \quad (7.3.2)$$

（4）平稳性假设和本征假设。

地质统计学中区域化变量的空间分布结构特征，是通过方差函数来表示的，在实际工作中，对于给定的 $Z(u)$ 和 $Z(u+h)$，由于在空间中同一点只能得到一个数据，而当计算变差函数时需要有若干个实现结果，所以为了克服这个问题，就提出了以下假设：

① 平稳性假设，即假设建模的变量如孔隙度、渗透率等在建模区域内是平稳的，从统计学意义上而言，假设某一地质体内部，对任意给定的向量 h，区域化变量 $Z(u)$ 的空间分布率满足 $Z(u_1, u_2, \cdots) = Z(u_1+h, u_2+h, \cdots)$，即在地质体内部无论位移 h 有多大，随机变量在空间的分布不变，$Z(u)$ 和 $Z(u+h)$ 的相关程度跟他们在同一地质体内部的变量 u 无关，即与位置无关，称之为一阶平稳。

如果 $Z(u)$ 的二阶矩阵存在且平稳，则称为二阶平稳假设。这意味着在观测数据样本中提取的统计关系或空间统计函数是可以应用于整个建模区域的。当发现观测数据不平稳时，需要进行平稳性变换，使得变换后的数据满足平稳性。

a. 在同一地质体内部区域化变量 $Z(u)$ 的期望满足 $E[Z(u)] = a \forall u$，其中 a 为常数；

b. 区域化变量 $Z(u)$ 的协方差函数存在且平稳，即

$$\text{Cov}[Z(u), Z(u+h)] = E[Z(u) \cdot Z(u+h)] - E[Z(u)] \cdot E[Z(u+h)]$$
$$= E[Z(u) \cdot Z(u+h)] - a^2 = C(h) \quad \forall x, \forall h \quad (7.3.3)$$

当 $h=0$ 时，有 $\text{Cov}[Z(u), Z(u+h)] = D[Z(u)] = C(0)$，$\forall x$ 也就相当于方差和变差函数要存在且平稳。

② 本征假设（内蕴假设），在一些实际工作中可能会出现没有协方差和先验方差，但是存在变差函数的随机函数，对于这种情况为了进一步放宽要求，又提出了本征假设：

a. 在同一地质体内部，区域化变量 $Z(u)$ 增量的期望等于零，即有

$$E[Z(u) - Z(u+h)] = 0 \quad \forall u, \forall h \quad (7.3.4)$$

b. 对任意方向向量增量的方差函数都存在且平稳，即有

$$D[Z(u) - Z(u+h)] = E[Z(u) - Z(u+h)]^2 = 2\gamma(h) \quad \forall u, \forall h \quad (7.3.5)$$

（5）空间关系分析。

在地质统计学中，一般采用变差函数分析空间关系的方法。作为地质统计学方法的基本工具，变差函数对描述区域化变量起着非常重要的作用。

在地质统计学中所应用的变差函数分析都是在理论变差函数上进行的分析。其定义为：一维空间中，某一方向上变差函数 $\gamma(u, h)$，就是在该方向上的区域化变量 $Z(u)$ 的增量的方差的一半，也就是说只依赖于 u 和 h 两个自变量，即

$$\gamma(u, h) = \frac{1}{2} D[Z(u) - Z(u+h)] = \frac{1}{2} E[Z(u) - Z(u+h)]^2 - \frac{1}{2} \{E[Z(u) - Z(u+h)]\}^2 \tag{7.3.6}$$

根据二阶平稳假设条件，有 $E[Z(u)] = E[Z(u+h)]$，于是：

$$\gamma(u, h) = \frac{1}{2} E[Z(u) - Z(u+h)]^2 \tag{7.3.7}$$

在同一地质体内部，当变差函数只依赖于位移向量 h 而与固定位置 u 无关时，可以将式(7.3.7)改写为：

$$\gamma(h) = \frac{1}{2} E[Z(u) - Z(u+h)]^2 \tag{7.3.8}$$

式中：$\gamma(h)$ 为半变差函数；$E[Z(u) - Z(u+h)]^2$ 为期望值；$Z(u)$，$Z(u+h)$ 分别为在位置 u 和 $u+h$ 的观测或采样值。

变差函数 $\gamma(h)$ 随 h 的变化图即为典型变差函数（图7.3.1）。其中，横坐标为滞后距 h，纵坐标为变差函数 $\gamma(h)$。图中的实心点为根据空间观测值的计算结果，曲线为根据理论变差模型拟合的结果。从变差函数图中可以获得多个关键参数，如变程（Range）、块金值（Nugget）、基台值（Sill）等。变差函数是一个距离函数，描述不同位置变量的相似性。$\gamma(h)$ 值越大，相关性越差。通常，$\gamma(h)$ 值随着距离矢量 h 的增大而增大，直到 h 达到一定值，$\gamma(h)$ 达到其极大值，而后保持这个极大值不变。变差函数的一个基本参数是变程，它用来度量空间相关性的最大距离。一般来说，随样品点间距离增大，变差值趋于增大，使变差函数达到一定的平稳值时的空间距离称为变程。当空间距离比变程大时，变差函数仍保持其平稳值。变差函数在变程处达到的平稳值叫总基台值，当 $h=0$ 时，其变差值应为 0。然而，由于诸多因素的影响，比如抽样和实验误差以及小尺度的变异，上述结论不一定正确。例如在短距离内的大变异引起间隔非常近的样品有十分不相近的值，这就导致变差函数在原点的不连续性。在原点 $h=0$ 附近，非零的变差函数值称为块金值。这种大变异性对原点附近变差函数的影响称为块金效应，它通常用块金值与基台值的比表示，相对块金效应常用百分比的形式。总基台值与块金值之差称为拱高。

在采样数据取得 $\gamma(h)$，再进行理论模型函数拟合，如球状模型、指数模型和高斯模型。

① 球状模型。

球状模型又称马特隆模型，是一种常用的变差函数理论模型：

$$\gamma(h) = \begin{cases} 0 & h=0 \\ c_0 + c\left(\frac{3h}{2a} - \frac{1h^3}{2a^3}\right) & 0 \leq h \leq a \\ c_0 + c & h > a \end{cases} \tag{7.3.9}$$

该理论模型的变程为 a，在靠近坐标原点处变差函数曲线为线性变化，切线斜率为 $3c/2a$，连续性较好且级差变化不大的储层岩石物性参数的空间分布可用该模型表述，随机性适中，较为稳定。球状模型变差函数曲线如图 7.3.2 所示。

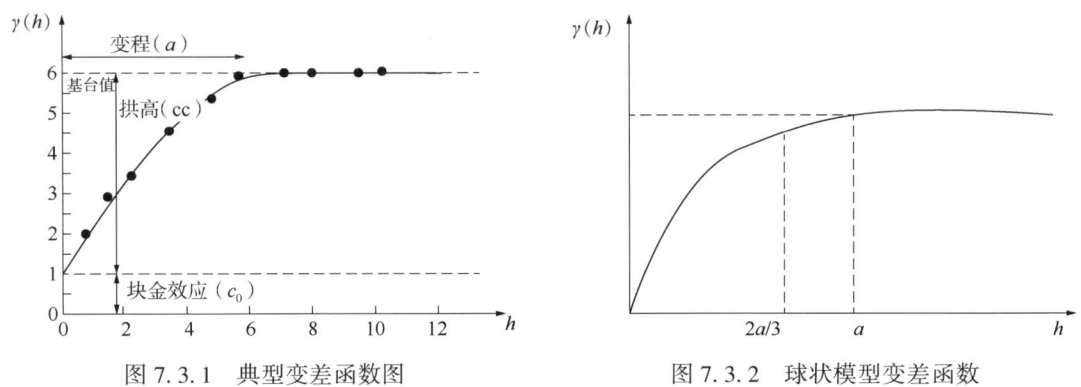

图 7.3.1 典型变差函数图   图 7.3.2 球状模型变差函数

② 指数模型。

$$\gamma(h) = \begin{cases} 0 & h=0 \\ c_0 + c(1-e^{-\frac{h}{a}}) & h>0 \end{cases} \quad (7.3.10)$$

该理论模型的变程为 $3a$，在原点附近同样也是线性的，当变差函数逐渐的到达变程 $3a$ 之后，变差函数值趋于平缓，该模型产生结果相对随机性大、零散、不稳定。指数模型变差函数曲线如图 7.3.3 所示。

③ 高斯模型。

$$\gamma(h) = \begin{cases} 0 & h=0 \\ c_0 + c(1-e^{-\frac{h^2}{a^2}}) & h>0 \end{cases} \quad (7.3.11)$$

高斯模型变差函数曲线的变程为 $\sqrt{3}a$，该模型在原点附近呈抛物线形，这就保证了该模型在随机模拟中的良好连续性，但会出现局部变异性的消失和模型本身的不稳定性，是一种连续性较好但稳定性较差的模型。高斯模型变差函数曲线如图 7.3.4 所示。

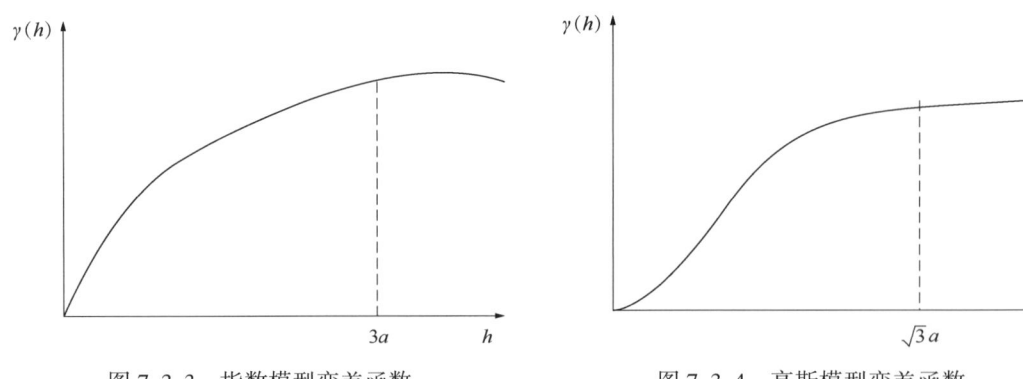

图 7.3.3 指数模型变差函数   图 7.3.4 高斯模型变差函数

(6) 估计或模拟。

根据采样点数据或者观测数据对未知样点进行估计或者模拟，是基于下面的线性组合：

$$Z^*(X) = \sum_{i=1}^{N_w} \lambda_i * Z_i(X_i) \tag{7.3.12}$$

经过无偏估计，并满足典型变差函数。上述 λ_i 则按式(7.2.12)求解

$$C\lambda = C_0 \tag{7.3.13}$$

式中：C 为采样点之间的协方差，可以按变差函数求取；C_0 为估计点与采样点的协方差，亦可以按变差函数求取。

基于以上框架，可以把上述过程变成随机模拟过程。随机建模方法是以已知信息作为基础，考虑了地质空间的结构统计特性，根据随机函数理论作为指导，来对未知区域的属性分布进行模拟，同时可以产生出等概率的多种实现的储层建模方法，它能够将地质认识和观测数据很好地结合起来，对储层模型做出不确定性的评价，使其更客观地反映地质规律，提高估值精度，从而建立更能满足地质规律的三维地质模型。随机模拟方法总体上可以分为基于目标单元的随机模拟和基于象元的随机模拟两大类。基于目标的随机模拟方法主要用来描述具有离散空间分布性质的地质特征，如岩相空间分布、砂体空间展布等，例如二元模拟法；基于象元的随机模拟方法主要以包括高斯模拟、截断高斯模拟、指示模拟等，按照数据分布特征又可以分为高斯模拟和非高斯模拟，在高斯模拟中最大的特点是该模拟的随机变量需要满足高斯分布，在实际应用中需要将已知储层物性参数数据做正态变换，使其满足正态分布。下面主要介绍三种常见的随机模拟方法。

① 序贯高斯模拟方法。

该模拟方法需要把已知井点属性参数数据进行正态变换，从一个象元到另一个象元序贯地进行，在对象元条件概率分布函数的条件数据进行计算时，不单单只是考虑原始数据，而是将已模拟出的所有数据都参与计算，适用于连续变量(如孔隙度、渗透率、含油饱和度等)分布模型。该方法是经典的条件模拟方法，只用于连续型变量，其条件模拟可以复制由样本数据确定或经验指定的直方图和变差图。在建立均质单元的储层参数模型，或当对岩石相或岩石几何特性了解很少时，可选用高斯模拟。其模拟参数由稀少的不规则的样本数据推出，且求取过程比较简单。序贯高斯模拟具有算法稳定、能快速建立模拟结点的条件累积分布等优点，但是缺点是要求数据必须满足正态分布，否则需要进行正态变换，当模拟数量级差较大的数据时，高斯矩阵不稳定。

② 基于直接变差函数拟合的模拟方法。

该模拟方法主要有模拟退火、遗传算法等。模拟退火方法是一种适应性好且对连续或者离散变量都很适用的模拟方法，能使网格的统计特征和目标值之间所产生的偏差达到最小，还可以综合利用各种静态和动态数据，但在实际应用中计算量过大，计算效率不够高效。遗传算法是一种拟生物进化启发的学习算法，它不再是从一般到特殊或从简单到复杂地搜索假设，而是通过变异和重组当前已知的最好假设来生成后续的假设。遗传算法的局部搜索能力不强，但把握总体搜索过程的能力较强。

③ 基于条件概率的模拟方法。

该方法只基于原始已知条件,从局部条件概率分布中的随机取样,是为了克服变异性范围太小的缺陷,它对分布的采样进行控制,即让用于采集局部条件概率分布的概率值在空间上是相关的。其计算速度快,既可以模拟连续变量,也可以模拟类别变量,如模拟浊积岩和三角洲沉积体系的砂泥岩分布等。

在估算和模拟过程中,还可以把其他信息(例如地震数据、沉积相模式)作为约束的模拟方法,主要包括:

a. 协克里金方法。

协克里金方法是一种多变量估计技术,通过研究主变量及次级变量的空间相关关系,将次级变量的信息整合到估计结果中,以弥补主变量数据不足的缺点。它能有效地综合利用地质、钻井和多种地震资料来估计孔隙度、渗透率和含油饱和度的变化。例如把测井数据作为主变量,地震数据作为二级变量,协克里金估计值可表示成地震数据和测井数据的线性组合形式。

$$Z(u) = \sum_{i=1}^{N} \lambda_i Z(u_{1i}) + \sum_{j=1}^{M} \beta_j Y(u_{2j}) \qquad (7.3.14)$$

式中:$Z(u)$为随机变量估计值;u_{1i}和u_{2j}分别为空间区域上主变量和次级变量的第i和j个观测值;$Z(u_{1i})$为主变量(测井数据)的N个采样点;$Y(u_{2j})$为次变量(地震数据)的M个采样数据;λ_i和β_j为需要确定的协克里金加权系数。

协克里金算法可以将各种不同类型、不同品质的资料结合在一起进行线性回归,它是一种求最优、线性、无偏内插估计量的方法。

b. 本位协克里金—序贯高斯模拟。

本位协克里金方法克服了协克里金方法的矩阵求解不稳定以及计算量大的缺点,它只保留了跟估计量同位的地震数据值。即令式(7.3.14)中的$M=1$,得

$$Z = \sum_{i=1}^{N} \lambda_i X(u_{1i}) + \beta * Y(u) \qquad (7.3.15)$$

在这个克里金系统中,只需知道主变量的相关性以及主变量与地震数据的互相关即可,而后者又可通过软、硬数据的自相关得到,这便大大节省了运算时间并且确保了稳定性。

本位协克里金—序贯高斯模拟的理论是基于高斯随机域,高斯随机域是最经典的随机函数。该模型的最大特征是随机变量符合正态分布(高斯分布)。在进行序贯高斯模拟之前,必须对原始数据的正态分布性进行检验,若原始数据不符合正态分布,必须对该数据进行正态变换,将其变换成正态分布的数据。在求取数据的条件概率分布,根据实际数据的不同特点,采用本位协克里金的方法,进行多变量的序贯高斯模拟。这个方法可以用来整合地震和测井数据到模型中。

c. 截断高斯模拟。

该方法作为离散型随机模拟方法的一种,需要将已知数据转换成正态分布,然后通过指示变差函数生成一个高斯随机场,再对实现进行截断处理,这个截断可以对同一个实现通过不同的门槛值来做多次截断,用以得到类型变量的模拟结果。它是一种灵活、便捷的模拟方法,适用于对空间具有连续性、呈排序状分布的沉积相进行模拟。

④ 贝叶斯条件模拟。

1999年，Behrens等(1999)提出了一种基于贝叶斯算法的序贯高斯模拟方法，用来整合分辨率较低的地震数据。他们给出了用两层地震属性作为约束条件建立三维模型的例子。印兴耀等(2005)在Behrens研究结果的基础上，发展了该方法，将它应用到全三维空间上，即用多层地震属性作为约束建立模型，被称之为贝叶斯—序贯高斯模拟方法。贝叶斯—序贯高斯模拟方法能够整合地震数据和测井数据，生成高于地震垂向分辨率、等同于测井垂向分辨率的实现，模拟结果的垂向分辨率高于其他模拟结果，但是光滑程度来看，该方法不如协克里金的估计结果光滑。

⑤ 多点地质统计学模拟。

该方法在表达地下地质变量的空间变化关系时利用了"训练图像"的概念，通过建立"训练图像"将空间多点的相关性联系起来，这就使它区别于传统的基于像元两点统计学方法和基于地质单元体的随机建模方法。由于其将空间上的多个点都联系起来，所以可以实现复杂地质体的几何构型，优于基于变差函数的两点地质统计学在这方面的不足；另外一方面，由于此算法以单个网格为基本的模拟单元，并且采用了非迭代的序贯算法，所以此算法具有快速且易忠实于硬数据的特点。目前主要的多点地质统计学算法是Snesim算法和Simpat算法。Snesim算法要求训练图像及研究工区具有平稳性，其在模拟目标体的连续性方面也存在一定的问题；Simpat算法虽然对于模拟目标体的连续性方面有一定的改进，但有时会导致异常构型的出现，另外由于计算量急剧增加限制了其应用。总之，多点地质统计学在训练图像的获取、数据模板的选择以及地震数据的整合方面仍然需要进一步的发展和改进。

7.3.2 油藏建模流程

一般来说，广义的储层建模包括数据准备、构造建模、储层相建模、储层物性(参数)建模、模型粗化及图形显示等技术环节(图7.3.5)。

7.3.2.1 数据准备

地质建模所需的数据包括井数据、地震数据及一维或二维研究成果数据等。井数据包括井基本信息、岩心数据、测井及其解释数据、分层数据等。井基本信息主要指钻井信息，例如井名、井口坐标、补心海拔、井轨迹等，一般从测井及完井地质报告中得到。岩心数据包括岩心照片、岩心描述及岩心测量等，在建模过程中岩心数据主要作为测井数据的标定。测井解释数据指单井的储层地质解释数据，包括沉积相、储层物性等参数，是地质建模的"硬"数据。分层数据主要包括地质分层、砂体分层，是建立等时地层格架的基础。地震数据包括地震解释的断层数据、层面数据，这些是建立断层模型和地层格架模型的基础，另外从地震数据体中提取或处理得到的地震属性数据、反演数据等研究成果数据体，可以作为约束数据参与到储层建模中。面对这些多源、多学科、多域的数据，质量检查是储层建模的首要环节，要确保原始数据的可靠性，例如井位坐标、井轨迹和补心海拔是否正确，测井解释的储层孔、渗、饱参数是否准确，地质分层方案是否合理，是否符合地质规律与模式，总之要做到岩心—测井—地震的每一环节的数据能够相互印证、吻合。

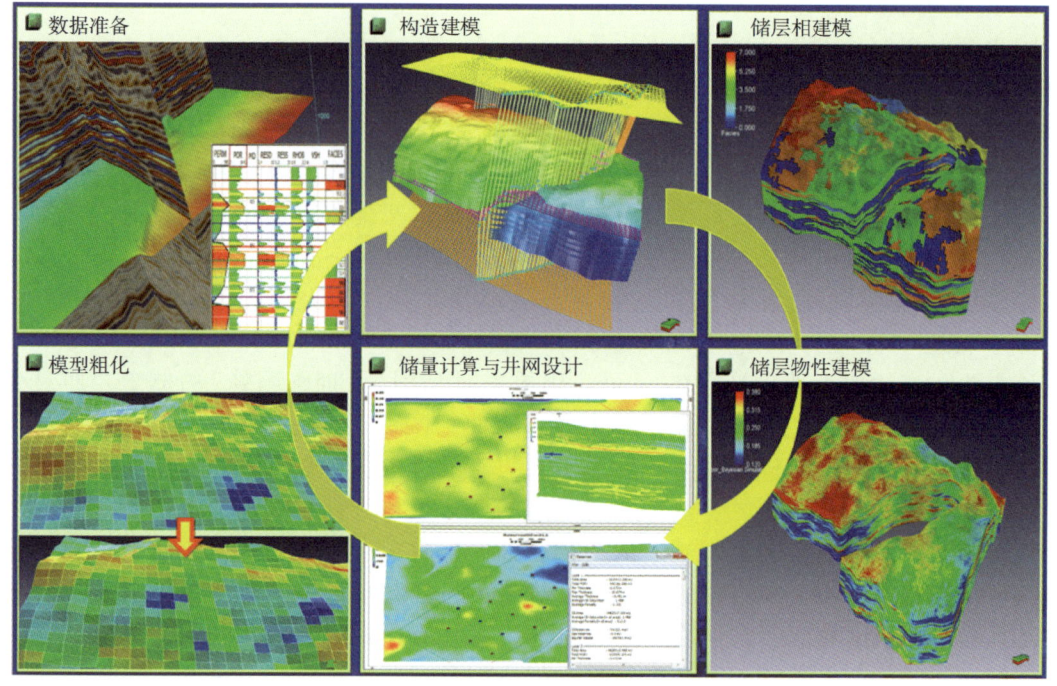

图 7.3.5 地震约束地质建模的关键技术

7.3.2.2 构造建模

构造建模是三维储层地质建模的重要基础，主要内容包括三个方面：

（1）通过地震及钻井解释的断层数据建立断层模型。采用准备好的断层数据，通过一定的插值方法计算生成断层面，断层面是否合理可以用断点数据和地震剖面来检验，如果有断面形态或者断层接触关系不合理的地方，可以编辑断层面线段来修改。

（2）在断层模型控制下，建立各个地层顶底的层面模型。层面建模一般包括骨架网格建立、地震解释构造层面建模、根据井分层的层面内建模。

（3）以断层及层面模型为基础，在纵向上进行小层内细分层，建立一定网格分辨率的等时三维地层网格体模型。

7.3.2.3 储层相建模

这里所指的相，是广义的相，可以是离散变量，例如沉积相（亚相、微相等）、岩相、流动单元，亦可以是数字化的沉积相图。沉积相随机模拟方法有很多，主要是序贯指示模拟、截断高斯模拟、多点地质统计学模拟等。

7.3.2.4 储层属性建模

储层属性随机建模方法有多种，包括序贯高斯模拟、序贯指示模拟等。目前常用的方法是序贯高斯模拟，包括基本的序贯高斯模拟、本位协克里金序贯高斯模拟。基本序贯高斯模拟以基本的克里金方法为基础，以井数据为"硬"数据，而本位协克里金序贯高斯模拟，是以同位（或本位）协同克里金为基础，可以将二级变量（如地震数据）作为约束数据参与随机模拟。

7.3.2.5 模型粗化及图形显示

油气藏地质模型的网格数通常可以达到上千万个或者更多,而由于目前计算机运算能力的限制,油气藏数值模拟能够模拟的网格数一般为十几万至百万级,为了有效地进行油气藏数值模拟,需要将细网格的地质模型粗化等效为一个可以用于数值模拟的粗网格模型,常用的粗化流程为先粗化网格再粗化属性模型,模型粗化后,根据文件需求输出相应的数模文件或者导出图件。

7.4 地震约束历史拟合的方法

历史拟合是一个高度非线性、高度非唯一的数值模拟过程,因此在历史拟合过程中提高先验知识或者增加其他约束,尤其是空间约束是提高历史拟合可靠性、降低非唯一性和非线性的有效途径。地震信息作为空间密集采样的数据,对空间的地质结构、物性变化具有比较好的表达,甚至是很多情况下唯一较可靠的空间信息。地震数据首先是对构造响应非常敏感,其次是岩性、物性、油藏流体变化,而历史拟合是对流体响应最为敏感,但流体受渗流能力以及构造特征所控制,因此在历史拟合过程中,工程师主要是对控制流动的油藏内部特征进行修改,对其更新或者修改往往具有主观性,那么,加入地震的约束就可以大大提高模型的可靠性,为了达到这个目的,地震约束历史拟合就显得非常必要。地震约束历史拟合包括以下几个关键技术。

7.4.1 岩石物理模型及其标定

岩石物理模型是基于岩石中的岩性、物性、流体对多孔介质的弹性、声学响应进行预测和计算,因而它是油藏静、动态参数和地震响应的桥梁,也是利用地震资料进行储层预测的物理基础。将油藏的静态参数,如渗透率、孔隙度、岩相等,结合流体分布和其他动态参数,可以确定其对应的地震物理响应。通过对不同流体状态,以及不同静态条件下的不同流体状态的地球物理响应,可以对地球物理的响应特征进行认识,最后形成解释地球物理响应的、对应不同静动态参数的岩石物理模型。

一般常用的模型有 Gassmann 模型、Tokoso 模型等。下面以 Gassmann 模型为例,介绍岩石物理模型及其标定,Gassmann 模型满足以下假设:

(1) 整个岩石即岩石骨架和孔隙内流体是均匀分布各向同性的。

(2) 岩石孔隙都是饱和状态,即所有孔隙都是饱和充满流体的。它确保了流体在孔隙中的流动是充分均匀的。

(3) 岩石包括岩石骨架和孔隙内流体是一个封闭的整体,也就是说岩石总体积是内部流体体积与岩石骨架体积之和。

(4) 当波通过流体饱和状态下的岩石时,可以忽略孔隙流体和岩石骨架间的相对运动。

(5) 假设孔隙流体不会对岩石骨架造成软化或者硬化的相互作用,也就是孔隙流体与岩石基质之间不会产生任何的化学和物理反应。

(6) 假设岩石内部所有孔隙间都是连通的,保证了孔隙流体的流动均衡性。该假设综合考虑了孔隙度、泥质含量、压力等油藏参数。

Gassmann 方程是于 1951 年提出的对于岩石体积模量预测的公式。它利用岩石骨架、岩石基质和孔隙流体的已知体积模量来描述饱和流体状态下的岩石体积模量。其饱和流体岩石体积模量由下式计算：

$$K=K_{d}+\frac{\left(1-\dfrac{K_{d}}{K_{s}}\right)^{2}}{\dfrac{\phi}{K_{f}}+\dfrac{1-\phi}{K_{s}}+\dfrac{K_{d}}{K_{s}^{2}}} \tag{7.4.1}$$

式中：K_s 为岩石颗粒体积模量；K_d 为岩石骨架体积模量；ϕ 为孔隙度；K_f 为孔隙流体体积模量。

其中，孔隙流体体积模量 K_f 可由 Wood 方程计算得到：

$$\frac{1}{K_{f}}=\frac{S_{w}}{K_{w}}+\frac{S_{o}}{K_{o}}+\frac{(1-S_{w}-S_{o})}{K_{g}} \tag{7.4.2}$$

式中：K_w，K_o，K_g 分别为水、油、气的体积模量；S_w，S_o，S_g 分别为水、油、气的饱和度。

其饱和岩石密度与饱和度有如下关系：

$$\rho=\phi\rho_{f}+(1-\phi)\rho_{m}=\phi S_{w}\rho_{w}+\phi S_{o}\rho_{o}+\phi(1-S_{w}-S_{o})\rho_{g}+(1-\phi)\rho_{m} \tag{7.4.3}$$

式中：ρ 为岩石密度；ρ_f 为流体密度；ρ_m 为干岩石密度；ρ_w，ρ_o，ρ_g 分别为水、油、气的密度。

又因为岩石剪切模量不受饱和流体的影响，所以有：

$$\mu=\mu_{d} \tag{7.4.4}$$

式中：μ 为岩石剪切模量；μ_d 为岩石骨架剪切模量。

则岩石纵横波速度 v_p，v_s 分别可由下式计算：

$$v_{p}=\sqrt{\frac{K+4/3\mu}{\rho}} \tag{7.4.5}$$

$$v_{s}=\sqrt{\frac{\mu}{\rho}} \tag{7.4.6}$$

于是有纵横波阻抗分别有：

$$\mathrm{AI}=\rho v_{p} \tag{7.4.7}$$

$$\mathrm{SI}=\rho v_{s} \tag{7.4.8}$$

Gassmann 方程所需的岩石骨架体积模量和剪切模量，以及岩石基质和孔隙流体的体积模量多由实验室测得。然而，选择岩石物理模型，是否对特定的油藏适用，需对其进行区域的标定，通过调整岩石物理模型的参数来拟合区域中的测井或岩心数据，使其能预测不同的岩性、物性及流动状态下的声学响应。测井数据样本点标定法是以地层深度、泥质含量、孔隙度、含水饱和度、含气饱和度、含油饱和度等参数中的一个参数变化，其余变量确定的情况下，通过岩石物理模型计算，得到纵波速度、横波速度、纵波阻抗、横波阻抗、泊松比等参数的变化趋势。然后导入选取的测井数据样本点，将两者进行对比分析。最后，通过调整岩石物理参数，对两者进行拟合，如图7.4.1所示。

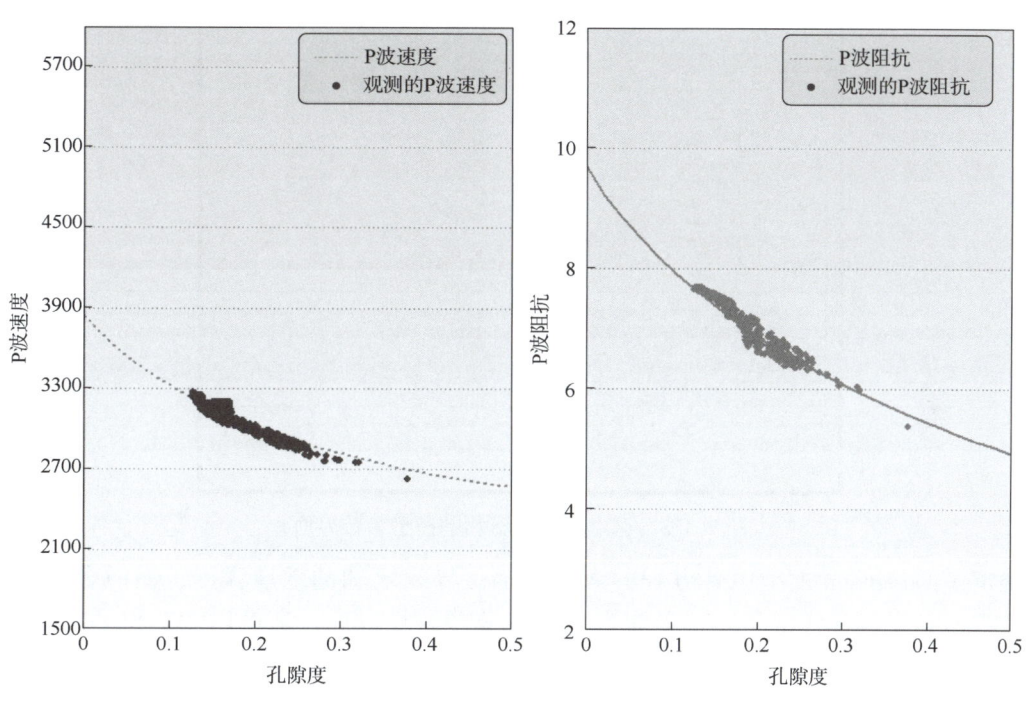

图7.4.1 纵波速度和阻抗与孔隙度的交会图

在标定的基础上，对区域不同位置的测井数据进行合成计算，进一步确认模型的正确性（图7.4.2）。

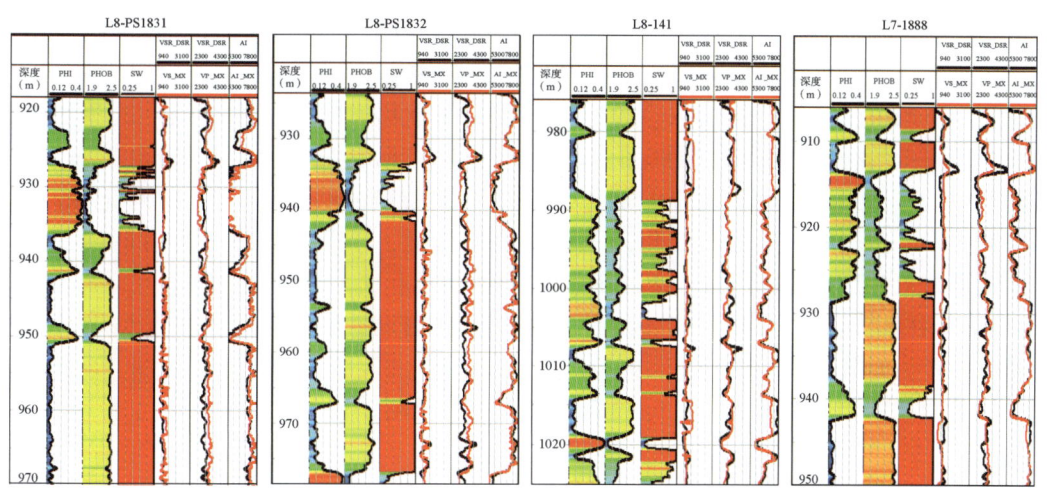

图7.4.2 岩石物理模型合成曲线和测井实测曲线对比

通过测井样本点标定法和测井曲线标定法，反复调整岩石物理模型参数，比较标定前后岩石物理参数(图 7.4.3)，对 Gassmann 模型进行标定。

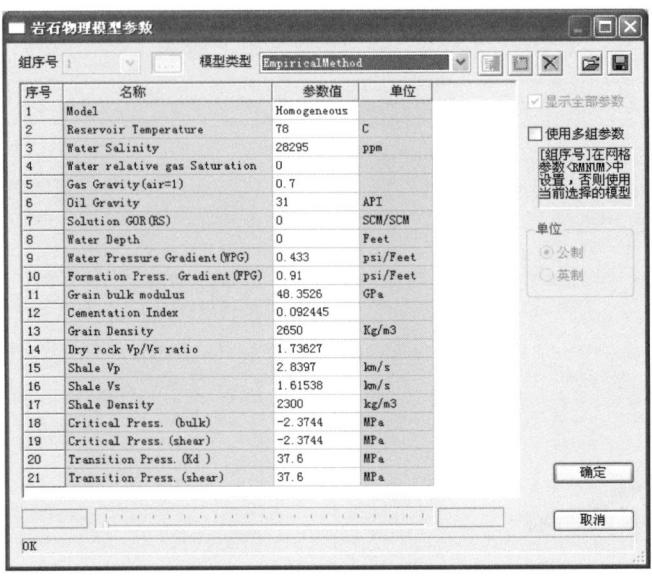

图 7.4.3　标定后的岩石物理模型参数界面

确定了 Gassmann 模型中各方程的参数以后，导入已知的地层深度、泥质含量、孔隙度、含水饱和度、含气饱和度、含油饱和度等油藏属性以后，就可以计算得到纵波速度、横波速度、纵波阻抗、横波阻抗、泊松比等地球物理响应。

7.4.2　油藏模型地震正演

在油田的开发过程中，油藏中各动态参数也随着开发而实时发生改变，通过岩石物理模型的应用，将各静动态参数转换为实时的声学参数，从而进行实时的叠前、叠后以及多波正演。此举在根本上改变了传统的地震正演，使其从单一的时间点的正演转换为动态实时的正演，为后期时移地震研究、应用以及地震融合油藏工程研究奠定了良好的基础。

正如上述所说，油藏中各动态参数随着开发时间推移而实时发生改变，这些变化会反映在不同时间点的合成地震响应的变化上。那么，对已标定完成的岩石物理模型，就可以利用数学算法来进行合成地震响应，通过地震正演合成地震记录并和原始地震记录的对比，分析模型质量、不同时间点油藏变化以及地震响应特征，以便能够进一步对认识油藏。合成地震记录一般是用褶积模型来计算，其步骤如下所示：

(1) 利用标定后的岩石物理模型所计算出的纵波速度、横波速度，将模型中的弹性参数由深度域转为时间域。

(2) 平面波从上层界面入射到分界面时，界面的反射系数 R 为：

$$R=\frac{\alpha_2\rho_2-\alpha_1\rho_1}{\alpha_2\rho_2+\alpha_1\rho_1} \tag{7.4.9}$$

式中：ρ_1 为分界面上层的密度；α_1 为分界面上层的纵波速度；ρ_2 为分界面下层的密

度；α_2 为分界面下层的纵波速度。

当纵波非垂直入射时反射系数公式由佐普里兹方程组可表示为：

$$\begin{bmatrix} \sin\theta_1 & \cos\phi_1 & -\sin\theta_2 & \cos\phi_2 \\ -\cos\theta_1 & \sin\phi_1 & -\cos\theta_2 & -\sin\phi_2 \\ \sin2\theta_1 & \dfrac{\alpha_1}{\beta_1}\cos2\phi_1 & \dfrac{\rho_2\beta_2^2\alpha_1}{\rho_1\beta_1^2\alpha_2}\sin2\theta_2 & \dfrac{\rho_2\beta_2\alpha_1}{\rho_1\beta_1^2}\cos2\phi_2 \\ \cos2\varphi_1 & -\dfrac{\beta_1}{\alpha_1}\sin2\phi_1 & -\dfrac{\rho_2\alpha_2}{\rho_1\alpha_1}\cos2\varphi_2 & -\dfrac{\rho_2\beta_2}{\rho_1\alpha_1}\sin2\phi_2 \end{bmatrix} \begin{bmatrix} R_{pp} \\ R_{ps} \\ R_{pp} \\ R_{ps} \end{bmatrix} = \begin{bmatrix} -\sin\theta_1 \\ -\cos\theta_1 \\ \sin2\theta_1 \\ -\cos2\phi_1 \end{bmatrix} \quad (7.4.10)$$

式中：R_{pp} 为纵波反射系数；α_1，α_2，β_1，β_2，ρ_1，ρ_2 为分界面上下的纵波速度、横波速度和密度；θ_1，ϕ_1，θ_2，ϕ_2 为纵波入射角、横波反射角、纵波透射角、横波透射角。

（3）合成地震记录。

合成地震记录 $X(t)$ 是由地震子波 $S(t)$ 与反射系数序列 $R(t)$ 的褶积。即：

$$X(t) = S(t) * R(t) = \int_0^t S(\tau)R(t-\tau)\mathrm{d}\tau \quad (7.4.11)$$

通过这三个步骤就可求出合成地震记录。

在标定岩石物理模型的基础上，可以把岩石物理模型应用到每一个油藏模型网格上，对于每一个油藏模型网格有岩性、物性（孔隙度、渗透率）、流体信息，这样就可以生成对应三维油藏模型的速度、密度及阻抗体，经过重新网格化，在设定边界条件和子波后就可以模拟不同时间点上的地震响应（图 7.4.4 至图 7.4.6）。

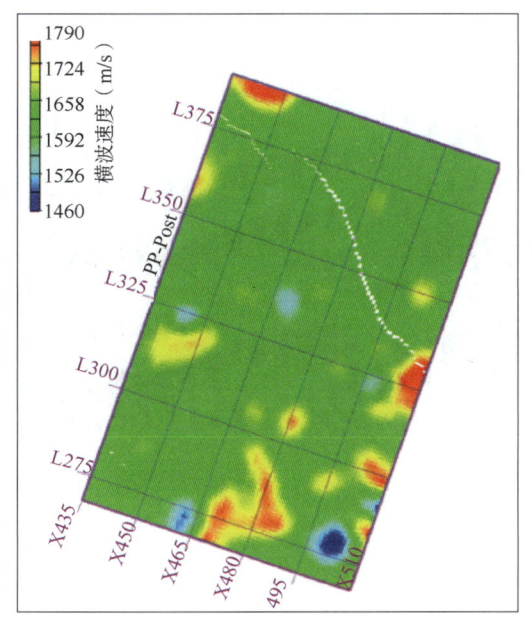

图 7.4.4 网格合成横波速度

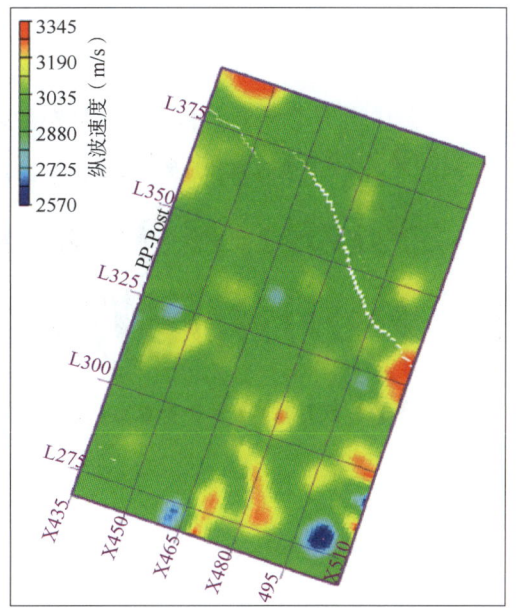

图 7.4.5 网格合成纵波速度

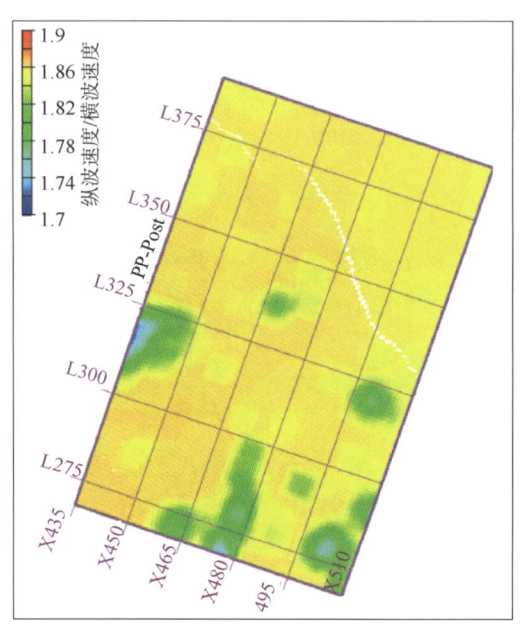

图 7.4.6 纵横波速度比平面图

7.4.3 合成记录和观测记录的对比

在油藏模型正演的基础上,可以获得对应油藏模型的三维地质数据体,并具有三维的时间—深度关系,通过油藏顶部和地震上对应油藏顶部的层位绑定,就可以进行二者的对比(图7.4.7、图7.4.8)。通过计算合成记录和观测记录相关及时间位移,就可以获得油藏模型对应的合成记录与观测记录的三维空间一致性,根据这些信息就可以进一步指导历史拟合。

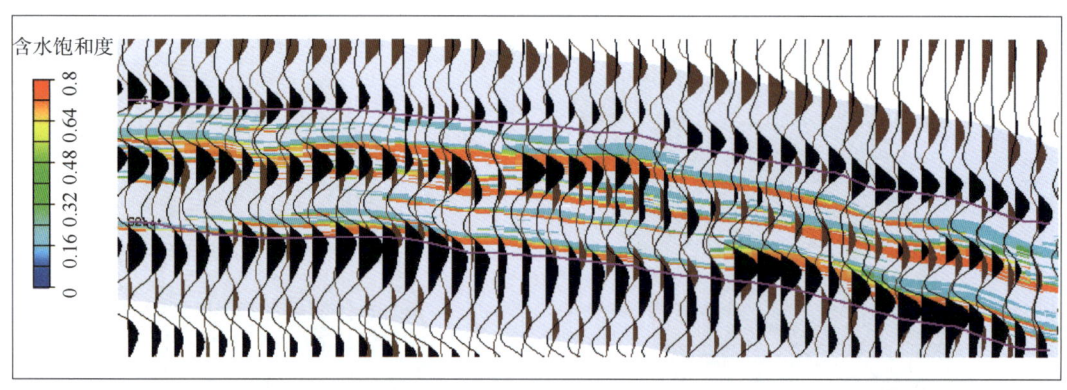

图 7.4.7 顶底层位绑定后地震合成记录(棕色)和观测记录(黑色)的叠合对比图

7.4.4 模型更新

在获得地震的特性后,可以进一步把历史拟合的拟合程度定量求取出来,经过空间分析,确定要修改的区域,修改的方式可以结合地震拟合程度以及历史拟合程度综合分析,

· 242 ·

最后修改或者更新油藏模型。上述过程经过反复迭代，最后获得既满足地震信息，又满足动态历史的油藏模型，从而达到地震约束历史拟合的目的。

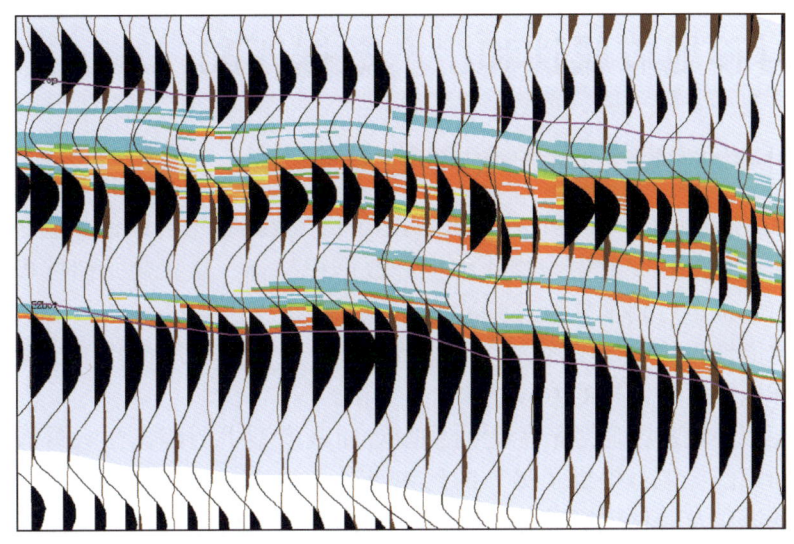

图 7.4.8　综合剖面图局部放大显示

生产历史拟合过程的重要环节是反复修改拟合模型参数（即扰动模型），该过程获得更加逼近油藏实际情况的模型。地震数据本身与动态属性关系密切，也可以作为另一个约束生产历史拟合的参数。通过扰动数模模型，改善生产历史拟合的同时，也使地震拟合达到最优。效果评价的目标函数可以用以下公式表达：

$$F = W_1 * \Delta H + W_2 * \Delta S \tag{7.4.12}$$

式中：ΔH 为生产历史拟合的误差，包括产量拟合和压力拟合等；ΔS 为合成地震与实际地震之间的差异；W_1 为生产数据不符合率的权值；W_2 为地震数据不符合率的权值。

通过扰动模型，使 F 的值逐步减小直至小于预设门限值。

（1）传统历史拟合。

在 $W_1=1$、$W_2=0$ 的情况下，是一个传统历史拟合过程，主要考虑生产数据的符合率，来评价拟合的效果。

（2）地震拟合。

在 $W_1=0$、$W_2=1$ 的情况下，得到的是不考虑生产数据的地震历史拟合结果。与以前的仅能够得到定性的地震结果相比，该过程是一个定量的地震分析过程，因为数值模拟结果能够给出含油饱和度和压力的定量分布。这种情况下，可以不断修改对地震敏感的油藏模型参数，拟合合成记录和观测记录，从而使得模型与地震数据一致。传统的地质统计学建模方法尽管可以用地震信息作为约束，但是约束的方法是比较宽松的，同时没有保证正演的地震信号与地震一致的机理。因此，纯地震拟合的方法可以作为对油藏模型的一个检验手段，是检查建立的模型是否符合地震数据的重要方法。

（3）整合地震和生产数据的历史拟合

在 $W_1 \neq 0$、$W_2 \neq 0$ 的情况下（例如，值分别为 0.5），该优化方法整合了生产数据和地震数据约束历史拟合来演绎油藏描述生产过程，是同时进行地震拟合和历史拟合的过程。它提供了一个有效途径来得到同时符合地震和历史生产数据的模型。

7.5 时移地震属性和生产数据匹配

7.5.1 时移地震属性和生产数据匹配原理

黄旭日 1997 年提出了一种将时移地震数据与生产数据相结合的油藏管理新方法，基本步骤包括将原始测量的地震数据与测井和生产数据相结合，建立初始储层模型，并将该模型通过油藏数值模拟运行到重复地震测量的时间。然后，利用 Gassmann 方程和简单的卷积方法，将油藏数值模拟的输出转换为监测测量地震。最后，利用优化算法最小化合成地震时移数据与实际地震时移数据的差异。

其为了匹配生产数据，通过最优化的手段对油藏模型中的静态参数修改十分重要。时移地震数据对油藏历史拟合提供了另外的约束条件，因为其与油藏的动态属性相关。为了匹配历史生产数据以及时移地震数据，通过扰动油藏数值模拟模型，从而构建相应的目标函数如式(7.5.1)所示。

$$F = W_1 * \Delta H + W_2 * \Delta S \tag{7.5.1}$$

式中：ΔH 为生产数据残差，包括生产速率以及压力等；ΔS 为合成时移地震差异与实际时移地震的残差；W_1、W_2 分别为两种残差的权重值。通过最优化算法进行迭代更新油藏的孔隙度大小直到目标函数 F 小于某个阈值。通过设定不同的权重值大小，其匹配的优化结果不同。

如果 $W_1 = 1$ 和 $W_2 = 0$ 时，其历史拟合的优化结果中没有使用时移地震数据；在此时，只有相对渗透率曲线以及水的压缩系数被扰动得到合理的历史拟合结果。当 $W_1 = 0$ 和 $W_2 = 1$ 时，这时只有时移地震的匹配而没有生产数据的匹配。当 $W_1 \neq 0$ 和 $W_2 \neq 0$ 时，对于生产井，油藏的非均质性描述以及生产历史拟合都能得到相应的提高。

7.5.2 时移地震属性和生产数据匹配案例

研究工区为两个在不同时间点采集的三维地震数据体，其区域的基础的三维地震数据是在 1988 年储层投产前获得的，经过 5 年多的生产，监测三维地震数据于 1994 年获得。这两次三维地震勘探调查的方向差异很小。其工区的地震采集参数有所不同，所以对基础地震数据进行了重新处理，以便更接近 1994 年的监测地震数据的数据处理方式。这两套地震数据都进行了确定性和自适应反褶积处理、三维倾角校正以及三维地震偏移处理。该案例研究是在路易斯安那州近海墨西哥湾的一个层状砂储层上进行的。这些砂体是上新世的，它们紧压在一个与盐丘有关的构造高点上，控制着它们的沉积。平均孔隙度约为 31%，渗透率约为 500mD。测井、水和油接触资料分析表明，该储层具有良好的横向连续性，轻油与水的声波对比度高。生产由强大的水驱控制。

油藏描述的目标是获得储层静态物性参数的空间分布。将 1988 年的地震资料与井资料进行了校正，并绘制了储层顶部和底部的深度图。提取并分析了 20 多个属性。在距储层顶部 24ms 的窗口内提取的振幅属性[图 7.5.1(a)]与井的平均孔隙度(相关系数为 0.82)的相关性最好。然后利用地质统计联合模拟从瞬时振幅图中推断出的孔隙度空间分布，如图 7.5.1(b)所示，图 7.5.1(a)的振幅异常点转化为"伪"孔隙度异常点。然而，根据以往在类似领域的经验，怀疑振幅异常主要是由于储层中流体饱和度变化较大时声波差异较大造成的。这将在研究的正演建模阶段进行演示。

为了获得合成时移数据与实测时移数据进行比较，定义一个岩石物理模型至关重要，该模型能够从流体中合成储层的声学特性。如 Nur 和 Wang 所描述的 Gassmann 模型，用于必要的岩石物理建模。利用该模型的结果，可以结合简单的卷积模型计算合成地震属性，并可以进行时移地震可行性研究分析。图 7.5.2 比较了基于初始油藏描述的不同油藏参数产生的平均振幅。图 7.5.2(a)为整个油藏假定流体全为水时的合成振幅异常，其孔隙度异常如图 7.5.1(b)所示。图 7.5.2(b)显示了在恒定孔隙度(0.3)条件下结合解释的油水界面得到的合成振幅异常。图 7.5.2(c)为初始孔隙度描述[图 7.5.1(b)]条件下结合油水界面油藏合成的振幅异常。对比图 7.5.2(b)和 7.5.2(c)，仅靠孔隙度异常无法产生振幅异常，而流体驱替过程中流体变化则是该地区地震变化的主要因素。

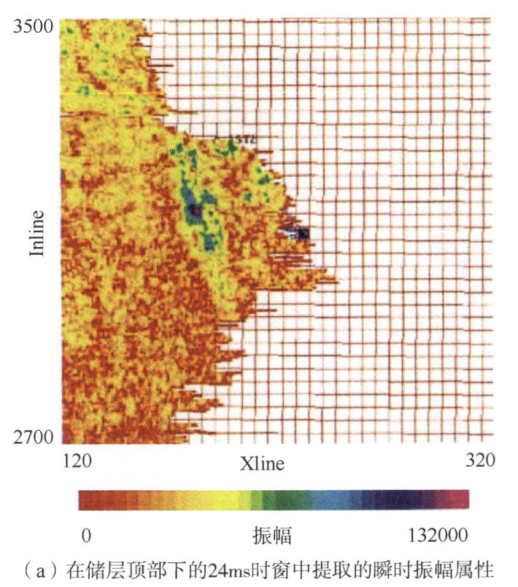 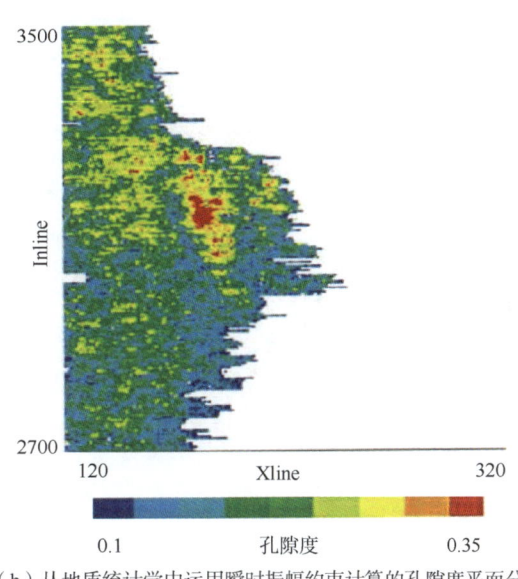

(a) 在储层顶部下的24ms时窗中提取的瞬时振幅属性　　(b) 从地质统计学中运用瞬时振幅约束计算的孔隙度平面分布

图 7.5.1　地质统计学建模中的地震振幅与孔隙度

通过地震数据或属性体相减获得的时移地震数据的差异，需要在同一个网格系统上，而且非储层部分是可重复的。为了确定储层区域差异的物理意义，其地震的重复性是很重要的。因此，在频率域使用线性插值将测量数据重新计算到相同的网格系统中，并使用加窗的交叉均衡方法将两个数据体归一化。归一化后，残差在非储层部分应相对均匀且较低，这样储层段的较大差异可归因于油藏属性的变化。图 7.5.3(b)绘制了 1988 年和 1994 年的振幅差。在已经生产的储层部分，这种差异确实更大，这表明这种差异与流体生产有关。

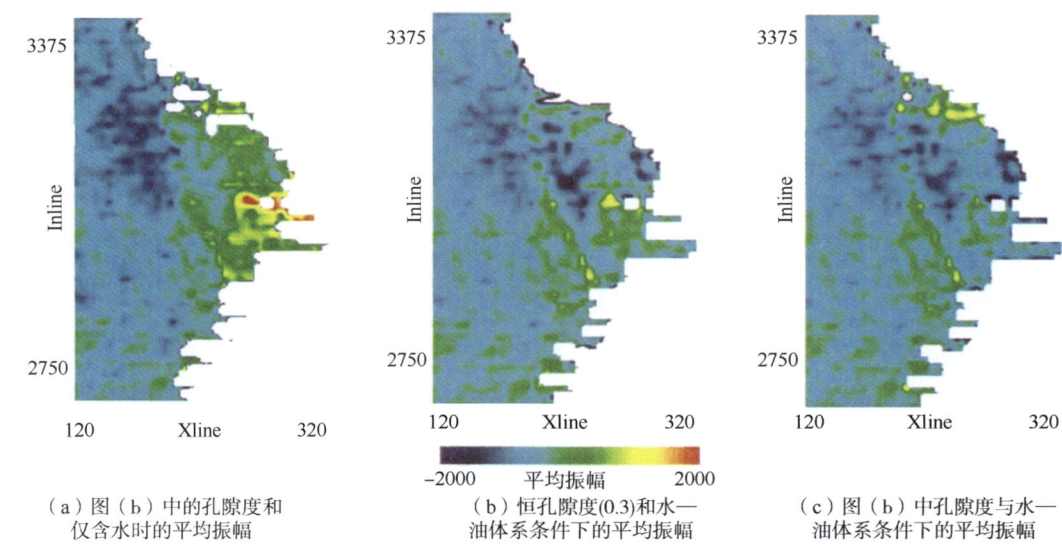

(a) 图 (b) 中的孔隙度和
仅含水时的平均振幅

(b) 恒孔隙度(0.3)和水—
油体系条件下的平均振幅

(c) 图 (b) 中孔隙度与水—
油体系条件下的平均振幅

图 7.5.2　储层层位上平均振幅对孔隙度和流体含量的敏感性

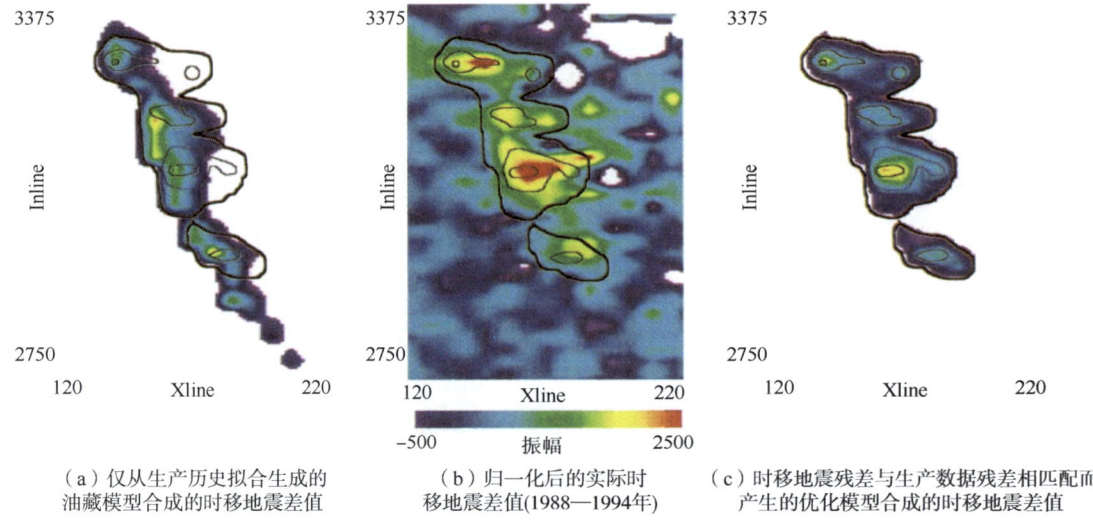

(a) 仅从生产历史拟合生成的
油藏模型合成的时移地震差值

(b) 归一化后的实际时
移地震差值(1988—1994年)

(c) 时移地震残差与生产数据残差相匹配而
产生的优化模型合成的时移地震差值

图 7.5.3　油藏模拟合成时移地震差值与实际差值的比较

通过考虑静态地震和井的约束条件，采用最优化技术可以实现生产历史拟合匹配。时移数据作为历史匹配提供了另一个约束，其与油藏动态属性相关。为了同时匹配生产历史和时延地震数据，于是对模拟模型进行扰动，并评估一个目标函数[式(7.5.1)]，该函数包含实际生产数据残差和时移地震数据残差的不同权重大小。如图 7.5.4 所示，其为不同约束条件下油藏模型含水饱和结果的对比。

当生产数据的权值 W_1 为 1，而合成数据的权值 W_2 为 0 时，其结果将是一个常规的生产历史匹配(即没有时移地震信息)。一般来说，如果不使用其他约束条件，其结果将是非唯一的，并且不能描述油藏的高度非均质性。因此，其剩余油分布，以及后期流体运动规律可能是错误的。图 7.5.4(b) 显示了这种情况下的饱和度分布。图 7.5.5 显示了压力和产水量的历史符合"仅拟合生产曲线"这种情况。

如果将权重值反转，则结果仅为地震匹配，而不考虑生产数据匹配。然而，由于油藏数值模拟提供了定量的饱和度和压力分布，因此，它将是一个定量的时移地震分析，而不仅仅是一个定性的直接差异。图7.5.5将此情况下的历史匹配显示为"仅考虑时移地震匹配"生产曲线，这个约束并不能保证生产数据的匹配。

如果两个权重都不等于0，则优化为将这两种约束条件结合起来进行油藏描述，并称之为地震历史匹配。图7.5.3比较了使用这两个约束条件的实际时移地震差异和合成时移地震差异。图7.5.4(c)显示了生产五年后的饱和度分布。图7.5.5显示了与"时移地震与生产数据结合"曲线相匹配的生产历史。对于这种情况，扰动模型生成与合成时移地震差值匹配实际时移地震差值，以及与实测生产数据相匹配的模拟生产数据。由此，认为这种方法提供了最好的油藏模型。

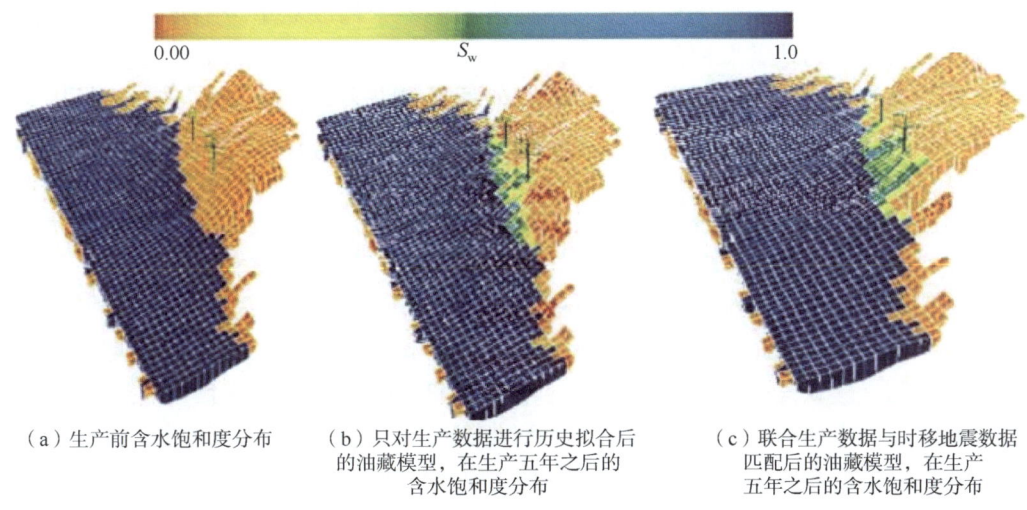

(a) 生产前含水饱和度分布　　(b) 只对生产数据进行历史拟合后的油藏模型，在生产五年之后的含水饱和度分布　　(c) 联合生产数据与时移地震数据匹配后的油藏模型，在生产五年之后的含水饱和度分布

图7.5.4　不同约束历史匹配条件下油藏含水饱和度对比

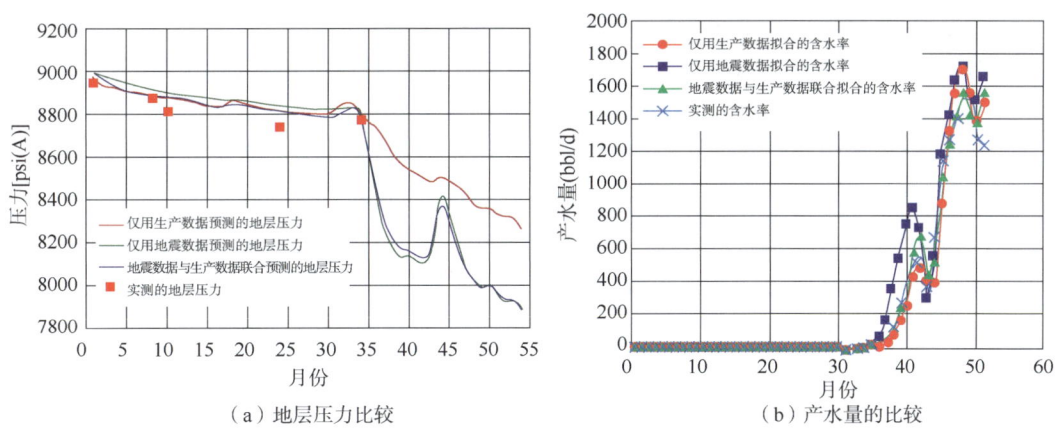

(a) 地层压力比较　　(b) 产水量的比较

图7.5.5　预测和实测历史数据的比较

7.6 时移地震反演参数和生产数据匹配

7.6.1 时移地震反演参数和生产数据匹配原理

1997 年，Landa 和 Horne 研究了非均质多相油藏渗透率和孔隙度分布的生产动态匹配问题。动态数据的形式包括油井测试的数据、生产历史、解释的时移地震信息，以及其他数据，如渗透率和孔隙度之间的相关性、变异函数模型形式的地质统计和大规模地质构造的推断。其将该问题作为一个反演问题提出，并利用非线性参数估计来解决。这里提出的程序步骤能够同时处理所有的信息，形成了一个快速和十分有效的方法。该方法还能够确定与估计渗透率和孔隙度场相关的不确定性。可以用这种方法估计的不同类型参数包括：单个区块的渗透率和孔隙度；特殊地质体，如河道和断层；构成克里金插值分布基础的优先点；三维地震数据体的地震振幅值。

油气藏开发方案的优化是一项重要而艰巨的任务。许多最优化的数学方法可用于处理工程和经济系统中的问题。这些技术假设对问题有一个相当完整的理解，并且可以构建一个数学模型，在不同的情况下准确地预测系统的时间性能。在大多数工程问题中，这不是一个严重的问题，因为定义系统的参数可能不是很难通过直接测量获得。不幸的是，在油藏工程中并非如此。在油藏工程中，这个系统，也就是油气藏，在数千米的地下，许多物理手段上是无法到达的。因此，任何对油藏开发进行优化的尝试首先需要确定油藏的参数，而获得这些参数的唯一途径是通过间接测量。从间接测量中推断参数的过程是一个反问题或参数估计问题。这就是这项工作的重点。渗透率和孔隙度是对确定储层性能影响最大的参数，因此，这项工作解决了通过与渗透率和孔隙度间接相关的各种测量来估计渗透率和孔隙度的问题。估算渗透率和孔隙度比较困难，原因如下：

(1) 渗透率和孔隙度具有空间变异性。
(2) 与油藏面积相比，其取样位置(井)非常少。
(3) 孔隙度和渗透率信息(数据)稀缺。
(4) 通过不同的技术获得测量结果，其反映的尺度大小和范围不同。
(5) 油藏的数学模型非常复杂。

定义油藏的数据集是根据不同的规律或复杂的关系，由与渗透率和孔隙度有关的间接测量得来的。通过独立地处理每一组测量值来解决反演问题是很常见的。一般来说，每个单独的反演解释可能与其他解释不完全一致，因此，最终的解释要经过长时间的迭代以确保兼容性。最后一步是通过历史匹配来验证这些解释，因为依赖一个不能预测过去表现的模型是不合理的。由于数据几乎是连续收集的，更新油藏模型的过程会一直进行。在油藏生产过程中，总是要收集不同性质的数据。这些数据可分为静态数据和动态数据，这取决于它们与储层中流体的运动或流动的关系。来自地质、测井、岩心分析、流体性质、地震和地质统计学的数据一般可归为静态数据，而来自试井、关井压力测试、生产历史数据、测量仪测量的井底压力以及含水率、气油比(GOR)都可划分为动态数据。

时移地震信息需要特别考虑，这是地球物理领域发展起来的一项相对较新的技术。通

7 时移地震技术

过这个过程，可以估计由于生产或注入流体而导致的储层饱和度变化的区域分布。由于时移地震信息与储层中流体的运动有关，因此，可将其归类为动态数据。时移地震信息的一个突出特征是它的平面分辨率高，而其他动态数据只能在生产井或注水井的位置获得。如果同时使用储层数据集中的全部或至少大部分信息，参数估计问题不仅会更快，而且更可靠。同时处理不同数据的过程被称为数据整合匹配。到目前为止，数据集成的大部分成功都是通过静态信息获得的。值得注意的是，完全或系统地将动态数据与静态数据整合在一起还没有成为普遍现象，只是有一些相应的课题研究。

图 7.6.1 总结了想要解决这类问题的一个例子，其中，图（a）显示了一个二维油藏范围，而实际的渗透率和孔隙度分布是未知的。有 4 口井（三角形标记），1 口注水井（右上角的井），其余 3 口是生产井。生产速率和注入速率是已知的。图 7.6.1（b）至（e）显示了油藏中的含水饱和度分布与时间的模拟结果。图 7.6.1（f）至（p）图形化地显示了可以得到的实地观测结果。

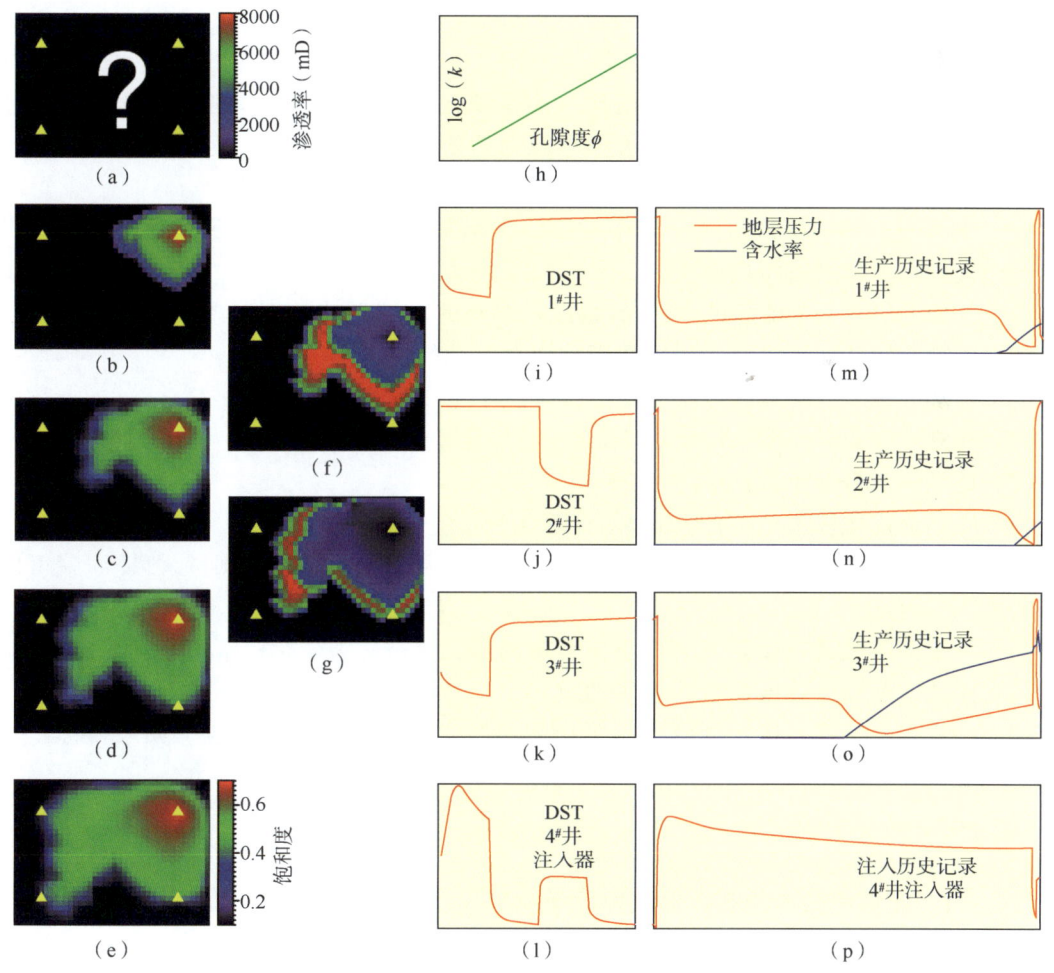

图 7.6.1 问题陈述

（a）为油藏分布范围；（b）—（e）为不同时间点的含水饱和度分布；（f）为（b）和（c）两个时间点之间的含水饱和度变化；（g）为（c）和（d）两个时间点之间的含水饱和度变化；（h）渗透率—孔隙度关系；（i）—（l）为 DST 测试的压力与时间函数；（m）—（p）为地层压力（红线）和含水率（蓝线）与时间的函数

这些观察结果分别为：

(1) 时移地震解释图7.6.1(f)和图7.6.1(g)显示了其含水饱和度(ΔS_w)的两幅变化图。这些平面图被认为是在连续三次不同时间点采集三维地震数据后绘制而成的。时移地震数据是在油藏开发阶段图7.6.1(b)，图7.6.1(c)和图7.6.1(d)时间点采集的，地球物理解释不能为提供在每一个时间点的含水饱和度的值，但它可以提供在这三个三维地震数据采集时间之间的含水饱和度的变化。

(2) 渗透率与孔隙度的相关性如图7.6.1(h)所示。这种相关性可以从井中岩心的测量得到。渗透率和孔隙度可能的最大值和最小值也被指定，这些值也可能来自先验的地质信息。

(3) DST压力测试。每口井都进行了钻柱测试(DST)，并获得了相关信息如图7.6.1(i)至(l)。这些信息包括在一小段时间内测量的大量的压力数据。每个DST由一个单相流动段以及压力恢复段构成。DST是在油藏生产周期的早期进行的，因此只能是单相(油)生产阶段。

(4) 来自永久性压力表测试的井底压力。图7.6.1(m)至(p)中的红线显示了每口井的井底压力随时间的函数。在生产晚期时候，测量仪记录了每口井的模拟关井压力。这些事件可以是计划好的事件，也可以是由于操作原因造成的。其关井的持续时间比DST短，所以测量的数据也更少。

(5) 含水率。图7.6.1(m)至(p)中的蓝线表示每口井测得的含水率。这种方法假设每口井的产量都是单独测量而且连续的。

对于其他的信息，如流体的PVT参数以及岩石的压缩系数、相对渗透率曲线都是已知的。其大尺度的构造信息以及变差函数模型也是已知的。

通常解决参数估计问题的方法是通过以下三个主要的步骤：

(1) 建立一个数学模型；

(2) 定义一个目标函数；

(3) 应用最优化算法(也称为参数估计算法)。

一旦建立了数学模型，定义了目标函数，并选择了最优化算法，则参数反演就可以按如下的步骤进行：

(1) 为未知参数集α指定一个任意但合理的值，这被称为初始模型构建；

(2) 用数学模型计算该系统的地震响应；

(3) 计算目标函数，将计算得到的系统响应与实际测量集进行比较。如果目标函数小于某一预定值，则停止；

(4) 使用最小化算法来求参数集的变化。如果参数集的更改小于某个预定值，则停止；

(5) 返回步骤(2)。

7.6.1.1 反演参数与动态数据匹配数学模型

所研究的物理系统由与问题相关的基本物理定律所构建的数学模型来表示。构建数学模型的目的是合理准确地预测系统在不同条件下的行为。计算数学模型在变量变动条件下的响应的问题称为正问题。对于不同的问题保持不变的物理性质称为系统的参数，变化部分称为变量。相反的问题，即反问题，包括为给定的模型寻找一组参数，以便在相同的外部条件下，系统的预测行为可以重现真实测量的物理量。在这项工作中，所研究的物理系统是一个油藏。以下是与油藏动力学相关的基本定律：

（1）质量守恒定律。
（2）达西定律。
（3）状态方程。
（4）流体相对渗透率与毛细管压力关系。

将这些定律和结果结合起来，建立了微分方程组的数学模型。在一些情况下，如在传统的试井理论中，是可能获得微分方程的显式解，即解析解，但在一般的多相、多井、非均质的情况下，这是不可能的，因此需要用数值方法来获得相应求解。其系统的行为用方程(7.6.1)表示。

$$\boldsymbol{d}_{cal} = \boldsymbol{d}_{cal}(\boldsymbol{\alpha}) \tag{7.6.1}$$

式中：$\boldsymbol{\alpha} \in \boldsymbol{R}^{npar}$ 为数学模型参数的向量。大部分或全部参数与储层渗透率和孔隙度的分布直接相关。

由于在此方法中使用了一个油藏数值模拟器，参数的估计问题是要找到渗透率和孔隙度，因此，应该给模拟网格的每个单元分配相应的参数值，以便模拟出的数据与现场观测结果相对应。这个问题可以从两个角度转化为反问题的表述：像素点和面向目标建模。对于像素建模，在这种方法中，反问题的参数 $\boldsymbol{\alpha}$ 是模拟网格中每个单元的渗透率和孔隙度。因此，参数的数量是模拟单元数的两倍。面向目标建模，在这种方法中，模拟网格中每个单元的渗透率和孔隙度是一组参数 $\boldsymbol{\alpha}$ 的函数，即：

$$k_i = k_i(\boldsymbol{\alpha}) \tag{7.6.2}$$

$$\phi_i = \phi_i(\boldsymbol{\alpha}) \tag{7.6.3}$$

7.6.1.2 反演参数与动态数据匹配目标函数

目标函数是信息（即数据）与使用当前一组参数的数学模型计算的响应之间差异的度量。式(7.6.4)和式(7.6.5)显示了常用的两种形式的目标函数。

$$E = (\boldsymbol{d}_{obs} - \boldsymbol{d}_{cal})^T W (\boldsymbol{d}_{obs} - \boldsymbol{d}_{cal}) \tag{7.6.4}$$

$$E = \frac{1}{2}[(\boldsymbol{d}_{obs} - \boldsymbol{d}_{cal})^T C_d^{-1} (\boldsymbol{d}_{obs} - \boldsymbol{d}_{cal})] + \frac{1}{2}[(\boldsymbol{\alpha} - \boldsymbol{\alpha}_{prior})^T C_\alpha^{-1} (\boldsymbol{\alpha} - \boldsymbol{\alpha}_{prior})] \tag{7.6.5}$$

其中，式(7.6.4)称为加权最小二乘问题，式(7.6.5)被称为广义最小二乘问题，这种形式是由概率理论发展而来的，并被 Oliver 用于将试井数据整合到油藏描述中。

7.6.1.3 油藏参数估计算法

所有参数估计算法的共同点是，它们试图最小化差异函数（目标函数）。储层参数估计的特点之一是目标函数 E 对参数是非线性的；因此，所有的算法都依赖于迭代过程，对给定的初始模型通过一系列变化来进行最优化。通常有很多方法来最小化目标函数。这些方法的分类通常取决于它们是否使用目标函数的梯度。E 的梯度定义为：

$$\nabla E = \left(\frac{\partial E}{\partial \boldsymbol{\alpha}}\right)^T \tag{7.6.6}$$

在这项工作中，常常使用高斯—牛顿方法，这是一种梯度方法。将高斯—牛顿算法与 Marquardt 稳定法相结合，计算参数变化的方向，并采用线性搜索程序计算每次迭代时参数变化的大小。采用罚函数对参数进行约束。在每次迭代的高斯—牛顿算法求解一个线性方程组：

$$H_{GN} \Delta \boldsymbol{\alpha} = -\nabla E \tag{7.6.7}$$

H_{GN} 是对 E 的海森矩阵（E 的二阶导数矩阵）的高斯—牛顿近似。

当使用式(7.6.4)为目标函数时，∇E 和 H_{GN} 的计算如下：

$$\nabla E = -2 \boldsymbol{G}^{\mathrm{T}} W (\boldsymbol{d}_{\mathrm{obs}} - \boldsymbol{d}_{\mathrm{cal}}) \tag{7.6.8}$$

$$H_{GN} = 2 \boldsymbol{G}^{\mathrm{T}} W \boldsymbol{G} \tag{7.6.9}$$

式中：$\boldsymbol{G}$ 是关于 $\boldsymbol{d}_{\mathrm{cal}}$ 的一阶导数矩阵，同时也被称为敏感系数。

$$\boldsymbol{G} = \left(\frac{\partial \boldsymbol{d}_{\mathrm{cal}}}{\partial \boldsymbol{\alpha}} \right) \tag{7.6.10}$$

当使用式(7.6.5)为目标函数时，其 ∇E 和 H_{GN} 的计算如下：

$$\nabla E = -\boldsymbol{G}^{\mathrm{T}} \boldsymbol{C}_{\mathrm{d}}^{-1} (\boldsymbol{d}_{\mathrm{obs}} - \boldsymbol{d}_{\mathrm{cal}}) + \boldsymbol{C}_{\alpha}^{-1} (\boldsymbol{\alpha} - \boldsymbol{\alpha}_{\mathrm{prior}}) \tag{7.6.11}$$

$$H_{GN} = \boldsymbol{G}^{\mathrm{T}} \boldsymbol{C}_{\mathrm{d}}^{-1} \boldsymbol{G} + \boldsymbol{C}_{\alpha}^{-1} \tag{7.6.12}$$

当满足以下条件时，参数估计算法将收敛到 $\boldsymbol{\alpha}^*$：

$$\|\nabla E(\boldsymbol{\alpha}^*)\| \leq \varepsilon_1 \tag{7.6.13}$$

$$E(\boldsymbol{\alpha}^*) \leq \varepsilon_2 \tag{7.6.14}$$

式中：ε_1 和 ε_2 为较小的正数。$\boldsymbol{\alpha}^*$ 被称为最优点，在此情况下提供一组参数，其结果与数据可以很好地匹配。

如上述式(7.6.8)、式(7.6.9)、式(7.6.11)和式(7.6.12)所示。$\boldsymbol{G}$ 的计算是高斯—牛顿方法的关键。该矩阵的有效评价一直是人们深入研究的课题。由于现场观测数据的类型不同，有必要计算不同数据对问题参数的敏感性，即：

$$\boldsymbol{s}_i^p(t) = \frac{\partial p_i(t)}{\partial \boldsymbol{\alpha}} \tag{7.6.15}$$

$$\boldsymbol{s}_i^{w_c}(t) = \frac{\partial w_{ci}(t)}{\partial \boldsymbol{\alpha}} \tag{7.6.16}$$

$$\boldsymbol{s}_j^{\Delta S_w}(t) = \frac{\partial \Delta S_{wj}(t)}{\partial \boldsymbol{\alpha}} \tag{7.6.17}$$

式中：p_i 为 i 井测得的压力；w_{ci} 为 i 井测得的含水率；ΔS_{wj} 为模拟网格中 j 单元的含水变化。所有的现场观测结果都与油藏数值模拟计算的压力和饱和度直接相关。因此，首先计算计算压力和饱和度相对于问题参数的灵敏度，然后转换为数据维数。在这项工作中，用雅可比矩阵法的多相扩展计算灵敏度系数，该方法是 Anterion 等所描述的"梯度模拟器"

方法的变体，方法相对容易实现，可以应用于像素和对象建模。由此，当模拟器时间离散的时间步长为 $k+1$ 时，灵敏度 Z 对于参数 $\boldsymbol{\alpha}_i$ 的向量计算为，

$$JZ_{\boldsymbol{\alpha}_i}^{k+1} = DZ_{\boldsymbol{\alpha}_i}^{k} + W_{\boldsymbol{\alpha}_i}^{k+1} \tag{7.6.18}$$

其中，$y^k = [p_1^k, S_{w\_1}^k, p_2^k, S_{w\_2}^k, \cdots, p_{nblock}^k, S_{w\_nblock}^k]^T$，$Z_{\boldsymbol{\alpha}_i}^0 = \mathbf{0}$，$Z_{\boldsymbol{\alpha}_i}^k = \dfrac{\partial y^k}{\partial \boldsymbol{\alpha}_i}$，$J = \dfrac{\partial f^{k+1}}{\partial y^{k+1}}$，$D = \dfrac{\partial f^{k+1}}{\partial y^k}$。

由于所处理的油藏参数估计问题是非线性的[式(7.6.1)]，因此，不可能有一种简单的方法来计算参数估计的协方差矩阵。协方差矩阵的重要性在于它提供了与每个参数相关的不确定性以及参数之间的相关性的信息。克服与非线性相关的困难的一种方法是对问题进行线性逼近。这种类型的分析将提供非常有价值的定性信息，不仅是关于参数估计的不确定性水平，而且是关于每种类型数据的信息内容。这种线性分析是通过假设非线性系统可以在最优点 $\boldsymbol{\alpha}^*$ 的邻域内以一阶近似为：

$$d_{cal} = G\boldsymbol{\alpha} + 常数 \tag{7.6.19}$$

这里，灵敏度矩阵 G 是在 $\boldsymbol{\alpha} = \boldsymbol{\alpha}^*$ 处计算的。在这个近似之后，就有可能应用为线性模型所开发的分辨率和方差理论。这个理论是基于 G 的奇异值分解。

$$G = USV^T = U_p S_p V_p^T \tag{7.6.20}$$

式中：U 和 V 为正交矩阵；S 为 G 奇异值的对角矩阵；p 为非零奇异值的个数；U_p，V_p 和 S_p 为由 U，V 和 S 的列构成的矩阵，这些列对应于非零奇异值。广义逆 G^{-g} 计算如下：

$$G^{-g} = V_p S_p^{-1} U_p^T \tag{7.6.21}$$

因此，分辨率矩阵 R 可以计算为：

$$R = V_p V_p^T \tag{7.6.22}$$

其相应的协方差矩阵为：

$$\text{Cov}\{\boldsymbol{\alpha}^*\} = G^{-g} \text{Cov}(d_{obs}) G^{-gT} \tag{7.6.23}$$

7.6.2 时移地震反演参数和生产数据匹配案例

模拟现场观测的实验数据如图7.6.2所示，包括一个河道油藏的渗透率和两个时间段的饱和度变化（图7.6.2上部左栏），以及注水井与生产井的生产动态和试井压力的测试结果（图7.6.2下部）。

采用40×30笛卡尔网格对油藏进行离散。其大规模尺度的河道信息已经知道，因此采用了面向对象的建模方法。目标体河道可以通过如图7.6.3所示的8个参数进行参数化。在面向对象建模方法中，其参数不再是模拟网格（像素模型）中每个单元的渗透率和孔隙度，而是定义对象的参数。因此，在这种方法中，构建对象被允许在油藏中"变动"，也就是说可以改变河道的形状、平移和旋转。此外，还考虑了河道内外的渗透率作为参数。

通过前面的反演匹配算法将压力计算值与实测值、含水率计算值与实测值进行匹配更

新(图 7.6.2 中的黑点),其匹配计算得到的渗透率模型与实际的渗透率模型相一致,数值模拟匹配计算得到的含水饱和度变化与实测变化也一致(图 7.6.2 上部右栏)。

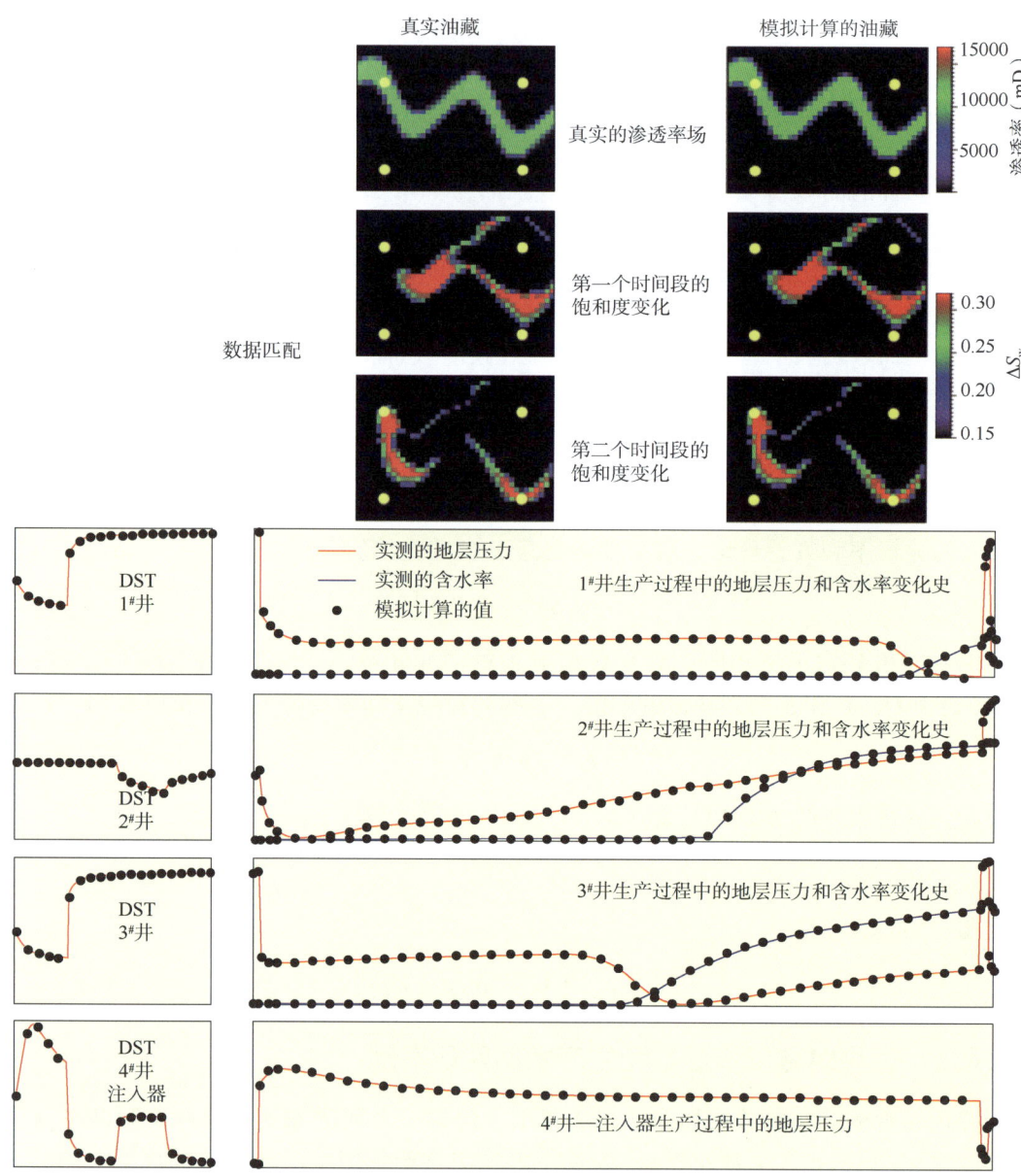

图 7.6.2　河道模型—真实的观测数据及需要匹配的数据

上图是需要匹配的渗透率和饱和度变化;下图是需要匹配的地层压力与含水率,其中黑点是数值模拟的,红线与蓝线是实测得到的地层压力与含水率,其中下图 DST 是指短期内关井和恢复生产得到的压力变化值,右栏是长期生产过程的实测值

图 7.6.4 所示的一系列图片描述了定义河道的参数(包括河道内外的渗透率)的演化过程,并揭示了面向对象建模方法的两个主要特征。首先是处理空间中对象的能力;其次是方法的效率,在这种情况下,只需要 41 次迭代就可以匹配数据并收敛到"真正的"油藏。

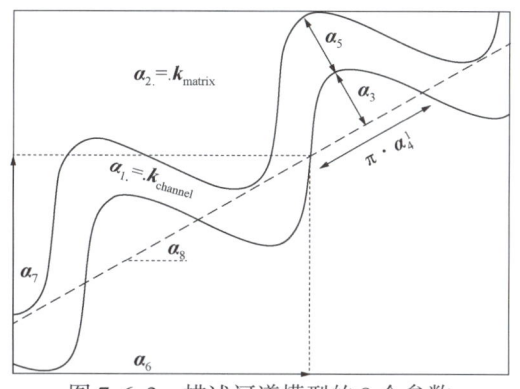

图 7.6.3　描述河道模型的 8 个参数

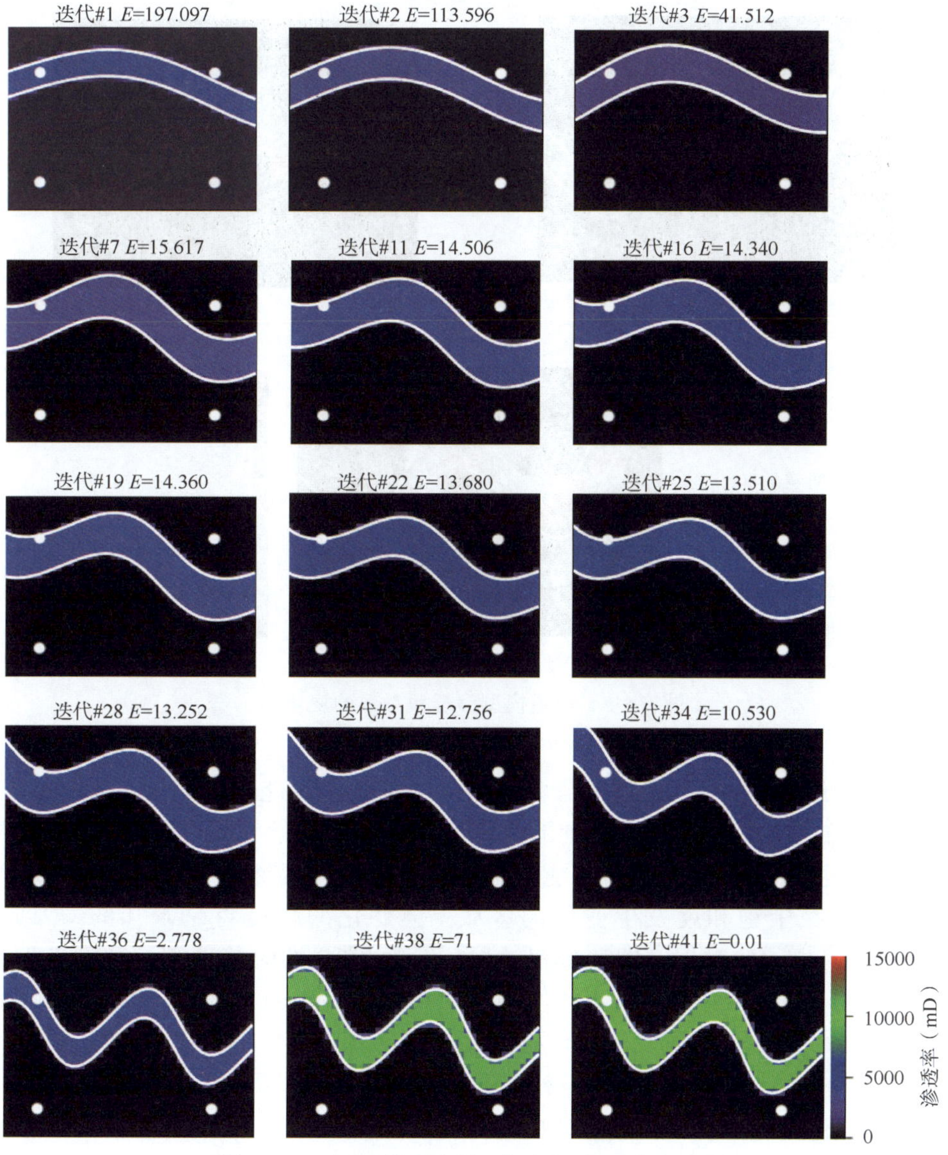

图 7.6.4　河道模型参数（渗透率）的迭代变化图

基于面向对象建模的方法

同样的数据也被用于另外一种参数化反演方法,这一次没有使用关于河道存在的形态分布信息。保留了40×30的模拟网格,但现在用100个参数进行参数化,即每个参数代表了12个相邻网格的渗透率。由于与像素方法的相似性,将这种参数化方法称为"大像素"模型(也称为基于像素点的建模)。

最初的猜测是一个均匀的预测模型。图7.6.5(b)为计算得到的渗透率分布。图7.6.5(c)是叠置了最初用于生成数据的真实的河道边界。由于反演的模型参数的数量较多,大约需要400次迭代才能获得与油藏渗透率数据很好的匹配。虽然从迭代次数来看,给人的第一印象是面向对象建模的方法只快了10倍,但必须记住,100个参数的每次迭代都需要更长的CPU时间。因此,对象模型方法实际上比大像素模型方法快了1000倍。

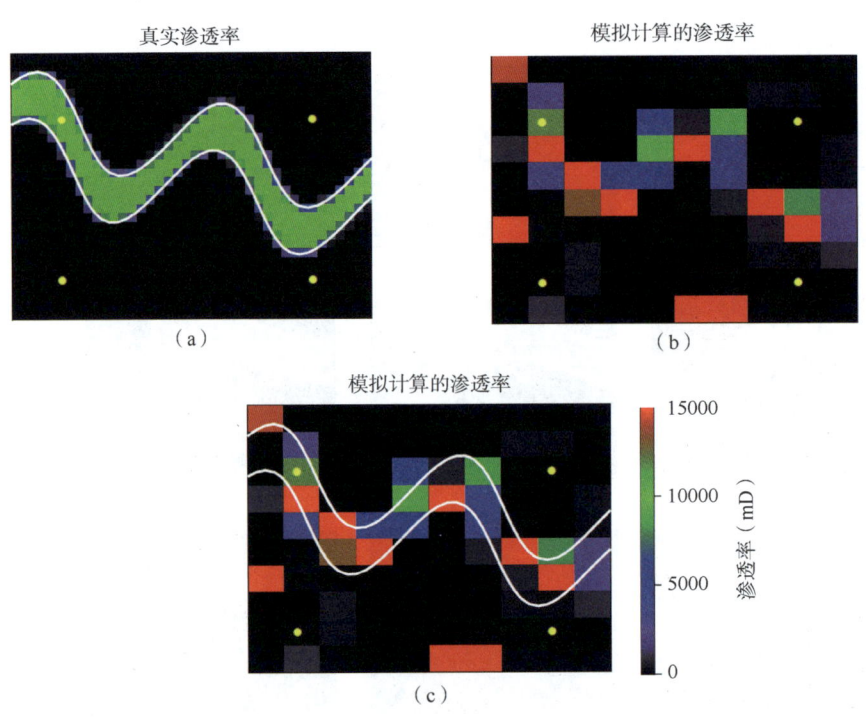

图 7.6.5　河道模型渗透率参数的变化图
基于像素点建模的方法

在前面的例子中,注意到使用的是"精确的"数据。这可能被认为是不现实的,特别是在时移地震数据的情况下,因为在目前的技术下,地球物理学家不可能准备一个"精确的"饱和度变化图[图7.6.6(a)]。最有可能的是准备一张平面区域分布图[图7.6.6(b)],在那里可以断言油藏中饱和度发生变化的区域,但变化的幅度将是未知的。因此,使用图7.6.1(f)和(g)所示的数据,即通过粗映射(平滑滤波)的时移地震饱和度平面分布图,如图7.6.6(b)、(d)所示;而不是直接使用图7.6.6(a)和(c)由时移地震差异预测的饱和度变化图。图7.6.7(a)展示了真正的渗透率场,图7.6.7(b)为使用"精确"数据计算的渗透率,图7.6.7(c)为使用粗糙的"黑白"格式的时移地震数据计算的渗透率。从图7.6.7(c)中可以看出,"黑白"格式的时移地震数据可以用于这里的开发,并且仍然可以提供合理的油藏描述。

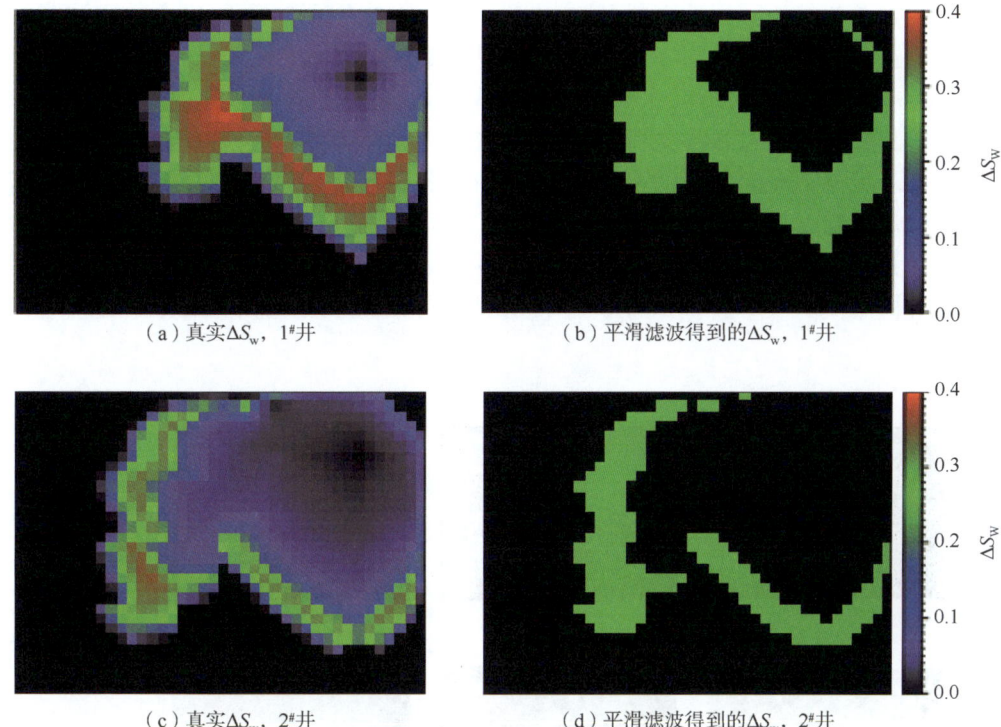

(a) 真实ΔS_w，1#井　　　　　　　　(b) 平滑滤波得到的ΔS_w，1#井

(c) 真实ΔS_w，2#井　　　　　　　　(d) 平滑滤波得到的ΔS_w，2#井

图 7.6.6　含水饱和度变化图

基于时移地震预测的含水饱和度(a)和(c)；通过平滑滤波得到的含水饱和度变化的区域(b)和(d)，称为"黑白"格式的时移地震数据

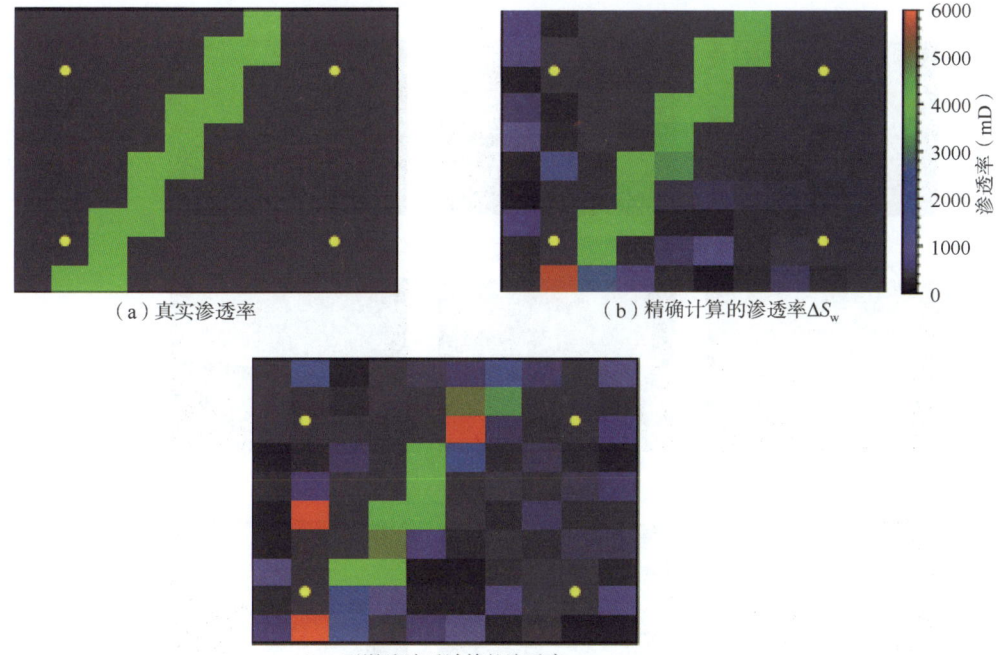

(a) 真实渗透率　　　　　　　　(b) 精确计算的渗透率ΔS_w

(c) 平滑滤波后计算的渗透率ΔS_w

图 7.6.7　结果对比

通过使用如图 7.6.2 所示的多样化数据集，还可以使用面向对象建模的方法来找到油藏中断层的位置。作为初始断层模型，可以将封闭断层建模为一个矩形，其中渗透率非常低（10^{-5} mD），其宽度与储层的尺寸相比很小。在释放了定义矩形对象的所有其他参数后，矩形可以改变其长度，也可以在空间中旋转和平移。图 7.6.8 显示了查找单个断层位置的示例，该图显示了模拟时间结束时断层的位置和油藏中含水饱和度的分布情况。在匹配过程中不使用含水饱和度信息。第一个图显示了对断层位置的第一个猜测。从含水饱和度（右下角最接近的井）的角度来看，第一个猜测与"真实情况"（最后一个图）有本质上的不同。在此，本章中提出的方法（面向对象的建模方法）能够在 51 次迭代后恢复出断层的真实位置。

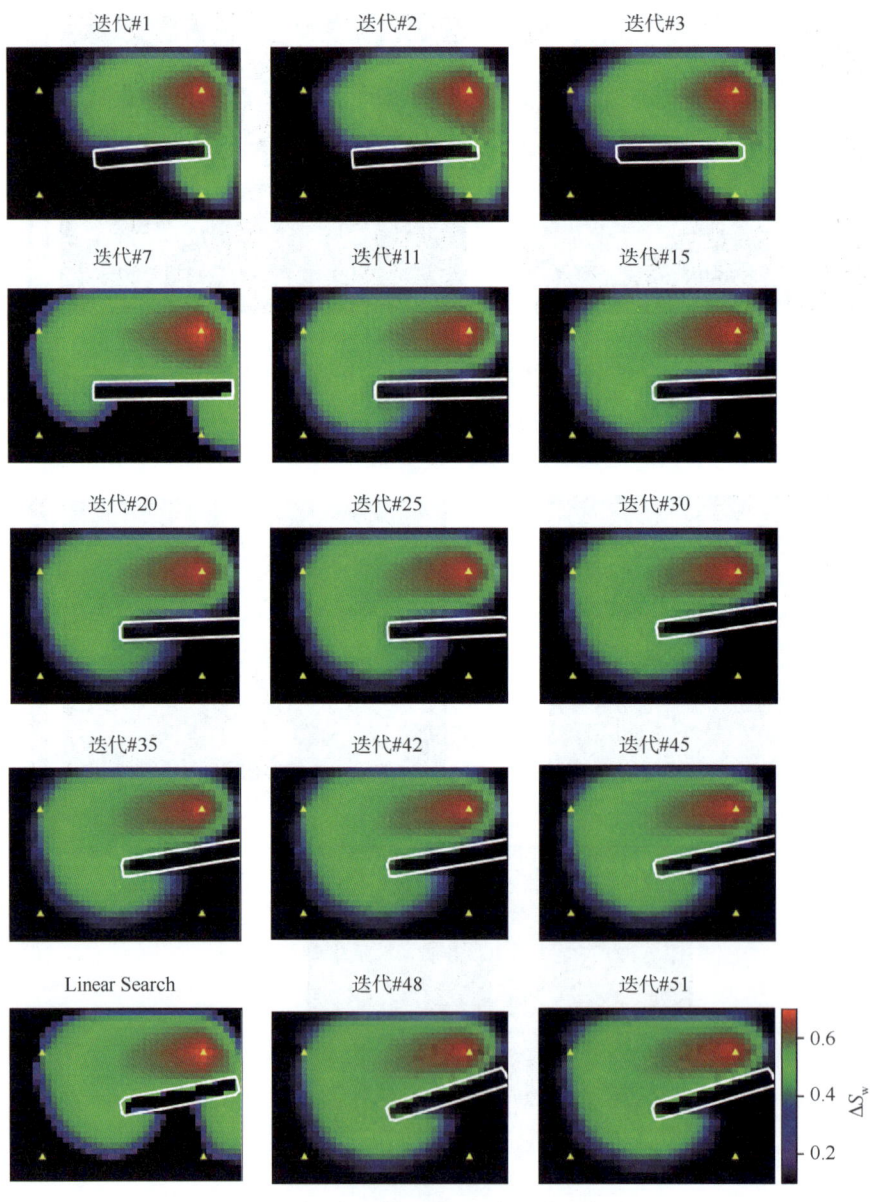

图 7.6.8 断层模型的 51 次迭代更新变化

参 考 文 献

印兴耀,贺维胜,黄旭日,2005. 贝叶斯—序贯高斯模拟方法[J]. 石油大学学报(自然科学版),29(5):28-32.

Behrens R A, Tran T T, 1999. Incorporating seismic data of intermediate vertical resolution into three-dimensional reservoir models: A New Method[J]. SPE Reservoir Evaluation & Engineering, 2(4): 325-333.

Berryman, James G, 1980. Long-wavelength propagation in composite elastic media[J]. Journal of the Acoustical Society of America, 68(6): 1820-1830.

Biot M A, 1956. Theory of propagation of elastic waves in a fluid-saturated porous solid. I. low-frequency range[J]. Reprinted from Journal of Acoustical Society of America, 28.

Gassmann F, 1951. Uber die elastizitat poroser medien[J]. Vier. Der Natur. Gesellschaft in Zurich, 96: 1-23.

Hall S A, Macbeth C, Barkved O I, et al. , 2005. Cross-matching with interpreted warping of 3D streamer and 3D ocean-bottom-cable data at Valhall for time-lapse assessment[J]. Geophysical Prospecting, 53(2): 283-297.

Hall S A, Macbeth C, Barkved O I, et al. , 2002. Time-lapse seismic monitoring of compaction and subsidence at Valhall through cross-matching and interpreted warping of 3D streamer and OBC data[C]. SEG Technical Program Expanded Abstracts: 1696.

Han D H, Batzle M, 2000a. Velocity, density and modulus of hydrocarbon fluids: data measurement[C]. SEG Technical Program Expanded Abstracts: 2484.

Han D H, 2000b. Velocity, density and modulus of hydrocarbon fluids: Empirical modeling[C]. SEG Technical Program Expanded Abstracts: 2488.

Hatchell P J, 2005. Measuring reservoir compaction using time-lapse time shifts[C]. SEG Technical Program Expanded Abstracts: 2668.

Hill R J, 1963. Elastic properties of reinforced solids: some theoretical principles[J]. Journal of the Mechanics & Physics of Solids, 11(5): 357-372.

Huang X, Meister L, Workman R, 1997. Production history matching with time lapse seismic data[C]. SEG Technical Program Expanded Abstracts.

Kuster G T, Toksöz M N, 1974. Velocity and attenuation of seismic waves in two-phase media: part I. theoretical formulations[J]. Geophysics, 39(5): 587-606.

Landa J L, Horne R N, 1997. A procedure to integrate well test data, reservoir performance history and 4-D seismic information into a reservoir description[J]. SPE Annual Technical Conference and Exhibition, SPE38653.

Lumley D, Nur A, Str S, et al. , 1994. Seismic monitoring of oil production: a feasibility study[C]. SEG Technical Program Expanded Abstract: 319.

Martin L, 2001. Discrimination between pressure and fluid saturation changes from time-lapse seismic data[J]. Geophysics, 66(3): 836-844.

Rickett J E, Lumley D E, 2001. Cross-equalization data processing for time-lapse seismic reservoir monitoring: a case study from the Gulf of Mexico[J]. Geophysics, 66(4): 1015-1025.

Williamson P R, Cherrett A J, Sexton P A, 2007. A new approach to warping for quantitative time-lapse characterization[C]. 69th EAGE Conference and Exhibition incorporating SPE EUROPEC.

Wang Z, Nur A, 2000. Seismic and acoustic velocities in reservoir rocks: recent developments[M]. Society of Exploration Geophysicists.

8 工程地震监测技术

本章主要介绍微地震震源定位监测和面波反演技术及其在油气勘探开发和工程勘察与监测中的应用。

8.1 微地震震源定位监测技术

微地震,指地下发生的小震级地震,震级通常在-3级到3级之间。微地震是地下岩石受压产生变形后破裂这一过程的伴生现象,对微地震进行观测和研究,可以分析出直接观测而无法获取的地下岩石破裂的信息。对微地震的震源定位和震源机制分析,能够反映岩石破裂位置、裂缝形态、裂缝发育过程,并获取地应力场信息。因此,微地震监测技术在非常规油气的压裂开发、矿山、水坝的安全监测、地下油气储库的破裂监测等众多领域具有关键作用。

非常规油气开发中,水力压裂在地下致密页岩储层中形成裂缝网络,促进油气的流动和采集,是致密油气规模开发的关键步骤。微地震监测则是对水力压裂效果定量评估的主要手段。利用井中或者地面记录的微地震数据,对震源位置和属性进行分析,可以预测岩石破裂区域的分布、发育特征及破裂方向、尺度和应力状态等信息,从而为计算有效压裂体积、压裂方案的优化以及油藏的开发建模提供严格、可靠的依据。

微地震监测与常规反射地震勘探类似,其主要工作流程可以分为数据采集、数据处理和解释三个主要步骤,其中数据处理部分大致由信号识别、事件定位和震源机制反演三步组成。

(1) 微地震有效信号的识别。

有效信号的识别是定位的前提,但微地震事件能量低,频率高,衰减快,使得微地震记录中的有效信号难以被识别。因此常规的噪声消除很难满足微地震监测越来越高的精度要求,为了解决这类问题,例如多道互相关去噪、有源噪声自动识别压制、单频干扰自动去除等诸多技术被提出,这些方法有效地消除了微地震数据中的噪声,明显提高了微地震数据的信噪比。

(2) 微地震震源定位。

微地震是地下岩石破裂的伴生效应,微地震振动波场由岩石破裂激发。因此,微地震震源定位技术是微地震监测技术的核心,只有对震源位置进行有效精准的定位,才能对水力压裂的效果进行有效的评价。此外,微地震监测还有一个目的是对施工过程压裂方案进行实时调控,所以震源定位计算的时效性也很重要。

(3) 微地震震源机制反演。

地震是由岩石受力发生弹性形变或断裂产生的,震源机制指岩石破裂时破裂处的力学过程。震源机制对地震波相位和振幅均产生影响，研究震源机制可以分析破裂区岩石的运动特点和应力分布。微震震源从物理机制上来说，水力压裂产生的裂缝除沿着实时产生的微小裂缝发生剪切破坏外，还产生沿裂缝法线方向的张性破裂。利用微地震信号的振幅、相位信息可以反演微地震的震源机制，从而获得震源的破裂方向、震源的错动量以及震源力系的构成，为解释破裂的力学性质提供依据，从而了解压裂区域的破裂情况和应力状态变化，进而指导油藏开发建模等工作的进行(Maxwell et al., 2010)。

8.1.1 微地震震源定位技术简介

石油天然气压裂诱发微地震的早期研究，开始于1965年美国宾夕法尼亚洲的岩石力学实验室，该实验室根据岩石物理和野外实验开展了声发射和微地震技术的研究，研究内容涉及矿山、天然气等多个领域。这一时期，科学家们认为水力压裂会诱发微小地震，但由于信噪比、处理方法的限制，没能在观测记录中提取到有效的微地震事件(Smith et al., 1978)，这方面的研究和实验，主要是为了寻找合适的观测方式(梁兵等，2004)。直到20世纪80年代，微地震监测专用仪器、观测方法、数据处理方法以及水力压裂的裂缝空间分布等方面的研究得到长足的发展，国际上开始将微地震视为确定水力压裂裂缝方位和形状的一种重要的实用方法。

20世纪90年代之后，地球物理学家们开始着手于微地震定位和震源机制的研究，并在压裂监测和压裂设计优化的实践中不断深入发展微地震方法。在强大的需求下，我国学术界也开始了微地震方法的研究，例如强噪声背景下弱信号处理、微地震定位在水力压裂监测的研究应用等(刘建中等，2004；宋维琪等，2008)。

2010年以来，微地震方法的研究继续全面推进：观测方法由井中推广到地面；多种基于偏移原理和干涉成像的微地震定位方法相继出现；高效的微地震信号识别、频率衰减补偿、震源定位的同时更新速度模型、微地震事件的形成机制、震源机制、震源参数反演、微地震相关的岩石物理实验、微地震资料的综合解释等众多方面的研究迅速发展，微地震在非常规油气资源的开发中发挥着越来越重要的作用(常旭等，2019)。

当前微地震监测技术的实际应用中，微地震数据处理的关键步骤是震源空间位置的精确判定。如果能够获得微震事件的精确震源位置，就能够为分析破裂裂缝的几何特性和具体发育特征提供关键依据。微地震震源位置的计算通常需要已知的速度模型，确定微地震震源位置的方法有很多，大致可以分为两类：基于走时类和基于偏移类的方法。

(1) 基于走时类的定位方法。

震源定位是天然地震中的经典问题，天然地震震源定位的传统方法大多是以 Geiger (1912) 提出的经典定位法为基础，通过计算地震波理论到时和观测到时之差别，或者纵波和横波到时的差别，构建线性方程并使用最小二乘法求解震源位置，这类方法也被称为绝对定位法。

近年来发展出并得到广泛应用的双差定位法(Waldhauser et al., 2000)，则是利用邻近地震事件的到时差别进行反演定位，是一种精度较高的相对定位法，该方法一定程度上消除了绝对定位发中速度模型误差引入的定位误差。随着非常规油气储层改造的广泛关注与应用，研究人员提出了众多更适用于微地震数据的走时类定位方法。

对于走时类定位方法要获取精确的定位结果，除了要求速度模型尽可能地准确外，还要求能准确地识别纵横波不同震相，并拾取它们的旅行时信息。因此，这类方法更适用于井中监测高信噪比微地震资料的反演处理。对于数据量较大、信噪比普遍比较低的地面微地震数据，准确识别震相并拾取走时的工作量较大，其效率和准确度还有待进一步提高。

（2）基于偏移类的定位方法。

为了处理低信噪比微地震数据的震源定位问题，近年来逐步发展了基于偏移成像理论的微地震定位方法（Artman et al.，2010）。这类方法无须拾取波至旅行时，就可以确定震发时间。基于偏移成像的定位方法根据偏移算子的不同，主要可以分为两类：基于 Kirchhoff 偏移的方法和基于波动方程偏移的方法。

基于 Kirchhoff 偏移的方法类似于网格搜索算法，基于网格搜索法的微地震震源定位方法以 Liao 等（2012）和 Lu 等（2013）为代表，首先将需要检测的区域划分为大小相同的网格，然后通过对每一个网格的分析计算来确定震源位置是否在网格内。但网格划分的疏密程度对计算速度有很大的影响，这使得计算精度与计算效率无法平衡。

另一类偏移算法是基于波动方程，也称为反向传播定位方法。该方法依据地震传播时间的可逆性，在速度模型上观测记录逆时传播，从而实现波场震源重建（Gajewski et al.，2005），波场反传可以通过时域或频域正演算子来完成。该方法的精度依赖于速度模型的准确性，这在一定程度上影响着定位精度的准确性。

随后一些学者在其基础上提出了一些改进的方法。Grigoli 于 2016 年提出了利用典型微地震事件波形叠加方法对震源位置进行定位，并在理论模型和实际资料中对该方法进行了验证，取得一定效果。如果给定一个相对比较精准的速度模型，反传的波场将在震源位置以及发震时间处产生最大的能量，Haldorsen 等（2013）通过重构纵横波时间序列，求取它们的能量互相关系数，提出了基于偏移反褶积的震源定位方法，其成像条件可不需要资料的绝对时间，并且震源位置定位的分辨率得到了一定改善。与 Kirchhoff 偏移相比，波动方程偏移通过波场向震源的聚焦实现，计算过程与定位的物理意义更加吻合。

另外，利用地震波干涉成像原理的震源定位方法也得到普遍的研究（Poliannikov et al.，2011）。干涉成像有两种实现方式：一种是在数据域对道集进行干涉，生成虚拟道集（Schuster et al.，2004），进而用虚拟道集进行震源成像；另一种是在成像域时域干涉成像条件实现震源成像（王晨龙等，2013；李振春等，2014）。该方法结合波动方程逆时聚焦定位与"干涉成像"原理，并提出了干涉逆时定位算法。该方法克服了微地震数据低信噪比、速度模型不准确及稀疏观测等缺点。传统的干涉成像是基于波场叠加的方式实现的，成像的分辨率会因为瑞雷准则而存在分辨率极限，常用的方法是采用最小二乘法迭代的方法提高震源成像分辨率。

除了基于走时和基于偏移和成像原理的定位方法，常旭等（2018）利用频率衰减随传播距离的变化关系，首次提出了基于频率衰减补偿的微地震定位方法的基本原理及计算方法，该方法是在频率域反向延拓中对各个地震道进行对应的频率衰减量补偿后，比较振幅的一致性，当各道信号振幅频谱达到最佳一致性时，其所对应的空间位置为震源位置，在理论模型试算中取得了良好的应用效果。

基于偏移和成像的震源定位方法其优点是不需要进行费时的初至拾取工作，或者不依赖于初至拾取的精度,并且可较准确地对震源位置进行成像。基于偏移类定位方法通常适用于低信噪比微地震资料的反演处理,虽然不需要或不依赖于初至拾取,但是对速度模型的精度还是要求较高。

8.1.2 基于互相关成像的微地震定位方法

(1)基于互相关成像的微地震定位基本原理。

为了处理低信噪比初至拾取困难地区的微地震数据的震源定位问题,Schuster 等(2004)提出了利用地震波干涉成像原理在数据域对地震道集进行干涉,生成虚拟道集,进而用虚拟道集进行震源成像的方法。

地下震源成像的原理同散射成像原理相同,描述的是震源点(或散射点)通过单程传播旅行到达观测系统接收排列的过程(图8.1.1)。

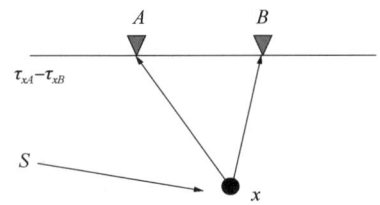 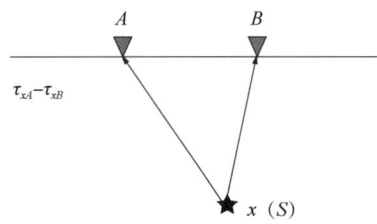

(a)散射点的地震波到达不同的接收点　　(b)震源点的地震波到达不同的接收点

图 8.1.1　微地震震源与散射点的相似性示意图(据常旭等,2019)

即主动源地震中的散射点就相当于是在双程波场中嵌入的单程波场。结合干涉成像的原理,知道两个记录道的干涉互相关可以表示为:

$$R(x) = \sum_{A,B} d(A,B) \, e^{-i\omega(\tau_{xA}-\tau_{xB})} \tag{8.1.1}$$

式中:$d(A,B)$ 为 A,B 两道记录数据的互相关;$e^{-i\omega(\tau_{xA}-\tau_{xB})}$ 为干涉互相关偏移成像的偏移算子。相关道 $d(A,B)$ 的成像 $d(A,B)e^{-i\omega(\tau_{xA}-\tau_{xB})}$ 的含义是:它描述了一条等值线,这条线上的每一个点到这两个检波器 A,B 的时间之差都是这个互相关道集上震相对应的到时,即真实的震源一定是在这条等值线上(图8.1.2)。其中,S 为真实震源事件,红线为到时差曲线。结合互相关成像原理,如果有若干个互相关道集,就能产生若干条对应的等值线,而这些等值线相交会的点,就是震源成像的位置。

需要注意的是,在实际地震记录中 P 波与 S 波是同时存在的,为了避免 P 波相位与 S 波相位互相关干涉产生互相关假象(图8.1.3),通常需要进行 P 波、S 波的波场分离。

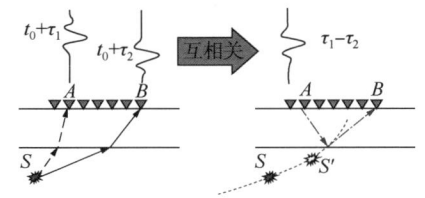 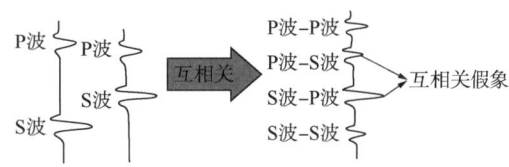

图 8.1.2　互相关成像示意图　　　　图 8.1.3　由 P 波相位与 S 波相位产生的
　　　(据常旭等,2019)　　　　　　　　　　互相关假象示意图(据常旭等,2019)

这种方法在数据域对地震道集进行互相关,生成虚拟道集,通过将微地震数据进行聚焦成像实现对震源位置的确定,可以避免拾取走时和确定震源激发时间(Kremers et al.,2011)。

(2)基于互相关成像的微地震定位方法的计算过程及结果分析。

基于互相关成像的微地震定位过程可以分为三步:地震道互相关生成互相关道集、对互相关道集进行偏移计算、将各互相关道集偏移结果叠加获得最终定位成像结果。

图8.1.4模拟了一个均匀介质模型中地下微地震震源激发、地面接收的微地震数据。

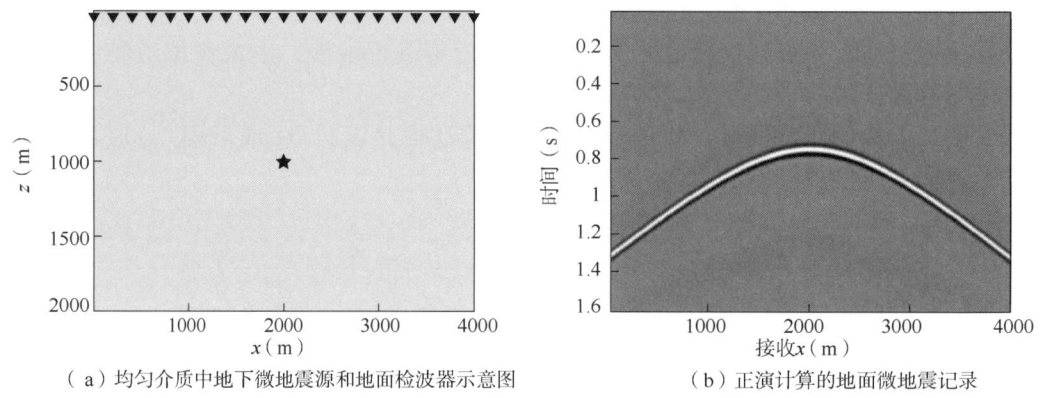

(a)均匀介质中地下微地震源和地面检波器示意图　　(b)正演计算的地面微地震记录

图8.1.4　均匀介质中地下微地震源和地面检波器示意图与正演计算的地面微地震记录(据Cao,2009)

从图8.1.4(b)中的微地震记录中选取一道记录,与道集中各道进行互相关计算,所得相关道集进行偏移计算,得到该相关道集的震源位置成像结果,如图8.1.5(a)所示。将所有各道的互相关道集的偏移结果叠加,即得到最终的震源偏移结果,如图8.1.5(b)所示。

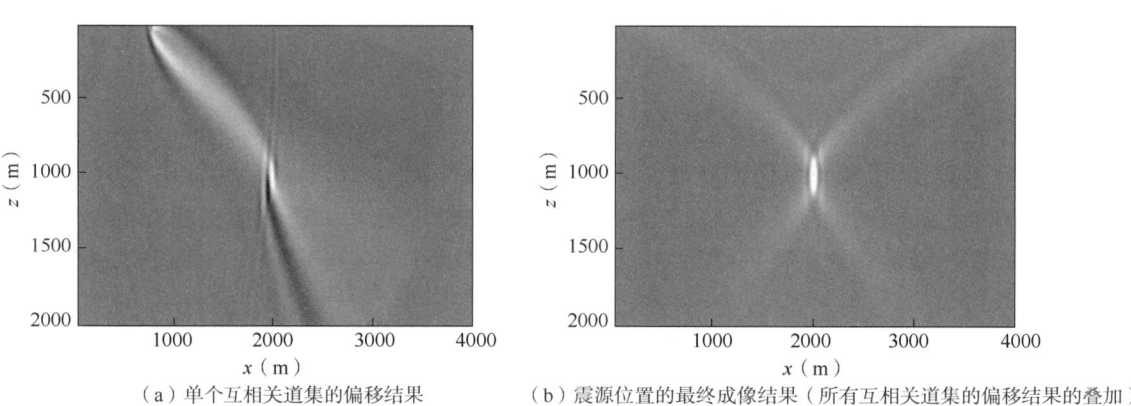

(a)单个互相关道集的偏移结果　　(b)震源位置的最终成像结果(所有互相关道集的偏移结果的叠加)

图8.1.5　单个互相关道集及所有互相关道集偏移成像结果(据Cao,2009)

这类方法的优点是一方面不需要进行费时的初至拾取工作或者不依赖于初至拾取的精度;另一方面利用干涉原理,使用震源事件的到时差来构建目标函数或者成像条件,算法容易实现,可较准确地对震源位置进行成像。但由于偏移过程将互相关道集能量分布到等时间差路径上,同时,互相关运算引入额外的子波项,偏移结果的纵向成像分辨率低于已知震发时间的直接偏移成像结果[图8.1.6(b)]。

为了提高互相关偏移微地震定位结果的分辨率,武绍江等(2018)提出反褶积偏移,以反褶积运算代替互相关运算，消除了子波的影响，提高了成像的纵向分辨率；Liu（2020）提出了互相干偏移，以互相干运算代替互相关运算，在提高互相关偏移微地震定位结果的纵向分辨率的同时，提高算法的抗噪能力。

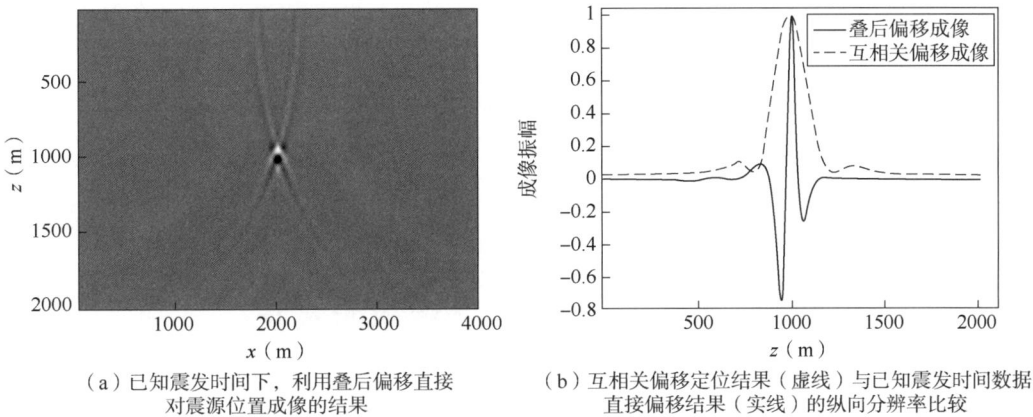

（a）已知震发时间下，利用叠后偏移直接对震源位置成像的结果

（b）互相关偏移定位结果（虚线）与已知震发时间数据直接偏移结果（实线）的纵向分辨率比较

图 8.1.6 成像结果及纵向分辨率比较（据 Cao，2009）

8.1.3 基于乘积成像条件的微地震定位方法

基于偏移成像的微地震定位过程一般可以表述为，将记录的微地震数据在速度模型中逆时传播，通过波场的聚焦来确定震源位置。由于震发时间未知，波场的聚焦往往通过不同时刻波场的扫描，或者波场在时间方向的积分结果来判定，这一扫描或积分过程降低了震源定位成像的空间分辨率。Sun 等（2015）和 Nakata 等（2016）提出了基于乘积成像条件的微地震定位方法，显著提高了定位成像的分辨率，同时还无须进行耗时的时间扫描运算。这一方法提出后，迅速取得应用，显示出突出的优势和潜力。

（1）微地震波场的逆时延拓。

微地震逆时成像利用微地震记录的逆时延拓波场对震源点进行成像。由于在不同观测点得到的同一震源的微地震信号，必然具有相同的发震时间和空间位置，通过逆时延拓不同接收点的微地震记录，并应用合适的成像条件，即可在震源的空间位置和发震时刻获得合理的波场聚焦点，从而实现震源定位。其中波场的逆时延拓和成像条件是微震逆时成像的关键。

波场逆时延拓可以看作是波场正演模拟的逆过程。波场正演过程可以表示为：

$$D(X_r, t) = F^{-1}[S(X_s, \omega) G(X_r, X_s, \omega)] \tag{8.1.2}$$

式中：G 和 S 分别为格林函数和震源函数；X_s 和 X_r 分别为震源位置与检波点位置；t 和 ω 分别是传播时间和频率；D 是检波器记录波场；F^{-1} 表示傅里叶逆变换。

逆时延拓波场则可表示为：

$$R(X, t) = F^{-1}\left[\sum_i D(X_{ri}, \omega) G^*(X_{ri}, X, \omega)\right] \tag{8.1.3}$$

式中：R 是逆时延拓波场；X 表示地下空间位置；检波点 ri 接收到的波场 D 作为波场

逆时延拓的震源；＊表示复共轭。

（2）基于加法成像条件的微地震震源定位技术。

基于加法成像条件的震源定位技术是将所有检波点的微地震记录的逆时延拓波场相加，并沿时间方面进行积分。其数学表达为：

$$\text{Image}(X) = \sum_{t=0}^{t=T_{\max}} R(X, t) \qquad (8.1.4)$$

式中：$R(X, t)$ 为地下空间位置 X 和传播时间 t 对应的逆时延拓波场，$T_{\max}$ 为记录微地震波场的最大时间。

压裂引发的微地震有效信号的能量往往较弱，而地面监测方式存在诸多环境干扰噪声，导致接收到的微地震记录信噪比较低，影响成像结果。而上述计算过程会放大计算逆时波场中所含的各种噪声和误差，降低逆时延拓成像的分辨率和信噪比。

（3）基于乘法成像条件的高分辨率微地震震源定位技术。

基于加法成像条件的微地震震源定位技术，压制波场延拓所产生的误差的能力较弱，在震源点和检波器排列之间会出现由波场延拓误差产生的成像干扰，降低了震源成像结果的分辨率和信噪比。为了提高震源成像的分辨率，Nakata 等（2016）提出了基于乘法成像条件的微地震定位方法。该法是通过对各个检波器的地震记录相互独立地进行逆时延拓，并通过将所有的逆时延拓波场相乘来得到高分辨率的震源成像结果。其数学表示为：

$$\text{Image}(X) = \sum_{t=0}^{t=T_{\max}} \prod_{i=1}^{i=N} R_i(X, t) \qquad (8.1.5)$$

式中：$R_i(X, t)$ 为第 i 个检波点在空间位置 X 和传播时间 t 的逆时延拓波场；i 表示检波点的序号；N 为所用的检波点的总个数。

基于乘法成像条件的微地震定位方法中每个检波点的逆时延拓波场是相互独立计算的，能够有效压制各检波点逆时延拓波场中存在的互不相干的噪声，使得震源成像结果的分辨率得到了很大提高。

该类方法的优点是不需要初至拾取，可结合波形信息利用偏移算法精确地对震源位置进行定位，其不足之处在于逆时延拓及震源成像需要巨大的计算量，比较耗时，对速度模型精度要求较高。

（4）基于乘法成像条件的微地震定位方法数值算例。

选取 Nakata 等（2016）中的数值算例来展示乘法成像条件的微地震定位方法的效果，这一成像方法在该文中称为几何平均逆时成像条件（Geometric-mean Reverse Time Migration）。图 8.1.7 显示了为速度模型（Marmousi 模型）、地表观测系统以及合成微地震数据。

图 8.1.8 显示基于三种成像条件下微地震震源定位成像结果的对比，从左到右分别是算术平均逆时成像条件（Arithmetic-mean Reverse Time Migration），自相关逆时成像条件（Autocorrelation Reverse Time Migration）和几何平均逆时成像条件（Geometric-mean Reverse Time Migration），即乘积成像条件的逆时偏移方法。从图 8.1.8 的结果可以看出乘积成像条件的逆时偏移方法可以在真实的震源位置聚焦，而且其成像分辨率显著高于另外两种方法。

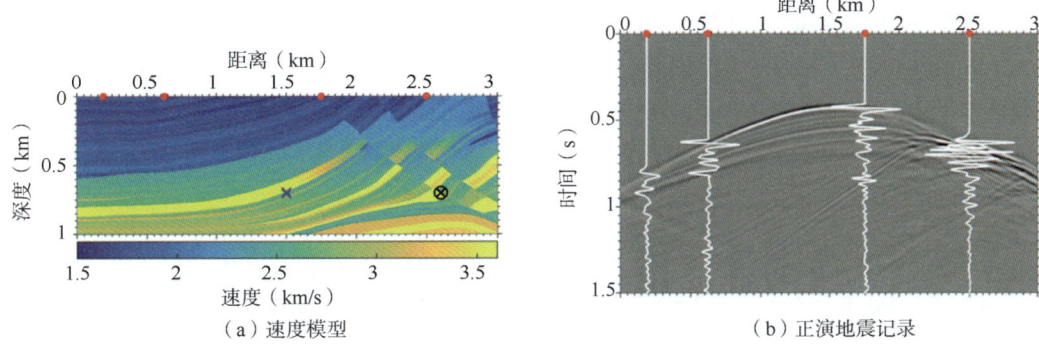

图 8.1.7 速度模型与正演地震记录(据 Nakata et al., 2016)

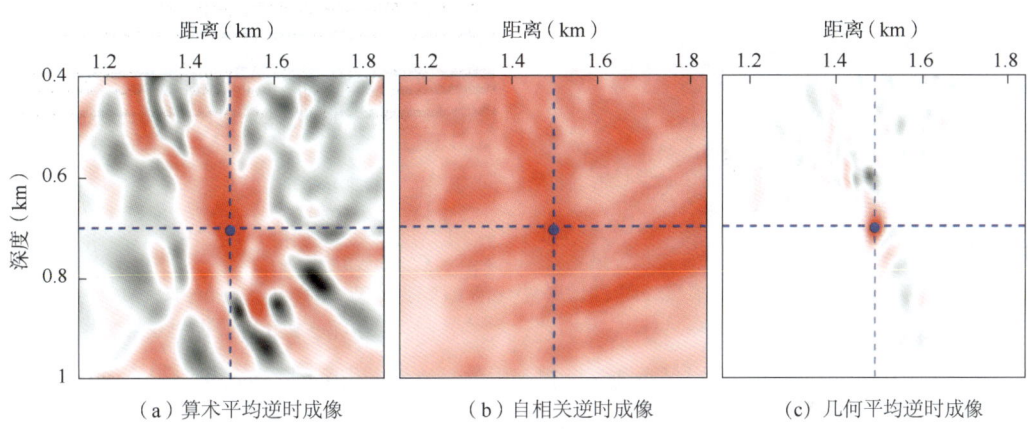

图 8.1.8 三种成像定位方法结果对比(据 Nakata et al., 2016)

8.1.4 微地震震源定位的应用实践

随着微地震监测技术在近年的迅速发展,已经成为对非常规油气资源压裂开发中进行指导和评估的重要参考技术。下面通过实际生产中的实例来展示微地震监测技术的应用。

Detring 于 2013 年在美国得克萨斯州的 Eagle Ford 页岩压裂开发中,利用地面观测阵列进行微地震定位和震源机制分析,并结合区域地质特征,确定地下原始裂缝、断层信息,为后续钻井和压裂方案优化提供支持。

图 8.1.9 显示了得克萨斯州南部的地质构造,其中的主要地质特征是北东—南西到东北东—西南西的海湾正断层,这些地质构造特征对该地区的地下原始裂缝和断层的发育起着控制作用。

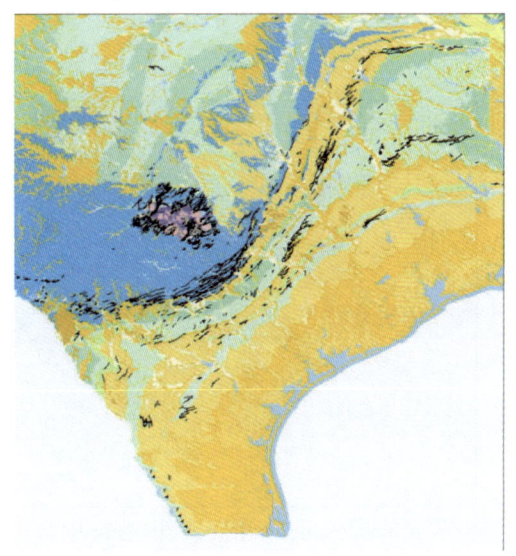

图 8.1.9 得克萨斯州南部的构造地质图
(据 Detring et al., 2013)

图 8.1.10 为位于得克萨斯州中南部 Eagle Ford 页岩的三口井的水力压裂增产期间采集的微地震数据处理后的最终结果。地震检波器阵列围绕井台呈放射状排列，总共 1214 个道。3 口井中共进行了 48 段压裂操作(每口井 16 个)，一共记录了 96h 的数据。最终所得的微地震事件按不同压裂段着色。由水力压裂增产引起的微地震通过波束形成过程成像，类似于单向深度偏移。成像过程中校准了速度，并使用射孔地震记录来验证校准速度模型。

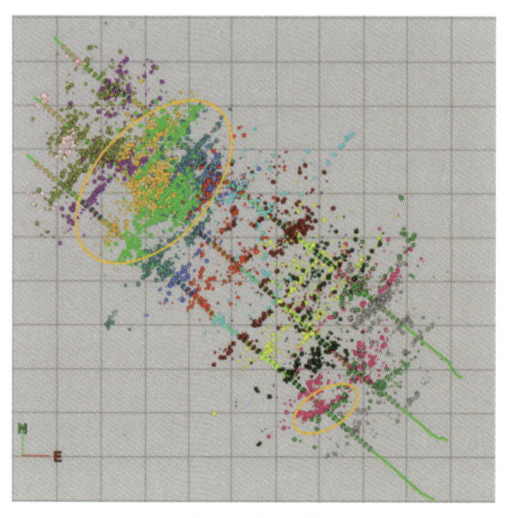

(a) 3 口井的最终微震结果　　　　　　　(b) 深度视图中的最终微震结果

图 8.1.10　3 口井的最终微震结果与深度视图中的最终微震结果(据 Detring et al., 2013)

最终的微地震定位结果(图 8.1.10)显示压裂后生成的裂缝绝大部分呈北东—南西方向，小部分裂缝呈东北东—西南西走向。后续的震源机制分析(图 8.1.11)显示北东—南西走向的裂缝为高陡倾角的倾向滑动断层，东北东—西南西走向的裂缝为垂向断面的走滑断层。

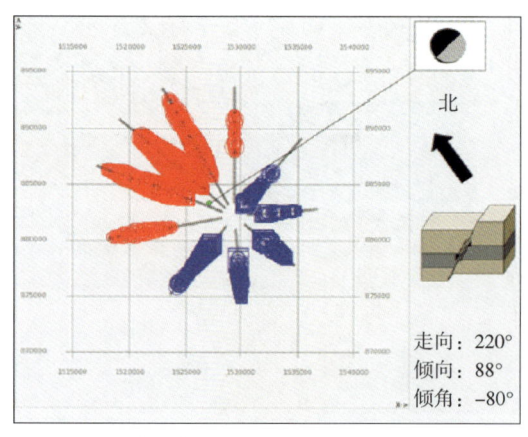
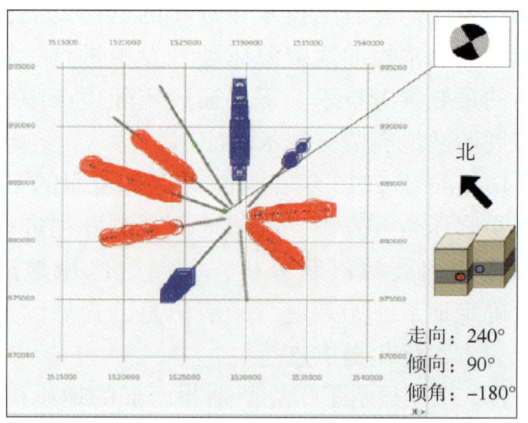

(a) 北东—南西走向的压裂裂缝的震源机制　　　　(b) 东北东—西南西走向的压裂裂缝的震源机制

图 8.1.11　北东—南西走向的压裂裂缝的震源机制与东北东—西南西走向的压裂裂缝的
震源机制(据 Detring et al., 2013)

借助微地震定位和震源机制分析的结果，结合区域地质特征和应力分布，Detring 等认为北东—南西走向的裂缝对应着压裂诱发的岩石破裂或者预先存在的区域裂隙的重新激活，东北东—西南西走向的裂缝则对应着预先存在的地下断层的重新激活。

该次压裂监测中，微地震数据出色的信号强度和强振幅的微地震，对微地震事件定位和震源机制分析的可靠性提供了保证。由这些分析结果得出了地下原始裂缝和断层的信息，这些信息在后续钻井压裂施工中井距选择、压裂方案优化等工作中发挥着重要作用，有效地降低了开发成本。

8.2 面波反演成像概述

面波勘探是国内外近年来发展起来的一种新的浅层地震勘探技术，主要指记录地表附近传播的面波，通过反演方法对地球浅地表（包括地面至地下几十米）介质的横波速度结构进行成像分析。面波勘探具有非侵入性、无损、高效及低成本等特点，在油气勘探地表速度调查、岩土勘察、无损探测、地质灾害调查等领域中发挥着重要作用。此外，对于低频天然地震来说，面波也应用于几十千米深的地震大地构造调查。

面波主要有两种类型：瑞雷波（Rayleigh wave）和勒夫波（Love wave）。英国科学家瑞雷（Rayleigh）首先于1887年在理论上确定分布在自由界面附近的面波，因此称为瑞雷波。瑞雷波在振动波组中能量最强、振幅最大、频率最低，容易识别也易于测量，所以面波勘探一般是指瑞雷波勘探。目前勒夫波勘探也逐渐被应用，其具有防止"模式接吻"引起的模式误判，频散能量具有更高信噪比，反演过程初始模型依赖程度小的优点。

面波的反演成像主要利用面波的频散特性，即在均匀水平分层介质中，不同波场频率的面波具有不同的速度进行传播。频率越高，波长越短的面波主要反映浅层的地下介质信息；频率越低，波长越长的面波越受到更深的介质信息影响。通过测量不同频率面波速度（即频散曲线），就可以通过一定的反演方法来推断不同深度介质属性。

面波勘探方法根据震源的不同，可以分为主动源法和被动源法。主动源是通过人工方法激发面波信号，通常的激发手段是锤击、落重、炸药、可控震源车及各种气枪、电火花等震源设备，可以根据探测目的和施工环境来选择不同的激发源。

被动源法直接记录地表振动，不需要人工激发，采用基于背景噪声的空间自相关技术（SPCA）、背景噪声互相关技术（NCF）等方法提取频散曲线进行反演。常规的面波勘探主要通过主动源法，近年来被动源的面波勘探方法也开始得到迅速的发展。

面波勘探的工作流程可以分为数据采集，处理及能量成像，频散曲线提取、对观测进行反演生成结果（图 8.2.1）。

8.2.1 瑞雷面波的基本原理和特征

（1）瑞雷波的形成。

地表激发的地震波不仅在弹性分界面上形成反射波和折射波，而且在弹性分界面附近还存在一类由纵波和横波相互干涉叠加而出现波形转换的波动，其能量只分布在弹性分界

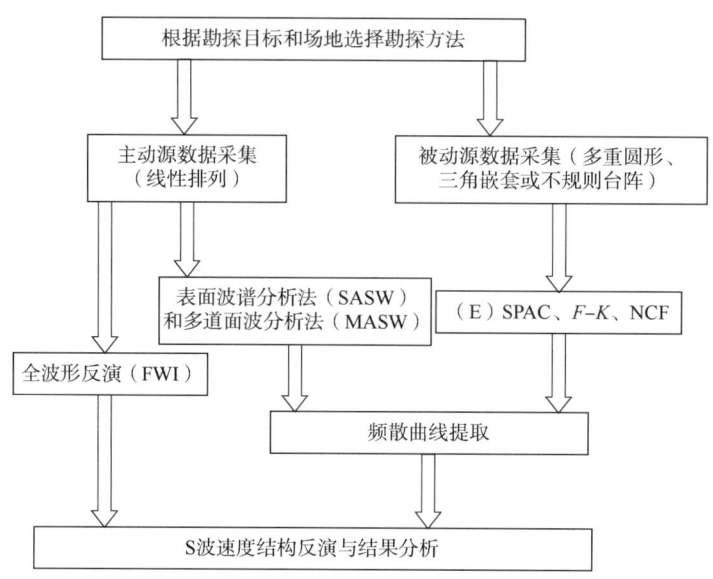

图 8.2.1 面波勘探的基本流程

面附件,能量很强,该波即称为瑞雷波。瑞雷波的能量差不多只集中在大约一个波长 λ_R 的范围内,传播时波前是一个高度为 $Z=\lambda_R$ 的圆柱体,如图 8.2.2 所示。

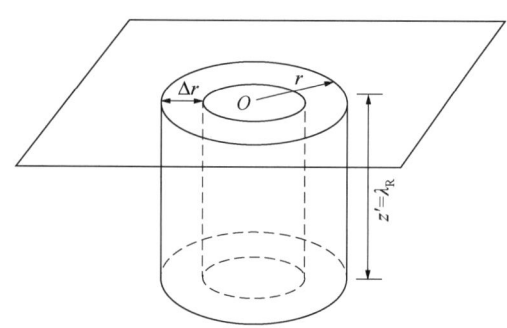

图 8.2.2 瑞雷波的形状

如果震源的作用时间为 Δt,则与瑞雷波有关的振动只发生在厚度为 $\Delta r=V_R\Delta t$ 的圆柱层范围内,圆柱层外围为其波前,内周为波尾,r 是瑞雷波波前波尾中间圆的半径。

瑞雷波的能量密度随波的传播半径 r 的增大而减小,振幅将按 $\sqrt{r}$ 衰减,这比体波按 $1/r$ 的球面扩散的衰减要慢得多。这样在远离震源处,瑞雷波有可能强于体波。

假设弹性半空间其上为空气,令 x、y 轴取在自由表面上,z 轴垂直自由表面向下,设瑞雷波速度为 v_R,纵波速度为 v_P,横波速度为 v_S,圆频率为 ω,可得到瑞雷方程:

$$(2k_R^2-k_S^2)^2-4k_R^2\sqrt{k_R^2-k_P^2}\sqrt{k_R^2-k_S^2}=0 \qquad (8.2.1)$$

其中,纵波、横波、瑞雷波波数分别为:$k_P=\dfrac{\omega}{v_P}$,$k_S=\dfrac{\omega}{v_S}$,$k_R=\dfrac{\omega}{v_R}$。

瑞雷波以低于横波的传播速度沿自由表面传播。当固结岩石泊松比 μ 为 0.25 时,有:

$$k_R=1.087k_S \qquad (8.2.2)$$

或

$$v_R=0.9194v_S \qquad (8.2.3)$$

而对于土层,其泊松比 $\mu=0.45\sim0.49$ 时,瑞雷波的传播速度 v_R 大约是横波速度 v_S 的 0.95 倍,两者之差约为 5%,故在进行土体勘察时可把瑞雷波速度近似当成横波速度。

瑞雷波有别于体波的另一个特点是其质点不是线性极化振动,而是面极化振动,其质点运动可以在水平的 x 轴和垂直 z 轴上分解为振动 D_x 和振动 D_z 则有:

$$\begin{cases} D_x = Ak_R \left(e^{-az} \dfrac{2ab}{2k_R^2 - k_s^2} e^{-bz} \right) \sin(\omega t - k_R x) \\ D_z = Ak_R \left(-\dfrac{a}{k_R} e^{-az} + \dfrac{2k_k^2 - k_s^2}{2bk_R} e^{-bz} \right) \cos(\omega t - k_R x) \end{cases} \quad (8.2.4)$$

上式(8.2.4)为瑞雷波的位移表达式。可见,当 $z\to\infty$ 时,$D_x\to 0$,$D_z\to 0$,即在 x 和 z 方向的位移都为零,说明瑞雷波分布深度是有限的。当介质为固体岩石($\mu=0.25$)时,式中:

$$a = 0.8475\,k_R, \quad b = 0.3933\,k_R \quad (8.2.5)$$

由式(8.2.2)至式(8.2.5),得到:

$$\begin{cases} D_x = Ak_R(e^{-0.8475 k_R z} - 0.5773 e^{-0.3933 k_R z}) \sin(\omega t - k_R x) \\ D_z = Ak_R(-0.8475 e^{-0.8475 k_R z} - 1.4679 e^{-0.3933 k_R z}) \cos(\omega t - k_R x) \end{cases} \quad (8.2.6)$$

当 $z=0$ 时,即在自由表面上:

$$\begin{cases} D_x \big|_{z=0} \approx 0.42 D \sin(\omega t - k_R x) \\ D_z \big|_{z=0} \approx 0.62 D \cos(\omega t - k_R x) \end{cases} \quad (8.2.7)$$

其中,$D = Ak_R$。将式(8.2.7)的两个等式平方后相加并整理,得:

$$\left(\dfrac{D_x}{0.42D} \right)^2 + \left(\dfrac{D_x}{0.42D} \right)^2 = \sin^2(\omega t - k_R x) + \cos^2(\omega t - k_R x) = 1 \quad (8.2.8)$$

式(8.2.8)为椭圆方程,这表明瑞雷波质点运动的轨迹是椭圆,椭圆的水平轴与垂直轴之比约为 2∶3,且质点的垂直位移比水平位移相位超前。

当介质的泊松比为 0.25 时,根据式(8.2.6)可以计算水平位移和垂直位移的振幅随深度及泊松比的变化,如图 8.2.3 所示。从图上可看出,当 $z/\lambda_R < 0.193$ 时,D_x 和 D_z 的振幅符号相同,两者合成之后形成的质点运动轨迹为一逆时方向转动的椭圆;当 $z/\lambda_R > 0.193$ 时,两者符号不同,质点振动轨迹为顺时针转动的椭圆。可见,瑞雷波的质点运动是由相位相差 $\pi/2$ 的两个相互垂直振动的合成运动,在 xz 平面内,质点沿与波传播方向成反方向的椭圆轨道运动(图 8.2.4)。根据式(8.2.4)可以看出,介质质点振动的振幅随深度 z 增大而迅速地衰减,且衰减系数与瑞雷波波长成反比,如图 8.2.5 所示。

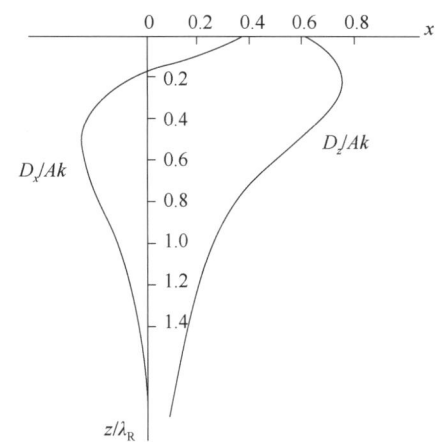

图 8.2.3 D_x、D_z 随深度的变化

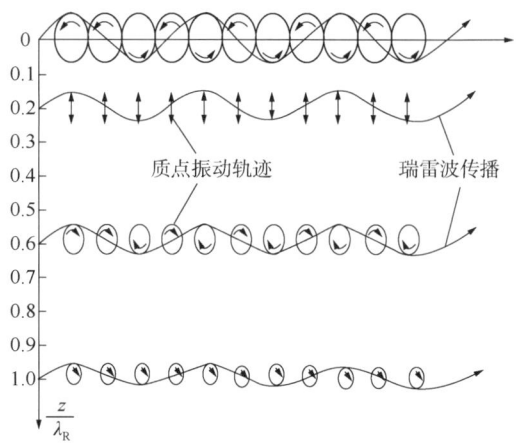

图 8.2.4 质点振动轨迹随深度变化示意图

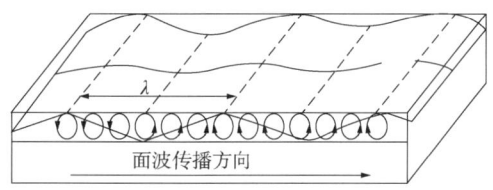

图 8.2.5 瑞雷波传播示意图

(2) 瑞雷波的频散特性。

瑞雷波速度与频率有关,即存在瑞雷波的速度频散。所谓速度频散指瑞雷波的传播速度是频率(或波长)的函数,即速度随频率(或波长)而变化。瑞雷波是由许多不同频率、不同振幅的谐波叠加而成,且每个谐波都有其自己传播速度,称为相速度 V(通常指波峰或波谷的传播速度)。由于相速度随频率而变,而瑞雷波的频谱一般是连续的,一些频率的谐波波峰遇到一起会相互叠加使振幅增大,反之会互相抵消使振幅减小,这样引起各分振动的相位随波的传播而改变,由这些分振动叠加之后的总振动(构成瑞雷波脉冲)的波剖面在传播过程中就会发生变化,将瑞雷波脉冲包络线的极大值的传播速度作为整个瑞雷波传播速度,并称之为瑞雷波脉冲的群速度 U,瑞雷波的群速度即是波的能量传播的速度,相速度和群速度的关系为:

$$U = V - \lambda_R \frac{dV}{d\lambda_R} \quad (8.2.9)$$

式中:λ_R 为单频波波长。相速度 V 和群速度 U 的关系如图 8.2.6 所示。

由式(8.2.9)可以看出来,群速度 U 可以大于或小于相速度 V,它决定于 $dV/d\lambda_R$ 是正值还是负值,正的称为正常频率,反之称速度具有异常频散。由于频散现象,瑞雷波的波包比较长,且振幅逐渐平滑,波包的前面部分和后面部分的波长是不相同的。正常频散,前面部分波长较长,异常频散则相反。

8.2.2 面波反演成像方法

面波反演成像是利用采集的面波数据,利用面波的频散特征,反演地下介质的弹性参数的方法。面波反演成像方法主要经历了由稳态法到瞬态法的发展过程(刘庆华等,2015),而近年由于计算能力的迅速提升,面波的全波形反演研究也开始展现出巨大的发展潜力。本章主要介绍瞬态法中的多道面波分析法(Multichannel Analysis of Surface Waves,MASW)和全波形反演方法(Full Waveform Inversion,FWI)。

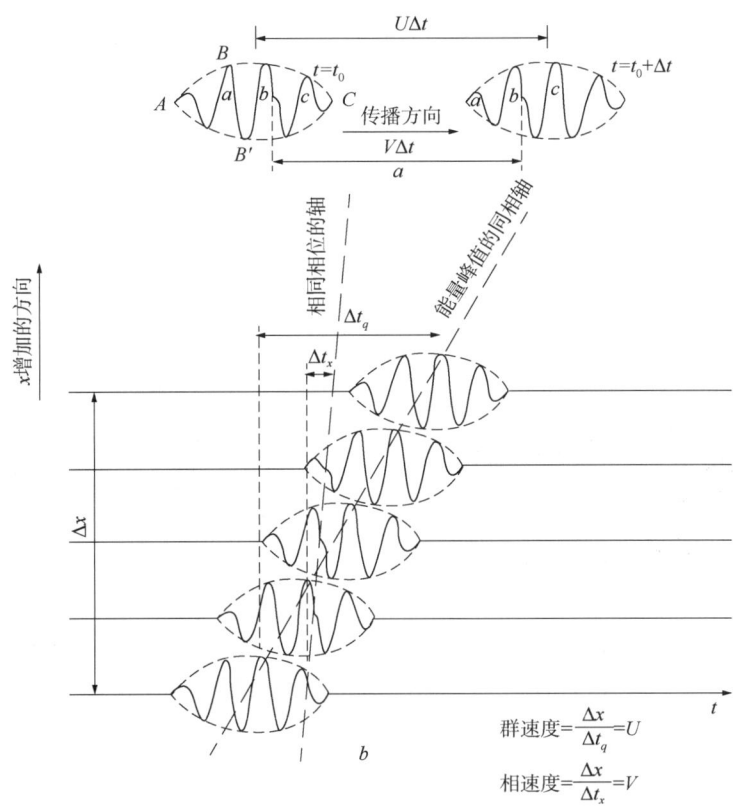

图 8.2.6　瑞雷波相速度 V 和群速度 U 的关系

（1）多道面波分析法。

多道面波分析法（MASW）（Park et al.，1999，Xia et al.，1999）是当前较常用的一种面波勘探方法，其主要步骤可以分为采集多道面波数据、面波频散计算和频散曲线提取、面波频散反演三步。多道数据采集通过线性排列的检波器进行，如图 8.2.7 所采用的 12 道接收观测系统。工程上数据记录仪器一般记录 24 道或 48 道信号。

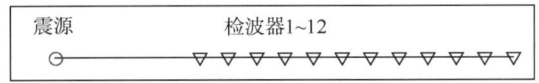

图 8.2.7　多道面波分析法检波器布置（据刘华庆等，2015）

面波数据采集后，其频散曲线的提取通常通过对面波记录进行频率速度成像计算和频散曲线拾取进行（图 8.2.8），成像方法包括了频率波数法、相移法、拉冬变换法、高分辨率拉冬变换法等。下面介绍常用的频率波数法。

频率波数法首先是 Gabriels 在 1987 年进行多模式的瑞雷波频散曲线提取时所采用的。频率波数法是在时间空间域记录的波场通过二维傅里叶变换（Alleyne et al.，1991），在频率—波数域分析信号特征的一种方法（Forchap et al.，1998）。按照图 8.2.8 所示的直线排列可以获得一个时空域记录，通过傅里叶变换将其变换到频率波数域为：

$$F(\omega, k) = \frac{N(k, \omega)}{D(k, \omega)} = \frac{1}{2\pi} \int_{-\infty}^{+\infty} \int_{-\infty}^{+\infty} d(x, t) \, e^{-i\omega t + ikx} dt dx \tag{8.2.10}$$

式中：ω 为角频率；k 为波数；x 为空间坐标；t 为时间。根据分层介质中的面波理论，面波对应 $F(\omega, k)$ 中极点的留数贡献，留数由 $D(k, \omega) = 0$ 决定，因此，在频率—波数域中，对应面波的能量具有极大值，按照振幅极大值的波数与频率就可以根据式(8.2.10)计算特定频率的相速度 V_R，重复多个频率的这种计算就可以得到对应的频散曲线，公式为：

$$V_R = \frac{\omega}{k} \tag{8.2.11}$$

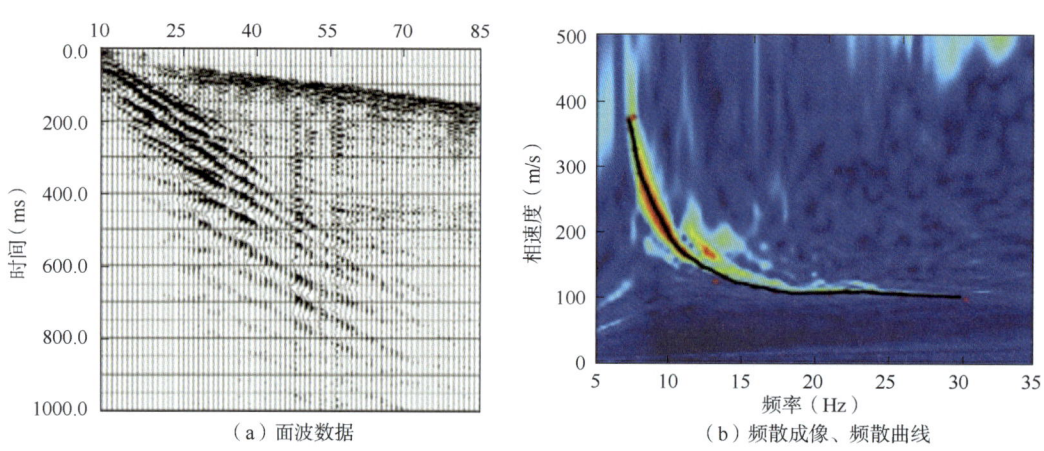

图 8.2.8 线形阵列记录的面波数据和计算的频散成像、频散曲线

对于频率波数法，由于通过波数域，转化为相速度时，在相速度高的区域值比较稀疏，而在相速度低的区域值比较密集，因此在成像过程中会通过插值方法进行求取，从而在成像结果中会造成一定的误差。

在获取面波频散曲线后，多道面波分析法通过对频散曲线的反演获取介质横波速度在纵向上的变化。频散曲线的反演可以通过阻尼最小二乘法、广义逆反演等线性反演方法进行，也可以通过模拟退火、蒙特卡洛法、遗传算法等非线性反演方法进行。线性反演法如阻尼最小二乘法等对反演的初始值依赖性较高，而且需要对密度、纵波速度和层厚进行限制，这一要求一定程度上限制了反演结果的可靠性。非线性反演方法不依赖初值，进行全局搜索，因此这类方法近年发展较快，应用也较为广泛。

(2) 全波形反演法(Full Waveform Inversion，FWI)。

多道面波分析法具有稳健、高效的优点，但计算过程中通过平面波变换求取频散曲线，同时反演结果为一维的横波速度模型，因此其反演结果的横向分辨率受到影响，而且在地下横波速度横向变化较剧烈时，反演的精度受到一定限制(吴华等，2018)。全波形反演技术(FWI)相比传统 MASW 方法，是一种直接计算剖面波形信息(图 8.2.9)。该方法利用地震记录中的全波形信息，在正则约束下通过更新迭代初始模型进而减小计算数据与观测数据之间的误差，逐步逼近真实模型的过程。理论上，FWI 适用于任意复杂度的介质速度分布，因其分辨率高，近年来在油气勘探中发挥重要作用，成为面波反演成像领域的研究热点。

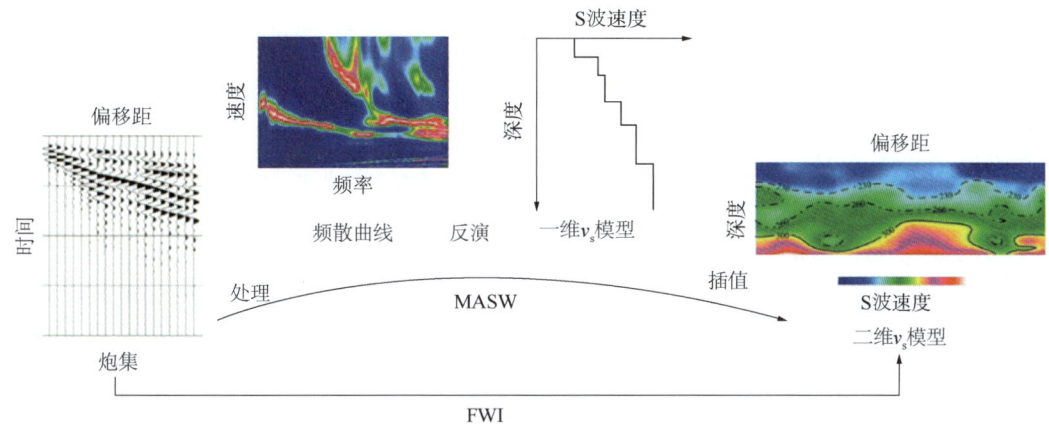

图 8.2.9 FWI 法与 MASW 法之间的工作流程比较(据 Pan et al., 2019 修正)

FWI 对全波场模型研究可以运用与各种尺度上,包括大陆架、油气矿产勘探、浅地表勘探等。早在 20 世纪 80 年代,Tarantola 就提出来了广义最小二乘法的时间域 FWI,通过炮点波场与检波点波场之间的互相关求取梯度,计算速度模型。

地震波场 u 和弹性模型 m 之间的关联可以用公式表示:

$$u(t) = G(m) * S(t) \tag{8.2.12}$$

式中:$G(m)$ 为模型 m 的格林函数;$S(t)$ 为震源时间函数;"$*$"表示在时间域中进行卷积计算。式(8.2.12)可以通过数值求解波动方程进行模拟。

全波形反演旨在最小化合成波形和观测波形之间的误差。在经典的全波形反演(Classic FWI,CFWI)中,目标函数 Φ_{CFWI} 定义为合成波形和实际观测波形差别的 L_2 范数:

$$\Phi_{CFWI}(m) = \frac{1}{2} \sum_{s_r, x_r} \int_o^T ||u^{syn}(t, x_r; s_r) - u^{obs}(t, x_r; s_r)||^2 \tag{8.2.13}$$

式中:u^{syn} 和 u^{obs} 分别表示合成波形和实际波形;x_r 和 s_r 分别表示检波器和震源;T 表示总体记录时间。此外,也可以通过不同的范数定义目标函数。

CFWI 通过线性反演将公式(8.2.13)中的目标函数最小化,来求解介质横波速度分布,即求取目标函数针对横波速度扰动的导数,实现横波速度的迭代更新。

CFWI 中地震波场与反演参数之间是严重的非线性关系,存在较多的局部极值点,受初始模型精度影响大。同时记录数据的信噪比、采样、频带宽度等因素也对反演结果具有重要影响,迭代反演中多次的波场传播使得反演的计算量巨大。因此,CFWI 的实际应用中还存在很多挑战。

针对 CFWI 面临的问题,目前在 CFWI 的基础上衍生出了一系列改进方法。针对 CFWI 非线性程度高,局部极值点多的问题,研究人员提出了多尺度全波形反演(Multiscale FWI,MFWI)(Bunks et al.,1995)、基于振幅谱的全波形反演(Amplitude-spectrum-based FWI,AFWI)方法、基于包络的全波形反演(Envelope-based FWI,EFWI)等方法,改善 FWI 的稳定性和收敛性。MFWI 在计算过程中先计算数据低频(长波长)部分,然后在数据中逐步引入高频(短波长)的面波数据进行计算。AFWI 方法是计算时在 $F-K$ 域中对合成波形与实际波形中进行窗口限制,最小化理论模型与实际模型之间的差异。EFWI 是在合成波形与实际波形的包络上对目标函数进行限制,减弱周波跳跃问题,通过包络算子计算非线性的尺度分离,实现类似于 MFWI 计算低频面波信息,能够有效地提取超低频面波信息。

与纵波的 FWI 相比,面波的 FWI 反演参数更多,反演的非线性更强,实际应用的挑战更大。针对这些问题,Li 等(2017,2019)提出基于频散曲线波动方程反演的 FWI 方法,将频散反演的稳健和 FWI 的高精度有机结合;Pan 等(2019)将利用 MASW、MFWI、CFWI 三种方法的非线性由弱变强、分辨率依次提高的特点,将它们按顺序组成一个流程,从而获取可靠的高分辨横波成像。这些改进初步显示出 FWI 类方法在近地表复杂介质成像中准确度高、分辨率高的优势。

8.2.3 基于被动源的面波反演成像技术

基于被动源的面波成像通常指利用微动(背景噪声)信号提取面波信号,从而对地下介质横波速度分布成像的方法技术。微动是一种在地面上随时存在人感觉不到的微小振动,只有灵敏的地震检波器可以记录。微动包括了人类活动,如交通、工厂、人员走动造成的 1Hz 以上的噪声;另一种是自然界流水、潮汐、气压等低于 1Hz 的噪声,也称脉动。一般通过 1Hz 以上数据,获得浅层信息。

被动源面波反演成像技术的关键问题是如何从采集的面波数据中提取频散曲线。主动源震源的激发面波传播方向一般沿着采集的方向,可以采用相位差或相移法等二维波场变换法提取主动源频散曲线。而被动源震源方位相对采集点排列为未知,只采用主动源面波相同的一维排列,可能得到错误的结果。但被动源面波传播方向是已知的,如公路上的车流朝统一方向行驶,也可以采用一维排列方式测定面波。

被动源的面波成像研究起始于 Aki(1957)提出、至今仍在广泛应用的空间自相关方法(Spatial Auto-correlation,SPAC),后续发展出被动源的多道面波分析(Passive MASW)(Park et al.,2004)、基于噪声干涉的面波成像(Campillo et al.,2003;Shapiro et al.,2005;Nakata et al.,2011)等方法。

(1)空间自相关方法(SPAC)。

SPAC 方法是假定检测台阵不同方位入射的背景噪声场具有平稳随机特征,在统一频率时具有相同的相速度。通过考虑两个距离为 r 的台站接收到的噪声信号(标量形式或仅考虑垂直向分量)空间坐标的互相关,然后对不同方位相同距离的台站对求方位平均相关系数。通过相关系数与第一类零阶贝塞尔函数进行拟合,根据拟合关系求取相速度频散曲线。

采用 SPAC 方法,一般要布置圆形观测台阵(最简单的为正三角形为内接三角形的三台布置法),理论及实验表明台阵半径与探测深度有关,一般台阵大小由目标深度确定。

SPAC 方法基本原理是给定一组被动源面波接收点,其中一个点位于中心,其余点等角度分布在圆周上(图 8.2.10),

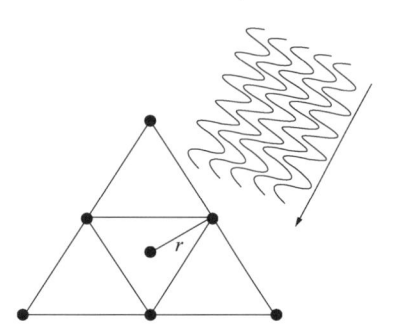

图 8.2.10 检测被动源面波的二维排列示意图(据赵东,2010)

假设中心点 $C(0, 0)$ 与圆周上任一点 $X(r, \theta)$ 接收的角度为 ω 的面波信号分别为 $u(0, 0, \omega, t)$ 和 $u(r, 0, \omega, t)$，则其空间自相关函数为：

$$\phi(r, \theta, \omega) = u(0, 0, \omega, t) u(r, 0, \omega, t) \tag{8.2.14}$$

空间自相关系数则定义为空间自相关函数在所有方向上的平均，即：

$$\rho(r, \omega) = \frac{1}{2\pi} \int_0^{2\pi} \phi(r, \theta, \omega) \mathrm{d}\theta \tag{8.2.15}$$

上式的积分结果可以表示为：

$$\rho(r, \omega) = J_0 \left[\frac{\omega r}{v(\omega)} \right] \tag{8.2.16}$$

式中：$J_0(x)$ 为第一类零阶贝塞尔函数；$v(\omega)$ 为面波相速度。

由此可见，空间自相关系数是面波相速度和频率的函数，通过拟合计算的空间自相关系数 $\rho(r, \omega)$，可以求得面波相速度。

空间自相关法提取频散曲线的步骤：

① 首先将实测记录分成若干个数据段，剔除干扰大的数据段，用中心频率不同的窄带滤波器处理各数据段，提取待分析的频率成分；

② 再对各个频率分别计算中心接收点与不同圆周上各点之间的空间自相关系数并进行方向平均；

③ 最后拟合不同观测半径的空间自相关系数相关曲线。

图 8.2.11 中，上图实线为实测的空间自相关曲线，虚线为计算的空间自相关曲线；下图实线为频散曲线，虚线为面波记录的振幅谱。这里需指出，如果有来自各个方向的被动源面波，那么在求取空间自相关系数时，可对波动的传播方向（而不是接收点方位角）进行积分，得到同样的结果。所以，在此情况下排列可以是一条直线。

实际工作中，通过改变台阵半径和形状也可以提高频散曲线的精度。Asten(2004)指出正六边形台阵对入射范围窄的单一方向信号给出较宽的分辨频带，比正三边形台阵可以获得更多半径值的自相关系数，提高高阶能量识别。Hayashi 等(2013)通过双台 SPAC 方法观测实验也取得成功。国内研究基本采用嵌套三角形布阵形式，徐佩芬等(2013)通过布置适当小半径和大半径台阵布置，应用 75~600m 半径的正三角形嵌套，对 3km 深度的地层速度机构进行探测。文成哲(2010)提出空间自相关的观测依赖于相关的使用经验，受到方位混叠、非相干噪声的存在、有限统计时间等影响观察精度。

空间自相关法适用于规则的接收点。当接收

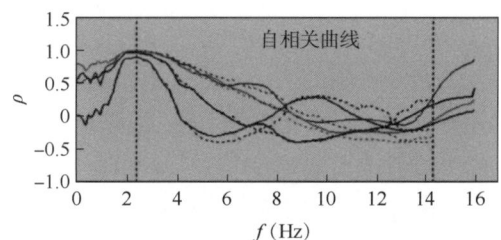

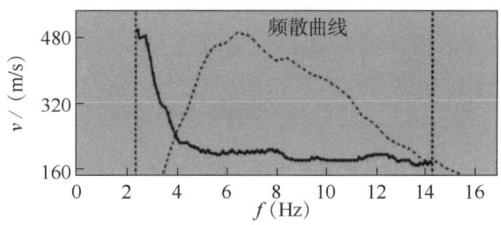

图 8.2.11 由空间自相关系数导出频散曲线(据赵东，2010)

点不规则时,可类似地采用拟合贝塞尔函数的方法计算相速度,这种采用非规则台阵的空间自相关法称为扩展的空间自相关法(ESPAC),显然 ESPAC 法使实际工作更加方便。

(2)基于背景噪声干涉的面波反演方法(Ambient Noise Tomography)。

基于背景噪声干涉的面波反演方法是记录背景噪声,然后进行干涉处理提取面波反演获取地下横波速度成像的方法,也称为噪声相关函数法(Noise Crosscorrelation Function,NCF)或虚震源面波法(Virtual Source Surface wave Method)。这一方法的关键在于背景噪声的相关干涉可以提取出面波格林函数,从而用于对地下介质横波速度的反演成像。该方法最初用于地球壳幔结构研究,在世界各地区取得很多成果。最近几年,已有学者将该方法用于浅层地质结构调查的试验,并显示出该方法的可行性。其基本方法原理如下:

对于被动噪声面波记录,任意检波点 g 和 $\bar{g}$ 互相干生成以 g 为新虚拟震源 $\bar{g}$ 为检波点的虚拟地震记录,如图 8.2.12 所示。通过对地震记录的归一化处理和互相干计算后,虚拟面波记录能够重建各检波点位。在频率域中,计算过程表示为:

$$R(s,\omega)_{g\bar{g}} = \sum_s \frac{D(\omega)_{\bar{g}s} D(\omega)_{gs}^*}{|D(\omega)_{gs}||D(\omega)_{\bar{g}s}^*| + \lambda} \quad (8.2.17)$$

式中:$R(s,\omega)_{g\bar{g}}$ 为频率域的时间对称的虚拟地震道,由虚拟震源 g 向右传播虚拟检波点 $\bar{g}$;λ 为阻尼参数,通常为振幅的 1%~10%。

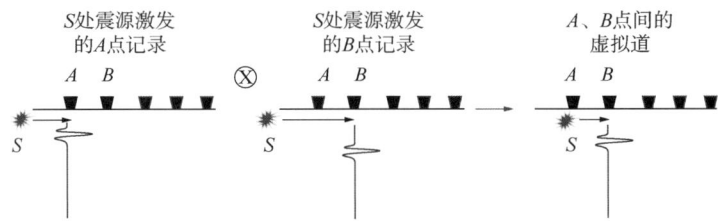

图 8.2.12 不同偏移距的地震记录的互相干操作生成虚拟震源为 A 点的地震记录

因此,在检波器阵列中,对每个检波点作为虚拟震源进行求和叠加,可以恢复出以该检波点为震源的面波记录。Halliday 和 Curtis(2008)研究表明瑞雷面波的基阶在无其他模态串扰时,通过干涉法可以实现可靠的恢复。因此,通过一定叠加时间内,就可以恢复瑞雷面波并进行面波反演。

该方法利用不同间距的互相关运算得到了不同到时的面波信号,类似于主动源勘探的多道分析法原始信号。再对面波信号进行平面波分解获得高频面波信号的频散曲线。Gouédard 通过实验证明互相关方法比另外的 SPAC 方法与高分辨率频率波速法可以得到更高频率的有效相速度信息。也可以利用全波形反演(FWI)对提取的面波信号进行分析。

8.2.4 面波反演成像的应用实践

(1)主动源面波波形反演法(FWI)实例。

Pan 等(2019)进行了面波全波形反演研究,在实际面波数据上展示了全波形反演结果较多道面波分析法(MASW)结果更高的分辨率和精度。

实例为20世纪90年代在美国堪萨斯州Olathe获得的一个勘探基岩的野外数据。使部分数据进行测试了结合MASW方法作为初始模型的全波形反演方法。面波数据放置45个垂直分量的检波器，最小偏移距为3.6m，道间距为0.6m。采用滚动方式采集，每次采集向前移动1.2m，即两个道间距，共采集10个炮集。

首先通过对第6炮集数据，高分辨拉冬变换生成频率速度谱（图8.2.13）。手动选取30Hz以上的频谱（30Hz以下因为波动剧烈，可能不属于基阶面波）。然后使用最小二乘法算法（Xia, 1999）反演地下速度结构，得到一维的速度结果，如图8.2.14所示。通过对图8.2.14中红线所示的一维速度模型扩展为横向均值的二维模型，将其作为FWI的初始S波速度模型。初始模型的设置对FWI结果正确性具有很大影响，同时能加快反演运算速度。

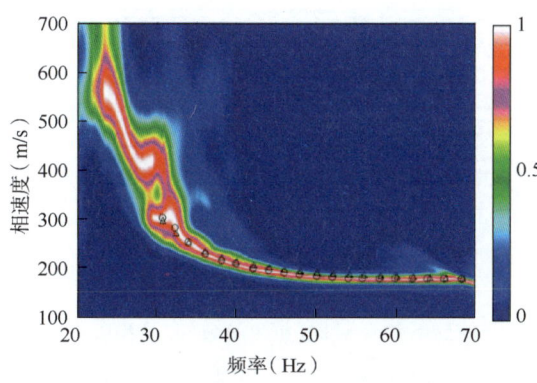

图8.2.13　第6炮集记录生成的高分辨率拉东变换频散曲线（手动拾取30Hz以上的区域）（据Pan et al., 2019）

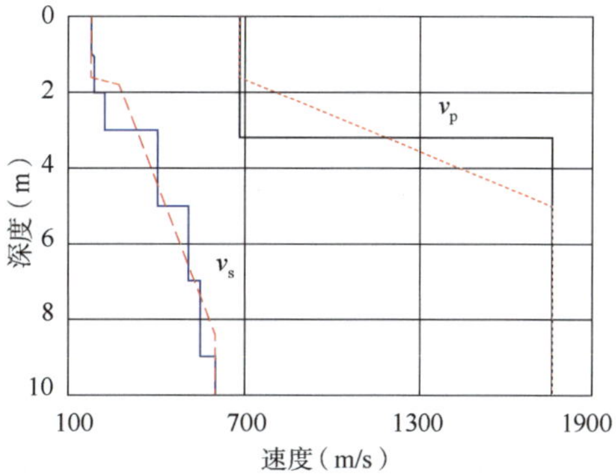

图8.2.14　一维反演模型速度（据Pan et al., 2019）
蓝线代表了横波速度反演结果，黑线代表通过面波旅行时得到的纵波反演结果。红色虚线和点线作为全波形反演初始模型的平滑值

在利用MASW方法获取了初始S波速度模型后，再利用多尺度全波形反演（MFWI）方法来反演高精度的面波速度分布。MFWI过程的基本步骤为：对采集数据的进行不同截止频率的低通滤波，获取截止频率分别为35Hz、45Hz、60Hz、80Hz和100Hz的数据版本；然后对不同截止频率的数据版本，按照截止频率由低到高的顺序，按顺序进行CFWI反演，前一阶段反演的结果作为当前反演阶段的初始速度模型。这样使得反演由数据的低频成分逐渐过渡到高频成分，相应的反演的介质速度模型也从逐步长波长向短波长成分过渡，这一过程有效地降低面波全波反演的非线性，增强反演计算的稳定性。

反演采用CG算法进行优化计算过程。每一阶段误差相差小于1%时，进入下一阶段。迭代前期误差迅速下降，然后下降趋势逐渐放缓。在共经历62次迭代后反演结果收敛（图8.2.15）。

图8.2.16显示了野外记录面波与合成波形的比较，反演结果的合成数据很好地拟合了实际波形，特别是在偏移距较远的波形中，两者具有较高的匹配度，证明了反演成功。

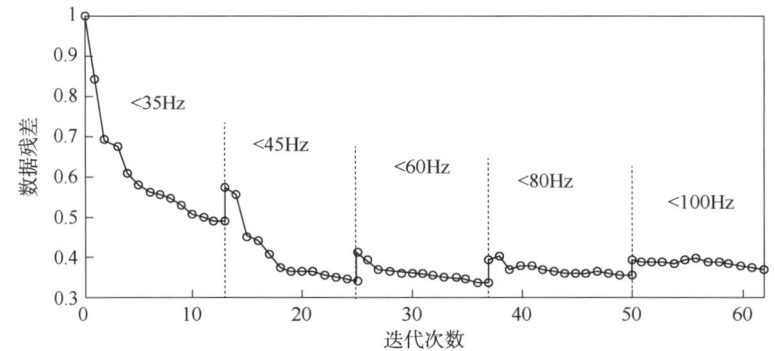

图 8.2.15 MFWI 反演不同迭代阶段的数据残差变化（据 Pan et al.，2019）

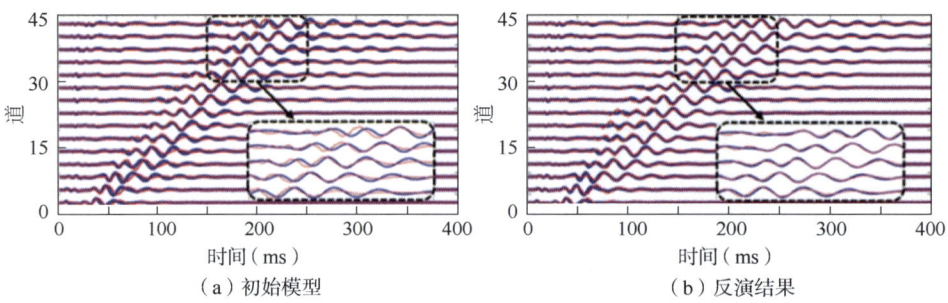

（a）初始模型　　　　　　　　　　　（b）反演结果

图 8.2.16 实际数据（蓝色）与合成数据（红色）在反演前后的波形对比（据 Pan et al.，2019）

图 8.2.17 对比 MASW 初始模型，MFWI 结果具有更高的分辨率，特别在基岩的形状方面十分明显。反演结果表明，基岩深度为 2~6m，与钻孔数据相一致（Miller et al.，1999）。除了基岩，横向分辨率变化十分明显。在测线东部（尾端）钻孔显示，该位置基岩深 4.2m，与 MFWI 反演结果对应。反演结果结合这些验证显示 MFWI 结果较 MASW 结果具有更高的分辨率和精度。

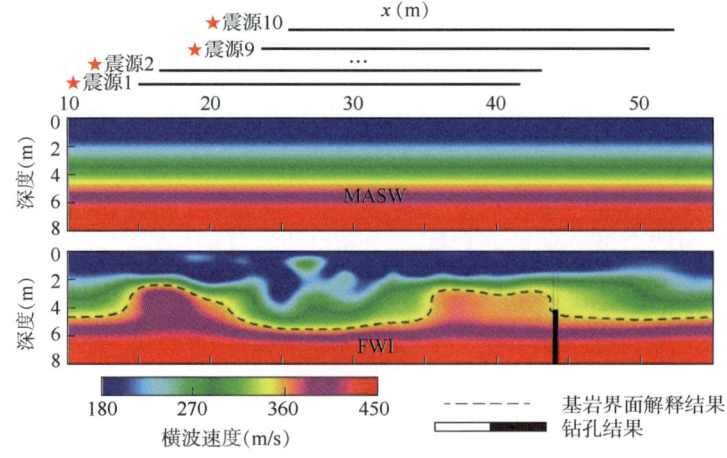

图 8.2.17 MASW 反演速度模型结果与 MFWI 速度模型结果（据 Pan et al.，2019）

(2) 被动源面波反演实例。

曹卫平等(2021)利用分布式光纤声波传感器记录的交通噪声数据，进行被动源面波成像实验，对交通噪声记录进行干涉处理，提取虚震源面波炮集，而后进行 MASW 反演，获取地下横波速度成像。

图 8.2.18 显示了布设在公路旁边的分布式光纤记录系统和主动源数据的震源位置。图 8.2.19 显示了目标段光纤(图 8.2.18)记录的一段 19s 的交通噪声。

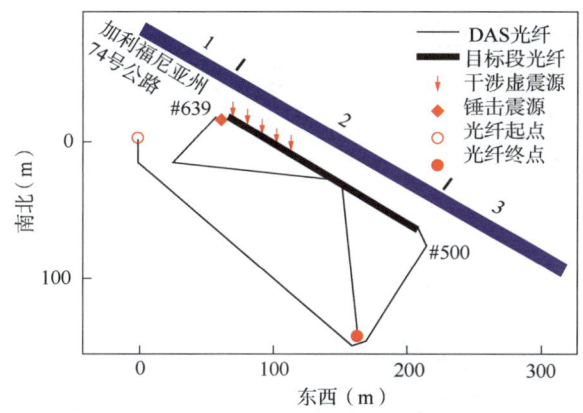

图 8.2.18　分布式光纤观测系统

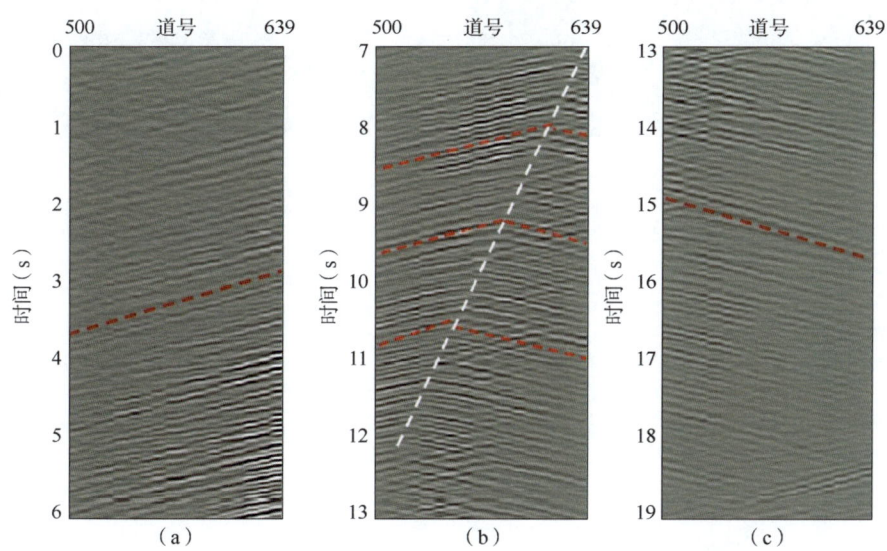

图 8.2.19　目标段光纤记录的一段 19s 的交通噪声的分段显示

图 8.2.19 所示的交通噪声数据经干涉处理后，得到虚震源的面波炮集。虚震源面波炮集与相同震源位置的主动源数据特征类似(图 8.2.20)，频散成像与频散曲线也非常类似(图 8.2.21)，反演的横波速度剖面一致性也非常高(图 8.2.22)。上述结果显示，从短时间的交通噪声记录中，被动源面波成像方法获取了与主动源数据一致的面波信号和地下横波速度成像。

· 281 ·

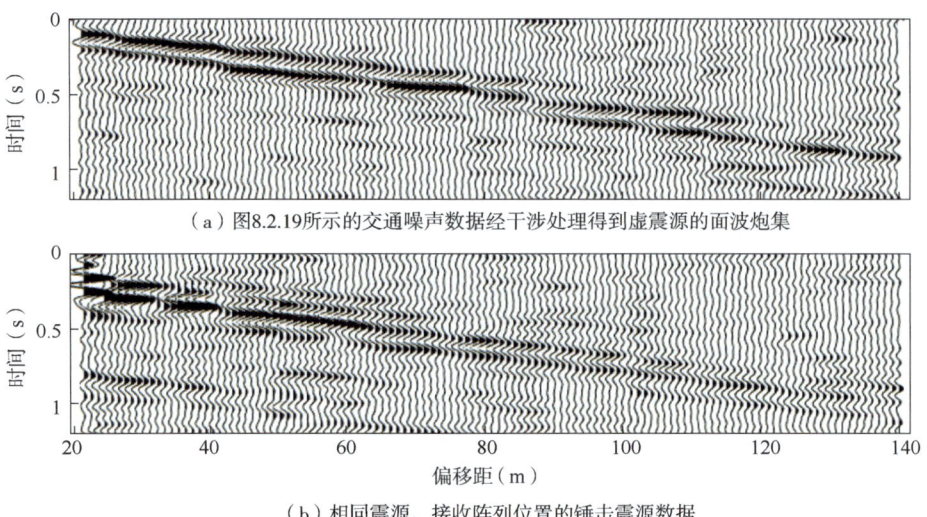

(a) 图8.2.19所示的交通噪声数据经干涉处理得到虚震源的面波炮集

(b) 相同震源、接收阵列位置的锤击震源数据

图 8.2.20　虚震源的面波炮集及相同震源位置的主动源数据

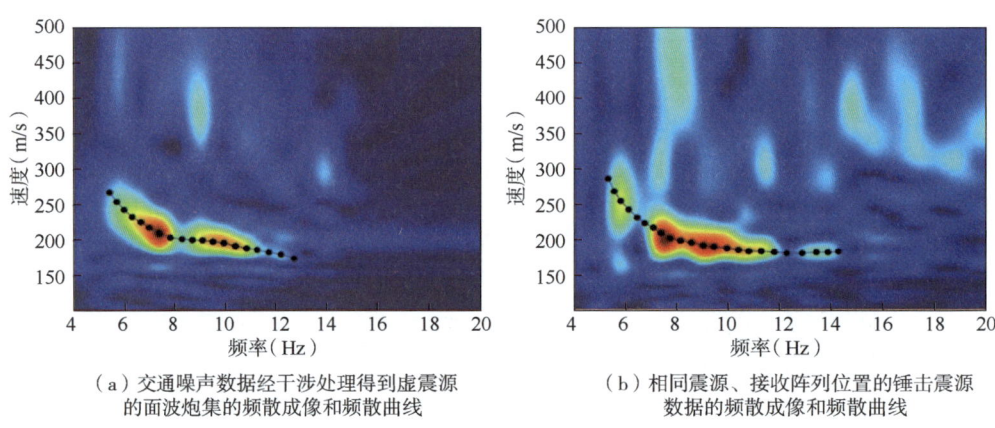

(a) 交通噪声数据经干涉处理得到虚震源的面波炮集的频散成像和频散曲线

(b) 相同震源、接收阵列位置的锤击震源数据的频散成像和频散曲线

图 8.2.21　频散成像与频散曲线

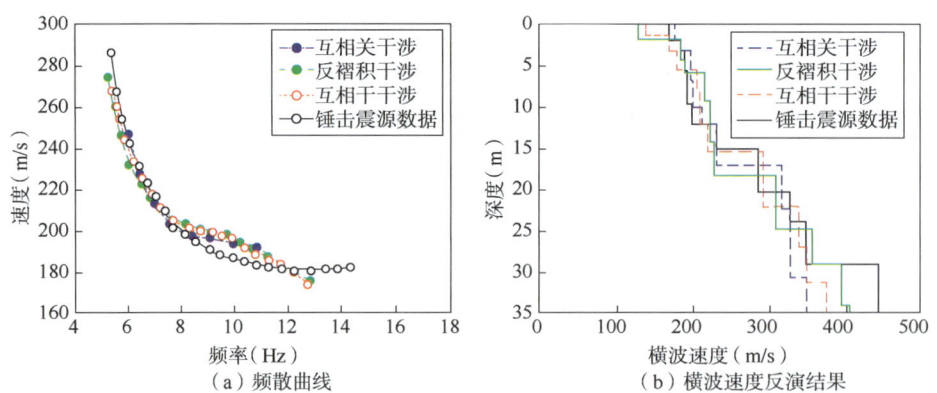

(a) 频散曲线

(b) 横波速度反演结果

图 8.2.22　提取的虚震源的面波炮集与主动源面波炮集的频散曲线和横波速度反演结果对比

参 考 文 献

曹卫平，黄旭日，姚海，等，2021. 分布式光纤声波传感系统记录的交通噪声的干涉处理分析[J]. 地球物理学报，64(7)：2530-2539.

常旭，李政，王鹏，等，2018. 基于频率衰减补偿的微地震定位方法[J]. 地球物理学报，61(1)：250-257.

常旭，王一博，2019. 微地震反演研究[M]. 北京：科学出版社：50-74.

陈春燕，陈芷若，刘恩豪，等，2018. 水力压裂技术与微地震监测技术研究进展[J]. 科技资讯，16(28)：68-70.

达姝瑾，李学贵，董宏丽，等，2020. 微地震震源定位方法综述[J]. 吉林大学学报（地球科学版），50(4)：1228-1239.

刁瑞，2018. 微地震与地面地震联合定位方法应用研究[D]. 青岛：中国石油大学.

江勇勇，2019. 地面微地震震源定位与震源机制反演[D]. 北京：中国石油大学.

李晗，2017. 微地震定位与震源机制反演研究[D]. 北京：中国科学院大学.

李青峰，张建中，2019. 基于分组互相关成像条件的微震逆时成像定位方法[J]. 地球物理学进展，34(1)：125-135.

李振春，盛冠群，王维波，等，2014. 井地联合观测多分量微地震逆时干涉定位[J]. 石油地球物理勘探，49(4)：661-666.

李政，常旭，姚振兴，等，2018. 微地震方法的裂缝监测与储层评价[J]. 地球物理学报，62(2)：707-719.

廉超，李胜乐，董曼，等，2006. 球面交切法地震定位[J]. 大地测量与地球动力学，26(2)：99-103.

梁兵，朱广生，2004. 油气田勘探开发中的微地震监测方法[M]. 北京：石油工业出版社：5-59.

刘建中，王春耘，刘继民，等，2004. 用微地震法监测油田生产动态[J]. 石油勘探与开发，(2)：71-73.

刘振武，撒利明，巫芙蓉，等，2013. 中国石油集团非常规油气微地震监测技术现状及发展方向[J]. 石油地球物理勘探，48(5)：843-854.

刘庆华，鲁来玉，王凯明，2015. 主动源和被动源面波浅地表勘探方法综述[J]. 地球物理学进展，30(6)：2906-2922.

毛辉，王鹏，曾隽，2019. 水力压裂微地震事件定位方法综述[J]. 地球物理学进展，34(5)：1878-1886.

毛元彤，2019. 三维各向异性介质地震波走时计算与地震定位的方法研究[D]. 北京：中国地震局地球物理研究所.

宋维琪，孙英杰，朱卫星，2008. 微地震资料频域相干—时间域偏振滤波方法[J]. 石油地球物理勘探，43(2)：161-167.

田玥，陈晓非，2002. 地震定位研究综述[J]. 地球物理进展，17(1)：147-156.

王晨龙，程玖兵，尹陈，等，2013. 地面与井中观测条件下的微地震干涉逆时定位算法[J]. 地球物理学报，56(9)：3184-3196.

文成哲，2010. 微震空间自相关法在地下空间探测中的可行性研究[D]. 长春：吉林大学.

吴华，李庆春，邵广周，2018. 瑞利波波形反演的发展现状及展望[J]. 物探与化探，42(6)：1103-1111.

夏江海，高玲利，潘雨迪，等，2015. 高频面波方法的若干新进展[J]. 地球物理学报，58(8)：2591-2605.

徐佩芬，李世豪，杜建国，等，2013. 微动探测：地层分层和隐伏断裂构造探测的新方法[J]. 岩石学报，29(5)：1841-1845.

袁聪聪，2019. 微地震定位及结构成像研究[D]. 合肥：中国科学技术大学.

张宇，康建红，张晨侠，等，2014. 采用LOCSAT和HYPOSAT方法对东北深源地震定位分析[J]. 地震地磁观测与研究，35(2)：96-99.

赵博雄, 王忠仁, 刘瑞, 等, 2014. 国内外微地震监测技术综述[J]. 地球物理学进展, 29(4): 1882-1888.

赵东, 2010. 被动源面波勘探方法与应用[J]. 物探与化探, 34(6): 759-764.

周建超, 赵爱华, 2012. 三维复杂速度模型的交切法地震定位[J]. 地球物理学报, 55(10): 3347-3354.

Aki K, 1957. Space and time spectra of stationary stochastic waves, with special reference to microtremor[J]. Bull. Earthq. Res. Inst, Tokyo, 35: 415-456.

Alleyne D, Cawley P, 1991. A two-dimensional fourier transform method for the measurement of propagating multimode signals[J]. The Journal of the Acoustical Society of America, 89(3): 1159-1168.

Artman B, Podladtchikov I, Witten B, 2010. Source location using time-reverse imaging[J]. Geophysical Prospecting, 58(5): 861-873.

Asten W, 2004. Passive seismic methods using the microtremor wave field for engineering and earthquake site zonation[C]. 74th SEG Annual Meeting, Denver.

Benndorf H, 1911. Microseismic movements[J]. Bulletin of the Seismological Society of America, 1(3): 122-124.

Bucks C, Saleck F M, Zaleski, et al., 1995. Multiscale seismic waveform inversion[J]. Geophysics, 60(5): 1457-1473.

Campillo M, Paul A, 2003. Long-range correlations in the diffuse seismic coda[J]. Science, 299: 547-549.

Cao W, 2009. Seismic interferometry for seismic source location and interpolation of three-dimensional ocean bottom seismic data [D]. University of Utah.

Detring J P, Williams-Stroud S, 2013. The use of microseismicity to understand subsurface-fracture systems and to increase the effectiveness of completions: Eagle for shale, texas[J]. SPE Reservoir Evaluation & Engineering, 16(4): 456-460.

Forchap E A, Schmid G, 1998. Experimental determination of rayleigh-wave mode velocities using the method of wave number analysis[J]. Soil Dynamics and Earthquake Engineering, 17(3): 177-183.

Gabriels P, Snieder R, Nolet G, 1987. In situ measurements of shear wave velocity in sediments with higher mode Rayleigh wave[J]. Geophysical Prospecting, 35(2): 187-196.

Gajewski D, Anikiev D, Kashtan B, et al., 2007. Localization of seismic events by diffraction stacking[C]. SEG Technical Program Expanded Abstracts: 9355-9362.

Gajewski D, Tessmer E, 2005. Reverse modelling for seismic event characterization[J]. Geophysical Journal International, 163(1): 276-284.

Geiger L, 1912. Probabillity Method for the determination of earthquake from arrival time only [J]. Bull. St. Lous. Univ, 88(1): 60-71.

Gherasim M, Albertin U, Bertram N, et al., 2010. Wave equation angle based illumination weighting for optimized subsalt imaging[C]. SEG Technical Program Expanded Abstracts: 3293-3297.

Guo H, Zhang H, 2017. Development of double-pair double difference earthquake location algorithm for improving earthquake locations [J]. Geophysical Journal international, 208(1): 333-348.

Haldorsen J, Brooks N, Milenkovic M, 2013. Locating microseismic sources using migration-based deconvolution [J]. Geophysics, 78(5): KS73-KS84.

Halliday D, Curtis A, 2008. Seismic interferometry surface waves and source distribution[J]. Geophys. J. Int, 175(3): 1067-1087.

Hayashi K, Martin A, Hatayama K, et al., 2013. Estimating deep S-wave velocity structure in the los angeles basin using a passive surface-wave method[J]. The Leading Edge, 32(6): 620-626.

He Y, Wang W, Yao Z, 2003. Static deformation due to shear and tensile faults in a layered half-space[J]. Bulletin of the Seismological Society of America, 93(5): 2253-2263.

Kremers S, Fichtner A, Brietzke G B, et al., 2011. Exploring the potentials and limitations of time-reversal imaging of finite seismic sources[J]. Solid Earth, 2(1): 95-105.

Krieger L, Grigoli F, 2015. Optimal reorientation of geophysical sensors: a quaternion-based analytical solution[J]. Geophysics, 80(2): F19-F30.

Li J, Feng Z, Schuster G, 2017. Wave equation dispersion inversion[J]. Geophys. J. Int., 208: 1567-1578.

Li J, Lin F, Allam A, et al., 2019. Wave equation dispersion inversion of surface waves recorded on irregular topography[J]. Geophys. J. Int., 217(1): 346-360.

Liao Y, Kao H, Rosenberger A, et al., 2012. Delineating complex spatiotemporal distribution of earthquake aftershocks: an improved source-scanning algorithm[J]. Geophysical Journal international, 189(3): 1753-1770.

Lu R, Lazaratos S, Wang K, et al., 2013. High-resolution elastic FWI for reservoir characterization[C]. EAGE Technical Program Expanded Abstracts. London: 10-12.

Maxwell S, Rutledge J, Jones R, et al., 2010. Petroleum reservoir characterization using downhole microseismic monitoring[J]. Geophysics, 75(5): A129-A137.

Miller R, Xia J, Park C, et al., 1999. Multichannel analysis of surface waves to map bedrock[J]. The Leading Edge, 18(12): 1392-1396.

Nakata N, Beroza G, 2016. Reverse time migration for microseismic sources using the geometric mean as an imaging condition[J]. Geophysics, 81(2): KS51-KS60.

Nakata N, Snieder R, Tsuji T, et al., 2011. Shear wave imaging from traffic noise using seismic interferometry by cross-coherence[J]. Geophysics 76(6): SA97-SA106.

Pan Y, Gao L, Bohlen T, 2019. High-resolution characterization of near-surface structures by surface-wave inversions: from dispersion curve to full waveform[J]. Surveys in Geophysics, 40(2): 167-195.

Park C B, Miller R D, Xia J, 1999. Multichannel analysis of surface waves[J]. Geophysics, 64(3): 800-808.

Park C, Miller R, Laflen D, et al., 2004. Imaging dispersion curves of passive surface waves[C]: Soc. Expl. Geophys., 1357-1360.

Poliannikov O, Malcolm A, Djikpesse H, et al., 2011. Interferometric hydrofracture microseism localization using neighboring fracture[J]. Geophysics, 76(6): WC27-WC36.

Pulliam J, 2000. Advances in seismic event location[M]. Advance in Seismic Event Location. Kluwer Academic Publish, 228.

Rayleigh J, 1885. On waves propagated along the plane surface of an elastic solid[J]. Proc. London. Math. Soc., 1(1): 4-11.

Sava P, 2011. Micro-earthquake monitoring with sparsely sampled data[J]. Journal of Petroleum Exploration & Production Technologies, 1(1): 43-49.

Schuster G, Yu J, Sheng J, et al., 2004. Interferometric/daylight seismic imaging[J]. Geophysical Journal International, 157(2): 838-852.

Shapiro N M, Campillo M, Stehly L, et al., 2005. High resolution surface-wave tomography from ambient seismic noise[J]. Science, 307: 1615-1618.

Smith M B, Holman G B, Fast C R, et al., 1978. The azimuth of deep, penetrating fractures in the wattenberg field[J]. Ptte. Tech., 30(2): 185-193.

Sun J, Zhu T, Fomel S, et al., 2015. Investigating the possibility of locating microseismic sources using distributed sensor networks[C]. SEG Technical Program Expanded Abstracts: 2485-2490.

Tarantola A, 1984. Inversion of seismic reflection data in the acoustic approximation[J]. Geophysics, 49(8): 1259-1266.

Virieux J, Operto S, 2009. An overview of full waveform inversion in exploration geophysics[J]. Geophysics, 74(6): WCC1-WCC26.

Waldhauser F, Ellsworth W, 2000. A double-difference earthquake location algorithm: method and application to the northern hayward fault[J]. Bulletin of the Seismological Society of America, s8(6): 1353-1368.

Wu S, Wang Y, Zheng Y, et al., 2018. Microseismic source locations with deconvolution migration[J]. Geophysical Journal International, 212(3): 2088-2115.

Xia J, Miller R, Park C, 1999. Estimation of near-surface shear-wave velocity by inversion of rayleigh waves[J]. Geophysics, 64(3): 691-700.

Yao, H, Robert D, van Der Hilst et al., 2006. Surface wave array tomography in SE Tibet from ambient seismic noise and two station analysis I. phase velocity maps[J]. Geophysical Journal International, 166(2): 732-744.

Yu J, Schuster G, 2004. Enhancing illumination coverage of VSP data by crosscorrelogram migration[C]. SEG Technical Program Expanded Abstracts: 2501-2504.

Zhang H, Thurber C, 2003. Double-difference tomography: the method and its application to the hayward fault, california [J]. Bulletin of the Scismological Society of America, 93 (5): 1875-1889.

9 非常规油气藏测井评价技术

本章主要介绍当前非常规油气中页岩气和天然气水合物的测井评价技术进展,并以典型实例介绍非常规油气藏测井评价技术的具体思路、方法、流程及效果。

9.1 页岩气藏测井评价技术

随着世界油气工业的不断发展,非常规油气在全球油气产量中的作用和地位不断加强,继油砂、致密气和煤层气等资源规模有效开发之后,近年来"非常规油气革命"又实现了页岩气、致密油产量的高速增长。水平井密切割压裂、地下光纤监测和大数据人工智能等新技术的应用,进一步推动了非常规油气的跨越式发展。

非常规油气指用传统技术无法获得自然工业产量、需用新技术改善储层渗透率或流体黏度等才能经济开采连续或准连续型聚集的油气资源(邹才能等,2015)。非常规油气与常规油气在理论体系、研究方法、评价技术及开发方式等方面有本质区别,非常规油气有两个关键标志和两个关键参数。

两个关键标志:(1)油气大面积连续分布,圈闭界限不明显;(2)无自然工业稳定产量,达西渗流不明显。

两个关键参数:(1)孔隙度小于10%;(2)孔喉直径小于1μm或空气渗透率小于1mD。

非常规油气主要特征表现为源储共生,在盆地中心、斜坡大面积分布,圈闭界限与水动力效应不明显,储量丰度低,主要采用水平井体积压裂技术、平台式钻井—"工厂化"生产、纳米技术提高采收率等方式开采。非常规油气评价重点是地化特性、岩性、物性、含油气性、脆性与可压裂性"六特性"及配置关系。勘探主要目的是寻找生油气能力、储油气能力、产油气能力俱佳的"甜点"区与油气连续分布边界,以获取最大采收率和最佳开发效果。

9.1.1 页岩气测井评价技术进展

近年来,随着我国国民经济的高速发展,市场对油气资源需求不断增长,2020年我国对天然气的需求量缺口高达$800 \times 10^8 m^3$,远远无法满足国家经济发展的要求。因此,近几年我国加大了对非常规天然气资源尤其是页岩气的勘探、开发力度。

我国页岩气资源量十分丰富,在四川、鄂尔多斯、吐哈、塔里木和准噶尔等盆地的主要层系均具有良好的烃源岩,演化程度普遍很高,具备泥页岩油气成藏的地质条件。2005年以来,我国在页岩气勘探开发上,借鉴北美地区成功经验,针对不同地质背景,开展页岩气赋存地质条件、资源前景评价和"甜点"区评价优选研究,先后在我国南方寒武系、奥陶系—志留系、石炭系—二叠系、三叠系—侏罗系和鄂尔多斯盆地三叠系、石炭系—二叠系等层系页岩中发现了页岩气，评价优选出四川盆地的五峰组—龙马溪组特大型页岩气区，建成了涪陵、长宁、威远三大页岩气田，累计探明页岩气地质储量$5441.29×10^8m^3$，实现了页岩气的工业化开采。我国页岩气产量从无到有，前后用了8年的时间在埋深3500m以浅在2020年实现了年产$200×10^8m^3$的历史性跨越（图9.1.1）。目前，我国页岩气勘探、开发历经了从页岩气地质条件研究、"甜点"区评选与评价井钻探及勘探开发前期准备，到海相页岩气工业化开采试验、海陆过渡相与陆相页岩气勘探评价两大发展阶段，正有序向海相页岩气规模化开采、海陆过渡相与陆相页岩气工业化开采试验阶段递进。初步实现了中国海相页岩气勘探开发"理论、技术、生产"革命，并逐步向规模化开采发展（邹才能等，2021）。

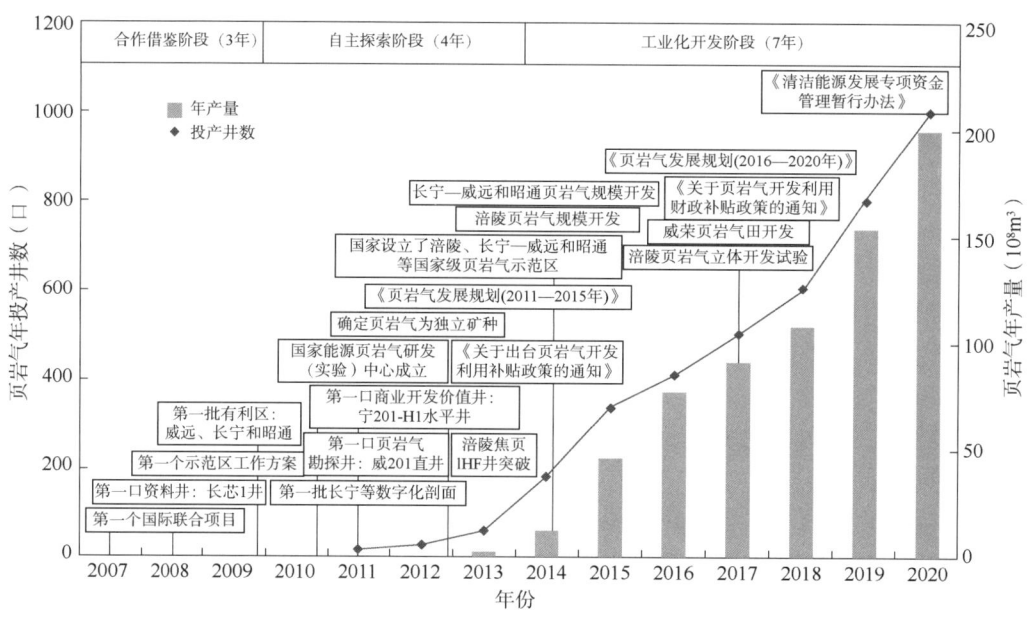

图9.1.1 中国页岩气产业发展历程简图（据邹才能等，2021）

通常，页岩气指以热成熟作用或连续生物作用为主或两者相互作用产生的以吸附态或游离态为主要赋存方式存在于富有机质页岩地层及粉砂岩、碳酸盐岩等薄夹层中的天然气（张金川等，2006；赵群等，2008），是一种自生自储的天然气聚集，具有明显的原地成藏特征（张金川等，2004；邹才能等，2010）。页岩气主要分布于前陆盆地坳陷—斜坡、坳陷盆地中心及克拉通向斜部位等负向构造单元中，呈大面积连续型或准连续型分布。和常规天然气藏不同，页岩气藏具有以下四个显著特征。

第一，储层孔渗参数较低。岩性致密，岩层存在一定的脆性，在较高压力条件下容易产生大量微裂缝，整体上呈现低孔隙度、低渗透率的特点（李玉喜等，2012；鲍云杰等，2014）。

第二，储层气体具有双重赋存状态。研究认为，页岩气主要由吸附气和游离气两部分组成，吸附气附着于孔隙及有机质颗粒表面，游离气存在于孔隙及裂缝空间中（贾承造等，2012；代建伟，2016）。

第三，页岩气藏具有混合成藏机理。页岩气为不间断充注、连续聚集式的成藏模式，具有常规天然气和煤层吸附气两者的特征，成藏后页岩表现出普遍的含气性（徐海霞等，2012）。

第四，页岩储层为自生自储式成藏。泥页岩本身兼具烃源岩、储层和盖层的功能，气体就近聚集成藏，几乎不存在运移现象，由于不受构造的控制和圈闭的捕获，因此，页岩气比常规天然气藏更易于保存（王飞宇等，2011；杨华等，2013）。

页岩气勘探以寻找大面积层状储集体为其关键，核心工作是评价"甜点"区，所谓"甜点"指富有机质页岩优质储层发育段和有利区。主要包括地质"甜点"和工程"甜点"。有机质含量及类型、成熟度、储层岩性、物性、含气性、裂缝发育程度、优质页岩厚度等参数是页岩地质"甜点"评价的主要内容；页岩脆性、异常压力、各向异性及地应力差等参数是工程"甜点"评价的主要内容。页岩气储层评价方法包括地质分析、样品实验分析、地震勘探和地球物理测井等技术方法。

地球物理测井技术以其采集成本低、纵向连续且分辨率高、信息量大而成为识别、评价页岩气储层的重要手段。在勘探阶段，测井不仅能识别优质页岩气储层，还能够精细评价页岩气储层的各参数，如矿物组分、物性参数、地化参数、吸附气和游离气含量及脆性指数等。近年来，随着我国页岩气资源评价和勘探的不断深入，在页岩气测井采集系列研发、页岩气岩石物理理论与方法、页岩储层"甜点"评价及处理软件开发等方面取得了较大进展，在解释评价方法上提出了一套页岩地化特性、地层组分及含量、物性、含气性和可压性的储层"五性"评价方法及标准，并在此基础上，考虑测井响应特征，提出了页岩气储层的"六性"评价指标，并总结出页岩气测井评价的主要任务包括矿物组分含量、物性参数、地化参数、含气量及可压性参数的评价与计算以及裂缝识别。

与常规气藏相比，页岩气藏的储层特征更加复杂，所采用的测井系列也与常规储层有很大的区别，一些新的测井方法，比如核磁共振测井、交叉阵列声波测井、成像测井及岩性扫描测井等，得到了广泛应用，从而促进了页岩气藏的高效开发。同时，在页岩气勘探开发的不同阶段，所选择的测井系列也有所不同（表9.1.1）。页岩气储层识别是页岩气储层评价的前提和基础工作。不同的测井曲线对含气页岩有不同的响应特征（表9.1.2），一般来说优质页岩层段具有明显的"二低三高"的测井曲线特征：低密度、低中子值，高自然伽马、高声波时差和高铀含量。

表9.1.1 页岩气探井、评价井及开发井测井系列（据郝建飞等，2012，有修改）

测井项目	解决地质问题	探井	评价井	开发井
自然伽马及能谱	地层对比、干酪根指数、地层矿物成分、黏土矿物类型、岩石成分	√	√	√
自然电位	地层渗透率、地层对比、地层水性质	√	√	√
井径、井斜、井温	资料校正、井眼轨迹、地温梯度、气体温度校正	√	√	√
岩性密度	矿物组分、孔隙度、泥质及有机质含量	√	√	√
中子	岩石矿物组分、孔隙度、气体识别	√	√	√
声波时差	地层划分、孔隙度、地层孔隙压力	√	√	√
双侧向	地层划分、流体性质、裂缝识别、饱和度计算	√	√	√
阵列声波	岩石力学参数、地层各向异性、地应力参数	√	√	可选
电阻率成像	岩石结构、构造、裂缝、沉积环境、地应力方向等	√	可选	可选
元素	岩石矿物组分及含量	√	可选	可选
核磁共振	孔隙度、渗透率、束缚水体积、可动流体体积	可选	可选	可选

表 9.1.2　页岩气储层测井响应特征(据张作清等,2013,有修改)

测井曲线	测井响应特征	响应特征因素分析
自然伽马	高值,局部低值	与泥质含量正相关;有机质中可能含钾盐和某些放射性物质
深、浅电阻率	中低值,局部较高,深、浅电阻率几乎重合	随泥质和束缚水含量增加而降低,随干酪根、有机质及含气增加而变大
中子测井	中低值	随束缚水增多而增大;有机质的增大而增大;随含气量增大而减小;裂缝发育而变大
岩性密度	中低值	随含气量增大而降低;有机质使测量值偏低
声波测井	高值,有周波跳跃	随黏土和有机质含量增大而增大;随含气量增大而变小;裂缝发育有周波跳跃现象
井径	扩径	泥质地层易发生扩径;有机质、裂缝存在而扩径加剧

矿物组分评价是页岩气储层评价的基础,其评价的好坏直接影响着后期压裂井段的选择。其中脆性矿物(石英、长石、方解石等)和黏土矿物含量是页岩矿物组分评价最为重要的两个方面。为了提高压裂效果,应尽量选取脆性矿物含量较多而黏土等塑性矿物含量较少的层段,这样才能有效保证压裂的可靠性。页岩气储层矿物组分评价的方法主要有:常规测井、元素俘获能谱(ECS)测井和自然伽马能谱(NGS)测井。由于页岩储层矿物组分的多样性和较强的非均质性,常规测井方法很难准确计算各矿物组分(郝建飞等,2012);侯颉等(2012)指出可利用 ECS 测井和 Litho Scanner 测井进行矿物组分的准确评价,ECS 测井可以得到页岩中主要成分:黏土、石英、方解石及自生矿物(比如黄铁矿)的质量百分含量,再利用测井优化方法可以得到页岩储层的岩性剖面,而利用信息更加丰富的 Litho Scanner 测井,解释精度会得到进一步的提高。

页岩气储层的孔隙结构比较复杂,首先体现在类型上,可粗略地分为有机孔和无机孔(杨峰等,2013)。Zou(2012)按照发育位置和发育成因把页岩孔隙分为干酪根纳米孔隙以及纳米级别的粒间孔和粒内孔,在此基础上,Han(2013)进一步补充了微裂缝的孔隙类型。陈尚斌等(2012)对川南地区龙马溪组页岩气储层采用低温氮气吸附的方法进行测试分析,发现该地区的页岩储层孔隙多为纳米级孔隙,孔隙形状呈开放状,颗粒里面发育的孔隙结构形态为长条形狭窄孔隙。对于页岩储层的孔隙大小的研究,前人也做了大量的工作。北美地区页岩气储层纳米级别孔径范围为 5~160nm,主要分布范围为 80~100nm;中国页岩气的孔隙直径范围为 5~300nm,主要分布范围为 80~200nm(邹才能等,2011)。不同的孔隙大小赋存不同的流体类型。Cao Minh 等(2012)把页岩储层的孔隙分为非黏土基质孔、黏土孔隙和有机质孔。其中,黏土孔隙中赋存流体为黏土束缚水;非黏土基质孔中赋存流体为毛细管束缚水,自由水、游离气和油;有机质孔中赋存流体为吸附气、游离气和油。

页岩中只有当机质含量达到一定标准和规模时才有可能成为有效烃源岩。常用的有机质成熟度的表征指标主要有热解烃峰值温度(T_{max})、镜质组反射率(R_o)以及热成熟度指数(MI)等。对烃源岩的测井评价主要包含有机质丰度、有机质类型以及有机质成熟度等指标的评价。对于总有机碳(TOC)的测井计算,Schmoker(1981)通过对美国 Illinois 地区的 New

Albany 页岩岩心研究发现，有机碳含量与自然伽马、密度测井间均有良好的线性关系，提出了利用密度测井根据实验结果拟合 TOC 含量的经验公式；Passey（1990，2010）提出了利用声波（密度或者中子也适用）和电阻率估计 TOC 含量的方法；Jacobi 等（2008）根据核磁孔隙度和密度孔隙度对干酪根反应的差异，提出了基于核磁测井和密度测井计算 TOC 含量的方法。但由于测井曲线通常会受到井眼条件、特殊矿物以及页岩碳化程度等因素的影响，致使 TOC 的计算存在一定的误差。随着测井新技术的广泛应用，利用元素俘获能谱测井（ECS），考虑干酪根作为骨架组分的一部分，通过计算干酪根的体积分数，建立总有机碳含量与干酪根之间的转换关系实现对总有机碳含量的求取。镜质组反射率一般在实验室通过测试获得，但也可通过电阻率与中子—密度测井的组合，进行镜质组反射率的测井计算。付美男等（2017）提出根据页岩镜质组反射率（R_o）与温度和地层深度之间存在正相关关系提出镜质组反射率（R_o）计算模型。

页岩气储层物性评价主要有岩石物理模型法、多元线性拟合法，以及核磁、声波、元素俘获测井等特殊测井方法。体积模型法主要是利用孔隙度测井曲线，在测井响应方程的基础上结合页岩有机质含量，求取地层孔隙度。测井—岩心刻度法应用实验室页岩测得的孔隙度（GRI 法）与声波时差、密度之间的地区经验关系进行数学拟合，建立孔隙度计算模型。丁娱娇等（2014）指出核磁共振测井在页岩气孔隙度评价中具有不可比拟的优势，并建立了核磁共振方法定量评价页岩孔隙度的模型，显示出核磁共振测井在评价页岩储层纳米级孔隙的效果良好。总体来说，页岩孔隙度的计算仍沿用了常规储层的计算方法，但在实际应用中要充分利用核磁共振测井的技术优势，以提高孔隙度的计算精度。由于页岩储层多发育纳米级别的孔隙，因此渗透率极低，导致通过实验以及测井评价页岩的渗透率存在较多困难。张晋言等（2012）尝试利用 HERRON 公式计算了基于矿物组分的页岩渗透率；郭洪志（2014）在研究页岩渗透率与含气体积、孔隙度以及 TOC 含量之间的关系时，发现含气体积与页岩渗透率的相关性最好，并采用含气体积对页岩渗透率进行了计算。由于页岩中气体的吸附作用会减小孔隙直径，对渗透率会产生影响，因此在计算渗透率时需要综合考虑非达西流动以及吸附作用的影响。

由于页岩储层的孔隙结构较为复杂，在对页岩气储层物性评价时除了要评估储层的宏观物性外，还需要对页岩储层的微观孔隙结构进行评价。目前主要采用离子束聚集扫描电镜、纳米—CT、氮气吸附、核磁共振测试等实验手段分析页岩储层的微观孔隙结构特征。

对于泥页岩储层饱和度研究认为由于黏土参与岩石导电，致使阿尔奇公式在泥页岩中不适用，目前国内外常用采用泥质砂岩的饱和度模型来计算页岩储层的含气饱和度。但由于页岩储层中常常富集黄铁矿、石墨等导电矿物，影响了页岩储层的导电性，导致利用电阻率法评价含水饱和度存在困难。国内外应用了大量特殊测井方法，如核磁共振测井仪，能够反映地层中的流体信息。针对电阻率法的不足，Kadkhodaie 等（2016）提出了一个估算页岩储层含水饱和度的有效方程，该方程与电性参数和地层水矿化度无关，但是需要根据实验提前获得 TOC 的含量。Zhang（2016）利用 TOC 含量、岩心含水饱和度和计算的含水饱和度之间的关系提出了两种估算含水饱和度的新方法，但它们并没有考虑黄铁矿以及其他导电矿物的影响。

页岩储层中的气体主要有吸附气、游离气、溶解气三种，但由于溶解气的含量很低，一般在计算总含气量时不考虑它的影响。目前，页岩吸附气含量的计算既是重点，也是难点。如何准确计算吸附气含量一直是国内外页岩气工作者感兴趣的研究课题，近年来也取得了较大的研究进展。目前，广泛用来获取页岩吸附气含量的方法是基于吸附理论的各种模型，主要有兰格缪尔（Langmuir，简称 L 模型）单分子层吸附模型、基于波拉尼（Polanyi）吸附势差的微孔填充模型和 BET 多分子层吸附模型。研究发现高温高压条件下的页岩流体以超临界状态存在。等温吸附实验结果发现，模拟地层环境测得的部分等温吸附曲线表现出"倒吸附"现象即随压力增大而先增大后减小，此时直接使用兰格缪尔等温吸附模型不能很好地拟合相关实验数据（聂海宽等，2013；代建伟，2016）。为了解决该现象，目前国内外学者大都利用吸附相密度修正等温吸附模型。但吸附相密度不能直接通过实验测取，因此目前主要有三种常见的计算方法：

第一种方法认为超临界态类似于气体液化，直接选取 0.423g/cm^3（常压沸点时液体甲烷密度）作为吸附相密度（Harpalani et al.，2006；Wang et al.，2016）；

第二种方法则是利用实验数据线性化拟合过剩吸附量下降段来求取吸附相密度（Pini et al.，2006，2010；Chareonsuppanimit et al.，2012；Clarkson et al.，2013）；

第三种方法是以数学优化思想根据实验数据通过最小二乘法拟合求取吸附相密度（Tian et al.，2016；周尚文等，2016；潘磊，2016）。

Collell 利用分子动力学模拟，研究了在一定温度压力条件下，有机质对甲烷和乙烷的吸附情况，并使用兰格缪尔等温吸附模型较好地拟合了计算结果（Collell et al.，2014；陈花等，2018）。Samuel（2016）利用分子动力学模拟，建立了评价页岩气流动的相关参数，并以此认为分子动力学模拟是研究页岩气的有效手段之一。Hamza 通过分子动力学模拟得出页岩气在吸附过程中存在多层吸附的结论（Hamza，2017）。目前针对页岩气吸附的分子动力学研究还处于起步阶段，主要集中在矿物、有机质等单组分吸附机理研究，还未形成基于分子动力学研究的完整体系，尤其是与吸附模型的结合方面还较为落后（代建伟，2016；朱凯，2019）。

由于赋存于游离气的泥页岩裂缝及孔隙的复杂性和特殊性，如何有效计算游离气量目前仍存在诸多分歧。Hartman 重新建立了页岩岩石物理模型，提出了利用吸附气相孔隙度估算页岩游离气和吸附气含量的模型（Hartman et al.，2011；Dehghanpour，2011）；Zhu 等（2012）在其基础上考虑总有机碳含量对页岩孔隙的影响，提出了根据有效孔隙度计算有效含气饱和度的方法来计算游离气量；陈新军等（2012）提出了结合储层页岩孔隙度和含气饱和度，考虑温度、压力的影响，计算游离气量的新模型；而黄小平等（2014）通过类比页岩致密砂岩，认为可以通过阿尔奇公式计算其含气饱和度，进一步计算游离气量。祁攀文等（2017）认为陆相页岩气黏土含量相对较高，发育有大量裂缝，基于岩电实验建立的游离气计算模型精度有待提高。

页岩气的力学性能的评价非常重要，可以作为确定水力压裂潜力层段的一种判别指标，进而评价页岩气的工程"甜点区"。页岩脆性及可压裂性是评价页岩气储层工程"甜点区"的主要指标。

这两个参数的测量，在实验室中可以通过不同条件下岩石样品的测试（静态法）来确定，或者使用偶极声波测井数据计算得出。徐春露(2017)系统总结了页岩气可压性的测井评价方法，包括单系数法(Jarvie et al.,2007；Rickman et al.,2008)、双系数法(Jin,2014)和三系数法(赵金洲,2017)，即从脆性指数、断裂韧性和裂缝发育程度三个方面进行可压性的评价。矿物组分的变化，导致页岩气的岩石物理评价变得复杂。非黏土矿物，尤其是石英的含量对评价岩石的脆性指数非常重要。页岩层的矿物含量和脆性之间存在一种关系。根据Jarvie等(2007)对巴奈特页岩的研究，脆性最大的巴奈特页岩含有大量石英，脆性最小的页岩则含有大量的黏土矿物，而含有大量碳酸盐矿物的页岩脆性中等。因此，可以根据测井计算的页岩储层矿物组分含量来计算页岩地层的脆性指数。Rickman等(2008)以及Grieser(2007)通过泊松比(ν)和杨氏模量(E)的结合，来确定地层的脆性指数。尽管页岩地层可压性的评价日趋成熟，但也存在一些问题，比如在用矿物组分法进行脆性指数评价的时候，并未明确指明不同矿物之间脆性的差异，同时在进行可压性评价的时候，很少考虑岩石的强度性质。因此，进行页岩地层可压性评价的时候，需要明确不同矿物组分的脆性差异以及综合考虑岩石的强度特征。

9.1.2 分子动力学模拟在页岩含气性评价中的应用

页岩气已成为国内油气勘探的热点领域，随着页岩油气勘探开发的逐步深入，作为非常规油气的主要类型之一，页岩油气在未来必将会成为一种主要的接替能源。由于地质条件的复杂性，不同沉积环境下形成的不同的页岩地层及其页岩气分布和富集程度均存在较大差异。考虑到页岩储层中部分页岩气以吸附态赋存于有机质和矿物表面，因此，页岩气相态特性的描述以及吸附规律的研究必将给传统油气地质的宏观分析和常规岩石物理实验研究带来新的挑战。

近年来，分子动力学模拟作为分析与表征分子系统性质的一种极其有用，且具有高强度计算能力的工具，被广泛应用于材料、医学、石油、化工、地球科学等领域。在页岩气储层含气量的评价中，为了准确确定吸附气的含量，需要通过实验获得吸附相密度或吸附相体积参数，但由于吸附相与固相基质之间相互作用的非均质性，吸附相密度是随孔隙大小而变化的，加之在地下温压状态下，页岩气处于超临界态，使得实验测量特别困难。为了解决这些问题，基于分子动力学模拟相对于实验在获得系统详细的时间演变和动力学信息方面的优势，为研究页岩气的吸附机理以及吸附气的定量评价提供了一条新的途径。

9.1.2.1 基本原理及步骤

分子动力学模拟是基于牛顿力学的原理，模拟复杂和多元系统中相互作用的原子和分子之间的机械运动，通过牛顿运动方程的数值求解分子和原子的运动轨迹。其基本程序是首先建立一个包括大量原子和分子系统，然后对系统内所有粒子进行经典牛顿动力学方程的数值求解并通过积分得到每个粒子的坐标和速度，最后对每个粒子的位置和速度进行修正，并记录每个时刻的粒子轨迹和速度。

(1) 设定模型。

一般情况下两个分子之间的相互作用势为Lennard—Jones势，函数表达式为：

$$V(r)=4\varepsilon\left[\left(\frac{\sigma}{r}\right)^{12}-\left(\frac{\sigma}{r}\right)^{6}\right] \qquad(9.1.1)$$

式中：$V(r)$ 为分子之间的势能；ε 为势能最小值；r 为分子之间的距离；σ 为势能最小时的分子之间的距离。

（2）初始条件。

求解分子动力学模拟时，需要知道分子的初始参数，如初始位置、速度等。合理选择初始条件可以加快模拟时间和减少误差。初始条件一般选择为：①初始位置在划分的网格上，初始速度由随机抽样得到。②初始位置为随机偏离网格，令初始速度为0。③初始位置随机偏离网格，初始速度随机抽样得到。

（3）趋于平衡过程。

根据上面的条件，进行分子动力学模拟计算。首先计算含有很多个分子或原子的运动体系，体系总能量由体系中各个分子的总动能和总势能构成，总势能可以通过体系中各个原子的函数来表达，一般由分子间（或原子间）的范德华力作用和内部势能两部分组成，即：

$$U = U_{\text{VDW}} + U_{\text{in}} \tag{9.1.2}$$

式中：U 为总势能；U_{VDW} 为范德华力作用势能；U_{in} 为内势能。

范德华力作用势能计算，如式（9.1.3）：

$$U_{\text{VDM}} = u_{12} + u_{13} + \cdots + u_{1n} + u_{23} + u_{24} + \cdots = \sum_{i=1}^{n-1} \sum_{j=i+1}^{n} u_{ij}(r_{ij}) \tag{9.1.3}$$

原子 i 所受的力 F_i 为：

$$\boldsymbol{F}_i = -\nabla_i U = -\left(\boldsymbol{i} \frac{\partial}{\partial x_i} + \boldsymbol{j} \frac{\partial}{\partial y_i} + \boldsymbol{k} \frac{\partial}{\partial z_i} \right) U \tag{9.1.4}$$

原子 i 的加速度 $\boldsymbol{a}_i$ 为：

$$\boldsymbol{a}_i = \frac{\boldsymbol{F}_i}{m_i} \tag{9.1.5}$$

原子 i 经过时间 t 后的速度 $\boldsymbol{v}_i$ 与位置 $\boldsymbol{r}_i$ 为：

$$\frac{\mathrm{d}^2}{\mathrm{d}t^2} \boldsymbol{r}_i = \frac{\mathrm{d}}{\mathrm{d}t} \boldsymbol{v}_i = \boldsymbol{a}_i \tag{9.1.6}$$

$$\boldsymbol{v}_i = \boldsymbol{v}_i^0 + \boldsymbol{a}_i t \tag{9.1.7}$$

$$\boldsymbol{r}_i = \boldsymbol{r}_i^0 + \boldsymbol{v}_i^0 t + \frac{1}{2} \boldsymbol{a}_i t^2 \tag{9.1.8}$$

重复计算以上步骤，使系统达到平衡态。

（4）宏观物理量计算。

达到平衡态以后即可以计算宏观物理量，而宏观物理量的计算是求宏观物理量的轨迹平均值。动能的宏观物理量平均值为：

$$\overline{E_k} = \lim_{t' \to \infty} \frac{1}{(t' - t_0)} \int_0^{t'} \mathrm{d}\tau E_k \{ [p^{(N)}(\tau)] \} \tag{9.1.9}$$

式中：E_k 为宏观物理量动能；t 为时间；p 为分子动量。

由于模拟过程是不连续的，因此动能值可以表示为时间各个点 μ 上的动能平均值

$$\overline{E_k} = \frac{1}{(n-n_0)} \sum_{\mu > n_0}^{n} \sum_{i=1}^{N} \frac{(p_i^2)^{(\mu)}}{2m} \tag{9.1.10}$$

由式(9.1.10)可以利用平均动能计算温度：

$$T = \frac{\overline{E_i}}{\frac{d}{2}Nk_B} \tag{9.1.11}$$

式中：d 为粒子自由度；k_B 为玻尔兹曼常数，取值为 1.380649×10^{-23} J/K。

在分子动力学模拟中，假设一个独立的对粒子系，其粒子间的相互作用力是球对称的，则其哈密顿量为：

$$H = \frac{1}{2} \sum_i \frac{p_i^2}{m} + \sum_{i<j} u(r_{ij}) \tag{9.1.12}$$

式中：r_{ij} 为第 i 个粒子与第 j 个粒子之间的距离。

由式(9.1.12)推导出牛顿运动方程：

$$\frac{d^2 r_i(t)}{dt^2} = \frac{1}{m} \sum_{i<j} F_i(r_{ij}) \quad i=1, 2, \cdots, N \tag{9.1.13}$$

对式(9.1.13)的求解可化为求解：

$$r_i(t+h) = 2r_i(t) - r_i(t-h) + F_i(t)h^2/m \quad i=1, 2, \cdots, N \tag{9.1.14}$$

由式(9.1.14)可知，如果已知分子 t 和 $t-h$ 时刻的位置以及 t 时刻的作用力，就可以算出 $t+h$ 时刻的分子位置，令：

$$t_n = nh \tag{9.1.15}$$

$$r_i^{(n)} = r_i(t_n) \tag{9.1.16}$$

$$F_i^{(n)} = F_i(t_n) \tag{9.1.17}$$

将式(9.1.15)、式(9.1.16)、式(9.1.17)代入式(9.1.14)中，得：

$$r_i^{(n+1)} = 2r_i^{(n)} - r_i^{(n-1)} + F_i^{(n)} h^2/m \quad i=1, 2, \cdots, N \tag{9.1.18}$$

如果已知初始空间位置，则通过上式可以由 $\{[r_i^{(0)}], [r_i^{(1)}]\}$ 得到 $\{[r_i^{(2)}], [r_i^{(3)}]\}$，以此类推得到 $\{[r_i^{(n)}], [r_i^{(n+1)}]\}$。

由空间位置计算粒子的运动速度为：

$$v_i^{(n+1)} = [r_i^{(n+1)} - r_i^{(n-1)}]/2h \tag{9.1.19}$$

根据上述原理，分子动力学的基本模拟步骤如图9.1.2所示。

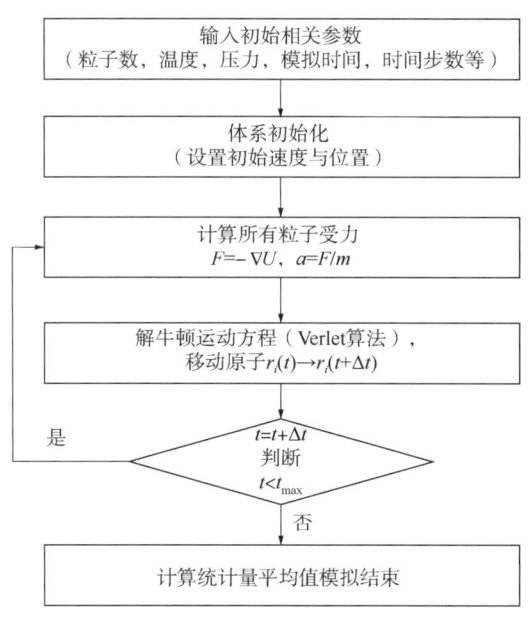

图 9.1.2 分子动力学模拟方法简化流程图（据李文华，2014）

9.1.2.2 模型建立

由于干酪根具有复杂的结构与分子构成，不能够准确地还原干酪根的分子构型。因此，在模拟有机质模型时一般采用单壁碳纳米管、石墨烯狭缝或者是根据数据自主构建干酪根孔隙模型。利用石墨烯构建的层间结构来代替有机质的层间结构，利用石墨稀狭缝模拟有机质纳米孔，使用的晶格参数见表9.1.3。然后将甲烷构型导入建好的有机质模型中，进行后续的吸附模拟。最终所构建的有机质狭缝模型如图9.1.3 所示。

表 9.1.3 石墨烯狭缝晶格参数

空间群	晶格参数						超晶胞参数
	$a(Å)$	$b(Å)$	$c(Å)$	$\alpha(°)$	$\beta/(°)$	$\gamma(°)$	
P63/MMC	24.6	24.6	6.80	90.00	90.00	120.00	$10a×10b×1c$

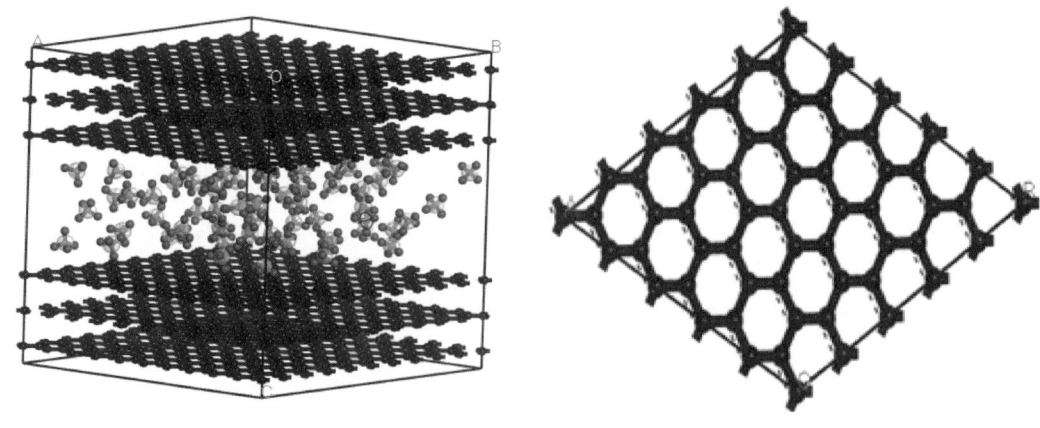

图 9.1.3 石墨烯狭缝结构透视效果

9.1.2.3 甲烷吸附相密度的影响因素分析

在分子动力学模拟软件中，首先利用 Smart 算法对分子体系进行能量最小化，通过调整原子位置变化获得初始的稳定构型。然后利用巨正则蒙特卡洛法（GCMC）计算有机质孔隙中充填的甲烷分子数，优先吸附位的判断利用巨正则蒙特卡洛法，平衡步数和化产步数均为 1×10^6。计算全过程采用 COMPASS 力场，其中分子间范德华作用采用 Atom Based 求和方法，甲烷与骨架的静电势能采用 Ewald 求和方法。

模拟结束导出充填甲烷分子后的骨架模型，获得吸附体系中各分子的坐标，统计每个盒子内的分子种类和数目，并计算其流体密度平均值。计算公式如下：

$$\rho = \frac{\sum_{i=1}^{n} M_i n_i}{N_A V_j} \tag{9.1.20}$$

式中：i 为分子种类；M_i 为 i 分子的相对分子质量；n_i 为小盒子内含有的 i 分子数量；N_A 为阿伏伽德罗常数，mol^{-1}；V_j 为第 j 个小盒子的体积，m^3。

模拟结果如图 9.1.4 至图 9.1.7 所示，在其他条件不变的情况下，随着孔径的增大，甲烷吸附相密度减小。根据模拟结果计算甲烷吸附相平均密度见表 9.1.4。

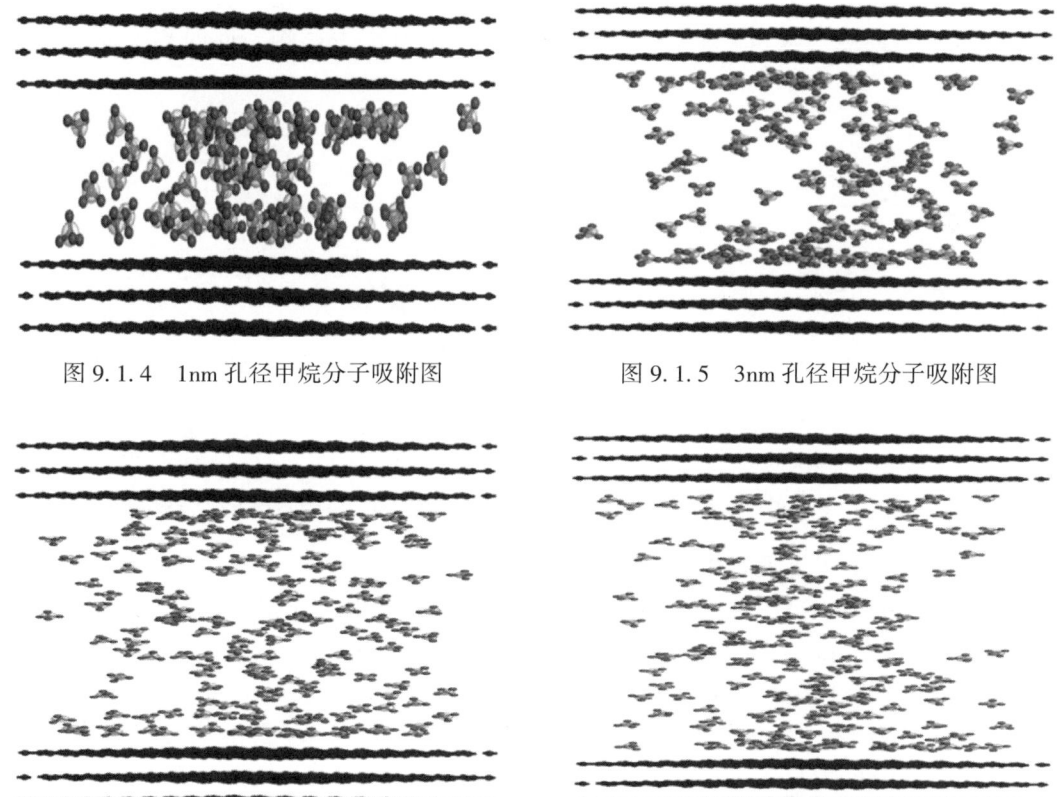

图 9.1.4　1nm 孔径甲烷分子吸附图　　　图 9.1.5　3nm 孔径甲烷分子吸附图

图 9.1.6　6nm 孔径甲烷分子吸附图　　　图 9.1.7　10nm 孔径甲烷分子吸附图

表 9.1.4　不同孔径大小的甲烷吸附相平均密度

孔径大小(nm)	$d=1\text{nm}$	$d=3\text{nm}$	$d=6\text{nm}$	$d=10\text{nm}$
吸附相平均密度(g/cm³)	0.295	0.225	0.116	0.091

（1）温度、压力的影响。

为了研究温度对甲烷吸附相密度的影响，分别模拟了 5 组不同温度（300K、320K、340K、360K、380K）条件下的甲烷吸附相密度，模拟结果如图 9.1.8 所示。

结果显示，在不同压力条件下，甲烷吸附相密度均随着温度的增加而减小（图 9.1.8）。主要原因是，在其他条件一致时，随着温度的增加，甲烷分子能够从外界得到的能量越多越容易脱离岩石的吸附，从而降低了吸附气量，因此温度越高，对吸附的影响也就越大。

为了研究压力对甲烷吸附相密度的影响，分别模拟了 9 组不同压力（0MPa、2MPa、5MPa、10MPa、20MPa、30MPa、40MPa、50MPa、60MPa）条件下的甲烷吸附相密度，模拟结果如图 9.1.9 所示。结果显示，在相同孔径的条件下，随着压力的增加，甲烷吸附相密度逐渐增大，在压力大于 20MPa 以后，甲烷吸附相密度大小趋于稳定。其原因是随着压力增加，甲烷分子脱离有机质表面所需的能量也随之增加，使甲烷分子更加难以脱离有机质表面，造成吸附气量随着压力增大而上升。但当压力达到一定程度以后，吸附曲线趋于平缓，这是因为孔隙表面积是固定的，随着压力的升高，孔隙表面全部被甲烷分子所占据，吸附气量达到饱和，压力的增大不再对吸附量产生影响，此时岩心达到其最大吸附量。

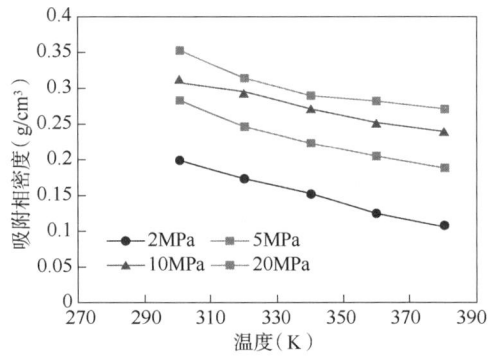

图 9.1.8　温度与甲烷吸附相密度交会图

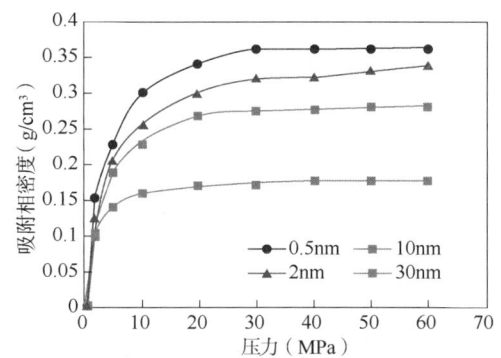

图 9.1.9　压力与甲烷吸附相密度交会图

（2）孔径大小对甲烷吸附相密度的影响。

为了研究孔径大小对甲烷吸附相密度的影响，分别模拟了 5 组不同孔径大小（0.5nm、1nm、2nm、3nm、10nm、20nm、40nm）条件下的甲烷吸附相密度，模拟结果如图 9.1.10 所示。因为分子间存在极限距离以及甲烷分子本身的大小等原因，0.5nm 孔径内最多只能容纳一层甲烷，且两侧孔壁对甲烷施加的吸附作用力叠加在一起使得甲烷吸附相密度很高，平均甲烷吸附相密度为 0.269g/cm³。而对于大于 2nm 孔径，由于甲烷分子之间也存在吸附作用，部分甲烷吸附在靠近孔壁的甲烷分子层上，形成了两个甲烷吸附层。随着压力的升高，还可能形成多分子层吸附。

如图 9.1.11 所示，压力不变时，随着岩石孔径的增大，甲烷吸附相平均密度逐渐减小。模拟结果进一步证明，页岩储层孔径大小对甲烷吸附状态的影响至关重要，因此，在对页岩储层吸附气量的计算中有必要考虑页岩孔径大小及其分布比例。

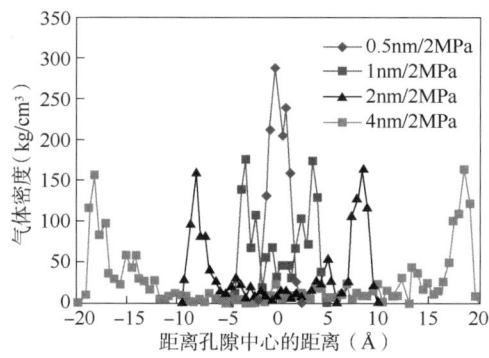

图 9.1.10　不同孔径中甲烷的密度分布曲线

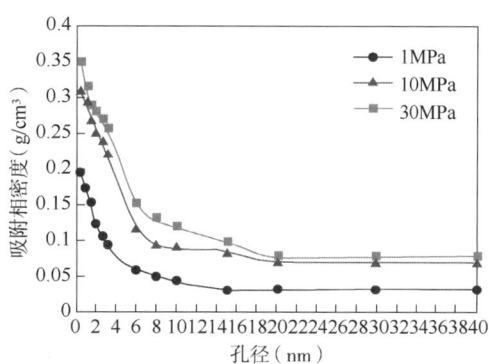

图 9.1.11　孔径与甲烷吸附相密度交会图

9.1.2.4　等温吸附模型的修正

根据模拟结果可知，孔径大小对甲烷吸附相密度的影响较大。因此，需要对等温吸附模型进行不同孔径分布比例的修正。

利用核磁实验数据计算孔径分布，首先实验得到核磁共振 T_2 谱分布（图9.1.12），然后根据 T_2 时间和平均孔半径的关系：

$$T_2 = \rho \frac{S}{V} \tag{9.1.21}$$

式中：ρ 为岩石横向表面弛豫强度系数，nm/ms；S 为孔隙总表面积，nm^2；V 为孔隙体积，nm^3。

将上式（9.1.21）改写为：

$$2r = d = 4\rho T_2 \tag{9.1.22}$$

式中：d 为孔隙直径，nm。

令 $C = 4\rho$，C 是模型参数，则：

$$d = CT_2 \tag{9.1.23}$$

根据资料显示该地区页岩孔径分布最优 C 值为 4.56（陈昱林，2016）。利用 C 值求取岩样的核磁共振法孔径分布曲线，结果如图9.1.13所示。根据分子动力学模拟结果将孔径划分为三种类型：$d<2nm$，$2\leq d\leq 20nm$，$d>20nm$。分别计算出核磁共振法不同孔径平均所占比例，结果见表9.1.5。

表 9.1.5　不同孔径分布平均所占比例表

孔径分布	$d<2nm$	$2\leq d\leq 20nm$	$d>20nm$
平均所占比例(%)	59.26	33.84	6.90

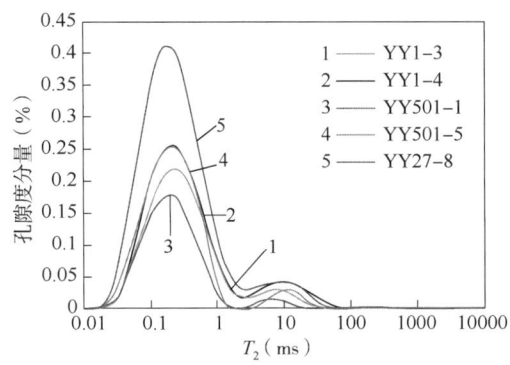
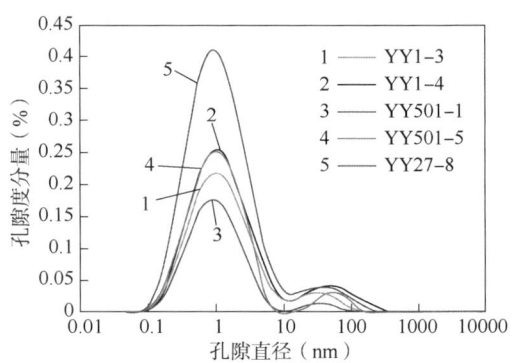

图 9.1.12 核磁共振 T_2 谱分布图　　　　图 9.1.13 核磁共振法孔径分布图

等温吸附实验测得的吸附量为过剩吸附量(也称 Gibbs 吸附量)是吸附相中超出气相密度的过剩量,而理论等温吸附模型计算的气体吸附量为绝对吸附量是甲烷的实际吸附量。根据 Gibbs 的定义,其关系为式(9.1.24)所示:

$$V_{ex} = V_{abs}\left(1-\frac{\rho_g}{\rho_a}\right) \tag{9.1.24}$$

式中: V_{ex} 为平衡压力下甲烷的过剩吸附量,m^3/t;V_{abs} 为平衡压力下甲烷绝对吸附量,m^3/t;ρ_a 为甲烷的吸附相密度,g/cm^3;ρ_g 为平衡压力下气体相密度,g/cm^3。

根据孔径分布比例,将式(9.1.24)修正为:

$$V_{ex} = 0.5926 V_{abs}\left(1-\frac{\rho_g}{\rho_{a_1}}\right) + 0.3384 V_{abs}\left(1-\frac{\rho_g}{\rho_{a_2}}\right) + 0.069 V_{abs}\left(1-\frac{\rho_g}{\rho_{a_3}}\right) \tag{9.1.25}$$

式中: ρ_{a_1} 为孔径 $d<2nm$ 时甲烷吸附相密度,g/cm^3;ρ_{a_2} 为孔径 $2\leq d\leq 20nm$ 时甲烷吸附相密度,g/cm^3;ρ_{a_3} 为孔径 $d>20nm$ 时甲烷吸附相密度,g/cm^3。

由于实验得到的等温吸附曲线是根据一个样品在某一恒定的温度下测得的。即总有机碳含量和温度在任何深度点都为定值,不符合实际地层情况。因此,对于不同储层,必须进行总有机碳含量、温度校正得到可靠的等温吸附参数(钟光海等,2016)。

经过温度和总有机碳含量校正后,兰格缪尔方程计算吸附气含量:

$$V_a = \frac{V_{Lc}P}{P+P_{Lt}} \tag{9.1.26}$$

式中: V_a 为吸附气含量,m^3/t;V_{Lc} 为经过总有机含量校正后的兰格缪尔体积,m^3/t;P_{Lt} 为在储层温度下的兰格缪尔压力,MPa;P 为储层压力,MPa。

修正得到过剩吸附量:

$$V_{ex} = 0.5926 \frac{V_{Lc}p}{p+p_{Lt}}\left(1-\frac{\rho_g}{\rho_{a_1}}\right) + 0.3384 \frac{V_{Lc}p}{p+p_{Lt}}\left(1-\frac{\rho_g}{\rho_{a_2}}\right) + 0.069 \frac{V_{Lc}p}{p+p_{Lt}}\left(1-\frac{\rho_g}{\rho_{a_3}}\right) \tag{9.1.27}$$

式中：V_{ex} 为平衡压力下甲烷的过剩吸附量，m^3/t；ρ_{a_1} 为孔径 $d<2nm$ 时甲烷吸附相密度，g/cm^3；ρ_{a_2} 为孔径 $2 \leq d \leq 20nm$ 时甲烷吸附相密度，g/cm^3；ρ_{a_3} 为孔径 $d>20nm$ 时甲烷吸附相密度，g/cm^3；ρ_g 为平衡压力下气体相密度，g/cm^3。

根据图9.1.14和图9.1.15的模拟结果，拟合得到不同孔径分布的甲烷吸附相密度计算公式，见表9.1.6。

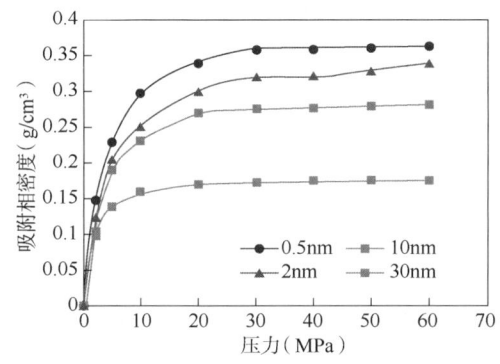
图9.1.14 压力与甲烷吸附相密度交会图

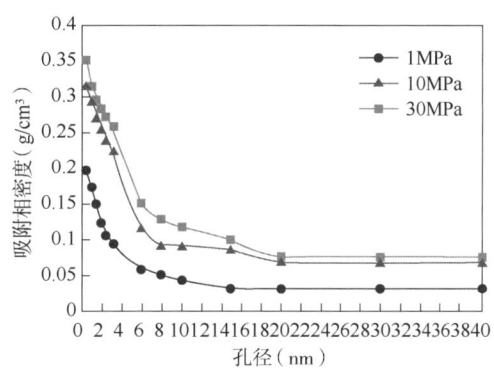
图9.1.15 孔径与甲烷吸附相密度交会图

表9.1.6 不同孔径分布的甲烷吸附相密度计算公式

孔径分布	吸附相密度计算公式	平均吸附相密度（取中间孔径值）	相关系数
$d<2nm$	$\rho_{a_1}=\dfrac{0.362p}{p+0.251}-0.036d$	$\rho_{a_1}=\dfrac{0.362p}{p+0.251}-0.036$	$R=0.815$
$2 \leq d \leq 20nm$	$\rho_{a_2}=\dfrac{0.287p}{p+1.36}-0.06\ln d+0.081$	$\rho_{a_2}=\dfrac{0.287p}{p+1.36}-0.057$	$R=0.794$
$d>20nm$	$\rho_{a_3}=\dfrac{0.082p}{p+1.51}$	$\rho_{a_3}=\dfrac{0.082p}{p+1.51}$	$R=0.782$

将表9.1.6中不同孔径分布的甲烷吸附相密度计算公式代入式（9.1.27）中，就得到了基于分子动力学模拟修正的吸附气量计算模型。

利用甲烷吸附相密度修正模型对研究区吸附气量进行估算，结果如图9.1.16所示。如图9.1.16（a）所示，修正前模型的定量计算结果与实验室测试吸附气量结果相差较大，误差为41.7%，说明修正前模型已经不能够用于精确计算页岩储层吸附气量。如图9.1.16（b）所示，修正后模型的定量计算结果在整体趋势上与实验室测试吸附气量结果误差为9.5%，说明修正后模型的定量计算比较精确，能够用于精确计算页岩储层吸附气量。

利用建立的甲烷吸附相密度修正模型，对GY-2井[图9.1.17（a）]和GY-3井[图9.1.17（b）]长7段、NY-3井[图9.1.18（a）]和NY-4井[图9.1.18（b）]长9段、YY-502井[图9.1.19（a）]和YY-507井[图9.1.19（b）]山西1段进行处理，结果如图4-38至图4-40所示，图中第五道分别为甲烷吸附相密度修正模型计算结果、未修正模型计算结果以及实验测试结果对比道。甲烷吸附相密度修正模型的定量计算结果在整体趋势上与实验测试结果较为符合，说明该模型的定量计算比较精确，能够用于精确计算页岩吸附气量。

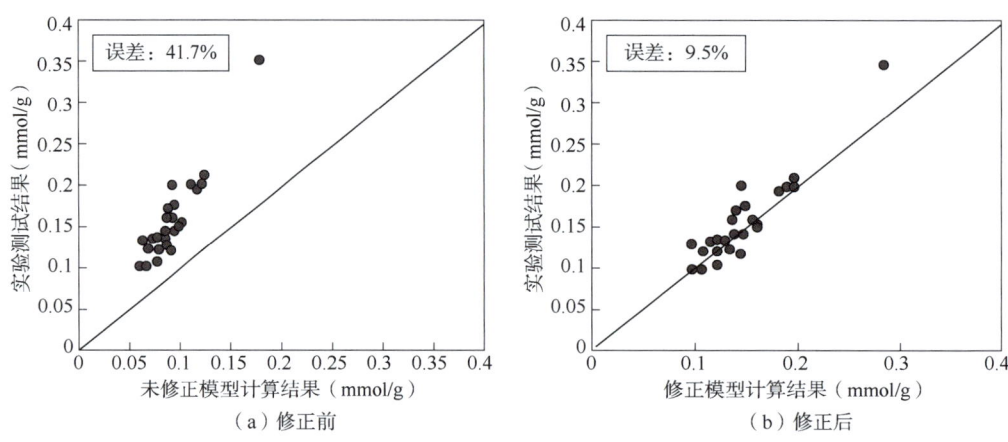

图 9.1.16 计算吸附气量模型精度检验图

利用分子动力理论对实验得到的等温吸附曲线进行修正，理论和操作同样较为简单，便于应用和推广，考虑不同孔径甲烷吸附相密度对吸附气量的影响，该方法更适用于复杂孔径分布储层。由于该研究区延长组长 7 段、长 9 段储层深度相对较浅，并且因为扩径、骨架中部分矿物的影响等因素，个别测井参数波动较大，因此基于分子动力学理论吸附气量评价方法更适用于研究区延长组长 7 段、长 9 段储层。

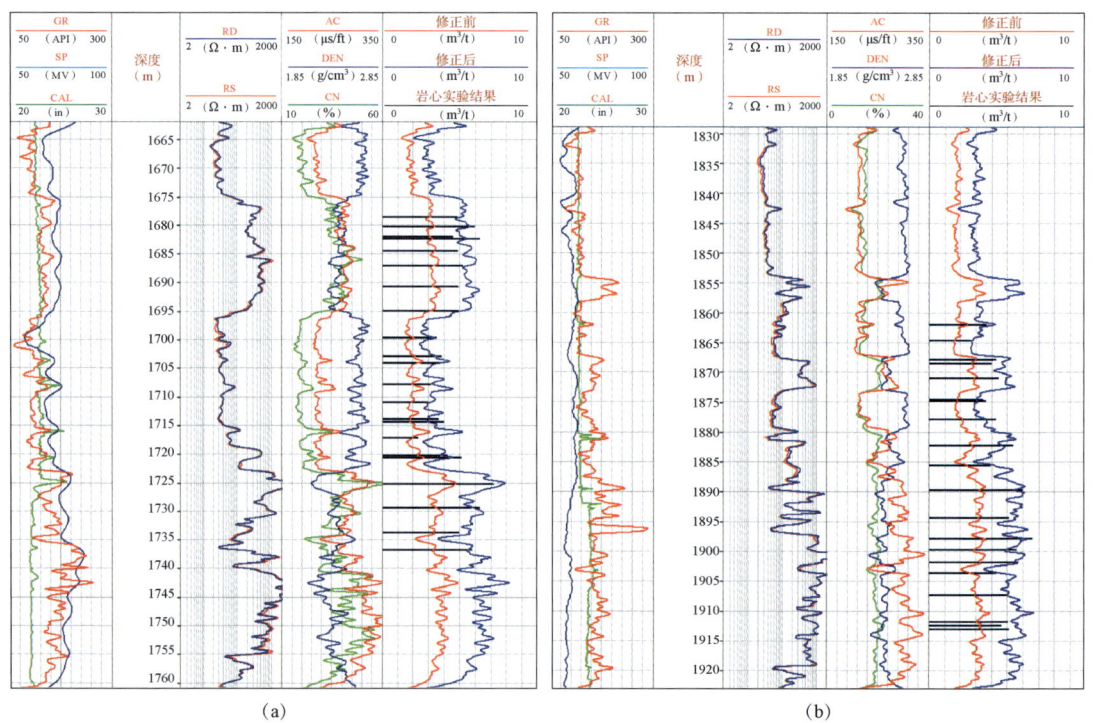

图 9.1.17 GY-2 井和 GY-3 井长 7 段基于吸附相密度修正模型的吸附气量评价成果图

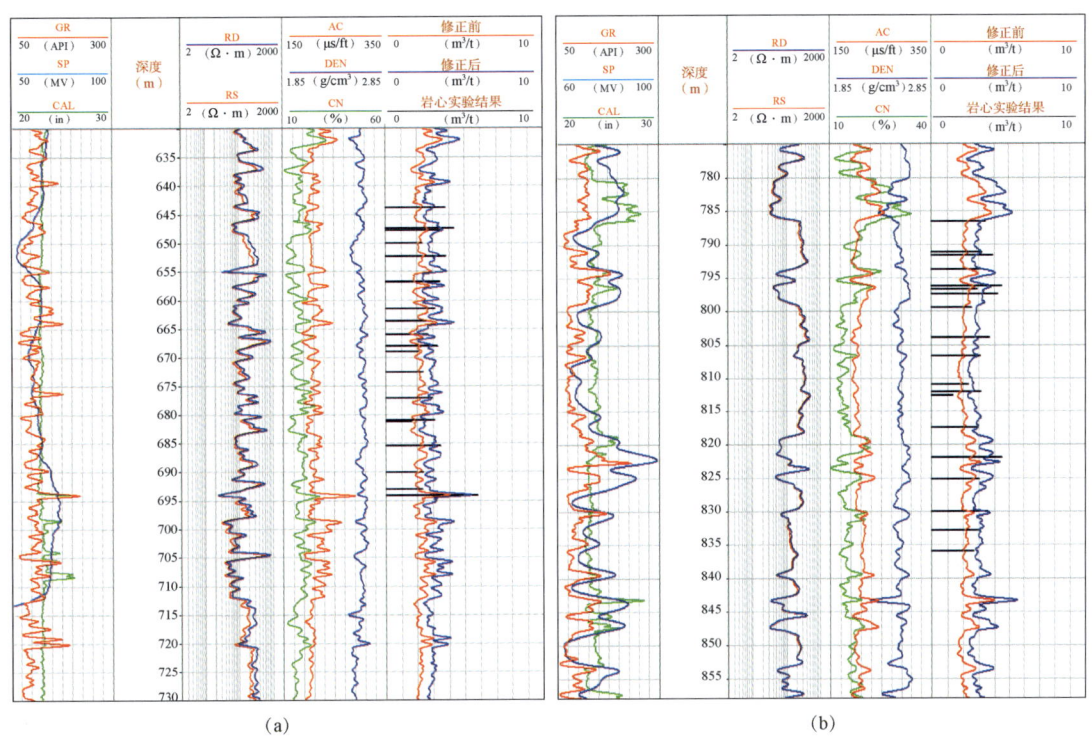

图 9.1.18　NY-3 井和 NY-4 井长 9 段基于吸附相密度修正模型的吸附气量评价成果图

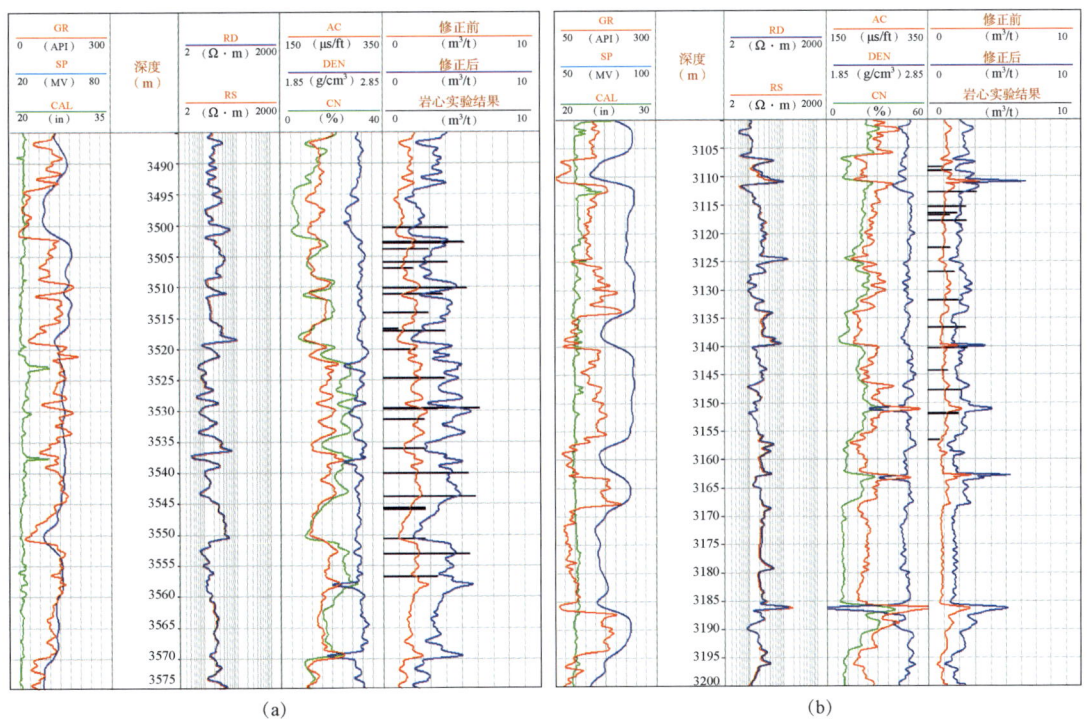

图 9.1.19　YY-502 井和 YY-507 井山西 1 段基于吸附相密度修正模型的吸附气量评价成果图

9.2 天然气水合物藏测井评价技术

全球天然气水合物资源丰富，分布广泛，将在未来能源发展战略中占有重要地位。天然气水合物是一种高能量密度的似冰体，俗称"可燃冰"，由于它的笼型结构，1m³的可燃冰可以释放出164~180m³的甲烷气体（戴金星，2002）。天然气水合物矿藏对储层环境的要求较大，一般分布于冻土带和浅海沉积物中，被誉为是清洁、高效、储量丰富的新型潜在能源。经估算，全球海底天然气水合物所含甲烷资源量高达$2\times10^{16}m^3$，约已知的煤、石油及天然气所含甲烷资源总量的两倍（丛晓荣等，2014）。

我国地域广阔，目前已经在我国南海北部陆坡的神狐海域及青海祁连山南缘的永久冻土带等区域发现了大量的天然气水合物富集；2017年5月，我国首次在南海海域天然气水合物试采成功，2017年11月3日，国务院正式批准将天然气水合物列为新矿种，（王大锐，2018）。对天然气水合物的勘探开发，西方国家起步较早，如俄、美、德、英、加、日等许多发达国家在天然气水合物的研究方面开展了大量的工作，在国内对它的研究也一直没有间断，我国的地质工作者十分重视天然气水合物的调查与研究，随着天然气水合物的调查工作，地球物理测井作为传统资源的勘察和评价方法，在天然气水合物的资源调查中也扮演了不可或缺的角色。

作为天然气水合物勘探开发的关键技术，测井技术不仅可为水合物地层识别和参数评价提供高分辨率、连续的数据资料，还有助于提高勘探效率，降低钻井风险。天然气水合物的形成需要合适的温度压力条件，当这些条件一旦被破坏，天然气水合物就会分解。所以，对天然气水合物储层进行取心实验是十分困难的，地球物理测井中的随钻测井成了研究天然气水合物的最有效的方法，国外发达国家在对天然气水合物的勘探中广泛使用随钻测井技术，我国天然气水合物的研究可在借鉴国外经验的基础上，加强天然气水合物测井基础理论、高新技术、仪器装备等方面的研究。

9.2.1 天然气水合物藏测井评价技术进展

天然气水合物指甲烷与水在高压低温的条件下结晶而形成的冰状物，广泛分布于陆地永久冻土区、水深大于300m的海底以及海底以下数百米的沉积层内，具有分布广、储量大、能量密度高等特点。

美国地质调查局（USGS）在北阿拉斯加冻土带水合物资源评价中，首次提出基于地质的、遵循标准油气资源评价的水合物矿藏资源评价技术体系；在海域天然气水合物勘探中，从早期美国阿拉斯加Elieen State2井，到近年来的ODP164、ODP204、DSDP184、IODP311等航次均不同程度地使用了测井方法来获取地层的物理响应，其核心是借鉴常规油气资源评价思路，依靠大量的钻探资料，基于岩心及测井标定，结合地质和地球物理综合研究的矿产资源评价方法。为了能够较为准确地识别与评价天然气水合物储层性质，测井技术从早期采用电阻率和声波测井识别天然气水合物，发展到今天用电缆和随钻测井技术分析天然气水合物储层的分布、岩石物理特征及其含量，可谓取得了重大进展。随着各种测井新方法的出现，天然气水合物的勘探也应用了成像、核磁、电磁波传播、偶极声波，以及方向电阻率、环电阻率等测井新方法来识别和描述海域水合物的薄互层、裂缝发育程度及各向异性等储层性质。为了节省勘探成本并不是所有测井方法都会在一口井使用，而是根据实际需求在不同井中使用不同的测井方法。

通常情况下，在天然气水合物钻孔中进行的测井项目主要包括电阻率、自然伽马、声波、密度、中子、核磁共振、成像等，通过这些方法可获取岩性、孔隙度、地层流体及倾角等数据资料。表9.2.1列出了目前全球天然气水合物主要勘探项目及测井情况。

表9.2.1 全球天然气水合物主要勘探项目及测井情况

区域类型	勘探地区	项目名称	测井方法
冻土	加拿大Mallik地区	Mallik 2002	电缆测井：电阻率、声波、伽马、成像
	美国阿拉斯加北部陆坡	2007 MountWlbert	电缆测井：电阻率、声波、中子、密度、伽马、成像、电磁、核磁等
	俄罗斯西西伯利亚盆地	俄罗斯国家大学永久冻土学院Cryogeology	电缆测井：电阻率、声波、密度等
海洋	危地马拉陆缘	1982深海钻探项目DSDP 84航次	电缆测井：电阻率、声波、密度、中子等
	美国布莱克海台Blake Ridge	海洋钻探项目ODP164航次	电缆测井：井径、伽马、电阻率、声波、密度、中子等
	美国水合物海岭Hydrate Ridge	海洋钻探项目ODP204航次	电缆+随钻测井：电阻率、声波、密度、中子、核磁等
	加拿大温哥华外海	2005综合大洋钻探计划IODP 311航次	电缆+随钻测井：伽马、电阻率、声波、密度、中子、成像等
	日本Nankai海槽	日本国际贸易与工业部MITI Nankai	电缆+随钻测井：伽马、电阻率、声波、核磁等
	墨西哥湾	联合工业项目JIP Keathley Canyon	随钻测井：伽马、电阻率、声波、密度等
	印度沿海	联合工业项目JIP Ⅱ Green Canyon	随钻测井：伽马、电阻率、声波、中子、井径等
		国家天然气水合物计划NGHP-01-10	电缆+随钻测井：伽马、电阻率、声波、密度等
	韩国Ulleung盆地	UBGH-2	电缆+随钻测井：伽马、电阻率、声波、密度、中子等
	中国南海神狐海域	海洋钻探项目ODP184航次	电缆测井：电阻率、声波、密度等
		2007广州海洋地质调查GMGS-1	电缆测井：伽马、声波、电阻率、密度、中子、井径等

（1）天然气水合物的主要分布及其性质。

天然气水合物除了少数分布在陆地的永久冻土中，大多数分布在浅海沉积物中，富集层主要是泥岩、粉砂质泥岩和泥质粉砂岩等，由于海域天然气水合物富集深度浅，储层的孔隙度都比较大，所以海域非成岩天然气水合物主要是呈非固结状态；从地层年代上看，海域天然气水合物主要存在于新生界中，从地层结构上来看，主要分布在内陆海和边缘海的大陆架、陆隆、盆地、断褶构造、底辟构造、海底扇和海底滑塌体等构造，特别富集于泥火山、盐（泥）底辟及与大型构造断裂有关的海盆中（金庆焕，2000）。经过各国多年的水合物钻探计划，如今，在世界范围内已经发现的海域水合物主要分布在大西洋海的墨西哥湾、南美东部陆缘、加勒比海、非洲西部陆缘和美国东岸外的布莱克海台等，西太平洋海域的鄂霍次克海、白令海、日本海、中国南海等，东太平洋海域的加州滨外、中美海槽、秘鲁海槽等，印度洋的阿曼海湾等，在南极和北极以及大陆内的里海和黑海等也均有发现（表9.2.2）。

表9.2.2 主要海域水合物区域及类型统计表

海域	航次	储层类型	水合物类型
中美洲海槽（Costa）	DSDP84	砂岩	孔隙充填
	ODP170		
中美洲海槽（危地马拉）	DSDP67	泥岩	块状
	DSDP84		
美国布莱克海台	ODPLeg164	砂层	孔隙充填，少数结核、裂缝、块状
美国水合物脊	ODPLeg204	砂层	孔隙充填，少数结核、裂缝、块状
美国墨西哥湾	JIP Ⅰ、JIP Ⅱ	砂层	孔隙充填，少数裂缝充填
印度沿海	NGHP-01-10	砂层	裂缝充填
温哥华外海	IODPLeg311	砂岩	孔隙充填，少数结核、块状
中国南海神狐海域	GMGS	砂岩	孔隙充填
日本海域	ODP127、ODP131	砂层	孔隙充填

海域天然气水合物主要是由水分子和天然气构成的类冰状固态物，其分子结构具有特殊的笼形结构。根据不同的晶体结构来看，将水合物分为Ⅰ型结构和Ⅱ型结构（Ripmeester，1987），Udachin等（2001）又确定了H型。结构Ⅰ型气水合物为立方晶体结构，其在自然界分布最为广泛，仅能容纳甲烷（C1）、乙烷这两种小分子的烃，以及N_2、CO_2、H_2S等非烃分子，这种水合物中甲烷普遍存在的形式是构成$CH_4 \cdot 5.75H_2O$的几何格架；结构Ⅱ型气水合物为菱形晶体结构，除包容C1、C2等小分子外，较大的"笼子"（水合物晶体中水分子间的空穴）还可容纳丙烷（C3）及异丁烷（i-C4）等烃类。结构H型气水合物为六方晶体结构，其大的"笼子"甚至可以容纳直径超过异丁烷（i-C4）的分子，如i-C5和其他直径在0.75~0.86nm之间的分子。结构H型气水合物早期仅存在于实验室，1993年才在墨西哥湾大陆斜坡发现其天然产物。Ⅱ型和H型水合物比Ⅰ型水合物更稳定。根据其类冰的结构，在外观和很多物理参数上都跟冰十分相似，将固态水合物与冰作对比，具体对比值可见表9.2.3。

表 9.2.3　冰与水合物的物理性质对比表(宋海斌，2001)

物理性质	冰	结构Ⅰ型	结构Ⅱ型
密度(10^3kg/m^3)	0.917	0.79(空) 0.91(甲烷) 1.73(氙)	0.77(空) 0.88(甲烷) 0.97(THF)
纵波速度(km/s)	3.84	3.65	3.24
横波速度(km/s)	1.95	1.89	1.65
纵横波速度比	1.96	1.93	1.95
泊松比	0.325	0.317	0.32
硬度(Mobs)	4	2~4	
剪切模量(GPa)	3.5	3.2	2.4, 3.2
等压体积模量(GPa)	8.9	7.7	5.6, 7.8
等温体积模量(GPa)	8.6	7.2	5, 7.7
等压杨氏模量(GPa)	9.3	8.5	63, 8.3
等温杨氏模量(GPa)	9.0	7.9	6.1, 8.1
热熔[J/(g·K)]	2.014 22.097	2.077 2.003	2.029
热膨胀系数(10^7K)	53 56	87 1104	64
热导率[W/(m·K)]	2.23	0.49	0.51
电阻率(kΩ·m)	500	5	
介电常数	94	58	58

从宏观上看，海域天然气水合物一般呈均匀分散充填状、层状、块状、脉状和瘤状(张光学等，2014)，从微观赋存形式上看可分为悬浮模式、颗粒接触模式、胶结模式(Ecker，1998)，Dai等(2004)又将海域天然气水合物按照不同胶结类型细分为接触胶结型、包裹胶结型、骨架胶结型、流体胶结型、骨架内胶结型、岩球和裂隙胶结型六种类型(图9.2.1)，不同的赋存形式对储层的物理性质有着影响巨大，当赋存形式以悬浮模式时为主，水合物与海水一起悬浮在孔隙中，使孔隙中流体的弹性参数发生改变，从而整体上影响了沉积物的弹性参数。当赋存形式以颗粒接触模式为主时，水合物胶结成沉积物骨架，从而整体上影响弹性模量。当赋存形式为胶结模式时，水合物作为胶结物，加强了沉积物的胶结程度，在降低孔隙度的同时，也极大地改变了沉积物的刚度。弹性参数的改变直接影响了声波在水合物储层的传播速度，不仅如此，由于水合物的高电阻率，水合物的饱和度多少又直接影响了水合物储层的电阻率，这两个特点成了识别海域天然气水合物储层的主要特征响应。

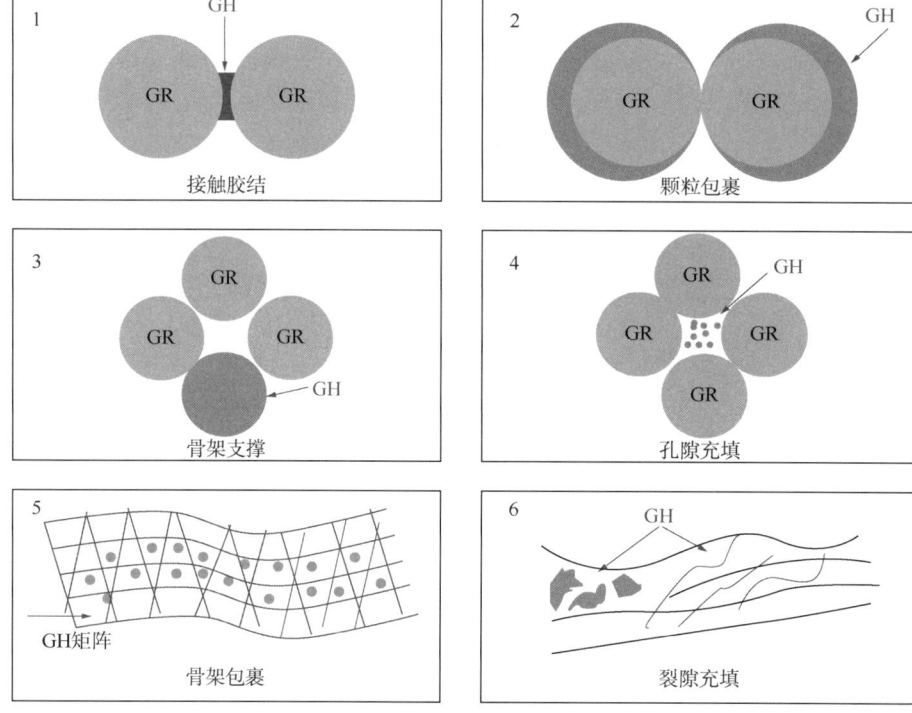

图 9.2.1 海域天然气水合物微观胶结类型（据 Dai et al.，2004）

（2）天然气水合物岩石物理实验。

对天然气水合物进行导电机理研究，有助于研究和完善电阻率计算水合物饱和度的方法。张卫东等（2008）、Birkedal（2012）采用两电极系法研究海域天然气水合物沉积物的电、磁学响应特征。水合物生成与分解过程中电阻率的变化特征也是前人研究关注的重点，赵洪伟（2005）、白云风（2009）利用电阻法和阻抗技术监测了沉积物中二氧化碳水合物晶体的成核与微晶过程以及石英砂中水合物的形成与分解过程，研究了水合物在生成和分解过程中的电阻率变化规律；除电阻率参数外，李栋梁（2016）利用人工合成天然气水合物试件，对水合物的介电常数进行了研究。针对非成岩水合物形成特点，Chen（2017）设计并构建了具有三个可视蓝宝石管和十二个电极尖端的一维可视水合物模拟器对来自游离甲烷气体的粗砂，粉砂和天然黏土海洋沉积物中的水合物形成过程进行了实验研究；王彩程等（2017）、李明川等（2006）研究了复电阻率与水合物的关系，并研究气频散特性构建电阻率模型以及声波计算饱和度的方法。针对水合物声波参数的响应特征，Priest 等（2005）、张剑（2008）及梁劲等（2010）研究了不同饱和度的水合物对声波测井响应特征的影响，分析了水合物试件在不同温度、压力条件下纵横波的变化规律；为了利用声波参数计算水合物饱和度，Sultaniya 等（2015）使用共振柱测量方法来测试天然气水合物在生成和分解时的纵横波变化，结论显示纵横波和水合物饱和度之间是非线性的关系，且在合成与分解过程中的特征各不相同；赵军等（2017）通过岩石物理实验测量非固结砂泥沉积物中水合物生成过程中的纵、横波速度及其变化值，利用物质平衡方程，结合 PVT 状态方程及其测试条件，建立了实验过程中水合物饱和度的计算模型，分析了非固结沉积物声波速度随水合物饱和度增加的变化规律，利用修正的 Lee 权重声波公式，计算了水合物的饱和度，验证了利用声波资料计算水合物饱和度的可行性。为了进一步模拟水合物实际形成情况对声波速度的影响，卜庆涛等（2017）在研制水合物二维声学模拟实验装置的基础上，研究了水合物饱和度对水合物层纵、横波波速度增长速度的关系。赵军等（2018）通过测量弱胶结条件下水合物样的声电参数，探讨了不同轴压、不同粒径及不同泥质含量下水合物饱和度对岩样动态弹性力学性质的影响，初步建立了弹性参数与轴压、泥质含量之间的关系模型。

（3）天然气水合物测井储层评价。

天然气水合物储层参数定量评价方面，计算储层孔隙度仍然以声波、密度、中子等常规测井方法为主，主要基于体积物理模型，也有利用电阻率测井和核磁测井来计算孔隙度，总体上看，海水与天然气水合物的电阻率相差很大，在利用电阻率计算孔隙度时会比实际孔隙度小（高兴军等，2003），针对海域沉积物富泥特点，需要校正泥质含量对孔隙度计算的影响；周越（2010）利用根据核磁测井来计算海域天然气水合物储层孔隙度，因为核磁测井得到的是储集空间孔隙中自由流体的体积，虽然不适用于孔隙度的计算，但是，对于水合物藏可以利用总孔隙度测量结果减去核磁测井孔隙度来得到水合物饱和度；何静等（2013）利用 ODP 计划的钻探资料，研究了海域未固结天然气水合物储层孔隙度的影响因素；刘洁等（2017）利用改进的阿尔奇公式修正泥质影响，对海域水合物储层孔隙度进行了计算；林振洲等（2017）利用测井资料，对水合物沉积物进行了孔隙度计算，并校正泥质含量的影响；孙建孟等（2018）通过研究海域水合物不同的赋存模式，并基于模拟实验对含水合物沉积物的孔隙度进行了较系统的定量评价；邓帅等（2019）通过人工合成水合物沉积物来研究孔隙半径与毛细管压力的关系，然后分析孔隙度与沉积物粒径的关系，并建立计算模型。

对于天然气水合物饱和度计算的研究一直是学者研究的重点，利用电阻率测井来计算海域天然气水合物的方法有双水模型、印度尼西亚公式、修正阿尔奇公式、Waxman-Smits 模型等（孙建孟等，2018）在计算布莱克海台水合物饱和度时，使用了阿尔奇公式和快速查看法；郭星旺等（2011）在研究永冻土区天然气水合物饱和度时，研究了电阻率计算饱和度的适用性；郭依群等（2011）分析比较了声波和电阻率在神狐海域水合物饱和度的计算方法；Lee 等（2013）利用电阻率计算裂隙型天然气水合物饱和度。利用声波计算饱和度的方法主要分为两类，第一类是利用经验公式去计算如时间平均方程、Wood 方程、Lee 权重方程等（Shankar 等，2011），刘洁等（2017）将水合物视为骨架部分，利用 Wood 方程对南海神狐海域天然气水合物进行了饱和度计算；另一类是根据水合物储层构建来理论模型，较常用的有等效介质理论方程（Helgerud et al.，1999）、K-T 方程（Zimmerman et al.，1986）、热弹性理论（Lee，2002a，2002b）；梁劲等（2009）利用热弹性理论推导出适用于南海天然气水合物饱和度的计算公式效果较好；高红艳等（2012）选取了适用于各种孔隙度范围的 BGTL 模型对南海天然气水合物饱和度进行了计算；张如伟等（2016）利用等效介质模型对海域天然气水合物沉积物的速度频散与衰减特征进行了分析，并根据声波进行了饱和度计算；Lee 等（2009）利用 TPBE 模型对印度海域的 NGHP01-10D 进行了饱和度计算；除此之外，还有利用核磁共振—密度法、中子伽马能谱碳氧比测井（李新等，2013）和氯离子浓度法（莫修文等，2012）等新方法来计算天然气水合物饱和度；肖昆等（2017）利用声波测井估算裂隙水合物储层饱和度；赵军等(2021)建立了反映天然气水合物储层结构特征的逾渗网络模型，通过数值模拟，分析了地层水矿化度、孔隙度和黏土矿物含量对天然气水合物储层饱和度的影响，并根据模拟结果建立了修正的阿尔奇公式，提高了测井计算饱和度的精度。由于天然气水合物的实验数据不全面，加上其赋存条件的特殊性，总体上孔隙充填型水合物藏饱和度计算的方法较多，对于裂隙充填型水合物藏的饱和度计算研究仍然有待加强。

9.2.2 声波测井在天然气水合物饱和度评价中的应用

9.2.2.1 岩石物理模型

(1) BGTL 模型。

Biot 理论是将地震波能量的损失归因于黏性的孔隙流体和固体骨架之间的相互作用，Biot 系数实际反映的是地震波传播过程中，孔隙空间对岩石整体性质的贡献；经典的 Biot-Gassman 理论(BGT)是在纵横波速度比为常数，不受孔隙内流体的影响假设条件下建立的，并不完全适用于含水合物的沉积物速度计算，为此，Lee 在经典 BGT 理论的基础上，通过实验研究提出了纵横波速度比为 $G=(1-\phi)^n$，并推导出改进的 Biot-Gassman 模型(BGTL)，在 BGTL 模型中引入了与孔隙度相关的常数 G、n，常数 G 是用于修正黏土或水合物对速度的影响，常数 n 是用于修正压力和固结程度对声波速度的综合作用，随着分压的增加，n 值减小，BGTL 模型的理论方程如下：

$$K = K_{ma}(1-\beta) + \beta^2 M \tag{9.2.1}$$

$$\mu = \frac{\mu_{ma} K_{ma}(1-\beta) G^2 (1-\phi)^{2n} + \mu_{ma} \beta^2 M G^2 (1-\phi)^{2n}}{K_{ma} + 5\mu_{ma}[1-G^2(1-\phi)^{2n}]/3} \tag{9.2.2}$$

式中：K 为饱水沉积物体积模量，GPa；μ 为饱水沉积物剪切模量，GPa；K_{ma} 为沉积物骨架体积模量，GPa；μ_{ma} 为沉积物骨架剪切模量，GPa；ϕ 为孔隙度，%；β 为 Biot 系数；n、G 为修正系数，修正泥质或水合物对速度的影响。

M 为流固体两项系统的体积模量，可用下式求取：

$$\frac{1}{M} = \frac{(\beta-\phi)}{K_{ma}} + \frac{\phi}{K_f} \tag{9.2.3}$$

式中：K_{ma} 为沉积物骨架体积模量，GPa；K_f 为流体体积模量，GPa；ϕ 为孔隙度，%。

在计算水合物储层时，将水合物视为骨架的一部分，那么骨架的体积模量和剪切模量可以应用 Hill 平均方程来计算：

$$K_{ma} = \frac{1}{2}[f_h K_h + (1-f_h) K_s] + \frac{1}{2}\left(\frac{f_h}{K_h} + \frac{1-f_h}{K_s}\right) \tag{9.2.4}$$

$$\mu_{ma} = \frac{1}{2}[f_h \mu_h + (1-f_h)\mu_s] + \frac{1}{2}\left(\frac{f_h}{\mu_h} + \frac{1-f_h}{\mu_s}\right) \tag{9.2.5}$$

式中：K_s 为非水合物部分沉积物骨架体积模量，GPa；μ_s 为非水合物部分沉积物骨架剪切模量，GPa；K_h 为水合物体积模量，GPa；μ_h 为水合物剪切模量，GPa。

f_h 为水合物占固体骨架的体积百分比,由下式计算:

$$f_h = \frac{\phi S_h}{1-\phi(1-S_h)} \tag{9.2.6}$$

式中:S_h 为水合物饱和度,%;ϕ 为孔隙度,%。

对于松散沉积物,Biot 系数:

$$\beta = \frac{-184.05}{1+e^{(\phi+0.56468)/0.09425}} + 0.99494 \tag{9.2.7}$$

对于固结沉积物,Biot 系数:

$$\beta = 1-(1-\phi)^{3.8} \tag{9.2.8}$$

在低频近似下,Biot 方程得出:

$$\mu = \mu_{ma}(1-\beta) \tag{9.2.9}$$

修正参数 G 是用于消除泥质含量和水合物对声波的影响,Han 和 Lee 等根据 Mallik 5L-38 站点资料提出了如下经验公式(Han,1986;Lee,2003):

$$G = 0.9552 + 0.0448e^{-V_{sh}/0.06714} - 0.18S_h^{0.5} \tag{9.2.10}$$

式中:V_{sh} 为泥质含量,%;S_h 为水合物在空隙中的饱和度,%。

修正参数 n 是用于消除海底压力和固结程度对声波速度的综合作用,Lee 提出计算公式为:

$$n = [10^{0.426-0.235\lg P}]/m \tag{9.2.11}$$

式中:P 为海底与海底水合物层深度处的有效应力,MPa;m 为修正参数,取值在 1~2。

BGTL 模型纵横波的计算公式与经典 Biot 理论相同:

$$v_p = \sqrt{\frac{k+4\mu/3}{\rho_b}}, \quad v_s = \sqrt{\frac{\mu}{\rho_b}} \tag{9.2.12}$$

$$\rho_b = (1-\phi)\rho_s + \phi\rho_w(1-S_h) + \rho_h\phi S_h \tag{9.2.13}$$

式中:v_p 为纵波波速,km/s;v_s 为横波波速,km/s;ρ_s 为非水合物部分沉积物骨架密度,g/cm³;ρ_w 为流体密度,g/cm³;ρ_h 为水合物密度,g/cm³。

只考虑水饱和沉积物。为了区分新理论,Lee 将 BGT 称新理论为 BGTL,强调了 BGT 和 BGTL 之间的差异是地层剪切模量的推导方式。正如 Lee(2003)所指出的,BGT 和 BGTL 的气体饱和沉积物没有区别。固结沉积物的毕奥系数 BGTL 适用于孔隙度小于临界孔隙度的情况(砂岩为 0.4)。在这个孔隙度范围以上,松散沉积物的毕奥系数是优选的。

(2)有效介质模型(EMT)。

Helgerud 等(1999)在 Ecker-C 研究的基础上,认为天然气水合物充填于孔隙中,或作为骨架的一部分,起到骨架的支撑作用,提出了适用于这两种水合物形态饱和度计算的有效介质模型，对于高孔隙含天然气水合物或气体海洋沉积物的弹性模量计算，首先是利用修改的 Hashin-Shtrikman 公式计算临界孔隙度上下的固相干燥骨架弹性模量，然后利用 Gassmann 方程计算饱和流体的岩石弹性模量。首先利用 Hertz-Mindlin 接触理论计算矿物颗粒随机堆叠时的弹性模量，此时的孔隙度称为临界孔隙度。

$$K_{HM} = \left[\frac{n^2 (1-\phi_c)^2 \mu_{ma}^2}{18\pi^2 (1-v)^2} P \right]^{\frac{1}{3}} \tag{9.2.14}$$

$$G_{HM} = \frac{5-4v}{5(2-v)} \left[\frac{3n^2 (1-\phi_c)^2 \mu_{ma}^2}{2\pi^2 (1-v)^2} P \right]^{\frac{1}{3}} \tag{9.2.15}$$

式中：n 为颗粒间平均连接系数；ϕ_c 为临界孔隙度，%；K_{HM} 为临界孔隙度处的剪切模量，GPa；G_{HM} 为临界孔隙度处的体积模量，GPa；μ_{ma} 为沉积物骨架剪切模量，GPa；v 为泊松比。

p 为有效压力：

$$p = (\rho_b - \rho_w) g D \tag{9.2.16}$$

式中：ρ_b 为地层密度，g/cm³；ρ_w 为流体密度，g/cm³；g 为重力加速度，m/s²；D 为海底以下深度，m。

在计算水合物储层时，将水合物视为骨架的一部分，骨架的剪切模量 μ_{ma} 根据式（9.2.5）计算；当孔隙度小于临界孔隙度时，干燥沉积物体积模量 K_{dry} 和剪切模量 G_{dry}：

$$K_{dry} = \left[\frac{\phi/\phi_c}{K_{HM} + \frac{4}{3}G_{HM}} + \frac{1-\phi/\phi_c}{K + \frac{4}{3}G_{HM}} \right]^{\frac{1}{3}} - \frac{4}{3}G_{HM} \tag{9.2.17}$$

$$G_{dry} = \left[\frac{\phi/\phi_c}{G_{HM} + Z} + \frac{1-\phi/\phi_c}{G + Z} \right]^{-1} - Z \tag{9.2.18}$$

$$Z = \frac{G_{HM}}{6} \left[\frac{9K_{HM} + 8K_{HM}}{K_{HM} + 2G_{HM}} \right] \tag{9.2.19}$$

当孔隙度大于临界孔隙度时，干燥沉积物体积模量 K_{dry} 和剪切模量 G_{dry}：

$$K_{dry} = \left[\frac{(1-\phi)/(1-\phi_c)}{K_{HM} + \frac{4}{3}G_{HM}} + \frac{(\phi-\phi_c)/(1-\phi_c)}{\frac{4}{3}G_{HM}} \right]^{-1} - \frac{4}{3}G_{HM} \tag{9.2.20}$$

$$G_{dry} = \left[\frac{(1-\phi)/(1-\phi_c)}{G_{HM} + Z} + \frac{(\phi-\phi_c)/(1-\phi_c)}{Z} \right]^{-1} - Z \tag{9.2.21}$$

然后利用 Gassmann 公式计算流体饱和情况下的体积模量 K_{sat} 和剪切模量 G_{sat}：

$$K_{sat} = K \frac{\phi K_{dry} - \dfrac{(1+\phi) K_f K_{dry}}{K} + K_f}{(1-\phi) K_f + \phi K - \dfrac{K_f K_{dry}}{K}} \tag{9.2.22}$$

$$G_{sat} = G_{dry} \tag{9.2.23}$$

最后根据纵横波的计算公式：

$$v_p = \sqrt{\frac{K_{sat} + 4G_{sat}/3}{\rho_b}}, \quad v_s = \sqrt{\frac{K_{sat}}{\rho_b}} \tag{9.2.24}$$

$$\rho_b = \rho_s(1-\phi) + \phi\rho_w(1-S_h) + \rho_h\phi S_h \tag{9.2.25}$$

式中：v_p 为纵波波速，km/s；v_s 为横波波速，km/s；ϕ_c 为孔隙度，%；ρ_s 为非水合物部分沉积物骨架密度，g/cm³；ρ_w 为流体密度，g/cm³；ρ_h 为水合物密度，g/cm³。

(3) TPBE 模型。

Carcioune 和 Tinivella 于 1994 年根据 Biot 理论，假设水合物为沉积物骨架的一部分，进而推导出适用于水合物储层的三相 Biot 方程；在此基础上，Lee 和 Waite(2008) 又推导出利用低频测井和地震声波数据来计算水合物储层的体积模量 K 和剪切模量 μ，对三相 Biot 方程做出进一步简化，但由于 TPBE 模型并没有对孔隙中泥质的影响进行修正，所以该模型在对富泥的水合物储层饱和度预测中，结果往往偏大。TPBE 模型的理论方程如下：

$$K = K_{ma}(1-\beta_p) + \beta_p^2 K_{av} \tag{9.2.26}$$

$$\mu = \mu_{ma}(1-\beta_s) \tag{9.2.27}$$

$$\frac{1}{K_{av}} = \frac{(\beta_p - \phi)}{K_{ma}} + \frac{\phi_w}{K_f} + \frac{\phi_h}{K_h} \tag{9.2.28}$$

参数 β_s、β_p 为压实系数 α 和孔隙度 ϕ 的函数：

$$\beta_s = \frac{\phi_{as}(1+\gamma\alpha)}{(1+\gamma\alpha\phi_{as})} \tag{9.2.29}$$

$$\beta_p = \frac{\phi_{as}(1+\alpha)}{(1+\alpha\phi_{as})} \tag{9.2.30}$$

$$\gamma = \frac{1+2\alpha}{1+\alpha} \tag{9.2.31}$$

上式中的参数由下列公式求得：

$$\phi_w = (1-C_h)\phi \tag{9.2.32}$$

$$\phi_h = C_h\phi \tag{9.2.33}$$

$$\phi_{as} = \phi_w + \varepsilon\phi_h \tag{9.2.34}$$

式中：C_h 为水合物饱和度，%；ε 为水合物相对于压实增加的储层骨架刚度系数，常取 0.12。

压实系数 α 取决于有效压力和固结程度,根据 Mindlin 的理论,可根据深度或有效压力来估算:

$$\alpha_i = \alpha_0 (P_0/P_i)^{1/3} \approx \alpha_0 (d_0/d_i)^{1/3} \qquad (9.2.35)$$

式中:α_0 为有效压力为 P_0 或深度为 d_0 处的压实系数;α_i 为有效压力为 P_i 或深度为 d_i 处的压实系数。

最后利用下式计算纵横波速度:

$$v_p = \sqrt{\frac{K + 4\mu/3}{\rho_b}}, \quad v_s = \sqrt{\frac{\mu}{\rho_b}} \qquad (9.2.36)$$

$$\rho_b = \rho_s (1-\phi) + \phi \rho_w (1-S_h) + \rho_h \phi S_h \qquad (9.2.37)$$

9.2.2.2 模型参数选取

利用上述声波模型对研究区水合物富集区进行了声波正演,在模型计算中骨架的密度和各个弹性参数数据是必不可少的,根据岩心资料分析,海域天然气水合物的矿物组分主要由石英、方解石和黏土组成,根据各组分的含量及对应的弹性参数,利用 Hill 平均方程进行水合物层骨架弹性参数的计算,LW 海域计算骨架参数值见表 9.2.4。

表 9.2.4 各矿物弹性参数及矿物组分含量表

组分	体积模量(GPa)	剪切模量(GPa)	密度(g/cm³)
泥质矿物	20.9	6.85	2.58
方解石	76.8	32	2.71
石英	36.6	45	2.65
天然气水合物	7.9	3.3	0.9
海水	2.5		1.03

针对上节的孔隙充填型天然气水合物速度模型,计算了南海 LW 海域不同水合物饱和度情况下的声波速度,利用 LW 海域 SH2、W11、W17 取心数据进行了对比(图 9.2.2)。在简化三相介质模型 TPBE 中,参数 ε 表示水合物在孔隙中形成相对于压实增加的储层骨架刚度,当 $\varepsilon = 1$ 时,水合物漂浮在孔隙空间中不与沉积物颗粒发生接触,此时,天然气水合物对沉积物刚度的影响最小。当 $\varepsilon = 0$ 时,则认为水合物是骨架的一部分,作为骨架支撑。根据 Lee 和 Waite 对多个水合物钻探计划站点的研究表明,ε 的变化并不大可以认为是恒定的,建议在计算天然气水合物饱和度时取 $\varepsilon = 0.12$(Lee,2008)。对于压实系数 α,可以由关系式 $\alpha \approx \alpha_0 (d_0/d)^{1/3}$ 拟合实际参数得到,α 值越大,表征储层固结程度越低,Lee 和 Waite 在计算 Mallik 5L-38 井 891~1109m

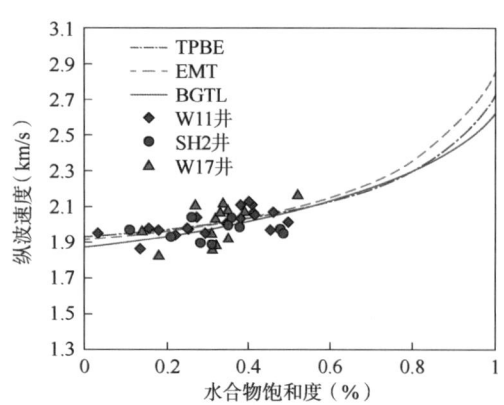

图 9.2.2 纵波模型正演计算

的水合物层取值为 $\alpha=25$，LW 海域水合物富集层深度较浅，固结程度较低，对南海 LW 海域取 $\alpha=38.5$。在 BGTL 模型中，Lee 提出对于软地层或未固结沉积物的 Biot 系数可根据李权重方程和有效介质理论计算结果，通过最小二乘法拟合得到，根据公式计算取值为 $\beta=0.897$；模型中参数 G 主要是对孔隙中黏土和水合物对声波速度的影响，参数 n 反映的是胶结程度和有效应力对声波速度的影响，G 和 n 的取值直接影响 BGTL 模型计算的准确度，Lee 认为对于纯砂岩而言，$G=1$，$n=1.44$（松散无分压状态），参数 G、n 应该根据实际情况进行不同赋值（Lee，2002），在该次研究中南海 LW 海域取 $G=0.84$，$n=1.04$。在 EMT 模型中，颗粒平均连接系数和临界孔隙度分别取经验值 $n=8.5$，$\phi_c=0.4$，泊松比由 Hill 平均方程求得的体积模量和剪切模量计算，本次取泊松比 $v=0.35$。

因此，根据模型正演建立了南海 LW 海域的模型参数见表 9.2.5。

表 9.2.5　南海 LW 海域模型参数选取表

航次	BGTL	EMT	TPBE
南海 LW 海域	$\beta=0.897$ $G=0.84$，$n=1.44$	$n=8.5$ $\phi_c=0.4$	$\varepsilon=0.12$ $\alpha=38.5$

9.2.2.3　饱和度反演

利用前述的声波速度模型，分别建立不同水合物饱和度下的声波速度，再根据测井所测的声波速度来反演出地层天然气水合物的饱和度，反演流程图如图 9.2.3 所示：

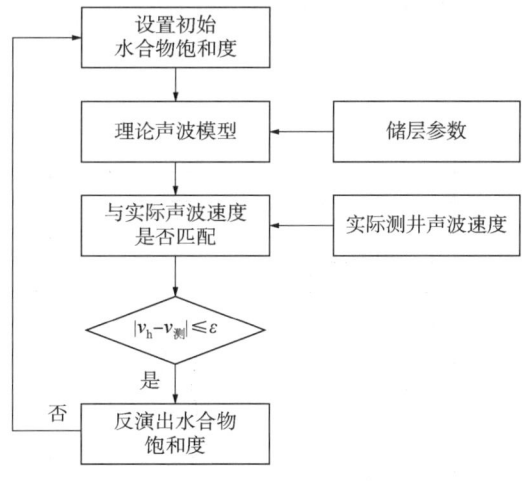

图 9.2.3　P 波模型反算流程图

根据已建立的天然气水合物岩石物理模型：BGTL、TPBE、EMT 模型对南海 LW 海域天然气水合物富集区 SH2 井、W17 井和 W11 井的水合物饱和度进行反演计算。

在 SH2 井 200~220m 水合物特征明显，利用孔隙充填型模型计算水合物饱和度，其中 TPBE 模型所计算的平均饱和度为 46.8%，EMT 模型所计算的平均饱和度为 45.6%，BGTL 模型所计算的平均饱和度为 37.5%。总体上看，BGTL 模型计算的饱和度最低，在低饱和度情况下（<40%）EMT 模型计算的饱和度较高，高饱和度情况下（≥40%）TPBE 所计算的饱和度较高（图 9.2.4、图 9.2.5）。

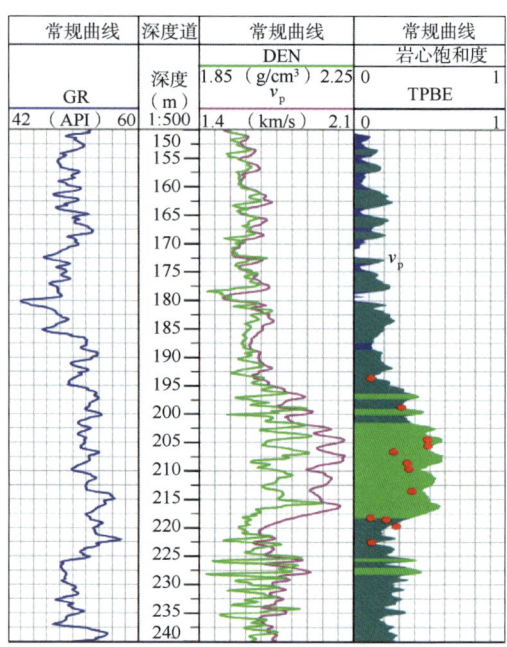

图 9.2.4 SH2 井 BGTL 模型解释图　　　　图 9.2.5 SH2 井 TPBE 模型解释图

在 W17 井 210~270m 水合物明显层段，TPBE 模型所计算的平均饱和度为 56.2%，EMT 模型所计算的平均饱和度为 50.1%，BGTL 模型所计算的平均饱和度为 40.2%。总体上看，BGTL 模型计算的饱和度最低，岩心氯离子浓度测得的水合物饱和度在 40% 左右，BGTL 模型误差最小（图 9.2.6、图 9.2.7）。

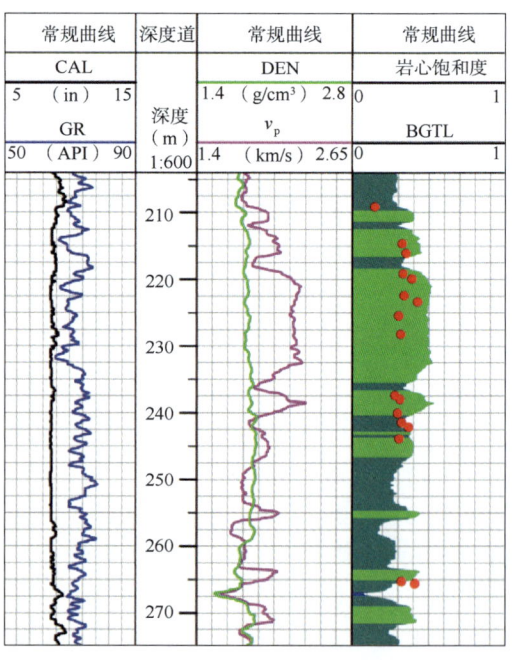

图 9.2.6 W17 井 EMT 模型解释图　　　　图 9.2.7 W17 井 BGTL 模型解释图

在 W11 井 130~220m 水合物明显层段，TPBE 模型所计算的平均饱和度为 37.8%，EMT 模型所计算的平均饱和度为 33.9%，BGTL 模型所计算的平均饱和度为 30.2%。总体上看，BGTL 模型计算的饱和度最低，岩心氯离子浓度测的水合物饱和度在 28.6% 左右，BGTL 模型误差最小（图 9.2.8、图 9.2.9）。

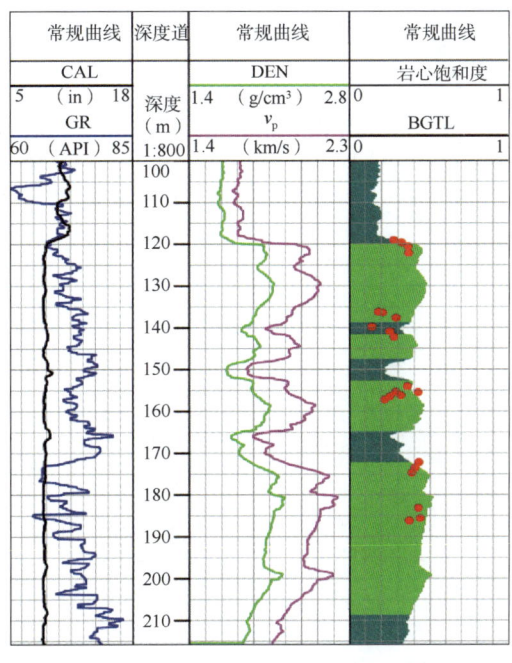

图 9.2.8　W11 井 EMT 模型解释图　　　　图 9.2.9　W11 井 BGTL 模型解释图

基于三种声波岩石物理模型计算的孔隙充填型水合物饱和度结果进行了误差分析，优选适合于研究区的饱和度计算模型（表 9.2.6）。

表 9.2.6　LW 海域声波模型分析选取表

海域	模型	深度(m)	计算模型	计算饱和度（%）	岩心饱和度（%）	相对误差（%）	适用模型	充填类型
LW 地区	SH2	200~220	EMT	45.6	37.6	21	BGTL	孔隙充填
			BGTL	39.5		5.0		
			TPBE	46.8		23		
	W17	210~270	EMT	50.1	41.2	17.7	BGTL	孔隙充填
			BGTL	40.2		2.48		
			TPBE	56.2		26.7		
	W11	130~220	EMT	33.9	28.6	15.6	BGTL	孔隙充填
			BGTL	30.2		5.2		
			TPBE	37.8		24.3		

对研究区 W11 井、W17 井和 W08 井测井资料进行了处理，计算了泥质含量、孔隙度和饱和度参数，根据处理结果解释处水合物发育层段如图 9.2.10 至图 9.2.12 所示。

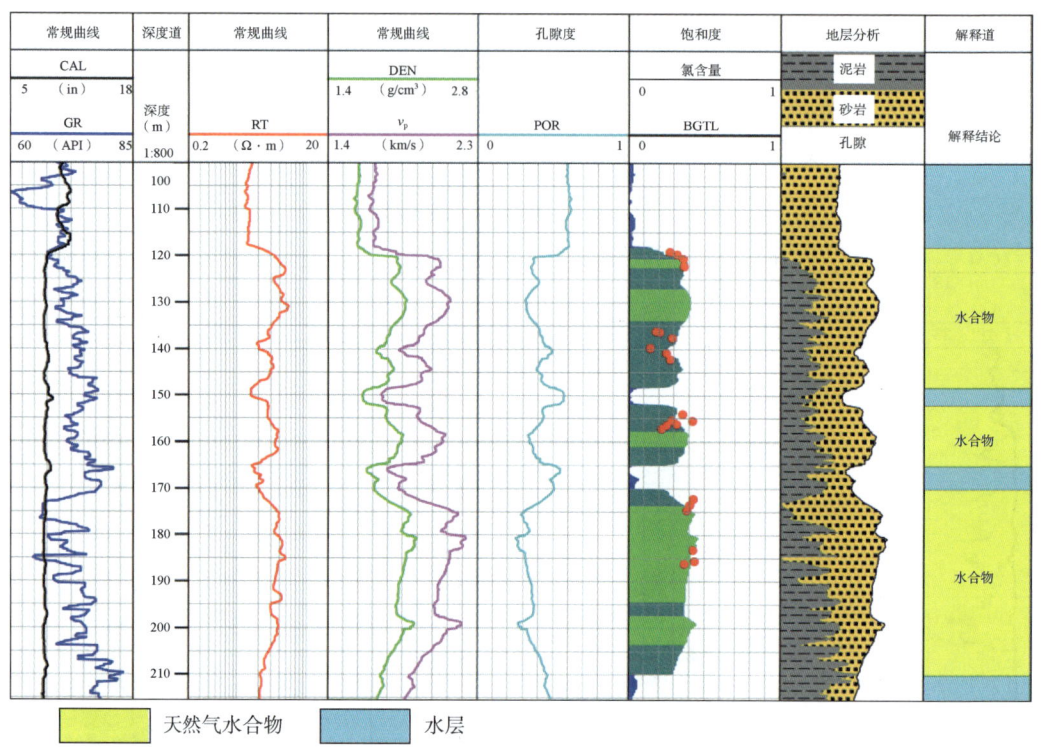

图 9.2.10　W11 井解释成果图

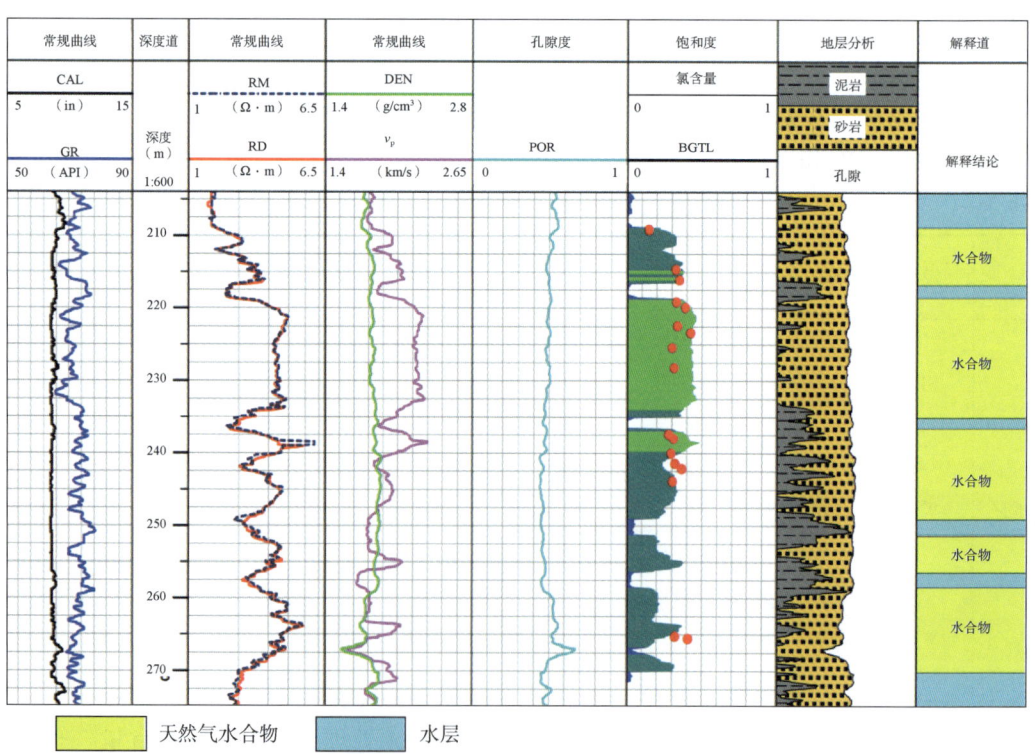

图 9.2.11　W17 井解释成果图

9 非常规油气藏测井评价技术

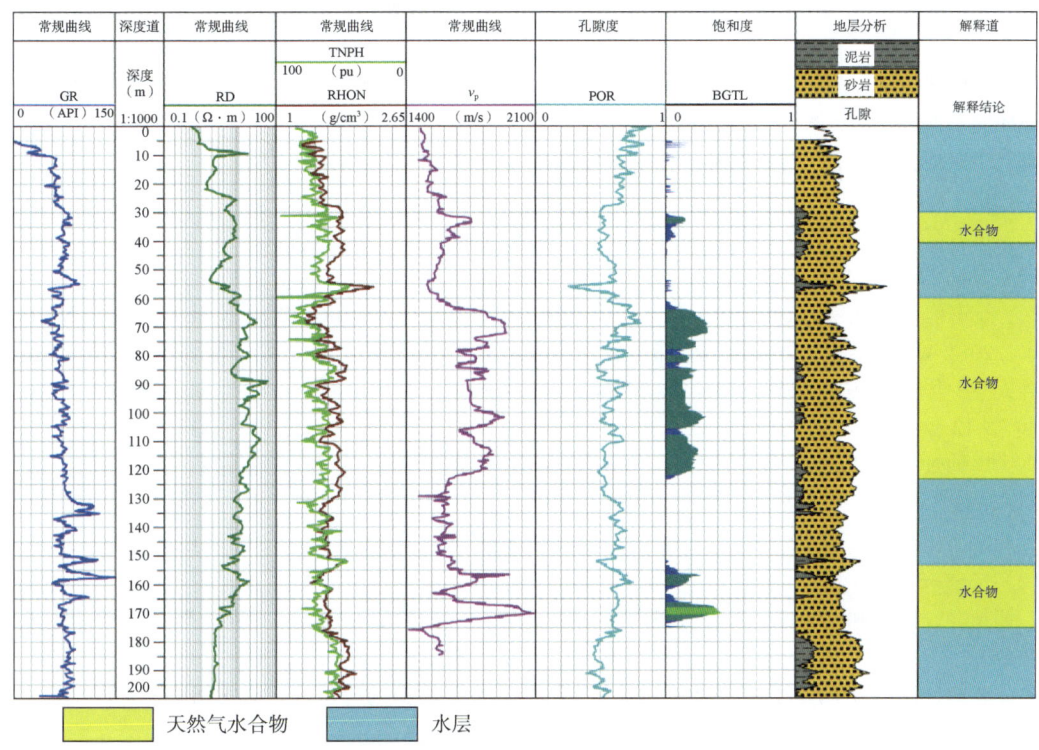

图 9.2.12 QDN-W08 井解释成果图

参 考 文 献

白云风，2009. 天然气水合物电阻率测量方法的研究[D]. 青岛：中国石油大学.

鲍云杰，邓模，翟常博，2014. 煤心损失气量计算方法在页岩气中应用的适用性分析[J]. 中国煤炭地质，26(4)：22-24.

陈花，关富佳，丁康乐，等，2018. 页岩气绝对吸附量转化新方法[J]. 西安石油大学学报(自然科学版)，33(1)：21-25.

陈尚斌，朱炎铭，王红岩，等，2012. 川南龙马溪组页岩气储层纳米孔隙结构特征及其成藏意义[J]. 煤炭学报，37(3)：438-444.

陈新军，包书景，侯读杰，等，2012. 页岩气资源评价方法与关键参数探讨[J]. 石油勘探与开发，39(5)：566-571.

陈昱林，2016. 泥页岩微观孔隙结构特征及数字岩心模型研究[D]. 成都：西南石油大学.

丛晓荣，吴能友，苏明，等，2014. 天然气水合物资源量估算研究进展及展望[J]. 新能源进展，2(6)：462-470.

代建伟，2016. 页岩纳米孔隙中小分子气体超临界吸附微观机理研究[D]. 成都：西南石油大学.

戴金星，2002. 可燃冰：未来能源[J]. 中国石油，(2)：48-49.

邓帅，胡高伟，卜庆涛，2019. 粒径及孔径分布对天然气水合物形成影响的研究进展[J]. 地质科技情报，38(4)：41-52.

丁娱娇，郭保华，燕兴荣，等，2014. 页岩储层有效性识别及物性参数定量评价方法[J]. 测井技术，38(3)：297-303.

付美男, 张纪伟, 2017. AD 地区沙河子组致密气储层烃源岩测井评价方法研究[J]. 能源与环保, 39(9): 198-201.

高红艳, 钟广法, 梁金强, 等, 2012. 应用改进的 Biot-Gassmann 模型估算天然气水合物的饱和度[J]. 海洋地质与第四纪地质, 32(4): 83-89.

高兴军, 于兴河, 李胜利, 等, 2003. 地球物理测井在天然气水合物勘探中的应用[J]. 地球科学进展, (2): 305-311.

郭星旺, 祝有海, 2011. 祁连山冻土区 DK-1 钻孔天然气水合物测井响应特征和评价[J]. 地质通报, 30(12): 1868-1873.

郭星旺, 祝有海, 2011. 永久冻土区天然气水合物饱和度评价技术[J]. 海洋地质前沿, 27(5): 59-66.

郭洪志, 2014. WY 地区页岩气藏测井精细评价[D]. 成都: 西南石油大学.

郭依群, 乔少华, 吕万军, 2011. 基于声波速度分析神狐海域水合物垂向分布特征[J]. 海洋地质前沿, 27(7): 7-12.

郝建飞, 周灿灿, 李霞, 等, 2012. 页岩气地球物理测井评价综述[J]. 地球物理学进展, 27(4): 1624-1632.

何静, 刘学伟, 余振, 等, 2013. 含天然气水合物地层的孔隙度影响因素分析[J]. 中国科学: 地球科学, 43(3): 368-378.

侯颉, 邹长春, 杨玉卿, 2012. 页岩气储层矿物组分测井分析方法[J]. 工程地球物理学报, 9(5): 607-613.

黄小平, 柴婧, 2014. 阿尔奇公式在泥页岩地层含油饱和度计算中的应用—以沾化凹陷沙三段下亚段为例[J]. 油气地质与采收率, 21(4): 58-61.

贾承造, 郑民, 张永峰, 2012. 中国非常规油气资源与勘探开发前景[J]. 石油勘探与开发, 39(2): 129-136.

金庆焕, 2000. 天然气水合物: 未来的新能源[J]. 中国工程科学, (11): 29-34.

李栋梁, 卢静生, 梁德青, 2016. 祁连山冻土区天然气水合物形成对岩芯电阻率及介电常数的影响[J]. 新能源进展, 4(3): 179-183.

李明川, 樊栓狮, 赵金洲, 2006. 多孔介质中天然气水合物形成实验研究[J]. 天然气工业, 26(5): 27-28.

李新, 肖立志, 2013. 天然气水合物的地球物理特征与测井评价[M]. 北京: 石油工业出版社.

李文华, 2014. 甲烷/二氧化碳在 Na-蒙脱石中吸附扩散行为的分子模拟[D]. 太原: 太原理工大学.

李玉喜, 张金川, 姜生玲, 等, 2012. 页岩气地质综合评价和目标优选[J]. 地学前缘, 19(5): 332-338.

梁劲, 王明君, 王宏斌, 等, 2009. 南海神狐海域天然气水合物声波测井速度与饱和度关系分析[J]. 现代地质, 23(2): 217-223.

梁劲, 王明君, 陆敬安, 等, 2010. 南海神狐海域含水合物地层测井响应特征[J]. 现代地质, 24(3): 506-514.

林振洲, 孔广胜, 潘和平, 等, 2017. 木里地区天然气水合物储层参数计算[J]. 物探与化探, 41(6): 114-119.

刘洁, 张建中, 孙运宝, 等, 2017. 南海神狐海域天然气水合物储层参数测井评价[J]. 天然气地球科学, 28(1): 164-172.

莫修文, 陆敬安, 沙志彬, 等, 2012. 确定天然气水合物饱和度的测井解释新方法[J]. 吉林大学学报(地球科学版), 42(4): 921-927.

聂海宽, 张金川, 马晓彬, 等, 2013. 页岩等温吸附气含量负吸附现象初探[J]. 地学前缘, 20(6): 282-288.

潘磊，2016. 下扬子地区二叠系页岩储集物性及含气性地质模型[D]. 广州：中国科学院研究生院（广州地球化学研究所）．

卜庆涛，胡高伟，业渝光，等，2017. 含水合物沉积物二维声学特性实验研究[J]. 中国石油大学学报（自然科学版），41（2）：70-79.

祁攀文，姜呈馥，赵谦平，等，2017. 陆相页岩气测井评价方法[J]. 非常规油气，4（6）：116-122.

宋海斌，耿建华，WANG H，等，2001. 南海北部东沙海域天然气水合物的初步研究[J]. 地球物理学报，（5）：687-695.

孙建孟，罗红，焦滔，等，2018. 天然气水合物储层参数测井评价综述[J]. 地球物理学进展，33（2）：715-723.

王彩程，陈强，邢兰昌，等，2017. 含甲烷水合物多孔介质的复电阻率模型对比[J]. 海洋地质前沿，33（5）：64-70.

王大锐，2018. 我国天然气水合物开发前景一片光明—访中国科学院院士戴金星先生[J]. 石油知识，（2）：6-7.

王飞宇，贺志勇，孟晓辉，等，2011. 页岩气赋存形式和初始原地气量（OGIP）预测技术[J]. 天然气地球科学，22（3）：501-510.

徐春露，2017. 昭通地区页岩气储层可压裂性评价[D]. 青岛：中国石油大学．

徐海霞，齐梅，赵书怀，2012. 页岩气容积法储量计算方法及实例应用[J]. 现代地质，26（3）：555-559.

肖昆，邹长春，邓居智，等，2017. 利用声波测井估算裂缝型水合物储层水合物饱和度[J]. 石油地球物理勘探，52（5）：1067-1076.

杨峰，宁正福，胡昌蓬，等，2013. 页岩储层微观孔隙结构特征[J]. 石油学报，34（2）：301-311.

杨华，李士祥，刘显阳，2013. 鄂尔多斯盆地致密油、页岩油特征及资源潜力[J]. 石油学报，34（1）：1-11.

张光学，梁金强，陆敬安，等，2014. 南海东北部陆坡天然气水合物藏特征[J]. 天然气工业，34（11）：1-10.

张剑，2008. 多孔介质中水合物饱和度与声波速度关系的实验研究[D]. 青岛：中国海洋大学．

张金川，金之钧，袁明生，2004. 页岩气成藏机理和分布[J]. 天然气工业，（7）：15-18.

张金川，薛会，卞昌蓉，等，2006. 中国非常规天然气勘探刍议[J]. 天然气工业，26（12）：53-56.

张晋言，孙建孟，2012. 利用测井资料评价泥页岩油气"五性"指标[J]. 测井技术，36（2）：146-153.

张如伟，李洪奇，文鹏飞，等，2016. 海洋含水合物沉积层的速度频散与衰减特征分析[J]. 地球物理学报，59（9）：3417-3427.

张卫东，刘永军，任韶然，2008. 天然气水合物注热开采能量分析[J]. 天然气工业，28（5）：77-79.

张作清，孙建孟，2013. 页岩气测井评价进展[J]. 石油天然气学报，35（3）：90-95.

赵洪伟，刁少波，业渝光，等，2005. 多孔介质中水合物阻抗探测技术[J]. 海洋地质与第四纪地质，（1）：137-142.

赵金洲，许文俊，李勇明，等，2015. 页岩气储层可压性评价新方法[J]. 天然气地球科学，26（6）：1165-1172.

赵金洲，尹庆，李勇明，2017. 中国页岩气藏压裂的关键科学问题[J]. 中国科学：物理学力学天文学，47（11）：15-28.

赵军，戴宇强，武延亮，2017. 利用声波资料计算天然气水合物饱和度的可靠性实验[J]. 天然气工业，37（12）：35-39.

赵军，向薪燃，赵金洲，等，2018. 非成岩弱胶结天然气水合物沉积物弹性力学参数的实验分析[J]. 天然气工业，38（12）：48-53.

赵军，师执峰，李元平，等，2021. 天然气水合物储层导电特性模拟与饱和度计算[J]. 天然气地球科学，32(9)：1261-1269.

赵群，王红岩，刘人和，等，2008. 世界页岩气发展现状及我国勘探前景[J]. 天然气技术，2(3)：11-14.

钟光海，谢冰，周肖，等，2016. 四川盆地页岩气储层含气量的测井评价方法[J]. 天然气工业，36(8)：43-51.

邹才能，董大忠，王社教，等，2010. 中国页岩气形成机理、地质特征及资源潜力[J]. 石油勘探与开发，37(6)：641-653.

邹才能，董大忠，杨桦，等，2011. 中国页岩气形成条件及勘探实践[J]. 天然气工业，31(12)：26-39.

邹才能，陶士振，白斌，等，2015. 论非常规油气与常规油气的区别和联系[J]. 中国石油勘探，20(1)：1-16.

邹才能，赵群，丛连铸，等，2021. 中国页岩气开发进展、潜力及前景[J]. 天然气工业，41(1)：1-14.

周尚文，王红岩，薛华庆，等，2016. 页岩过剩吸附量与绝对吸附量的差异及页岩气储量计算新方法[J]. 天然气工业，36(11)：12-20.

周越，2010. 天然气水合物测井解释方法初步研究[D]. 长春：吉林大学.

朱凯，2019. 基于页岩气微观赋存特征对储量计算方法的改进[J]. 中国石油和化工标准与质量，39(9)：170-173.

Birkedal K, Hauge L, Ersland G, et al., 2012. Electrical resistivity measurements in sandstone during CH_4 hydrate formation and CH_4-CO_2 exchange[C]. AGU Fall Meeting Abstracts.

Cao Minh C, Crary S, Zielinski L, et al., 2012. 2D-NMR applications in unconventional reservoirs[C]//SPE Canadian Unconventional Resources Conference. OnePetro.

Chareonsuppanimit P, Mohammad S A, Robinson R L, et al., 2012. High-pressure adsorption of gases on shales: measurements and modeling[J]. International Journal of Coal Geology, 95: 34-46.

Chen L T, Li N, Sun C Y, et al., 2017. Hydrate formation in sediments from free gas using a one-dimensional visual simulator[J]. Fuel, 197(1): 298-309.

Clarkson C R, Haghshenas B, 2013. Modeling of supercritical fluid adsorption on organic-rich shales and coal[C]. SPE Unconventional Resources Conference-USA. Society of Petroleum Engineers.

Collell J, Galliero G, Gouth F, et al., Molecular simulation and modelisation of methane/ethane mixtures adsorption onto a microporous molecular model of kerogen under typical reservoir conditions[J]. Microporous and Mesoporous Materials, 2014, 197: 194-203.

Dai J, Xu H, 2004. Detection and estimation of gas hydrates using rock physics and seismic inversion: examples from the northern deepwater Gulf of Mexico[J]. The Leading Edge, 23 (1): 60-66.

Dehghanpour H, Shirdel M, 2011. A triple porosity model for shale gas reservoirs[C]. Canadian Unconventional Resources Conference.

Ecker C, 1998. Seismic characterization of methane hydrate structures[M]. Stanford University.

Grieser W V, Bray J M, 2007. Identification of production potential in unconventional reservoirs[C]. Production and Operations Symposium.

Hamza A, Cynthia M R, Anthony R K, 2017. Multiscale imaging of gas storage in shales[J]. SPE J. 22: 1760-1777.

Han D, Nur A, Morgan D, 1986. Effects of porosity and clay content on wave velocities in sandstones[J]. Geophysics, 51(11): 2093-2107.

Han X, Zhou F, Xiong C, et al., 2013. The optimal design of hydraulic fracture parameters in fractured gas reservoirs with low porosity[J]. ICCSEE-13: 328-332.

Harpalani S, Prusty B K, Dutta P, 2006. Methane/CO_2 sorption modeling for coalbed methane production and CO_2

sequestration[J]. Energy & Fuels, 20(4): 1591-1599.

Hartman R C, Ambrose R, Akkutlu I Y, 2011. Shale gas-in-place calculations part II -multicomponent gas adsorption effects[J]. Society of Petroleum Engineers Paper, 144097: 1-17.

Helgerud M B, Dvorkin J, Nur A, et al., 1999. Elastic-wave velocity in marine sediments with gas hydrates: effective medium modeling[J]. Geophysical Research Letters, 26(13): 2021-2024.

Jacobi D J, Gladkikh M, LeCompte B, et al., 2008. Integrated petrophysical evaluation of shale gas reservoirs [C]. CIPC/SPE Gas Technology Symposium 2008 Joint Conference.

Jarvie D M, Hill R J, Ruble T E, et al., 2007. Unconventional shale-gas systems: the Mississippian Barnett Shale of north-central texas as one model for thermogenic shale-gas assessment[J]. AAPG Bulletin, 91(4): 475-499.

Jin Q, Zhao X, Jin F, Ma Peng, et al., 2014. Generation and accumulation of hydrocarbons in a deep 'buried hill' structure in the Baxian Depression, Bohai Bay Basin, eastern China[J]. Journal of Petroleum Geology, 37 (4): 391-404.

Kadkhodaie A, Rezaee R, 2016. A new correlation for water saturation calculation in gas shale reservoirs based on compensation of kerogen-clay conductivity[J]. Journal of Petroleum Science and Engineering, 146: 932-939.

Lee M W, Collett T S, 2009. Gas hydrate saturations estimated from fractured reservoir at Site NGHP-01-10, Krishna-Godavari Basin, India[J]. Journal of Geophysical Research: Solid Earth, 114(B7).

Lee M W, Collett T S, 2013. Characteristics and interpretation of fracture-filled gas hydrate-an example from the Ulleung Basin, East Sea of Korea[J]. Marine and petroleum Geology, 47: 168-181.

Lee M W, Hu X, Yue C Y, et al., 2003. Effect of fillers on the structure and mechanical properties of LCP/PP/SiO_2 in-situ hybrid nanocomposites[J]. Composites Science and Technology, 63(3): 339-346.

Lee M W, Waite W F, 2008. Estimating pore-space gas hydrate saturations from well log acoustic data[J]. Geochemistry, Geophysics, Geosystems, 9(7).

Passey Q R, Creaney S, Kulla J B, et al., 1990. A practical model for organic richness from porosity and resistivity logs[J]. AAPG Bulletin, 74(12): 1777-1794.

Passey Q R, Bohacs K M, Esch W L, et al., 2010. From oil-prone source rock to gas-producing shale reservoir-geologic and petrophysical characterization of unconventional shale-gas reservoirs [C]//International oil and gas conference and exhibition in China. OnePetro.

Paull C K, Usslerlll W. Borowski W S, et al., 1995. Methane-rich plumes on the Carolina continental rise: Associations with gas hydrates[J]. Geology, 23(1): 89-92.

Pini R, Ottiger S, Burlini L, et al., 2010. Sorption of carbon dioxide, methane and nitrogen in dry coals at high pressure and moderate temperature[J]. International Journal of Greenhouse Gas Control, 4(1): 90-101.

Priest J A, Best A I, Clayton C R I, 2005. A laboratory investigation into the seismic velocities of methane gas hydrate-bearing sand[J]. Journal of Geophysical Research Solid Earth, 110(B4): 440-447.

Rickman R, Mullen M J, Petre J E, et al., 2008. A practical use of shale petrophysics for stimulation design optimization: all shale plays are not clones of the Barnett Shale[C]. SPE Technical Conference and Exhibition. Society of Petroleum Engineers.

Ripmeester J A, Tse J S, Ratcliffe C I, et al., 1987. A new clathrate hydrate structure[J]. Nature, 325(6100): 135-136.

Samuel J K, Andrea G, Epaminondas M, 2016. Numerical simulation of shale gas flow in three-dimensional fractured porous media[J]. Journal of Unconventional Oil and Gas Resources, 16: 90-112.

Schmoker J W, 1981. Determination of organic-matter content of appalachian devonian shales from gamma-ray logs

[J]. AAPG Bulletin: 1285-1298.

Shankar U, Riedel M, 2011. Gas hydrate saturation in the Krishna-Godavari basin from P-wave velocity and electrical resistivity logs[J]. Marine and Petroleum Geology, 28(10): 1768-1778.

Sultaniya A K, Priest J A, Clayton C R I, 2015. Measurements of the changing wave velocities of sand during the formation and dissociation of disseminated methane hydrate[J]. Journal of Geophysical Research: Solid Earth, 120(2): 778-789.

Tian H, Li T, Zhang T, et al., 2016. Characterization of methane adsorption on over mature Lower Silurian-Upper Ordovician shales in Sichuan Basin, southwest China: experimental results and geological implications[J]. International Journal of Coal Geology, 156: 36-49.

Udachin K A, Ratcliffe C I, Ripmeester J A, 2001. A dense and efficient clathrate hydrate structure with unusual cages[J]. Angewandte Chemie International Edition, 40(7): 1303-1305.

Wang Y, Zhu Y, Liu S, et al., 2016. Methane adsorption measurements and modeling for organic-rich marine shale samples[J]. Fuel, 172: 301-309.

Zhang B, Xu J, 2016. Methods for the evaluation of water saturation considering TOC in shale reservoirs[J]. Journal of Natural Gas Science and Engineering, 6(A): 800-810.

Zhu Y, Xu S, Payne M, et al., 2012. Improved rock-physics model for shale gas reservoirs[C]. Houston: SEG Annual Meeting Society of Exploration Geophysicists.

Zimmerman R W, King M S, 1986. The effect of the extent of freezing on seismic velocities in unconsolidated permafrost[J]. Geophysics, 51(6): 1285-1290.

Zou C, Yang Z, Tao S, et al., 2012. Nano-hydrocarbon and the accumulation in coexisting source and reservoir[J]. Petroleum Exploration & Development, 39(1): 15-32.

10 生产测井技术

生产测井属于地球物理测井的一个分支，是相对于勘探测井而提出的，指油气井完井和投产至报废阶段所开展的全部测井。借助力、热、电、声、光、核等物理方法，监测井眼几何特性及注采动态，为油田开发方案的制定与调整提供技术参数。具体可分为产出剖面测井、注入剖面测井、套后剩余油饱和度测井、套损质量监测测井和固井质量评价测井技术，其中产出剖面测井和注入剖面测井常被统称为油气藏生产动态测井。作为油气田开发的"医生"，生产测井技术对于监测油气井生产动态、诊断油气井异常、评价开发后油气井及油气藏剩余油流体分布具有重要的指导作用。本章主要介绍了生产测井技术发展历程，围绕油气井生产动态监测技术、套后剩余油饱和度测井技术和井筒密封性检测技术进行详细阐述。

10.1 生产测井发展历程及现状

生产测井技术起步于20世纪30年代，最初的生产测井技术针对油气井生产动态监测，测井项目仅包含井筒流体温度测井，以电缆测井为主；至40年代，随着压力计和流量计的成功研制，井筒流体流量和压力被准确获取，但早期的生产测井仪仅能进行单参数测量；至50年代，成功研制了产出剖面综合测井仪，一次下井可同时录取流量（FLOW）、温度（TEMP）、压力（SPT）、持水率（HYDR）、流体密度（FDEN）等多种信息。随着计算机技术的发展后逐步形成较为成熟的7参数[加磁信号（CCL）和自然伽马（GR）]产出剖面测井技术，并在油气井生产动态检测中得到广泛应用；其后，随着气井开发的深入及井筒三相流日益增加，持气率仪的研制及成功应用使常规7参数测井系列进一步发展为8参数[加持气率（GHT）]产出剖面测井系列。至90年代后，随着海上油气田深入开发，以及近十年来非常规油气藏勘探开发力度加大，水平井钻井技术的发展，促使生产测井技术逐步向复杂水平井生产动态监测方向发展，阵列流量测井、阵列持水率测井等技术逐步兴起并得到发展，测井工艺也由单一电缆式逐步发展为油管传输式和辅助爬行下井式。

随着油气田勘探开发持续精细化及生产动态监测实时化需求凸显，常规电缆测井仪在水平井等复杂井况条件下施工风险剧增，近年来以分布式光纤技术为基础的分布式光纤温度测井（DTS）、分布式光纤声波测井（DAS）和分布式光纤压力测井（DPS）技术逐步用于水平井生产动态监测，通过监测获取井筒内流体高精度温度、声波和压力数据，通过建立对应的地层和井筒最优化模型，从而反演得到井筒多相流动态信息。

注入剖面测井技术始于20世纪50年代，其伴随着油田开发深入面临的一系列难题而逐步提出的。最初的注入剖面测井技术仅包含温度和涡轮流量测井，通过获取的温度和流量变化对应获取各层的吸入量。至60年代，成功研制出同位素示踪吸水剖面测井仪，同位素示踪测井将放射性同位素以一定的方式吸附或结合于固相载体的物质上，形成放射性同位素示踪剂,再与水配置成一定浓度的活化悬浮液注入井内,当载体颗粒直径大于地层孔隙直井时,带有放射性同位素的载体随着注入水渗入地层时滤积于井壁表面,测井仪通过检测同位素释放前后井筒放射性同位素信号,以释放前后示踪曲线形成的包络面幅度大小反映了地层的吸水能力。该方法能够较好地适用于低流量注水环境,但受井眼环境因素影响大,在大孔道、深穿透射孔、沾污、窜槽、漏失等环境影响下,无法进行有效测量和准确解释,同时,同位素的使用存在一定的放射性污染风险。至80年代,井下电磁流量仪被成功用于注入剖面测井,其后注入剖面测井技术不断完善并逐步形成5参数配套测井技术,目前我国各大油田注入剖面测井仍以5参数测井技术为主,监测参数包括磁信号、自然伽马、温度、压力和流量。

21世纪以来,针对复杂管柱结构注入剖面及三次采油技术需求,研究人员进一步成功研制氧活化测井技术和相关流量测井技术,对应测试技术解释方法亦逐步发展完善。我国油田开发过程中广泛采用注水、注气、注聚合物等系列工艺技术,我国的注入剖面测井技术一直处于世界领先地位,以中国石油大庆钻探有限公司测试公司、中国石油集团测井有限公司等为代表的企业均推出了较为成熟的成套注入剖面测井技术仪器,以西南石油大学为代表的国内高校在产出剖面、注入剖面测井资料处理解释方法及软件研制方面亦形成一定特色。

10.2 油气井生产动态监测技术

10.2.1 直井动态监测技术

目前,中高产垂直油气井产出剖面监测以七参数组合测井为主,测井仪器串结构及组合方式如图10.2.1所示。

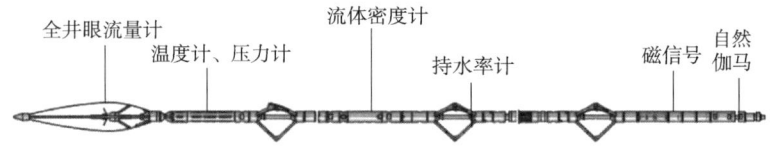

图10.2.1 七参数产出剖面测井仪

仪器下井一次可录取的曲线信息资料和各曲线资料的用途见表10.2.1。

表10.2.1 七参数产出剖面测井录取曲线信息及各曲线作用

曲线名称	曲线符号	作用
自然伽马	GR	深度校正,确定测井曲线深度(与勘探测井曲线深度一致)
磁信号	CCL	
流体温度	TEMP	定性分析和井下流体物性参数换算,辅助分析产出层位、辅助判断产出流体性质井下流体相态、流动方向等
流体压力	SPT	
流体密度	FDEN	分析流体性质,计算各相分流量(或产量)
持水率	HYDR	
流量	FLOW	定量计算井筒多相流体总流量(或产量)

产出剖面测井评价的目的是准确获取油气井各产层油气水生产动态,测井资料的处理解释分为定性分析和定量解释两步。其中,定性分析主要是借助流体温度、流体压力、流体密度、持水率和流量曲线,通过分析各曲线的变化幅度判定生产井主次产层;定量解释则是在解释层划分的基础上,基于对应的解释模型,准确求取各产层油气水产量。目前,常规直井中采用的多相流定量解释方法主要包括图版法和模型法,其中模型法主要包括:滑脱模型、均流模型和漂流模型。

(1) 滑脱模型。

滑脱模型也叫分流模型,是将井筒多相流体等效为各自分开的相,各相流体介质均由其对应的特征表征参数,多相流体由井地流动至地面过程中,由于井筒内油气水介质比重存在明显的差异导致各相流体速度不同,各相流体之间存在明显滑脱效应,不同流体速度之间的差异用滑脱速度 v_s 进行表征。滑脱模型建立的条件有两个:一是各相介质分别有各自的按所占断面积计算的断面平均流速;二是尽管相与相之间可能有质量交换,但两相之间处于热力学平衡状态,压力和密度互为单值函数。以气液两相为例(图10.2.2)。

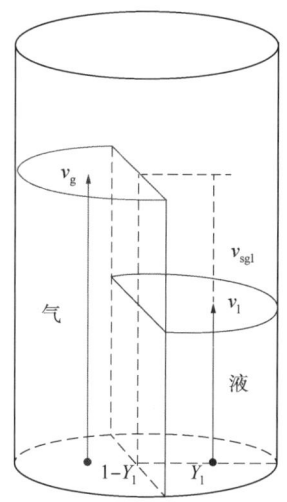

图 10.2.2 气液两相流滑脱模型示意图

气液两相间的滑脱速度 v_{sgl} 表示为:

$$v_{sgl} = v_g - v_l = \frac{v_{sg}}{Y_g} - \frac{v_{sl}}{1-Y_g} \tag{10.2.1}$$

式(10.2.1)可变换为:

$$v_{sgl} \cdot Y_g \cdot (1-Y_g) = v_{sg} \cdot (1-Y_g) - v_{sl} \cdot Y_g \tag{10.2.2}$$

其中,气相表观速度 v_{sg} 又可表示为:

$$v_{sg} = v_m - v_{sl} \tag{10.2.3}$$

综合式(10.2.2)和式(10.2.3)可得:

$$v_{sg} = Y_g \cdot v_m + Y_g \cdot (1-Y_g) \cdot v_{sgl} \tag{10.2.4}$$

$$v_{sl} = v_m - v_{sg} \tag{10.2.5}$$

式(10.2.4)和式(10.2.5)即为滑脱模型计算气相和液相表观速度表达式。

式中:Y_g 为持气率,小数;v_{sg} 为气相的表观速度,m/min;v_{sl} 为液相的表观速度,m/min;v_m 为气液两相平均速度,m/min;v_{sgl} 为气液两相间的滑脱速度,m/min。

利用式(10.2.4)计算气相表观速度 v_{sg} 时,持气率 Y_g 由密度测井确定,流体平均速度 v_m 由流量测井确定,气液间滑脱速度 v_{sgl} 由实验方法确定,其与多相流流型密切相关。

对于泡状流动,Griffith 通过实验研究得到 $v_{sgl}=24.6\text{cm/s}$。当 $Y_g<0.65$ 时,斯伦贝谢公司给出 v_{sgl} 可由下式确定:

$$v_{\text{sgl}} = 30\left[0.95-(1-Y_1)^2\right]^{0.5}+0.75 \quad (10.2.6)$$

对于段塞状流动。斯伦贝谢公司给出气液滑脱速度 v_{sgl} 仍由式(10.2.6)确定。

Nicklin 等给出的气液滑脱速度 v_{sgl} 计算方法。

当 $N_b \leq 3000$ 时：

$$v_{\text{sgl}} = (0.546+8.74\times 10^{-6}N_{\text{Re}})\sqrt{gD} \quad (10.2.7)$$

当 $N_b \geq 8000$ 时：

$$v_{\text{sgl}} = (0.35+8.74\times 10^{-6}N_{\text{Re}})\sqrt{gD} \quad (10.2.8)$$

当 $3000 < N_b < 8000$ 时：

$$v_{\text{sgl}} = \frac{1}{2}\left[v_{\text{sl}}+\left(v_{\text{sl}}^2+\frac{13.59\mu_1}{\rho_1 D^{0.5}}\right)^{0.5}\right] \quad (10.2.9)$$

$$v_{\text{sl}} = (0.251+8.74\times 10^{-6}N_{\text{Re}})\sqrt{gD} \quad (10.2.10)$$

其中：

$$N_b = \frac{1488 v_{\text{sgl}} D_1 \rho_1}{\mu_1} \quad (10.2.11)$$

$$N_{\text{Re}} = \frac{1488 \rho_1 D v_m}{\mu_1} \quad (10.2.12)$$

式中：ρ_1 为液相流体密度，lb/ft^3；D 为流管直径，$\text{ft}(1\text{ft}=0.3048\text{m})$；$v_m$ 为流体平均流速，ft/s；v_{sgl} 为气液间滑脱速度，ft/s；μ_1 为液相流体黏度，mPa·s；g 为重力加速度，ft/s^2。

对于雾状流动，此时气液间滑脱速度 $v_{\text{sgl}} \approx 0$。

对于油水两相流动，参照式(10.2.4)和式(10.2.5)推导可得：

$$v_{\text{so}} = Y_o \cdot v_m + Y_o \cdot (1-Y_o) \cdot v_{\text{sow}} \quad (10.2.13)$$

$$v_{\text{sw}} = v_m - v_{\text{so}} \quad (10.2.14)$$

求取滑脱速度目前应用效果最好的有实验图版法和 Nicolas 公式，图 10.2.3 为基于实验分析得到的油水两相流滑脱速度 v_{sow} 计算方法，对应的计算公式为：

$$v_{\text{sow}} = 12.013(\rho_w-\rho_o)^{0.25}e^{\left[-0.788\cdot Y_o\cdot \ln\frac{1.85}{\rho_w-\rho_o}\right]} \quad (10.2.15)$$

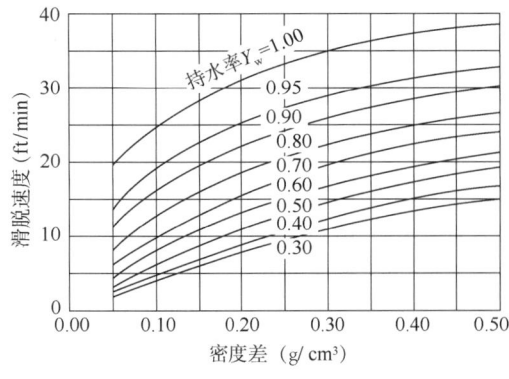

图 10.2.3 油水间滑脱速度与流体密度差的关系

式中：v_m 为流体平均速度速度，m/min；v_{so} 为油相表观速度，m/min；v_{sw} 为水相表观速度，m/min；v_{sow} 为油水间滑脱速度，m/min；ρ_o，ρ_o 分别为油、水的密度，g/cm^3；Y_o 为持油率，小数。

1972年，Nicolas 在实验基础之上提出滑脱速度的计算模型：

$$v_{sow} = Y_w^n \cdot C \cdot \left[\frac{g\delta(\rho_w - \rho_o)}{\rho_w^2}\right]^{0.25} \quad (10.2.16)$$

式中：系数 $C = 1.53 \sim 1.61$，$n = 0.5 \sim 2$（较大时，趋于 0.5，反之趋向 2），实际应用时，C 取 1.5，n 取值 1.53。

（2）均流模型。

当流体间滑脱速度等于 0 时，以气液两相为例，式(10.2.4)则变换为：

$$v_{sg} = Y_g \cdot v_m \quad (10.2.17)$$

$$v_{sl} = v_m - v_{sg} \quad (10.2.18)$$

此即为均流模型，对于多相流动而言，均流模型一般适用雾状流流型，因此，均流模型亦可看成为滑脱模型的一个特例。

（3）漂流模型。

漂流模型是由 Zuber 和 Findlay 针对滑脱模型在实际应用中存在误差而提出的改进模型。对气液两相流动，其漂流模型为：

$$v_{sg} = Y_g(c_o v_m + v_t) \quad (10.2.19)$$

$$v_{sl} = v_m - v_{sg}$$

式中：Y_g 为持气率，小数，可由密度度测井曲线计算得到；v_{sg} 为气相表观速度，m/min；v_{sl} 为液相表观速度，m/min；v_{sg} 为流体平均速度，m/min；c_o 为相分布系数，由实验确定；v_t 为漂移速度，m/min，气液两相流中通常用静液柱中气泡的上升速度代替。

对于泡状流动，即 $Y_g < 0.25$ 时，相分布系数 $c_o = 1.20$，v_t 由 Harmathy 公式计算：

$$v_t = 1.53 \left[\frac{g\delta(\rho_l - \rho_g)}{\rho_l^2}\right]^{0.25} \quad (10.2.20)$$

对于段塞流动，相分布系数 $c_o = 1.20$，v_t 用泰勒泡上升速度取代，即：

$$v_t = 0.345 \left[\frac{gD(\rho_l - \rho_g)}{\rho_l^2}\right]^{0.5} \quad (10.2.21)$$

对于过渡流，相分布系数 $c_o = 1.00$，v_t 仍用泰勒泡上升速度取代，即式(10.2.21)。

对于环雾状流动，此时气液分布均匀，则有：

$$v_t \approx 0, \quad c_o = 1.00 \quad (10.2.22)$$

式中：g 为重力加速度，取值 9.8m/s²；δ 为气液界面张力，油气两相取值 30dyn/cm❶；

---

❶ dyn 是力学单位，中文名称是达因。使质量是 1 克的物体产生 1cm/s² 的加速度的力，叫做 1 达因。1dyn = 1g·cm/s²。

ρ_l 为液相流体密度，g/cm³；ρ_g 为气相流体密度，g/cm³；D 为套管内径，mm。

油水两相流动漂流模型表示：

$$\begin{cases} v_{so} = Y_o [c_o v_m + v_t (1-Y_o)^n] \\ v_{sw} = v_m - v_{so} \end{cases} \quad (10.2.23)$$

对于油水两相泡状流动和段塞流，相分布系数 $c_o = 1.20$，漂移速度 v_t 有：

$$v_t = 1.53 \left[\frac{g\delta(\rho_w - \rho_o)}{\rho_w^2} \right]^{0.25} \quad (10.2.24)$$

式中：g 为重力加速度，取值 9.8m/s²；δ 为油水界面张力，dyn/cm；ρ_o 为油相密度，g/cm³；ρ_w 为水相密度，g/cm³；Y_o 为持油率，小数；v_{so} 为油相表观速度，m/min；v_{sw} 为水相表观速度，m/min；v_m 为油水平均速度，m/min。

对于乳状流和沫状流，相分布系数 $c_o = 1.00$，漂移速度 $v_t = 0$。

(4) 图版法。

多相流动实验结果表明，在流量大于 10m³/d 时，流量计响应值基本不受含水的影响，流量的大小和流量计响应值呈线性正比关系。在流量小于 10m³/d 时，含水的影响较大，但流量的大小和流量计响应值依然呈线性正比关系。因此，对于低产油气井，常采用集流伞流量计进行监测，集流式涡轮流量计常采用图版法来解释流量。

首先以 10m³/d 为界，将流量分为两段。大于 10m³/d 时认为其不受含水的影响，以流量为横坐标，计数率为纵坐标，对数据进行线性拟合，得到流量大于 10m³/d 时的流量图版。当流量小于 10m³/d，认为含水的影响是不能忽略的，因此必须对不同含水时分别进行线性拟合，得到不同含水时，流量和仪器响应值之间的关系图版。将两段拟合的结果以流量为横坐标，仪器响应计数率为纵坐标放到同一图版中，得到的集流式涡轮流量计的响应图版如图 10.2.4 所示。

对于持水率，由于持水率亦随着流量变化而变化，对不同含水时流量和持水率的关系图进行多项式回归得到了含水率解释图版如图 10.2.5 所示。

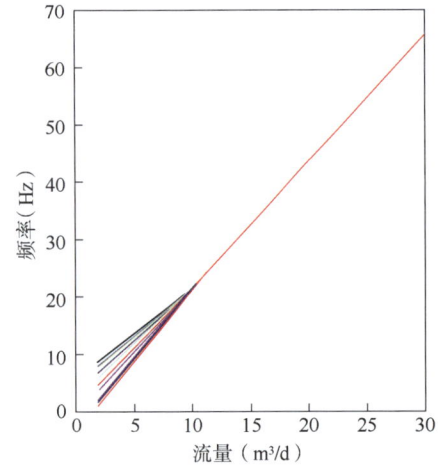

图 10.2.4 集流式涡轮流量计响应解释图版

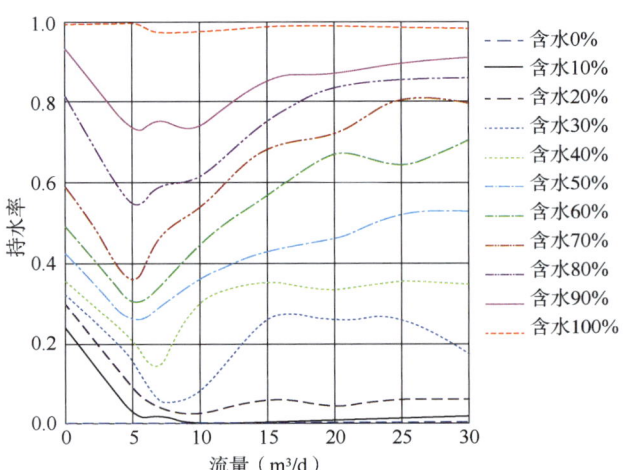

图 10.2.5 含水解释图版

在实际的解释中,首先使用涡轮流量计响应图版将流量计的计数率转换为流量值,若总流量值大于 $10\text{m}^3/\text{d}$,则只能得到一个对应的流量值,若总流量值小于 $10\text{m}^3/\text{d}$,会得到不同含水所对应的流量值。将持水率计的计数率转化为持水率。把得到的流量值和持水率代入持水率与含水率的关系图版,若流量大于 $10\text{m}^3/\text{d}$,可以直接通过流量值与持水率的交点得到含水率,若流量小于 $10\text{m}^3/\text{d}$,通过迭代法来得到含水率,其具体步骤如下:

① 通过持水率的大小首先估算出含水率的初值。
② 将含水率和流量计的响应值代入流量计响应图版,通过插值得到对应的流量值。
③ 将流量值和持水率代入到含水解释图版中,通过插值得到一个新的含水率值。
④ 比较新的含水率与估算含水率之间的误差大小是否满足测量要求的误差,若差值的绝对值小于误差则含水率满足要求,若大于误差,取新的含水率重复步骤②和③,直到获得满足误差的含水率。

通过上述的步骤获得了总流量和含水率,则各相的流量可以表示为:

$$Q_\text{w} = C_\text{w} Q \quad (10.2.25)$$

$$Q_\text{o} = Q - Q_\text{w} \quad (10.2.26)$$

式中:Q_w,Q_o,Q 分别为水相流量、油相流量和总流量,m^3/d;C_w 为油水两相含水率,%。

(5) 最优化方法。

在油井中,尤其是较浅的井中,经常遇到油、气、水混合的多相流动。与两相流动相比,三相流动最大的特点是在油水混合物中出现了气相。气相的出现,使得同时出现了三个滑脱速度,也使得油水的分布复杂,总趋势是降低了油水间的滑脱速度,流型变化较大。对于三相流动的解释目前国内外研究较少,相应的解释方法与模型并不成熟。由于气相的影响导致滑脱速度或漂流速度难以确定,解释图版同样难以建立。为了实现生产井三相流动的定量解释,提出了三相流动最优化解释模型,采用最优化的思想并结合智能优化算法对井中各产层的油、气、水各相流量进行直接求取,且具有较高的计算效率与精确度。同样的,也可以采用优化算法计算多频微波持水率仪的持水率、多探头光纤持气率仪的持气率。

最优化测井解释方法最初主要应用于勘探测井的资料解释中,其主要目的是弥补常规测井解释方法的不足。常规勘探测井解释方法中所运用的 POR,SARABAND,CRA,CORIBAND 等程序的解释模型是固定不变的,不能灵活运用,它们最多只能求解除泥质外的双矿物地层,不能求解由三种矿物以上成分组成的多矿物地层。此外,常规解释方法不能充分应用所有的测井资料。常规方法都是建立在以中子—密度组合为主的交会技术基础之上,在计算过程中仿效经典的"人工"解释步骤进行的,即先对中子—密度测井值进行泥质校正,再进行油气校正,最后求解地层储集参数(孔隙度、饱和度等),它们对新发展起来的一些探测仪器的测量信息无法应用。这造成了采集信息与实际应用不匹配。

最优化解释方法是一种多功能的测井资料解释方法。它使用一种与模型及测井组合无关的结构,建立探测仪器测量值与地层物理参数之间的误差模型——非相关函数,然后借助于最优化方法,求出使非相关函数最小的解,该解被认为是最小误差的解。斯伦贝谢公司的 GLOBAL,阿特拉斯公司的 OPTIMA,以及哈里伯顿公司的 ULTRA 均属于最优化测井解释程序。

最优化解释方法具有如下特点:
① 解释模型种类较多、适应性较强。
② 便于引用新的探测仪器、新的测井信息和新的解释模型。
③ 摒弃了传统的解释方法,采用了最优化解释技术。
④ 提供了一种有效的检验解释结果可靠性的质量控制方法。

最优化方法主要是研究在一定限制条件下,选取某种方案,以达到最优目标的一门数学方法。达到最优目标的方案,称为最优方案,搜索最优方案的方法,称为最优化方法。这种方法的数学理论,就称为最优化理论。最优化方法和最优化理论是近二三十年随着电子计算机的发展和普及而发展起来的,并有广泛的应用。

建立最优化测井解释的思路为:设实际测井值 $a = (a_1, a_2, a_3, \cdots, a_m)$,理论测井值 $A = [f_1(x, z), f_2(x, z), \cdots, f_m(x, z)]$,其中 x 为要求的储层参数,z 为相关的解释参数,m 为测井值个数。假定未知数个数为 n,当 $m<n$ 时方程组欠定(无穷多解),当 $m=n$ 时方程组平衡(唯一解,不一定最优解),当 $m>n$ 时方程组超定(没有真解,但可通过方法获得近似解)一般测井属于这种情况。最优化的目的是使残差(epsi)平方最小化,即:

$$\text{epsi}^2 = (a_i - f_i)^2 \qquad (10.2.27)$$

然而实际测井值与用响应方程计算的理论测井值之间是有误差的,其误差来自两方面:测井值误差和响应方程误差。最优化解释中的测井响应方程是通过对实际地层作一系列的数学物理简化后建立的解释模型得出的理论公式,而且响应方程中解释参数的选择也存在一定的误差。这些方程只是近似反应理论测井值 a_i 与储层参数 x 之间的关系,因此,存在测井响应方程误差 τ_i。且由于各种测井值单位的量纲均不同,其数值变化范围也相差较大,因此需要做规格化处理。为了使理论测井值最佳逼近实际测井值,从而可以充分反映实际地层的储层参数向量则需满足:

$$\min F(x, a) = \min \sum_{i=1}^{m} \frac{[a_i - f_i(x, z)]^2}{\sigma_i^2 + \tau_i^2} \qquad (10.2.28)$$

此外,在寻优过程中,某些参数不能超出一定范围或必须满足一定条件。通过在非相关函数中加入惩罚项来实现,如:

$$\text{s.t.} \quad h_j(x) = 0 \quad j=1, \cdots, m \qquad (10.2.29)$$

$$\text{s.t.} \quad g_j(x) \geq 0 \quad j=1, \cdots, m \qquad (10.2.30)$$

最终,最优化测井解释的目标函数+罚函数约束条件后,有:

$$F(x) = \sum_{i=1}^{m} \frac{[a_i - f_i(x)]^2}{\sigma_i^2 + \tau_i^2} + \sum_{j=1}^{n} \frac{G_j^2(x)}{T_j^2} \qquad (10.2.31)$$

式中：m 为响应方程个数；n 为约束条件个数；a_i 为第 i 个实际测井值；σ 与 τ 对应着测井数据的测量误差与测井响应方程的误差。

虽然最优化解释方法在勘探测井领域得到了广泛应用，但在生产测井领域却发展较为欠缺。在生产井多相流动中存在着滑脱速度难以确定的问题，且随着生产测井技术的不断发展，新的仪器不断产生，这也造成了在生产测井中信息与应用不匹配的问题。因此，可以在多相流解释中引入最优化解释的思想与方法，为生产测井多相流动产出剖面测井解释提供新的思路。

以油气井三相流为例建立最优化解释模型，待求参数为油、气、水各相流量。为构建三相流动的响应方程，根据滑脱速度的定义，气水间滑脱速度 v_{sgw}、油水间滑脱速度 v_{sow} 和油气间滑脱速度 v_{sgo} 可分别表示为：

$$v_{\text{sgw}} = v_{\text{g}} - v_{\text{w}} = \frac{v_{\text{sg}}}{Y_{\text{g}}} - \frac{v_{\text{sw}}}{Y_{\text{w}}} \tag{10.2.32}$$

$$v_{\text{sow}} = v_{\text{o}} - v_{\text{w}} = \frac{v_{\text{so}}}{Y_{\text{o}}} - \frac{v_{\text{sw}}}{Y_{\text{w}}} \tag{10.2.33}$$

$$v_{\text{sgo}} = v_{\text{g}} - v_{\text{o}} = \frac{v_{\text{sg}}}{Y_{\text{g}}} - \frac{v_{\text{so}}}{Y_{\text{o}}} \tag{10.2.34}$$

因此，求得的各相流量应满足上述三式。又根据三相流动的流动模型，如图 10.2.6 所示。可以得出以下约束条件：

$$Y_{\text{o}} + Y_{\text{g}} + Y_{\text{w}} = 1 \tag{10.2.35}$$

$$v_{\text{m}} = v_{\text{so}} + v_{\text{sg}} + v_{\text{sw}} \tag{10.2.36}$$

$$v_{\text{sgw}} = v_{\text{sgo}} + v_{\text{sow}} \tag{10.2.37}$$

根据 Nicolas 提出的半经验公式可知，三相流动各相之间的滑脱速度可分别表示为：

$$v'_{\text{sow}} = Y_{\text{w}}^{n_1} \cdot C_1 \cdot \left[\frac{g\delta(\rho_{\text{w}} - \rho_{\text{o}})}{\rho_{\text{w}}^2} \right]^{0.25} \tag{10.2.38}$$

$$v'_{\text{sgw}} = Y_{\text{w}}^{n_2} \cdot C_2 \cdot \left[\frac{g\delta(\rho_{\text{w}} - \rho_{\text{g}})}{\rho_{\text{w}}^2} \right]^{0.25} \tag{10.2.39}$$

$$v'_{\text{sgo}} = Y_{\text{o}}^{n_3} \cdot C_3 \cdot \left[\frac{g\delta(\rho_{\text{o}} - \rho_{\text{g}})}{\rho_{\text{o}}^2} \right]^{0.25} \tag{10.2.40}$$

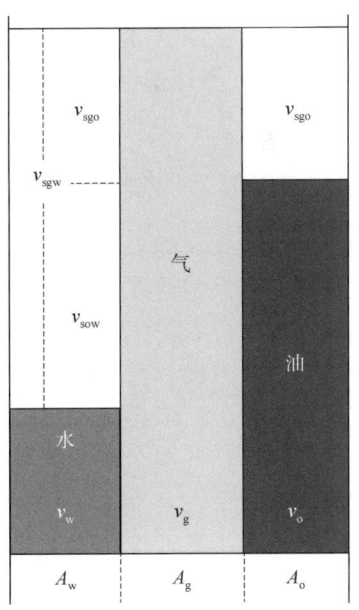

图 10.2.6 井筒三相流流动模型示意图

根据仪器的测量原理以及多相流动模型可以建立各仪器的理论响应方程：

$$\begin{cases} Y'_\mathrm{w}=f_1(v_\mathrm{so},\ v_\mathrm{sg},\ v_\mathrm{sw})=1-0.5\left[1+\dfrac{v_\mathrm{m}}{v_\mathrm{s2}}-\sqrt{\left(1+\dfrac{v_\mathrm{m}}{v_\mathrm{s2}}\right)^2-4\dfrac{v_\mathrm{so}}{v_\mathrm{m}}}\right] \\ \mathrm{DEN}'=f_2(v_\mathrm{so},\ v_\mathrm{sg},\ v_\mathrm{sw})=Y_\mathrm{o}\rho_\mathrm{o}+Y_\mathrm{w}\rho_\mathrm{w}+Y_\mathrm{g}\rho_\mathrm{g} \\ \mathrm{RPS}'=f_3(v_\mathrm{so},\ v_\mathrm{sg},\ v_\mathrm{sw})=K(v_\mathrm{m}-v_\mathrm{t}) \\ Y'_\mathrm{g}=f_4(v_\mathrm{so},\ v_\mathrm{sg},\ v_\mathrm{sw})=0.5\left[1+\dfrac{v_\mathrm{m}}{v_\mathrm{s1}}-\sqrt{\left(1+\dfrac{v_\mathrm{m}}{v_\mathrm{s1}}\right)^2-4\dfrac{v_\mathrm{sg}}{v_\mathrm{m}}}\right] \end{cases} \quad (10.2.41)$$

结合各仪器响应方程以及实验解释图版最终可以得到三相流动最优化解释的目标函数：

$$\min F(x)=\dfrac{\left[(Y'_\mathrm{w}-Y_\mathrm{w})+(\mathrm{DEN}'-\mathrm{DEN})+(Y'_\mathrm{g}-Y_\mathrm{g})+(Y_\mathrm{w}-\mathrm{Chart}v_\mathrm{m})\right]}{\Delta^2+T^2}$$

$$v_\mathrm{m}=v_\mathrm{sw}+v_\mathrm{so}+v_\mathrm{sg} \quad (10.2.42)$$

$$\mathrm{s.t.}\quad v_\mathrm{sow}>0;\ v_\mathrm{sgw}>0;\ v_\mathrm{sgo}>0$$

$$v_\mathrm{sgw}=v_\mathrm{sgo}+v_\mathrm{sow}$$

式中：$F(x)$ 为最优化目标函数；Y'_w 为持水率仪器理论响应值，小数；Y_w 为实测持水率值，小数；DEN' 为密度仪器理论响应值，$\mathrm{g/cm}^3$；DEN 为密度仪器实测的响应值，$\mathrm{g/cm}^3$；Y'_g 为持气率计理论响应值，小数；Y_g 为持气率计实测值，小数；$\mathrm{Chart}v_\mathrm{m}$ 为根据图版法得到的持水率值，小数。

10.2.2 大斜度井、水平井动态监测技术

近年来，随着海上油田和非常规油气田勘探开发的深入，水平井开发应用越来越广，水平井、大斜度井产出剖面测井是一个研究热点，其技术难点主要体现在水平井测井仪、测井施工(仪器串如何在复杂环境下顺利下井)和测井资料定量处理解释三个方面。在测井仪器下井方面，直井或倾斜角不大的斜井中，通常靠仪器重力下入井底目的层进行测井。在水平井中，依靠重力仅能下入到井斜约为 40°~60°处，需要借助于工具将生产测井仪器传送到水平井段。故在水平井测井中仪器入井方式主要有两种：连续油管传送法和牵引器传送法。

由于水平井特殊的井身结构特征，常规直井中采用的仪器无法准确监测水平井多相流动态，在水平井内，由于油、气、水流体比重差异，多相流动过程中各相流体间会产生重力分异现象，流动特征复杂，准确监测和表征流动特征参数较为困难（图 10.2.7 所示为直井到水平井油水两相流流型及流体速度分布变化）。

国外斯伦贝谢、哈里伯顿、阿特拉斯、桑德斯公司和国内的中油测井等均研制了不同结构特征的水平井生产测井仪器，形成了系列水平井生产测井方法，目前而言，以斯伦贝谢和桑德斯公司阵列水平井测井仪器最具有代表性。

10 生产测井技术

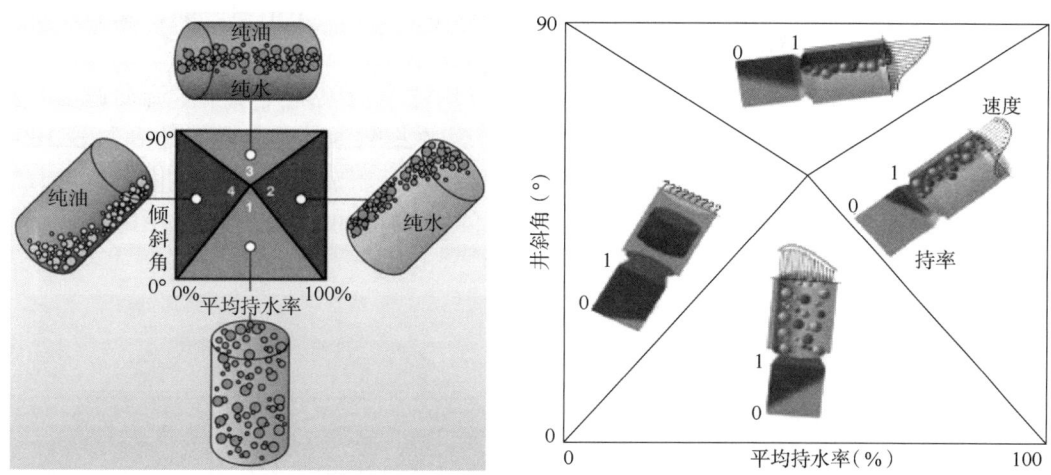

图 10.2.7 不同井斜结构下油水两相流流型及速度剖面分布特征

10.2.2.1 水平井生产测井方法

目前国内水平井动态监测采用的仪器主要为斯伦贝谢的流体成像扫描仪 FSI 和桑德斯公司的 MAPS 阵列成像仪器。其中斯伦贝谢公司研制的流体成像扫描仪 FSI，它具有 5 个微转子测量分层流速，6 对光学和电阻探针测量持率，能够集中测量同一段流体，可实时监测数据质量。在仪器中安装有偏离器和特殊机械部件，保持仪器在井下的平衡。这种仪器涡轮角度和效果受井斜影响较大，在大斜度井中应用受限。桑德斯公司的 MAPS 阵列成像仪器系列由电容式阵列测持水率仪 CAT、电阻式阵列测持水率仪 RAT 和阵列涡轮流量仪 SAT 三支仪器短节组成，以及桑德斯公司仪器的改进型仪器即由加拿大 Hunter 公司研制的阵列流量计 AFV(6 个微转子)和阵列持水率计 AFR(12 个电阻探头)。这种类型的流量计在井下张开呈伞状，多个探头沿着井的横截面围绕一周，能够分层测量各相流体的流速和持率，在国外这种类型的仪器应用较为普遍。除此之外，英国石油公司于 1996 年针对水平井与斜井中的复杂流型，开发了 DEFT 仪器，该仪器具有四个位于井筒中不同区域的探针，探针直径约 0.6mm，每个探针可以独立测量流体分布，由于这四个测量值分布在管道横截面的不同位置，因此测量结果可以解释管道流动的状态。贝克休斯公司新推出的 Phase View™ X 水平井生产测井仪，通过阵列方式同时组合多个(共 28 个)电容持水率、电阻持水率、温度和涡轮流量探头，实现了水平井筒多相流体动态及分布监测。

总体而言，阵列涡轮流量仪器具体的结构与测量原理与对应的常规中心涡轮流量计、阵列电容、电阻持率计与常规的电容、电阻持水率计在测量物理机理上有相似之处，但在具体的仪器结构与测井信息所代表的物理意义上有其独特之处。

(1) 阵列流量计。

矿场水平井产出剖面测井采用的阵列流量计以斯伦贝谢公司的 FSI(图 10.2.8)与桑德斯公司的 MAPS(图 10.2.9)阵列涡轮流量计 SAT 为主，对应的阵列仪器分别由 5 个和 6 个微型涡轮组成，它们通过弓形弹簧片安置在管子内径中。

该工具在油管中呈关闭状态，当其离开油管进入直径更大的套管中时会自动打开。弓形弹簧片可以保护涡轮在上测和下测时免受损伤。传感器整体附在弓形弹簧片上并和传感器元件连接，包括磁通角传感器与温度传感器。叶轮安装在两个枢纽之间，安有轴承，在每个叶轮中间安有磁体。磁通角传感器根据磁通角度输出响应的正弦波和余弦波。当磁极轮流经过传感器的一边时磁通角会发生变化，可以用这个现象来计算流体流动速度与流动方向。该工具是在Ultrawire™遥测技术下使用的，其收集数据的频率可以达到每秒100帧。然而由于系统其他方面的影响，例如测速等通常会极大地限制最大帧速。相应地承载装置以钟摆结构为基础，用来测量仪器的旋转。它并不用于井内的测量，仅仅用来判断哪个涡轮位于最上部。

 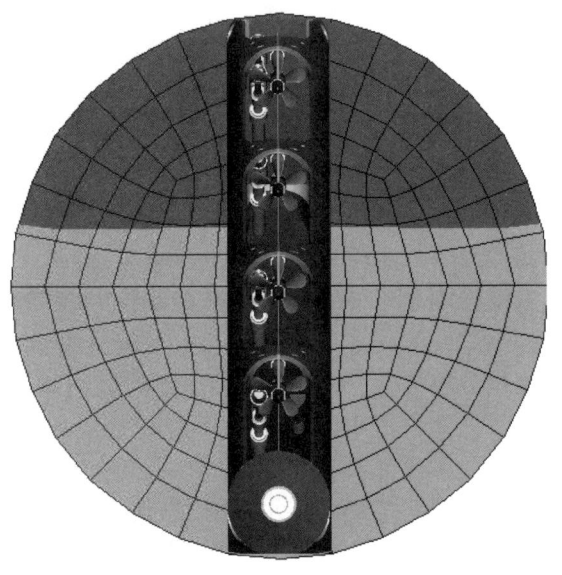

图 10.2.8　斯伦贝谢公司的 FSI 阵列涡轮流量计及流量探头分布结构图

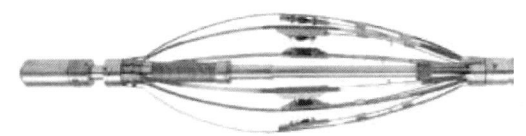

图 10.2.9　桑德斯公司的 MAPS 阵列涡轮流量计 SAT

SAT 涡轮流量计测量原理与常规涡轮流量计测量原理类似，其基本元件都是涡轮，因此基本响应原理相似。涡轮流量计是应用流体动量矩原理实现流量的测量。

实际测量中，爬行器带动仪器向下爬行时 SAT 无响应，仅上向上提时分别记录了各微型涡轮的转子转速（$SPIN_1$，$SPIN_2$，…，$SPIN_n$）和阵列涡轮仪方位（SATROT）。

（2）阵列电容持率计 CAT。

桑德斯公司阵列电容持水率计 CAT 由 12 个弓形弹簧片组成（图 10.2.10），当其进入套管时会向外张开。每个传感器与一个弓形弹簧片内部连接，其工作原理与传统的电容持水率计类似，均利用了油气与水的相对介电常数性质的差异来

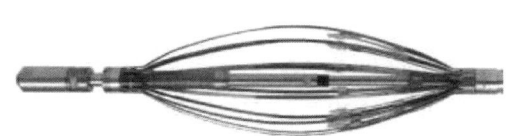

图 10.2.10　桑德斯的 MAPS
阵列电容持水率计 CAT

识别流体性质。然而，创新之处在于环形测量的方式，采用同样的原理用12个局部位置的传感器测量电容。在油(水)中刻度曲线就可以分析测量结果，从而明确每个探头附近液体的相态。定性上来说，气具有高响应频率，油的响应频率与气相比较低，水的响应频率只有空气的三分之一。每个探头顶部具有微型的电容传感器，每个传感器与测量电路连接，从而产生与周围液体介电常数相关的输出信号。因此，每个传感器附近的液体(油气水)的相态可以被确定下来。而油气水三相占整个井筒截面的百分比也可以计算出来。

该工具由Ultrawire™遥感技术操作，每秒钟的帧数可以达到100，然而系统的其他部分如电缆速度，通常会限制最大帧速。本质上说，传感器由逻辑逆电门组成，配有振荡电路。有一个固定值的反馈电阻器R_x在输入与输出之间。输入门和传感器电容连接起来，电容C_x通过电阻R_x充电和放电。传感器的电容器C_x的电容由传感器周围液体的介电常数决定。所有12个传感器具有相同的原理。气体的相对介电常数等于1，探针在气体中测量的电容为低值；水的相对介电常数略等于80，探针在水中测量的电容为高值；油的相对介电常数介于气体与水两者之间，探针在油中测量的电容介于两者之间，但相对而言更偏向气体。因此，每个探头附近的相态可以根据电路的振荡频率识别出来。需要说明的是：因为电容器的偏离和夹杂其他物质的原因，各种相态中的振荡频率会有所偏差。实际测量中水的振荡频率是空气的20%左右，油的振荡频率是空气的80%左右。

实际测量中，爬行器带动仪器向下爬行时CAT无响应，仅向上提时分别记录了各微型探针的归一化值($NCAP_{01}$，$NCAP_{02}$，…，$NCAP_n$)和阵列电容持率仪方位(CATROT)。所谓仪器将每个传感器的读数进行归一化，是将油、水、气的响应值分别固定为0.2、1和0左右，这样记录的数值在0~1之间。其归一化算法如下：

如果原始数据Raw大于油的刻度值Oil，且小于气的刻度值Gas，则其归一化值N为$0.2\dfrac{\text{Gas}-\text{Raw}}{\text{Gas}-\text{Oil}}$。

如果原始数据Raw小于油的刻度值Oil，且大于水的刻度值Water，则其归一化值N为$0.2+0.8\dfrac{\text{Oil}-\text{Raw}}{\text{Oil}-\text{Water}}$。

根据归一化结果，可定性分析探针周围流体的性质，见表10.2.2。

表10.2.2 归一化值与流体相态的对应关系

归一化数值	流体介质	
1	水相	解释为水相
	(油水混合相)水相主导	解释为油水混合相
	(油水混合相)油相主导	
0.2	油相	解释为油相
	(油气混合相)油相主导	解释为油气混合相
	(油气混合相)气相主导	
0	气相	解释为气相

图 10.2.11　桑德斯公司的 MAPS
阵列电阻持水率计 RAT

(3) 阵列电阻持率计 RAT 测量原理。

桑德斯公司阵列电阻持率计 RAT 包含 12 个传感器(图 10.2.11)，它们排列在仪器的边缘，使用弓形弹簧片部署在管子的内表面附近。通过将传感器放置在管子横截面的不同位置，从而监测流体内部的变化。该工具在井眼中移动开始时是关闭的，当它离开油管进入直径更大的套管中时会自动打开。无论仪器在上测和下测中遇到任何阻碍，弓形弹簧片会变形塌陷来防止外界对传感器的伤害。传感器主体被夹在弓形弹簧片上。传感器的电极被放置在保护罩内。另外一个传感器提供工具和阵列提供方位信息。

由于水和碳氢化合物(气和油)通常不会溶解在一起。相反，较小的组分在主要相态中会出现"泡"。这种"泡"可能非常小(在乳状流中)，也可能变得非常大从而导致整体的分层。通常油气水进入管中，当管不垂直时，较轻的液体更多地集中在管子上部，较轻的液体向上的流动速度相比较重的也会较快。有时在特殊情况下，流体也会向整体流动方向相反的方向流动。为了使在井中的测量有效，需要先了解管中水和碳氢化合物的相应性质。通常来说，水中包含了大量盐分，从而导致其电阻率较低(电导率较高)，而碳氢化合物具有较高的电阻率(较低的电导率)。通过在管中测量不同点的电阻率就可以清楚地观测到水或者碳氢化合物的比例，也可以捕捉到存在的"泡"。该仪器可以高达 10000 个样点每秒的速度测量探针顶端和电极之间的电阻率。每个传感器每 4.8ms 取样两次。Ultrawire 遥感技术有两种方式来呈现结果信息：

第一种方式提供一个平均值和一个标准差。这组数据根据测井软件的配置通常每个传感器每秒提供六次。每分钟测量 30ft 的情况下，仪器测量的分辨率是 1in。

第二种方式提供每个传感器测量结果的柱状图。在测量期间将平均值和标准差记录 12 次，每个柱状图包含 16 组数值，该方式提供了测量结果分布的更多细节。

实际测量中，爬行器带动仪器向下爬行时 RAT 无响应，仅向上提时分别记录了各微型探针采样期间响应的平均值($RATMN_{01}$，$RATMN_{02}$，$\cdots$，$RATMN_n$)、标准差($RATSD_{01}$，$RATSD_{02}$，$\cdots$，$RATSD_n$)和阵列电阻持率仪方位($RATROT$)。

10.2.2.2　解释模型

(1) 水平井阵列持水率计算方法。

水平井阵列探头监测使得水平井内流量和持水率的计算明显不同于常规直井，因此准确基于阵列探头响应值计算得到井筒流体流速和持率是水平井定量解释的基础，以桑德斯公司的 MAPS 阵列持水率探头响应为例，介绍水平井持水率计算方法，对应的阵列流量可参照获取。

① 面积比重法。

按阵列持水率探头的数量以及分布方式(12 个环状分布)将水平流动截面在垂向分为 N 个区域(图 10.2.12)，每个探测区域的面积表示为：

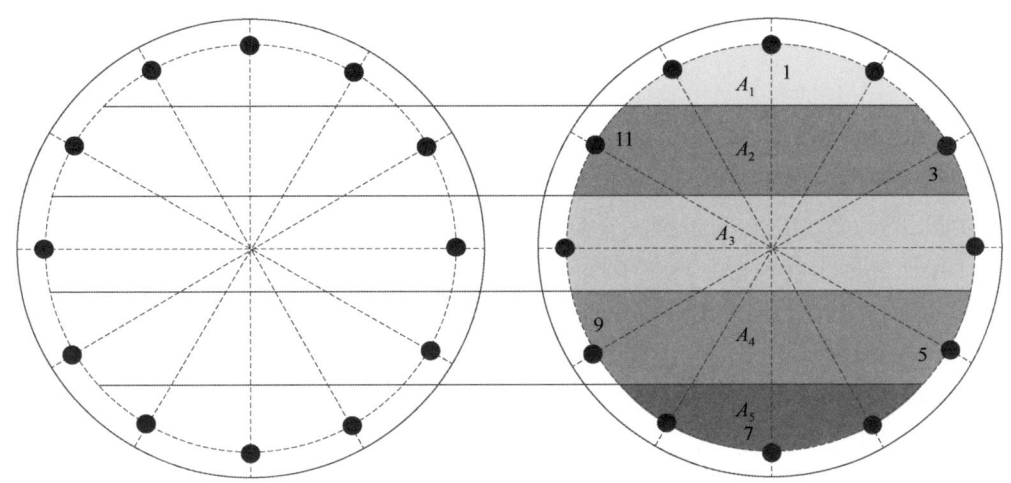

图 10.2.12 面积比例法计算系数示意图

$$A_1 = A_5 = \frac{\arccos\left(\frac{r-h}{r}\right)}{180°} A_t - (r-h)\sqrt{r^2-(r-h)^2} \quad (10.2.43)$$

$$A_2 = A_4 = \frac{\arccos\left(\frac{r-2h}{r}\right) - \arccos\left(\frac{r-h}{r}\right)}{180°} A_t - \left[(r-2h)\sqrt{r^2-(r-2h)^2} - (r-h)\sqrt{r^2-(r-h)^2}\right]$$
$$(10.2.44)$$

$$A_3 = \left[1 - \frac{\arccos(r-2h)r}{90°}\right] A_t + 2(r-2h)\sqrt{r^2-(r-2h)^2} \quad (10.2.45)$$

令 $h = 0.2r$，则上述三式可简化为：

$$\begin{cases} A_1 = A_5 = 0.142 A_t \\ A_2 = A_4 = 0.231 A_t \\ A_3 = 0.253 A_t \end{cases} \quad (10.2.46)$$

计算时根据探头方位角确定探头所处的面积区域，进而确定各探头对应的比重系数，最终得到水平井筒内持水率表示为：

$$Y_w = \left[\sum (A_i Y_{wi})\right] / \sum A_i \quad (10.2.47)$$

式中：Y_{wi} 为各探头位置的持水率值，小数；Y_w 为井筒平均持水率。

参照此方法可得到井筒阵列流速计算公式：

$$v_m = \left[\sum (A_i v_i)\right] / \sum A_i \quad (10.2.48)$$

假定区域 i 内的各相流体间不存在滑脱效应（存在滑脱，需要选用相应滑脱模型进行求解），即同一区域内各相速度处处相等，则：

$$Q_\mathrm{p} = \sum_\mathrm{h} A_i Y_\mathrm{p}(i) v_i \qquad (10.2.49)$$

式中：Q_p 为水相或气相在工况下的流量，通过 PVT 转换即可计算对应地面条件下的产量。

② 权系数方法。

若采用平均权重方法，则各探头贡献均等于 1/12。对于阵列持水率 12 个探头，Frisch 等于 2002 年研究得出阵列持水率各个探头的权重如图 10.2.13 所示，其中 1 号探头位置如图 10.2.12 所示，处于流管最顶部位置。

对于阵列流量计(6 个探头)，每个流量探头的贡献基于其距离套管顶部距离确定，各探头权重如图 10.2.14 所示。

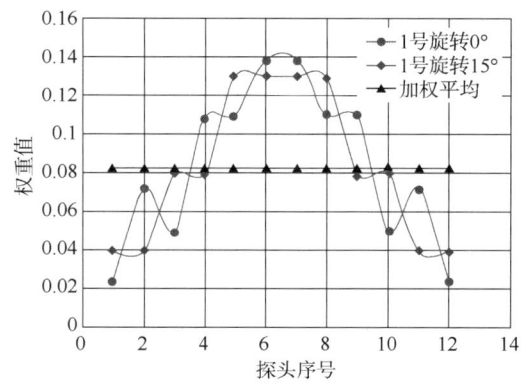 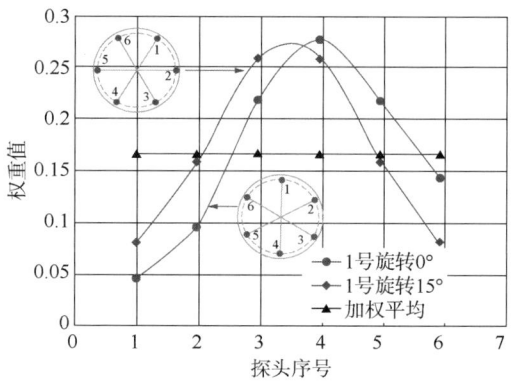

图 10.2.13　阵列持水率计各探头贡献权值分布　　图 10.2.14　阵列流量探头各探头贡献权值分布

(2) 水平井流动成像。

水平井中井筒截面流量计算结果可通过截面插值成像方法进行验证，常规采用的插值方法主要有以下 5 种。

① 多元线性回归分析(Multiple Regression Analysis)。

在回归分析中，如果存在有两个及其以上的自变量，则需进行多元回归分析。在成像算法中将探头位置的横纵坐标视为自变量，通过回归分析进行成像处理。

方法主要原理为：设随机变量 y 及 m 个自变量 x_0，x_1，…，x_{m-1}。给定共计 n 组观测值 $(x_{0k}, x_{1k}, …, x_{m-1k}, y_k)(k=0, …, n-1)$，用线性表达式表示为：

$$y = a_0 x_0 + a_1 x_1 + a_2 x_2 + \cdots a_{m-1} x_{m-1} + a_m \qquad (10.2.50)$$

对观测数据进行分析，其中 a_0，a_1，…，a_{m-1}，a_m 为回归系数。根据最小二乘原理，为使下式 a 值达到最小：

$$a = \sum_{i=0}^{n-1} [y_i - (a_0 x_{0i} + a_1 x_{1i} + a_2 x_{2i} + \cdots + a_{m-1} x_{m-1i} + a_m)]^2 \qquad (10.2.51)$$

回归系数 a_0，a_1，…，a_{m-1}，a_m 应满足下列方程组：

$$(\boldsymbol{C}\boldsymbol{C}^{\mathrm{T}})\begin{bmatrix}a_0\\a_1\\a_2\\\vdots\\a_{m-1}\\a_m\end{bmatrix}=\boldsymbol{C}\begin{bmatrix}y_0\\y_1\\y_2\\\vdots\\y_{n-1}\end{bmatrix} \qquad (10.2.52)$$

其中：

$$\boldsymbol{C}=\begin{bmatrix}x_{00}&x_{01}&x_{02}&\cdots&x_{0,n-1}\\x_{10}&x_{11}&x_{12}&\cdots&x_{1,n-1}\\\vdots&\vdots&\vdots&&\vdots\\x_{m-1,0}&x_{m-1,1}&x_{m-1,2}&\cdots&x_{m-1,n-1}\\1&1&1&\cdots&1\end{bmatrix} \qquad (10.2.53)$$

求取回归系数 a_0，a_1，$\cdots$，a_{m-1}，a_m，根据需要建立插值网格，利用得到的回归系数求取待插值点的估计值。

② 克里金(Kriging)插值方法。

克里金插值法也称空间自协方差最佳插值法，是根据协方差函数在随机过程或场中进行空间建模、插值预测的回归算法，在一定的随机过程中，克里金法能够给出最优线性无偏估计，即某点处的确定值，因此在统计学中又称为空间最优无偏估计器。

克里金法使用变异函数对空间场进行重构和插值。描述随机过程和随机场空间相关性的统计量为变异函数，被定义为空间内两空间点之差的方差。它是由地质统计学家乔治斯·马瑟伦，在1963年定义克里金法为"对已知样本加权平均以估计平面上的未知点，并使得估计值与真实值的数学期望相同且方差最小的地统计学过程"。而该法的命名来自南非金矿工程师丹尼·克里格(Danie G. Krige)，以纪念他于1951年通过回归法完成空间场内的插值预测。克里金插值算法的基本原理是将空间位置作为随机函数的自变量，可以应用随机函数理论解决插值和模拟问题，其主要内容为：空间一点处的观测值可解释为一个随机变量在该点处的一个随机实现；空间各点处随机变量的集合构成一个随机函数；克里金法需要区域化变量 $Z(x)$ 满足以下两个假设。

a. $Z(x)$ 的数学期望存在，与位置无关且为常数，则有：

$$E[Z(X)]=m(m \text{ 为常数})$$

b. $Z(x)$ 内任意两点，其协方差函数 C 仅是点间距离的函数。

考虑到实际应用中，若得到井筒截面上某点 x 处的流体流动成像，需计算 x 点及 $x+h$ 点处的持水率值，将这两点的区域特征参数值的方差的一半定义为 $Z(x)$ 的半变异函数，则有：

$$\gamma(x, h) = \gamma(x-h) = \frac{1}{2} E[Z(x+h) - Z(x)]^2 \qquad (10.2.54)$$

半变异函数也可计算成对点间的方差，在表达含义上与变异函数基本相同。在整个插值计算过程中，最关键的是如何计算变异函数 γ_{ij}。根据地理学第一定律，空间位置相近则属性相似。γ_{ij} 表达了属性上的相似，空间上的相似以两点间的距离表示，定义 i 与 j 间的几何距离为：

$$d_{ij} = d(z_i, z_j) = d((x_i, y_i), (x_j, y_j)) = \sqrt{(x_i - x_j)^2 + (y_i - y_j)^2} \qquad (10.2.55)$$

假设克里金插值法中，γ_{ij} 和 d_{ij} 可能存在着线性、二次函数或指对数关系。通过计算研究区域内任意两个已知点的距离和半方差，将得到的 (d_{ij}, γ_{ij}) 数据对绘制成散点图，对 d 和 γ 的函数关系做出最优化拟合曲线。

$$\gamma = \gamma(d) \qquad (10.2.56)$$

故对于任意两点 (x_i, y_i) 和 (x_j, y_j)，先算出几何距离 d_{ij}，再根据函数关系式即可得出这两点的半方差值。

算法整体步骤包括求实验变差函数：将探头编号，求取探头间的步长。实验变差函数表示为：

$$\gamma^*(h) = \frac{1}{2N(h)} \sum_{i=1}^{N(h)} [Z(x_i) - Z(x_i + h)]^2 \qquad (10.2.57)$$

式中：h 为步长；$N(h)$ 为步长为 h 时的数据对个数；$Z(x_i)$ 为在点 x_i 处的函数实现。

拟合变差函数：确定理论模型为高斯模型时与流体的变化性质较为符合；因此采用高斯模型进行拟合，得到变差函数。

确定权系数：利用变差函数解克里金方程组式（10.2.58）得到权系数。

$$\begin{cases} \sum_{i=1}^{n} \overline{C}(x_i - x_j) \lambda_i - \mu = \overline{C}(x_0 - x_j) & j = 1, \cdots, n \\ \sum_{i=1}^{n} \lambda_i = 1 \end{cases} \qquad (10.2.58)$$

估算整个截面上参数分布：建立坐标系，构建网格，根据得到的权系数进行成像处理。

③ 分层线性插值方法。

分层插值的基本原理是根据多个探头的位置及在纵向上的分布，将整个井筒分成多段，在每段上进行插值处理，即：

$$\frac{Y(x_0, y_0)}{y_0} = \frac{Y(x_i, y_i) - Y(x_{i-1}, y_{i-1})}{y_i - y_{i-1}} \qquad (10.2.59)$$

依据所建立的坐标系求取每个探头纵向上的坐标，依据坐标将探头排序，每两个探头之间为一段，再根据各个探头的响应值在每段之间两两进行插值，将每段合并即可得到整个井筒截面上的成像。

④ 距离反比加权插值方法。

距离反比加权插值法又称 Shepard 法。该方法是基于所求的区域中，根据地址信息与周围点具备的某种属性联系，对内部数据体按照距离反比进行插值，这种联系可总结为到已知点的距离的 N 次方成反比。

设井筒横截面上点的坐标为 $P_i(x_i, y_j)$，D_{ij} 为第 i 个传感器探头到井筒截面上未知点 P_i 的距离的倒数，T_i 为第 i 个传感器探头的测井响应值（$i=1, 2, 3, \cdots, 12$）。T_k 为井截面上未知点的测井响应估值。

$$\overline{T}_k = \sum_{i=1}^{12} D_{ik} \cdot T_i \tag{10.2.60}$$

依据距离反比加权插值法的原理，对阵列探头数据进行计算，用以估算整个井筒横截面上未知点处的流量。设空间待插点为 $P(x_p, y_p, z_p)$，P 点邻域内有已知散乱点 $Q_i(x_i, y_i, z_i)$，$i=1, 2, \cdots, n$，利用距离反比加权法对 P 点的属性 Z_p 进行插值。其插值原理是待插点的属性值为待插点邻域内已知散乱点的加权平均，权的大小与待插点与邻域内散乱点之间的距离有关，是距离的 $k(0 \leqslant k \leqslant 2)$（$k$ 一般取 2）次方倒数。即：

$$Z_p = \sum_{i=1}^{n} \frac{Z_i}{d_i^2} \Bigg/ \sum_{i=1}^{n} \frac{1}{d_i^2} \tag{10.2.61}$$

⑤ 高斯径向基函数插值方法。

高斯径向基函数插值成像方法是利用高斯函数的形式来求取每个待估点各探头所占的权重。同时引入水平方向和垂直方向的递减控制系数。从而能够根据已知探头的坐标与相应值较为准确的求取待估点的值。即：

$$D_{i,j} = \exp\left[-\left(\frac{x-a}{m}\right)^2 - \left(\frac{y-b}{n}\right)^2\right] \tag{10.2.62}$$

式中：(a, b) 为探头所在坐标值；m, n 即为水平和垂直方向上的递减控制系数。m 越大水平方向衰减越慢，n 越大垂直方向衰减越慢。m, n 的值与井筒半径有关，一般来说 m 值为直径的 $1/2$，n 值为直径的 $1/6$。

相比距离反比加权插值法，高斯径向基函数在持水率成像研究方面具有两个优点。首先，具备相当的灵活性。距离反比加权算法中的插值矩阵适应性差，在权值计算方法和井筒截面网格数确定时，插值矩阵式是固定不变的，无法形象地表述流体的流动特性。而高斯径向基函数不是参数模型，模型的复杂程度受参数的数量影响，与训练集的大小相关。其次，距离反比加权插值法无法避免的问题，就是距离为 0 的点是欧氏距离的反比函数的奇点。在计算时，传感器探头的点到所在处的距离为 0，故该节点处的距离反比权重系数值为无限大。因此涉及与距离相关的权重系数计算函数时，除计算迅速准确外，应该考虑到井筒横截面上全部节点，使其计算结果都能符合同一算法的要求。

采用上述不同方法获取水平井筒截面多相流成像示意如图 10.2.15 所示。

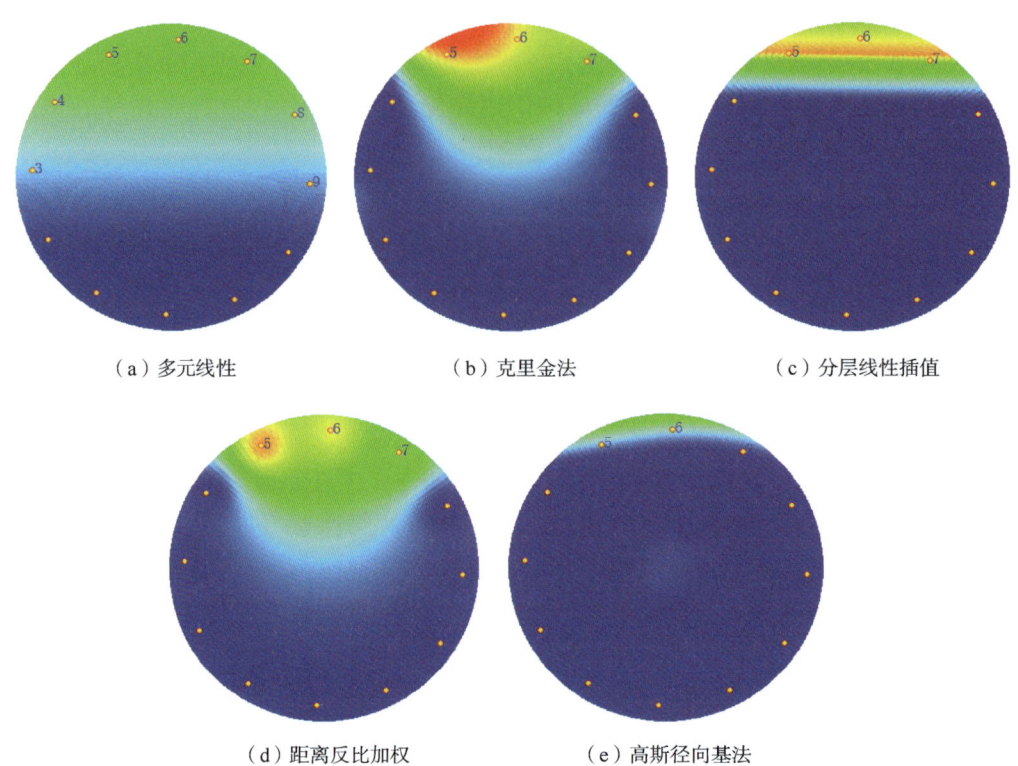

(a) 多元线性　　　　　(b) 克里金法　　　　　(c) 分层线性插值

(d) 距离反比加权　　　　(e) 高斯径向基法

图10.2.15　水平井多相流流动成像示意图(红色代表纯油、蓝色代表纯水)

(3) 水平井产出剖面解释模型。

和PLT测井资料处理一样，PLT与MAPS组合测井资料处理的核心模型也是漂流模型、滑脱模型和均流模型。其不同之处主要是井斜角的不同，因此如何在原有的直井解释模型的基础上考虑井斜的因素成为研究的重点。从20世纪80年代至今，在大斜度井和水平井领域，各国专家相继发表了一系列论文，取得了一些有价值的研究成果。其中有代表性的成果如下。

① Hason 解释模型。

该模型为 Hason 在1988年提出的斜井解释模型，和垂直井中相似，Hason 认为斜井中的流体主要流型分为泡状流、段塞状流、乳状流和环状流。当井底气相体积分数为0.25时，为从泡状流到段塞状流转变的临界值，这种转变标准考虑到了气体和液体的表观速度，受井斜的影响很大。但是与此转变不同，从段塞状流动到乳状流动、从乳状流动到环状流动转换仅仅发生在流体高流速时，并且不受井斜的影响。其中乳状和段塞状流体常常一起出现，被称为间歇流，因为它们很难分辨，并且所具有的性质很相似，对于大斜度井，泡状流常会消失；Barnea 指出对于斜度大于50°的斜井，泡状流基本不发生；Weisman 和 Kang 指出在低气流量下即使在水平井中泡状流也会发生。根据流型而对模型进行了分析研究，提出了基于漂流模型的气液两相解释模型：

a. 泡状流动($Y_g \leq 0.25$)。

$$v_{sg} = Y_g(c_o v_m + v_t)$$

$$v_t = 1.5\left[\frac{g\delta(\rho_1-\rho_g)}{\rho_1^2}\right]^{0.25} \quad (10.2.63)$$

实验证明相分布系数 c_o 为 1.20。

b. 段塞状流动。

与对泡状流动的分析类似，但在漂移速度中考虑了井斜角 θ 的影响，表示为：

$$v_t = c_2\left[\frac{g\delta(\rho_1-\rho_g)}{\rho_1}\right]\sqrt{\cos\theta}(1+\sin\theta)^n \quad (10.2.64)$$

c. 环状流动。

在环状流动中，气相夹带着液相流体在管子的中心流动，大部分液相流体沿着管壁流动，因为相速高的流体在环状流动中沉淀下来，管子的倾斜不会对此产生太大的影响。因此，该模型对垂直井中适用，当用于水平井斜井中时，只需要很少的校正。

② 加法校正模型。

斜井的产出剖面解释主要还是基于传统的滑脱模型，只是在计算滑脱速度时除了考虑到密度差对滑脱速度的影响外，还考虑到了井斜导致的重力垂直分量变化对滑脱速度的影响。

对于油水两相流常规滑脱速度计算公式（Choquette）来说，其加法校正模型为：

$$v_{so} = (1-Y_w)v_m + Y_w(1-Y_w)v_{sow\theta} \quad (10.2.65)$$

$$v_{sw} = v_m - v_{so} \quad (10.2.66)$$

$$v_{sow\theta} = 12.013(\rho_w-\rho_o)^{0.25}e^{-0.788Y_o\ln\frac{1.85}{\rho_w-\rho_o}}(1+0.04\theta) \quad (10.2.67)$$

对于滑脱模型中的 Nicolas 计算公式，结合井斜校正因子对井斜进行校正，得到：

当 $Y_w > 0.3$ 时：

$$v_{sow\theta} = Y_w^n C\left[\frac{g\delta(\rho_w-\rho_o)}{\rho_w^2}\right]^{0.25}\sqrt{\cos\theta}(1+\sin\theta)^2 \quad (10.2.68)$$

当 $Y_w \leq 0.3$ 时：

$$v_{sow\theta} = 0$$
$$v_{so} = (1-Y_w)v_m \quad (10.2.69)$$

式中：v_m 为流体平均速度，m/min；v_{so} 为油相表观速度，m/min；$v_{sow\theta}$ 为校正后油水间滑脱速度，m/min；v_{sw} 为水相表观速度，m/min；Y_o 为持油率；Y_w 为持水率；ρ_w 为水的密度，g/cm³；ρ_o 为油的密度，g/cm³；σ 为界面张力，dyn/cm；θ 为与垂直方向的斜角；g 为重力加速度，m/s²；$C = 1.53 \sim 1.61$；$n = 0.5 \sim 2$（油泡较大时，趋于 0.5，反之趋向 2）。

③ Hasan-Kabir 解释模型。

漂移流动模型认为，油泡在水中以一定的速度向上移动。在斜度井和中，轻质相和重质相间的漂流速度同时受密度差和各相重力分量的影响,倾斜角度越大,受重力的影响越明显,故需要对井斜影响进行校正。基于传统漂流模型,加入井斜校正因子建立了适用于斜井的 Hasan-Kabir 解释模型。

当 $Y_w > 0.3$ 时:

$$v_{t\theta} = 1.53 \left[\frac{g\delta(\rho_w - \rho_o)}{\rho_w^2} \right]^{0.25} \sqrt{\cos\theta} (1 + \sin\theta)^2 \qquad (10.2.70)$$

$$v_{so} = Y_o \left[1.2 v_m + v_{t\theta}(1 - Y_o)^2 \right] \qquad (10.2.71)$$

当 $Y_w \leq 0.3$ 时:

$$v_{so} = Y_o v_m \qquad (10.2.72)$$

式中:v_m 为流体平均速度,m/min;v_{so} 为油相表观速度,m/min;$v_{t\theta}$ 为井斜校正后的飘移速度,m/min;Y_o 为持油率,小数;ρ_w 为水的密度,g/cm³;ρ_o 为油的密度,g/cm³;σ 为界面张力,dyn/cm;θ 为与垂直方向的斜角;g 为重力加速度,m/s²。

④ Ouyang 均质解释模型。

为了克服以上机械模型中的问题,Ouyang Liangbiao 提出了一种简化的均质模型,该模型的假设是多相流体混合均匀。从本质上讲该模型是一种简单的漂流模型。漂流模型采用下式(10.2.73)来建立气相的速度和混合流体的速度关系:

$$\begin{cases} v_{sg} = Y_g (c_o v_m + v_t) \\ c_o = c_w - 0.2 \left(\dfrac{\rho_g}{\rho_l} \right)^{0.5} \\ v_{t\theta} = 1.53 \left[\dfrac{g\delta(\rho_l - \rho_g)}{\rho_l^2} \right]^{0.25} \sin\theta \end{cases} \qquad (10.2.73)$$

式中:v_t 为漂移速度,m/min;c_w 为与井眼中的流动速度有关,流动速度越大,c_w 值越小,反之则越大。

10.3 套后剩余油饱和度测井技术

油田进入开发中后期后,面临高含水,高产出等一系列问题。一方面迫切需要了解单井、区域上的储层剩余油分布,寻找潜力储层,调整作业方案;另一方面,许多老井,由于受当时开发条件限制,缺少必要的测井资料,而无法对储层性质进行重新认知。油井投入生产前都会下套管进行固井,由于套管的物理性质,许多裸眼井测井方法的应用受到限制,无法在套管井中进行使用。

对于套后测井发展出了一系列的基于脉冲中子理论的测井技术,如目前油田中常使用的碳氧比测井、中子寿命测井、PNN 测井等。这类测井仪器采用脉冲中子源向地层中发射快中子,由于快中子能够穿透套管并与地层元素原子核发生核反应产生次生伽马射线,因此，采用伽马探测器采集这类次生伽马射线并对其进行解析，可以获得反映地层性质的重要物理参数，如碳氧比，俘获截面等。

自20世纪50年代以来，国内外油公司针对脉冲中子测井技术进行了不断的工艺优化与仪器开发，国外仪器以哈里伯顿公司的RMT测井系列，贝克休斯的RPM测井系列，Hunter公司的RAS测井系列，斯伦贝谢的RST测井系列为典型代表。国内脉冲中子测井技术起步较晚，主要技术最早来自大庆油田与西安石油勘探仪器总厂。如今，大庆油田测试的PNST全谱测井技术与西安奥华电子仪器股份有限公司的PSSL全谱测井技术在国内得到了广泛的应用。整体来讲，脉冲中子测井技术的发展趋势是由大直径仪器向小直径仪器发展，由低分辨率晶体向高分辨率晶体发展，由单模式测量向多模式测量发展，由单一谱测量向全谱测量发展。

10.3.1 碳氧比(C/O)测井与中子寿命(NLL)测井技术

10.3.1.1 核物理基础

(1) 快中子与原子核的非弹性散射。

快中子先被靶核吸收形成复核，而后再放出一个能量较低的中子，靶核仍处于激发态，即处于较高的能级。这些处于激发态的核，常常以发射γ射线的方式释放出激发能而回到基态。这种作用过程中子与靶核碰撞前后系统的总动能不守恒，故称为非弹性散射，或称(n, n')核反应。由此产生的γ射线，核测井中称为快中子非弹性散射γ射线。其反应式可表示为：

$$\begin{cases} {}_Z^A X + n \longrightarrow {}_Z^{Am} X + n' \\ {}_Z^{Am} X \longrightarrow {}_Z^A X + \gamma \end{cases} \tag{10.3.1}$$

(2) 快中子与原子核的弹性散射。

所谓弹性散射，指中子与原子核发生碰撞后，系统的总动能不变，中子所损失的动能全部转变为反冲核的动能，而反冲核仍处于基态。由加速器中子源发射的能量为14MeV的中子射入地层后，经一两次非弹性散射损失了大部分能量，就进入了以弹性散射为主的相互作用阶段。弹性散射主要发生在中子发射后的$10^{-6} \sim 10^{-3}$s之间。至于同位素中子源，中子的初始能量比较低，从一开始就是以弹性散射为主。

(3) 辐射俘获核反应。

靶核俘获一个热中子而变为激发态的复核，然后复核放出一个或几个光子，回到基态。这就是辐射俘获核反应。辐射俘获截面随中子能量的变化，遵守$1/v$定律，v是中子速度。辐射俘获核反应是中子伽马能谱测井的基础。如氢俘获一个热中子后转变为激发态的氘核，此激发核放出一个能量为2.21MeV的γ光子后回到基态。即：

$$_1^1 H + _0^1 n \longrightarrow _1^2 H + \gamma \tag{10.3.2}$$

(4) 中子活化。

中子通过(n, α)、(n, p)和(n, γ)反应，能使某些稳定核素转变为放射性核素，即发生了中子活化核反应。快中子引起的活化如：

$$_{14}^{28}\text{Si} + _{0}^{1}n \longrightarrow _{13}^{28}\text{Al} + _{1}^{1}\text{H} \tag{10.3.3}$$

即,通过(n,p)反应产生了放射性核素^{28}Al,它将按下式衰变:

$$_{12}^{28}\text{Al} \longrightarrow _{14}^{28}\text{Si} + \beta + \gamma \tag{10.3.4}$$

半衰期为 2.3min,γ 射线的能量为 1.782MeV。

热中子通过(n,γ)反应,能使某些稳定核素活化,如:

$$_{13}^{28}\text{Al} + _{0}^{1}n \longrightarrow _{13}^{28}\text{Al} + \gamma \tag{10.3.5}$$

中子进入地层后的反应过程如图 10.3.1 所示。

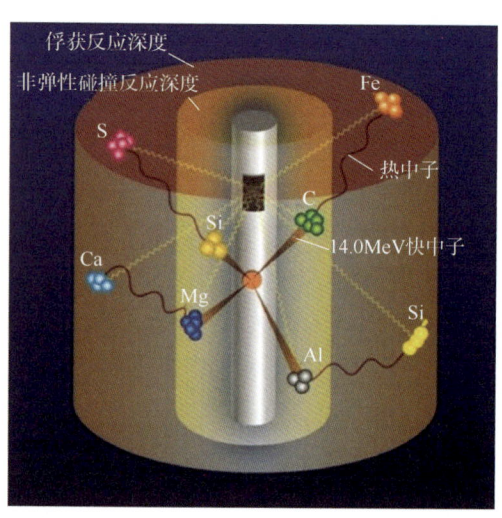

图 10.3.1 中子在地层中的反应过程

10.3.1.2 中子寿命测井技术概述

热中子寿命测井(Neutron Lifetime Log),也称热中子衰减时间测井(Thermal Decay Time Log),是最早投入市场的一种脉冲中子测井方法。测井时,用脉冲中子源向地层发射能量为 14MeV 的中子,测量经地层慢化而又返回井眼内的热中子或俘获 γ 射线,根据计数率随时间的衰减,算出地层的热中子宏观俘获截面 Sigma 或寿命 τ。在常遇储层中,Sigma 和 τ 主要与含氯量有关。当岩石骨架中不包含热中子俘获截面大的矿物,地层水矿化度高且稳定时,利用这一测井方法,可在裸眼井或套管井中求出地层的含水饱和度。

储层岩石的主要骨架矿物,如石英、方解石、白云石的热中子宏观俘获截面都很小,而热中子寿命都很长;由于氯的热中子俘获截面为 $31.6 \times 10^{-24} \text{cm}^2$,比硅、钙、镁、氢、氧等高一到几个数量级,所以岩盐和高矿化度地层水的热中子宏观俘获截面很大,热中子寿命都很短。一般情况下,Sigma 增大主要反映岩石含氯量增高;孔隙流体的热中子俘获截面比大部分骨架矿物大很多,所以 Sigma 将受到孔隙度的影响;矿物中含硼、汞等元素时热中子宏观俘获截面特别大,在岩石骨架或孔隙流体中,微量的硼、汞就能使 Sigma 明显增大。

测量时记录俘获伽马射线,包含探测范围内分布的所有热中子的贡献,可视为指数衰减。得到的伽马计数率与探测范围内的热中子总数成正比,随时间的衰减也可用这一近似式表示:

$$N_t = N_0 \text{e}^{-t/\tau} \tag{10.3.6}$$

由于测井的环境不是均匀无限介质,井眼、套管和地层之间的扩散影响总是难以完全消除的。粗略地可将井眼和地层看成两种热中子寿命不同的介质,再加上本底计数,则在测得的计数率中包含三种不同来源的伽马射线的贡献,见式(10.3.7)。其中,只有地层俘获辐射的贡献是有用的。

$$N_t = N_{01} r^{-t/\tau_1} + N_{02} \text{e}^{-t/\tau_2} + N_b \tag{10.3.7}$$

图 10.3.2 是俘获伽马时间谱的特征，从左到右总计数率衰减曲线可分为五部分：

（1）在计数开始时计数率很高，且井中介质的贡献是主要的，可称作井眼区；

（2）地层的贡献逐步增加，而井的影响迅速减低，可称为过渡区 1；

（3）地层的贡献占绝对优势，总计数率衰减曲线的斜率与地层计数率 N_2 趋同，变化较平缓，可称为地层区；

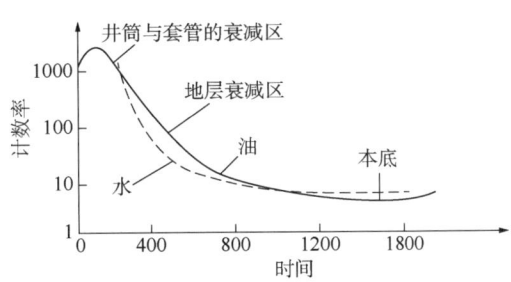

图 10.3.2 俘获伽马谱线计数率特征

（4）过渡区 2，总计数率曲线斜率变小，逐步进入本底区；

（5）总计数率接近基值，进入本底区。

中子寿命测井解释的基础是体积模型，在各组分含量与俘获截面值已知的情况下依据体积模型可计算出地层含水饱和度：

$$S_\mathrm{w} = \frac{(\sum - \sum_\mathrm{ma}) - \phi(\sum_\mathrm{h} - \sum_\mathrm{ma}) - V_\mathrm{sh}(\sum_\mathrm{sh} - \sum_\mathrm{ma})}{\phi(\sum_\mathrm{w} - \sum_\mathrm{h})} \quad (10.3.8)$$

式中：$\sum$ 为测井获取的宏观俘获截面值，c.u.；$\sum_\mathrm{ma}$，$\sum_\mathrm{h}$ 和 $\sum_\mathrm{sh}$ 为骨架、烃和泥质的宏观俘获截面，c.u.；$\sum_\mathrm{w}$ 为地层水的宏观俘获截面，对原状地层 $\sum_\mathrm{w}$ 是常数，而对注水开发油田它是变量，c.u.；V_sh 为泥质体积含量，小数；ϕ 为孔隙度。

10.3.1.3 碳氧比测井技术概述

碳氧比测井也称为碳氧比中子伽马能谱测井，它通过测量快中子与地层元素原子核发生非弹性散射释放的 γ 射线来反映地层含油性。地层中能与快中子发生非弹性散射而产生 γ 射线的核素主要是 ^{12}C、^{16}O、^{28}Si 和 ^{40}Ca。在测井中，选用这四种核素作为指示核素，其特征能量分别为：

^{16}O　　6.13MeV；　　^{12}C　　4.43MeV

^{40}Ca　　3.73MeV；　　^{28}Si　　1.78MeV

碳氧比测井采用闪烁体来测量地层中的伽马射线，伽马光子在晶体内会发生光电效应、康普顿效应和电子对效应。因此，测量到的某一谱线通常会包含多个特征峰，一般包括全能峰，单逃逸峰和双逃逸峰。在解释时通常会设置能窗来统计该元素特征伽马射线的计数率，如图 10.3.3 所示。

碳氧比测井除了会采集非弹性伽马能谱外，还会采集俘获能谱，与非弹伽马射线类似，俘获伽马射线同样来自地层中的常见元素，主要为 ^1H、^{28}Si、^{35}Cl、^{40}Ca、^{56}Fe 等。对于碘化钠晶体测谱，对氢、硅、氯、钙可取下列谱段：

氢：2.014~2.431MeV；硅：3.195~4.65MeV；

氯：4.654~6.599MeV；钙：4.862~6.633MeV。

这里,氯和钙的计数窗基本重叠,当地层水矿化度较高时必须注意氯的影响,并且几乎涉及每个谱段。俘获谱能窗示意如图 10.3.4 所示。

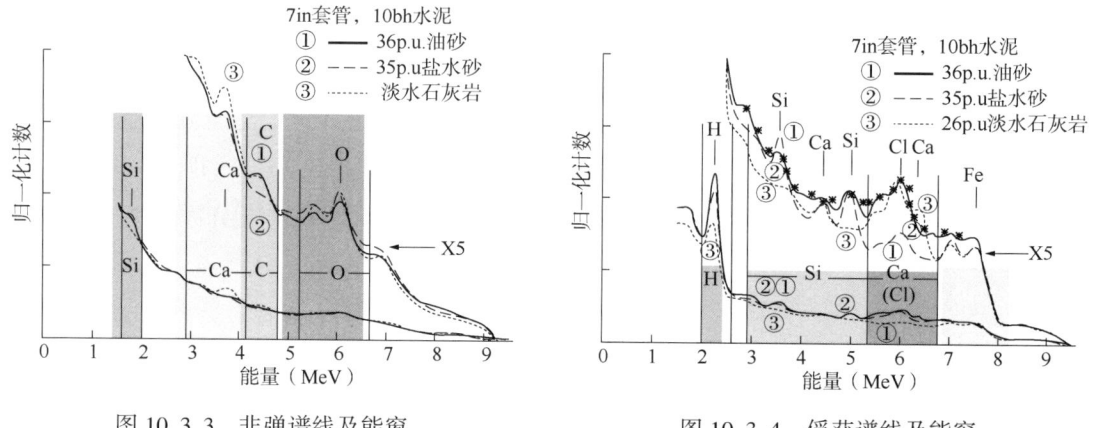

图 10.3.3　非弹谱线及能窗　　　　图 10.3.4　俘获谱线及能窗

通过能窗获得各元素特征伽马计数率后,即可计算获得 C/O,Si/Ca 等一系用于测井解释的比值曲线,进而可求取地层含油饱和度。国内外各油服公司均提出了相应的解释模型。

斯伦贝谢:

$$S_o^{1.11}=\frac{C/O-(-0.8Si/Ca)-L_w}{0.6\phi^{1.11}} \qquad (10.3.9)$$

式中:L_w 为交会图中水线在 C/O 轴上的截距;Si/Ca 为测量硅钙比值;ϕ 为孔隙度,小数。

哈里伯顿:

$$S_o=1.27\frac{(1-0.37\phi)\Delta C/O}{\phi(\Delta C/O+0.178\rho_{HC})} \qquad (10.3.10)$$

$$\Delta C/O = C/O-0.2Ca/Si+0.02\phi-0.185+k \qquad (10.3.11)$$

式中:k 为偏移量;ρ_{HC} 为原油密度,g/cm³。

贝克休斯:

$$C/O_w = A+B\phi \qquad (10.3.12)$$

$$C/O_o = X+Y\phi+Z\phi^2 \qquad (10.3.13)$$

$$A,\cdots,Z = \sum_i\sum_j H_i L_j(\alpha_{ij}+\beta_{ij}D+\gamma_{ij}D^2) \qquad (10.3.14)$$

式中:$A,\cdots,Z$ 为反映岩性,井眼尺寸,完井类型,井眼持率的参数;D 为井径,cm;H_i 为井眼流体中 i 相所占比例,%;L_i 为地层矿物学组分 j 的体积分数,%;α,β,γ 为刻度系数。

10.3.2 脉冲中子—中子(PNN)测井技术

10.3.2.1 PNN 测井技术概述

PNN(Pulsed Neutron Neutron)测井仪是奥地利 Hotwell 公司研制开发的一种用于油田生产开发动态监测的饱和度测井仪器。目前该仪器已经在欧洲、美洲、非洲、中东等多个国家得到广泛应用,并取得了较好的应用效果。

与常规的中子寿命测井技术相比 PNN 测井技术最大的不同在于:不同于常规中子寿命测井通过地层对中子的俘获反应释放出的伽马射线进行解析来进行饱和度的定量计算。PNN 测井技术通过对地层中还未被地层元素原子核俘获的热中子来进行记录和分析,从而得到地层饱和度。采用探测中子的方法没有了探测伽马射线方法中存在的本底影响,这使得在低矿化度与低孔隙度地层中也保持了相对较高的计数率,削弱了统计涨落的影响。同时,PNN 测井技术还具有一套独特的数据处理方法,能够最大程度地消除井眼的影响,保证了地层俘获截面(Sigma)曲线的准确性,精度可以达到±0.1c.u.。

以上优势使得 PNN 测井在低孔隙度、低矿化度地层获得相对于其他测井方式更高的分辨率。同时 PNN 测井还具有施工简单,无须特殊作业准备,可以过油管测量、不需刻度、操作维修简单、记录原始数据、最大程度消除井眼影响等多方面的优势。

10.3.2.2 PNN 测井原理

(1) PNN 测井物理基础。

PNN 测井使用中子发生器向地层中发射能量为 14MeV 的快中子,经过一系列的非弹性碰撞和弹性碰撞后,当中子的能量与组成地层的原子处于热平衡状态时,中子处于热中子能量级,此时能量大约为 0.025ev,速度为 2.2×10^5 cm/s,直到被地层俘获。PNN 仪器利用两个探测器(即长、短源距探测器)记录从快中子束发射 $30\mu s$ 后的 $1800\mu s$ 时间内的热中子计数率,每个探测器均将其时谱记录分成 60 道,每道 $30\mu s$,根据各道记录的热中子计数生成热中子时间衰减谱,从而可以有效地求取地层的宏观俘获截面。同时利用两个中子探测器上得到的中子计数的比值就可以计算储层含氢指数。据此在低矿化度地层水条件下,分辨近井地带的油水分布,计算含油饱和度、划分水淹级别、求取储层孔隙度、计算储层内泥质含量及主要矿物含量等。测井原理如图 10.3.5 所示。

(2) PNN 测井技术特点。

PNN 的短源距为 42cm,长源距为 72cm。对于纵向分辨率,0.5m 的层都可以分辨出来,进行评价。探测深度视情况而定,如果地层俘获能力很强,那么探测深度就浅;地层俘获能力弱,探测深度就深。根据经验,探测深度一般在 20~40cm。

传统的中子寿命仪器和 PNN 都是利用测量中子的衰减进而计算地层的俘获截面(Sigma)来区分油、气、水并作饱和度的定量计算。恰恰低矿化度的水和油的 Sigma 值的差异很小,所以较高的统计起伏误差就使得分辨油水变得很困难。而

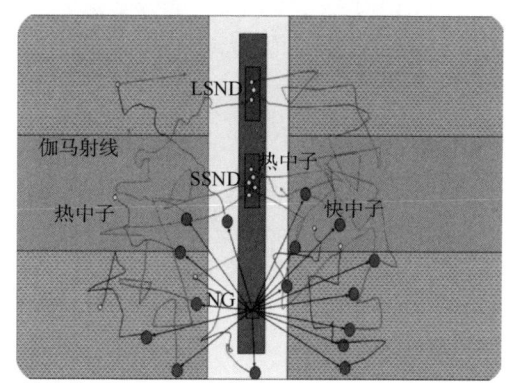

图 10.3.5 PNN 测井原理图

PNN 得到的统计起伏小，能够把这些小的差异分辨出来。而且，因为自然界中几乎不存在中子，所以 PNN 不存在本底影响，所以整个记录的中子衰减谱都可以被使用。根据经验，适用于在矿化度大于 5000mg/L，孔隙度大于 8% 的油藏。

10.3.2.3 PNN 测井系统介绍

（1）测井系统结构。

PNN 系统有两个主要部分组成：井下测量部分和地面采集部分。二者构成了 PNN 测井的完整系统，两者缺一不可。事实上，PNN 测井系统可以配接在任何一种测井单元上，需要测井单元提供深度编码信号和测井电缆。PNN 测井基本标准测速为 2~3m/min。

PNN 测井系统的井下测量部分主要包括：通信短节（含 CCL 以及井眼温度探头和仪器保温瓶温度探头）、自然伽马短节、中子探测器短节、中子发生器短节。仪器外径 43mm，连接长度 5.7m。除了中子发生器短节的耐温为 150℃外，其余三个短节的耐温均为 200℃。

PNN 测井系统的地面采集部分主要包括：地面数据采集面板，具有提供各种信号接口、地面供电电源、通信增益调节等功能。还包括用于数据采集处理的计算机。PNN 现场的数据采集需要使用 Hotwell 公司的 HWPNN 软件或 Warrior 测井数据采集系统进行现场原始数据的采集。系统结构示意图如图 10.3.6 所示。

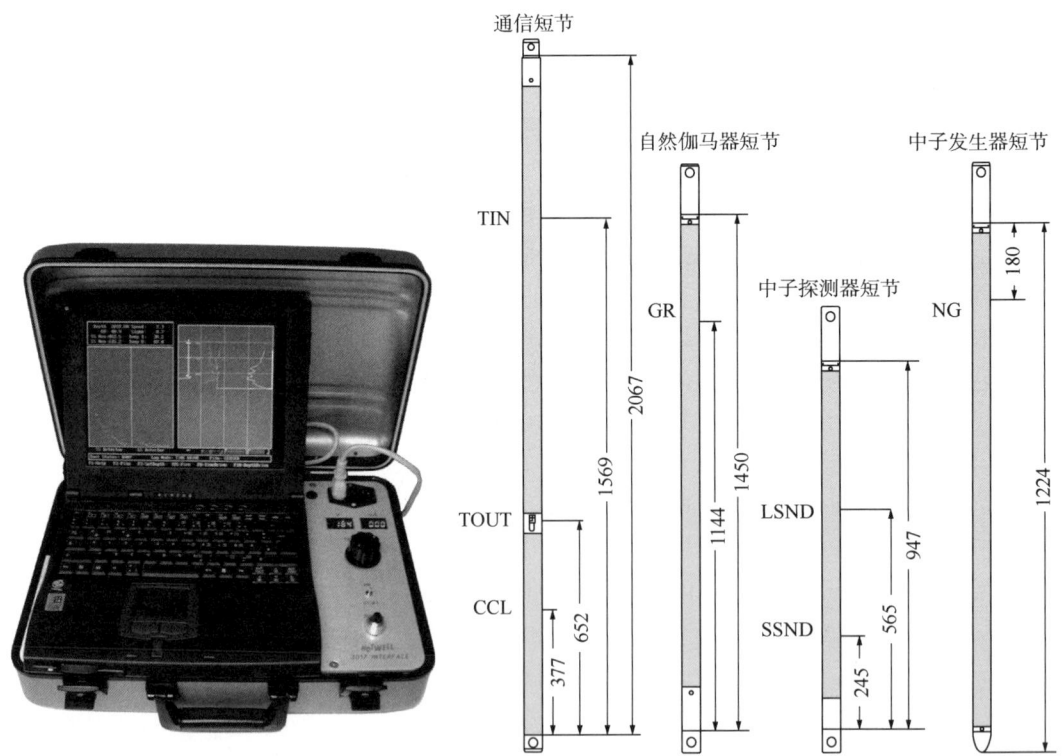

图 10.3.6 PNN 测井系统

(2) PNN 技术指标(表 10.3.1)。

表 10.3.1 PNN 测井系统的技术指标

PNN 参数	技术指标
长度	5.7m
外径	43mm
质量	41.5kg
耐压	105MPa
耐温	175℃
探测方式	热中子
探测半径	纵向分辨率：45cm 横向分辨率：短源距为 42cm，长源距为 72cm
中子探测器效能	97%
中子探测器统计误差	±2%
中子产额	2×10^8 个/秒
地层孔隙度范围	≥5%
地层水矿化度	>1000mg/L(600mg/L 的情况下有较好的应用)
测井速度	2~3m/min
适用范围	直井、大斜度井和水平井
仪器现场刻度	无需刻度

(3) PNN 测井数据采集特点。

PNN 测井采集的主要数据包括：CCL—磁信号曲线；GRPNN—中子伽马曲线；LSN—远探头 60 个时间道上的计数率；SSN—近探头 60 个时间道上的计数率；RATIO—近远探头曲线比率(含氢指数的测量值)；TOUT—外部温度(井眼中温度)；TIN—内部温度值(在真空细径瓶中电子元件的温度)；NOFIRE—中子爆发数；ENCCNT—编码器的脉冲数；TIME—采样时间，每 10cm 的测井时间间隔。

在正确的测井采集完成后，下一步要做的就是对测量数据做进一步的处理。通过采用不同的处理程序，可以计算出不同的参数，如 τ、$\sum$ 等，使用这些参数可以定性或定量地解释测量结果。

10.3.2.4 PNN 测井数据处理与解释

(1) 数据处理。

PNN 测井数据处理步骤主要包括：输入原始数据、数据滤波、参数显示与确定、输出数据计算。PNN 系统测量两个探测器的热中子衰减谱，每个探测器的热中子计数又按照时间分布呈 60 个道，每个道是 30μs，共 1800μs。

地层与中子管发射出来的 14MeV 快中子发生反应，而热中子的数量在两个探测器以 60 道的时区进行采样记录。所有测量的数据被记录下来，以便在测井作业完成后的任何时间进行处理。这是 PNN 系统的另外一个优点，因为数据处理与解释需要，后来才能提供的其他一些信息，如：储层流体的一些信息与分布情况。

发射出的中子经过与地层物质多次碰撞后，会衰减到热中子能级，并被地层元素原子核俘获。如果只存在中子俘获反应，那么中子的数量会呈指数衰减。由于油气水之间俘获截面的差异，三者在衰减速率上会有一定差别，如图 10.3.7 所示。由于水的俘获截面比油的俘获截面要大，所以水中热中子的衰减速度更快。中子在任何一个时间 t_1 的数量可表示为：

$$N_1 = N_0 \mathrm{e}^{-v \Sigma t_1} \quad (10.3.15)$$

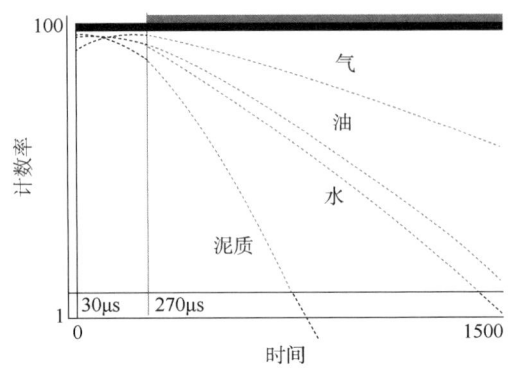

图 10.3.7 PNN 测井系统

同样对于另一时刻有：

$$N_2 = N_0 \mathrm{e}^{-v \Sigma t_2} \quad (10.3.16)$$

取以 10 为底的对数，并将热中子速度代入可得：

$$\Sigma = 10.5/\Delta t \lg(N_1/N_2) \quad (10.3.17)$$

由于衰减是指数衰减，所以某一时刻中子数目也采用时间衰减系数 τ 表示为：

$$N_t = N_0 \mathrm{e}^{-t/\tau} \quad (10.3.18)$$

时间衰减指数与温度无关，也被称为中子衰减时间或中子寿命。如果时间单位为 μs，$v = 0.22 \mathrm{cm/\mu s}$，则有：

$$\tau = 4550/\Sigma \quad (\mathrm{c.u.}) \quad (10.3.19)$$

（2）测井解释。

与传统的中子寿命测井求取剩余油饱和度方法一样，PNN 的解释也基于体积模型：

$$S_\mathrm{w} = \frac{(\Sigma_{\mathrm{Log}} - \Sigma_{\mathrm{ma}}) - \phi(\Sigma_\mathrm{h} - \Sigma_{\mathrm{ma}})}{\phi(\Sigma_\mathrm{w} - \Sigma_\mathrm{h})} - \frac{V_{\mathrm{sh}}(\Sigma_{\mathrm{sh}} - \Sigma_{\mathrm{ma}})}{\phi(\Sigma_\mathrm{w} - \Sigma_\mathrm{h})} \quad (10.3.20)$$

其中解释参数的选择范围见表 10.3.2。

表 10.3.2 常见岩石骨架的宏观俘获界面

岩性	Σ_{ma} 变化范围($10^{-3}\mathrm{cm}^{-1}$)	Σ_{ma} 常用范围($10^{-3}\mathrm{cm}^{-1}$)
砂岩	4~19	8~13
石灰岩	7~12	8~10
白云岩	8~12	8~12
硬石膏	13~22	18~21
岩盐	726	
泥岩	25.2~66.2	35~55

此外，PNN 具有跟其他的中子仪器一样的特性，就是很好的地层含气指示。PNN 仪器设计了两个不同源距的中子探测器。当地层含气时，长短源距两个探测器上的计数率曲线就会有较大的差异，这主要是地层含气致使中子衰减的时间长造成的。所以 PNN 对于地层含气有很好的指示。需要提到的是，致密层也会使长短源距探测器的计数率曲线产生差异。这时候就需要参照该井裸眼井的数据进行综合分析，区分含气地层和致密层。依照以往的经验，在得到裸眼井资料的情况下，几乎可以 100% 的将含气地层与致密层分开。

（3）Sigma 成像处理。

根据长短源距计数率矩阵及其 Sigma 的矩阵数据成像图，选取参与计算的起始和终止时间道，最大程度地去除本底、井眼、统计起伏等影响因素，生成真实反映地层信息的 Sigma 数据的曲线，如图 10.3.8 所示。

深度	Ch1	Ch2	Ch3	Ch4	Ch5	Ch6	Ch7	...	Ch56	Ch57	Ch58	Ch59	Ch60
2284.5	39	34	63	69	66	66	50	...	0	0	0	0	0
2284.4	35	31	51	69	67	58	58	...	0	0	0	0	0
2284.3	36	36	51	55	58	53	45	...	0	0	0	0	0
2284.2	47	48	69	77	76	75	80	...	0	0	0	0	0
2284.1	27	28	52	52	47	51	49	...	0	0	0	0	0
2284.0	35	37	67	67	66	58	57	...	0	0	0	0	0
2283.9	32	40	62	59	69	59	50	...	0	0	0	0	0
2283.8	32	48	51	55	63	60	55	...	0	0	0	0	0
⋮													
2221.2	37	44	52	51	19	10	9	...	0	0	0	0	0
2221.1	43	56	58	57	39	9	11	...	0	1	1	1	0
2221.0	44	50	52	53	28	16	9	...	1	1	0	1	0
2220.9	46	58	70	46	37	16	5	...	1	0	0	0	0
2220.8	39	43	52	41	28	15	8	...	0	1	0	0	0
2220.7	53	47	62	52	43	23	9	...	1	0	0	0	0
2220.6	46	48	59	49	33	25	14	...	1	0	1	0	0
2220.5	34	45	46	42	28	15	7	...	1	0	0	0	0
2220.4	42	49	56	42	34	17	7	...	2	1	0	0	0

图 10.3.8 Sigma 矩阵数据创建

从 Sigma 成像图中可以清晰地分辨出储层与非储层以及井眼环境中的 Sigma 响应，通过选取参数，排除井眼及统计起伏的影响后，由程序计算出地层的俘获截面 Sigma，使得 Sigma 的精度得到进一步提高。可以将成像结果分为后期热能影响区、井眼影响区、地层反应带与统计影响区域四部分，如图 10.3.9 所示。

10.3.3 脉冲中子全谱测井技术

10.3.3.1 脉冲中子全谱技术概述

传统碳氧比测井技术和中子寿命测井技术不能测量地层泥质含量、孔隙度等参数，影响老井饱和度的评价精度。而全谱测井技术一次下井能够同时完成双源距碳氧比、中子寿命、脉冲中子—中子、能谱水流等多项测井功能，仪器自动化程度高。测井资料能提供岩性、泥质含量、孔隙度、饱和度、层位产水等解释信息，可以不依赖裸眼井测井资料进行套管井剩余油评价，适用于在套管井中寻找油气层、确定储层含油饱和度、监测油藏动态变化。

全谱测井技术一次下井所采集到的谱资料包括：非弹性散射次生伽马谱、中子俘获次生伽马谱、热中子次生伽马时间谱、连续活化能谱。此外还包括：井温测井曲线、套后自然伽马测井曲线等辅助资料，自身能够构成独立套后剩余油评价系列。全谱测井的优势在于以下三点。

（1）互相验证：采用中子与地层作用不同时间段谱信息，克服了采用单一谱评价时储层影响因素带来的误差，含油气饱和度、孔隙度等都可选择多种定量计算方法进行计算，互相验证。

（2）相互补充：传统的套后剩余油饱和度测井技术针对特定的地层元素影响进行监测评价，不可避免存在一定局限，全谱技术则综合发挥各自长处，使各技术实现相互补充。

（3）动静结合：套后剩余油饱和度监测井多为生产井，油气井生产过程短时间的剩余油与管内水流关系呈现承启关系，全谱信息综合动静态资料进行分析，可较好地消除单井生产带来的影响。

10.3.3.2　测井仪器设计与结构

全谱仪器设计与传统碳氧比测井或中子寿命测井仪器相比有较多的相似之处，只不过由于具有更多的功能，结构会更为复杂，同时测量时序也会发生变化。大庆测试公司开发的 PNST 全谱测井中设置了 1 个中子发生器、2 个伽马探测器和 1 个热中子探测器，中子发生器与伽马探测器组合实现双源距碳氧比、中子寿命、能谱水流测井功能，中子发生器与热中子探测器组合实现脉冲中子—中子（PNN）测井功能，仪器 1 次测井能同时记录这 4 种测井资料。

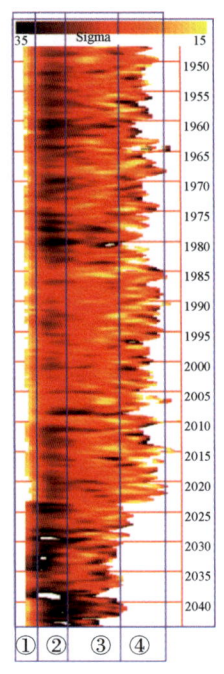

图 10.3.9　成像结果
①后期热能影响区；
②井眼影响区；
③地层反应带；
④统计影响区域

仪器如图 10.3.10 所示，主要包括四个部分：探测器及线性放大电路；主数控采集、自动稳谱、控制、传输电路；低压电源；中子发生器、自动控制及工作参数采集电路。探测器及线性放大电路部分主要包括长、短源距 BGO 伽马射线探测器、^{3}He 热中子探测器、线性放大器及信号采集处理电路，主要功能是探测伽马射线及热中子信号，完成对探测器信号的预处理。数据采集、控制、自动稳谱、传输电路部分主要功能是对伽马射线能谱、时间谱及中子脉冲幅度谱、时间谱的采集，实现不同的中子爆发、采集时序，完成长、短源距光电倍增管自动稳谱高压的控制，完成井下仪器和地面采集板之间的通信和传输等功能。中子发生器自动控制及采集电路部分主要包括直流阳极高压模块、脉冲阳极高压开关模块、灯丝控制模块、靶压控制电路、中子发生器自动控制采集电路等，实现对中子管参数的采集及对中子发生器自动控制。

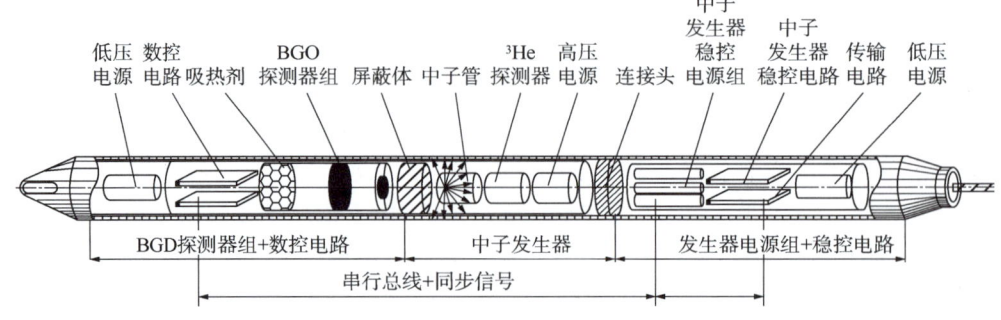

图 10.3.10　PNST 全谱仪器结构图

10.3.3.3 全谱测井测量数据

（1）非弹性散射次生伽马能谱。

通过向地层发射14MeV的中子流，中子与地层中各种元素的原子核发生非弹性碰撞后，被激发的原子核返回基态时放射出次生伽马射线。次生伽马射线的能量与其原子核性质有关，特别是碳和氧元素等具有明显特征能量峰，这是碳氧比能谱测井的关键技术点。各种元素的原子核放射出的各种能量的次生伽马射线形成的计数谱称为非弹性散射次生伽马射线谱简称为非弹谱。

非弹谱提取的最有价值的比值是碳氧比、碳钙比曲线，碳是唯一直接反映地层含碳量（在砂岩中可认为是含油量）的指示元素，是认识有机质（剩余油）的核心元素。

（2）中子俘获次生伽马能谱。

中子经非弹性散射（碰撞）后损失了能量，不能再非弹性散射（碰撞），这时中子经过与原子核多次弹性碰撞（损失能量但不放射伽马射线）后被减速为热中子、超热中子、低能中子，这些中子被各种原子核俘获（即发生俘获反应）后原子核放射出不同能量的次生伽马射线，由这种次生伽马射线形成的谱称为中子俘获次生伽马射线谱简称俘获谱。俘获伽马射线与地层多种元素性质有关，典型的特征元素有硅、钙、氢、铁、氯等，它们反映地层的岩性、孔隙性和其他特性。

俘获谱提取的有价值的比值是硅钙比、氢硅比、钙铁比、氯硅比曲线，其中多数对岩性识别、孔隙度识别有价值，需要指出的是，氯元素有两组计数（以1.95MeV的特征峰的低能部分，以6.111MeV、6.62MeV的特征峰的高能部分），直接反映地层的含盐量唯一元素，氯1.95MeV、6.111MeV、6.62MeV的特征峰是氯能谱测井关键峰，是分析地层水性质关键信息。俘获与非弹的技术之比是中子孔隙度最佳指示曲线。

（3）中子非弹—俘获次生伽马时间谱。

中子俘获次生伽马时间谱反映地层次生伽马的分布规律，时间谱俘获部分反映地层对中子吸收过程，基本服从中子衰减指数规律，由此获得的中子宏观俘获截面反映地层对高能中子的俘获能力，在该时间谱中的俘获部分时间约80μs，因此该谱的俘获部分测量的中子主要是超热中子，这一点与中子寿命是不同的，这部分获得的寿命称为超热中子寿命。超热中子寿命的探测深度明显小于中子寿命测井。

（4）热中子寿命时间谱。

通过两个碳氧比的伽马探测器测量地层俘获后产生的次生伽马曲线时间谱，获得两条热中子寿命曲线，这是反映地层对已经吸收的那部分中子数量的变化，称为PNC模式中子寿命。

当地层水矿化度很高（10×10^4mg/L以上）且变化不大时，中子寿命能够指示孔隙中的含水饱和度（含水量）变化。在淡水地层，由于地层的氯的作用不能占主导作用，这时的中子寿命测井主要反映地层孔隙度。

如同裸眼井测井的井壁中子、补偿中子测井的"挖掘效应"，在中子寿命测井一样也都存在气体的"挖掘效应"，因此，在淡水地区也可以用中子寿命对气的敏感度来间接分析剩余气。在地层中气的存在方式很多，较常见的有吸附气、溶解气、凝析气、游离气。在原油生产过程中，由于压力下降导致原油的溶解气溢出，这种气在剩余油评价中影响很大。

对于中子测井来说，溶解气越多，则显示含油越多，因为油是溶解气的"家"。

（5）氧活化水流能谱。

由于仪器中子发生器在下部，两个伽马探测器在上部，而且采用的是碳氧比能谱测井的两个探测器实现的，因此它只能是上水流氧活化测井，如果仪器与套管之间存在向上水流流动，就可以清楚显示出来。通用常存在溢流时能准确确定出水层位。

在关井后，地层压力恢复的过程，就是动液面上升的过程。如果地层中存在低压层和高压层，当高压层有液体产出时低压层可能吸入液体，这时的动液面将不动成为静液面。当地层能量严重不足时，关井后部分地层将吸入井筒液体，动液面将下降。

（6）井温测井：识别主产层。

套后井温测井是生产测井阶段测量得最多的测井方法，解释基本依据是原始地层为高温，水淹地层为低温。井温测井在水淹的前期是升温，初期是降温，后期是低温。在稠油注采时，等于地温是未采，升温是动用，高温正在动用，偏高是动用过。

（7）套后自然伽马测井：识别水淹层。

苏联测井家发现，套后自然伽马在很多油层开采后呈现异常高现象，这一现象在中国大多数油田也存在。分析原因发现是生产过后，水泥环吸附地层水中的放射性铀235离子所致，只要区域内的地层中存在铀235矿物，那么地层水就可以溶解它。油田在生产过程中注入的水具有氧化环境，更加加重了地层中铀的化合物溶解，反映在套后自然伽马曲线上就是水淹越重伽马异常越大。

当然，其他放射性物质，如注水井使用的放射性物质，也可能被水泥环吸收形成异常放射性。

10.3.3.4　全谱测井解释概述

（1）碳氧比能谱解释。

碳氧比能谱的定性解释较为简单，通常碳氧比、碳钙比曲线越高，含碳量越多，早期的解释方法可以采用碳氧比、硅钙比曲线反向覆盖技术在砂泥岩剖面中判断地层剩余油相对分布。

定性分析技术有如下不足：①碳氧比、硅钙比的刻度不固定，在地图上很难根据包络面积确定含油量，特别是没有明显纯油层时更是如此；②脉冲中子测井都存在明显的温漂问题，往往在大段测量中上部覆盖上了，下部却不能覆盖；③脉冲中子测井存在零值漂移问题，同样地层不同次测量、不同仪器测量所获得的测井值不同。

碳氧比能谱定量解释方法与碳氧比测井一致，各油公司均发布了相应的解释模型。

（2）中子寿命时间谱解释。

全谱测井中子寿命时间谱解释与中子寿命测井解释方法基本一致。在相同的沉积环境下，地层中高俘获截面的元素基本相同。在地层中的地层水矿化度接近的前提下，地层宏观俘获截面主要受地层水中氯含量的影响。地层水越多，宏观俘获截面越大。

受热中子的挖掘效应影响，地层含气后宏观俘获截面明显减少。在生产井中存在大量溶解气，这些溶解气对宏观俘获截面影响很大，有时影响程度超过了油的影响。中子寿命时间谱的解释依旧是计算地层的宏观俘获截面，再依据体积模型计算地层含油饱和度。

(3) 活化时间谱解释。

全谱测井在中子寿命测井完成后,热中子衰减到可以忽略时会开始测量活化伽马,利用长短源距探测器测量两个源距活化伽马构成的活化测井。在活化谱中氧活化测井是应用最为广泛,也是最为成熟的技术。在井筒内水静止时,长短源距活化氧计数基本相等;在井筒内注水往上流动时长源距计数明显增加,短源距计数增加很少,在井筒内水往下流动时,长源距计数明显减少,短源距几乎不变或减少;在井筒内水往下流动十分快时,长短源距几乎都没有计数。

全谱氧活化测井目前定量较为困难,一般定性评价水流流动情况。主要依据有以下四种。

① 下水流:短源距探测器有异常,长源距探测器无异常或小异常,存在小下水流流动;当短源距、长源距都没有任何计数时,说明存在较强的下水流;有计数的位置对应吸水层。长源距略小于短源距时,可能存在微小的下水流。

② 短源距探测器小异常,长源距探测器大异常则说明可能存在上水流。

③ 无水流:短源距探测器与长源距探测器均仅有小异常,二者计数基本相等则通常表示无水流流动。

④ 在同一次测量中,异常越大表示对应的水流越强。

10.4 井筒密封性监测技术

随着油气田开发的逐步深入,越来越多的油井由于长期运行发生有套管破损、井下安全阀故障、封隔器失效等各种安全问题,导致井下油套管内流体外溢、层间流体窜流等。因此,监测井下油气管道及环空固井水泥的密封性,对维持油气井长期安全生产至关重要。通常所说的井筒密封性评价,主要指套管完井井筒中油套管、密封器件、封隔器件、固井水泥环等的完整性和密封性,是油气井安全生产作业的重要保障。

地层条件下,油套管损坏主要表现为:套管变形;套管破裂;套管错段。其中,套管变形和套管破裂的油气井主要集中在盐岩、泥岩等蠕变地层的部位,而套管错段的油气井主要分布在地层断裂带处。固井作业后,由于射孔等作业的影响使得井口可能会出现冒油或者冒气的现象,从而影响到油井的生产和寿命,其主要的原因应该是水泥环的完整性遭到破坏。水泥环的质量将影响地层的封堵效果和套管的抗挤压变形能力,从而影响油井井筒的完整性。

目前,用于井筒套损质量检测技术包括多臂井径测井仪、井下光学电视测井仪、超声电视成像测井仪、电磁测厚测井仪、电磁探伤测井仪等。

多臂井径测井仪是机械式的用于检测套管内径变化、套管接箍深度及无枪身射孔深度等井径测井系列仪器,其根据测量仪臂数分为 $X-Y$ 双向井径仪、8臂井径仪、10臂井径仪、16臂井径仪、24臂井径仪、36臂井径仪、40臂井径仪、60臂井径仪、80臂井径仪等。目前较有代表性的仪器为桑德斯公司生产的(Mult-Finger Imaging Tool)多臂井径测井仪。

井下光学电视测井仪采用在井下仪器后置灯光源的照明下,摄像头对套管内壁和井筒进行摄像,通过电子线路对所摄图像信号进行放大处理,然后由同轴电缆将处理的信号传送至地面接收器，再由地面接收器对其进行放大解码，产生由井下摄像头摄制的影像来评价油套管损伤情况。

超声电视成像测井采用一旋转超声换能器垂直井壁发射定向超声脉冲，同时接收井壁的反射回波，利用回波的声幅对井壁的反射系数进行成像，从而获取井壁的声阻抗信息，该仪器为获得较高幅度的回波信号，使之适应裸眼井、重钻井液条件下的工作。

电磁测厚测井仪采用远场涡流无损检测方法，通过激励线圈产生交变电磁场，磁场的交变电磁波穿过套管壁并沿套管外壁向两边传播，传播过程中有一些电磁波穿过管壁重新进入套管中，被设置在该区域的涡流探头接收到，由于波在不同的介质中传播的速度不一样，传播过程由于介质的衰减作用而产生幅度的衰减与相位的滞后。由激励线圈穿过套管壁时产生类似的变化，这一变化与交变磁场的特性和套管厚度、磁导率等有关系，保证仪器居中的情况下，可利用对涡流探头接收到的信号的解析，来测量套管的相关特性，如厚度、损伤情况，较有代表性的仪器为桑德斯公司生产的 MTT(Magnetic Thickness Tool) 磁壁厚测井仪。

电磁探伤测井仪的监测是基于法拉第电磁感应原理，给发射线圈通以一定周期的直流脉冲电流，在线圈周围产生磁场，该磁场在线圈周围的铁磁性介质中产生感生电流。当直流脉冲停止后，感生电流便产生次生磁场，该次生磁场在接收线圈中便产生感生电动势，井下仪器对该感生电动势的分析处理，便可探测仪器周围套管和油管的损伤、腐蚀、裂缝及变形情况，较为代表性的为俄罗斯生产的 MID-K 多层管柱电磁探伤成像测井仪。

用于固井质量评价的测井方法主要包括声幅测井、水泥胶结测井(CBL)、声波变密度测井(VDL)、扇区水泥胶结测井(SBT)及频谱噪声测井等，其中应用时间较长且范围广的是 CBL/VDL 相结合的方法。

扇区水泥胶结测井仪是阿特拉斯公司 20 个世纪 90 年代推出的一种固井质量监测仪，其克服了声幅测井和声幅—变密度测井的缺点，以套管滑行首波为测量对象，实现套管周围水泥固井质量评价。

频谱噪声测井技术是在水力学湍流理论和流体声学基础上发展起来的一种测井新技术，通过对噪声信号频率和幅度分析来准确锁定套管井窜槽和漏失部位，评价窜槽和漏失部位流体的流量，其测井仪器简单，操作方便，可实现过油套环空测试，以测量精度高、探测深度大、记录范围广的优点成为定位油套管泄漏和油藏流动单元的有力工具，可有效解决生产测井中管外窜槽、漏失等问题。

10.4.1 MTT+MIT 多臂井径成像测井

(1) MIT 多臂井径测井仪。

多臂井径成像测井仪是一种接触式井径测量仪，用来测量套管内径。工作开始前，需要先在地面用一个多尺寸的环规对仪器进行校准，然后关闭仪器，将其送入测井井段的底部。工作开始，由仪器内部的电动机驱动，装有涂着碳化钨尖端的弹簧式铍铜探测臂张开充分与套管内壁接触，套管内径的微小变化转化为探测臂的径向位移。仪器一次下井可同时测得变形截面中多条独立的井径曲线，最大半径可以指出套管的剩余壁厚，最小半径指出套管的最小通径。该仪器能更精确地掌握套管的内径变化、破损、弯曲变形、腐蚀等情况。

MIT 测井仪有 24 臂、40 臂、60 臂等多种设计可供选择，其测量原理是当套管内径变化引起测量臂张开或收拢时，各测量臂尖端相对于仪器径向移动，经过 1 个转换装置使测量臂顶端纵向移动，并传递给位移传感器的磁芯，引起传感器线圈中磁芯位置相对于电感线圈发生变化。

MIT 通过井径仪器的测量臂与套管内壁接触，将套管内壁的变化转化为井径测量臂的径向位移，再通过井径仪内部的机械设计及传递，变为推杆的垂直位移，并带动线性电位器的滑动键垂直位移或是通过钢丝绳和滑轮组带动拉杆电位器变化，通过机械设计使电位差或频率的变化与井径的变化成一种线性关系，对应监测曲线及反演管柱结构如图 10.4.1 所示。

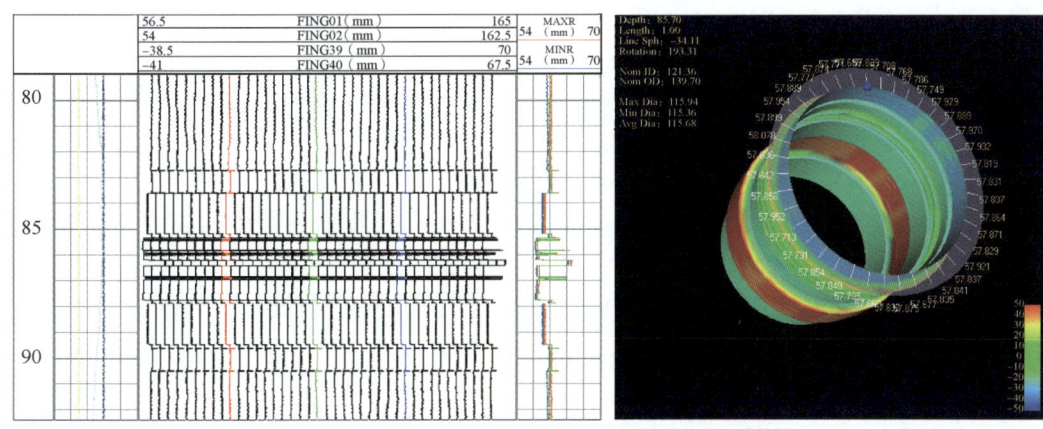

图 10.4.1　MIT 多臂井径测井曲线及管柱结构成像图

（2）MTT 磁壁厚测井仪。

磁壁厚仪采用了远场涡流无损检测方法，相对于发射线圈接收线圈位于远场区，激励线圈产生交变电磁场，该磁场的交变电磁波穿过套管壁并沿套管外壁向两边传播，传播过程中有一些电磁波穿过管壁重新进入套管中，被设置在该区域的涡流探头接收到，如图 10.4.2 所示。

由于波在不同的介质中传播的速度不一样，波在传播过程中会由于介质的衰减作用，必然会产生幅度的衰减与相位的滞后。由激励线圈穿过套管壁时产生类似的变化，这一变化与交变磁场的特性和套管厚度、磁导率等有关，保证仪器居中的情况下，可利用对涡流探头接收到的信号的解析，来测量套管的相关特性，如厚度、损伤情况，如图 10.4.3 所示。

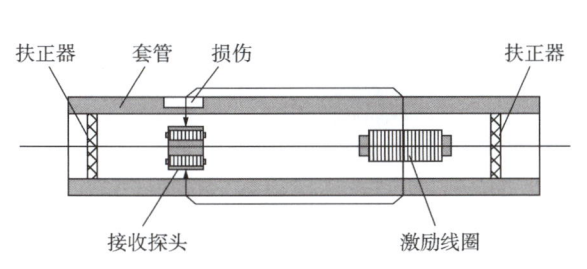

图 10.4.2　磁壁厚技术原理图

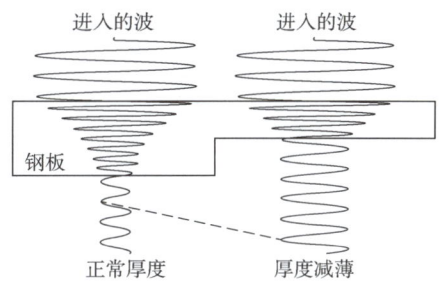

图 10.4.3　电磁波在钢板中的衰减

利用电磁测井技术进行套管井普查，评价套管的损伤程度，对认识和预防套管损伤区域性扩大，及时采取措施有重大意义。电磁测厚仪属于电磁类测量仪器，主要用于检测油田井下套管的损伤情况，如套管的变形、错断、弯曲、孔眼及裂缝、腐蚀等，能够定量给出套管壁厚度，可用于套管的损伤情况的评估。

MTT 磁壁厚测井仪（图 10.4.4）由一个发射线圈和 16 个接收线圈组成，16 个接收线圈周向阵列分布，装在弓形弹簧上组成接收阵列，对管壁的 360°范围进行覆盖测量，能对管壁厚度和损伤程度进行定量描述。仪器由多个模块组成，各模块之间由处理器模块统一控制时序，产生驱动方波信号、实现信号的采集与处理、完成与内部总线通信。仪器长度为 2067mm，仪器外径 70mm，测量范围为 100~244.5mm 套管，测量精度为 10%套管厚度，仪器耐温 175℃，耐压 100MPa。

图 10.4.4　MTT 磁壁厚测井仪

MTT 是根据套管缺陷引起的电磁效应研究套管状况，磁波的相位和幅度会受到磁波经过的金属厚度的影响，套管越厚的地方，波的传播速度越慢且衰减较大，因此贴近薄的地方的接收线圈探头要比厚的地方接收线圈探头早接收到信号，并且接收到的波的幅度较大，由此确定和量化管柱的厚度。

（3）电磁探伤测井。

电磁探伤测井目前采用较多的为俄罗斯生产的电磁探伤成像测井仪（MID-K），该仪器外径 42mm，探测器主要由纵向探头 A（图 10.4.5）、横向探头 B 和 C（图 10.4.6）以及其他电子模块组成。测井时居中测量，给 MID-K 发射线圈通直流电，在螺线管周围产生一个稳定磁场，这个稳恒磁场在油管和套管中便产生感生电流。当断开直流电后，该感生电流在接收线圈中便产生一个随时间衰减的感生电动势，记录形成管柱次生感应电动势随时间衰减的图谱。套管或油管中所产生感生电流的大小是由套管或油管的形状、位置及材料的电磁参数决定的，因此，当油套管壁厚改变或有缺失时，根据接收线圈中感生电动势的变化，对次生感应电动势衰减图谱进行离散采样就得到测井曲线图，可对管柱的壁厚进行计算。内层壁厚计算精度为±0.5mm，外层壁厚计算精度为±1.5mm，衰减曲线的特征和计算的管柱壁厚数据共同构成了管柱损伤评价的基础。

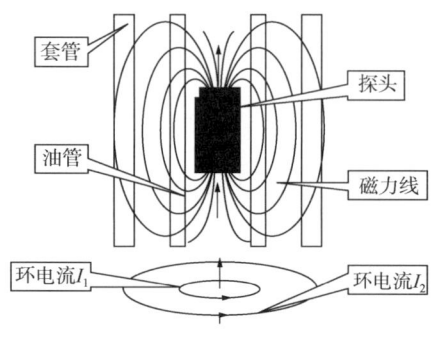
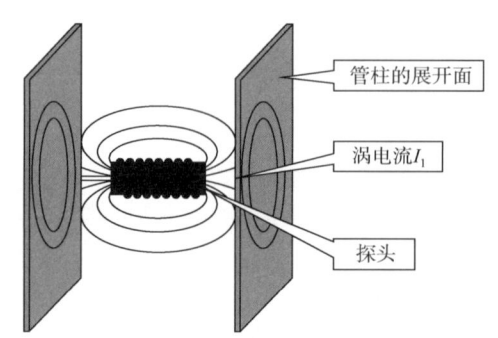

图 10.4.5　MID-K 纵向探头 A 测井原理图　　图 10.4.6　MID-K 横向探头 B、C 测井原理图

(4）测井影响因素。

在进行多臂井径和磁壁厚等测井过程中，主要影响因素包括：

① 磁导率变化的影响。理论和实验证明磁测井所测参数和套管的磁导率有关，不同套管由于磁导率不同，即使壁厚相同，重量测量值也不相同。

② 源距的影响。磁重量的测量结果与源距有关，源距越大，测量值也越大。

③ 仪器偏心的影响。套管变形、井斜等原因造成仪器不能居中测量时，仪器磁井径的测量值将随仪器的偏离中心程度按二次函数的速率递减。

④ 外磁场和应力的影响。磁性物质在应力作用下将发生磁化现象，从而导致磁导率的改变；大修以后的井其磁测井曲线往往发生不正常变化。

⑤ 测速与刻度的影响。重量和井径测量均采用积分电路，磁测井的测速取决于积分回路的时间。因此，不同的测速将导致测量值的改变，高测速测量值将比低测速获取的测量值低。

(5）套管腐蚀类别判别标准。

一般来说，根据油套管自身损伤情况，可将套管腐蚀划分为以下级别。

① 穿孔：腐蚀超过90%正常壁厚。

② 环状腐蚀：损坏面积超过50%的管柱周长（横向），纵向损坏长度并没有超过套管内径的3倍。

③ 线状腐蚀：纵向损坏长度超过套管内径的4倍，损坏面积趋势小于30%的管柱周长（横向）。

④ 片状腐蚀：纵向损坏长度超过套管内径的2倍，损坏面积趋势多于30%的管柱周长。

⑤ 斑点状腐蚀：纵向损坏长度超过套管内径的4倍，损坏面积趋势多于30%的管柱周长。

10.4.2 频谱噪声测井仪

10.4.2.1 频谱噪声测井原理

当流体或气体通过介质时，流动和元件振动都会产生噪声，通常在高速湍流中可以听到由内摩擦、气体鼓泡和相滑移产生的流体噪声。频谱噪声测井工具代表了新一代的噪声测井工具，该工具可捕获由井眼、套管环空、断层、裂缝和岩石基质等产生的 8~60000Hz 的噪声，对一组时域内噪声记录进行分析，产生的数字化声波由 1024 个时间道组成。每个点大约记录 50 个噪声样本，平均每个点得到的频谱，滤除不相关噪声并以彩色频谱的形式处理成 512 个频率道，频率范围可以根据需要进行调整。而常规噪声工具测量频率只有 3~6 个窄带，无法检测出这些频率以外的噪声。在频谱噪声测井中，噪声的振幅和频率为两个独立的参数，噪声振幅取决于压差、流速和流体类型，频率取决于通道孔径。小孔径通道，如储层中的基质，会产生中高频噪声，而大孔径通道，如裂缝或完井因素，则会产生低频噪声。噪声振幅用彩色表示，红色表示大音量噪声；黄色、绿色、蓝色、紫色为振幅较低的噪声，按降序排列；工具阈值以下的噪声为白色（图 10.4.7）。

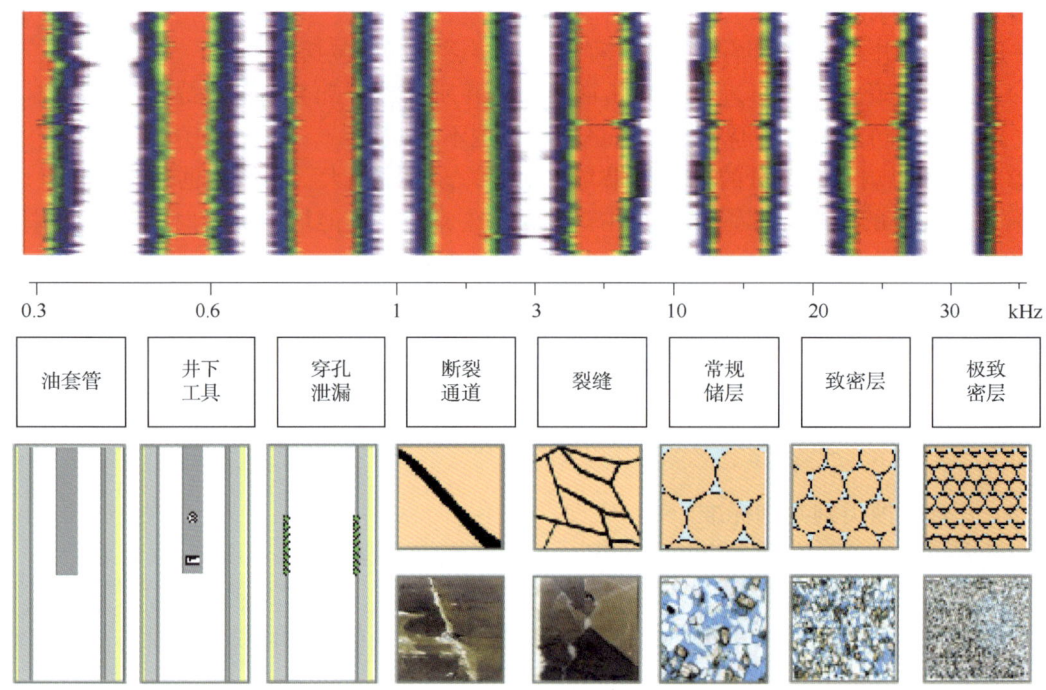

图 10.4.7 噪声频率及幅度响应图

对噪声频谱进行频率等级的初步分析可判断出流体的产生位置，流体沿油、套管流动会产生低频噪声，流经射孔段、油套管损坏部位及水泥环中的裂缝孔径一般出现中频噪声，储层流动则属于高频噪声。

一般情况下，井筒内产生湍流表明该位置流体速度发生变化，流体动能的损耗增加，产生的噪声幅度也随之变大。流体速度变化可以发生在流体产出口、泄漏口、注入水位置、窜槽等。因此，发生速度变化的位置不同，在幅度曲线上将出现不同的峰值。通过对井筒中这种非人工激发的、由流体流动而产生的自然声场的测量，并研究其频率和幅度特征，同时结合井筒管柱、射孔位置等相关信息，就可以确定井筒的工程状况和地质参数。按照流动类型，井下噪声源可分为四类。

（1）井中流体流动。

这种噪声是由井眼流动引起油套管振动产生的，通常频率范围在 1kHz 以下。钻孔会产生低频噪声，如果钻孔压力低于鼓泡点，溶解气开始释放并产生 5kHz 的噪声，在上升到地面时下降到 1kHz。钻孔引起的噪声通常可被人耳捕捉到。

（2）完井因素。

这种噪声是由射孔、油管鞋、封隔器和套管泄漏等产生的，频率通常在 1~3kHz。由于存在于相邻频带内的井眼噪声具有一定的掩盖作用，完井噪声在流动条件下不具有明显的局域性。有时完井因素会产生异常高的跳跃式噪声，如射孔效果差或封隔器、套管出现泄漏，这些噪声在常规频带上非常突出，在频谱上非常明显，可能会混淆对油藏裂缝的识别。

（3）套管窜槽。

在套管后，由于水泥或油藏压裂发生的窜槽流动具有清晰的顶底边界，并且在频谱上显示为连接两个活跃条纹的、垂向上独立的窄频带。由于窜槽位置的大小和结构会发生变化，产生的噪声谱可能会偏离垂直线。当通过大孔洞（如缺少水泥环）时，槽流可能产生周期性的破坏作用，从而使频率向被钻孔噪声掩盖的低频率变化。

（4）储层流动。

储层流动噪声是由流体流经颗粒、孔喉和裂缝振动产生的，垂向上具有清晰的顶底边界，但没有径向上的定位。储层裂缝产生的噪声通常在3~5kHz，但大裂缝、孔喉可能会下降到1kHz，与完井因素产生的噪声互相干扰。正常储层流动会产生大约10~15kHz的噪声，所占频率范围较大；致密储层在超声范围内产生噪声（>20kHz）；在渗透率小于1mD的异常致密地层中，只有气体才能通过这些岩石，并产生频率范围广的噪声（>30kHz）（表10.4.1）。

表10.4.1 流动噪声类型频率范围

序号	流动类型	频率范围（kHz）
1	井中流体流动	<1
2	完井因素	1~3
3	套管窜槽	3~5
4	储层流动	10~15

频谱噪声测井仪结构如图10.4.8所示，内部含有一个高灵敏度的水听器，其核心是一个置于油腔中的压电晶体传感器。水听器可把弱信号放大7000倍，并转换成电信号存储在内置内存中。仪器被放在特定深度，记录这一深度上的噪声振幅，数据处理模块将其分解为与流动类型有关的频率特性。噪声采用定点测量的方式，避免了工具运动的影响，极大地提高了频谱噪声测井的统计可靠性。噪声解释需

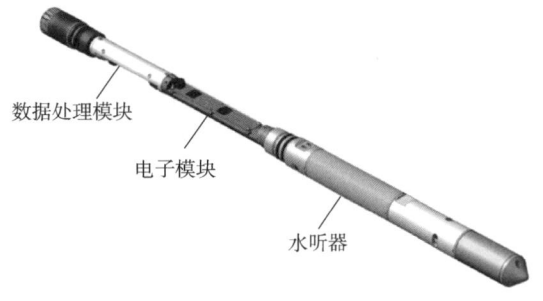

图10.4.8 频谱噪声测井仪器示意图

要对点测数据和包含点测位置的连续测井数据进行合成与分析，点测数据可判断噪声情况，连续测井数据用来确定点测数据的深度，在点测数据之间形成过渡段数据。

在井下，普通点的采集间隔一般为2~3m，测量时间为45~60s，每秒钟记录一个噪声样本（持续时间约4.3ms）。在重点关注的异常区域内采集间隔一般为1m，测量时间为2~3min。除了噪声测量仪器之外，仪器通常还包括一个温度传感器。井筒中的温度如果没有受到干扰，则温度曲线与地温梯度剖面相同。频谱噪声测井仪在向下的道次中连续地测量温度，向上通过期间进行定点的频谱噪声测量。仪器特点：

① 可捕获储层流动噪声深度2~3m，通过油管、套管和水泥胶结而捕获储层流动噪声；

② 可区分致密和裂缝性储层流动所产生的噪声；

③ 可清晰直观地通过噪声频率和幅度图颜色判断流动类型和流量大小；

④ 钢丝存储式测井可避免电缆传输信号所引起的信号衰减；

⑤ 存储容量大，一次下井测试时间长。

10.4.2.2　频谱噪声测井方法及数据处理

频谱噪声测井可捕获由井眼、套管环空、断层、裂缝和岩石基质等产生的 8~60000Hz 的噪声，对一组时域内噪声记录进行分析，产生的数字化声波由 1024 个时间道组成。每个点大约记录 50 个噪声样本，平均每个点得到的频谱，滤除不相关噪声并以彩色频谱的形式处理成 512 个频率道，频率范围可以根据需要进行调整。

静态点测噪声数据极大地提高了频谱噪声测井的统计可靠性。标准点的测量时间范围为 45~60s。在重点关注的区域内每隔一米取一测点，测量时间为 2~3min。除了噪声工具之外，仪器通常还包括一个温度传感器。在向下的道次中精确和连续地测量温度，在向上通过期间进行定点的频谱噪声测量。

频谱噪声测井仪进行校准后，将仪器与参考水听器进行比较，得到适用于整个工作频率范围的振幅—频率特性和平均灵敏度。这些特性可用于将振幅转换成声压水平的国际分贝级(dB SPL)，高灵敏度的水听器测量流体的声压力波动，通常转换为声压水平的帕斯卡(Pa SPL)。可以使用每个噪声测井工具特有的灵敏度($mV \cdot Pa^{-1}$)将数据转换为声压级：

$$\text{SPL}[\text{Pa}] = \frac{\text{SNL}[\text{mV}]}{\text{Sensitivity}\left[\dfrac{\text{mV}}{\text{Pa}}\right]} \tag{10.4.1}$$

分贝是一个对数单位，用来表示一个物理量的两个值的比率。分贝对数标度的性质意味着大范围的比率可以用一个小的数字来表示，类似于科学的表示法，可以从参考值中清晰地显示出来。在水中的参考压力等于 10^{-6}Pa。因此，频谱噪声测井数据可以用 dB SPL 表示。

$$\text{SNL}[\text{dB} \cdot \text{SPL}] = 20 \cdot \lg\left(\frac{\text{SPL}[\text{Pa}]}{10^{-6}\text{Pa}}\right) \tag{10.4.2}$$

需要注意的是，式(10.4.2)中基准为水，空气中的参考压力与水中的参考压力是不同的。典型的工具背景噪声为 60~65dB SPL。

在实际解释中，应结合井的类型、温度、流量计以及相关井参数综合考虑。图 10.4.9 为频谱噪声测井在生产井中的应用。频谱显示了储层基质和裂缝流动产生的三个横条纹，其原因可能为流体在裂缝空间中流动。分析后发现，条纹与体积岩石模型中的孔隙度与渗透率的比值条纹完全吻合。频谱还显示了射孔下方延续过来的低频噪声，这与涡轮显示的来自底部的流体向上移动相一致。窜槽流动表现为与井眼噪声完全分离的 2kHz 垂直频段，从 A5 底部的流入开始，一直到 A2 的主生产层段。

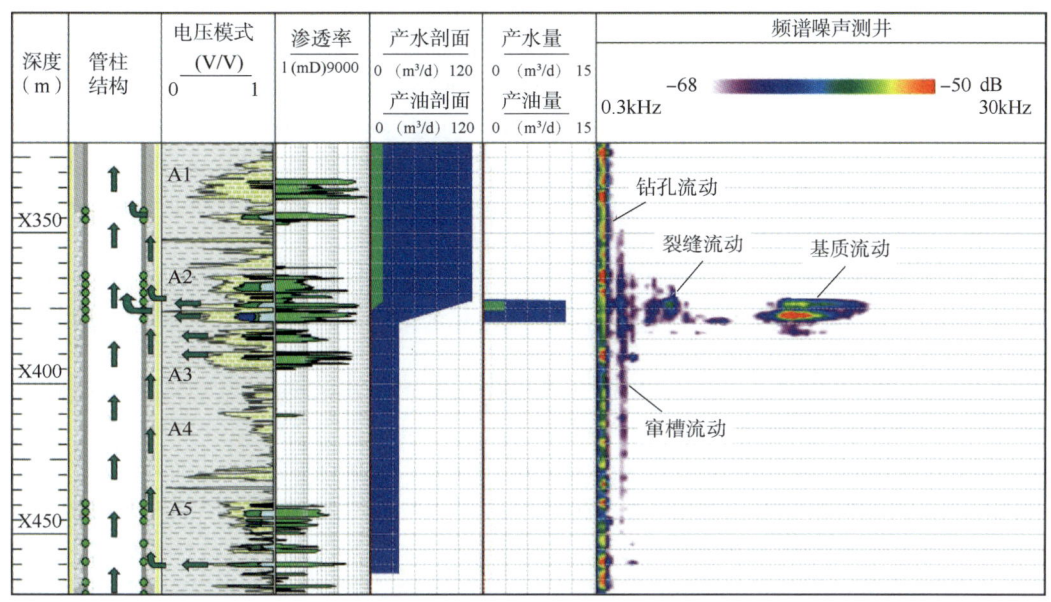

图 10.4.9 频谱噪声测井解释成果图

参 考 文 献

樊建平,2019.60臂井径仪与电磁探伤组合测井在延长油田套管损伤检测中的应用[J].非常规油气,6(5):91-96.

郭海敏,戴家才,陈科贵,2007.生产测井原理与资料解释[M].北京:石油工业出版社.

刘宪伟,郭冀义,杨景海,2012.碳氧比能谱测井数据处理与解释方法[M].北京:石油工业出版社:11-30.

陆大卫,齐宝权,刘恒,等,2016.MIT和MID-K组合测井技术在川渝地区的应用[J].测井技术,40(5):517-522.

罗辉,2016.脉冲中子全谱饱和度测井在储层评价中的应用[J].测井技术,40(6):746-750.

庞伟,邸德家,张同义,等,2018.页岩气井产出剖面测井资料分析及应用[J].地球物理学进展,33(2):1-13.

柴德民,2020.四十臂井径成像测井在井筒优化工程中的应用[J].测井技术,44(4):415-417.

郑华,董建华,刘宪伟,2011.PNST脉冲中子全谱测井仪[J].测井技术,35(1):83-88.

孙明朗,译,1993.注水井频谱噪声测井[J].油气田开发工程译丛,(6):37-39.

Ahmed T, 2001. Reservoir engineering handbook (second edition) [M]. Gulf Professional Publishing, Houston, Texas.

Ali Ahmed A-R, Bhagavatula R, Prosvirkin S, 2017. Spectral noise logging SNL as a key tool to identify water source in a deviated production well on ESP[J]. Society of Petroleum Engineers, 187561-MS.

Arbuzov A A, Alekhin A P, Bochkarev A P, et al., 2010. Memory pulsed neutron-neutron logging[C]. SPE Russian Oil & Gas Exploration & Production Technical Conference and Exhibition, Moscow, Russia.

Bateman R M, 2015. Cased-hole log analysis and reservoir performance monitoring (second edition) [M]. Springer.

Bhagavatula R, Al-Ajmi M F, Awad M O, et al., 2015. An integrated downhole production logging suite for locating water sources in oil production wells[J]. Society of Petroleum Engineers, 178112-MS.

Ghalem S, Serry A M, Al-felasi A, et al., 2012. Innovative logging tool using noise log and high precision temperature help to diagnoses complex problems[J]. Society of Petroleum Engineers, 161712-MS.

Hill A D, 1990. Production logging-theoretical and interpretive elements[M]. Monograph Series of SPE.

Jalan S N, Al-Haddad S, Ali S M, et al., 2017. Application of noise and high precision temperature logging technology to detect tubing leak in an oil well-a case study[J]. Society of Petroleum Engineers. 187668-MS.

Liao L, Zhu D, Yoshida N, et al., 2013. Interpretation of array production logging measurements in horizontal wells for flow profile[C]. SPE Annual Technical Conference and Exhibition.

Maslennikova Y S, Bochkarev V V, Savinkov A V, et al., 2012. Spectral noise logging data processing technology [C]. SPE Russian Oil and Gas Exploration and Production Technical Conferences and Exhibition. Moscow, Russia.

Ojukwu K I, Khalil M M, Clark J, et al., 2007. Production logging low flow rate wells with high water cut[C]. International Petroleum Technology Conference.

Sasanian A M, Davydov D A, 2010. Spectral noise logging white paper, user manual[C]. Dubai UAE.

Schlumberger, 2013. Fundamentals of production logging[M]. Schlumberger Oilfield Marketing Communications.

Zheng Y, Li Y L, Zheng H A, et al., 2012. First horizontal-well production logging and water control success in a tough completion offshore well: a case study from china[J]. Society of Petroleum Engineers, SPE-159164-MS.

11 工程测井技术

本章主要介绍以服务油气田安全高效开发为目标的工程测井的发展历程，以及以岩石力学测井响应研究为基础的岩石强度、孔隙压力、地应力等地质力学参数的预测方法及其应用实践。

11.1 工程测井概述

裸眼井测井一直以"找油找气、评价储层"为目标，近20年来，随着油气勘探转向深层、复杂，特别是页岩气等非常规地层，对井眼剖面不同地层岩石强度、地层孔隙压力、地应力及其衍生参数(地层坍塌压力、破裂压力等)的准确掌握，已成为钻完井及储层改造能否安全高效实施的关键和保障。因此，应用测井的工程地质和力学信息以满足油气工程不断发展的迫切需要势在必行。测井学科一个全新方向——"工程测井"应运而生、日益发展，其根植于传统储层评价之上，又不同于传统测井，以解决油气钻井、完井、采油等工程活动过程中的关键技术难题为目标导向，在岩石力学、地质学和石油工程的基本理论、方法指导下，开展地层的信息挖掘、解释理论、方法及技术研究。

通常情况下，工程测井的内容包含固井质量评价，套管完好性检测、井下作业效果评价，以及以支撑安全高效开发油气的钻完井、压裂等工程技术实施为目标的工程测井相关的理论、方法、技术体系。工程测井的特点包括：

（1）工程测井解决的问题面向全井段上多套地层，包括储层与非储层。勘探测井通常只关注储层及储层相邻的上下地层，而忽视了占整个井深较大比例的其他非储层，生产测井更多的是关注井筒内流体的特征，工程测井在关注储层的固井质量、压裂效果、井眼稳定性之外，也关注非储层的井眼稳定性等特征。

（2）工程测井技术贯穿于井筒全生命周期，钻井前井网部署、井轨迹优选，钻井过程中的井眼稳定性、完井工程中的固井质量评价，以及生产过程中井眼工程特征随着开发时间的动态演化，都是工程测井需要关注的内容。

（3）工程测井是岩石物理、地球物理、岩石力学、化学等学科的综合体现。

工程测井与传统储层评价测井的目标定位不同，决定其研究内容和面临的基础问题、重点问题也就必然不同，钻井和完井工程领域是工程测井发展的重要方向。其主要原因是：

（1）地层孔隙压力剖面是安全钻井所需的重要基础资料，是确定安全钻井液密度和制定井控措施的重要依据。

（2）地层岩石强度及地应力是贯穿整个钻、完井工程的重要基础参数，建立适用于不同地层条件下的岩石强度、地应力测井计算模型是工程测井最重要的内容之一。

（3）地层的岩性、矿物组成以及岩石的硬度、塑性系数、弹性系数和可钻性等岩石强度特性及岩石破碎力学性质是钻头选型的基础和依据。

（4）固井质量评价是工程测井的传统领域，声波类测井资料在其中发挥了主导作用。

（5）坍塌压力、破裂压力是井身结构设计的重要基础资料，是控制固井质量的关键和水泥浆设计与选择的基础。

（6）地层岩石组分、结构及理化性能极大地影响地层岩石强度，同时受入井工作液的影响程度，是钻、完井工程中不可忽视的影响因素。

11.2 地质力学参数的测井预测

储层地质力学指在储层开发中遇到的各种地质力学问题，一般涉及岩石力学、孔隙压力、地应力等参数，在地质力学参数评价方面，不同学者做了大量的研究工作，推动了地质力学参数测井预测技术的发展。

11.2.1 地层岩石强度参数测井预测

岩石力学参数主要包括岩石的抗压强度、弹性模量、泊松比、体积模量、抗剪强度（内聚力、内摩擦角）、断裂韧性、岩石硬度等。这些参数可以通过两种方法确定，一种方法是在实验室内模拟岩石在地下所处的环境进行实测；另一种方法是利用测井资料进行计算。前者方法主要获得单点测试数据，后者方法可获得连续的单井剖面，其得到较广泛的应用。利用测井资料计算岩石力学参数可分为两大部分，一部分是基于弹性波动理论推导的弹性参数理论计算公式，如杨氏模量、泊松比、体积模量等；另一部分是基于室内试验结果，分析研究地层岩石力学参数与岩石物理参数间的关系，揭示岩石力学参数的岩石物理响应机制，以此建立特定区域或地层的岩石力学参数的计算模型。

11.2.1.1 岩石弹性参数的计算公式

岩石的杨氏模量、泊松比、体积模量、剪切模量统称为岩石的弹性参数。根据测量原理的不同，岩石的弹性参数分为静态弹性参数和动态弹性参数，其中岩石的静态弹性参数是根据施加载荷条件下岩石应力-应变曲线获得的，而岩石的动态弹性参数是根据经典弹性波波动理论，由岩石声波数据和体积密度计算得到的。

（1）动态泊松比。

$$\nu_d = \frac{\Delta t_s^2 - 2\Delta t_p^2}{2(\Delta t_s^2 - \Delta t_p^2)} = \frac{v_p^2 - 2v_s^2}{2(v_p^2 - v_s^2)} \tag{11.2.1}$$

式中：ν_d 为岩石动态泊松比，无量纲；Δt_p，Δt_s 分别指岩石的纵波时差、横波时差，$\mu s/m$；v_p，v_s 分别指岩石的纵波速度、横波速度，m/s。

（2）动态杨氏模量。

$$E_d = \frac{\rho_b}{\Delta t_s^2} \left(\frac{3\Delta t_s^2 - 4\Delta t_c^2}{\Delta t_s^2 - \Delta t_c^2} \right) \times 10^9 = \frac{\rho_b v_s^2 (3v_p^2 - 4v_s^2)}{v_p^2 - v_s^2} \times 10^{-3} \tag{11.2.2}$$

式中：E_d 为岩石动态杨氏模量，MPa；ρ_b 为岩石的体积密度，g/cm^3。

(3)动态剪切模量。

$$G_\mathrm{d} = \frac{\rho_\mathrm{b}}{\Delta t_\mathrm{s}^2} \times 10^9 = \rho_\mathrm{b} v_\mathrm{s}^2 \times 10^{-3} \qquad (11.2.3)$$

式中：G_d 为岩石动态剪切模量，MPa。

(4)动态体积模量。

$$K_\mathrm{bd} = \rho_\mathrm{b} \frac{3\Delta t_\mathrm{s}^2 - 4\Delta t_\mathrm{p}^2}{3\Delta t_\mathrm{s}^2 \Delta t_\mathrm{p}^2} \times 10^9 = \rho_\mathrm{b} \times \left(v_\mathrm{p}^2 - \frac{4}{3} v_\mathrm{s}^2 \right) \times 10^{-3} \qquad (11.2.4)$$

式中：K_bd 为岩石动态体积模量，MPa。

动静态弹性参数由于获取方式、测量原理的不同，在数值上存在较大差异，不同岩性、不同压实程度、不同孔隙结构岩石，差异不同。利用测井资料计算地层的动态弹性参数时，必须同时具备纵波、横波及密度测井资料。如果有声波全波列测井或偶极横波测井时，可直接利用式(11.2.1)至式(11.2.4)计算岩石的动态弹性参数。如果缺乏声波全波列测井或偶极横波测井等资料时，则需要先估算横波。

目前，关于横波速度预测方法有经验公式法和岩石物理理论模型两大类，其中前者以室内岩石物理实验为基础，建立基于岩石速度、孔隙度、密度、泥质含量和有效应力等参数间统计回归的经验关系预测地层横波速度(Castagna et al.，1985；Eberhart-Phillips et al.，1989；Greenberg et al.，1992；李庆忠，1992；马中高等，2005；熊健等，2014)，如式(11.2.5)和式(11.2.6)；而后者以岩石物理模型为基础预测地层横波速度(Greenberg et al.，1992；Xu et al.，1996；Han et al.，2004；Lee，2006)，包括 Gassman 方程、Biot-Gassman 方程、Xu-White 模型等。

$$v_\mathrm{s} = v_\mathrm{p} \left\{ 1 - 1.15 \left[\frac{(1/\rho_\mathrm{b}) + (1/\rho_\mathrm{b})^3}{e^{(1/\rho_\mathrm{b})}} \right]^{1.5} \right\} \qquad (11.2.5)$$

$$v_\mathrm{s} = 3.70 - 4.94\phi - 1.57\sqrt{V_\mathrm{sh}} + 0.00361(\sigma_\mathrm{e} - e^{-0.167\sigma_\mathrm{e}}) \qquad (11.2.6)$$

式中：ϕ 为孔隙度；V_sh 为泥质含量；σ_e 为有效应力，MPa。

11.2.1.2 岩石强度参数的预测

基于室内岩石力学实验，除了获得静态弹性模量、静态泊松比、静态剪切模量和静态体积模量等岩石静态弹性参数外，还能获得抗压强度、抗张强度、抗剪强度(内聚力和内摩擦角)、断裂韧性等岩石强度参数。利用测井资料预测岩石强度参数的前提是建立岩石强度参数的计算模型。

长期以来，国内外学者围绕岩石强度参数的预测问题，开展了大量基础性研究工作，且针对砂岩、碳酸盐岩和页岩等常见岩石类型，建立了大量的经验关系，部分经验公式见表11.2.1。

表 11.2.1 岩石强度参数的经验预测模型

岩石力学参数	模型	适用地层	来源
单轴抗压强度	$\sigma_C = 10^{2.44+358/\Delta t_p}$	石灰岩	Golubev et al., 1976
	$\sigma_C = 195.75(1000/\Delta t_p)^{2.6}$	页岩	Chang, 2006
	$\sigma_C = 0.00451E_d(1-V_{sh}) + 0.0081E_dV_{sh}$	—	Deere et al., 1966
抗剪强度	$\sigma_S = 3.326\times10^{-6}\sigma_cK_b$	—	Coates et al., 1981
抗张强度	$\sigma_t = \sigma_C/(3\sim12)$	通用	
	$\sigma_t = 0.008v_p + 3.84$	页岩、石灰岩	Kurtulus et al., 2016
内摩擦角	$\phi = \sin^{-1}((v_p-1000)/(v_p+1000))$	页岩	Lal, 1999
	$\phi = 26.5 - 37.4(1-\phi-V_{sh}) + 62.1(1-\phi-V_{sh})^2$	页岩和砂岩	Thiercelin, Plumb, 1994

由于岩石本身结构的复杂性和多样性,不同地区、不同岩石的强度与测井参数之间的关系必然会有所不同,反映出岩石力学参数的预测具有较强的区域性特点。一般来说,针对特定区域或地层岩石力学参数的预测,应该首先开展相应的岩石力学和岩石物理的配套实验,通过大量的实验建立一套相适应的岩石力学参数测井预测模型,进而才能实现预测(刘向君等,2015;Wan et al.,2020;熊健等,2021)。地层的岩性复杂、结构复杂将造成岩石力学参数的岩石物理响应规律复杂,各种地质因素、测井响应与岩石力学参数间的关联性难以通过常规方法描述。

相较于这些传统方法而言,人工智能方法能够快速,准确地分析参数间复杂的内在联系,建立起参数间的映射关系,能够合理开展各类分类和回归问题。为此,具有较强非线性关系分析能力的人工智能手段也逐渐被应用于岩石力学参数的预测(葛宏伟等,2004;Isik et al.,2009;Dehghan et al.,2010;Danial et al.,2016)。基于人工智能算法的岩石力学参数预测方法包括收集岩石力学数据及其对应的各类地质信息、测井信息等,对以上数据进行清洗和挖掘,并利用相关系数分析、主成分分析等手段提取岩石力学参数的预测输入指标。根据数据特征,选用深度学习,以及各类回归预测方法开展数据预测。在开展预测时,为了获取准确合理的参数,还可引入粒子群算法、遗传算法、灰狼算法等各类优化算法进行优化,或者使用多方法并行计算的方式,弥补算法间的缺陷。最终,建立起基于人工智能算法的岩石力学参数预测模型,从而实现岩石力学参数的预测。

11.2.2 地层孔隙流体压力测井预测

地层孔隙流体压力又称为地层压力,指地层孔隙中所含油、气、水的压力,与地层所在深度有关。孔隙流体压力可分为正常和异常两类。正常孔隙压力等于静水压力,压力变化范围为 $1.0 \sim 1.07 \text{g/cm}^3$,由地层水矿化度决定。当地层孔隙压力低于静水压力叫异常低压,而高于静水压力叫异常高压。准确预测地层孔隙压力对油气安全高效开发至关重要,因此,一直以来围绕地层孔隙压力预测的研究都十分活跃。地层孔隙压力的预测方法,一般分为钻前压力预测、随钻压力监测及钻后压力检测三类,其中钻后压力检测是目前最有效、应用最广的测井预测方法(刘向君等,2015)。可用于预测孔隙压力的测井资料主要有电阻率、声波时差、地层密度、中子孔隙度、自然伽马、自然电位、地层温度和地层测试

资料。现有的地层孔隙压力测井预测方法主要分为两类(表 11.2.2):

(1) 基于欠压实理论的预测方法,如等效深度法(Hottma et al., 1956)、Eaton 法(Eaton, 1972)、Traugott 法(Traugott et al., 1994)、修正的 Eaton 法(Zhang, 2011)等;

(2) 基于有效应力理论的预测方法,如 E-P 模型(Eberhart-Phillips et al., 1989)、Bowers 法(Bowers, 1995)、Tau 参数法(Dutta, 2002)、Zhang 法(Zhang, 2013)等。

表 11.2.2 常用地层压力预测方法

	压力预测方法	表达式	参数简述
基于欠压实理论	等效深度法 (Hottma et al., 1956)	$p_{pA} = \sigma_{vA} + p_{pB} - \sigma_{vB}$	σ_{vA}、σ_{vB} 分别为 A 点和 B 点的上覆地层压力,p_{pA}、p_{pB} 分别为 A 点和 B 点的地层孔隙压力,A、B 两点波速相等,有效应力相等
	Eaton 法(Eaton, 1972)	$p_p = \sigma_v - (\sigma_v - p_h)\left(\dfrac{\Delta t}{\Delta t_n}\right)^c$	—
	Traugott 法 (Traugott et al., 1994)	$p_p = (\sigma_v - p_h)\left(\dfrac{1-\phi}{1-\phi_n}\right)^x$	x 是经验系数,ϕ_n 是由正常压实趋势线确定的孔隙度
	修正的 Eaton 法 (Zhang, 2011)	$p_p = \sigma_v - (\sigma_v - p_h) \{ [\Delta t_{ma} + (\Delta t_0 - \Delta t_{ma}) e^{-cH}] \}$	Δt_0 为地表岩层声波速度
基于有效应力理论	E-P 模型(Eberhart-Phillips et al., 1989)	$v = A + K\sigma_e - Be^{-D\sigma_e}$ $p_p = \sigma_v - \sigma_e$	v 为岩石声波速度,A、K、B、D 为经验系数
	Tau 参数法 (Dutta, 2002)	$\sigma_e = A\tau^B, \quad \tau = \dfrac{\Delta t_{ma} - \Delta t}{\Delta t - \Delta t_f}$	—
	Zhang 法 (Zhang, 2013)	$p = \left[\sigma_v - \dfrac{(\sigma_v - \alpha p_h)}{Hb}\left(\dfrac{b-c}{c} \cdot \ln\dfrac{\Delta t_0 - \Delta t_{ma}}{\Delta t_{u0} - \Delta t_{ma}} + \ln\dfrac{\Delta t_0 - \Delta t_{ma}}{\Delta t - \Delta t_{ma}}\right)\right]/\alpha$	b 为沉积卸载时的压实系数;Δt_{u0} 沉积卸载起点处的声波时差值
	Bowers 法(Bowers, 1995) 加载	$v = v_0 + A\sigma_e^B, \quad p_p = \sigma_v - \sigma_e$	v_0 为地表岩层的声波速度,σ_{max} 和 v_{max} 是沉积卸载起点的有效应力和声波速度,U 是反映沉积岩的弹性参数
	Bowers 法(Bowers, 1995) 卸载	$v = v_0 + A\left[\sigma_{max}\left(\dfrac{\sigma_e}{\sigma_{max}}\right)^{(1/U)}\right]^B$ $\sigma_{max} = \left(\dfrac{v_{max} - 5000}{A}\right)^{1/B}$	

11.2.2.1 基于欠压实理论的预测方法

地层在正常沉积加载过程中,随着上覆沉积物的沉积压实及埋深增加,孔隙水被排出,垂直有效应力逐渐增加,该过程称为平衡压实过程,此时地层孔隙压力为静水压力。平衡压实的泥岩地层某些特性随着埋深的增加发生规律性变化,如孔隙度、中子孔隙度、声波时差随地层埋藏深度增加而减小,而密度、电阻率、自然伽马射线强度则随地层埋藏深度增加而增大(图 11.2.1),通常将这些规律性变化称为正常压实趋势线。当泥页岩地层孔隙流体压力过高或过低时，地层出现异常压实状态后(欠压实、过压实)，上述测井响应必将偏离泥页岩地层的正常压实趋势，偏离程度不同，异常压实程度也不同。等效深度法和 Eaton 法是基于欠压实理论的预测地层孔隙压力的常用方法，其核心和基础是建立泥页岩正常压实趋势线。下面以声波时差为例，简要介绍泥页岩正常压实趋势线建立过程。

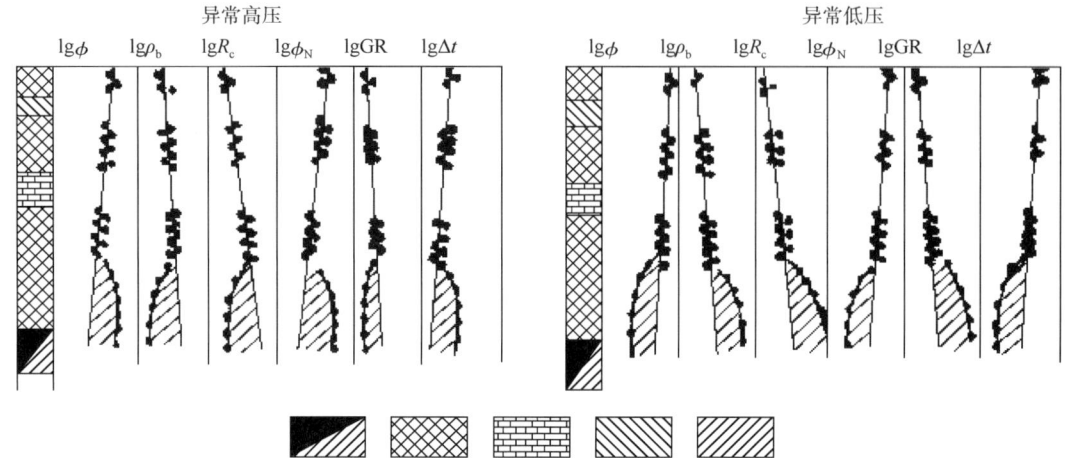

图 11.2.1 存在异常高压和异常低压时地层测井响应随深度变化的特征

在正常沉积作用下形成的泥页岩地层，其孔隙度随着埋藏深度的增加而呈指数减小，Hottman 等(1965)推导出地层孔隙度与深度的关系式，其表达式为：

$$\phi = \phi_0 e^{-C_p H} \tag{11.2.7}$$

式中：ϕ 为地层孔隙度，%；ϕ_0 为泥页岩地层在深度 $H=0$ 时孔隙度，%；H 为地层深度，m；C_p 为压实系数。

同时，对于沉积压实作用形成的泥页岩地层，通过 Wyllie 时间公式(Wyllie et al.，1956)可推导出地层孔隙度与声波时差的关系式：

$$\phi = \frac{\Delta t - \Delta t_{ma}}{\Delta t_f - \Delta t_{ma}} \tag{11.2.8}$$

式中：Δt 为地层声波时差，μs/m；Δt_{ma} 为地层骨架声波时差，μs/m；Δt_f 为地层孔隙流体声波时差，μs/m。

同理，地面孔隙度 ϕ_0 可用声波时差表示为：

$$\phi_0 = \frac{\Delta t_0 - \Delta t_{ma}}{\Delta t_f - \Delta t_{ma}} \tag{11.2.9}$$

式中：Δt_0 为泥页岩在埋深为零时的声波时差，μs/m。

若存在 $\Delta t_0 e^{-C_p H} \geq (1 - e^{-C_p H}) \Delta t_{ma}$，进一步推导，则有：

$$\Delta t \approx \Delta t_0 e^{-C_p H} \tag{11.2.10}$$

式(11.2.10)两边同时取对数，则有：

$$H = \frac{1}{C_p}\ln\Delta t_0 - \frac{1}{C_p}\ln\Delta t \qquad (11.2.11)$$

利用式(11.2.11)可以建立泥页岩地层声波时差对数值随埋深的线性统计关系,即正常压实趋势线(图11.2.2),从而确定井剖面的异常压力泥页岩层段。若地层声波时差在正常压实趋势线之上,则说明地层孔隙压力为正常压力。当地层实测声波时差值存在偏离正常压实趋势线的深度段,则说明该深度段地层孔隙压力有异常,其中,若声波时差偏大则说明异常压力为异常高压,若声波时差偏小则说明为异常低压。基于建立的正常压实趋势线,定量评价地层孔隙压力还需要利用等效深度法、Eaton 法等。

Eaton 法(Eaton,1972)是基于正常压实理论构建正常压实趋势线,引入了压实校正系数 c,建立砂泥岩地层孔隙压力与声波时差等测井响应参数间关系,表达式为式(11.2.12),其中压实校正系数 c 受制于岩性、成岩作用及流体类型,与地层埋深、声波时差间具有较好的相关性。图 11.2.3 为某地层的压实校正系数与深度的关系。

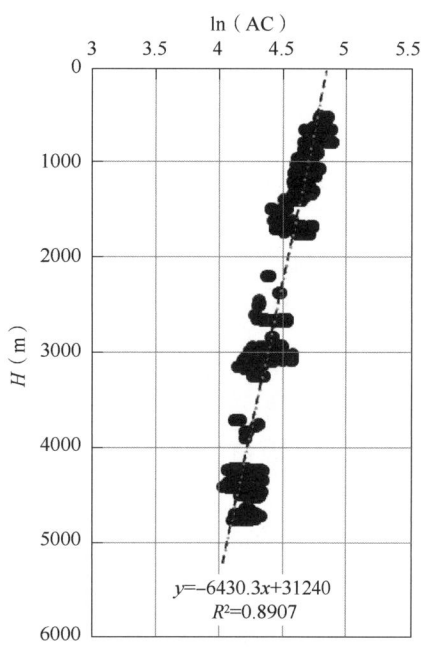

图 11.2.2 某井的正常压实趋势线

$$p_p = \sigma_v - (\sigma_v - p_h)\left(\frac{\Delta t}{\Delta t_n}\right)^c \qquad (11.2.12)$$

式中:σ_v 为垂向压力,MPa;p_p 为地层孔隙压力,MPa;p_h 为静水压力,MPa;Δt 为地层实测声波时差,μs/m;Δt_n 为地层在正常压实下声波时差,由正常压实趋势线得到,μs/m;c 为压实校正系数。

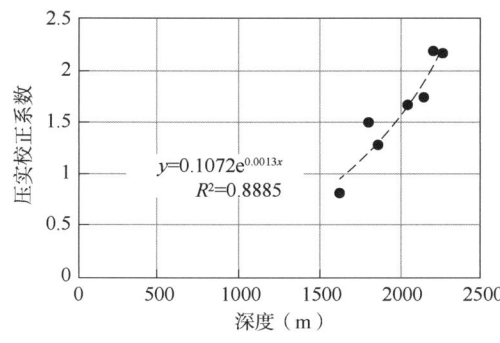

图 11.2.3 某地层的压实校正系数与深度的关系

基于欠压实理论的地层孔隙压力预测方法在油气田开发过程中取得了较好的应用效果,但是其局限性也逐渐显现出来:

(1)在建立正常压实趋势线的过程中,人为主观经验可能引入较大误差;

(2)不连续沉积的地层,在不同沉积层段可能对应着不同的正常压实趋势线,增加了正常压实趋势线建立的难度;

(3)仅适用于不平衡压实成因下的地层异常压力预测(梁红军等,1997;艾池等,2007)。异常高压地层的形成与多种因素有关,包括压实不均衡、孔隙流体热膨胀、黏土矿物脱水、生烃作用和构造挤压等(李勇等,2015;时梦璇等,2020),且基于欠压实理论的地层孔隙压力预测方法由于没有考虑其他异常压力成因,在其他异常压力成因机制的地区应用时可能造成较大误差。

11.2.2.2 基于有效应力理论的预测方法

通常认为原地应力是由三个正交方向的主应力组成，分别为上覆岩层压力、最小水平主应力和最大水平主应力。因为压实主要发生在垂直方向，所以控制压实过程的力主要为上覆岩层压力。压实过程中的力学变化实际上为上覆岩层压力、有效应力与孔隙压力之间的平衡变换过程。根据有效应力的基本原理(Terzaghi et al.，1948)，有效应力(σ_e)等于地层受到的上覆岩层压力(σ_v)减去孔隙压力(p_p)的作用，即：

$$\sigma_e = \sigma_v - \alpha p_p \tag{11.2.13}$$

式中：σ_v为垂向压力或上覆岩层压力，MPa；α称为孔弹性系数或Biots系数，其意义是孔隙压力对岩石骨架应力贡献的大小，可通过岩石力学相关实验获得，其值变化范围为0~1，默认取值为1。

根据式(11.2.13)可知，若已知上覆岩层压力与有效应力，就能计算得到地层孔隙压力。基于该方法，计算地层压力仅需精准地获取上覆岩层压力和有效应力，不需要建立正常压实趋势线。该方法中上覆岩层压力可根据密度测井曲线获得，而如何获取有效应力变成了关键问题。许多学者研究了地层有效应力与声波速度、体积密度等测井数据之间的响应关系，并提出了多种地层孔隙压力的预测方法，如E-P模型(Eberhart-Phillips et al.，1989)、Bowers法(Bowers，1995)、Tau参数法(Dutta，2002)、Zhang法(Zhang，2013)等。

E-P模型是Eberhart-Phillips等(1989)在Han等(1986)实验基础上总结提出的，其描述了岩石纵波速度与岩石骨架有效应力、地层孔隙度以及泥质含量之间的非线性关系，即：

$$v_p = 5.77 - 6.94\phi - 1.73 V_{sh}^{0.5} + 0.446(\sigma_e - e^{-16.7\sigma_e}) \tag{11.2.14}$$

式(11.2.14)中涉及多种岩石物理参数，因此，E-P模型也被称为多参数拟合法。E-P模型中孔隙度可由声波时差、中子、密度测井曲线计算，泥质含量可由自然伽马、自然电位、电阻率测井曲线计算。因此，地层垂向有效应力可由这些测井响应参数进行表示，见式(11.2.15)，进而结合有效应力理论[式(11.2.13)]计算得到地层孔隙压力。

$$\sigma_e = f(\Delta t, \text{GR}, \rho_b) \tag{11.2.15}$$

式中：Δt，GR，ρ_b分别为地层声波时差、自然伽马、密度测井资料。

该方法是一种经验统计方法，具有较强的区域性但适用性强，能够较好地适用于异常压力成因复杂、岩性复杂的地层，既可用于钻进中地层孔隙压力实时预测，亦能用于钻后地层孔隙压力测井预测。基于某页岩储层的中途测试和静压实测地层压力数据，结合相应井段的测井数据，统计了垂向有效应力与测井岩石物理参数间的相关性，利用多元回归方法建立了考虑纵波时差、密度等因素的垂向有效应力计算模型[式(11.2.16)]，进而计算得到地层孔隙压力。

$$\sigma_e = -65.7833 e^{0.0061\Delta t_P} + 24.0937 \ln(\rho_b) + 117.557 \tag{11.2.16}$$

11.2.3 地层地应力测井预测

地应力指存在于地壳岩体中的内应力，是由地壳内部垂直运动和水平运动的力及其他因素的力引起的介质内部单位面积上的作用力。引起地层产生应力的原因很多,包括构造运动所产生的构造应力、上覆岩体重量所引起的自重应力、温度变化所引起的温度应力,以及由于结晶作用、变质作用、沉积作用、固结作用、脱水作用所引起的应力等。地应力一般通过三个主应力表示,即:垂向应力(σ_v)、水平最大主应力(σ_{H1})和水平最小主应力(σ_{H2})。地层中地应力状态存在三种类型:

(1) 垂向应力为最大主应力,即:$\sigma_v > \sigma_{H1} > \sigma_{H2}$。

(2) 垂向应力为最小主应力,即:$\sigma_{H1} > \sigma_{H2} > \sigma_v$。

(3) 垂向应力为中间主应力,即:$\sigma_{H1} > \sigma_v > \sigma_{H2}$。

地应力的获取方法较多(图11.2.4),本书仅介绍利用测井资料预测地应力的方法。

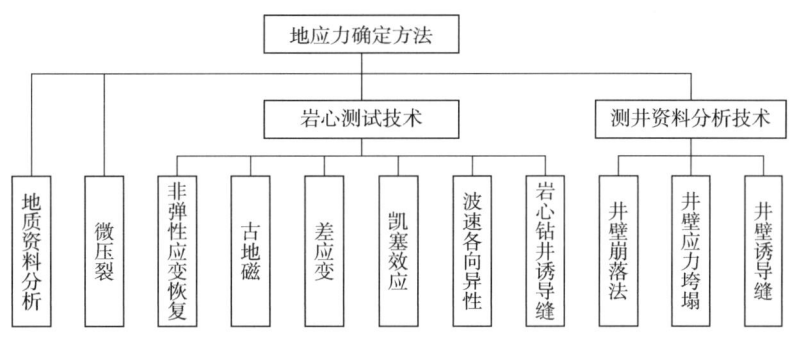

图 11.2.4 地应力的获取方法

11.2.3.1 利用测井资料确定地应力方向

(1) 利用成像测井资料确定地应力方向。

岩石力学的研究表明,钻井过程中,井壁出现的应力崩落和应力垮塌都是由于井壁附近应力集中产生剪切破坏的结果。对直井,应力崩落和应力垮塌的方向与区域最小水平主应力方向一致,如图11.2.5所示,其中R_0为正常井眼半径;R_c为发生应力崩落或应力垮塌区域的井眼半径。因此,只要能正确观测到井壁应力崩落和应力垮塌的位置,就可以推断出对应深度水平主应力的方向。井壁应力崩落、应力垮塌的方位、形状、宽度和深度都可以从地层倾角测井及各种成像测井图上观察得到。如图11.2.6所示的电成像测井图,井壁应力崩落区域和应力垮塌区域具有明显的对称性。

除了井壁崩落和应力垮塌以外,通过钻井诱导缝也可确定地应力方向。通过对大量成像测井资料的研究表明,钻井过程中在井壁地层中诱发的裂缝主要有钻具震动裂缝、热差诱导缝、高密度钻井液压裂缝和应力释放缝等四种类型,其中高密度钻井液压裂缝和应力释放缝与地应力分布密切相关,对直井,裂缝出现方位对应于原地最大水平主应力方向。

如图11.2.6所示,高密度钻井液压裂缝是由于钻井液密度过大造成的,一般以高角度张性缝为主,且张

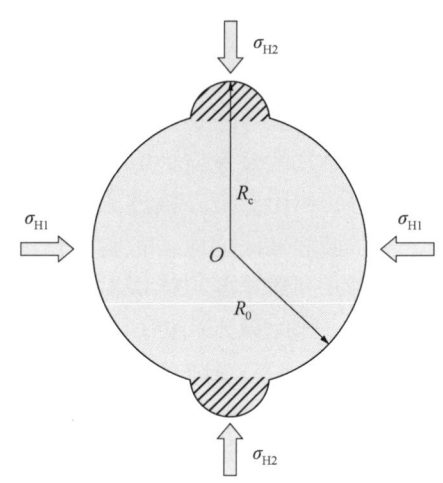

图 11.2.5 直井井壁应力垮塌示意图

开度和延伸都可能很大；应力释放缝是在现今地应力相对集中的致密岩层段被钻开时，随着应力释放而产生的，其特征是一组接近平行的高角度裂缝。因此，通过对应力释放缝和高密度钻井液压裂缝的研究可以确定地应力的方向。

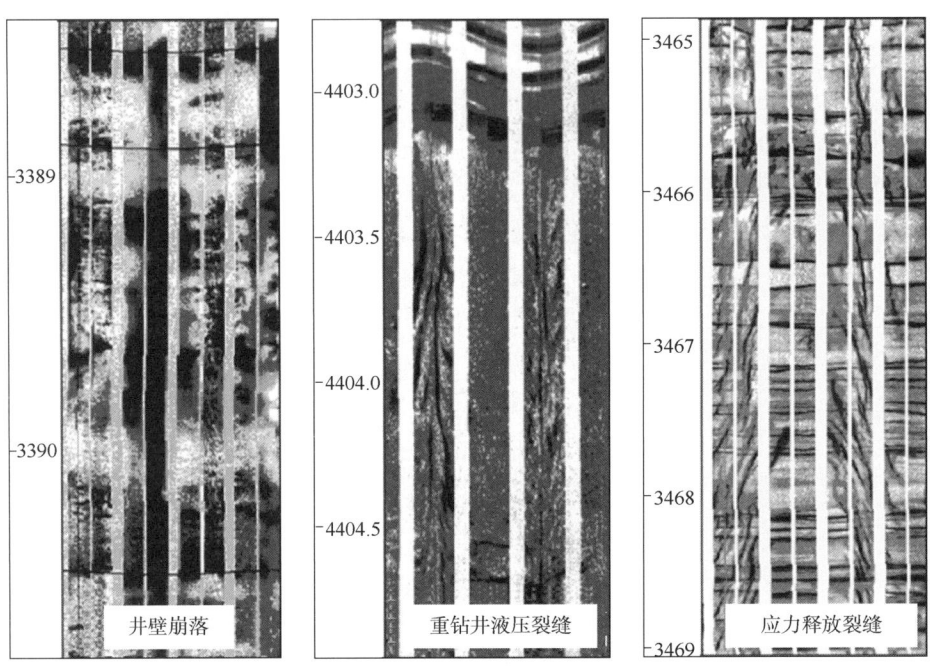

图 11.2.6　直井井壁应力垮塌及不同类型钻井诱导缝在成像测井图上的显示特征

（2）利用双井径测井资料确定地应力方向。

钻井过程中，由于井壁附近应力集中而产生的井壁应力崩落和应力垮塌不仅可以在各种成像图上得到直观形象的反映，而且在双井径曲线上也能够得到较好显示。

在未发生井壁垮塌的井段，多条井径曲线几乎彼此重合。在井壁发生应力垮塌的井段，由于形成了应力型椭圆井眼，会有一条或多条井径曲线显示其对应方向上的井径扩大。应力型椭圆井眼是由于水平主应力的不平衡性造成井壁在最小主应力方向上剪切掉块或井壁崩落而形成的，其长轴方向指示最小主应力方向。在双井径曲线上表现为一条大于钻头直径，一条近似等于钻头直径，如图 11.2.7 所示。因此，可利用双井径资料确定应力型椭圆井眼长轴方位及地应力方位。

（3）利用偶极子横波测井资料确定地应力方位。

在水平方向地应力各向异性的地层中，由于不同方向井周地层受压程度不同，使得不同向声波传播速度也体现出一定的差异。一般情况下，水平最大主应力方向地层受到的压力最大，因此该方向的声波传播速度最大。根据偶极横波测井原理，在各向异性介质中，横波传播方向将发生横波分裂现象，即分裂为质点振动方向相互垂直的两个横波，两个横波传播速度不同，传播速度相对较快的横波称为快横波并指示水平最大主应力方向。但是，需要考虑在钻井过程中，井壁附近地层产生的应力释放缝对快慢横波传播造成的影响，且横波分裂将会受到地层复杂程度，各向异性程度等多重因素的影响。因此，在使用偶极横波测井资料进行地应力方向分析时，需要结合多种资料。

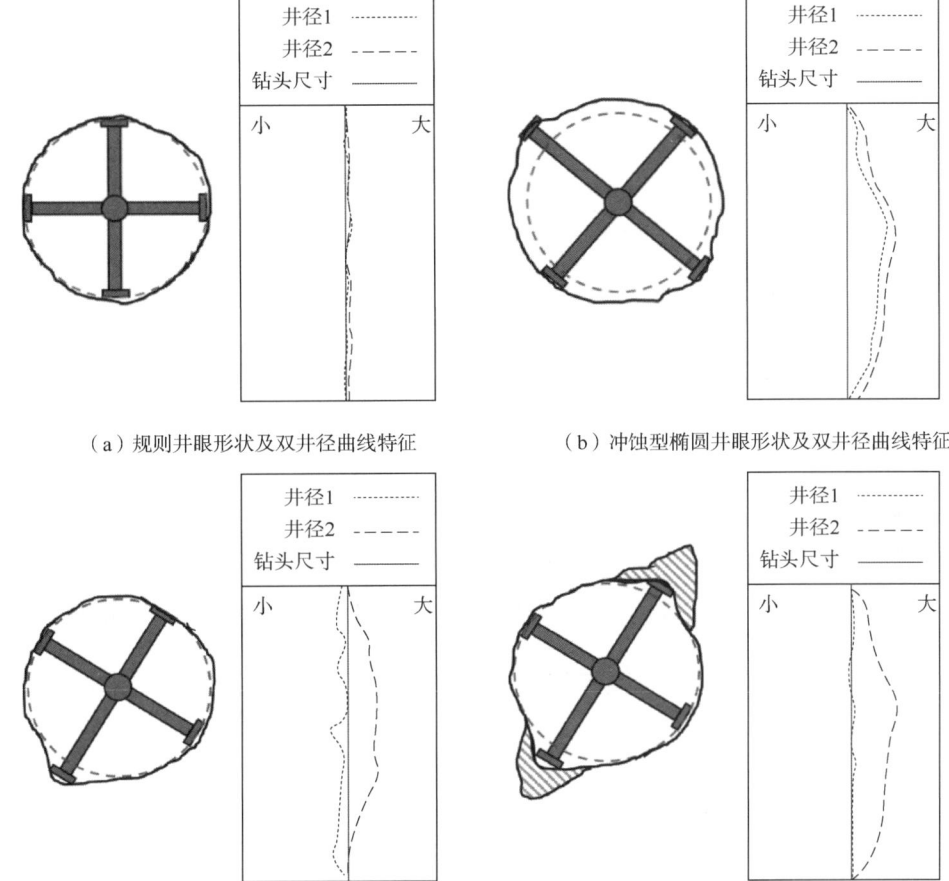

(a)规则井眼形状及双井径曲线特征　　(b)冲蚀型椭圆井眼形状及双井径曲线特征

(c)键槽变形井眼形状及双井径曲线特征　　(d)冲蚀型椭圆井眼形状及双井径曲线特征

图 11.2.7　钻井后井眼形状及双井径曲线特征

图 11.2.8 所示为某井偶极横波资料显示的快横波方位，统计快横波方位可知，水平最大主应力的统计方位为 30°~60°。

11.2.3.2　利用测井资料估算地应力大小

地应力测井预测是在一定的假设条件下，以地应力实测数据为基础，建立地应力计算模型，然后利用测井资料进行地应力计算分析的一种方法。利用测井资料可连续估计地应力值，包括垂向应力和水平向主应力。在地应力的三个分量中，水平向两个主应力成因复杂，是地应力预测的重点和难点。

长期以来，国内外工程界一直在为此努力研究，提出了矿场微型水力压裂、岩心 Kaiser 效应等一系列直接测试单点水平向地应力的方法，建立了 Matthews-Kelly 模型（Matthews et al.，1967）、Anderson 模型（Anderson et al.，1973）、Newberry 模型、黄荣樽模型（黄荣樽，1984）和斯伦贝谢模型等计算模型，见表 11.2.3。目前，地应力测井计算模型主要有四大类。

基于最大主应力、最小主应力之间的关系提出的 Mohr-Columb 模型，该计算模型假设地层处于剪切破坏临界状态；

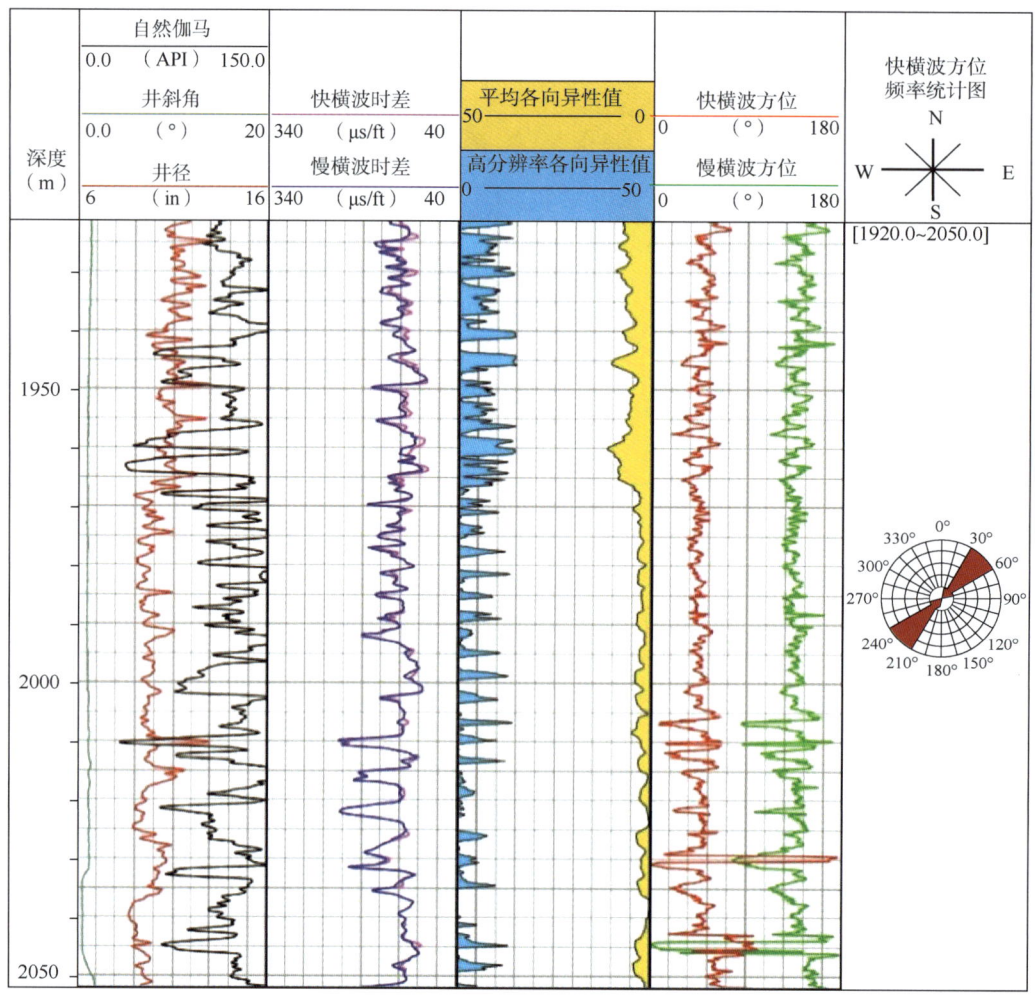

图 11.2.8 某井快横波方位统计

单轴应变模型,其中较有代表性的模型有 Matthews-Kelly 模型、Anderson 模型和 Newberry 模型等,该类模型主要用于计算原地最小水平主应力;

黄荣樽模型,该模型主要考虑了构造应力的影响,可用于解释水平应力大于垂向应力的现象;

斯伦贝谢模型,又称为组合弹簧模型。

(1)垂向应力计算方法。

垂向应力通常使用密度测井资料估算,具体计算公式为:

$$\sigma_v = \int_{H_0}^{0} \rho_0(h) g \mathrm{d}h + \int_{H}^{H_0} \rho(h) g \mathrm{d}h \tag{11.2.17}$$

式中:H_0 为测井起始点深度,m;$\rho_0(h)$ 为未测井段深度为 h 点的密度,g/cm³;$\rho(h)$ 为深度为 h 点的测井密度,g/cm³;g 为重力加速度,kg·m/s²。

（2）水平向地应力计算方法。

水平向地应力预测模型较多，常用的预测模型见表 11.2.3，其中组合弹簧模式综合考虑了地层岩石力学、孔隙压力及构造作用对地应力的影响，在实际工程应用较为广泛。该模式假设岩石为均质、各向同性的线弹性体，并假定在沉积及后期地质构造运动过程中，地层和地层之间无相对位移，同一地层两个水平方向的应变为常数。该模型将水平向两个主应力分量表示为：

$$\begin{cases} \sigma_{H1} = \dfrac{\mu_s}{1-\mu_s}\sigma_V + \dfrac{1-2\mu_s}{1-\mu_s}\alpha p_p + \dfrac{E_s}{1-\mu_s^2}\varepsilon_H + \dfrac{\mu_s E_s}{1-\mu_s^2}\varepsilon_h \\ \\ \sigma_{H2} = \dfrac{\mu_s}{1-\mu_s}\sigma_V + \dfrac{1-2\mu_s}{1-\mu_s}\alpha p_p + \dfrac{E_s}{1-\mu_s^2}\varepsilon_h + \dfrac{\mu_s E_s}{1-\mu_s^2}\varepsilon_H \end{cases} \quad (11.2.18)$$

式中：σ_{H1} 为最大水平主应力，MPa；σ_{H2} 为最小水平主应力，MPa；E_s 为岩石静态弹性模量 MPa；μ_s 为岩石静态泊松比，无因次；p_p 为孔隙压力，MPa；ε_H、ε_h 为沿最大主应力方向与最小主应力方向构造应变系数。

在已实现岩石强度、地层孔隙压力预测的基础上，确定构造应变系数 ε_H、ε_h 是基于组合弹簧模型利用测井资料构建地应力剖面的关键。而单点地应力反演分析这是确定构造应变系数的基础（刘向君等，2015），岩心 Kaiser 效应、差应变和水力压裂分析是获取单点地应力数据的常用方法。

综上所述，预测地应力模型较多，但由于地应力的复杂性，在地应力研究中仍应立足多种资料的综合分析。

表 11.2.3 常用水平地应力预测模型

模型名称	表达式	公式说明	参数简述
金尼克经验模型	$\sigma_H = \sigma_h = \dfrac{\mu}{1-\mu}\sigma_v$	假设水平应力相等	σ_H 为水平最大主应力，σ_h 为水平最小主应力
Matthews—Kelly 经验模型（Matthews，Kelly，1967）	$\sigma_H = \sigma_h = K_i(\sigma_v - p_P) + p_p$	假设水平应力相等	
Eaton 模型（Eaton，1972）	$\sigma_H = \sigma_h = \dfrac{\mu}{1-\mu}(\sigma_v - p_P) + p_p$	对 Matthews—Kelly 模型的改进	
Anderson 模型（Anderson et al.，1973）	$\sigma_H = \sigma_h = \dfrac{\mu}{1-\mu}(\sigma_v - \alpha p_P) + \alpha p_p$	对 Terzaghi 模型的改进	
Newberry 模型（Newberry，1986）	$\sigma_H = \sigma_h = \dfrac{\mu}{1-\mu}(\sigma_v - \alpha p_P) + p_p$	对 Anderson 模型的改进	

续表

模型名称	表达式	公式说明	参数简述
Poro-Elastic 应变模型	$\sigma_h = \dfrac{\mu}{1-\mu}\sigma_v - \dfrac{\mu}{1-\mu}\alpha_{vert}p_p + \alpha_{hor}p_p + \dfrac{E}{1-\mu^2}\varepsilon_h + \dfrac{\mu E}{1-\mu^2}\varepsilon_H$ $\sigma_H = \dfrac{\mu}{1-\mu}\sigma_v - \dfrac{\mu}{1-\mu}\alpha_{vert}p_p + \alpha_{hor}p_p + \dfrac{E}{1-\mu^2}\varepsilon_H + \dfrac{\mu E}{1-\mu^2}\varepsilon_h$	理论基础为三维弹性理论	α_{vert} 为垂直方向的有效应力系数，α_{hor} 为水平方向的有效应力系数
三轴应变模型	$\sigma_h = \dfrac{\mu}{1-\mu K_x}\left(\dfrac{\mu}{1-\mu}(\sigma_v - \alpha_{vert}p_p + \alpha_{hor}p_p)\right) + \dfrac{E}{1-\mu K_x}\varepsilon_h$ $\sigma_H = K_x \sigma_h$	在 Poro-Elastic 模型的基础上，考虑了构造因素的影响	K_x 为非平衡构造因子，反映的是构造应力作用下最大水平应力和最小水平应力的地区经验关系
莫尔—库仑地层破坏经验模型	$\sigma_H = \mathrm{UCS} + N_\phi(\sigma_h - p_p) + p_p$ $N_\phi = \tan^2\left(\dfrac{\pi}{4} + \dfrac{\phi}{2}\right)$ $\sigma_h = \left[\dfrac{1}{\tan\left(\dfrac{\pi}{4}+\dfrac{\phi}{2}\right)}\right]^2 \sigma_v + \left\{1-\left[\dfrac{1}{\tan\left(\dfrac{\pi}{4}+\dfrac{\phi}{2}\right)}\right]^2\right\}p_p$ $\sigma_H = K_x \sigma_h$	基于莫尔—库仑破坏准则，假设地层最大原地剪应力是由地层的抗剪强度决定 忽略地层强度，认为破裂沿原有裂缝或断层发生，且垂向应力为最大主应力	N_ϕ 为三轴应力系数
微分经验关系模型（M. Prats, 1981）	$d(\sigma_h - \alpha p_p) = \dfrac{\mu}{1-\mu}d(\sigma_v - \alpha p_p) + \dfrac{E\alpha_T}{1-\mu}dT + \dfrac{E}{1-\mu^2}d\varepsilon_h + \dfrac{\mu E}{1-\mu^2}d\varepsilon_H$ $d(\sigma_H - \alpha p_p) = \dfrac{\mu}{1-\mu}d(\sigma_v - \alpha p_p) + \dfrac{E\alpha_T}{1-\mu}dT + \dfrac{E}{1-\mu^2}d\varepsilon_H + \dfrac{\mu E}{1-\mu^2}d\varepsilon_h$	体现了上覆岩层压力、孔隙压力、构造变形和温度场的变化历史以及岩石材料特性随应力的变化规律	α 为 Biots 系数，α_T 为岩石的线膨胀系数
黄荣樽模型（黄荣樽，1984）	$\sigma_h = \dfrac{\mu}{1-\mu}(\sigma_v - \alpha p_p) + \beta_h(\sigma_v - \alpha p_p) + \alpha p_p$ $\sigma_H = \dfrac{\mu}{1-\mu}(\sigma_v - \alpha p_p) + \beta_H(\sigma_v - \alpha p_p) + \alpha p_p$	综合考虑了垂向应力、构造应力以及地层孔隙压力	β_H, β_h 为构造应力系数，是水平构造应力与垂向应力的比值

续表

模型名称	表达式	公式说明	参数简述
组合弹簧模型 (斯伦贝谢,1988)	$\sigma_h = \frac{\mu}{1-\mu}(\sigma_v - \alpha p_p) + \frac{E}{1-\mu^2}\varepsilon_h + \frac{\mu E}{1-\mu^2}\varepsilon_H + \alpha p_p$ $\sigma_H = \frac{\mu}{1-\mu}(\sigma_v - \alpha p_p) + \frac{E}{1-\mu^2}\varepsilon_H + \frac{\mu E}{1-\mu^2}\varepsilon_h + \alpha p_p$	针对黄氏模型存在的不足,假设岩石为均匀、各向同性的线弹性体	$\varepsilon_H, \varepsilon_h$ 分别为沿最大主应力方向与最小主应力方向构造应变系数
葛式经验模型 (葛洪魁等,1998)	$\sigma_h = \frac{\mu}{1-\mu}(\sigma_v - \alpha p_p) + K_h \frac{E(\sigma_v - \alpha p_p)}{1+\mu} + \frac{\alpha_T E \Delta T}{1-\mu} + \alpha p_p$ $\sigma_H = \frac{\mu}{1-\mu}(\sigma_v - \alpha p_p) + K_H \frac{E(\sigma_v - \alpha p_p)}{1+\mu} + \frac{\alpha_T E \Delta T}{1-\mu} + \alpha p_p$	适用于水力压裂裂缝为垂直裂缝(最小地应力在水平方向)	K_h, K_H 分别为最小、最大水平地层应力方向的构造应力系数,在同一断块内可视为常数;$\Delta\sigma_h, \Delta\sigma_H$ 分别为考虑地层剥蚀的最小和最大水平地层应力附加量,在同一断块内可视为常数
	$\sigma_h = \frac{\mu}{1-\mu}(\sigma_v - \alpha p_p) + K_h \frac{E(\sigma_v - \alpha p_p)}{1+\mu} + \frac{\alpha_T E \Delta T}{1-\mu} + \alpha p_p + \Delta\sigma_h$ $\sigma_H = \frac{\mu}{1-\mu}(\sigma_v - \alpha p_p) + K_H \frac{E(\sigma_v - \alpha p_p)}{1+\mu} + \frac{\alpha_T E \Delta T}{1-\mu} + \alpha p_p + \Delta\sigma_H$	适用于水力压裂裂缝为水平裂缝(最小地应力在垂直方向)	
	$\sigma_h = \left(\frac{\mu}{1-\mu} + \beta_1 G\right)(\sigma_v - \alpha p_p)$ $\sigma_H = \left(\frac{\mu}{1-\mu} + \beta_2 G\right)(\sigma_v - \alpha p_p)$	当不考虑地层温度变化时,公示的简化形式	
横观各向同性地层水平地应力模型 (Thiercelin et al.,1994)	$\sigma_H = \frac{E_H}{E_V}\frac{\mu_V}{(1-\mu_H)}(\sigma_v - \alpha p_p) + \frac{E_H \varepsilon_H}{1-\mu_H^2} + \frac{E_H \mu_H \varepsilon_h}{1-\mu_H^2} + \alpha p_p$ $\sigma_h = \frac{E_H}{E_V}\frac{\mu_V}{(1-\mu_H)}(\sigma_v - \alpha p_p) + \frac{E_H \varepsilon_h}{1-\mu_H^2} + \frac{E_H \mu_H \varepsilon_H}{1-\mu_H^2} + \alpha p_p$	适用于横观各向同性介质	E_V, E_H 分别为垂向、横向弹性模量,MPa;μ_V, μ_H 分别为垂向、横向泊松比

注:表中各预测模型中的弹性参数都为静态弹性参数。

11.3 工程测井的应用实践

岩石强度及地应力资料在油气田开发中有着广泛的应用,详细内容见《岩石力学与石油工程》(刘向君等,2004)和《油气工程测井理论及应用》(刘向君等,2015)。本节仅以岩石强度及地应力资料在某区块泥岩地层"安全"钻井液密度确定方面的应用为例,进行简要介绍。

11.3.1 岩石力学参数计算模型

相对于从文献直接选择利用经验公式计算单井岩石力学参数,基于室内同步的岩石力学和岩石物理测试结果,研究岩石力学参数(抗压强度、抗张强度、内聚力、内摩擦角、静态弹性模量及静态泊松比)与岩石物理参数(声波、体积密度)间的关系,以此构建研究区块岩石力学参数的计算模型，开展岩石力学参数的测井计算分析，可以更好地反映研究区块的实际岩石力学特性。

研究区块岩石力学参数与声波时差间的关系如图 11.3.1 所示，建立了该储层岩石力学参数的测井计算模型，其结果见表 11.3.1。

表 11.3.1 研究地层岩石力学参数计算模型

参数名称	计算模型	参数名称	计算模型
弹性模量	$E_s = -164.69\Delta t_p + 21605$	内聚力	$C = 26.68\ln\Delta t_p + 141$
泊松比	$\mu_s = 0.5855\exp(-0.012\Delta t_p)$	抗张强度	$\sigma_t = 5\times 10^{-5}E_d + 1.21$
单轴抗压强度	$\sigma_c = 6638.15/\Delta t_p - 21.645$		

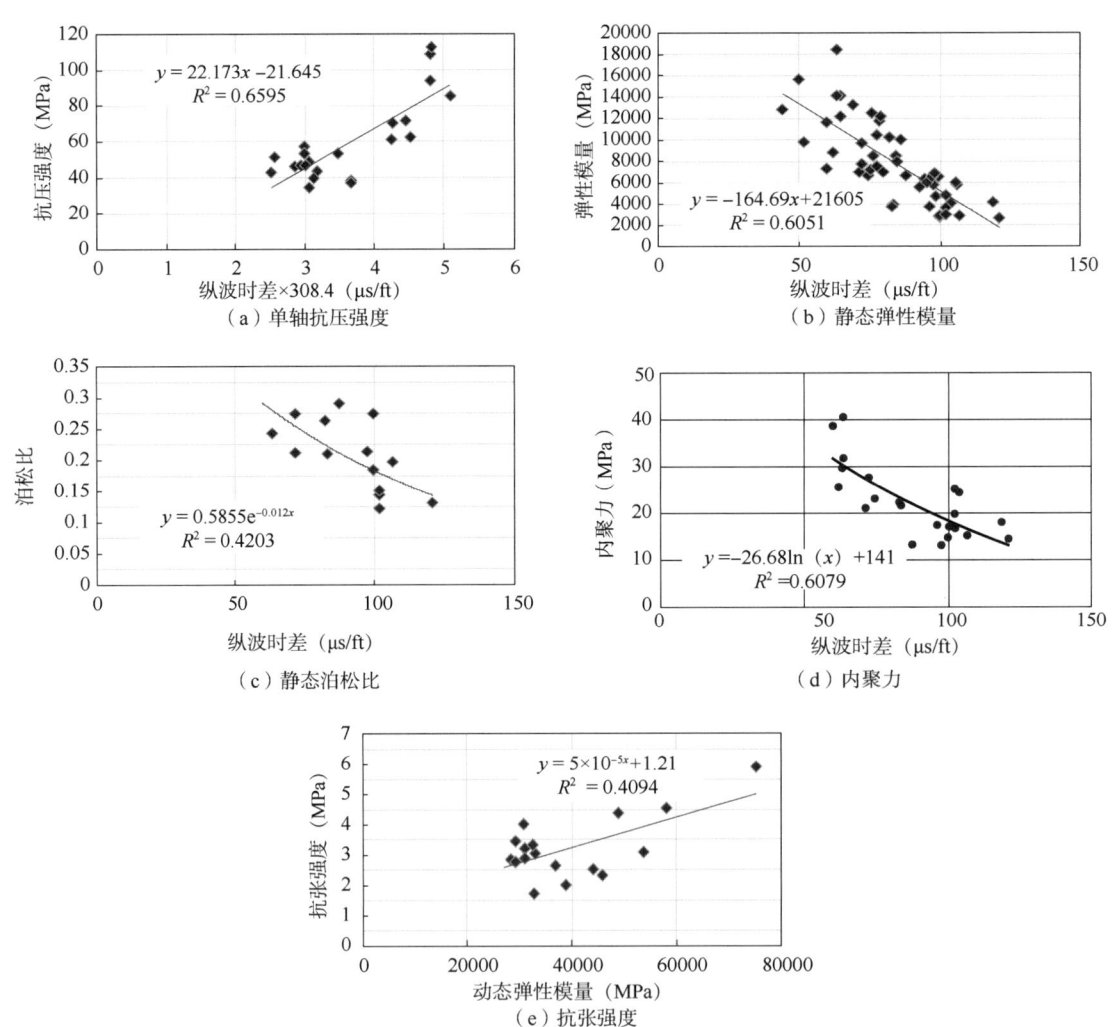

图 11.3.1 岩石力学参数与声波时差间的关系

11.3.2 地层孔隙压力与地应力计算模型

基于欠压实理论的地层孔隙压力预测方法主要考虑单因素的影响，如声波、电阻率、伽马等，而基于有效应力理论的多参数拟合法（E-P 模型），是建立有效应力与测井岩石物理响应的关系进行地层孔隙压力预测，该方法综合考虑了多种因素的影响，可避免单因素导致的精度低和误差大的问题。基于研究区块地层的密度、声波时差、自然伽马以及电阻率测井对地层垂向有效应力的响应特征，具体表现为：随地层垂向有效应力的增大，地层密度显示高值，而地层的声波时差呈现降低的趋势。鉴于此，基于声波时差曲线、密度测井曲线开展地层孔隙压力的预测。

利用地层孔隙压力实测数据及相应井段的测井数据进行多元非线性回归分析，得到适用于研究工区的地层孔隙压力评价的有效应力计算模型为：

$$\sigma_e = 6.68 e^{0.625\rho_b} - 2.21 \Delta t_p^{0.302} + 14.53 \tag{11.3.1}$$

地层破裂压力与裂缝闭合压力可通过压裂施工压力曲线分析得到，如图 11.3.2 所示。根据水力压裂原理，水力裂缝产生时压力系统存在如下关系：

$$\sigma_{H1} = 3\sigma_{H2} - p_f - \alpha p_p + \sigma_t \tag{11.3.2}$$

式中：p_f 为破裂压力。

基于压裂曲线的单点信息，借助组合弹簧模型[式（11.2.18）、式（11.2.19）]，进而计算得到沿最大主应力方向与最小主应力方向构造应变系数大小。基于此，利用弹簧组合模型即可得到研究地层的地应力的计算模型。基于以上构建的岩石力学参数计算模型、孔隙压力计算模型和地应力计算模型，结合测井资料，就能得到研究地层的地质力学剖面图。

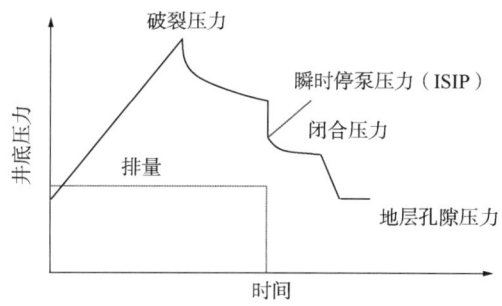

图 11.3.2 水力压裂压力典型曲线

11.3.3 坍塌压力与破裂压力

钻井过程中，钻井液取代了原在井眼处的岩石，当井内的液柱压力太低时，井壁将可能发生坍塌；当井内的液柱压力太高时，井壁将可能发生张性破裂。因此，钻井液密度存在一个"安全"范围，在这个安全范围内钻井，将不会出现井壁坍塌或钻井液漏失等复杂问题。要确保钻井过程中，钻井液始终能够保持井壁既不垮塌也不漏失，就必须对井壁周围岩石在形成井眼时的受力状态进行研究。

地下一定深处的原地应力一般用三个主应力描述，即垂向应力（σ_v）和水平方向两个主应力（σ_H、σ_h）。钻井过程中扰动并将破坏了地层应力的自然平衡状态，使井周出现应力集中。井周应力状态是井壁稳定性力学分析的基础通常坐标系下的 σ_θ、σ_r、σ_z、$\tau_{r\theta}$、$\tau_{\theta z}$ 和 τ_{rz} 六个分量描述。由 Fairhurst 方程可得到在均质、各向同性的线一弹性地层中任意井井壁应力分布的表达式：

$$\begin{cases} \sigma_r = p_i - \delta\phi(p_i - p_p) \\ \sigma_\theta = \sigma_{xx} + \sigma_{yy} - 2(\sigma_{xx} - \sigma_{yy})\cos2\theta - 4\sigma_{xy}\sin2\theta + K_1(p_i - p_p) - p_i \\ \sigma_z = \sigma_{zz} - 2v[(\sigma_{xx} - \sigma_{yy})\cos2\theta + 2\sigma_{xy}\sin2\theta] + K_1(p_i - p_p) \\ \sigma_{\theta z} = 2(\sigma_{yz}\cos\theta - \sigma_{xz}\sin\theta) \\ \sigma_{r\theta} = \sigma_{rz} = 0 \end{cases} \quad (11.3.3)$$

式中：σ_r，σ_θ，σ_z，$\sigma_{\theta z}$，$\sigma_{r\theta}$，σ_{rz} 为柱坐标下井壁应力分量，MPa；σ_{xx}，σ_{yy}，σ_{xy}，σ_{yz}，σ_{xz} 为地应应力分量，MPa；p_i 为液柱压力，MPa；ϕ 为孔隙度，%；δ 为井壁渗流系数；K_1 为井壁渗流引起的渗流效应系数。

依据 Mohr-Coulomb 准则建立极限平衡条件，建立井壁坍塌判断方程：

$$\begin{cases} \tau = \dfrac{\sigma_1 - \sigma_3}{2}\cos\beta \\ \sigma_n = \dfrac{\sigma_1 + \sigma_3}{2} - \dfrac{\sigma_1 - \sigma_3}{2}\sin\beta \end{cases} \quad (11.3.4)$$

式中：τ、σ_n 分别为剪切面上的剪应力与正应力，MPa。

进一步推导出直井钻井过程中保持井壁稳定所需的当量钻井液密度为：

$$\rho_{mc} = \frac{(3\sigma_{H1} - \sigma_{H2}) - 2CK + \alpha p_p(K^2 - 1)}{(K^2 + 1) \cdot H} \times 100 \quad (11.3.5)$$

式中：σ_{H1} 为最大水平应力，MPa；σ_{H2} 为最小水平应力，MPa；α 为 Biot 系数；C 为岩石的黏聚力，MPa；$K = \text{ctg}(45 - \varphi/2)$；$\varphi$ 为岩石内摩擦角，(°)；ρ_{mc} 为坍塌压力当量密度，g/cm³。

当井眼内压力过大，会在井壁上造成拉应力，从而导致地层岩石发生张性破裂。依据最大拉应力理论建立极限平衡条件，则岩石发生张性破裂，破裂面上的张力必须克服地层岩石的抗拉强度。依据最大拉应力理论，井壁岩石拉伸破坏时应满足以下不等式：

$$(\sigma_{\min} - p_p) \leqslant -|\sigma_t| \quad (11.3.6)$$

进一步推导出直井地层破裂的当量钻井液密度为：

$$p_f = \frac{3\sigma_H - \sigma_h - \alpha p_p + \sigma_t}{H} \times 100 \quad (11.3.7)$$

对式(11.3.5)和式(11.3.7)进行求解，可得到保证井壁不发生剪切变形和张性破裂的钻井液柱压力极限，进而得到保持井壁稳定的"安全"钻井液液柱压力范围。习惯上称"安全"钻井液液柱压力上限为破裂压力，下限为坍塌压力。

图 11.3.3 和图 11.3.4 为 X1 井与 X2 井基于测井资料计算得到岩石强度、孔隙压力、地应力剖面，以及坍塌压力和破裂压力剖面。根据获得的坍塌压力和破裂压力的分布范围，可进一步获得"安全"钻井液密度范围，从而确定了钻井安全密度窗口，为工区钻井设计提供了技术支撑。

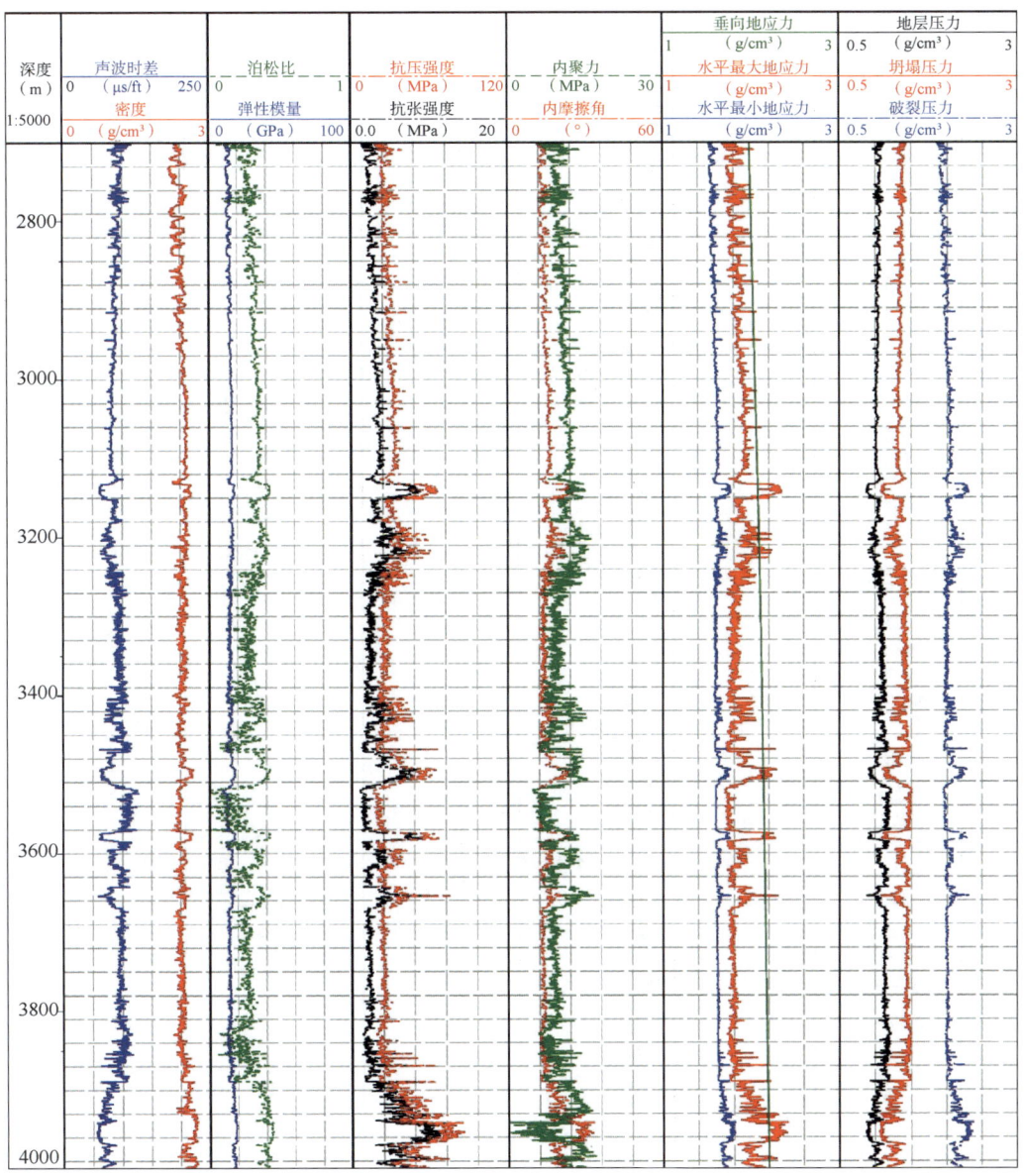

图 11.3.3　X1 井坍塌压力与破裂压力剖面

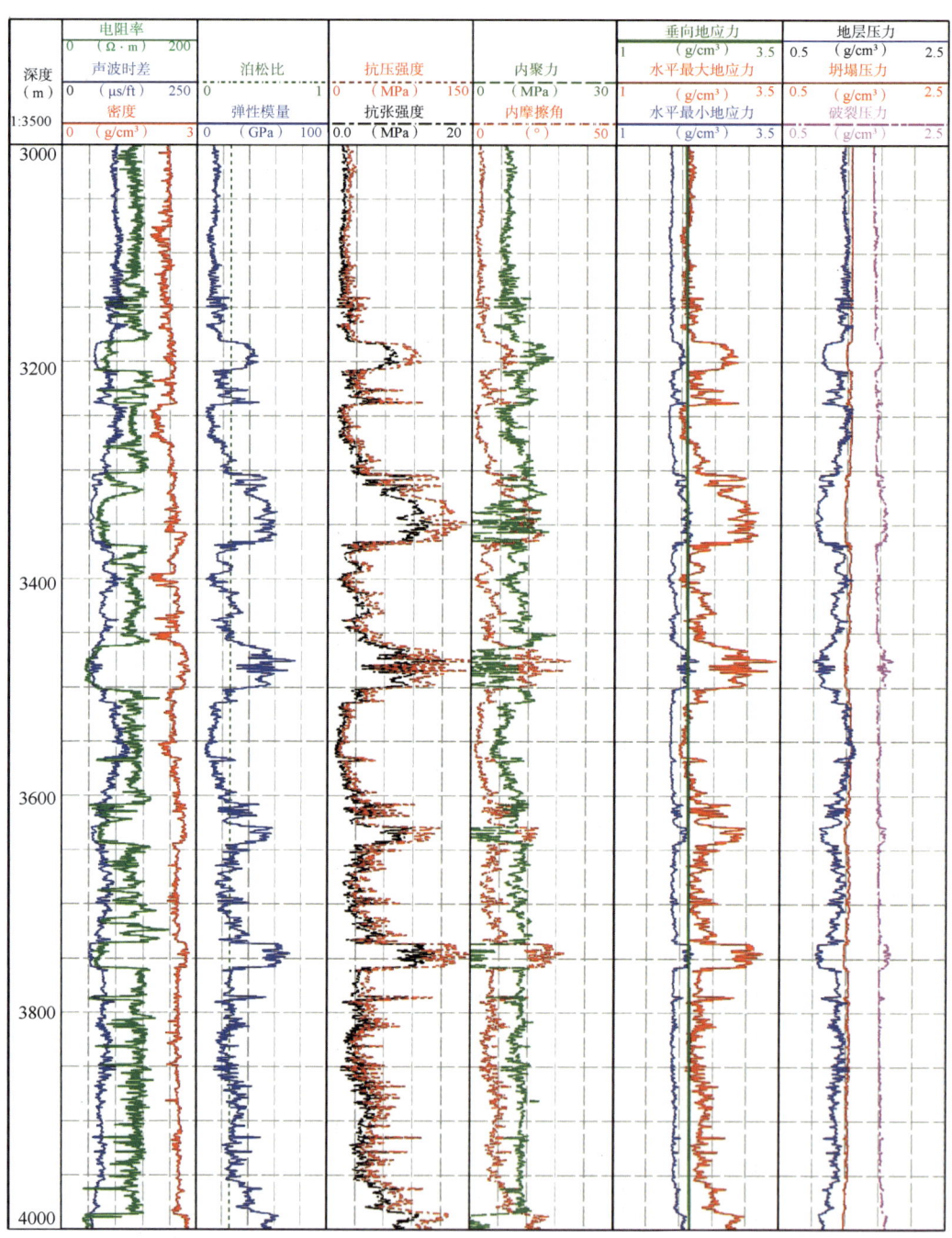

图 11.3.4 X2 井坍塌压力与破裂压力剖面

参 考 文 献

艾池，冯福平，李洪伟，2007. 地层压力预测技术现状及发展趋势[J]. 石油地质与工程，21(6)：71-73.
葛宏伟，梁艳春，刘玮，等，2004. 人工神经网络与遗传算法在岩石力学中的应用[J]. 岩石力学与工程学报，23(9)：1542-1550．

葛洪魁，林英松，王顺昌，1998．地应力测试及其在勘探开发中的应用[J]．石油大学学报(自然科学版)，22(1)：97-102．

黄荣樽，1984．地层破裂压力预测模式的探讨[J]．华东石油学院学报，(4)：335-347．

李庆忠，1992．岩石的纵，横波速度规律[J]．石油地球物理勘探，27(1)：1-12．

李勇，杨海军，郭小文，等，2015．库车前陆盆地超压特征及测井响应[J]．地质科技情报，34(2)：130-136．

梁红军，王永远，1997．地层压力预测研究现状及发展趋势[J]．石油钻井工程，4(1)：11-18．

刘向君，梁利喜，2015．油气工程测井理论与应用[M]．北京：科学出版社．

刘向君，罗平亚，2004．岩石力学与石油工程[M]．北京：石油工业出版社．

马中高，解吉高，2005．岩石的纵横波速度与密度的规律研究[J]．地球物理学进展，20(4)：905-910．

时梦璇，刘之的，杨学峰，等，2020．地层孔隙压力地球物理测井预测技术综述及展望[J]．地球物理学进展，35(5)：1845-1853．

熊健，梁利喜，刘向君，等，2014．川南地区龙马溪组页岩岩石声波透射实验研究[J]．地下空间与工程学报，10(5)：1071-1077．

熊健，林海宇，唐勇，等，2021．砂砾岩油藏影响压裂效果关键地质力学因素研究及应用[J]．石油地球物理勘探，56(5)：1048-1059．

Anderson R A, Ingram D S, Zanier A M, 1973. Determining fracture pressure gradient from well logs[J]. JPT, 1259-1268.

Bowers G L, 1995. Pore pressure estimation from velocity data: accounting for pore pressure mechanisms besides undercompaction[C]. SPE Drilling & Completion, 10, 89-95.

Castagna J P, Batzle M L, Eastwood R L, 1985. Relationships between compressional-wave and shear-wave velocities in clastic silicate rocks[J]. Geophysics, 50(4): 571-581.

Coates G R, Denoo S A, 1981. Mechanical properties program using borehole analysis and Mohr's circle[C]. SPWLA 22nd Annual Logging Symposium.

Danial J A, Mohd F M A, Saffet Y, et al., 2016. Prediction of the uniaxial compressive strength of sandstone using various modeling techniques[J]. International Journal of Rock Mechanics and Mining Sciences, 85: 174-186.

Deere D U, Miller R P, 1966. Engineering classification and index properties for intact rock[R]. Illinois Univ At Urbana Dept Of Civil Engineering.

Dehghan S, Sattari G, Chehreh C S, et al., 2010. Prediction of uniaxial compressive strength and modulus of elasticity for Travertine samples using regression and artificial neural networks[J]. Mining Science and Technology, 20(1): 41-46.

Dutta N C, 2002. Geopressure prediction using seismic data: current status and the road ahead[J]. Geophysics, 67(6): 2012-2041.

Eaton B A, 1972. Graphical method predicts geopressure worldwide[J]. World Oil, 6(12): 51-56.

Eberhart-Phillips D, Han D H, Zoback M D, 1989. Empirical relationships among seismic velocity, effective pressure, porosity, and clay content in sandstone[J]. Geophysics, 54(1): 82-89.

Flemings P B, Stum B B, Finkbeiner T, et al., 2002. Flow focusing in overpressured sandstones: theory, observations and applications[J]. American Journal of Science, 302, 827-855.

Greenberg M L, Castagna J P, 1992. Shear wave velocity estimation in porous rocks: theoretical formulation, preliminary verification and applications[J]. Geophysical prospecting, 40(2): 195-209.

Han D H, Nur A, Morgan F D, 1986. Effects of porosity and clay content on wave velocities in sandstones[J]. Geophysics, 51(11): 2093-2107.

Han D, Batzle M, 2004. Estimate shear velocity based on dry P-wave and shear modulus relationship[C]. SEG Technical Program Expanded Abstracts: 1658-1661.

Hottman C E, Johnson R K, 1965. Estimation of formation pressures from log-derived shale properties [J]. Journal of Petroleum Technology, 17(2): 717-722.

John H, 1969. On the coulomb-mohr failure criterion[J]. Journal of Geophysical Research, 74(22): 5343-5348.

Kurtuluş C, Sertçelik F, Sertçelik I, 2016. Correlating physico-mechanical properties of intact rocks with P-wave velocity[J]. Acta Geodaeticaet Geophysics, 51 (3), 571-582.

Lal M, 1999. Shale stability: drilling fluid interaction and shale strength[C]//Proceedings of SPE Asia Pacific Oil and Gas Conference and Exhibition, Jakarta, Indonesia, 20-22, April.

Lee M W, 2006. A simple method of predicting S-wave velocity[J]. Geophysics, 71(6): F161-F164.

Leeman E R. 1964. The measurement of stress in rock. part II: borehole rock stress measuring instruments [J]. J. S. Afric. Instn. Mining and Metallurgy, 65(2): 82-114.

Matthews W R, Kelly J, 1967. How to predict formation pressure and fracture gradient[J]. Oil and Gas J. 65(8): 92-106.

Terzaghi K, Peck R B, 1948. Soil mechanics in engineering practice[M]. New York: John Wiley & Sons inc.

Thiercelin M J, Plumb R A, 1994. A core-based prediction of lithologic stress contrasts in east Texas formations [J]. SPE Formation Evaluation, 9(4): 251-258.

Traugott M O, Heppard P D, 1994. Prediction of pore pressure before and after drilling-taking the risk out of drilling overpressured prospects[C]. AAPG Hedberg Research American Association of Petroleum Geologists.

Wan Y, Zhang H, Liu X, et al., 2020. Prediction of mechanical parameters for low-permeability gas reservoirs in the tazhong block and its applications[J]. Advances in Geo-Energy Research, 4(2): 219-228.

Wyllie M R J, Gregory A R, Gardner L W, 1956. Elastic wave velocities in heterogeneous and porous media[J]. Geophysics, 21(1): 41-70.

Xu S, White R E, 1996. A physical model for shear-wave velocity prediction[J]. Geophysical prospecting, 44 (4): 687-717.

Yilmaz I, Yuksek G, 2009. Prediction of the strength and elasticity modulus of gypsum using multiple regression, ANN, and ANFIS models[J]. International journal of rock mechanics and mining sciences, 46(4): 803-810.

Zhang J, 2011. Pore pressure prediction from well logs: methods, modifications, and new approaches[J]. Earth-Science Reviews, 108(1-2): 50-63.

Zhang J, 2013. Effective stress, porosity, velocity and abnormal pore pressure prediction accounting for compaction disequilibrium and unloading[J]. Marine and Petroleum Geology, 45: 2-11.